장소를 알고
꿈을 펼치자!
땅꿈 인문학 에세이

사람, 삶, 꿈, 그리고
땅과 하늘과 시간과의 이야기

나의 장소 이야기

1

주경식 지음

사람, 삶, 꿈, 그리고
땅과 하늘과 시간과의 이야기

나의 장소 이야기 1

초판 인쇄	2017년 11월 15일
초판 발행	2017년 11월 20일

지은이	주경식
펴낸이	양진오
펴낸곳	㈜교학사
편 집	이영민
디자인	비쥬얼로그

등 록	제18-7호(1962년 6월 26일)
주 소	서울특별시 금천구 가산디지털1로 42(공장)
	서울특별시 마포구 마포대로 14길 4(사무소)
전 화	편집부 (02)707-5238, 영업부 (02)707-5150
팩 스	(02)707-5250
홈페이지	www.kyohak.co.kr

ISBN 978-89-09-20428-6 03980

이 도서의 국립중앙도서관 출판예정도서목록(CIP)은 서지정보유통지원시스템
홈페이지(http://seoji.nl.go.kr)와 국가자료공동목록시스템(http://www.nl.go.kr/kolisnet)에서
이용하실 수 있습니다. (CIP제어번호: CIP2017030191)

사람, 삶, 꿈, 그리고

땅과 하늘과 시간과의 이야기

1

나의 장소 이야기

주경식 지음

(주)교학사

책을 펴내며

　장소는 우리의 존재를 가능하게 하는 기반이 되는 터전으로, 사람들의 생각이나 느낌, 활동이 누적된 독특한 성질을 가진 지표의 한 부분이다. 여기서는 필자의 경험과 관련이 있는 장소들에 대한 느낌과 생각을 토대로 나름대로의 줄거리를 잡고, 정리하여 글을 썼다. 이 책은 우리의 삶에서 중요한 장소에 대한 연구를 일반 대중들도 같이 공유하여, 일상생활 중에 좀 더 가까이에서 살피고 다가설 수 있게 하려는 뜻에서 시작하였다. 따라서 어떤 부분에는 어린이들에게 어울리는 동화 같은 이야기가 있는가 하면, 상당한 논리와 어려운 분석 내용이 담긴 부분도 있다. 또한 필자의 주관적 견해나 전해 오는 말을 싣기도 하였고, 일부는 픽션으로 구성한 것도 있다.

　장소의 중요성은 사람들이 자신의 경험을 기억할 때 기준이 될 뿐만 아니라, 늘 우리의 삶과 함께하며, 생활의 바탕이 된다는 것이다. 마치 공기의 소중함을 인식하지 못한 채 살아가듯이, 장소역시 비록 우리가 인식하지는 못한다 할지라도 삶의 바탕에 깔려 있는 것이기에, '우리'라는 존재와 행동을 이해하는 과정에서 민족과 국가와 함께 반드시 생각해야 하는 대상이다. 또한, 큰 장소들은 무질서하게 존재하는 것이 아니고 일정한 질서에 따라 의미 있게 배치되어 있다. 특히 이러한 큰 장소들은 우리의 여러 활동들이 집중되는 곳으로, 대부분이 도시에 해당하지만 그 면적은 전체적으로 볼 때 좁은 편이다. 그 좁은 장소가 많은 사람들과 대부분의 정치·경제 활동이 집중되어 있고 사회·문화적 이슈도 많은 곳이므로, 좀 더 자세히 보아야 하는 장소이기도 하다.

이 책은
우리가 살고 있는 장소에 대한 이야기를
재미있게 풀어내고자 노력한
소박한 작품이다.

장소의 이론과 사례 장소를 설명하다 보니 몇 가지 문제점이 드러났다. 첫째는 다소 기술이 중복되는 점이다. '장소'에서도 설명하고 '이론'에서도 설명하자니 중복된 부분이 심심찮게 눈에 띄기도 한다. 최대한 중복된 기술을 피하고자 하였지만, 그 의미를 생각하여 알면서 그냥 둔 곳도 있다. 둘째, 글의 흐름과 연결이 매끄럽지 않은 부분이 있다. 장소를 먼저 설명하고 나서 이론적 연결을 찾으면 잘 이어지지 않는 경우가 종종 있었다. 그래서 어떤 곳은 제목에 비하여 내용이 빈약하거나 제목과 연관이 적은 내용이 들어가 있기도 하다. 그래도 나름대로 글의 전체적인 흐름과 연결을 최대한 고려하고자 노력하였음을 미리 밝혀 둔다.

이제 교양이 되는 책을 하나 썼는데, 여러 번 확인했지만 아직도 부족하거나 잘못된 부분이 많이 있으리라 여겨진다. 독자들의 친절한 지적을 기대하며, 확인되는 대로 바로잡겠다는 생각이다. 그리고 많은 사람들이 이 책을 부담 없이 가볍게 읽어서 우리 땅과 사람들, 세계의 장소, 나아가 지리학을 조금 더 접하고 관심을 갖는 기회가 되었으면 하는 바람이다.

끝으로 이 책이 빛을 보게 된 데에 많은 도움을 주신 분들에게 감사의 마음을 전한다. 출판을 흔쾌히 약속해 주신 교학사 양철우 회장님, 양진오 사장님과 편집과 제도의 많은 일을 맡아서 처리해 준 이영민 님, 박규서 님 및 관계자 여러분들께 감사드린다. 그리고 어려운 원고 수정 일을 마다하지 않고 떠맡아 준 박종휘 선생과 남예온 선생에게 많은 신세를 졌다. 또한 막현리 자료를 많이 도와준 김길수, 김형순 씨와 이 책의 발간을 축하해 주신 박배훈 전 한국교원대 총장님, 한철우 명예교수님께 감사의 말씀을 드린다.

마지막으로, 끝없는 사랑을 주셨던 어머니 고 김현랑 여사와, 늘 묵묵히 나의 일을 뒤에서 살피며 도와준 아내 길민선에게 이 책을 바친다.

2017년 10월
방배동 Geo Lab 연구실에서,

저자 주 경 식(朱京植) 드림

땅꿈이 담긴 장식(藏識)

'나의 장소 이야기'는 저자인 주경식 박사가 일생 동안 만난 장소에 대하여 경험하고 느끼고, 그곳에서 일어난 얽히고설킨 일들과 그 장소이기에 그럴 수밖에 없는 시간적 · 공간적 · 역사적 특색이 있는 이야기들을 지리학자의 밝은 혜안과 통찰력으로 간파한 것을 사실적이고 과학적으로 서술한 종합 지리서(綜合 地理書)이자 저자의 인생이 고스란히 담긴 저자의 장식(藏識)이다.

장식은 무시이래(無始以來)로부터 이어져 온 모든 것을 저장해 놓은 저장고 같은 것이다. 우주의 장식은 삼라만상의 근본이며, 장식에 포함된 종자로부터 모든 것이 나타나며, 특히 유정물의 장식은 각자 자신의 근본이며, 먼 과거로부터 지금까지의 생각과 행위의 모든 결과는 하나도 빠짐없이 종자로 변해 장식인 아뢰야식(阿賴耶識)에 저장되어 있다고 한다.

이 세상은 하늘, 땅, 사람으로 이루어져 있다. 하늘의 장식은 허공과 별, 땅의 장식은 장소(場所), 사람의 장식은 각자의 제8식 아뢰야식이 아닐까.

땅은 지리적 위치와 형태, 사회 · 문화적 거리, 생태학적 관계 등으로 땅과 땅과의 인연, 땅과 사람과의 인연이 형성되어 거기서 많은 이야기와 전설을 만들어 전해 주고 있다. 땅도 하나의 유정물처럼 혈(血)도 있고 기(氣)도 있어 흥망성쇠가 있고, 거기에 사는 사람은 땅이 흥할 때 더불어 흥하게 되고 쇠할 때는 함께 고난을 겪게 되는 것이다.

저자 주경식 박사는 우리나라 교원 교육의 중심인 한국교원대학교에서 평생을 학생들을 지도한, 도시 지리를 전공한 교육 지리학자이다. 주 박사는 스승의 길은 죽음의 길, 즉 사도(師道)는 사도(死道)라는 신념으로 교수의 길을 걸어 온 스승 중의 스승이다. 주 박사는 이 책의 뒷부분에서 후대에게 지정학적으로 주목을 받는 장소인 한반도에 사는 우리는 국제 사회에서 책임 있는 역할을 해야 하고, 나아가 더욱 멋진 삶을 살아야 할 책임이 있음을 일깨워 준다.

급격히 변해 가는 요즘, 얼마 안 가서 사라질 위기에 놓인 장소의 이야기를 누군가 한번 모으고 정리하고 간직해야 하는 것인데, 누구는 그것을 쓸 만한 소양이 없고, 누구는 자료가 없고, 누구는 쓸 용기가 없어 함부로 어찌할 수 없는 영역을 오늘날 주경식 박사가 그 일을 할 수 있고 해야 함을 깨달아, 이런 대작을 완성하게 된 것은 하늘의 뜻이라는 생각이 든다. 앞으로 가능하면 우리나라 주요 장소들의 이야기를 망라하여 후대에 소중한 보물을 남겨 주기 바라는 마음 그지없다.

2017년 10월 30일

한국교원대학교 명예교수 이학박사 박 배 훈

땅

이 책은 땅에 관한 이야기이다. 또한 그 땅에 사는 사람에 대한 이야기이다. 이 책은 땅의 이치만을 논하는 지리서(地理書)가 아니라 소중한 땅과 그 땅에 사는 사람들의 이야기이며, 그 사람들이 왜 그 땅에 사는지, 그 땅에 어떻게 모여 살며 마을을 이루고 있는지를 말한다. 우리가 다니는 길이 왜 그렇게 만들어졌으며, 산과 길과 마을이 어떻게 조화를 이루고 있는지를 말한다.

이 책은 여러 개의 단편 소설을 묶어 놓은 것과 같아서 하나하나의 장이나 절을 따로 떼어서 읽어도 그것대로 완결된 이야기이다. 그러므로 나는 이 책을 단편 소설처럼 읽기를 권하고 싶다. 단편 소설은 사람에 관한 이야기이지만, 아무렇게나 사건들을 늘어놓은 것이 아니라 짜임새 있는 줄거리로 구성되어 있는데, 이 책이 또한 그렇다. 사람에 관한 이야기이면서 흥미진진한 줄거리가 있는 이야기이며, 짜임새 있는 구성을 가진 이야기책이다.

'나의 장소 이야기'는 지리학자가 쓴 글이지만, 지리 학도를 위해 쓴 글이라기보다는 일반 독자들을 위해 쓴 글이다. 물론 지리 학도가 읽으면 얻는 것이 더 많을지 모른다. 그러나 분명히 말하건대, 이 책은 풍수지리를 강하게 비판하고 있지만 재미있는 이야기가 많아서 더욱더 흥미 있게 읽을 수 있고, 또한 많은 교양적 지식과 지혜를 얻을 수 있다.

나는 굳이 이 책을 처음부터 끝까지 차례대로 읽기를 권장하고 싶지 않다. 소제목을 보고 호기심이 생기거나 궁금증을 일으키는 곳부터 읽는 것이 좋겠다는 생각이다. 그러다가 아니다 싶을 때 다시 자신만의 차례를 정하여 읽어도 좋다고 생각한다. 교양을 위해서 이 책을 읽을 수 있다. 그러나 긴긴 밤 잠이 안 올 때, 부담 없이 소일거리로 한 장이나 절을 그냥 재미삼아 읽을 수도 있다. 그러나 그렇게 소일거리로 읽었더라도, 이 책을 다 읽고 나면 나도 모르게 상당한 교양을 얻게 된다.

이 책은 걷기를 좋아하는 사람, 여행하기를 좋아하는 사람, 산에 다니기를 좋아하는 사람, 역사여행과 답사를 좋아하는 사람, 마을과 강과 산을 사랑하며 돌아다니기를 좋아하는 사람이 즐겨 읽을 만한 책이다.

나는 독서를 연구한 사람이다. 나는 또한 문학을 공부하고, 문학을 재미있게 읽는 사람이다. 그런 사람으로서 이 책을 추천한다. 이 책은 가볍고 즐겁게 읽고도 남는 것이 있는 책이다.

2017년 10월 30일
전 한국독서학회 회장
한국교원대학교 명예교수 문학박사 한 철 우

VI 세계화와 변화의 산실이 된 장소들

I

사람, 삶, 꿈 그리고 땅과 하늘과 시간과의 이야기
장소 이야기

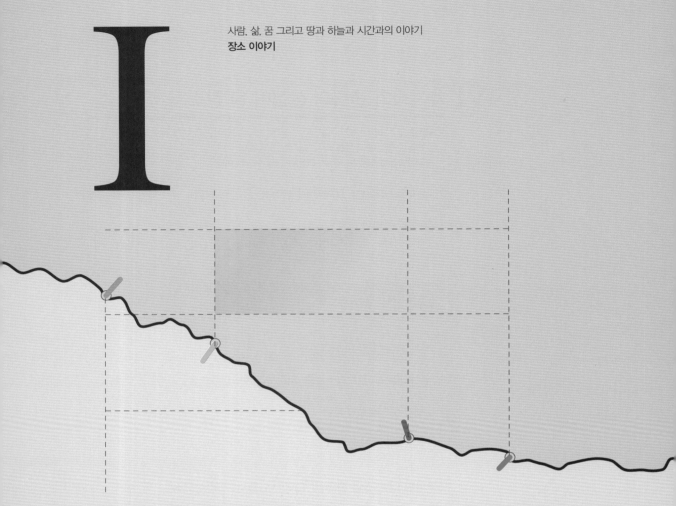

장소의 탄생:

어디 가세요?

"땅 위의 장소는 사람들의 생각과 행동이 층층이 새겨지는 삶터로, 그것은 거기에 사는 사람들이 독특하게 만들어 내는 하나의 작품이다!"

그러니, "당신은 주위를 볼 때, 그냥 적당히 보지 말기 바란다. 당신이 보는 것이 바로 당신의 세계이고, 그 장소 사람들과의 유통(流通; 상호 작용으로 통함)[1]이기 때문이며, 이 땅과 나라를 사랑하는 것이기 때문이다!"

1 재미있는 땅꿈을 꾸자!:

삶의 장소에 서렸던 서민들의 꿈[2)]

나의 땅꿈(삶의 장소에 기반한, 소박하고 실현 가능한 꿈) 이야기는 내가 태어나서 자란 장소인 '충남 금산군 진산면 막현리' 마을의 옹색한 고샅과 숲정이 길에서 시작된다. 숲정이와 주변 산과 들, 냇물과 골짜기, 그 속의 좀 더 좁은 장소인 한 초가집 사랑방에서부터 시작이다. 내가 이 땅꿈에 대해서 글을 쓰는 것은, 노자(老子) 도덕경(道德經)에 나오는 "천하의 어려운 일은 반드시 쉬운 일에서 생겨나고, 천하의 큰일은 반드시 작은 일에서 생겨난다[천하난사 필작어이 천하대사 필작어세(天下難事 必作於易 天下大事 必作於細(제 63장에서)].[3)]"라는 말에서 용기가 생겼기 때문이다. 그래서 필자는 아주 작은 장소의 일상생활 속에 있는 사소한 일들을 장소와 관련시켜서 이야기해 보려고 한다. 작은 일을 잘할 수 있는 것이 큰일을 하게 해 주는 디딤돌이지만, 꼭 큰일을 하려는 것은 아니고, 더구나 성인군자 같은 이야기를 하려는 것도 아니다.

현대 우리 생활에서는 지리 정보와 그의 이용이 거의 필수적인 과정이 되었고, 우리의 삶을 윤택하게 하며, 땅꿈을 간직하거나 불러내는 수단이 되었다. 사람들은 목적에 따라서 특정 장소를 찾는 일에는 GIS[4)]를 아주 잘 쓰고 있지만, 그 장소의 의미를 알아내고, 해석하고, 아끼는 일에는 조금 소홀하여 보통은 반쪽의 지리 정보를 쓰고 있고, 우리나라 땅을 아끼는 마음도 그 과정에서는 별로 일어나지 않는 문제가 있다. 그래서 GIS를 보다 질적으로 의미 있고, 보람되게 살피면서 쓰는 것이 중요하다고 생각해서 이 글을 쓴다.

---

1) 훈민정음 서문에 국지어음 이호중국(國之語音 異呼中國) 여문자 불상유통(與文字 不相流通)으로 되어 있고, 그 뜻은 나랏말이 중국에 달라 (중국)문자와는 서로 통하지(서로 맞지) 아니할 제에서, '유통(流通)'이란 서로간의 상호작용으로 뜻이 통함을 뜻하는데, 여기서는 서문의 뜻을 그대로 사용한다.
2) 땅꿈이란 서민들의 삶이 이루어지는 구체적 장소를 기반으로 하는, 소박하지만 실제적이고, 퇴색하지 않으며, 실현 가능한 아랫것들의 미래에 대한 꿈, 계획, 설계들을 말한다.
3) 노자 저, 김학주 옮김, 2011, 노자(老子), 연암서가, pp. 283-284.
4) Geographic Information System, 지리 정보 체계의 약자

▲ 그림 1·1 **스마트 폰에서 지리 정보(GIS: Geographical Information System)의 이용** 최근에 자주 쓰는 지도 앱(카카오)을 통해 특정 장소(막현리 마을회관)와 거기에 가는 길을 검색한 화면이다.

1) 장소에서 땅꿈을 꾸게 된다.

이 책을 읽는 사람은 지금부터 "당신이 멋있다고 생각하는 그것이 왜 거기에 있고, 당신이 중요하다고 생각하는 그 일(사건)이 왜 거기서 일어났는지", 그리고 "그것은 나 또는 우리(가족, 마을, 읍면, 시군, 나라)와 어떤 관련이 있는지"를 생각해가면서 이 책을 읽어 주기 바란다. 그렇게 하는 것이 바로 땅의 이치와 땅꿈에 접근하는 시작이고, 나와 우리를 사랑하는 길의 시작이며, 이 책의 주제인 장소를 이해하는 지름길이기 때문이다.

필자는 지리(地理; Geography)를 많이 공부하지 않은 사람들을 위해서 이 책을 쓴다. 왜 이런 책이 필요한가? 그것은 아주 보통 사람들이 자기 꿈과 그에 관련된 땅인 장소(場所; Place)를 아는 데 조금이나마 도움을 주기 위해서이다. 그것은 우리 땅을 아는 것이며, 더 나아가서 나와 우리 가족, 그리고 우리나라를 사랑하는 것에 도움을 줄 수 있기 때문이다.

어린아이든, 어른이든, 뛰어난 사람이든, 그렇지 못한 사람이든……, 우리 모두가 매일매일 느끼고, 쓰고, 즐기고, 행동하고 있는 '땅의 이치(=地理)' 중 일부를 각자가 가지고 있는 추억 중의 일부와 관련시켜 보고, 그를 해석하여 우리가 우리 땅과 조금 더 친해지고, 의미 있는 삶을 이루기를 바라서이다. 그래서 비슷한 추억을 가진 사람들이 서로를 이해하도록 하며, 지친 몸과 마음을 어디라도 놓고, 조금이라도 쉴 수 있었으면 한다. 즉, 일상생활에서 무의식중에 사용하는 지리의 원리나 법칙들의 일부를 좀 쉽게 소개·정리하여, 생활의 윤택함과 여유와 꿈이 조금 더 나아지도록 돕고자 한다. 그리고 꼭 지킬만한 가치가 있는 '좁디좁은 한반도'라는 장소를 자랑스러워하고, 거기에 사는 사람들과 같이 흠뻑 느끼고 유통(소통)하면서, 그래서 사람의 냄새와 모습을 땅 위의 장소에서 느끼고, 즐기도록 하고 싶다. 강렬한 향기보다는 은은한 무궁화를 생각하면서 말이다.

▲ 그림 1·2 **서울 궁정동 무궁화동산의 무궁화** 한반도라는 장소는 크기에 비하여 다양성이 풍부하고, 외국 사람들의 관심도 많이 받는 장소이다. 그것은 한반도의 위치와 자연 및 거기에 사는 사람들의 활동에서 오는 특성이다. 무궁화는 특별한 향기는 없지만 그래도 끈질기게 살아나고, 끊임없이 꽃을 피우는 우리 한반도의 상징인 꽃이다. 그와 같이 한민족도 왜 그런지 많이 참아야 하고, 화려하기 보다는 속뜻이 깊어야 하고, 실속이 있어야 하는 데, 그것은 마치 무궁화처럼 우리네 삶이 우리 땅과 장소에서 잘 어울리는 것과 같은 이치라고 하겠다.

우리나라 사람들은 다른 나라 사람들에 비하여 비록 학교에서는 지리를 배울 기회가 적었지만[5], 각자가 하고 있는 매일매일 일상적인 일… 즉, '삶의 밑바탕'에는 여러 지리 원리와 법칙들이 깔려 있고, 다른 나라 사람들보다 훨씬 많이, 그리고 훌륭하게 지리를 쓰고 있다는 것을 알 필요가 있다. 또한 우리가 지리를 잘못 알고 있는 것도 적지 않기 때문에, 그릇된 지식을 다시 정리할 필요도 조금은 있다고 생각한다.

우리는 자기가 살고 있는 장소에서 하늘과 땅을 바라보고 느끼면서, 이웃과 얼굴을 마주하여 마음을 열고, 서로 통하면서 생활하고 있다. 그러므로 실제로는 우리가 매일 쓰면서도 그 뜻과 의미를 잘 알지 못하는 여러 지리의 원리와 법칙, 또는 사실들의 일부라도 쉽게 이해하고, 다시 정리하는 데에 가벼운 도움을 줄 수 있는 책이 필요하다.[6]

---

5) 권력과 교육과정: 교육과정이 개정될 때마다, 정권과 결합되는 특정 교과목이 중시되는 이상한 교육 환경에서, 지리는 일상생활에서 정말 중요한 과목이지만 늘 정치와 권력의 측면에서 경시되어 왔다. 말하자면, 역사나 정치 관련 과목이 중요시되는 교육과정이 임기응변식으로 만들어져 왔다. 때문에 중립적 입장을 취하는 과목인 지리는 상대적으로 배우는 시간을 많이 줄여서 교육하게 한다. 세계는 아직도 너무 넓고 우리가 나서서 활동해야 할 무대이지만, 말로는 지구촌 시대라고 하면서도 교육은 아직도 조선 말기의 쇄국 정책을 쓰고 있다. 그래서 우리는 아직도 너무 '우물 안의 개구리'를 만드는 교육과정을 운영하려고 한다. 대학에 입학하면 외국에 나가서 배우는 현지 여행을 많이 하면서 각자가 스스로 세계의 장소에 대해서 체험으로 배우기는 한다. 그렇지만 우리나라와 현지와의 상호보완적 관계보다는 단순한 관광, 여행, 취미의 측면에서만 접근하면서 현지를 몸으로 체험하는 학습에 정말 값비싼 대가를 치르고는 있다. 그래도 그렇게라도 기회를 갖는 것이 다행한 일이기는 하지만, 교육과정에서도 이런 경험을 체계적으로 지도할 필요가 정말 절실하다. 그런 면에서 권력자와 야합하는 교육과정의 왜곡은 이제는 이 땅에서 사라지길 바란다.

6) 우리나라의 현대 지리학은 상당한 수준에 도달해 있지만, 지리학이 발달할수록 지리 연구, 전공 관련 서적들은 대중과 함께 호흡하지 못하고 오히려 점점 더 대중에게서 멀어지는 느낌을 주는 것은 안타까운 일이었다. 그래서 일반 대중들이 자기가 매일 쓰면서도 동떨어져 있는 듯한 지리라는 것에 조금 더 다가가고, 조금 더 그 의미를 알도록 하자는 뜻에서 본 글을 시작하게 되었다.

▲ 그림 1·3(좌) **지구의 모양을 본떠 만든 지구본**

▲ 그림 1·3(우) **지구본에서 본 한반도의 위치** 한반도라는 장소는 동북아시아의 끝부분에 있지만 거꾸로 세우면 '한반도는 작지만 태평양을 향해서 뻗은 열린 다리와 같은 위치'로 육지와 바다를 연결하는 다리, 중간 구역, 충격을 줄여 주는 완충 지역, 두 지대의 성격이 섞여 있는 점이 지대, 중재 역할을 하는 장소이다.

우리 한민족은 이 세상의 어떤 민족보다도 자주, 그리고 멋있게 땅 위의 여러 장소들을 알고, 이름을 붙이고, 아끼고 사랑하면서 오랫동안 그들 가운데를 오가면서 살아 왔다. 그래서 우리는 "지리학(地理學; Geography)이 '땅의 기록'이라는 의미나, 또는 '장소의 과학(Science of Place)'이다.[7]"라는 어려운 학문상의 뜻은 잘 모르지만, 땅을 잘 살펴서 그것을 그려 놓았고, 그 땅의 이치인 지리를 잘 이용하였고, 아주 친근하게 땅 위의 장소와 영향을 주고받으며, 지리를 실행하면서 살아온 민족이다.

한때 어떤 이가 "아는 만큼 보인다."라는 말로 우리 역사와 문화를 이야기하여, 많은 사람들에게 그 말이 회자된 적이 있다. 생각해 보면 그 말은 틀린 말은 아니지만 꼭 맞는 말도 아니고, 가뜩이나 알지 못해서 어려워하는 우리 같은 초심자들에게는 상당히 곤란한 말이기도 했다. "언제 알 정도로 되어서 이 땅을 보게 될 것인가?"라는 의문은 필자로 하여금 무척 당황하게 하였던 말이었다. 생각해 보면 그것은 연역법이라는 추론의 원리를 귀납적으로 공부하는 사람들에게 적용한 말인데, 내 실력이 어중간하여서 그리 혼란을 당하게 되었던 것으로 보인다.[8]

---

7) Vidal de la Blache는 "la géographie est la science des lieux et non celle des homes,"라 하여 "Geography is the science of places, not that of men.(지리학은 장소의 과학으로, 사람에 대한 것이 아니다.)"라고 기술하여 장소가 지리학 연구의 핵심임을 밝혔다. Vincent Berdoulay, 1989, Place, meaning, and discourse in French language geography, in Agnew and Duncan, Ed. 1989, The Power of Place, Unwin Hyman, Inc. pp. 129–139.

8) 연역법이란 대전제 – 소전제 – 결론으로 구성되는 논법이다. 가령 "사람은 모두 죽는다(대전제). 공자는 사람이다(소전제), 그러므로 공자는 죽는다(도출된 결론)." 식으로 일반적인 큰 것을 알고 작은 특수한 경우에 대한 판단을 내리게 되는 방법이라서 대전제를 알아야 쓸 수 있다. 그에 대해서 귀납법은 좀 약하기는 하지만 가령, "참새라는 새는 날 수 있다. 꾀꼬리라는 새도 날 수 있다. 비둘기라는 새도 날 수 있다. 따라서 모든 새는 날 수 있다(일반화한 결론)."는 식으로 일반화한 결론을 내리게 되는 법이다. 이것이 반드시 참일 수는 없지만, 세상의 수많은 특수한 경우를 정리할 수 있는 강력한 방법이다. 사회과학은 대체로 귀납법에 따라서 연구하게 되는 경우가 많다.

그래서 나는 학생들에게 "자꾸 보면 조금씩 알게 된다. 보면 볼수록 좀 더 자세하게 볼 수 있고, 가까이 가면 갈수록 좀 더 많이 볼 수 있고, 구체적으로 점차 알게도 된다. 그러니 겁내지 말고 자꾸 보도록 하자."라고 말했었고, 현지답사를 중요시하여 왔다. 잘은 모르지만 적어도 장소에 대한 공부나 접근은 내 말이 틀리지는 않을 것이다. 그리고 그렇게 자꾸 보아야만 우리 땅도 조금씩 알게 되고, 보면 볼수록 사랑스러워져서 애국심이라는 것도 자연히 생기게 되는 것이다. 그러니 잘 모른다고 걱정하지 말고, 즐기면서 살피고 다니길 바란다. 그러나 '노력 없이 알게 되는 것은 없다.'는 것도 꼭 기억했으면 한다.

(1) 장소 이야기의 시작 인사: 북촌(北村) 이야기

우리 민족의 지리에 대한 관심, 즉 '땅에 대한 사랑'을 가장 잘 나타내는 말이 바로 "어디 가세요?"라는 인사말이다. 흔히 우리가 건네는 이 인사말 속에는 우리 민족의 땅(대지; Mother Earth)과 장소(場所, Place)에 대한 깊은 사랑과 관심, 느낌, 태도, 행동 등이 그대로 녹아 있다. 즉, "어디 가세요?"라는 인사말은 우리나라 사람들이 땅 위의 특정 장소에 대한 사랑을 가지고 일상의 삶 속에서 자주 건네는 인사말이다. 왜 그런 인사말을 사용할까?

장소란 사람이 만든 개성이 있는 땅의 한 부분이다. 모든 장소는 '사람들이 바라보고, 경험하는 땅의 상태'로, 사람들은 그 상태에서 영향을 받으면서 그 땅을 받아들인다. 우리는 땅 위의 행위자로서 늘 어떤 땅 위의 장소 속에 있어 왔다.[9] 그리고 그 곳에서 이루어지는 사람들의 활동을 통하여 서로(우리)는 관련되어 있다.[10] 그 관련 속에서 장소는 장소마다 독특한 성질인 개성이 드러나고, 변화하기도 한다. 장소는 본래 지리학에서보다 일반 대중들이 많이 썼던 말이라는 주장도 있지만,[11] 사실은 무척 오랜 역사를 가진 용어이다. 그래서 지리학에서는 장소라는 말이 연구의 유행에 따라서 '사용—무시—재사용'의 궤적을 따르면서 사라지기도 하고 그랬다가 다시 나타나기도 했지만, 최근에는 또다시 빈번히 사용되고 있다.

이제 사례 장소인 북촌과 연결하여 이야기를 해 보자.

9) Jackle, Brunn, and Roseman, 1976, Human Spatial Behavior, Duxbury Press, pp. 37-38.

10) Jackle, Brunn, and Roseman, ibid, p. 38

11) 권정화, 2005, 지리사상사 강의노트, pp. 218-219.

▲ 그림 1 • 4 북촌의 거리 모습(가회동)

　그림 1 • 4는 서울시 종로구 가회동의 인력거와 관광객들을 담은 것이다. '북촌이라는 이 장소의 특(개)성'을 즐기기 위하여 외국인 관광객들이 몰려왔다. 우리와 비슷한 동부 아시아에서 온 사람들이 많다.

　이 북촌은 다른 장소와 달리, '그 개성이 한국적인 것(양반적인 것)'이라는 점에서 외국 관광객들이 '관심을 가지고, 보고, 느끼려고' 몰려온다. 자기네가 경험한 외국의 장소와 크게 다르기 때문이다.

▲ 그림 1 • 5-1(좌) 북촌에 나와 있는 달고나(떼기) 장수
▲ 그림 1 • 5-2(우) 떼기 모양

　위 그림은 옛날의 우리, 동양인 여행객들의 향수를 자극한다. 그러나 이들과 앞의 사진에서처럼, 이렇게 무질서한 움직임은 결국은 모두를 쉽게 지치게 한다. 앞에서 본 바와 같이 북촌의 무질서는 본래 '한국의 중심적이고, 멋과 격식이 있고, 정갈한 장소'를 어지러운 장소로 변화시키는 작용을 하는 것이고, 그것이 오래 쌓이면 이 장소는 무질서하고 지저분한 곳이 되는 것이다.

이 북촌이라는 장소의 특성을 살리고 이해하려면, 우선 이 장소에는 상당한 정도의 질서가 요구된다. 본래 이곳이 한국의 중심으로 '한국의 멋과 품격을 가진 북촌'이라는 장소에 '현대의 혼잡함과 분주함이 질서 있게 더해져서' 멋진 북촌으로 만들어가는 것이 본래의 특성을 살리는 바람직한 상호 작용이기 때문이다. 그래서 북촌이 오래도록 잘 유지되려면 여기에 어떤 방향성을 주는 것만이라도 필요하다. 그렇지 않으면 "한국 사람들은 중요하고, 멋지고, 좋은 장소에서도 무질서한 사람들"이라는 수식어가 차츰차츰 붙어가게 될 것이다. 그러니 이제는 좀 천천히 장소를 다시 돌아보면서, 생각하고 가꾸면서, 우리의 장소를 살리기 위해서 질서 있는 행동을 시작해야 한다(2014. 11. 22. 토. 16시경의 사진들).

왜냐하면 여기 북촌은, 조선시대는 물론이고, 1930년대 일제 강점기의 (경성)북촌 재개발을 생각해 보면 정말로 무섭고 겁이 나는 장소이기 때문이다. 이곳 북촌은 역사적으로 조선의 권력이 몰려 있던 핵심적인 한가운데의 장소였고, 권력에 이웃한 장소였으며, 그 권력의 일부는 현재까지도 유지되고 있는 곳이다.[12] 조선시대 정치의 중심이고, 권력을 가진 정승과 대신들이 거주하던 백악의 안쪽 날개의 속이기 때문이다. 이곳은 전체는 아니지만, 화강암이 풍화되어서 깨끗한 은모래가 덮여 있고, 경사도 완만한 낮은 사면을 흘러내리는 맑은 물은 '마실 수 있는 깨끗한 물'로 끊임없이 졸졸 흘렀다. 그러나 일제가 한반도를 강점한 후에 이곳은 한반도에서 가장 심각한 변화를 겪게 된다. 해석에 따라서는 "장소의 수호신(genius loci)"이라는 분위기와 특성이 시간에 따라 여러 번 바뀌었기 때문이다.

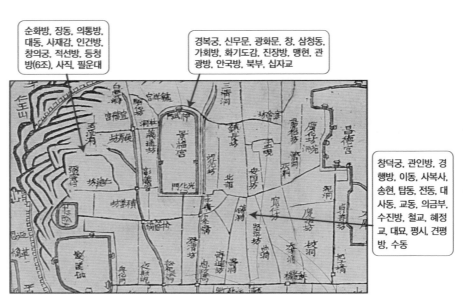

▲ 그림 1·6 한성부 북부; 가회동~종로까지의 대동여지도 지명은 3부분으로 나누어 한글로 표기하였으며, 일부는 수선전도의 지명을 보완·사용하였다. 이곳은 조선시대 왕, 조정, 통치 조직상의 여러 기관, 고관들이 모여 있던 '조선 500년 권력의 핵심부'로 여러 지명이 그들 기관, 궁궐, 창고, 다리, 고위 인사 등의 이름을 따서 붙여진 장소이다.

12) 장규식, 2004, 서울, 공간으로 본 역사, 혜안, p. 18.

한반도가 일제에 강점된 후, 서울은 대한해협을 건너온 일본인과 지방에서 몰려드는 한국인들로 초만원을 이루었다. 타의에 의한 반 강제적 도시화가 시작된 것이다. 일본인은 조선시대 중인들이 살던 '청계천 남쪽의 남촌'에 자리를 잡으며 일식 가옥을 지었고, 근대적 상하수도와 전기 시설을 갖춘, 당시에는 최고의 문명 지구로 개발하였다. 주로 상공업을 하는 일본인들이라서 돈도 많았고, 일본에서도 서구화한 족속들이기 때문에 한껏 분위기를 서양식으로 바꾸었다.

그에 대하여 한국인들은 북쪽 북촌에 기와집이나 초가집을 짓고 살았다. 저 넓은 언덕에 드문드문 서 있는 고관대작들의 대저택들을 상상해 보자. 아마 현재 주택의 3~6동 정도를 합해야 집터 한필지의 규모가 될 것이다. 가령 세종대왕의 스승이었던 맹사성도 가회동 꼭대기에 살았다. 경복궁으로 출퇴근하면서 언덕을 넘었는데, 그는 소를 타고 피리를 불면서 다녔다. 참 운치 있는 출근길이었다. 그래서 사람들은 그 언덕을 맹현(孟峴)이라고 했다. 지금의 가회동이다. 이곳은 말하자면 유명 인사가 살아서 이름이 붙은 장소명과 조선 조정의 여러 기관이 모여 있어서 생긴 장소명이 대부분인, 조선시대 권력의 핵심부가 있던 장소임이 지명으로도 쉽게 확인되는 장소인 것이다. 앞의 대동여지도에서 지명과 위치를 보면 경복궁의 전후와 좌우는 조선을 대표하는 서울의 핵심 장소였던 것을 쉽게 확인할 수 있다.

▲ 그림 1・7 **가회동 31번지 북촌 골목 풍경** 1930년대에 북촌 땅을 불하받아 지은 한옥들의 처마 선이 잘 보인다. 많은 관광객들이 조선의 전통 주택 지구로 이곳을 찾고 있지만, 본래의 조선의 권력가들이 살던 장소 그대로는 아니다. 그 장소의 속뜻은 살아 있지만, 겉모습으로 나타나는 조선식 경관은 사실상 어설프게 모두가 바뀐 장소이다.

"1920년대 인구가 폭발하면서 총독부는 이 고관들이 살던 큰 집터의 땅들을 모아서 주택 건설업자에게 불하하여 개발했다. 남촌이 밀집되면서 북촌으로 진출하려는 일본 업자들에 맞서 한국 건설업체들은 경쟁하듯 북촌 땅을 매입해 거대한 필지를 수개 내지 수십 개로 나누어서,

대청 유리문과 처마 함석 챙이 있는 '구조와 모양이 모두 똑같은 표준형 한옥'들을 줄 맞춰서 지었다. 이렇게 땅의 필지가 세분화되는 것을 도시화의 지표로 삼는 연구도 있을 만큼, 필지 세분화는 도시 성장과 도시 변화를 잘 반영하는 것이다. 그만큼 인구 밀도가 조밀해지고 인구가 늘었다는 뜻인 것이다.

또한 현재의 북촌을 봐도 알겠지만, 우리나라의 토지 분할은 주된 도로만이 계획적이고, 그 뒷골목은 대체로 자연적으로 형성되는 미로형이 많았기 때문에 이런 직선 도로로 이루어진 주택지는 본래 없었다. 또한 상하수도, 전기도 없이 초가집에 살던 조선인들도 힘 있는 사람들에게 한정된 것이기는 했지만, 주택의 분할 건축으로 상하수도와 전기 등의 편의 시설이 있는 '근대적 자기 집(마이 홈)'이 생긴 것이다. 조선이 망하자 그 권력의 핵심부인 정치적 장소가 상업적 장소로 바뀌는 대사건이 일어났던 것이고, 나라 잃은 슬픔이 표준화된 틀로 새겨진 장소가 된 것이다. 여러 업체 가운데 정세권이 운영하던 회사(건양사)는 그래도 양질의 건설 업체였다."(조선닷컴, 2016. 2. 17. 박종인, '땅의 역사')[13]. 정세권은 표준 한옥을 지으면서 물산 장려 운동으로 민족의 혼을 일깨운, 비교적 일찍 개화된 사람이었고, 조선어학회를 지원했던 사람이었으니, 제대로 돈을 벌어서 보람 있게 쓴 사람이었다.

한국인들을 위한 주택 개발을 한국인이 하지 않았다면 우리가 바라보는 현재의 삼청동, 가회동의 한성부 북촌의 모습은 대량의 적산 주택 단지이고, 일식 건물 단지이지 결코 '한옥 집단 지구'가 아닐 것이다. 이 장소를, 일제의 일식 가옥 지구가 될 뻔했던 자리를 한옥 주택 단지로 만들었고, 경복궁~한옥 집단 지구~창덕궁으로 연결되는 조선 권력이 이어지는 장소 특성을 조금은 살려냈으니, 그래도 그것이 무척 대단한 것이다. 그 한옥들이 전통과 기풍을 가진 아주 아름답고, '조선의 멋을 제대로 살린 본래의 고래 등 같은 주택'을 헐어 버렸으므로 본래의 장소는 우선 사라졌다. 그리고 새로 지은 "어중간한 표준 근대 개량 한옥"의 장소가 되었지만, 그래도 그나마 다행이니, 앞으로의 유지와 보존이 더 중요한 의미를 갖는 장소인 것이다. 그래서 한국의 '전통 한옥 지구'라고 알려진 장소만큼은 질서가 있고, 정결한 모습의 장소가 되었으면 한다.[14]

그리고 이런 북촌의 특성을 살리는 장소들로 북악산, 인왕산, 낙산과 그 아래의 조선 조정의 시설들인 경복궁, 비원, 사직단, 종묘 및 여러 대문들과 성벽을 연결해서 생각해 보면서, 북촌의 경관을 재음미하는 것이 좋겠다.

왜 그런 시설들이 그 장소에 있게 되었는가? 그 속에 무슨 원리가 있는가?

---

13) 박종인, 2016. 땅의 역사. 북촌에 가시거든 애국자 정세권을 찾아보십시오. 조선닷컴, 2016. 2. 17.
14) 우리나라 쓰레기 수거 체계로는 이곳을 깨끗이 하기는 어렵다. 그래서 이곳은 특별히 쓰레기통도 넉넉히 비치하고, 화장실도 충분히 만들어 놓기를 서울시에 바라는 마음이다.

▲ 그림 1·8 **서울 사직공원의 사직단** 서촌의 끝, 인왕산 아래의 사직공원에 설치되어 있다. 토지신과 곡식신을 모시고 제사를 지내던 장소로 나라의 기틀을 상징하는 장소이며, 봉건시대에 땅의 의미를 알게 해 주는 장소이다. 토지신은 동쪽(홍살문 있는 쪽의 계단으로 올라간다.), 곡식신은 서쪽(소나무 옆)의 단에 모셔서 제사를 지낸다.[15] 이는 조선의 기틀인 한성을 중국 주나라의 도시 건설 원리인 고공기(考工記)에 따라 설치한, 조금 부끄러운 장소이다.

우리는 "누구도 땅 위의 장소와 관련 없이는 한시도 살아 있을 수 없으며, 그 누구라도 반드시 특정한 땅(토지) 위의 장소에 소속되어야 존재할 수 있다(와쯔지(和辻))."[16]는 말처럼, 우리는 반드시 어떤 장소와 관련을 맺고 그 장소에서 살고 있다. 그런데 장소(場所)란 "어떤 일이나 사건이 일어나거나, 존재하거나, 주변과 영향을 주고받는 곳"이므로 이 세상(땅)의 모든 물체는 각기 어떤 장소라는 땅 위에 있었고, 앞으로도 있게 된다. 좀 딱딱하게 말하면, 장소(place)라는 말에는 그곳의 위치(position), 그곳에 있는 사물의 입지(location)와 지점(spot; 공간상의 한 점), 그 지점의 영향권(sphere)과 이동(move), 다른 장소와의 관련(relation), 지점의 이름(place name; toponym), 그 지점의 특성 등의 의미가 포함되어 있다. 또한 어떤 사건의 현장(venue; 사건이 일어난 곳)과 그 곳의 성격, 그곳에 사는 주민들의 느낌과 인식(perception), 주민과의 상호 작용(interaction) 등의 여러 뜻들도 장소라는 말 속에 들어 있다[17].

따라서 장소는 움직이는 항공기 속, 여객선 선실 속의 의자나 갑판에도 있고, 이동하는 집시의 텐트 속에도 있으니, 늘 고정적으로만 생각할 필요는 없는 상대적이고 가변적일 수 있는

---

15) 김정호 저 1866, 임승표 역주 2004, 대동지지(大東地志), 이회문화사, p. 53.

16) 和辻哲郎(화쯔지데쯔로), 1981, 風土, 岩波書店, p. 9.

17) 장소가 하나의 점으로 나타난다고 해도 그것은 스케일의 문제이며, 실제는 공간이다. 그리고 그 장소는 반드시 일정한 범위(sphere: 같은 성질이 나타나는 유사성의 범위나 혹은 그 장소가 주변에 영향을 미치는 상호 작용의 강약 등으로 인식되는 공간 범위)를 갖게 되고, 개성(uniqueness: 장소가 가진 성격)과 이름(name: 장소의 이름(地名)도 갖고 있다. 또한 우리가 인식하는 장소는 반드시 어떤 시작점과 확장되는 공간, 장소의 경계를 가지면서 그 범위가 넓어지거나 좁아진다.

지점이다. 그래서 장소는 단순히 위치나 장소명만을 나타내는 것이 아니고, 사람과의 상호 작용이나 관계를 갖는 개성이 있는 곳으로, 위치 그 이상의 것이다.[18]

그런데 어떤 장소의 개성이 크면 클수록 그것은 바로 다른 곳과 차이가 크다는 뜻이고, 다른 곳과 차이가 크면 클수록 다른 곳과의 연결은 더욱더 강하게 가지려 작용한다. 그렇게 되면 변화가 더 빠르고, 서로 급하게 보완하여 차이를 줄이는 것이 자연의 법칙이다. 즉, 물이 높은 곳에서 아래의 평지로 흘러내리는 원리와 같이 인간의 활동도 차이가 큰 곳과의 상호 작용이라고 부르는 연결은 더 크고, 많고, 강하게 되며, 그래서 대체로 빨리 변하게 된다. 다른 이야기지만, 우리는 가난한 사람들이 사는 빈민가에서 폭동이나 혁명이 잘 일어나고, 낡고 오래된 슬럼 지구에서 최첨단의 주택 개발이 자주 일어남을 보는데, 이는 바로 장소 간의 큰 차이라는 특성에 관련이 있는 인간사이다. 우리가 정신을 못 차리고 혁신을 못하는 특색을 가진 나라로 있었으니, 조선이라는 나라는 일시에 빠르게 무너진(변한) 것이다.

장소는 우리가 마음을 얹어서 바라보게 되면, 다른 장소와의 차이가 아주 잘 보이는 법이고, 그래서 그 선명한 특성의 장소에 대한 느낌이 우리 마음속에 또한 선명하게 자리하게 되는 것이다. 보통 그런 곳은 자기가 태어나서 자란 고향이기는 하다. 그런데 과거의 우리 조상들은 양반은 양반대로, 천민은 천민대로 그들의 일상생활에서 바로 그 장소들의 차이를 줄이는 것이 아니라 더 크게 만들어냈다. 서로 간에 어울리지 못하도록 칸막이를 하고 살아온 것이 우리의 역사였다. 그래서 만들어진 그 장소 간의 차이가 너무 크기 때문에 현재의 여러 가지가 무척 빠르게 변하고, 긴박한 상호 작용으로 현재의 생활들이 쉴 틈이 없이 움직이게 되는데, 그것은 일종의 위치 에너지가 작용하는 것과 같은 원리이다.

장소와 장소 간에 움직이는 것은 물자, 상품, 에너지, 정보, 사람 등(흔히 mass와 energy라고 함) 여러 가지가 있고, 그 움직임이 잘 되도록 하천이나 운하, 철도나 도로가 만들어지고, 파이프라인이나 전선 또는 광 랜, 무선 장치, 와이파이(Wi-Fi)들이 설치되는 것이다. 그것들은 모두 두 장소 간의 차이를 메워 주는 상호 보완성(Complementarity)에 따라서 움직이는 것을 돕는 것들이지만, 결과적으로는 두 장소 간의 차이를 더욱 크게 한다는 아이러니한 측면이 있는 것도 우리의 인간사이다. 따라서 우리의 일상생활은 장소의 차이에 따라서 영향을 받고, 그 차이를 줄이기 위해서 움직이려고 노력한다. 그러나 결과적으로 두 장소 간의 상대적인 차이는 줄어들지라도 최대와 최저 간의 절대적인 차이는 더 커지는 결과를 가져오게 된다. 그런데 조선 5백 년 동안은 그 차이가 점점 더 커지도록 하는 것이 정치였고, 역사적 사건들이었으니 한심한 노릇이다.

앞의 사직단은 중국 주나라의 고공기(考工記)라는 도시 건축의 원리에 따라서 왕의 자리에서 남쪽을 향하여서 우측(서쪽)에 만든 것이다.[19] 이는 조선의 수도(서울) 건축이 중국의 고대 원리를 따랐다는 면에서 조금 부끄러운 측면도 있다. 그렇지만 우리 민족도 봉건시대에 '땅과

18) Relph, E. 1976, Place and Placelessness, 김덕현 등, 2005, 역, 장소와 장소상실, 논형, pp. 28-30.
19) 이 도시 건축의 기본 원리를 전조후시 좌묘우사(前朝後市 左廟右社)라고 주례의 고공기는 밝혔다.

곡식을 나라의 근본으로 삼았음'을 보이는 것이니, 나라나 개인이나 중간의 지방 행정 기관이나 모두 땅과 곡식을 기반으로 조직된 사회(=봉건)라는 것을 나타내는 것은 틀림없다.

그런 의미에서 필자는 종묘나 경복궁보다 이 사직단이 서민에게는 사실 훨씬 더 의미심장한 장소라고 생각한다. 왜냐하면, 이곳은 왕이나 양반이나 상민이나 천민이나 모두 살아가는 데 없어서는 안 될 곡식과 토지의 의미를 새기고, 예를 표하는 장소이기 때문이다. 이런 장소의 의미를 제대로 알려면 본질을 보는 눈이 필요하다. '대학 정심장(大學 正心章)'은 "마음이 나가면, 보아도 보이지 않고, 들어도 들리지 않고, 먹어도 그 맛을 모른다(심부재언, 시이불견, 청이불문, 식이부지기미: 心不在焉, 視而不見, 聽而不聞, 食而 不知其味)"라고 했다. 그러니 장소의 중요성을 알려면 먼저 마음을 얹어서 눈을 크게 뜨고 '땅과 사람'을 보아야 비로소 그 장소들이 보일 것이니, 마음이 실린 시선이 중요한 것이다. 마음이 없는 시선으로는 보아야 무엇 하나 잡히지 않고, 그래서 장소 또한 의미가 없는, 장소 아닌 비장소(non-place)가 된다.

(2) 장소의 확인: "어디 가세요?"

나는 어렸을 때 놀러가거나 학교에 가면서, 또는 심부름을 가면서 시골의 고샅길을 돌아다녔는데, 그 도중에 여러 사람들을 만나곤 하였다. 마을에서 어른들이나 동료들, 혹은 나이 어린 손아래 사람 등 누구에게나 구별 없이 서로 마주쳤을 때, 시간과 장소에 상관없이 건네는 인사가 "어디 가세요?"였다. 물론 아침, 점심, 저녁 식사의 전후 시간에는 식사에 대한 인사를 같이 사용했고, 아주 오랜만에 만나는 사람에게는 "안녕하세요?"라는 인사말을 사용하기도 했지만, 그런 인사말들보다 사용 빈도가 훨씬 높은 인사말은 언제나 "어디 가세요?"(어디 가니?, 어디 가? 등)였고, 이는 '한국인들의 장소에 대한 관심과 의문'을 잘 나타내는 인사말이었다. 물론 이 인사에서는 '구체적인 장소'를 알려고 하지는 않는다.

그런데 이런 인사말을 만나자 마자 건네는 경우는 외국에서는 찾기 어렵다. 어느 나라에서건 먼저 통상적으로는 "안녕하십니까?(How ar you? / Hi / Good morning 등등)"라는 인사말을 건네고 나서, 다음 단계의 이야기로 "날씨가 좋습니다." 혹은 "어디 가십니까?" 등의 말을 건네기 때문이다. 따라서 이런 인사를 처음부터 건네는 것은 우리 조상들이 무엇보다 땅과 장소에 밀착된, 땅과 어울린 생활을 했음을 나타내는 증거라고 할 수 있다.

'장소(場所; place)'라는 말은 동아시아의 한자 문화권에서는 모두 쓰고 있는 말로, 우리나라, 중국, 일본이 모두 같은 한자의 글자를 쓰고, 뜻도 거의 같다. 그러나 중국과 일본에는 우리나라와 달리 장소와 매우 비슷한 사용 빈도를 보이는 '경우'라는 뜻을 나타내는 말인 '장합[場合: 중국은 'changhe'라고 말하고, 일본은 'baai'라고 말한다.]'이라는 말이 장소라는 뜻을 약간 포함하면서, 아주 자주 사용되고 있는 것이 다르다. 그들은 한자를 자기네 문자로 쓰고 있고, 장소란 말이 한자어이니까 우리와 약간은 다른 쓰임을 보이는 것은 어찌 보면 당연한 결과이다. 따라서 장소란 말은, 우리에게는 '○○하는 곳' 혹은 '거기'라는 말이 있음에도 불구하고 중국이나 일본보다 거의 2배의 높은 빈도로 아주 폭넓게 쓰이는 말이라는 것이 중요하다.

왜 이렇게 장소에 관한 인사말이 이웃 나라들과 달리, 맨 처음 만나는 아주 중요한 때에 인사로 건네어지는가? 우선 이 말의 뜻과 그 말이 건네어지는 분위기의 차이를 들 수 있다. 즉, "어디 가세요?"라는 인사말은 당신은 지금 어떤 상태이고, 무슨 생각을 하며, 무슨 일을 하는 중이고, 어떤 목적으로 움직이는가 등의 뜻을 '가볍게, 그리고 상대방이 곤란하지 않게 배려하면서 물어 보는 인사말'이다. 상대편도 그 인사에 대해서 "저기(조기)요." 혹은 "그냥요." 또는 "가게에 뭣 좀 사려고요." 혹은 "장에요." 등과 같이 구체적이지 않지만 상대방의 인사에 "고맙다."는 뜻을 넣어서, 그리고 상대방을 배려하면서 약간은 알려 주고, 또 약간은 애매하게 얼버무리는 인사로 이용한다는 점이다.

이런 점에서 이 인사말은 모르는 사람에게는 쓸 수 없는 인사이다. 서로 잘 알고, 아주 자주 만나고, 또 약간의 실례를 해도 무방한, 친밀한 관계에서만 사용될 수 있는 인사말이며, 공동체 구성원을 확인하는 인사법으로, 애매하지만 상징성이 높은 말이다. 즉, "어디 가세요?"라는 인사말은 장소를 바탕으로 결속력이 아주 강한 공동체(community) 속에서만 사용할 수 있는 인사로, 장소에 대해 묻고 장소로 대답하면서, 그리고 구체적이지는 않지만 거의 모든 것을 서로 믿음이 있는 눈으로 바라보는 눈빛과 함께 사용하는 의사소통이었다. 말하자면 복잡한 여러 가지를 묶어서 말은 오히려 단순하게, 그러나 친절하게 물어 보는 면 대 면(face to face)의 인사말이 '어디 가세요?'였다.

본래 장소는 우리와 주변의 모든 것들 – 사람, 환경, 지역과의 상호 작용을 연결시키는 허브(Hub)의 역할을 하는 바탕이다. 따라서 사람, 그리고 사람과 사람, 그룹이나 계층, 집단에 대한 연구를 하는 사회과학은 구체적 장소에서 움직임과 관련을 같이 연구하였다. 또한 역사는 그 사건이 일어난 장소의 상황을 파악해야 하므로, 본래 지리와 같이 연구를 수행했었다. 그러나 1950년대의 전문적 분파주의를 거치면서 각자의 분야만을 따로 떼어서 연구하기 시작하게 되었다. 연구의 성과는 많아졌는데 인접한 분야나 밑바탕이 되는 학문 분야와의 상호 작용은 거의 없어서, 옆에서 무엇을 하는 지도 모르게 되었다. 그러나 정보 혁명이 일어나고 4차 산업 혁명을 거치면서, 이제는 학제 간의 연구나 서로의 융합과 통합 연구가 중요해졌다. 그러게 되면서 연결의 허브로, 바탕이 되는 장소의 기능과 역할이 마찬가지로 아주 중요해졌다.

그런데 장소의 특성과 위치를 나타내면서 장소를 대표하는 장소 이름(장소 명)은 장소에 대한 뜻을 풀이하면서 동시에 그 장소를 상징한다. 가령 진산(珍山)은 '보배로운 산'으로 산이 많은 장소이면서도, 다른 장소와 연결성이 높아서 보배와 같은 산이 있는 장소라는 상징을 가진다. 여기서 진산은 우선 '대둔산을 상징'하는 이름이고, 또 길이 금산, 대전, 논산, 전주 등지로의 연결이 잘되어서 보배 같은 곳이란 의미도 있다. 거기다가 '상징(象徵)'이라는 말은 본래 '연결하다'라는 의미가 포함되는 단어이기도 하다. 그래서 사람의 이름이나 땅의 이름은 물론이고, 사람들 간에 건네는 인사에서는 상징이 자주 쓰인다.

그러나 일상생활에서 상징이란 '어떤 부호나 기호, 표시 혹은 안내판 등에 사용되며, 어떤 것을 대신하거나, 표상 혹은 외연으로 나타내는 것'이라고 본다. 그래서 상징은 표현, 대표, 개념화의 기능을 갖는다.[20] 따라서 상징성 높은 인사말을 공동체 사회에서는 아주 흔히 쓰게 되는 것이다. 그래서 서로 은유적이고 간접적인 표현으로 소통하게 되고, 장소를 묻는 인사를 하게 된다.

그런데 장소를 이루는 땅은 참으로 늘 공평했다. 높은 자리의 양반도, 그 밑에서 종살이를 하는 하층민도 누구나 땅을 갈고 씨앗을 심으면, "콩 심은 데 콩 나고 팥 심은 데 팥이 났으며", 김매고 북돋우면 잘 자라서 많은 결실을 맺게 해 주고, 버려두면 별로 열리지 않아서 아주 공평함을 보여 준다. 어디 그뿐이랴! 튀어나온 땅은 깎이고, 파여진 땅은 메워졌으며, 큰 땅은 작게 나뉘고, 작은 땅은 크게 합쳐지니 세상의 여러 원리가 땅속과 땅 위의 장소에 있는 것이다. 그러니, 하층민들은 이 땅을 보면 마음이 즐거워지고, 희망이 솟아났고, 어려워도 참고 살 수 있는 용기가 생겼다. 흔히 천민들이 농사짓는 땅에서는 양반이 농사짓는 땅에서보다 소출이 훨씬 더 많이 나왔으니, 땅을 통해서 비로소 양반을 능가할 수 있음을 확인하여, 억눌린 천한 사람들이 유일하게 즐거워하는 장소가 땅(경지)이 있는 곳이었다. 그래서 역대의 천민들이 일으킨 신분 해방 운동의 계기는 모두 땅을 매개로 하는 장소였음을 알아야 한다. 제아무리 바르다는 그 누구도 가르쳐 주지 않았던 '땅의 원리인 평등한 삶'을 땅과 그 위의 장소가 말없이 천민들에게 가르쳐 주었던 것이다. 따라서 우리 민족, 우리나라, 우리 문화를 알려면 땅과 장소를 알아야 하는 것이고, 그를 모르고는 결코 제대로 우리를 알 수는 없는 것이다. 그러니 거기서 꾸는 꿈도 평등한 꿈이다.

물론 양반도 땅을 보면 즐거웠다. 힘이 있는 양반일수록 넓은 땅을 소유했고, 많은 소득을 얻을 수 있었으며, 그래서 자기의 힘과 권력을 과시하면서 무엇이든 하고 싶은 일을 자기가 사는 장소에서 거의 다 했으니 말이다. 양반들은 자기네에게 주어졌던 경기도의 땅이 부족하면 충청도로 내려가서 땅을 사서 경작하게 하였고, 그 과정에서 자기네의 힘을 더욱더 크게 확장시켰다. 가끔 양심적인 양반들이 있었지만, 그래도 자기네들이 좋아하는 말인 '나물 먹고 물 마시는' 사람은 없었고, 시혜를 조금 베푼 사람은 아주 드물게 '가뭄에 콩 나듯이' 있기는 했었다. 그리고 상당수의 상류층 양반들은 시혜를 베푸는 것에 무관심했고, 마지못해 베푸는 것도 권력과의 관련으로 시행했으니, 땅의 본질인 '평등과 진리와 생명'을 제대로 알지는 못했고 '땅꿈'같은 것도 없었다.

---

20) 이규목, 1988, 도시와 상징, 일지사, pp. 19-26.

우리나라 사람들은 과거 천 년 동안 신분의 제약 때문에 별로 이동하지도 못하고, 한 장소에서 땅만 보면서 오랫동안 살아왔다. 그래서 우리 조상들은 다른 나라에 대한 지리 정보나 지식이 별로 없었고, 다른 모험이나 도전을 생각할 수도 없는 환경이었다. 남의 노비로 도망가다가 잡히면 얼굴에 낙인이 찍혔고, 죽여도 무방했으니 말이다. 너무 오랫동안 한국의 하층민들은 지배 계층이 주입하는 유교 사상에 젖어서 시키는 대로 하는 것이 도리였고, 자기 마을을 세계로 알고 한 골짜기의 장소에 묶여서 밖의 변화를 몰랐던 것이다. 양반과 지배 계층은 그럴수록 좋아하면서 그 장소에서 자기네의 권력만을 키우고, 하층민을 달래서 오래오래 그 땅을 상대하면서 한곳에서만 살도록 유도한 것이 우리 역사의 대부분이었다.

따라서 자기가 사는 땅과 장소에 대한 사랑은 하층민이 훨씬 강했고, 소박했고, 진실했다. 그래서 그 하층민들은 장소에 아주 밀착된 생활을 운명으로 알고 오랫동안 계속해 오게 되었다. 따라서 그들이 '어떤 사람이 특정한 어떤 장소에 가는 것을 안다는 것'은 대체로 '그 사람이 그 장소에 가는 까닭, 그 사람의 건강 상태, 그 장소와의 관련, 혹은 생활 형편 등을 짐작할 수 있을 정도'로 서로 간에 친하였으므로, "어디 가세요?"라는 인사가 일상생활에서 빈번하게 건네질 수 있었다.

가령 장소의 상징을 서울에서 생각해 보자. 고구려는 북한산 이름을 따서 서울 지역을 '북한산주(한강 북쪽의 장소)'라고 이름을 붙였고, 그 이름은 서울 지역을 나타내는 최초의 지명이었다. 보통 공동체는 상징성을 가지고 장소에서 결속되는데, 그 이유는 '그 장소의 상징성'을 바로 그들 자신이 자연을 인식하고 다른 것과 구별하면서 만들어냈기 때문이다. 그런 의미에서 우리 조상들은 처음에는 서울의 한강만큼이나 북한산을 중요시하였다고 판단된다. 우리가 쓰는 장소 명과 그 뜻에는 이렇게 '고차적인 상징성과 장소에 대한 기술'이 함께 들어 있다. 따라서 장소의 이름과 그 의미를 아는 것이 장소 연구의 시초라고 하겠다.

◀ 그림 1·9 서울의 상징인 북한산, 일명 삼각산(三角山, 837m) 서울의 최초 이름은 북한산주이고 따라서 이 산은 서울이란 지명을 유래시킨 산이다. 삼각산은 북한산의 세 봉우리(백운대, 인수봉, 만경대)를 가리키는 이름이고, 가장 높은 봉우리는 백운대이다. 그중 인수봉은 꼭대기에 놓인 돌이 마치 어머니가 아기를 업은 모양이라고 하여 부아악(負兒岳)이라고도 하였지만 어려운 이름이다.

서울이라는 장소에서는 이 상징성과 고향을 그리워하고 돌아가려는 마음을 동시에 읊은 김상헌의 시조가 유명하다. 그는 병자호란에서 "항복하지 말고 청에 대항하여 싸우자!"라고 주장한 사람이다. 그 대가로 그는 인조가 청나라에 항복한 후에 청에 볼모로 끌려가게 되는데, 그때 나라가 항복한 슬픔을 참으면서 시조를 한 편 남긴다.

"가노라 삼각산아, 다시보자 한강수야, 고국산천을 뉘라서 떠나려고 하랴마는, 시절이 하 수상하니 올동말동하여라."라고 읊었다. 이 김상헌의 시는 서울 땅이라는 장소를 나타내는 삼각산을 먼저 보고, 이어서 한강을 보면서 꼭 다시 고향으로 돌아오고 싶어 하는 심정을 잘 드러내고 있다. 이는 우리나라 사람들의 '장소 중심의 행동 지향 전통(Place-bounded tradition: 장소에 매이는 전통)'이라는 행동 특성을 아울러서 잘 보여 주는 시라고 하겠다.

잘 알려진 바와 같이, 신분이 높고 사회적으로는 양반으로 벼슬을 했던 사람으로 자유스러운 생활을 하는 사람이라 해도, 한국인을 포함한 동양인들은 주로 '장소에 매이는 전통'이 강했다. 그래서 한국 사람들은 관향(본관)을 중요시했고, 어떤 장소에서 선조가 자리를 잡고 살기 시작하면, 그곳에서 대대로 살아가는 경우가 무척 흔했다. 그렇게 양반들의 자유와 특권의 터전이 된 장소를 '세거지(世居地)'라고 불렀다.

내가 어렸을 때 다른 사람들이 우리 어머니를 부를 때 '지방골 댁[21]'이라고 불렀고, 나를 가리키는 말도 '지방골 댁 아들'이었다. 다시 말하면 장소를 구별하지 않고는, 장소와 관련을 짓지 않고는, 한국인들은 사람들을 완전하게 묘사할 수 없었으니, 바로 장소의 중요성을 사람에게 연결시킨 호칭이었다. 이렇게 보면 우리나라 사람들은 정말로 장소에 매이는 전통이 동양의 어느 나라보다도 강했고, 그것은 지금도 호적이나 족보, 가족 관계 증명의 내용 중에 모두 '장소'가 잘 드러나 있는 항목이 반드시 있어서, 이를 입증해 준다.

그러나 서양인들은 달랐다. 스페인, 네덜란드, 포르투갈, 영국, 프랑스 등의 유럽인들은 이미 1600년대에 세계 무역이 무척 큰 부를 가져온다는 것을 알았다. 그래서 그들은 위험을 무릅쓰고 세계의 여러 장소들을 탐험하였고 귀금속, 모피, 향신료, 토산품(staple), 물고기, 목재, 차, 설탕 등을 가지고 돌아가서 비싼 값에 팔았다. 그들은 자기 나라를 떠나서 갈 때보다 본국으로 돌아올 때 훨씬 더 많은 부를 가지고 돌아왔다.

또한 우리와 잘 대비되는 미국(서구) 사람들은 자기가 태어난 장소에서 떠나가는 것을 '성인이 된다.'고 생각했고, 부모의 그늘에서 독립하는 것으로 받아들이고 있으니, 우리와는 정말 다른 땅과 장소에 대한 태도이다. 우리는 그 미국인들을 '역마살이 낀 사람들'이라고 하지만, 미국인만이 아니고 서구 대부분의 사람들이 그렇다. 요즘 들어서는 우리나라 사람들도 거주지를 자주 옮기는 경우를 볼 수는 있으나, 집세가 많이 올라서 할 수 없이 또는 재산 증식을 위해서 이사하는 경우도 많으니, 그 사람들과는 동기가 다른 것이기도 하지만, 우리 젊은이들

---

21) 필자의 어머니는 필자의 고향인 금산군 진산면 막현리에서 약 4km 정도 떨어진 금산군 진산면 지방리 출신이었는데, 그 곳을 우리 마을 사람들은 '지방골'이라고 불렀고, 어머니는 거기서 막현리로 시집을 오게 되어서 '지방골 댁'이란 이름을 얻었다.

의 생각이 많이 서구화되었음도 알 수 있다. 여하튼 우리나라에서는 "어디 가세요?"라는 인사가 그래서 정말 중요한 의미를 갖는 말이다.

그랬던 우리의 전통, 즉 땅과 같이 했던 연결 고리의 상당한 부분을 현재의 우리들은 끊어 버리고 살아가고 있다. 이것은 대규모의 천지개벽과 같은 일이고, 그 시작점은 내 기억으로는 6·25 전쟁 이후, 그러나 본격적으로는 1960년대 이후의 경제 개발 계획에 따른 공업화 이후 급격히 일어난 개혁기였다. 우리는 그때부터 장소에 거의 얽매이지 않게 되었고, 때를 만나면 그를 놓치지 않고 그를 이용해서 부를 축적하여 봉건 사회를 끝내고, 중상주의, 산업 혁명, 자본주의, 예술과 과학 기술 발달, 인간 존엄성 회복 등을 단시간에 압축하여 성취해 나가게 되었다.

이에 대해서 서양인들은 주로 '시간에 매이는 전통(Time-bounded tradition)'이 강한 사람들이다. 그래서 그들은 게르만족의 대이동이나, 신대륙의 발견을 과감히 수행하였다. '향(신)료'를 가지러 가는 육로의 길이 막히자 해로를 찾았고, 그것도 가 본 적이 없는 바다를 건너서 적대적인 지역으로 서슴없이 들어갔던 것이다. 이런 정신은 아마도 자본주의의 시장 개척 정신과 일맥상통하는 것이라고 생각된다. 그만큼 해외 시장의 개척은 어렵고 힘든 것이기에, 외화 벌이와 수출 산업 활동의 어려움과 마주하는 사람들을 우리는 다시 보아야 할 것이다. 당신, 아니 우리가 여행에서 쓰는 달러는 누군가가 애써서 벌어들인 것이기 때문이다.

또한 우리나라처럼 부자에 대해서 부정적인 시각을 가진 나라는 무척 드물다. 소련이나 중국, 심지어 북한에서조차도 사람들은 돈을 버는 행위를 너무 하고 싶어 하고, 심지어 부정한 돈도 사양하지 않거나, 먼저 요구하는 것을 본 적도 있다. 우리는 힘들게 수출을 통하여 벌어들이는 돈을 안에서 그냥 너무 쉽게 버는 것으로 생각하고 있지는 않은가? 또한 공자도 "부이가구야 수집편지사 오역위지(富而可求也 誰執鞭之士 吾亦爲之: 부를 구할 수 있으면 비록 마부의 일이라도 나는 할 수 있다.)"라고 했으니, 유독 우리나라 양반들만 부에 초연하였던 것은 아닌가?

우리는 우리나라 부자들의 행적이 떳떳하지 못한 부분도 있었음을 알고 있다. 그러나 '나쁜 조폭처럼 돈을 벌지는 않았다.'는 것도 잘 알고 있다. 그러니 우리는 부자를 적으로 대하듯 하지는 말아야 하겠다. 그렇게 매도한다면 누가 이 땅에서 기업을 하겠는가? 그 대기업에 딸린 가족과 식구들을 생각해 보면 무조건 적대시하는 행동은 나라를 망치는 행동으로 연결될 수도 있다. 하기는 그런 표를 믿고 정주영 씨가 대통령 후보로 나섰던 것은 코미디였겠지만, 자기가 무시당하는 것에 대한 일종의 반발이었을 것이고, 자기 '삶의 장소에 대한 반 믿음과 반 서운함'의 표시일 것이다.

▲ 그림 1·10-1(좌) **현대자동차 포니 원(Pony 1)**
▲ 그림 1·10-2(우) **수출용 현대자동차 선적**

미국에 처음 수출한 이 포니를 보고 뉴욕 타임스를 비롯한 미국의 여러 언론 매체들은 "자동차로서는 아직은 많이 모자라지만, 한국의 민주주의보다는 훨씬 좋은 제품"이라고 소개했다. 현대자동차 생산은 정말로 자본도 기술도 없이 맨주먹으로 이룬 신화였다. 민주주의도 마찬가지로 우리는 맨주먹으로 이룩한 나라 정치였다. 필자는 의식주가 해결되어야만 민주주의도 가능하다고 믿는다. 지금까지 필자는 현대자동차 중에서 5종을 사서 운전하였다. 어떤 때는 귀족 노조의 파업을 보고 "다시는 현대자동차를 사지 않겠다."고 마음먹은 적이 여러 번 있었다. 그런데 요즘 서울 거리를 가득 메운 그 많은 외국차들을 보면서, 나는 "할 수 없이 다시 현대차를 사야 하지 않느냐?" 하고 고민하고 있다. 현대자동차 노조는 각성하기 바란다. 당신네가 서 있는 울산의 장소는 당신네만의 것이 아님을 알아야 한다. 현대자동차를 키우기 위해서 정부도, 국민도 여러분과 같이 노력해 왔다는 것을 잊으면 안 되는 것이다.(사진은 현대자동차 홈페이지에서 전재함.)

 어떤 면에서 대기업은 글로벌화 하는 이 시대에 다국적 기업으로 바꾸어서 껍데기만 한국에 남기고 다른 나라로 나가서 대우 받으면서 장사하는 것이 낫지 않겠는가? 그 나라들은 땅을 싸게 제공하고, 일은 미숙하지만 임금도 싸며, 세금도 감면해 주고, 제품을 사 주고, 쌍수를 들어서 환영하는 경우가 일반이기 때문이다. 그러나 기업은 그런 인센티브를 믿고 마구 나가서는 안 되는 것이다. 우리의 장소가 죽기 때문이다. 그래서 우리는 한국이라는 장소가 대립과 투쟁이 아닌, 그러나 봉건 시대처럼 종속과 차별도 아닌, '화합과 어울림의 장소'가 되도록 만들어내야 하겠다. 그동안 너무 오래 무시당하고 시달려서 우리는 이 장소에서 대립과 투쟁이 너무 흔하게 일어나고 있음도 알고 또 걱정하고 있다. "조금씩 더 양보하면 안 되나요?" 이 물음에 답하는 곳도 역시 한국이라는 장소이다. 다른 곳에서 보다 한국에서 이루어야 의미가 있는 것이다.

 무력으로 남의 땅을 빼앗은 강대국처럼, 또는 사람들을 공짜로 끌어오기 위해서 이민 정책을 추진하거나, 그와 반대로 셀 수 없이 많은 사람들을 자기네 나라보다 훨씬 넓은 신대륙의 땅으로 내보내서 서로 다툴 필요가 전혀 없는 유럽의 나라들과는, 우리의 장소는 사정이 너무 다르다. 당시 유럽의 여러 나라는 총칼과 대포를 앞세우고, 경쟁적으로 금광 탐사, 시장 개척, 식민지 건설, 토산품의 수집, 농장 건설 등에 목숨을 걸고 알지 못하는 곳에서 끊임없이 투쟁하고 개척했던 것이다. 우리는 지금 무역과 수출을 통해서 그들이 세운 나라의 속으로 들어가서 총알 없는 전쟁터를 가야 하는데, 주인 없는 땅을 점령한 그들이 부를 이룬 것과 전혀 반대로 그들에게 물건을 팔아서 부를 이루어야 한다.

말할 것도 없이 그것은 물건을 만드는 것보다 더 어렵고, 이민을 보내거나 받아들이는 것보다 훨씬 더 피 말리는 과정이다. 그러니 너무 적대적으로, 또는 공짜로, 혹은 나쁜 일로 돈을 모은 집단으로는 기업을 욕하지 말아야 할 것이다. 그리고 우리나라의 여러 장소가 외부에서 시달린 그들에게 휴식을 줄 수 있는 장소가 되도록 만들어야 하지 않겠는가? 그래야 그들이 가진 것을 조금 더 내놓지 않겠는가?

일본의 도요타가 '칸반 시스템(JIT = Just-in time system; 그때그때의 필요한 부품이나 재료만을 생산 라인에 준비하여, 재고나 창고 비용을 줄이는 생산 방식으로 생산 비용을 크게 낮추었고, 한때 세계를 풍미한 생산 방식이다.)'으로 생산 과정을 혁신한 것처럼, 현대는 소위 빠른 학습과 '모듈 프로세싱(module processing: 기존 공장처럼 생산 라인을 무조건 길게 하기 보다는 몇 개의 핵심적인 부품을 한 부품 단위(Part unit)로 결합하여 생산하는 방식으로 생산 라인을 짧게 하면서 생산 비용을 크게 낮추는 생산 방식이다. 이는 주로 외부에 하청을 주는 방식으로 아웃소싱(Outsourcing)이 주가 되며, 생산 단가를 낮추고 부품 산업을 발전시켜서 부품 산업의 생태계를 조성할 수 있었다. 가령 자동차 뒤의 시그널 라이트는 거기에 미등, 신호등, 비상등, 후진 신호등이 한데 모듈로 묶여서 한 덩어리로 외부 부품 공장에서 조립·생산한다. 하나씩 하나씩 차에 연결하는 것보다 획기적으로 생산 비용을 낮출 수 있는 방식이지만, 하청업체와의 문제가 크다.)'이라는 생산 체계로 일단 성공한다. 이 외주 방식은 주된 조립 공장에서보다는 부품 공장에서 이루어지며, 관련 부품업체들의 성장과 발전, 낮은 생산비, 단순화된 조립 라인이라는 장점을 갖게 된다.[22] 그러나 현대는 그 다음을 제시해야 하고, 그동안 도와준 한국이라는 장소와 협력업체의 헌신, 한국인이라는 사람들에게 무척 감사해야 할 것이다. 아직은 그들의 헌신적인 호의에 현대는 제대로 답하지 못하고 있는 것이다. 그런데도 한국인들은 아직까지는 현대(혹은 삼성전자)에 은혜를 갚으라고 대놓고 말하지는 않는 착한 사람들이다. 그런 사람들을 이 장소에서 속여서는 안 된다.

여하튼 한국인(동양인들도 마찬가지)은 외적의 침입으로 일시적으로 피난을 가는 경우가 있어도, 그 후에는 다시 자기가 살던 고향으로 귀향하는 습성을 가지고 있는데, 귀향의 배경에는 '장소 중심으로 활동하는 습성'에 매이고, 자기가 살던 장소를 그리는 전통이 있기 때문이다.[23] 그러니 과거의 하층민들은 어디에 멀리 간다는 것은 거의 있을 수 없는 매우 드문 일이었고, 갔다가 서둘러 돌아와야 했으므로, 어디에 가는 일이 인사가 될 정도의 사건이라고 볼 수 있다. 그래서 "어디 가세요?"라고 하는 인사가 서로서로 공감하면서 자주 통용될 수 있었다. 그러니 우리는 이런 "어디 가세요?"라는 인사말을 더 자주 써서, 장소를 바탕으로 하는 민족 공동체 정신을 조금이라도 높이고, 그 장점을 살리는 일을 하는 것이 좋다고 생각한다. 그러는 과정에서 우리의 옛 추억이 생각나고, '앞으로 어디에서 무엇을 할 것인가?'에 대해서도 생각할 수 있겠다.

22) 김태환, 2008, 한국자동차부품산업의 공간구조 재편과 네트워크 발달, 한국교원대학교 지리교육과 박사 학위논문, pp. 57-60.
23) 최영준, 1990, 영남대로(嶺南大路), 고려대 민족문화연구소, p. 33.

(3) 장소와 사람들의 정체성: 장소에는 '그 장소다움'이라는 개성이 있다.

내가 10세 전후가 될 때까지 우리 어머니는 살기 힘든 괴로운 때에도 평상시와 같이, 아니 어려움을 잊으려고 일부러 밭에 가서 김을 매고, 자라는 곡식들을 돌보시곤 하셨다. 밭에 심은 보리나 콩, 고추, 배추, 무, 조, 깨 등이 자라는 것을 보면, 당신은 좌절했던 문제에서 다시 일어나서 도전하는 용기가 생기고, 생활에 힘이 생기는 것을, 내가 비록 어렸을 때였지만 자주 보았다. 나는 어머니가 그 어려운 일을 하면 왜 기운이 나는지를 당시에는 알지 못했고(오히려 기운이 쭉 빠져야 정상일 텐데…), 그저 어머니가 너무 불쌍하고 딱할 뿐이었다. 지금 생각하면 아마도 땅은 변함없이 어머니를 대했고, 언제나 그 곳에 있었고, 거기에 어머니가 몸소 심은 것들은 늘 어머니를 한결같이 반갑게 맞이하면서 잘 자라고 있어서 어머니에게 늘 믿음을 준, 그런 장소였기 때문에 어머니는 힘이 나셨던 듯하다.

▲ 그림 1·11 **지게를 지고 암소를 몰면서 시냇물 징검다리를 건너는 노인** 우리나라 하층(천)민들에게 소는 가족과도 같은 정말 귀한 존재였다. 소는 냇물을 건널 때 안정된 걸음걸이를 위해서 외나무다리나 징검다리를 건너지 않고, 물에 빠져서 건너는 것이 보통이었다(지하철 삼각지역 전시 그림, 손병희(Byoung Hee Son, 2013) 작.).[24]

그것은 집에서 기르던 소에 대해서도 마찬가지였다. 돈 많은 부자 집에서 송아지를 사서 우리 집에 주면, 우리가 길러서 1~2년 후에 큰 소를 팔게 된다. 소를 팔면 사온 본전을 주인에게 주고, 나머지 이익을 그 주인과 다시 나누는 것이지만, 소가 커서 농사일을 많이 돕기도 하고, 거름을 많이 생산하기도 하였으므로, 소는 우리에게 매우 소중한 존재였다. 비록 우리의 소는 아니었지만, 우리는 늘 식구와 같이 대했다. '업둥이'라고 부르면서 잘 키워서 팔 수 있기를 바라고, 병에 걸리지 않고 잘 크기를 바랐다. 소는 참 은혜를 아는 짐승이었다. 이제 소와 관련된 장소의 경험을 한번 이야기해 보겠다.

---

24) 2017. 4. 4. 현재도 이 그림은 전시되고 있었고, 작가는 영문으로 이름이 표기되어 있었다. 그런데 전시된 대부분은 작가의 성함이 없는 그림들이었다.

아버지는 농사를 짓던 분이 경험도 없으면서 쇠장수를 몇 번 하셨다. 그런데 장사를 할 때마다 손해가 났고, 빚이 많아져서 어떤 때는 땅을 팔아서 갚기도 하였고, 그 빚을 갚기 위해서 온 식구가 무진 고생도 하였다. 한번은 아버지가 소를 끌고 대전 장에 가서 팔지 못하고 다시 돌아오는 길에 큰일이 생겼다. 대전의 쇠전에서 집으로 오는 길은 호남선 철길을 따라오는 것이 가장 빨리 대전을 빠져나오는 길이었다. 그래서 대전의 남쪽 끝인 안영리부터는 신작로를 따라서 사오십 리를 걸어서 집에 오게 되는 것이었다. 안영리까지는 큰 다리가 없었으므로 사람들은 철길 위를 많이 다녔다. 물론 기차가 오면 피하면서 다녔고, 대체로 소를 끌고 갈 때는 다리 위를 걷지 않고 아래로 내려서 걷는데, 그러면 사람도 물에 빠지게 된다.

아버지가 저녁 어두워질 때쯤에 작은 냇물 위의 철도다리(공 굴다리) 위를 소를 끌고 건넌 것이 문제였다. 침목 20개 정도가 되는 길이 5~6m 정도, 높이 1.5m 정도의 다리였다. 그런데 다리를 건너던 중, 소의 뒷다리 하나가 허공으로 빠졌다. 소가 침목을 디디지 못하고 빈 허공을 디딘 것이다. 그래서 아버지는 소의 고삐를 놓고 소 뒤로 가서 있는 힘을 다 써서 소를 세우면서 간신히 뒷다리를 들어서 침목 위에 올려놓았다. 그런데 허공에 다리 하나가 빠지자 놀란 소가 이번에는 더욱 당황해서 앞다리 하나가 허공을 디뎌서 또 빠졌다. 아버지는 다시 앞으로 가서 소의 앞다리를 들어서 간신히 침목 위로 올려놓았다. 한 걸음 가면 이번에는 또 뒷다리, 그 다음은 또 앞다리, 이런 식으로 한 번 놀란 소는 도저히 앞으로 가지 못하고 자꾸 허공을 디뎠다. 그런데 이때 기차가 달려왔다. 아버지는 소를 끌어내리려고 무진 애를 쓰다가 결국은 실패했다. 아버지는 가까스로 다리 아래로 뛰어내려서 비극은 면했지만, 소는 달려오는 기차에 부딪쳐서 죽고 말았다. 생각해 보면 등골이 오싹한 사고였는데, 이야기를 듣던 어머니가 결국 외마디 비명과 함께 쓰러지셨다. 그 이야기가 너무 처참해서 어머니의 기를 빼앗았는지, 아니면 아버지의 행동에 화가 나서 그러신 것인지는 몰라도 어머니는 기절을 하셨다. 하기야 한국 사람들은 소에 대해서 특별한 감정을 가지고 키웠고, 마치 한 식구처럼 대하였으므로, 그런 사람들에게 이 이야기는 너무나도 충격적이었고, 사람의 마음속 애를 끊어 기가 눌려 버릴 수 있었다. 여하튼 어머니는 잠시 후에 깨어났지만, 그 때부터 무언가 행동이 완전히 달라지셨다. 그래도 아버지가 다치지 않고 피한 것이 불행 중의 다행이었지만, 그것에 안심할 겨를도 없이 모든 부담은 전부 어머니에게로 돌아왔기 때문일 수도 있었다.

빚을 내어 소를 사서 장에 가지고 간 것이었으므로……, (물론 아버지가 쇠장수하는 것을 어머니는 무척 반대하셨다.) 그 소 값을 고스란히 갚아야 하는 것이다. 어머니가 쇠장수하는 것을 반대한 것은 농사 자금이나, 집에서 쓰는 여러 곳의 가용 돈으로 이미 상당한 빚이 있었기 때문만도 아니었다. 그동안 아버지는 여러 번 빚을 내서 무엇인가 시도한 적이 많았는데, 대부분 실패한 전력이 있었다. 그럴 때마다 아버지는 논이나 밭을 팔아서 해결하곤 했었는데, 이번에는 그럴 땅도 별로 없었다. 거기에 다시 소 한 마리가 빚으로 얹혔으니, 어머니는 정말로 화가 많이 났을 것이다. 화가 난 정도가 아니라 '삶의 맥'을 잃을 정도가 되었을 것이다. 이미 봄철 보릿고개에 식량이 떨어져서 먹을 것도 없는 집안에서, 더욱더 큰 빚이 늘었고,

갚을 길은 막막하였으니 오죽하랴!

나는 무엇인지는 몰라도 우리 집에 무척 큰일이 났음은 알았다. 어머니는 통곡을 하면서 자리에 누우셨다. 온 집안은 활기가 없어졌고, 모두가 입을 다물고 걱정만 하였다. 어머니는 "이제 그만 고생하고, 그만 살겠다."라고 말하시면서 음식을 전폐하셨다. 온 식구들이 아무리 달래도 어머니 마음을 돌릴 길이 없었다. 그리고 4, 5일이 지난 어느 날 아침에 요란한 천둥이 치면서 비까지 많이 내렸다. 그런데 한낮이 되니 비가 그치고 유난히 햇살이 따뜻했다. 그 봄날 햇살이 무척 따스한 늦은 오후에, 누워 계시던 어머니가 일어나서 비틀비틀하는 걸음으로 밖으로 나가셨다. 아무것도 먹지 않은 날이 상당히 되었으므로 어머니는 기진맥진하셨을 것이다.

나와 형제들은 별 뜻은 없지만 걱정이 되어서 어머니 뒤를 따라서 막현리 독적(작)골의 밭에 갔다. 왠지 몰라도 그래야 된다는 생각이 들었기 때문이다. 가끔 이웃 동네에서도 너무 어려운 상황을 견디지 못하고 자결하는 부인들이 몇 사람은 있었다. 그런 불길한 옛날의 일들이 우리를 더욱 불안하게 하여서, 어머니의 발길을 따라서 밭에 갈 수밖에 없었다.

▲ 그림 1 • 12 **필자의 고향 금산군 진산면 막현리 독적(조)골에 흔했던 보리밭** 나의 기억에 아련한 그리움으로 다가오며, 우리 가족에게 큰 위안을 주던 장소이고, 살아갈 수 있는 큰 힘을 주었던 땅이었다.

밭에는 보리가 상당히 크게 자라서 이삭이 패었고 푸르게 잘 자라고 있었다. 어머니는 그 보리를 여기저기 한참을 둘러보시더니, 보리 이랑 사이에 난 큰 잡초를 뽑기 시작하였다. 그런데 어디서 그런 새 기운이 나왔는지 어머니의 손이 점점 빨라졌다. 참으로 이상한 일이었다. 어머니는 보리밭에 난 꽃다지, 쑥, 냉이, 민들레, 비름, 질경이 등의 나물을 가리지 않고 뽑았다. 나와 형제들도 아무 말이 없이 어머니를 따라서 나물을 뽑았다. 그리고는 그것들을 한 바구니 가득 담아서 어두워지기 전에 집에 돌아왔다.

어머니는 그 나물들을 다듬고 씻어서 솥에 넣고 보리쌀, 좁쌀, 콩, 고구마 등 여러 가지를 섞어서 죽을 끓였다. 나는 아궁이에 나무를 집어넣으면서 불을 때서 어머니를 도왔다. 요즘 말로 어머니는 '꿀꿀이죽'을 끓인 것이다. 그리고 온 식구가 마치 진수성찬처럼 둘러앉아 먹으면서 눈물을 흘렸다. 모두가 말은 안 했지만 똑같은 느낌을 보리밭에서 가졌고, 어머니의 새로운 움직임에서 새로움과 희망을 느낀 것이다. 그 캄캄한 어려움과 좌절감을 이길 수 있게 해 주는 용기가 '독적(작)골 보리밭의 장소'에서 나온 것이고, 그 후로 독적골 보리밭은 나의 중요한 장소가 되어, 고향하면 늘 생각이 나는 곳이 되었다. 그리운 그 장소의 이름인 '독적골'은 돌맹이를 이곳 사투리로 "독적"이라고 부르는 데서 유래한 것으로 필자는 생각한다. 골짜기가 온통 돌맹이(독적)에 덮인 곳이기 때문에 골짜기의 이름을 '독적(작)골'로 불렀다고 생각된다.[25]

지금 생각해 보면 푸르게 솟아오르는 보리와, 이제 얼마 지나지 않으면 보리가 익을 것이라는 느낌과, 아무리 어려워도 보리는 이기고 있다는 '감동어린 느낌의 시선'이 "보리밭 장소"에서 보리밭의 보리를 보는 순간에 우리를 사로잡은 것이리라. 그 감동으로 우리는 바로 발길을 돌리지 못하고, 거기에 머물면서 보리를 만지고 느끼면서 여러 풀과 나물을 뽑았던 것이다.

그 뒤에 어머니는 평상으로 돌아오셨다. 밭에 가서 보리를 보시고는 다시 한 번 참고 살아보려는 의지가 돋아난 것이었다. 아무리 우리가 달래고 위로해도 마음을 바꾸지 않던 어머니가 보리밭의 자라 오르는 푸르른 보리 이삭과 그를 키워내는 보리밭의 땅과 흙과 장소를 보고 마음을 바꾼 것이 틀림없다. 이렇듯 장소는 개인의 특정 경험과 밀접한 관련이 있다. 어려운 문제에 매여서 기분이 무거울 때는 자기만의 장소에 가서 서게 되면, 새로운 삶의 기운을 느끼게 되는 장소가 꼭 있는 것이다. 우리는 그 장소를 사랑하고 마음속에 귀하게 새겨야 한다. 그것이 나라 사랑의 길이기 때문이다.

어떤 때는 가볍게 산이나 냇가, 논이나 밭 혹은 공원 등에 나가서 걸으면서 '땅 냄새'를 맡고, 자기의 기억을 되살리면서 가볍게 시선을 움직이거나, 혹은 그들에 시선을 고정시키면 기분이 전환된다. 그리고 기막히게 힘이 드는 어려운 현실에서도 기분이 안정되고 정리되면서, 새로운 활력이 생기는 곳이 '그 어떤 장소'인 것이다. 요즘은 이런 것을 '힐링(healing)'이라고 하는 모양이지만 나는 그 말을 여기서 쓰고 싶지는 않다. 그러나 왜 그런 장소에 가면 새로운 활력이 생기는가? 왜 그런 효과가 있는가? 그것이 장소의 신통력이라는 것이다. "나만 이렇게 땅이나 자연에 많이 의존하는가?" 그에 대한 대답은 "아니다!"이다. 한국인은 모두 마찬가지이다. 그 어떤 장소가 우리들 각자에게 주는 '공통된 편안한 마음'은 바로 그런 것으로, 나의 마음과 장소성, 또는 장소 정체성이라는 것이 한데 어울리는 과정에서 생겨나는 것이다.

---

25) 독적골을 진산군지에서는 독조골이라고 하였다. 그러나 그 근거에 대해서는 아무 언급이 없다. 그래서 필자는 주민들이 쓰던 대로 그냥 독적골(돌맹이가 많은 골짜기)로 쓴다.

처음으로 어떤 장소에 들어가는 사람은 그 장소에서 상당한 자극을 받고 긴장하게 된다. 이렇게 처음 만나는 장소나 사람들에 대해서 느끼는 긴장감은 모두 '사회화와 학습 과정'으로 자연스러운 것이다.[26] 그래서 사람들은 우선 자기가 처음 만나는 그 장소를 알(해석할) 수 있는, 장소의 열쇠를 찾으려고 노력하게 된다. 가령 땅의 모양, 물의 흐름, 날씨, 사람, 동물이나 식물, 느낌이나 분위기, 냄새나 소리, 길, 건물, 성벽, 하늘의 모양 등이 모두 장소의 차이를 알려 주는 열쇠들이고 장소를 구성하는 것이기도 하다. 그래서 장소에 대해서 알려고 하면 먼저 이런 열쇠가 되는 것에 주의하면서 생각하고 바라보는 것이 좋다. 또한 다른 장소와 무엇이 어떻게 다른 지를 생각하는 것이, 바로 어떤 특정 장소를 알아 가는 과정이라고 할 수 있다. 그래서 그 연장선에서 만나는 정겨운 사람과의 인사에서부터, 우리는 우선 '장소를 묻는 습관'이 생겼다고도 할 수 있겠다.

우리는 어떤 장소에 사는 사람들과 어떤 사람들이 사는 장소에 대해서 여러 사람들이 비슷한 생각들을 많이 가지고 있음을 안다. '어떤 땅에 사는 어떤 사람들'은 자기네들이 쓰고 있는 그 장소의 독특한 성질들을 이용하고 그에 관련된 생활을 오랫동안 하였기 때문에 무척 자연스럽다. 그래서 '어떤 곳에 사는 부지런한 사람들', 또는 '무엇 무엇을 하는 순박한 촌사람들', 혹은 '어디서 무엇을 하던 어떤 사람들' 등으로 불리는 것처럼, 그 장소(땅)에 관련이 있는 사람들의 머릿속에 장소의 특성이 자리를 잡아 간다. 이렇게 땅 위의 어떤 장소에 대해서 가지고 있는 사람들의 인식이나 선입견을 '장소의 정형화(定型化, Place stereotype)'라고 하며, 이는 사람이나 장소에 대해서 붙여진 독특한 이미지, 선입견, 고정 관념 등을 아울러 이르는 말이다. 그래서 그 장소의 이미지 속에는 긍정적이든 부정적이든 그 장소와 관련된 여러 사람이나 그 사람들의 생활, 혹은 그 곳에 흔한 물건들이 포함되게 마련이며, 장소의 정형화를 거친 것들을 묶어서 소위 '장소의 개성(특성)(Individuality of place)'이 만들어지게 된다.

그래서 다른 장소와 구별 짓는 그 장소가 갖는 일반적 혹은 특수한 성질(개성이나 특성)이 정형화되어 널리 오랫동안 쌓이면서, 그 장소를 주체적으로 강조하여 '장소 정체성(正體性, Place identity)'이라고 부르는 느낌을 갖는데, 이것이 장소의 개성을 포함하여 내외적으로 다른 장소와 구별하게 해 주는 것이다. 이는 어떤 사람이 가지고 있는 '그 사람다움'을 나타내는 개성과 유사한 것이다. 따라서 장소 정체성은 장소 그 자체의 동질성과 장소와 관련된 사람들의 개성을 그들을 보는(어떤) 사람들의 주관에 의해서 나타내는 말이다. 때로 이 정체성은 그 곳의 특색, 분위기, 이미지 등으로 '그곳답다.'는 의미를 포함하는 특성이며, 그 장소의 환경 요소들이 주로 포함된다.

즉, 어떤 장소의 특성과 어떤 장소라는 이미지는 먼저 그 속에 사는 사람들에서부터 정형화되는데, '어떤 활동하는 사람들이 많이 사는 곳', 또는 '마음이 어떤 사람이 무엇을 하며 사는 곳',

---

26) 약간의 긴장은 당연한 것이지만, 좀 더 심각해지면 사회 공포증이 된다. 이는 사회적인 상황에서 창피를 당하거나, 실수를 하는 것에 극심한 공포를 느끼는 병으로, 친숙하지 않은 사람과의 만남이나, 부정적인 사회적 평가를 두려워하여 될 수 있으면 그런 상황을 피하려고 하기 때문이다.

혹은 '무엇을 하기 좋아하는 사람들이 있는 곳' 등으로 사람과 장소가 관련을 맺게 된다. 따라서 어떤 장소에 사는 사람들은 그 장소와 관련된 경험을 많이 하게 마련이고, 그 경험 속에서 강하든 약하든 정체성이 형성되는 것이다. 이와 같이 장소와 장소에 사는 사람들 사이에는 상호 작용하는 아주 강한 연결 고리가 있다. 거기에는 인과적 누적 관계(Circular and Cumulative causal relation)가 작용한다. 즉, 어떤 장소에 특정 활동을 하는 사람들이 많고 그 활동이 오래 계속되면 될수록, 그 장소는 그런 활동을 하는 장소라는 정체성을 갖게 된다. 이어서 그런 정체성을 가진 장소에서 자라나는 사람들은 일찍부터 그런 활동을 하는 것을 보면서 배우게 되고 경험하게 되어서 더욱 더 그런 활동을 잘하게 되고, 그래서 그 장소의 정체성이 더욱더 강하고 뚜렷하게 되는 것이다. 이런 학습 효과를 '세습적 지식(Hereditary knowledge)'이라고 부른다.

가령 우리나라의 벼농사를 생각해 보자. 온대 계절풍이 불고, 4계절이 뚜렷하며, 여름이 고온 다습한 우리나라는 벼농사에 유리하다. 또한 벼농사는 소출이 많아서 많은 인구를 부양하게 해 주며, 계절 변화에 맞게 때(시기)를 잘 맞춰서 못자리, 이앙, 제초, 물대기, 수확, 탈곡, 도정(방아간), 시장 출하 등이 모두 잘 연결되어야 한다. 특히 이앙, 수확, 탈곡 등은 짧은 기간에 많은 일손과 물의 관리가 요구되어 이웃 간 협력이 절대 필요하다. 따라서 품앗이나, 품삯, 두레, 노력 봉사, 머슴 등의 노동력을 이용하는 제도가 나오게 된다. 제때 이들 작업을 하지 못하면, 수확량에서 상당한 차이가 나게 된다. 우리나라 시골의 어린이(과거의 모든 사람)들은 어려서부터 이들 작업의 시기와 작업 요령(know-how)을 보고 자라게 되어서, 별로 배우지 않고도 잘 알고 있다. 따라서 그들은 농사짓는 것을 다른 일보다 잘 할 수 있었다. 이것이 세습적 지식이고, 뒤에 소개하는 열대 계절풍 지역(발리: 열대우림, 사바나)에서의 벼 재배와 상당한 차이가 있음을 알게 될 것이다.

한편, 이 세습적 지식과 유사하게 재산이 세습되는 것을 세습 재산(hereditary wealth)이라고 부르며, 최근에 문제가 되는 '금 수저 흙 수저'론의 이론적 기반이 된다. 물론 이들 세습적 효과는 어떤 기회에 거의 전체가 소멸될 수도 있기는 하지만 말이다.

우리나라에는 특히 이와 같이 개성이 뚜렷한 장소가 많은데, 그것은 상류층 사람들이 자기 가문에 속한 하층민을 많이 데리고, 그 장소에서 세력화하면서 오랫동안 살아왔기 때문이다. 이 세거지의 하층민들이야 이주의 자유가 없었으므로 더욱더 한 장소에 고착하게 되고, 그래서 그 장소와 그곳 사람과의 개성이 다른 장소와 달리 뚜렷하게 형성되었던 것이다. 그런 곳의 기록이나 시골 마을 동계의 규약 등을 보면 그 집단은 가입과 탈퇴가 아주 어렵게 되어 있다는 것으로 미루어 관계를 알 수 있다. 또한 차츰 여러 신분을 가진 사람들이 들어와서 그 장소를 나누어 살게 되면서, 여러 가지 의미를 갖는 중층적인 구조를 갖는 경우가 이제는 보통이 되기 시작하였다.

이에 대해 이중환은 택리지에서 "… (전략) 그러므로 사대부가 살 만한 곳을 만든다. 그러나 시세에 이로움과 불리함이 있고, 지역에 좋고 나쁨이 있으며… (후략)"라고 하여[27] 장소가 사람들에 의해 만들어지며, 사람들 또한 장소의 영향을 받게 된다는 것으로, 장소의 중요성 및 사람들의 개성과 생활과의 관계를 일찍이 논하였다. 장소와 사람들의 개성 또는 생활과의 관계가 중요한 것은 그 장소에 사는 사람들 간에는 장소에 대한 공통된 인식을 바탕으로 서로의 말과 생각이 잘 통할 수 있다는 것이다. 그래서 장소는 우리 사람들과 상호 작용하면서 "유통(流通)"이 되고,[28] 그 유통을 만드는 허브이며, 우리는 장소를 만드는 주체인 것이다.

▲ 그림 1·13 **서울 종로의 피맛골** 조선시대 우리 서민들의 생업과 양반 고관대작들과의 관계를 가장 잘 보여 주는 길이며, 동시에 맛의 장소이다. 조선시대 신분에 의해서 차별 받은 증거의 장소이고, 현재는 자본주의의 대자본에 의해서 하층 자영업자들의 생업이 위태로워진 '위험한 장소'이다. 여기도 역시 도시 재개발(그에 관련된 젠트리피케이션)이 문제가 되기 때문이다. 조선시대 고관대작들이 종로통을 말을 타고 지나가면 그들이 다 지나갈 때까지 서민들은 엎드려 있어야 했으니, 일상의 일이나 장사를 할 수 없었다. 그래서 뒷길이 필요했기 때문에 말을 피하는 길인 "피맛(避馬)골"이 만들어졌던 것이다. 그래서 이 길은 "차별의 장소"이며, 차별의 역사가 들어 있는 증거의 장소이며, 동시에 아랫사람들이 만들어내고, 계속 후세에 전해지는 이야기의 장소이다.

여하튼 이렇게 장소의 사회적인 의미와 지리적 사실(입지)은 역사와 관련을 가지고, 총체적으로 서로 연결되어 사람들과 관련을 맺고 있는 것이다. 그래서 장소는 그를 점하고 이용하는 사람들에게 만족, 혹은 불만족의 대상으로, 좋아하거나 싫어하는 등의 대상으로 다가오며, 특별한 모양과 감정을 가지고, 그 장소만의 여러 가지 재미있는 이야기들이 오랜 기간에 만들어져서 함께 나타나게 된다.

27) 이중환. 1751 저, 이익성 역. 1971, 택리지(擇里志), 을유문화사, p. 28(사민총론).
28) 여기서 '유통'이라는 말은 '커뮤니케이션(Communication)'을 뜻하는 말로, 세종대왕이 처음 훈민정음 서문에 사용한 용어이다. 현재는 이 유통이라는 말 대신에 '소통'이라는 말을 많이 쓰고 있지만, 현대적 의미로도 소통은 유통 속에 포함되는 말로 보인다.

그런데 왜 우리나라 사람들은 다른 나라 사람들과 달리 땅과 그 위의 한 지점인 장소를 더 소중히 여길까? 왜 한국 사람들은 장소와 그 주변의 땅을 최소한으로만 변경시키려고 하고, 왜 그들을 정복하기보다는 그들과 조화를 이루면서 이용하는가? 왜 한국 사람들은 그 곳에서 다른 이웃과 서로 어울려 살려는 남다른 이웃 사랑을 가지고 있을까? 우리나라 사람들이 그렇다는 것은 여러분들이 모두 잘 아는 사실이지만, 이제 그것들에 대해서 차근차근 이야기해 보면서, 우리의 과거만이 아닌 미래를 이야기해 보자.

우리의 미래인 자라는 어린이들에게 꿈을 줄 수 있는 학문은 여러 가지가 있다. 현재는 여러 부모님들이 많은 돈을 들여가면서 어린이들의 꿈을 위해서 흔히 하는 것이 외국 여행이다. 어찌 보면 이는 무척 바람직한 현상이다. 동아시아에서, 특히 우리 한국과 중국의 부모들이 어린이들을 위하여 해외여행을 많이 하고 있다. 그런데 어린이들이 사전에 외국에 대한 정보를 접하기는 무척 어렵다고 할 수 있다. 그러니 무작정 가서 보면서 느끼고 알게 되는 경험 법칙에 따르는 무계획적인 여행이 대부분이라고 할 수 있다.

필자는 몇 번 어린이를 동반하는 가족들과 여행을 같이 간 적이 있다. 그런데 내가 여행하면서 느끼는 것은 "어린이들이 정말로 너무 고생한다."는 것이다. 너무 딱하게 보이는 경우도 있었다. 초등학교 1, 2학년의 어린이들이 1주일이나 10일을 여행한다고 해 보자. 아무리 신기한 것도 처음 며칠이요, 자기 또래와의 이야기가 그리울 것이다. 말하자면 고통의 여행을 하는 경우도 적지 않을 것이다. 그래도 자기가 가는 곳에 대한 지리를 알고, 그 나라의 사회와 역사를 어느 정도 조사하고 여행을 나가야 효과가 있는 것인데 그렇지 못한 것이다. 그 어린이들이 땅꿈을 통해서 자기네의 꿈이 이루어지도록 해야 하는데, 실체가 없는 꿈이 되고, 별 의미가 없는 외국의 체험이 될 수 있는 것이다. 우선은 우리나라를 돌아보고, 고학년이 되어 외국을 보는 것이 더 좋을 것이다. 그러나 우리는 "누구든 그 사람에게 감동과 스릴을 줄 수 있는 스토리, 사람, 문화, 자연 등이 있는 장소에 간다는 것은, 우선은 그 사람의 지식이나 감성, 꿈, 의지들을 자극하므로, 멋있는 오딧세이의 꿈을 느끼게 되어서 좋다."고 생각은 한다.

2) 장소의 3요소

존스톤(Johnston, R. J.)은 1991년 그의 저서 '장소에 대한 질문(A Question of Place)'에서 장소의 의미와 구성, 그리고 그의 연구 방법 등을 밝혔다. 그는 "장소의 구성 요소는 자연환경(Physical/Natural Environment), 인공(건조) 환경(Artificial/Built/Man-made Environment), 사람(People)의 셋이 있다."라고 주장한다.[29] 이는 아주 간결하고 멋있게 '장소의 요소'를 정리한 말인데, 그들을 알기 쉽게 좀 더 덧붙여 이야기해 보자.

첫째 자연환경은 사람이 생활하는 지구 표면의 한 지점에서 그와 연결되어 둘러싸고 있는 지구상의 위치와 기후, 토양과 땅의 성질(지미; 地味) 및 색깔, 땅과 그 모양인 지형, 지질 등

---

29) Johnston, R. J., 1991, A Question of Place, Oxford, U.K. pp. 97-101.

을 들 수 있다.

자연환경이 중요한 것은, 그들은 장소를 만들어내는 가장 핵심적인 작용인 가시성 (visibility)이 강력하게 작용하여, 말로 하기 이전에 장소가 갖는 성질을 만들어내고 보여 주기 때문이다. 이들과 관련되는 것들은 대륙과 바다, 온도의 고저와 강수량의 많고 적음, 바람의 방향과 세기, 그들이 나타나는 시기와 계속되는 기간 등이 모두 중요하다.

▲ 그림 1·14 미국 와이오밍(Wyoming) 주의 데블스 타워(Devils' Tower, 악마의 탑) 화산 폭발로 솟아오른 용암이 식으면서 약 6,000만 년 전(관입 후 침식)에 만들어진 주상절리 탑으로, 주위가 많이 침식되어 확연히 들어나 있다. 주변은 적색의 철분이 많이 포함된, 풍화된 붉은 토양층이 덮고 있는 구릉이지만, 그 위에 이 탑이 솟아올라 와서 기이함을 더해 주고 있다. 높이 약 264m 정도인 용암탑(해발 386m)으로 기둥 모양의 절리가 잘 발달하여 있는 무척 기이한 지형이 '장소의 가시성'을 강력하게 만들어내고, 장소성을 유지하고 있다. 이는 뜨거운 용암이 솟아올랐다가 갑자기 식게 되면, 대체로 6각형(간혹 3각 혹은 4각형) 모양의 기둥처럼 길게 비슷한 크기로 갈라지면서 식게 되기 때문이다(우리나라에서는 울릉도의 공암, 제주도 중문 단지 해안의 대포 해안 주상절리, 철원 한탄강 주변의 주상절리 등이 유명하다).
이 데블스 타워는 미국의 "국립 천연 기념물(National Monument) 제1호"로 1906년에 루스벨트 대통령이 지정하였다. 인디언들의 많은 전설을 담고 있는 이 장소는 여러 번 "영화의 장소"가 되기도 했었다. 한 영화에서는 외계인들이 이곳으로 내려오는 '외계인 착륙 지점'으로 전개되기도 하였다.

또한 산과 강, 해류와 조(석)류, 물고기, 바다 동물과 해조류 등도 모두 자연환경으로 중요하다. 장소의 나무와 풀, 곡식과 과일, 새나 짐승, 곰팡이와 세균은 물론 인종과 민족에 이르기까지 모두 포함된다. 더구나 살아 있는 모두는 이들 자연환경에 적응하거나, 그를 극복하며 살아가면서 생태계의 일부를 구성하고 있기에 역시 중요한 것이다.

여하튼 이와 같이 독특한 자연 환경은 가장 강력한 의미를 갖는 장소를 만들어내는 요소이고, 그 장소의 의미는 아주 오래도록 변하지 않고 같은 감동을 여러 사람들에게 보여 준다. 그래서 자연환경은 장소를 만들어내는 가장 강력한 요소이다. 이를 보는 사람들은 누구나 "아, 대단하다!"라고 하면서 '눈에 보이는 장소 특수성'에 감탄하게 되고, 그 장소의 특성을 즐기려고 수많은 관광객들이 끊임없이 모여드는 것이다.

인디언들은 "어린이들이 이 주변에서 놀았는데, 자기들을 향해 달려드는 곰을 피해 이 용암탑 위로 대피했었다. 그 당시에는 별로 높지 않던 이 용암탑은 곰이 아이들을 잡으려고 기어 올라오자 저절로 점점 높아졌다. 곰은 어린이들을 잡으려고 이 용암탑을 기어오르느라 무진 애를 썼다. 곰이 발에 큰 힘을 주면서 기어오르자, 곰 발톱에 바위가 찔려서 바위에 금이 가고 갈라져서 주상절리가 만들어졌고, 곰이 올라오지 못하는 높이가 되었다."라고 하는 장소에 관한 전설을 가지고 있다.

자연환경인 지형이 장소를 만들어냈고, 많은 관광객들이 이 장소의 특(개)성을 보기 위해서 오늘도 구름처럼 모여들고 있다. 사람들이 모이지 않는다면 이곳은 그리 중요한 장소가 아닐 수도 있다. 따라서 뛰어난 자연환경 요소와 그에 의미를 주고, 그를 즐기는 사람들이 장소를 더욱 의미 있게 만들어내는 것이다. 사실 제주도에 열광하는 우리나라 사람들도 우선은 제주도의 자연환경과 경치에 푹 빠지고 매료되기 때문이고, 다음으로 사람들과 생활의 독특함을 즐기게 됨을 이 책을 읽고 있는 여러분들도 이미 체험했을 것이다.

그런데 유달리 우리나라는 다른 나라에 비하여 자연환경이 아주 중요하다. 왜 이런 말을 하는가? 그것은 우리나라가 그리 넓지 못하고 사람은 많아서, 자연을 잘 쓰지 않으면 안 되는 내부적인 상황이 첫째의 이유이다. 그래서 다른 나라 사람들보다 더욱 조심해서 땅과 장소를 합리적으로 잘 이용해야 하며, 그러려면 땅과 장소를 잘 알아야 하고, 사랑해야 하는 것이다. 또한 우리나라의 다양성, 역동성은 한반도의 위치에서부터 시작하여 다양한 산지와 하천들이 많은데, 그들을 잘 이용하고 있는 우리 민족이 그 특성을 더 강화하고 있기 때문에 생겨난다.

장소에서 자연환경은, 여기에서처럼 요소의 특성들이 장소의 성질을 잘 만들어내고, 생생하게 사람들에게 작용하는 것이 일반적이다. 어디 그뿐이랴! 자연환경은 사람의 생활을 제한하거나 활력을 주고, 때로는 사람의 성격에도 영향을 준다. 지금은 '지구 온난화'를 삼척동자까지 모두가 걱정하고 소리치지만, 온도의 변화는 겨우 섭씨 0.6(℃)도 못되는 수치에 모두가 큰 걱정을 하는 것이다. 그러니 자연환경은 경우에 따라서 그 장소에 사는 사람은 물론 전 인류를 살려내거나 파멸시킬 수 있을 정도로 중요하다.[30]

그런데 우리나라는 아주 큰 나라들 사이에 끼어 있는 반도의 작은 나라이다. 그것도 북위 38도와 동경 127도를 중심으로 놓여 있다. 북위 38도 중심이란 우리나라가 중위도에 위치하여 춥고, 더운 날씨가 잘 나타나는 변화가 큰 장소임을 말해 준다. '기후 변화가 규칙적이고 4계절이 뚜렷한 다양한 땅'임과, 동경 127도 주변이란 '세계의 가장 변두리'라는 것을 장소 특성으로 보이는 것이다. 더구나 면적은 미국의 큰 주 하나보다도 좁은 면적이다. 거기에 내륙만이 아니고, 3면이 바다로 둘러싸였으니, 얼마나 변화가 크겠는가? 바다의 영향을 받는 장소, 육지의 영향을 받는 장소, 두 가지 영향이 함께 나타나는 장소 등등으로 너무 다양하다. 요즈음 그 다양성을 이용해서 여러 장소에서 등산로나 둘레길, 해안 길, 힐링 길들을 만들어서 운동도 하고, 생활을 즐기는 경우가 많다. 그러나 무조건 만들 것이 아니라 잘 만들고, 그

---

30) 2016년 파리 기후 협약에서는 금세기 말까지 1.5℃ 이하로 기온 상승을 억제한다는 것이다.

장소의 특수성이 살아나도록 운영하고 관리해야 할 것이다. 그렇지 않으면 자연환경만을 파괴하여 결국에는 모두가 함께 피해를 입을 수도 있기 때문이다.

여하튼 그래서 우리나라 사람들은 여러 가지 주장이 많고(추운 겨울이 좋다느니, 더운 여름이 좋다느니, 꽃 피는 봄이 좋다느니, 결실의 가을이 풍요로워 좋다느니 등등), 삶이 매우 다양하다(봄, 여름, 가을, 겨울, 산지, 평야, 해안 등등). 그 다양성과 조화가 이 조그만 나라가 없어지지 않고 오래오래 잘 유지되게 하는 동력을 주어 왔던 것이다.

우리나라가 좀 더 컸거나, 혹은 좀 더 작았거나, 또는 세계의 중심에 있었다면, 아마도 우리나라는 주변의 강대국들에게 여지없이 당했을 것이고, 나라가 없어졌을 수도 있었지 않았겠는가? 그 좁은 나라에서 주변의 세계적 강대국들의 영향을 받지 않을 수는 없다. 그러니 남북이 갈라지고, 동서가 갈라지고 했던 것이다. 또한 셀 수 없을 정도로 우리는 외부의 침입을 받고 눌려 왔지만, 그래도 그 어려움을 견디며 살아가고 있는 것이다.

그러나 이런 우리의 주변 상황, '우리나라 장소'를 너무 슬퍼하지 말기 바란다. 나라 면적의 크기로 모든 것을 재던 시대는 갔고, 이제는 '무엇에 어떻게 연결되고, 생각하고, 만들고, 관리하고, 쓰는가?' 즉, '어떻게 유통하는가?'가 중요한 시대인 것이다. 교통과 통신 기술의 발달로 변두리라는 장소가 아무 불편함이 없는 시대가 되었고, 오히려 장점도 되는 시대인 것이다. 그래서 앞으로는 더욱더 우리나라의 위치가 중요해지는, 그 자체가 장점인 시대에 우리는 살고 있는 것이다.

사실 한반도는 거대한 아시아 대륙과 태평양이라는 바다에 걸쳐 있는 반도로서 육지와 해양을 연결시키면서, 대륙과 해양의 장점들을 대부분 가지고 있는 결절점(Node)의 기능을 발휘하는 장소인 것이다. 그러니 한반도는 앞으로 더욱 더 그 중요성이 증가하는 장소이다. 육지에서 해양으로 나갈 때나, 혹은 해양에서 육지로 올라올 경우에 모두 동아시아에서는 한반도가 중요한 연결점이다. 그래서 우리나라를 '변화무쌍한 대한민국인 다이나믹 코리아(Dynamic Korea)!'라고 부르는 것이다.

▲ 그림 1·15 **한반도라는 장소의 위치는 대륙과 해양을 연결하는 다리 역할을 하는 지리적 위치이다.** 한반도에서 어느 쪽으로든 쉽게 진출할 수 있다. 그러나 우리가 힘이 약하면 양쪽에서 우리나라로 쉽게 들어올 수 있음을 모든 국민들은 알아야 한다. 자기의 위치를 최선으로 지키고 사랑하려는 노력이, 나라를 튼튼히 하고 우리의 비참한 역사를 끊는 길이다.

그렇지만 우리나라는 땅이 너무 좁다. 게다가 산지 투성이의 장소이다. 자원이 부족하다는 등 불평과 불만을 말하는 사람들이 적지 않다. 여기서 스위스라는 작은 산지의 나라에 있는 유명한 장소를 살펴볼 필요가 있겠다.

▲ 그림 1·16 **스위스 알프스 인터라켄에서 융프라우로 향하는 철도 주변의 산지 (위)목장이다.** 해발 1,500~2,000m 정도의 높은 고도와 50~70도에 가까운 급경사의 산지를 목장으로 이용하고 있다. 바로 위에는 알프스의 높은 고도로 인하여 여름철에도 녹지 않는 눈인 만년설이 쌓여 있다. 이를 산악 빙하(mountain glacier)라고 부른다.

스위스의 이 장소는 현재 목장의 수입보다 관광 수입이 훨씬 더 많지만, 그 장소의 사람들은 현재까지도 계절에 따라서 산의 위와 아래로 이동하는 이목을 행하고 있다.[31] 그 사람들은 이런 이목에 의한 수입을 생각하기 보다는 산을 가꾸고, 관광객들이 조금이라도 더 즐길 수 있도록 관광객들의 시각과 지식에 즐거움을 주는 활동과 움직임을 보인다. 그래서 이곳의 변화를 주도하면서 일부러 관광객을 위하여 이목을 하고 있는 듯하다.

스위스는 유럽 중부 내륙 알프스 산지에 있는 영세 중립국이다. 정식 명칭은 스위스연방공화국(Swiss Confederation)이며, 면적은 약 41,300㎢, 인구는 약 812만 2천 명(2015년), 수도는 베른(Bern)이다. 종족 구성은 독일계 65%, 프랑스계 18%, 이탈리아계 10% 등이며, 언어도 종족 구성대로 사용된다(위키피디아). 따라서 나라의 의견 통일이 어려울 것이지만, 우리나라처럼 의견이 갈라지고 무조건 자기 의견을 전투하듯이 주장하는 경우는 별로 없는 나라이다. 서로 양보하고 조절하는 정신이 실로 위대하고 부러운 장소이다.

나는 좁은 산지의 나라 스위스에 처음 가서는 얼굴이 화끈해진 경우가 여러 번 있었다. 그렇게 강대국들 사이에 끼어 있으면서, 또한 그렇게 쓸모없는 바위투성이 급경사의 산지에서, 그들은 계단식으로 다락밭을 만들어서 농사짓고, 또 정밀 제품을 만들어서 팔고, 외국인들에게 그들을 보여 주는 대가로 잘살고 있었기 때문이다. 그곳은 우리나라의 땅에 비하면 너무도 쓸모없는 땅이었지만, 그들은 그 땅을 잘 가꾸어서 세계에서 제일가는 부자로 사는 장소를 만든 것이다. 그리고 세계에서 여행하기에 일등인 나라로, 가장 안전한 나라로 장소의 평가를 받고 있다.[32] 그들은 비록 작은 소국이면서도(남한의 약 절반 크기) 아주 자유롭고, 삶의 질이 매우 높은 나라라는 장소를 만들어서 즐기면서 살아간다. 서로를 존중하지 않고는 이런 윤택한 삶을 이룰 수는 없는 것이고, 서로 아웅다웅한다면 그들의 삶이 부러워 보이지도 않을 것이다. 그들은 다른 말을 쓰는 남남이었지만, 나라를 위하여 양보하고 협력하면서 스위스 연방을 만든 것이다.

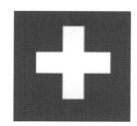

◀ 그림 1·17 스위스 국기

위 그림은 스위스 국기(스위스연방공화국, Switzerland)이다. 국제 적십자사의 기와 색깔

---

31) "알프스의 소녀 하이디(요하나 슈피리)"에서 알름 할아버지가 양떼를 몰고 봄에 산 위로 올라가거나, 가을에 아래로 내려오는 이야기가 나오는데, 그렇게 이동하는 목축이 이목(transhumance)이다. 또한 "별"이라는 알퐁스 도데(프랑스)의 작품에서 여자 주인공이 별이 쏟아지는 밤에 목동과 함께 밤을 새면서 별을 보다 졸던 경험이 인상적이었는데, 이목으로 여름에 올라가는 산 위 목장에서의 경험이었다.

32) 조선일보, 2015. 12. 8. 영국 외무성의 발표. 여행에서 위험도가 가장 낮은 '저위험' 국가에는 해외 분쟁에 일절 개입하지 않는 중립국 스위스가 꼽혔다. 그 다음으로 안전한 '잠재적 위험' 국가에는 포르투갈, 오스트리아, 크로아티아 등이 포함됐다.

이 반대이다. 적십자기는 흰 바탕에 빨간 십자가이다. 애초에 '서로 부딪힘'을 가정하고 있는 듯한데, 그들은 그것을 빨갛게 하나로 녹여서 서로 융화시키려고 노력하는 사람들이다.

그러니 우리도 우리나라 땅의 면적이 좁다는 것과 산지의 나라라는 탓만을 너무 하지 말자. 아니 주변의 중국, 일본, 소련, 미국 사람들이 모두 부러워하고, 일하러 오고, 놀러 오는 나라를 만들어야 할 것이고, 우리의 노력에 따르겠지만 그렇게 될 가능성이 매우 크다. 우리나라는 아시아 대륙과 태평양은 물론 거기에 면한 여러 나라들을 연결시켜 주는 다리이기 때문이다.

우리나라에도 스위스보다는 아니지만 산지가 많다. 그래서 과거에는 벼를 심을 논이 부족해서 가진 자들이 없는 아랫것들을 논을 미끼로 헤일 수 없이 착취했었다. 마름이라는 중간 착취자에게 잘못 보여서 소작으로 부치던 땅을 떼이던, 그래서 먹을 것이 없어서 소나무 껍질을 씹었던, 그 슬프고 가련한 이야기는 서민들 모두의 가슴속에 아직도 고스란히 숨어 있다.

그러나 이제는 넓은 땅보다 잘 쓰는 땅이 더 중요하다. 산지의 중요성은 앞의 스위스 경우에서도 살폈지만, 사실 내륙의 쓸모없는 넓은 땅보다 바닷가의 잘 가꾼 땅이 중요함은 우리나라의 남동임해 산업단지나 이웃 중국의 동부 해안을 생각하면 이해가 잘 될 것이다. 가령 경제적 가치만 따진다면, 서울 강남 요지의 땅 한 평은 미국 서부 건조한 사막 땅의 100평보다 더 값이 나가는 것이다. 그러니 '좁은 땅이라고 탓하지 말고, 잘 쓰고 가꾸지 못함을 탓해야' 하는 시대인 것이고, 좁은 땅이지만 이야기가 있고, 그 이야기가 유(流)통되는 '훌륭한 장소'를 만드는 노력이 필요하다. 그렇게 해야만 우리의 삶의 질이 윤택해지기 때문이다.

지금 우리는 남의 탓만을 할 줄 알았지, 스스로 헌신하는 미덕을 너무 가볍게 여긴다. 오랫동안 멸시를 당하고 눌려 지내온 삶의 반작용으로 나오는 '무조건 반대하는 태도'라고 나는 생각한다. 적어도 1,000년을 그렇게 눌려서 살아오지 않았는가? 어떤 때는 나도 "우리나라 사람들은 정말 해도 너무 한다!"라는 마음이 들 때도 있다. 그러나 천 년을 눌려서 지내온 사람들이 몇 십 년을 좀 그리 보낸다고 너무 실망할 필요는 없다. 그래도 다행인 것은 모두가 자기의 정신 줄은 제대로 잡고 있다는 것이다. 사람들이 똑바로 마음이 얹은 시선으로 장소를 보면서 변화시키고 있는 것이다. 그렇지만 그 좁은 땅에서 오랫동안 '눌렸던 자의 콤플렉스'에서는 한시바삐 벗어나길 나는 바란다. 그럴만한 능력과 열정과 꿈을 가진 민족이 한민족이고, 남들에게 티 나지 않게 나라를, 이 땅을 사랑하는 사람들인 것이다. 그래서 머지않아 통일도 기필코 이룩하고야 말 사람들인 것이다.

둘째, 인공(건조) 환경은 사람이 만들거나 변형시킨 것들로 물리적 가시적인 것들과 보이지는 않는 비가시적인 것들이 있다. 도시와 촌락, 도로와 공원, 댐과 제방, 논밭과 과수원, 집과 방 그리고 대청마루 및 주방, 또한 절과 교회나 성당, 석불 상과 마리아 조각상, 빌딩과 신호등은 모두 가시적인 인공 환경이다. 또한 도시의 차선이나 공장, 사용하는 도구나 설비, 로봇, 자동차, 선박, 비행기, 드론, 총, 대포, 폭탄들도 모두 가시적인 인공 환경들이다. 우리가 먹고 생활하는 쌀, 밀, 밥, 빵, 고춧가루 등도 말할 필요 없는 가시적인 인공 환경이고 보면,

가시적인 인공 환경은 실제로 우리 인간들과 그들의 생활을 가장 강하게 연결하여 구속하거나, 아주 자유롭게 활성화시키는 환경이다.

여기서 백제의 미소가 있는 장소를 알아보자. 중부 지방을 북동에서 남서로 가르면서 뻗는 차령산맥 언저리의 예산을 지나서 서산 부근에 오면, 그래도 상당히 높은 이 지역의 상징인 가야산(伽倻山, 678m)과 그 가야산을 안고 있는 산맥인 '가야산맥'을 만나게 된다. 낮은 구릉과 평지들 사이에서 그래도 높은 그 가야산맥이 품고 있는 마을들을 일컬어 내포 지방(內浦地方)이라고 부르는데, 상당히 부유하고 살기 좋은 곳이다.[33] 길손들은 그 산맥을 돌아서 서산과 당진의 항구로 가는 길이 갈리는 장소 부근에 도착하게 된다(반대로 중국을 떠나서 서산 안흥 혹은 당진에 도착해서 육로로 여행해 오면서 합류하는 지점이기도 하다.). 그래서 멀고 먼 육로나 해로를 따라서 온 사람들이 잠시 쉴 수 있는 장소가 필요하였다. 오가는 사람들이 고달픈 심신을 달래고, 쉬면서 불심을 고양하도록 마애삼존불이 내포 일대의 최고 상징인 가야산 자락의 바위에 새겨지게 되었다고 할 수 있다. 가야산은 이 내포 지역의 상징이 되는 특별한 산이기 때문에, 앞으로 전개될 항해의 안전을 비는 장소가 여러 곳 있었을 것이다.

더구나 내포는 상당히 물자가 풍부하고 여러 산물이 이동해 가는 경로상[34] 요지인 장소였다.[35] 그래서 발달된 중국의 문물이 들어올 수 있는 장소이고, 예술 활동도 활발하게 전개될 수 있는 장소였다. 조선 말기에 통상 요구가 거절되자 대원군의 부친인 남연군의 묘를 도굴한 '오페르트 도굴 사건'도 역시 그가 중국에서 이곳으로 잠입하여 일으킨 사건이었다. 멀지 않은 곳에 충청수영(오천)과 병영(해미), 홍주목 등이 있었던 것으로 미루어 보아도 알 수 있듯이, 내포는 외부에서 적들이 접근하기 쉬워서 그들의 침입을 막는 기능이 꼭 필요했었다. 그러니 삼국시대에는 이곳이 훨씬 더 중요했을 것이다.

---

33) 이중환, 1751 저, 이익성 역, 1971, 전게서, pp. 108–110.
34) 그래서 일찍이 이 부근 항해의 안전과 신속한 통과를 위한 뱃길을 확보하기 위해 우리나라 최초로 '가적운하'라는 운하를 만들려고 공사를 하였던 곳과 가까운 장소이다.
35) 임병조, 2010, 지역정체성과 제도화, pp. 86–99.

▲ 그림 1·18 "백제의 미소"로 잘 알려진 서산시 운산면 용현리 마애삼존불(磨崖三尊佛) 인공 환경인 조각(마애삼존불) 예술품이
장소를 만들어냈다. 백제시대에 뱃길로 중국에 가려면 이곳에서 멀지 않은 서산 안흥(태안)항이나 당진항을 많이 이용했었
다. 당진(唐津)은 사실 당에 가는 항구라는 뜻이다.

　한국교원대학교 역사교육과 명예 교수였던 고 정영호 박사는 이 마애삼존불을 발견할 당시
한 나무꾼과 냇가에 앉아서 쉬면서 이야기를 나누었다. 정 교수가 담배 한 갑을 나무꾼에게
건네면서 "혹시 이 근처에서 부처님이나 보살님 상을 본 적이 있나요?"하고 말을 걸었다. 그
랬더니 그 나무군은 자기의 담배쌈지를 도로 접어서 집어넣고, 정 교수가 건넨 담배 갑에서
담배를 하나를 빼어 천천히 입에 물면서, "요 산 위에는… 두 마누라를 데리고 사는… 바람난
부처가 있기는 하지요."라고 느릿느릿 제보해 주었다. '부처가 마누라를 둘이나 데리고 산다.'
는 그의 말을 들은 정 교수는 단번에 범상치 않은 일이라고 생각했다. 그래서 그 나무꾼에게
안내를 받아, 길도 없는 산비탈을 같이 헤쳐가면서 겨우 올라가서, 이 마애삼존불을 발견할
수 있었다.

　그런데 날이 어두워져서 제대로 볼 수가 없었다. 그래서 그는 "아래에서 자동차(짚 차로 대
부분은 유네스코, 운크라 등에서 우리나라의 교육 기관에 원조로 준 것이었다.)의 전조등을
켜서 절벽을 비추어가면서 이 국보를 처음 확인하고 탑(탁)본을 만들 수 있었다."라고 회고하
였다. '백제의 미소'로 잘 알려진 이 국보는 부지런한 학자가 "발품을 팔아 조국의 땅을 누비
는 사랑하는 답사"를 통해서 발견할 수가 있었지(담배 한 갑을 기부하기는 했지만), 결코 이데
올로기 논쟁이나 밥그릇 싸움으로 찾은 것은 아니었다. 현존하는 백제 유물 중 '가장 인자한
백제의 웃음'을 보기 위해서 지금은 관광객들이 수없이 몰리는 유명한 장소가 되었고, 나라가
망해서 패자가 되어 거의 사라져 버린 '백제의 문화'를 인위적으로 만들어 내지 않고도, 있는
그대로 감상할 수 있는 훌륭한 장소가 되었다. 이렇듯 뛰어난 예술품인 인공 환경은 훌륭하게

장소를 만들어낸다. 더구나 백제의 미소인 삼존불은 "아침 햇볕을 받으면 더욱더 인자하게 웃고, 저녁 햇볕을 받으면 조금은 침울해하는 웃음이 보인다."라는 현지인들의 제보를 들으면, 정말로 서민들과 같이 숨을 쉬는 예술품의 장소라고 할 수 있다.

▲ 그림 1 • 19 **서산 가야산(678m) 정상 부근의 내포 정기 발원비[36]** "내포의 정기가 이곳에서 발원하다."라고 새겨져 있다. 가야산과 그곳에서 발원하는 삽교천, 해미천, 고풍 저수지의 하천이 이 지역의 젖줄이 되어서 이곳을 윤택하게 해 준다.

백제의 미소가 있는 장소인 내포 지방은 예산, 홍성, 서산, 당진 등을 포함하는 충남 서부 지역으로, 개척은 늦게 되었지만 물산이 비교적 풍부하였다. 그래서 고려와 조선시대에는 왜구나 해적의 도둑질이 많았던 장소이다. 도둑들이 침입하면 도망하기 쉽도록, 또 대규모 약탈을 막기 위해서 집들을 하나씩 떨어뜨려 지었고, 그래서 '산촌(散村) 지역'이 되었다는 설도 있다. 물론 여기 산촌은 이 지역의 부모가 자식들을 하나씩 떼어서 분가시키고, 땅을 상속시키면서 집을 짓고, 땅(경지)을 개간하는 등의 개척 과정에서 생긴 것이기는 하지만 말이다.

그러나 우리의 생활을 더욱 폭넓게 조절하거나 구속하고, 활성화시키는 인공 환경은 오히려 비가시적인 것들이 대부분이라고도 볼 수 있다. 교육, 음악, 철학, 도덕, 법률, 종교, 신, 제도, 관습, 분위기 등은 모두 비가시적인 인공 환경들로, 우리의 삶과 우리 인간 자체, 우리의 존재 의의를 생각하게 하는 것들이지만 볼 수는 없는 중요한 인공 환경들이다.[37] 이런 인공 환경은 장소를 만들기도 하고 그 의미를 강조하여 새로운 장소로 창조하는 것이다.

36) Daum(다음)에서 등산가인 '산너머저쪽'이라는 블로거가 찍은 사진을 인용한다. 등산가들은 이 가야 산지를 금북정맥의 일부로 인식하고 있다.

37) 마르크스주의에서는 이를 상부구조(Super structre)라고 부르며, 하부구조인 가시적인 것에 의해서 영향을 받고 결정되는 것으로 보았다.

셋째, 사람 즉, 거기에 사는 민족, 인종, 국민성 등으로 생각해 볼 수 있는데, 역시 가시적인 측면은 피부색과 골격, 머리칼 모양, 눈의 모양과 색깔, 키, 체구 등을 들 수 있다. 비가시적인 것으로 민족성과 기질, 성격 등의 생물학적인 특성과 민족적 감수성, 그리고 사회나 문화의 특성이나 품격, 습관들은 소프트한 비가시적 인공 환경을 구성하면서 그 장소에 사는 사람과 같이 관련시켜서 다루어야 의미가 멋있게 살아나는 장소의 주체 요소이다. 좀 더 단적으로 말하면, 사람은 바로 장소의 요소일 수 있고, 또한 장소를 만들어내는 바로 그 장본인이다. 따라서 사회적 인간이 아니면 장소의 요소로는 큰 의미가 없을 수도 있는 것이다.

또 다른 중요한 장소인 종묘를 생각해 보자. 이 장소는 조선 5백년의 왕 중심의, 가부장적인 사회를 이루게 하는 근본적 장소였으니, 모든 혁신을 막았던 보수의 상징을 가진 장소였다. 하기는 이런 비참함을 간직하는 장소들이 유네스코의 세계문화유산으로 보통은 잘 지정된다. 대체로 자연 유산을 제외하면, 많은 희생이 치러졌던 유적이나 유물이 문화유산으로 많이 지정되었음은 역사의 또 다른 아이러니이다. 그러나 이 장소의 상징은 매우 중요하다. 그러니 그 의미만은 존중하여야 한다.

종묘는 주례의 고공기에 따라서 왕의 자리에서 남쪽을 향하여 좌측(동쪽)에 세웠다. 사람들은 건축학적으로 뛰어난 건물임을 이야기하고, 어떤 이는 제례 의식을 말한다. 맞는 말이다. 그러나 필자에게는 여기 이 장소가 조선 500년의 뿌리가 되는 '사람의 도리와 조상에 대한 예의를 강제한 곳'으로 보인다.

▲ 그림 20-1(좌) 조선을 지탱하게 했던 또 다른 한 축인 종묘
▲ 그림 20-2(우) 왕과 왕비의 신주

즉, 이곳 종묘는 죽은 왕의 신주가 살아 있는 후손들을 통제하는 장소이다. 그래서 인공 환경이 아닌 사람의 측면에서 생각하고 바라보기로 했다. 조선의 고관대작들은 물론이요, 일반 백성들도 왕들과 같이 조상들과 유명 인사의 신주를 모시고 제사를 지내지 않으면 안 되었다. 공자의 율법인 것이다. 말하자면 조선은 죽은 자가 산 자들을 통제하는 사회였다. 부모님이 돌아가시면 3년 동안 묘 옆에서, 묘를 돌보며 다른 모든 일을 멀리해야 했다. 제사를 화려하

고 경건하게, 정성스럽게 지내고, 모든 일의 우선으로 모셔야 했다. 그런 후에 여유가 있으면 학문을 하였으니, 그 학문이 대단해지기도 어려운 일이었을 것이고(실력이 고만고만하였다.)[38], 생활이 어려운 것도 당연하였을 것이다.

정말로 조선의 역사는 아이러니컬하다. 권력을 위해서는 사람을 상하게 하는 것을 별로 두렵게 여기지 않았으니, 어떻게 신분 제도를 바꿀 수 있었겠는가? 참으로 딱한 지배 계층이었다. 아랫사람들이 잘되어야 윗사람들인, 양반인 자기네도 잘되는 줄을 모르는 사람들이었다. 이런 장소의 의미에 대해서 크게 신성시하고 싶지는 않지만, 중요한 장소임에는 틀림없다. 이 장소의 위치도 사직단처럼 중국 주나라 고공기라는 도시 건설의 원리인 '전조후시 좌묘우사(前朝後市 左廟右社)'에 따라 만들어져서, 오히려 조금은 부끄러워해야 하는 장소이기도 하지만, 오랫동안 그 의미를 기려온 장소이기는 하다.

2. 환경과 장소에 관한 이론과 모형

1) 환경론 요약

인간은 환경과 상호 작용을 통하여 서로 영향을 주고받으면서, 그들의 삶을 장소의 위에서 이루어왔다. 이 환경과 인간에 대한 가장 핵심적 관점과 생각은 시대와 과학 기술에 따라서 크게 바뀌었다. 과학이 발달하지 못했던 오랜 기간 동안 사람들은 '환경이 인간의 모든 것을 결정한다.'는 라첼(Ratzel)의 환경 결정론(Environment Determinism)의 생각을 가지고, 환경을 아주 중요시하면서 살아왔었다.

맹자의 어머니가 맹자의 교육을 위해서 세 번 이사했다는 이야기는 대표적인 환경결정론의 입장이라고 할 수 있다. 맹자의 어머니가 처음에는 시장 옆에서 살았다. 그런데 그 어머니는 맹자가 장사 흉내를 내는 것을 보고, 교육을 위해서 외곽의 한적한 곳으로 이사하였다. 그랬더니 이번에는 바로 옆에 장의사가 살고 있어서, 아들 맹자는 그들이 하는 대로 매일 장례를 치르는 흉내를 내면서 놀았다. 그래서 맹자의 어머니는 세 번째로 서당 옆으로 이사를 하여서 소위 '맹모삼천지교(孟母三遷之教)'를 실천한 것이다. 그랬더니 이번에는 아들 맹자가 매일

---

38) 이중환, 전게서, pp. 203~204. 산수(山水).

자세를 단정히 하고 글을 읽는 흉내를 내며 드디어 공부를 시작하였고, 후세에 뛰어난 성인이 되었다는 것이다.

이 이야기는 '사람은 주변 환경에 따라서 생각과 행동이 이루어지고, 정해지는 것'이라는 환경결정론을 말하는 것이었다. 어떻게 보면, 맹자의 성선설은 사람이 태어나서 처음에는 모두가 선한 마음의 사람인데, 주변 환경에서 나쁜 것을 자꾸 배워서 나중에 성품이 악하게 된다는 생각이고, 그 생각도 환경결정론이라고 할 수 있다. 그리고 생물학계에서 주장되는 라마르크의 용불용설(用不用說: 우리 몸을 예로 들어 쓰면 쓸수록 그 부분이 발달한다)이나 다윈의 진화론도, 우리의 풍수론도 대체로 환경결정론의 맥이다. "어떤 사람을 알려면 그의 친구를 보라."라든가 또는 "먹을 가까이 하는 사람은 검게 된다(近墨者黑)."는 말 등이 모두 환경결정론의 맥에 이어져 있다.

그러나 '인간은 환경의 영향을 받지만, 환경은 무대일 뿐이고 최종적인 결정은 인간이 선택한다.'는 환경 가능론(Environment Possibilism)으로 주된 흐름은 변하여 왔다. 환경가능론은 블라쉬(Blache)라는 뛰어난 지리학자에 의해서 주장되었다. 동일한 환경에서 자라나도 형제자매들의 품성이 다르고 살아가는 생활 패턴이 다름을 보면, 완전하지는 못하지만 아직도 훌륭하게 인간의 의사 결정에 따라서 행동이나 문화 혹은 지역 차이가 만들어지는 것을 설명할 수 있는 이론이라 하겠다.

또한 최근에는 인간과 환경이 영향을 주고받으면서도, 인간이 환경을 만들어내고 개량한다는 '환경 창조론'의 입장까지 다양하지만, 그 스펙트럼 사이에는 많은 입장들이 변형되어서 존재한다. 그래서 우리는 인간과 환경의 상호 작용 모델을 요약하여 제시하고, 환경가능론에 무게를 두면서 그 모델에 따라서 이 책에서 장소를 해석해 가기로 한다.

한국인들은 어떤 생각을 많이 하는 사람들인가? 세계적으로 뛰어난 두뇌를 가지고, 생활에서 자연 법칙을 따르기를 바라고, 살아가면서 남과 견주기를 잘하며, 감성이 풍부하고, 너무 쉽게 큰일을 잊고, 평화를 사랑하는 사람들로 요약된다. 그래서 사촌이 땅을 사면 배가 아프고, 땅이 주는 것은 정직하다고 생각하며, 너무 오랫동안 참아온 어려움을 너무 쉽게 잊는 사람들이지만, 아주 뛰어난 예능 재질을 보이고 있는 사람들이다.

현대는 과학 기술의 비약적인 발달로 환경의 불리함을 극복하고, 환경을 크게 파괴했지만, 그를 보호하면서 살아가려고 하는 환경상의 어려움이 큰 시대이다. 그래서 'POET(People, Organization, Environment, Technology)론'이라고 하면서, 그 관계가 균형과 개발 및 변화와 보호를 중시하고 있다. 따라서 환경에 대해서는 어떤 특정한 이론보다는 그들 사이의 조화와 균형을 위한 행동, 함께 살아갈 수 있도록 하는 가치관이 중요하다.

현대를 사는 사람들이 지난 수천 년의 역사에서 있었던 어려움을 경험한 사람들은 아니기 때문일까? 그 아픔을 모두 기억한다면 가슴이 터져서 살 수 없기 때문인가? 여하튼 현대를 사는 사람일수록 장소의 참 뜻을 알아야 하고, 그를 소중하게 여기는 속에서 우리 민족 고유의 우수함인 '땅꿈'이 꾸어지는 것이고, 그 과정에서 우리의 땅과 환경을 지킬 수 있을 것이다.

2) 인간과 환경 사이의 상호 작용과 장소의 형성 과정

우리의 환경 중에서 인공 환경의 소프트(soft)한 측면은 하드(hard)한 것들보다 더욱 중요할 수 있고, 미세한 변화까지도 구별하게 한다. 특히 사회나 문화, 즉 일상생활 패턴, 사회 조직, 언어, 도덕, 법률과 규범, 정치나 종교 등이 소프트하다. 그래서 이를 사회 환경(Social Environment)이라고 학자들은 구별한다. 필자도 사회 환경을 인공 환경에서 분리하여 생각하기로 한다.

이들 관계의 모형에서 실제 환경은 여태까지 논의한 자연환경과 인공 환경은 물론 사회 환경까지 포함한다. 장소의 구성 요소인 자연환경, 인공 환경, 사람은 그 사람이 속한 사회에서의 행동, 심리, 인식, 가치관 등과 뗄 수 없는 관계이므로, 인공 환경은 하드웨어적이든 소프트웨어적이든 모두 어떤 장소의 특성과 이용 및 개발 상황을 나타내 주는 지표가 된다. 따라서 인간의 활동에 내외적으로 가장 넓고 강하게 영향을 주고 한정하는 것이 사회 환경이고, 구성원들에 의해서 인지·지각된 환경이 중요하다. 이들은 어떻게 장소를 이루는가?

어떻게 생각하면 "사람들은 환경 중에서 자기가 원하는 것만을 보게 된다."고 말할 수도 있다. 따라서 문화나 사회에 따라서 같은 환경이라도 다르게 보이고, 다르게 상호 작용하게 되며, 중요시하는 정도도 다르게 된다. 대체로 같은 일상생활을 하는 공동체의 구성원들은 어떤 장소를 둘러싼 환경에 대해서 같은 감정과 인식을 갖게 되는데, 장소성이라는 특성이 그 과정에서 형성된다.

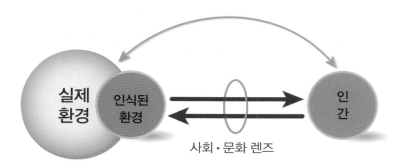

▲ 그림 1·21 **인간과 자연의 상호 작용(사회·문화 렌즈) 모형** '실제 환경, 인식된 환경, 사회·문화 렌즈, 인간'과의 양방향 상호 작용(2 way directions)을 보이는 모형이다. 사람들은 주로 자신이 인식한 환경을 사회·문화 렌즈를 통해서 보고 느끼면서 상호 작용을 하게 된다.

여러 사람들이 어떤 장소에 대해서 갖는 '공통된 생각'을 장소 정체성이라고 부르는데, 이는 위와 같은 모델의 구조에서 발달하게 되며, 장소의 특성 위에서 형성된다. 물론 실제 환경 그 자체와도 사람들은 상호 작용을 하지만 그 중요성은 상대적이고 양도 적으며, 대부분은 인지된 환경을 통해서 상호 작용하게 된다. 단지 절대적인 자연환경의 중요성은 극한 상황에서 주로 나타나게 되고, 사람들에게 본래와 달리 작용하게 된다. 이제 실제 환경에서 자연적인 환경 요소인 위치에 대해서 먼저 살펴보기로 한다.

사례로 러시아의 노보시비르스크(새로운 시베리아라는 뜻)를 보자. 노보시비르스크는 시베리아 철도가 오비(Ob R.)강을 통과하면서 처음 도시가 입지하여 교통의 요지로 발달한 러시아 제3위의 도시로, 시베리아 최대의 철도 교통 도시이다. 현재는 철도 교통, 수상 교통, 육상 교통, 항공 교통이 결합되는 장소이기도 하다. 인구는 약 154만 명에 달하고(2014년), 항공, 기계, 철강, 화학, 면공업 등의 공업이 발달해 있다. 경기가 좋아지면서 도시의 건설이 아주 활발하고, 도시 바로 옆에는 큰 댐, 짐을 실은 배를 통과시키기 위한 도크(Dock)도 건설되어 있다. 대부분이 습기가 많은 저습지, 초원 등이고, 남동부의 구릉들은 해발 250~500m의 낮은 지대이다.

▲ 그림 1·22 **러시아의 노보시비르스크(Novosibirsk)시 철도역 시계탑** 시계는 저녁 21시 48분을 보이고 있지만 아직도 하늘에 태양 광선과 노을이 있고, 그늘진 곳은 이제야 어둠이 깔리기 시작한다. 이곳이 고위도(북위 55도, 동경 82도)에 위치하여 여름철에는 저녁 늦게까지 해가 지지 않는다는 것을 보여 주고 있다. 고위도의 여름밤은 짧아서 밤이 거의 없는 것이다. 반대로 겨울철에는 긴긴밤이 계속된다. 여기서는 장소를 이루는 요소로 '지리적 위치와 인간의 규칙과 약속(하루 24시간 즉, 21시는 저녁 시간이라는 제도와 약속)'이 중요함을 보여 준다. 저녁에 해가 지지 않는 현상(대체로 하지 때 해 지는 시각은 새벽 2시이고, 해 뜨는 시각은 새벽 4시이다.)과 여름철의 서늘함이라는 장소의 특성을 즐기는 관광객들이 몰려들었고, 수운과 철도 교통, 도로 교통, 항공 교통 요인이 도시의 경제와 산업을 활성화시키면서 도시가 활기를 띠고 있다.

강 유역에는 저평한 평야가 널리 발달해 있고, 평탄한 강 유역에 빙하호, 자연 제방, 하안 단구, 하중도 등의 여러 지형도 발달해 있다. 또한 '러시아 국립 연구소'도 여기에 있는데, 우리나라의 어떤 국책과학연구소 설립 시에 모형을 삼았다고도 알려져 있다. 사진은 약 10년 전 6월에 촬영한 것이다. 현재 도시 내에는 새로운 건물들이 많이 건설되어 있고, 교통의 요지로 비교적 활기가 있다.

위치상 중요한 또 다른 장소를 생각해 보자. 런던의 그리니치 천문대가 있는 곳이 중요한 장소이다. 세계의 모든 시간의 기준이 되는 점으로 전자시계, 위성에 의한 시간과 위치의 확인 및 수정이 이루어지기 전에는 정말로 세계에서 가장 중요한, 시간과 위치를 맞게 하는 장소였다. 이는 영국의 과학과 경제력 및 국제 권력의 위대함을 짐작하게 하는 장소인 것이다.

▲ 그림 1·23 **영국 런던 교외 템즈 강변의 그리니치에 있는 천문대** 본초자오선이라는 0도의 경선이 지나는 곳이다. 세계의 시간에서 기준이 되는 지점으로, 위치가 장소가 되는 가장 중요한 사례이다.

그러나 영국의 산업 혁명 이후 근대에서 위치와 시간이 더욱 중요해지면서, 그리니치의 중요성을 더욱 강화했던 장소는 강 건너 맞은편에 있는 런던 동쪽 8km 지점의 도크 랜드(Dockland; 부두 장소) 지역이다. 1880년대에 건설되어 영국의 산업화 과정을 지탱해 온 조선, 철강, 창고, 수운 적환점으로 중요한 장소였다. 그러나 시설들이 너무 오래되어 낡고, 대부분 황폐화되어 방치되었다가 재개발을 하게 되었다.

도크 랜드는 1990년대 전후 그 장소들을 재개발을 하여서 런던의 고층 건물이 거의 다 모여 있는 신도시로 건설되었고, 그 과정에서 소위 젠트리피케이션(gentrification; 재개발로 건물들이 새로이 건축되면서 부유층들이 들어와 본래 그 장소의 주인들이 내쫓기는 현상)이 일었던 곳으로도 유명한 장소이다. 즉, 도크 랜드는 영국 근대 산업화를 주도한 유명한 커네어리 워프(Canary Wharf) 부두가 있었지만, 정부 주도와 민자 유치로 세계적인 금융업 지구, 고급 업무 지구, 중상류층의 고급 주택 지구가 있는 수변 신도시(waterfront new town)로 재개발되었다. 그러나 원주민들은 그 재개발 과정에서 대부분이 밀려났으므로, 도시 재개발의 문제가 확연히 드러난 장소이기도 하다.

▲ 그림 1 · 24-1, 2 **영국 런던의 그리니치 천문대와 템즈 강변 대안의 도크랜드(Dockland, Canary wharf) 지역 재개발 경관**

이곳은 또한 위치의 중요성과 그를 이용해서 입지했던 공업 지구를 재개발하여 장소의 특성을 재창출한 곳(세계의 중요 금융업 지구, 업무 · 사무 지구, 고급 주택 지구)으로, 세계적으로 가장 유명한 사례를 확인할 수 있는 장소이기도 하다.[39]

이런 현상은 서울에서도 홍대 입구(신촌 부도심 인접), 용산 지구(도심부 인접, 지하철과 철도 접근성), 이태원 등에서 확인이 가능하나, 위치가 좋은 대부분의 불량 주택 지구의 재개발에는 이 젠트리피케이션 현상이 나타나게 된다.

또한 개발을 추진하는 입장에서는 투자한 자본에서 가장 큰 이익을 얻기 위해서 개발 전과 개발 후의 지대 차이가 가장 큰 장소를 골라서 재개발을 추진하기 때문에, 젠트리피케이션이 일어나는 것을 예상한다. 이 과정의 주요 원인으로 렌트 갭(Rent gap: 개발 전후의 지대 차 또는 예상 치와의 차이)을 든다.[40] 도심부 근처의 장소는 본래 지가가 높은 곳이지만 개발된 지 오래되어 건물들이 낡아져서 변하게 되면 슬럼 지구가 된다. 그러면 실 거래가가 많이 낮아지고 사람들이 빠져나가서 그곳은 경제 활동의 침체 지역, 범죄나 일탈 행동이 많은 지역이 된다. 이런 곳을 개발하면 지가가 큰 폭으로 올라가고 임대료 역시 큰 폭으로 뛰게 되어, 기존의 임대료와 큰 차이가 생기게 된다. 재개발은 대체로 이런 장소에서 이루어진다. 따라서 지대 격차(렌트 갭)가 젠트리피케이션에서 중요한 것이다. 서울의 용산, 신당동, 창신동, 북아현동, 만리동, 이태원, 홍대 입구 등지가 그런 지역이다.

"… (중략) '젠트리피케이션'이라는 말은 영국의 전통적 중간 계급인 젠트리(gentry)에서 나왔고 1960년대부터 영어권에서 쓰였다. 이 이론의 창시자인 스미스(Smith, N.)와 레이(Lay, D.)의 정의를 보면, 'gentrification이란 노동 계급 주택 및 방치된 주택이 재생되어 그 지역이 중간 계층의 동네로 변환되는 것', '상대적으로 빈곤하고 부동산 투자가 제한되었던 도심 동네가 상품화와 재투자가 이루어지는 상태로 이행하는 것'이다. 중간 계층을 젠트리피케이션을 발생시키는 행위자, 즉 젠트리파이어(gentrifier)로 여긴다.

39) 신현준 외 7인, 2016, 서울, 젠트리피케이션을 말하다. 푸른 숲, 문화일보, 2016. 8. 5.
40) 이선영, 2009, 용산 재개발지구의 근린변동과 젠트리피케이션 과정, 한국교원대학교 대학원 지리과 석사학위 논문, pp. 7-11.

그러나 미국의 지리학자 제이콥스(Jacobs)는 이 재개발 과정이 도시의 멋과 인정이 살아 있는 인간적인 장소를 모두 파괴하여 메마르고 사람 살기에 부적합한, 오히려 범죄가 다발하는 장소로 바뀌게 되므로, 본래의 멋을 살리는 최소한의 인간적 개발이 필요함을 주장하기도 하였다.

여하튼 이 개념은 위치와 시간, 환경에 따라 변해 가는데, 현재 서울의 경우도 유사한 양상을 보인다. 즉, 허름한 동네에 예술가의 작업실이 하나둘 들어서면, 접근성이 개선되면서 3~4년 뒤에는 카페나 레스토랑이 들어오고, 다시 3~4년 뒤에는 글로벌 프랜차이즈 기업이 들어온다. 이후에 그 동네는 소위 '뜨는 동네', '핫 플레이스(Hot place)'로 소문이 나고, 언론에 소개되면서 상주 및 유동 인구가 증가하고 지가, 집값, 임대료가 상승하며 예술가나 기존 사업자 및 기존 거주자들은 쫓겨나게 된다(후략, 일부 필자 수정)."[41]

여하튼 우리가 사는 지구 위의 위치는 장소를 만드는 자연환경으로 중요한 요소임을 알 수 있다. 이 특성을 우리나라에서 살펴보면, 한반도가 중위도에 위치하는 반도 국가로 4계절이 뚜렷하고 봄, 여름, 가을, 겨울의 여러 특징이 모두 나타나서 주기적으로 우리의 삶에 활력을 넣어 준다. 그러나 봄과 가을은 짧고 추운 겨울과 덥고 습한 여름은 길다. 그래도 옷은 4계절의 옷을 속옷과 양말과 같이 모두 준비해야 하므로, 삶의 비용도 훨씬 크다. 또한 겨울에는 난방비가 많이 들고, 여름에는 냉방비가 많이 드는 것도 적지 않은 우리 장소의 흠이다. 그래도 우리의 삶을 활력이 넘치게 하고, 삶의 질을 높이고 있으니 단점보다는 장점이 더 많은 장소라고 하겠다.

▲ 그림 1·25 맨해튼 다운타운 슬럼 지구의 버려진 건물(Lower Manhattan) 부두와 관광 지구 및 차이나타운에서 멀지 않은 장소로 위치도 좋으며, 오래된 낡은 건물이라서 재개발 이후에 지대 상승에 대한 기대도 크기 때문에 지대 차(rent gap)가 큰 장소이다. 이런 곳을 재개발하면 부유한 사람들이 들어오면서 저소득층은 이 장소에서 살지 못하고 밀려나면서 급격한 장소의 변화와 젠트리피케이션(gentrification)이 일어나게 된다.

41) 문화일보, 2016, 홍대앞, 가로수길… 뜨는 동네 난민들, 수정 인용(2016. 8. 5.)

가령 우리나라에서 유럽이나 미국에 가려면 초음속 비행기로도 14~15시간을 비행해야 하는 어려움이 있고, 더구나 시차 문제로 며칠을 고생해야만 생활이 제대로 돌아오니, 장소의 차이가 크게 작용하며, 이동하는 비용 또한 상당하다. 어디 그뿐이랴! 우리나라가 열심히 일하고 경제 동향을 살필 때 선진 강대국들은 모두 잠을 자고 있고, 그들이 일할 때 우리는 잠을 자야 하므로 경제 활동에서도 어려움이 많다. 물건을 팔려고 해도 수송비가 많이 들고, 연락하려고 해도 통신비가 적지 않게 먹힌다.

이렇게 경제 활동의 측면에서 우리나라의 장소라는 위치는 불리한 요인이 있지만, 우리나라 사람들은 이를 대부분 극복한 것이다. 더구나 정보 혁명, 글로벌 경제 등의 측면에서 이제는 이들이 큰 문제가 되지 않는 경우가 많아지고 있어서 우리의 입지를 한층 넓혀 주고 있다.

그러니 속이 상하고, 배알이 꼴려도 우리는 위치와 장소를 정하는 표준시를 동경 135도로 해서, 서구의 여러 나라가 동아시아를 무시하지 못하게 하면서 더욱더 국력을 길러야 한다. 우리나라의 가운데를 지나는 경선을 한국의 표준시로 삼으면, 외국인들은 더욱더 우리 시간을 귀찮게 여기고, 우리 또한 불편함이 아직은 커지게 되기 때문이다. 수출을 주로 하는 우리나라이므로, 물건을 사 주는 외국인들에게 편한 시간대를 쓰는 것도 중요하기 때문이다. 그래서 우리의 표준시에 대한 욕심을 아직은 꾹 참아서 국제 사회가 권장하는 '동아시아 시간 블록'을 같이 묶어서 쓰는 것이 좋겠고, 국력을 길러서 후일을 기해야 할 것으로 판단되는 것이다. 가령 중국은 미국처럼 4~5개의 표준시가 실제로 필요한 넓은 나라이나 하나의 표준시만을 쓰는 것도 혼란을 막기 위한 조치이고, 통일이라는 국익을 위해서이다. 그래서 동쪽에서는 점심시간이 될 때 서쪽에서는 해가 뜨는 나라인데도 그들은 그 불편을 참고 있다.

위치와 장소 및 지도를 활용하여 질병을 퇴치한 좋은 사례를 하나 들어 보자.

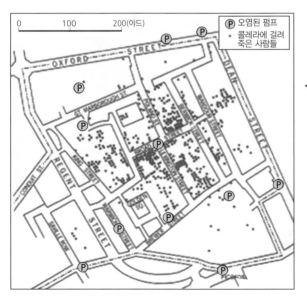

◀ 그림 1·26 **콜레라와 런던의 소호 지구(Soho district of London)의 오염된 펌프** 스노우 박사(Dr. John Snow)가 그린 지도로 콜레라에 걸려 죽은 사람들(1854년, 빨간 점)과 오염된 펌프(Ⓟ로 표시됨)와의 관계도이다. 런던의 소호 지구라는 장소의 오염된 음료수와 콜레라와의 강력한 관계를 명확히 나타낸 지도로, 자연환경과 인공 환경 그리고 사회 환경(산업화 시기의 밀집된 주택을 보이는 도시 사회와 런던의 불량한 위생 조건) 및 질병과의 관계를 보여 준다. 그는 '콜레라를 막기 위해 오염된 펌프를 폐쇄해야 한다.'고 진단하고, 펌프의 지렛대 손잡이를 모두 제거하여서 런던의 콜레라를 진정시키는 데 결정적인 역할을 하였다.

물론 질병은 단일한 원인만으로 발생하는 것은 아니고, 여러 요인들이 작용하며, 특정 질병과 환경 조건이 '특정한 장소와 시간에서 일치하였기 때문에' 거기서 병이 발생되는 것이기는 하다. 그래서 어떤 질병과 그 장소의 특성과 사람들 간에 '어떤 관계가 있는지?'를 밝히는 분야인 의료 지리학(Medical geography)은 장소 연구에서 큰 공헌을 하였고, 그것은 일반인들의 일상생활을 중요시하면서 발전되었다.

▲ 그림 1·27 **현재의 소호 지구의 상점가 렉싱턴 스트리트의 풍경** 재건축 공사가 한창 진행 중인 광경(구글 캡처), 앞의 삼거리에 오염된 펌프가 있었다.

위의 사례에서 스노우 박사의 '위치, 물, 질병과의 관련에 대한 연구와 조치'는 지리학에서 장소 연구의 중요성을 대변한다. 어떤 경우는 확실하게 위치와 이동의 궤적을 추적하여야 하고, 어떤 경우는 불편하고 자존심이 상하더라도 잘 참아야 하는 경우도 많다. 최근의 구제역이나 메르스의 발생과 확산에서 보듯이 '어떤 장소를 언제 갔었나?'를 중요시하고, 그 '질병의 발생 장소와 시기를 고려하여, 외부와의 관계를 차단시켜야만 전염병의 급격한 확산을 막을 수 있다.'는 것은 상식이 되었다. 즉, 장소와 사람들의 행동 특성을 전염병과 같이 알아야 그의 확산을 막을 수 있는 것이다.

또한 전염병을 막기 위해서 '어떤 장소를 얼마만큼 오래 격리시킬 것인가?'하는 문제는 항상 이해관계가 첨예하게 대립되는 중요한 이슈가 된다. 자기가 키운 소나 돼지 수백 마리를 땅속에 묻어야 하는 상황이 될 수도 있으니, 그 장소의 아픔은 당해 본 사람이 아니면 알 수가 없기 때문이다.

이 사례는 실생활에서 지리학의 연구가 아주 중요하며, 그 연구가 첨단적이고 과학적인 절차와 기구를 이용해서 진행됨을 알리는 것이지만, 우리나라에서는 이 지리학의 지식을 대부분 무시하고 장소의 파괴를 진행한다. 그러나 지리학의 도움 없이 질병의 예방과 차단이 잘될 수는 없는 것이다.

요즘은 융합의 시대이다. 그러니 이제부터라도 GIS(지리 정보 체계; Geographic Information System)를 폭넓게 응용하고, 현장의 답사와 지리적 전문 지식을 활용·적용하며, 장소와 지역의 문제 해결에(비록 늦었지만) 과학적으로 접근하여 장소 특성을 파악하고, 적용하는 정책을 적극 추진해야 한다. 요즘은 정말로 학제 간의 연구가 중요한 시기이다. 무조건 자기네가 다 한다는 생각은 아무것도 못한다는 생각과 크게 다르지 않은 것이다. 또한 매스컴이 이런 장소들을 소개는 할 수 있겠지만, 장소를 연구한다는 것은 전혀 다른 어려운 문제인 것이다. 장소는 모든 분야를 학제적으로 유통하게 해 주는 기반이 되는 실체이므로 연구에 있어 전문성이 더욱 필요하다.

여기서 중요한 다른 하나는 사회 문화 렌즈(Social and cultural lens)에 따른 차이에 대한 것이다. 홀(Hall)은 "문화는 의사소통(Communication)이다."라고 정의하면서, 사람과 사람 간의 관계에서 문화가 결정적으로 중요함을 말하고 있다. 이는 어떤 사람이 그가 속한 사회와 문화의 영향을 받아서 사물을 보고, 인지하고, 해석하는 안목이 독특하게 형성된다는 것이다. 그것은 마치 그 사람이 특별한 안경을 쓰고 사물을 보는 것과 유사한 기능과 효과가 있다는 것이다.

3) 장소와 시간

'사회 문화의 렌즈'는 일시에 형성되는 것이 아니고, 특정 문화 속에서 오래 살면서 습관이나 생활 패턴으로 형성되며, 가족생활을 통해서 자손들에게 전달된다. 그래서 시간이 장소에서 아주 중요하다. 그리고 그런 생활양식이 공유되는 장소의 범위(크기)가 인정된다.

인문 지리학의 창시자인 블라쉬(Blache)는 그 범위를 뻬이(Pays)라고 불렀고, 그 범위의 생활양식을 조사하는 것이 지리 연구에서 가장 중요하다고 주장하였다. 이는 우리나라의 '읍을 포함하는 군' 정도의 범위이고, 우리나라에서도 이 범위가 가장 중요한 생활양식의 특성을 갖는 것으로 알려져 있다. 이 '군의 범위 안'은 공간의 범위에서 가시성(visibility)이 확인되고, 사람들의 교류가 장터를 중심으로 매우 빈번하며, 세금 징수나 학구, 교구 등의 범위와 중복되거나 맞아떨어지기 때문에 이 범위가 삶에서 매우 중요하다는 것이다. 이런 범위의 속에서 공동체 생활을 오래 하게 되면, 대체로 "유사한 사회·문화 렌즈"를 차츰차츰 갖게 되는 것으로 알려져 있다. 따라서 이 사회 문화의 렌즈 형성에는 공간적 범위인 군 단위의 크기가 중요하지만, 또한 상당히 긴 시간을 같이 지내면서 공동체 생활을 하는 것도 중요하므로 이제 시간의 의미를 생각해보자.

▲ 그림 1·28-1, 2 **일본 교토의 이총(耳塚; 미미츠카, 귀 무덤 또는 코 무덤)** 1592년 임진왜란 당시 조선(한국)을 침략했던 왜장들이 조선인 전사자나 포로의 귀와 코를 베어서 도요토미(豊臣秀吉)에게 전승 기념 선물(전승의 증거)로 바쳤다. 왜군들이 야만적으로 베어간 조선인들의 귀와 코를 묻어서 생긴 무덤이 이총으로, 토요토미는 이를 전쟁에서 승리했다는 증거로 삼았다. 이 무덤은 교토의 방광사(方廣寺) 옆 아동 공원에 있고, 누군가가 원혼을 달래기 위해서 매일 꽃을 올리고 있다. 그들에게도 양심을 가진 사람들이 있기는 한 모양이다.

오랜 시간을 거치면서 이루어진 우리의 역사는 고난과 비극의 역사이고, 억압과 차별의 역사였다. 그 비극을 그대로 보여 주는 곳이 이 귀 무덤의 장소이다. 이는 "얼마나 많은 조선 사람들이 인간 대접을 받지 못하고 비참하게 죽었나?"를 웅변으로 보이는 처참한 유적이고, 약자의 슬픔을 보이는 장소이다. 이런 비극을 잊는 민족은 그 비극을 다시 경험할 수 있고, 미래도 없다. 피해자는 다시 당하지 않도록, 가해자들은 참회하는 마음으로 반드시 기억해야 하는 장소이다. 그래서 우리는 외친다. "역사를 잊은 지리(地理)는 시체와 같은 지리이고, 지리를 잃은 역사는 뿌리 없는 부랑자와 같은 역사이다."라고.

일본은 이 당시 '발달된 조선의 도자기 문화'를 포로들을 통해 강제로 이식해서 자기네 '제조업의 기본 기술'로 발전시키고, 확산시켜서 오늘의 일본 산업을 만들었다. 이 비극의 장소를 그들은 속으로 잘 이용한 것이고, 우리는 그들의 산업을 위해서 제물이 되었고, 많은 사람들은 그 비극을 잊었던 것이다. 따라서 이런 장소의 의미를 정말로 심각하게 검토해야 하고, 그를 알아야 하는 것이다. 우리가 다시는 이런 비극이 재발되지 않도록 정신 차리고 행동해야 하는 것이다. 오늘날에도 터무니없는 허구적인 거짓 주장을 하거나, 타협을 모르면서 무조건 자기의 주장만이 옳다고 고집을 부리는 사람들은 임진왜란 당시 히데요시를 보고 전혀 다르게, 반대로 보고했던 '조선의 두 사신의 주장'을 다시 생각하고 반성해야 한다.

그러니 지리를 알고, 장소를 알고, 지리 기술을 잘 이용해야 하는 것이다. 그런데 정말 아이러니하게도, 현재 이 GIS를 가장 잘 쓰고 있는 사람은 일반 국민들이다. 대부분의 젊은이들은 스마트폰의 앱(app)을 이용해서 '목적지까지 길 찾기', '병원이나 주유소 등 장소 안내', '맛집 검색' 등의 활동을 통해서 지리학의 전문적 성과를 잘 이용하고 있다.

그러나 이런 편리한 기능도 좋지만, 우리의 생활이 이루어지는 여러 장소에 대해서 좀 더 잘 알고, 외국에 대해서도 좀 더 깊이 이해하면, 우리의 삶이 더욱 여유 있고 보람이 있을 것이다. 거기다 좀 더 전문적 지식의 활용을 통해 지역 문제, 환경 문제 등을 해결하는 것도 중요한 것이다.

▲ 그림 1·29 용산 미군 기지에 남아있는 '일제 만주사변 전몰자 충혼비' 이 비의 기원과 의미를 아는지 모르는지, 미군들은 이 비를 그대로 쓰면서 "미 8군 전몰자 기념비"로 표지석만 고쳐 쓰고 있다. 제2차 대전 당시에 미국과 일본은 서로의 원수였지만, 지금은 서로의 우군이다. 더구나 약소국인 우리나라는 이 용산 기지가 조선 말기에는 조선군을 훈련하는 장소로 그 일부가 사용되었으나, 일본군이 들어오면서 일제의 포병대, 헌병대, 보병 사단 등에 이 용산은 점령당하였다.[42] 그때 일본인들은 중국을 침략하기 위해서 만주사변을 일으키고, 그 침략 전쟁에서 죽은 자기네 군사들의 혼을 달래는 충혼비를 이곳에 세웠다. 그렇다면 용산은 중국 침략을 위한 일제의 준비 기지, 전초 기지였음도 알 수 있겠다.

이런 아이러니를 알고, 우리가 '정말로 오랜 시간이 지나서야 다시 이 장소를 돌려받아서 쓸 수 있게 되었는데, 그러면 어떤 마음가짐을 가져야 하는가?'

장소의 변화를 시간상으로 파악하여 기술하면 시간 흐름이라는 측면이 이루어지게 된다. 그 시간의 흐름에서 뜻있게 일을 처리해야 한다. 나눠 먹기식, 임자 없는 땅을 남보다 먼저 먹으려는 생각이라면, 이 비극의 장소를 그냥 '놀이 공원' 쯤으로 생각한다면, 다시 이 장소를 빼앗기지 않는다고 누가 장담하겠는가? 비극의 장소를 꼭 기억하고, 나라를 사랑하는 마음으로 이 용산이라는 장소의 사용을 고민하고, 또 고민해야 한다.

또한, 앞에서와 같이 GIS, 지도 앱 등을 쓰는 것도 중요하지만, 왜 그 장소에서 그런 질병이나 사건이 생기고, 왜 우리와 관련이 있는지, 왜 우리에게는 우리의 뜻과 관련 없는 장소들이 생겼는지 그 연결 고리를 장소에서 찾아서 타 분야와 융합하여 대처하는 일이 중요하다. 거기에는 지리학과 역사학 및 사회학의 학제적 장소의 연구가 중요한 역할을 할 수 있다.

이렇게 장소의 의미를 파악하고, 그 의의를 배워야 실제로 산 역사를 알게 되며, 장소를 사랑하게 되며, 나아가 나라를 사랑하게 된다. 따라서 지리는 물론 역사, 사회 등의 학문은 현장

42) 2016. 7. 4. 조선 닷컴 캡처.

중심으로 교육해야 하고, '장소'를 배우고 조사하게 하여 장소의 참된 의미를 파악하고 공부해야, 젊은이들이 그 과정에서 나라를 바로 알고 사랑하며, 미래의 꿈을 장소에서 다지게 될 것이다.

▲ 그림 1·30 종전 직전 베트남 고속도로 위에 버려진 베트남군의 장비들

위 그림은 베트남 전쟁 종전 하루 전에 나타난 고속도로의 장소이다. 월맹(베트콩)의 최고 지도자인 호치민(胡志明)은 종전이 임박하자 월남 군인들과 외국 군인들에게 "종전 전에 고향으로 돌아가면 월남 정부에서 군인으로 전쟁에서 대항한 데 대해 아무런 책임을 묻지 않겠다."고 선언하였다.

그에 따라 베트남 군인들이 종전 선포 하루 전에 무기와 장비를 모두 버리고 전선을 떠나 자기들의 고향으로 귀향하였다. 그들은 군인이라는 표를 내지 않기 위해서 군화와 장비들을 모두 고속도로에 버렸다(그림은 베트남 호치민 시티(구 사이공)의 박물관 사진).

그 월남군들이 버린 장비들이 고속도로를 덮고 있는 이곳은 작은 슬픔과 커다란 기쁨을 주는 사건의 장소이다. 즉, 대부분의 베트남 사람들로 하여금 자존심과 기쁨을 찾는 장소가 된 것이다. 장소는 이렇게 사건과도 밀접한 관련이 있다. 군수 장비를 실어 나르던 고속도로가 목숨을 구하기 위한 탈출로, 구명로가 되었다. 즉, 고속도로의 한 지점이 이제까지 적과 싸우던 장소에서 여러 군수품을 모두 버리고, 평화를 기원하는 유명한 '자존심의 장소'가 되었고, 동시에 이데올로기의 허구성을 증명하는 장소가 되기도 했다. 이는 중국의 여러 장소에서, 혹은 구소련의 여러 장소에서도 쉽게 확인되는 장소의 유형들이다.

이렇게 장소의 탄생에는 일반적으로 상당한 시간이 필요하지만, 순간적인 사건도 극적인 경우 유명한 장소를 만들어 낼 수 있음도 확인하였다. 전쟁과 사건들이 순간적으로 장소를 만들어 내는 것처럼 매스컴이나 휴대 전화용 SNS 등이 발달한 요즘 시대에는 '사건에 의한 장소화'가 더욱 빈번하게 나타난다.

▲ 그림 1・31 **그리스 산토리니 도시; 에게(지중)해의 백색 마을** 색깔도 장소를 만드는 중요한 요소이다. 강렬하고 뜨거운 여름의 지중해성 기후 아래에서 쪽빛 바다가 한층 어울리며 햇볕에 반사되어 한껏 흰색의 멋을 뽐내고 있다. 지중해 연안에는 초크라는 백색의 암석을 이용하여 건축된 이런 백색의 도시가 여러 곳 있다.

그러나 아주 오랜 시간이 지나서 장소가 형성되는 것은 보통 있는 일이다. 산토리니 섬은 유럽의 그리스에서 터키나 아프리카로 가기 위해서 거치는 징검다리 격의 작은 섬이지만, 그 남쪽의 크레타 섬과 같이 에게해 문명의 중심지였다. 무역이 중심이었고, 고대 미노아 문명(청동기 도시 국가)이 꽃피었던 곳이다. 본래 섬이 생긴 것도 화산 폭발에 의한 사건이었지만, 섬이 솟아오르면서 석회암, 화산암 등이 솟아올라서 석회암이 이곳의 건축에서 중심 석재가 되었다. 그러나 화산 폭발로 큰 섬이 모두 날아가고, 현재는 일부가 작은 섬으로 남았다. 흰색은 본래 석회암이 변화된 초크(chalk)라는 돌에서 온 색이지만, 상당수는 후에 흰색을 칠한 건물이다. 그래서 흰빛의 건축물들이 건설되었고, 날씨까지 겨울에 온화하고 햇볕이 맑고 강해서 유럽 최고의 휴양지가 되었다. 이렇듯 장소는 환경(자연)과 사람 및 삶의 문화가 어우러져서 만들어지면서 시간에 따라서 자꾸 여러 층을 이루며 쌓이는 것이다.

흰색은 본래 우리 한민족의 색으로 '백의민족(白衣民族)'이 우리의 별명이기도 하였지만, 본래 깨끗함, 순수함, 소박함 등을 나타내는 색깔이다. 그러나 최근 우리 민족은 흰색 옷을 오히려 적게 입는 편이다. 다양한 색채가 우리의 특색이 된 듯도 하다.

4) 과학 기술과 장소

이상에서 필자는 여러 가지 요인에 의해서 유명하게 된 장소들을 소개하면서 장소의 3요소를 설명하였다. 딱딱한 이야기이지만 조금 더 해 보자. 존스턴(Johnston) 자신은 이미 오래 전에 다른 책에서 '인간의 행동에 영향을 미치는 환경'을 4가지로 구분하여 논의한 적이 있다. 그는 1973년에 '공간 구조(Spatial Structure)'라는 책에서 환경을 자연(물리적) 환경(physical environment), 인공 환경(man-made/artificial environment), 사회 환경(social environment), 공간 환경(spatial environment)의 넷으로 나누었다. 그래서 이들 환경과 앞에서 언급한 '장소의 구성 요소'와의 관계를 생각해 보면, 사회 환경과 공간 환경은 인공 환경에 포함시켜진다. 그러나 이 환경의 구분도 중요하므로 그 중 일부를 좀 더 살펴보자.

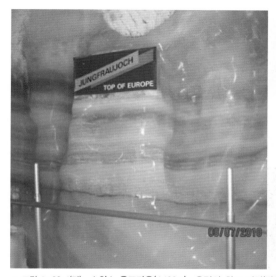

▲ 그림 1·32-1(좌) **스위스 융프라우(4,166m)** 유럽의 최고 지점(관광 경험, Jungfraujoch / Top of Europe)이라고 쓰여 있다. 3,454m 지점
▲ 그림 1·32-2(우) **스위스의 인터라켄에서 융프라우에 올라가는 톱니바퀴식 특수 철도**

스위스 알프스의 최고 높은 고도점인 융프라우('처녀'라는 뜻)에는 산악 빙하(Mountain glacier)가 널리 덮여져 있고, 이를 이용한 스위스 정부의 관광 루트 개발로 연중 관광객들이 구름처럼 몰리고 있다. 접근하기 어려운 고도와 경사와 빙하라는 자연환경을 특수 철도(인공 환경), 관광 제도(인공 환경, 사회 환경)로 연결하였다. 스위스는 그 빙하 아래로 터널을 뚫어서 융프라우 최고점을 표시한 지점에 표지(지리적 표식)를 만들었고, 그 장소를 체험하려는 관광객들이 몰리고 있다. 요즘 말로 '장소를 만들고 그를 파는 장사(장소 마케팅; Place marketing)'를 하는 것이다. 산의 고도와 빙하의 얼음을 이용하고 과학 기술을 적용한 장소의 탄생을 보여 준다. 실제 유럽 알프스의 최고봉은 프랑스의 몽블랑(Mont Blanc: 4,807m)이라는 것을 그들이 모를 리는 없지만, 이런 마케팅을 하고 있고, 모두 즐거워하고 있다.

또한 우측 그림처럼 톱니바퀴가 달린 철도가 아니면 기차가 미끄러져서 알프스 산의 정상부에 올라갈 수 없다. 말하자면 알프스의 험준함과 급한 경사, 높은 고도의 빙하 등이 융프라우의 장소을 만들었고, 그를 이용하게 하는 과학 기술, 외부의 막대한 자본, 스위스의 토지 관리 기술, 그를 파는 장소 마케팅이 성공하여 세계의 관광객들이 몰리는 것이다. 우리가 국립공원, 둘레길, 역사 문화 자료 등을 연결시켜서 장소 마케팅을 할 때, 지리학은 관광학 등과 함께 결정적 역할을 할 수 있다. 중요한 것은 역시 사람들의 과학적 생각과 행동인 것이다.

먼저 공간 환경의 예로 거리(距離, distance)라는 것을 보자. 그것은 시간과 장소, 기술과 시대, 사람과 주변의 여러 여건에 따라 그 영향력과 중요성이 달라진다. 예를 들어 '의정부에서 서울의 동대문까지 이동한다.'고 가정해 보자. 아침 8시에 동대문에서 의정부까지 가는 것과 반대로 의정부에서 동대문까지 가는 것은 그 비용과 시간 거리가 크게 다르다. 서울로 들어오는 길은 차량과 인파로 혼잡하고 느리게 이동하여 시간이 많이 걸릴 것이다. 그래서 같은 지점을 오후 5시에 이동하는 것은 오전 8시와 더욱 크게 달라진다. 또한, 조선시대에 같은 지점을 이동하는 것과 현재 이동하는 것은 같은 두 지점 사이의 같은 방향이라고 해도 전혀 다르게 사람들에게 영향을 주는 환경이 되므로, 공간 환경은 우리의 일상생활에서 실제로 아주 중요하다.[43] 그런 의미에서 사회 환경도 중요해진다.

▲ 그림 1·33 뉴욕 맨해튼의 플랫아이언 빌딩 원경 브로드웨이와 22번가의 교차점에 입지하고 있다.

또한 인공 환경과 공간 환경의 변화를 수직적인 면에서 살펴보자. 마천루 빌딩 숲으로 덮인 뉴욕의 맨해튼에서 본래 프랑스에서 시작한 '보자르 운동(Beaux-arts; 고대 그리스 로마 건축 양식에 근대적 첨단 기능을 결합하는 심미적 건축 운동)'은 미국에서 일어난 산업화로 황폐화된 도시를 아름답게 바꾸자는 '도시 미화 운동'과 결합하여 '도시의 아름다움과 기능의

43) Johnston, R. J., 1973, Spatial Structure, Methuen & Co Ltd, London, pp. 1–2.

첨단화를 건물에서 추구'하는 시대가 있었다. 그를 잘 보여 주는 것이 이 플랫아이언 빌딩이다. 여기서 우리가 이 건물을 중시하는 것은 이 건물이 맨해튼(Manhattan)이라는 마천루 장소를 만들어내는 계기가 된 건물이라는 것과, 이 건물 자체가 최초의 마천루 건물, 고층 건물로 아주 강력한 상징성을 보이는 장소를 만들고 있기 때문이다.

▲ 그림 1·34 뉴욕 맨해튼의 플랫아이언(Flatiron Building; 다리미 모양의 건물) 빌딩

1902년 세계적 천재 건축학자 번햄(Daniel Burnham)은 '시카고의 만국 박람회장' 건설에서 중요한 혁신적 실험을 한다. 시카고 부근의 5대호 주변에서 대량으로 생산되는 철광석과 석탄을 이용하여 만들어지는 여러 종류의 철을 수운으로 운반해 와서, 그 철을 이용하여 인류 역사상 최초로 초고층 빌딩의 모형을 시험하였다. 그 후 그는 뉴욕에서 실제 최초로 설계하여 완성한 초고층 빌딩인 맨해튼(Manhattan)의 플랫아이언 빌딩을 건축한다. 이 건물은 철골(steel-frame)로 건축했다는 것 이외에도 당시에 바람이 불었던 '보자르(Beaux-Arts) 스타일'과 '도시 미화 운동'을 결합하여 건축한 건물로 유명하다. 화살촉 모양의 건물로 진취적으로 나아가는 형상을 보이고 있다. 이 플랫아이언 빌딩은 맨해튼 브로드웨이와 22번가가 교차하는 곳에 입지하고 있다.

도시 내에서 이 마천루 빌딩(skyscrapers)들은 당시의 최고 기술들이 집약되어 모더니즘의 정수를 보여 주고 건축되면서, 특별한 장소를 만들어냈다. 즉, 도시 중심부의 재건축에서 철근과 아이언케이지(iron cage; 석재, 시멘트 건축의 무게를 대폭 줄였다.) 건축 기술의 적용,

엘리베이터 기술(고층 건물을 힘들이지 않고 빠르게 올라가고 내려갈 수 있게 했다.) 도입, 그리고 전화기의 보급과 도입[44] 으로 교외 거주자들이 도심의 초고층 건물로 출근해서 업무를 수행할 수 있게 하였다. 고층화와 교외화는 대중교통, 자동차 교통, 에어컨디션 등의 기술 발달과 보급이 결합된 것이었고, 무엇보다도 당시 호황이었던 경제가 '막대한 제조업 자본들을 형성하여 도시에 투자하게' 하였다는 것도 중요하다. 이는 기술과 자본이 '공간 환경'을 대규모로 만들어 낸 사례라고도 볼 수 있고, 막대한 인공 환경을 만든 것으로 볼 수도 있다.

또한 근대 도시에서 CBD(Central Business District; 중심 업무 지구)로의 업무 기능(Business function; 주로 은행, 보험, 회계, 기업의 본사, 사무실, 고급 백화점, 전문 상점과 여가, 유흥, 오락, 전문 상업 가게)들의 집적으로, 그들 간의 집적 이익 극대화(Maximum profit in agglomeration economy)가 가능해졌다는 것이 중요하다. 따라서 도시화에 따라서 몰려드는 중심 업무 기능에 대한 수요를 만족시키고, 도시 중심부의 한정된 업무 지구의 좁은 공간(small lot) 속에서 고층 건물을 지어서 수요를 만족시킬 수 있는 건축 기술이 필요했다. 그런 첨단 기술이 플랫아이언 빌딩에서 시작, 보급되면서 부동산 시장에서도 이윤을 극대화할 수 있었다. 따라서 여러 고층 건물을 도심부에 세울 수 있게 되면서 마천루가 중심 업무 지구를 상징하는 도시 형태로 발달을 이루게 되었고, CBD가 외부로 크게 확대되지 않으면서도 큰 성장을 할 수 있게 되었다.

당시의 이런 첨단 고층 건물은 그 기업의 성공을 보장하는 상징으로 소비자들에게 높은 신뢰를 주게 되어서 대기업들이 이런 첨단 고층 건물을 선호하게 되었다(175 5th Ave & Broadway New York, NY 10010).[45] 따라서 이런 관점에서 보면, 장소의 탄생은 실제로 인공 환경과 사회 환경이 아주 중요한 기능을 하는 요소인 것이다. 그래서 이 공간 환경은 자연 환경이나 인공 환경은 물론이고 사회 환경 즉 문화, 경제 제도 및 법률 등에 따라서 같은 시대, 동일한 기술 수준이라도 작용하는 영향력이 크게 달라지는 것이다. 따라서 공간 환경의 상대적인 영향력과 상호 관련성을 정밀하게 파악하는 것에 지리학의 광범위한 연구 작업이 요구된다.

공간 환경은 지역 혹은 지방별로도 큰 차이를 보인다. 가령 호남 지방의 두 지점, 강원도의 두 지점 간은 거리와 방향이 같다고 해도 작용하는 영향은 전혀 다르다(방향이 다르면 더욱 더 달라진다). 이 중요성을 지리학에서는 소위 '접근성(Accessibility)'이라는 의미로 파악해 왔다. 요즘 '지역 간 차별', '중심부와 주변부의 격차 증대' 등의 말이 자주 쓰이고 있는데, 그 말의 주된 내용은 대체로 이 공간 환경의 지역 간 차별을 의미하는 경우가 대부분이다.

여하튼 자연 환경, 인공 환경, 사람 등 이들 세 가지 요소가 그 장소의 특성을 엮어내면서 장소를 만들어내게 되는데, 자연환경이든 인공 환경(사회 환경, 공간 환경 포함)이든 모두가

---

44) 멀리 떨어진 사람과 유통할 수 있는 기술로, 여기서는 고층 건물에서 오르고 내려가지 않고도 유통을 할 수 있게 하는 기술이었고, 고층화에 필수적 기술이었다.

45) Knox, P. and McCarthy, L. 2012. Urbanization, 3rd Ed. Pearson, N.Y. pp. 328-330.

인간과 상호 작용 속에서 장소의 특성이 만들어지게 되며, 인간의 활동을 제한하여 구속하기도 하고, 보다 인간의 활동을 조장하고 활성화시키기도 하는 것이다.

▲ 그림 1·35-1, 2 **뉴욕 브로드웨이와 42번가 교차점 부근의 흥행을 위한 여러 광고들** 이 부근을 문화, 예술, 유흥, 오락 등의 장소로 만들고 있는 장소의 특성을 보이고 있다. 좌측은 20여 년 전 사진이고, 우측은 현재(2017)의 사진이다. 본래 이 장소는 퇴폐적 요소가 흘러넘쳤던 곳이기도 하다.

언제나 바쁘고 황량한 비즈니스 지구인 중부 맨해튼의 중심부('Midtown'이라고 부르며 북쪽의 'Uptown', 남쪽의 'Downtown'과 구별한다.)에 관광객들이 몰리는 이유 중의 하나는 여러 문화적인 활동과 자산이 아주 풍부하고, 접근성이 높다는 것이다. 또한, 근대적인 역사적 사이트가 잘 보존되어 있다는 점과 부정적인 요소를 제거하는 재개발이 많이 이루어지고 있다는 점도 중요하다.

뉴욕의 장소들이 많은 사람들의 사랑을 받는 이유로는 위와 같은 역사와 문화 요소들이 나름대로 풍부하다는 것과, 세계의 중심을 이루는 경제 활동의 장소들이라는 것, 세계의 여러 특성을 수용하는 다양성이 풍부하고, 녹여 내고 융합하는 기능이 뛰어나다는 것을 들 수 있다. 또한 인공적인 부분과 자연적인 부분이 잘 조화된 맨해튼의 토지 개발도 사람들을 불러 모으는 중요한 기능을 하고 있다. 가령 센트럴 파크, 록펠러(Rockefeller/실제 발음은 '라커펠러'라 한다.) 센터, 라디오 시티, 박물관, 미술관, 철도의 중심인 그랜드 센트럴 역 등이 모두 현대에도 아주 귀중한 역할을 하는 장소들이다. 또한 예술과 학술적으로 모두 유명한 도서관, 전시실, 출판사, 극장과 공연 등은 물론 월 스트리트, 공원, 상수도 저수지, 다리, 기념물 등이 모두 중요한 장소들을 이루고 있다.

▲ 그림 1·36 **뉴욕 브로드웨이와 42번가 교차점 부근** 여러 광고와 문화 콘텐츠들이 어지럽게 가로를 꾸미고 있다. 이들 광고판은 시시각각 바뀌는 경우가 많고, 그것들이 이 브로드웨이의 문화와 장소를 구성하고 있다(2017년 1월). 한국의 대기업도 광고하고 있는 광경이 보인다.

이들 뉴욕 맨해튼의 장소는 역사적으로 따지면, 유럽의 발밑에도 가지 못하지만, 과학 기술과 자유, 창의, 자본, 다양성 등의 면에서 유럽의 여러 나라와 그들이 자랑하는 오랜 역사를 압도하고 있는 것이다. 그러니 우리도 산업화나 과학 기술의 역사가 일천함을 탓하지 말고 더욱 분발해야 한다.

3 장소 특성의 형성과 변화

1) 장소와 장소 간의 상호 작용(공간적 상호 작용)

장소와 장소 사이에 일어나는 상호 작용은 두 장소 사이의 차를 메우기 위해서 발생하며, 자연 상태의 차이에 따른 작용뿐만 아니라, 그 차이를 느끼는 사람들의 판단에 따라서 두 장소에 있는 사람들 사이에서 먼저 일어나게 된다. 그래서 장소 간의 차이가 크면, 장소 간의 상호 작용도 더욱 커지게 되고, 그 결과 장소는 빨리 변화하게 된다. 이에 대해서 얼먼(Ullman)은 장소 간의 상호 작용이 발생하는 조건으로 세 가지를 들었다. 즉, 상호 보완성(Complementarity), 기존 상호 작용 속에 나타나는 제3 지역의 간섭 기회(Intervening opportunity), 공간적 실현 가능성(전환성: Transferability)이라는 것이 그것들이다.

간섭 기회란 서울과 부산 사이의 상호 작용이 기존의 도로를 이용해서 이루어지고 있더라도(예를 들어 조령을 통과하는 영남로(嶺南路)를 이용한 상호 작용으로 생각하자.), 그것이 너무 비용이 크고 시간이 많이 걸린다면, 그 상호 작용이 소멸되고 새로이 기차를 이용하여 추풍령을 통과하는 상호 작용이 개입되어 일어날 수 있다는 것이다.

과거 우리나라의 제2의 육로로 알려진 영남로가 소멸된 것은 결국 이 이유 때문인 것이다. 비록 거리가 짧지만 너무 험준한 지형은 철도나 도로를 부설하기에 부적합한 지형 환경이었던 것이다. 좀 더 거리가 멀더라도 쉽게 철도를 부설하고, 거기서 오는 효과 역시 크다면 새로운 길이 선택되어 발달하게 되는 것이다. 물론 우리나라의 경부선 철도는 거리상으로도 멀리 돌았고, 일제는 식민통치정책으로 호남 지방에 근접하도록 노선을 만들었지만 말이다. 즉, 당시 호남선은 영국이 건설하는 것으로 조선이 허가하였기 때문에, 그 허가를 무력화시키기 위해서 일제는 자기네가 허가 받은 경부선이 호남 지방을 통과하도록 노선을 계획하였었다. 그러나 러일 전쟁이 터지고, 철도 건설 자재를 실은 영국의 상선이 바다에 침몰하면서 일제는 한시 바삐 경부선을 건설해야 했다. 그런데 영국이 호남선 철도 부설권을 포기하게 되면서, 남북을 종단하는 철도는 모두 일제의 손아귀에 들어가게 되었다. 또한 경부선 철도는 추풍령과 대전을 통과하면서, 낮은 고도의 소백산맥을 지나고(220m), 호남 지방에 아주 근접하면서도 러일 전쟁 준비에 맞춰서 빠르게 건설되었기 때문에 현재와 같은 노선이 정해졌었다.[46] 따라서 우리나라 국민의 편익을 위한 목적은 상당히 훼손되었고, 공간 조직의 변화도 식민 통치에 맞게 인위적으로 이루어졌는데, 그 후유증은 아직까지도 계속되고 있는 상태이다.

한편 전환성은 두 장소 사이의 상호 작용이 유지되는 것이, 충분히 비용이나 성능에서 가능해야 하는 것이다. 요즘말로 가성비(가격 대비 성능)가 좋아야 한다는 뜻이다. 터무니없는 비용이 소요된다면, 그 상호 작용은 이루어질 수 없다는 것이다. 여하튼 이와 같은 장소의 차이와 중요성을 알고 그를 공부하기 위하여 우리 조상들은 양반이나 중인들에게는 제도적으로 지리를 공부할 기회를 주었고, 비밀로 다루기는 했었지만 나라의 여러 자료가 정리되어 있었다. 그 중에서도 각종 지리지, 지지, 지도 등과 택리지, 도로고, 산경표 등의 훌륭한 자료가 남아 있다.

그러나 우리나라의 학자들은 조선 후기의 실학이 도입되는 시기에도 크게 세 가지 제약에서 탈피하지 못한다. 말하자면 혁신이나 새로운 시도라는 것들이 모두 아래의 세 가지가 지켜지는 속에서의 개혁이었다. 그러니 조선시대의 개혁은 개혁이 아니었고, 약간의 불편에 대한 응급 조치였던 것이다. 여하튼 우리를 구속하는 것은 다음과 같다.

---

46) 주경식, 1994, 경부선철도 건설에 따른 한반도 공간조직의 변화, 대한지리학회지, Vol. 29, pp. 297-317.

첫째로 가장 중요한 것이 공자의 유교 사상에 근거한 가부장적인 사고이다. 그래서 나라에 충성하고 부모에 효도하는 것은 부정될 수 없는 가장 기본적인 질서였는데, 나라는 바로 조선을 의미하는 것으로 그 외의 생각은 모두가 반역이고 불손한 생각이었고, 그를 부정하면 대체로 3족을 멸하는 것이 일반적이었다. 그러니 다른 생각을 가질 수 없었던 것이다. 현재의 신세대들에 의하여 거부되는 '무조건적인 경로사상'은 본래 쓸데없는 질서였는지도 모른다. 때로는 전철에서 좀 앉고 싶은 때가 없지 않지만, 그런 생각 자체가 외국에서는 생각할 수 없는 사고방식이고 보면, 이제야 비로소 서구의 생활양식과 사고 작용이 우리 사회에 들어왔다고 할 수 있겠다.

외국인들은 우리 한국인들의 경로나 효도 활동에 대해서 높게 평가하고는 있다. 그러나 그들의 평가도 중요하지만, 한국인들이 "자기의 일은 자기 스스로 해야 한다."고 입으로는 말하면서, 속으로는 특별 대우를 받으려고 한다면, 노인들의 태도는 이중적이라고 밖에는 말할 수 없다. 따라서 대우를 받겠다는 생각 자체를 버리고, 할 수 있는 데까지 스스로가 행동하면서 자립하기를 노인들에게 당부한다. 이것이 중국에서 탈피하려는 노인들의 값어치 있는 몸짓이라 하겠고, 우리의 퇴폐적인 구습에서 벗어나서 변할 수 있는 첫걸음일 수 있기 때문이다.

그런 면에서 해방 후에 우리나라에 들어온 기독교 사상은 유교 사상에 제한을 주는 개혁적 종교 사상이라고 생각한다. 제사를 지내는 번잡한 풍습과 의례가 약식으로 되고 마음가짐을 중요시하며, 상례는 화장이 많이 이루어지고, 묘지도 없애는 경우가 많아지는 경향이다. 이런 변화는 허례허식을 없애는 행동들로 우리를 크게 자유롭게 한다. 그리고 그런 활동들은 대체로 빈부의 격차를 작게 줄이는 방법이고, 환경을 보존하는 방법이며, 과거의 질곡을 털어 내고, 얽맸던 장소에서 벗어나는 행동이기 때문에 중요하다. 이런 활동의 변화는 결국 장소의 특성을 만들고, 또한 새롭게 변화시키게 되는 것이다.

둘째는 중국에 대한 무조건적인 사대사상이다. 우리나라는 고구려의 세력이 강했던 몇 년 간을 제외하고는 대부분 중국의 지배를 받았었고, 중국의 침공에 시달려야 했다. 특히 고려시대의 원의 침략과 약탈은 말할 필요가 없었다. 명이나 청 시대에 우리가 도움을 받았던 경우가 있었지만, 그것이 바로 사대사상의 원인이자 결과로 나타났다. 따라서 현재 중국과 여러 면에서 경쟁을 할 수 있는 것은, 5천 년 역사상 거의 없었던 경험이다. 이러한 경쟁이 얼마나 지속될 수 있을지는 모르지만, 그래도 우리가 정신을 차리고 자주와 근면으로 얼마 안 되는 기간에 이룬 성과라고 생각하면, 지금이 가장 위대한 변화를 이루는 시기라고 볼 수 있다.

우리가 근세까지 중국의 문물을 가장 가치 있는 것으로 받아들였지만, 이미 그들이 그 대부분을 버리고 있는데 우리만 지키려고 하는 경우가 참으로 많다. 그들의 역사는 우리의 역사가 아니고, 그들의 인문학은 우리의 인문학이 아니다. 그들의 사자성어가 우리의 말이 아닌 것은 두말할 필요가 없다. 그런 말을 쓰는 것을 유식한 체 하던 시대가 조선시대였고, 결국은 나라를 잃게 만들었다. 세계의 변화와 발전을 보아야지, 중국의 것을 보아 봤자, 벌써 2차적 간접(second hand) 경험과 그 장소를 보는 것에 불과하기 때문이다. 우리가 그들의 건방진 간섭에서 벗어나는 길은 직접 변화를 이끄는 중심에서 활동해야만 가능한 일이다.

셋째, 위의 두 가지와 관련이 있지만 우리 지리학자들의 입장에서 볼 때, 스스로가 풍수지리에서 탈피하지 못했다. 세계의 여러 사정을 알려고 적극적으로 노력하지 않았다. 몇몇 선각자가 혁신적인 생각과 행동과 사상을 가지고 있었지만, 모두가 사문난적이라는 누명 아래 처형을 당했고 억압을 받았다. 하물며, 우리가 실학사상이라고 여기면서 자존감을 세우는 여러 사람들조차도 대부분 풍수사상에서 자유롭지 못했다. 정약용을 비롯하여 택리지를 쓴 이중환, 대동여지도와 대동지지를 쓴 김정호까지도 이 풍수지리에서 탈피하지 못했다.

말하자면 대동여지도는 풍수지리를 근본 사상으로 하는 지도이고, 택리지에서는 "곤륜산 한 가닥이 대 사막의 남쪽으로 뻗어서 동쪽으로 '의무려산'이 되었고, 거기서 다시 크게 끊어져 요동들이 되었다. 들을 지나서 다시 솟아나, 백두산이 되었는데, 산해경에 '불함산'이라는 것이 이것이다. 산정기가 북쪽으로 천리를 달려가며, 두강을 끼었고, 남쪽으로 향하여 영고탑을 만들었으며, 뒤쪽으로 뻗은 한 가닥이 조선 산맥(朝鮮山脈)의 우두머리로 되었다."고 기술하였으니,[47] 백두대간 론은 자칫 풍수론적 사대사상에 빠질 수 있음을 경계해야 한다. 따라서 백두대간이란 말은 "산지의 인식"에서는 사용할 수 있지만 산맥 체계로는 쓸 수 없다고 필자는 생각한다. 더구나 이중환을 포함하는 조선시대의 학자들은 지리(地理)를 논한다고 하고는, 처음부터 풍수지리를 높게 평가하고 그를 논하는 기준을 들었으니 이 측면은 참으로 딱하다는 생각이지만, 당시의 과학 기술의 수준이 그렇기 때문에 실학의 대가들도 어쩔 수 없었다.

그러나 인문지리학의 대가인 이중환(李重煥)은 살기 좋은 장소를 논함에 있어서 '이익이 많이 나는 장소의 특성을 생리(生利: 이익이 발생하는 것)'라고 구체화하면서 논하였다. 이는 현대적으로 장소와 장소 간의 상호 작용을 해석한 것이라고 할 수 있다. "… (중략) 오직 한양은 좌우로 바닷가의 배편과 통하고, 동쪽과 서쪽에 있는 강에도 온 나라의 물자를 수운하는 배가 모여드는 이익이 있다. 그리하여 이득을 노려서 부자가 된 이가 많은데, 오직 여기 한양이 첫째이다. 이것이 우리나라의 물길과 배편으로 얻는 이익의 대략이다."라고 뛰어난 안목으로 수운의 중요성을 말하였지만, 정치가들은 적극적으로 그를 이용하고 키우려는 노력은 하지 않았다.

또한 "밑천이 많은 큰 장사를 말한다면 한곳에 있으면서 재물을 부려, 남쪽으로 왜국과 통하며, 북쪽으로 중국의 연경과 통한다. 여러 해로 천하의 물자를 실어 들여서 혹 수백만 금의 재물을 모은 자도 있다. 이런 자는 한양에 많이 있고, 다음은 개성이며, 또 다음은 평양과 안주이다. 모두 중국의 연경과 통하는 길에 있는 것이며, 큰 부자로 되는 바, 이것은 배를 통하여 얻는 이익과 비교할 바가 아니며, 삼남에도 이런 또래는 없다. 그러나 사대부로서는 이런 일은 할 수가 없으니, 다만 생선과 소금이 서로 통하는 곳을 살펴서 (거기에)배를 두고, 그것

---

47) 혹자는 우리나라 사람들이 '산맥'이라는 용어를 사용하지 않았다고 하면서, 백두대간의 대간이나 정맥 등의 명칭만을 사용한 것으로 착각하지만, 그것은 잘못이다. 이중환은 '조선 산맥'이란 용어를 백두대간 대신에 사용하였다. 그런데 이중환도 조선 산맥이 중국의 산맥에서 뻗어 나와서 이어진 것으로 보아서 사대사상에 흠씬 젖어 있었다. 그러니 더욱 경계해야 할 부분이 있다.

으로서 생기는 이득을 받아서 관혼상제의 사례에 드는 비용에 보태는 것이야 무엇이 해로우랴.ᵁ⁸⁾라고 하여, 조선시대에도 국제 무역에서 오는 이익이 제일 크고, 다음이 수운을 하는 배를 이용하는 물자의 운반과 거래, 그리고 말을 이용하는 장사의 순서로 이익이 크다고 하였다. 그러나 양반 사대부는 이런 상업을 하지 못하므로, 수운과 해운이 만나는 곳에 배를 두어서 그를 이용하는 임대업과 대리 수운과 운송업에서 이익을 얻을 수 있다고 하였다. 말하자면 음성적인 거래를 이야기한 것이다.

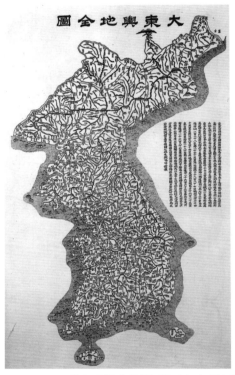

▲ 그림 1·37 고산자 김정호가 제작한 대동여지 전도(축소한 것임.) 산맥의 체계는 모두 풍수론에 입각하여 그려졌다. 따라서 그 정확성과 제작 기술 및 표현의 아이디어에 대해서 높이 평가하고 그를 기리는 것은 좋은 일이지만, 이 지도의 한계도 또한 알아야 한다.

즉, 간접적으로 상업과 수운업에 참여하여 수운과 육로의 연결성이 좋은 곳에서 이익을 얻되, 사는 곳은 거기가 아니라고 말하고 있다. 그래서 이중환은 '장소 간의 상호 작용이 활발한 곳'을 이익이 많이 나는 장소로 파악하는 뛰어난 접근을 했지만, 그런 곳에 사는 것은 피하도록 기술하였으니, 이런 생각으로 운송과 유통업에서 성공할 수는 없었다. 그래서 살기에 좋은 장소로 들이 넓고, 계곡 속의 삶터를 높게 평가하였고, 경치가 좋은 산과 가까이 살아야 한다고 하였으니, 양반 사대부들의 비생산적인 생각과 활동을 좋게 평가하였다.ᵁ⁹⁾

48) 이중환, 1751, 이익성 역, 1971, 전게서, pp. 170-175.
49) 이중환, 1751, 이익성 역, 1971, 전게서, pp. 161-165.

그러나 조선 말기 대한제국 시대에 들어온 외국의 사상은 이런 세 가지 굴레에서 벗어난 저작들이 그래도 많았다. 그래서 서학(西學; 조선 때 천주교 및 서양 학문)의 연구는 크게 꽃피우지 못했지만 중요한 것이다. 특히 서양의 선교사나 여행자들이 우리에게 전해 준 서양의 문물에 대한 지식은 우리를 '우물 안 개구리'에서 벗어나게 하는 동력이었던 것이다. 그러나 그 움직임은 결실을 보기 전에 일제에 의하여 망쳐졌고, 그들의 조금 앞선 지식이 우리를 송두리째 매몰시켜 버렸다. 정말로 분한 노릇이며, 조상들을 자랑스럽게 생각할 수 없는 시대의 억울함이다.

▲ 그림 1·38 **중국의 동북 공정용 지도** LA Getty Gallery의 '둔황 전시회' 자료(이 지도에는 '동해'도 일본해로만 표기되어 있다).[50]

그림 1·38은 중국이 동북 공정으로 제작한 가짜 지도이다(동해는 수정하였음). 이 지도에는 만리장성이 우리나라 평양 부근까지 연결되어 있다. 이런 속임수에 대응할 만한 연구는 역시 나라 사랑으로 현장을 철저하게 조사하고, 답사하고, 교육해야만 극복된다.

저기에 성벽의 자취가 없고, 반대로 중국의 셀 수 없는 침략을 막기 위한 방어용 토루나 성벽이 고구려나 발해에 의해 만들어져 몇 군데 남아 있을 수는 있다. 중국은 5천 년 동안 우리나라와 우리 민족에게 얼마나 큰 고통을 주었는가? 그런 역사를 중국은 알기나 하는가? 우리나라와 동양의 역사를 연구하는 사람들은 좀 더 분발하고 협력해야 한다.

50) 한국일보, 2016. 8. 30. 中 만리장성이 한반도까지…

2) 장소의 변화를 위한 노력 사례

우리 민족의 선각자들은 쓰러져가는 나라를 세우기 위해서 여러 가지 노력을 해 왔다. 그러나 필자는 그들에 대한 연구는 다른 분야에 맡기고, 가장 중요한 일 하나만을 여기서 보겠다. 육영공원의 교사였던 호머 헐버트(Hulbert)가 집필한 최초의 한글 교과서인 '사민필지'는 그래도 어려웠던 시기의 우리에게 가장 좋은 나침판이었다고 생각한다. 이 책은 당시 조선이 나아가야 할 국제간의 교류를 위해 조선인에게 필요한 세계의 장소에 대한 기본적인 지식을 갖추도록 만들어졌다. 1891년 초에 발간된 것으로 추정되며, 초판으로 2천 부를 찍기로 예정했었다.

▲ 그림 1 · 39-1, 2 헐버트(Hulbert)가 1890년에 순 한글로 쓴 우리나라 최초의 세계 지리서인 "사민필지"의 일부 우리가 가야 할 바른 방향을 제시하여 주었다. 세계에 대한 바른 지식으로 우리 민족의 대다수를 이루는 하층민들에게 "우물 안 개구리의 신세"에서 벗어나게 해준 책이다.

161쪽으로 되어 있는 사민필지는 태양계와 지구에 대한 설명으로 시작하여 대륙과 각 나라를 소개하였다. 각 나라에 대한 설명은 지리, 자연 상태, 정부 형태, 풍습, 종교, 산업, 교육, 군사력 등을 포함하였다. 1895년에는 한자로 번역된 한문판도 나왔으며, 1906년과 1909년에는 2판과 3판이 각각 출판되었는데, 일반인들도 많이 요구하였기 때문이다.

헐버트는 한국의 독립을 위해서 혼신의 노력을 다했으며, 당시 중국의 높은 문맹률을 해결하기 위해서, 중국 사람들에게도 한글 사용을 제안했었고 실제로 검토도 했었다. 이런 의미에서 헐버트의 사민필지는 당시 한국인들의 의식에 강력한 혁신의 상징이었다. 말하자면 세종대왕께서 "나라 말씀이 중국에 달라 문자와는 서로 맞지 아니할 제 異乎中國 與文字(이호중국

여문자) 不相流通(불상유통)…"에서[51] "서로 통하여 맞지 않는다."고 하면서 백성들의 어려움을 덜어주려고 수고하셨는데,[52] 우리나라 사람들 대신에 헐버트가 최초로 세종의 뜻을 제대로 실행한 사람이었다.

조금 다른 이야기이지만, 서로 의사소통을 하는 것을 세종대왕은 '유통(流通)'이라는 말로 표현하면서, '서로 맞는 소통'이 되도록 고민 고민하면서 쓴 말이었다. 즉, 이 유통을 현재와는 상당히 달리 '의사소통이 된다.'는 뜻으로 썼던 것이다. 현재는 유통이 '재화나 물자가 여러 단계를 거쳐서 통합'이라는 뜻이 주이고, '의사소통'이라는 뜻은 있지만 거의 사용하지 않음을 보면, 말의 변화를 알 수 있는 증거이기도 하다. 따라서 세종대왕은 백성을 근본으로 여기는 민본 정신이 무척 강한 분이셨고 유통을 위해 노력하셨다.

▲ 그림 1·40 **조선어학회 터** 일제의 강압에 저항하면서 우리말을 지키기 위해서 노력하였던, 그 운동의 중심이었던 장소가 북촌에 남아 있다. 이런 장소를 알고, 정말로 소중하게 아끼고 사랑해야만 애국심이 나오는 것이지, 사색당파를 달달 외운다고 애국심이 생기는 것은 아니라서 답답할 뿐이다.

사민필지는 육영공원(育英公院) 등 교육 기관에서 사용하던 교재였을 뿐만 아니라, 당시 인기가 있어 '유통'이 되던 책이었다. 그 예로서, 일제가 강점하기 시작하는 때에 하와이로 이민을 떠난 한국인들이 처음에 이민 결심을 하게 되는 주요 동기를 이 책이 주었다고 알려져 있다. 그러니 헐버트는 어떤 국문학자보다도, 아니 어떤 지리학자나 역사학자보다도 위대한 일을 한 사람이다. 그러나 1909년 일제는 사민필지가 국민의 사상 교육 과정에 너무 자극적이라며 출판과 판매를 금지하였다.[53] 말하자면 우리의 글을 우리나라와 같이 탄압한 것이다. 이렇게 볼 때 국내외의 여러 장소를 양반이 아닌 아랫사람들에게 순 한글로 체계적으로 가르치게 한 사람이 바로 미국인 헐버트라고 할 수 있다.

51) 이성규, 2016, 과학으로 만나는 세계유산 훈민정음, Science Times, 2016. 07. 06.
52) 이찬수 외 3인, 2016, 한국을 다시 묻다, 모시는 사람들, pp. 128-129.
53) 김재완, 2001, 사민필지에 대한 소고, 문화역사지리, 13권 2호, pp. 205-207.

그러면 구체적으로 '어떻게' 장소와 특성을 만들고, 사람들은 어떻게 장소를 대하며, 어떻게 장소에서 살아가는지 생각해 보기로 한다. 그래서 "왜 한국인들은 늘 장소에 대한 사랑을 나타내고, 묻고, 확인하고, 고민하는가?"에 대해 생각해 보자.

▲ 그림 1 · 41-1, 2 **헐버트가 교사로 일하던 우리나라 최초의 관립 학교인 육영공원** 구 대법원 자리인 현 서울시립 현대미술관 자리에 있었다. '우리의 한글과 세계화를 최초로 교육한 장소'가 미술관에 밀렸다는 것도 가슴을 답답하게 한다. 우측은 육영공원 터가 어떻게 변해 왔는지를 보여 주는 안내판이다.

땅에 대하여 사람들이 마음속에 느끼고, 알고, 쓰고, 해석하고 하는 행동은 바로 장소를 만드는 과정이고, 장소에 대한 사랑과 관심의 표현이며, 장소나 환경에 대한 렌즈(안목)가 형성되는 과정이다. 다시 말해 우리나라의 수많은 장소가 한국인들에 의하여 탄생되어 왔고, 그 장소는 우리의 삶 속에서 바탕을 이루고, 요모조모 개발 · 이용되며, 다시 재개발되기도 하고, 이름 없고 쓸모없는 땅으로 방치되기도 한다. 경우에 따라서 땅 위의 한 점은 여러 사람들의 깊은 관심을 많이 받는 장소, 즉 핫 플레이스(hot place 또는 hot spot; '관심이 집중되는 곳'이라는 뜻으로 자주 사용된다. 이 경우는 'hot spot'과 같다. 본래는 분쟁 지역, 무선 연결점의 뜻이었으나 지금은 관심 지역이란 뜻으로 많이 쓴다.)가 되어 사랑 받는 장소로 태어나게 되고, 치열한 접근과 경쟁으로 뜨거운 지점이 된다.

장소 중에도 일반 대중(상민)들의 신분과 활동, 생업과 삶의 과정에서 일어나 서로 교환되는 생각과 행동 및 사물에 대한 인식에 따라 붙여지는 장소의 이름(장소명)들과 같이 그 곳(장소)을 이용하는 행동은 특히 중요하다. 왜냐하면 이름을 갖거나, 다른 곳과 구별되는 활동이 이루어지는 장소들은 우리 한민족의 기저 생활과 문화를 파악하는 토대가 되는 곳이기 때문이다. 그 장소에서 우리 민족의 활동이 누적되어 왔기 때문에 우리 민족의 문화를 해석하고, 그 기원과 역사를 파악할 수 있는 바탕이 장소인 것이다. 그래서 장소는 우리의 전통 문화를 이루는 지역 공동체의 중심점이자, 구성원들의 활동이 모이는 초점이 되고 있는 곳, 즉 핫 플레이스(Hot place)였던 것이다.

▲ 그림 1·42 **경북 의성군 농촌 풍경**[54] 자욱한 안개 속에서 어슴푸레하게 비쳐지는 뒤편의 오래된 마을은 오천 년의 관습에서 깨어나는 우리의 현재를 상징하는 듯하다. 전면은 확실하나 배경은 너무 흐릿하다. 마을 입구에 서 있는 둥구나무 위에는 까치집이 동그라니 매달려 있다. 전통이 중요한 자산이나 그를 부정하는 것이 현재의 임무(?)인 듯도 하고, 또 어떤 이들은 전통을 무조건 외우라고도 한다. 과거의 배경을 정리하지도 못하고 털어 내지 못하고, 자기네가 조금 더 선명하다고 소리치며 헤매고 있다. '우리나라에서 보수와 진보의 차이는 나라를 인정하느냐, 부정하느냐?'는 아닐 것으로, 게거품 물어 봤자 별로 큰 차이는 없다. 양보하면서 하나로 되는 길을 찾아야지, 별것도 없으면서 마치 적군을 대하듯 하는 것은 근본이 잘못된 것이다.

  우선 개인의 장소(私的 場所)는 어떤 의미를 가지고 어떻게 만들어지는지 사례로 살펴보자. 그를 위해서 필자가 태어나서 자란 막현리(그림 1; 莫峴里, 충남 금산군 진산면)를 가지고 나의 장소를 생각해 보기로 한다. 이곳은 1950~1960년대에는 초가집의 마을로, 주민들의 생활 대부분이 '산골짜기 속의 작은 논밭 무대'에서 이루어지던 장소였다. 또한 그 안의 크고 작은 장소들은 모두 노령 산지 끝자락의 대둔산과 주변의 산지 속에 있었다. ('막현리'라는 마을 이름 자체가 큰 고개에 막힌 조용한 산골이라는 뜻이다.) 그래서 막현리의 장소 명들은 대부분 골짜기 속에 점 모양으로 우선은 떨어져서 나타남을 확인할 수 있다. 그리고 막현리 주민들의 주된 활동도 처음에는 점처럼 그 장소들이 하나하나 떨어져서 나타난다. 그리고는 그런 장소들은 차츰 산골짜기, 산기슭에 있는 논밭, 골목길, 농로, 숲정이, 냇가, 우물가, 산등성이 등에 이어지면서 여러 아름다운 곡선으로 연결되었다.

  막현리 고샅은 우마차가 겨우 다닐 수 있는 폭으로, 구불구불하게 이어져 있다. 집들은 길을 사이에 두고 연결해서 지었다. 집 모양에 따라서 길이 만들어졌기 때문에 계획이 없는 덩어리 마을(괴촌; 塊村)이 되었다. 때로는 울타리나 담장이 고샅을 만들고, 때로는 건물의 벽이 고샅 경계선이 되었다. 대체로 집과 집의 경계가 되고, 이웃한 집들 사이에서 왕래하며 통하여 상호 작용이 이루어지는 장소가 고샅이다. 그래서 막현리 마을을 이해하기 위해서는 사람과 사람, 사람과 집 또는 일터를 연결시켜주는 고샅을 보는 것이 중요하다.

---

54) 2016. 3. 27. 조선일보에서 캡처.

개인이나 집들이 있는 곳은 점점이 위치하면서 고샅이란 선으로 연결된다. 그 연결들을 땅과 같이 펼치면 면이 되고, 위로 세운 것까지 고려하면 3차원의 공간이 나타나게 된다. 이렇게 장소는 점(Point) - 선(Line) - 면(Surface) - 공간(3D Space)으로 연결되고, 시간이 지남을 고려하면, 그 장소의 변화가 고려되는 4차원의 공간이 된다. 그리고 우리의 것은 더욱 밝게 드러내고 살펴야 할 것이 아직은 너무 많다. 그렇게 우리가 가진 것을 드러내면서 우리 땅을 바로 알게 되면, 좋아하게 되고, 나아가 나라를 아끼게 되며, 지리학도 사랑하게 된다.

여하튼 그런 장소들은 과거 우리 조상들, 특히 일반 대중들이 자기가 속한 신분에서 벗어나지는 못했지만 그래도 최선을 다해서 잘살려고 노력하였던, 몸부림과 발자국이 새겨진 곳이다. 그곳이 집이요, 고샅이요, 마을이요, 들이요, 산판이기도 하였다. 그런 곳들이 우리 조상들이 서로 소곤소곤 이야기하고, 머리를 끄덕이고, 손사래를 치면서 고개를 가로저었던 장소였다. 또한 슬퍼서 눈물을 흘리기도 하고, 즐거워서 노래를 부르고, 큰 소리로 웃었던 곳이고, 또한 기뻐서 날뛰기도 하고, 춤추기도 하면서 살아온 아랫것들의 장소였던 것임은 옛 고문서, 위지 동이전(魏志 東夷傳), 삼국유사 등에서 확인이 된다.

막현리에서 그런 장소로는 마을의 좁은 고샅, 도랑께, 정자나무 아래와 논밭, 마을 회관, 금바위 숲정이, 앞 냇가, 물레방앗간, 독적골 가나무와 그 안의 밭뙈기, 마을 앞의 논밭 등이 특히 중요하였다. 또한 앞산 밑, 영골 강변, 묏동 펀더기와 비탈밭, 주막, 구멍가게 등도 여러 의미를 갖는 장소들이다. 막현리 사람들도, 다른 곳의 사람들과 마찬가지로 여러 장소에서 노래하고 춤을 추며, 무리지어 즐기기를 좋아하는 낙천적인 사람들이었다. 그래서 동이전의 마한조(馬韓條)를 보면,

'상이 오월하종흘 귀신제, 군취가무, 음주주야 무휴 (常以五月下種訖 鬼神祭, 群聚歌舞, 飮酒晝夜 無休). 기무 수십인 구기상수 답지저앙 수족상응(其舞 數十人俱起相隨 踏地低昂 手足相應) (후략)'이라고 쓰여 있다. 그 뜻을 간략히 해석해 보면, '언제나 오월의 파종이 끝나게 되면, (하늘과 땅의) 귀신에게 제사를 지내는데, 여러 사람이 모여서 노래를 부르고, 춤을 추며, 술 마시면서, 쉬지 않고 논다. 그 춤은 수십 인이 일어나서 같이 따라가며 추는데, 땅을 확 밟고, 손과 발이 서로 따라가는 형태로 주고받으면서 추게 된다. (후략)'가 된다.

이는 본래 막현리 사람은 물론 우리 민족은 남을 해치거나 빼앗기보다는 서로 모여서 노래 부르고, 춤추며 놀고, 먹고 마시고, 서로 도와주면서 살아가는 민족임을 보여 준다.[55] 그리고 그런 행동들은 모두 마을의 장소에서 이루어졌으며, 특히 오월과 시월, 정월에 많았지만 봄과 여름철에도 가끔씩 있었다. 이 진산면 막현리의 산골짜기도 마한에 속한 노령 산지의 서쪽 사면이니, 위와 같은 풍습이 살아 있던 장소였다.

이제 미국의 경우를 잠깐 보자. 거기에도 축제는 많이 있다. 기독교와 관련되는 크리스마스,

---

55) 진 수(陳壽), 3세기 경, 삼국지 위지 동이전, 다음 까페 검색, (재) 한문화재단, 내용 일부 인용함. 즉, 국중대회 연일음식가무(國中大會 連日飮食歌舞)라고 하여, "나라의 사람들이 모두 모여서 며칠 동안을 계속해서 술 마시고, 밥 먹고, 노래 부르며, 춤춘다."라고 기록하여서 우리나라 한민족의 민족성과 태도와 축제에 대해서 알리고 있다.

추수 감사절인 쌩스 기빙 데이(Thanks Giving Day), 핼러윈(Halloween) 축제, 커뮤니티 축제(Community Festival), 신년 축제 등이 유명하다. 그런 행사들도 유명한 특별 장소에서 행해지지만 대체로 교회 장소와 관련이 깊고, 우리와는 상당히 다르며 아기자기한 장소도 많지는 않다.

▲ 그림 1 • 43 미국 4개 주 경계점 기념물

그림 1 • 43은 미국 4개 주 경계점 기념물 사진(4 Corners Monument(Google 영상 캡처))이다. 아무것도 없는 콜로라도 고원 위의 사막이지만 인간이 만든 영역의 표시인 4개 주의 경계선이 만나는 곳을 장소로 만들었다. 인디언들의 영토를 빼앗고는 거기에 아무것도 없었던 땅처럼, 직선으로 경계선을 만들어서 이런 지점의 장소를 만든 것이다. 근 · 현대에 와서, 본래의 장소와 사람들과는 무관하게 장소가 만들어진 것이다. 이곳은 콜로라도, 유타, 뉴멕시코, 애리조나 주의 경계선이 만나는 장소의 꼭짓점이고, 나바호와 호피 인디언들의 경계선도 여기서 만난다.

이런 측면에서 우리나라도 이런 정도의 의미가 부여된 기념물을 가진 장소를 만든다고 할수 있어야 비로소 장소의 과학인 지리가 제대로 활용된다고 볼 수 있고, 관광이나 서비스 산업이 제대로 발달할 것이다. 아마도 진산면만 해도 셀 수 없이 많은 기념물이나 장소가 만들어질 것이다.

미국의 프레리(Prairie)나 그레이트 플레인(Great Plain), 모하비 사막 같은 곳의 장소의 이름은 그리 복잡하지도 않고, 수 킬로미터를 가도 이름이 없는 곳도 많다. 그래서 주와 주의 경계나, 도시의 경계들이 대체로 경위선을 따라서 직선으로 나타난다. 그런 장소가 거기에 살지 않았던 사람들에게는 그리 중요하지 않았기 때문이다. 그래서 그들은 직선 도로를 따라서 도로명과 지번이 쉽게 인식되는 구조를 갖게 되었다.

또 현재 남아 있는 장소 명의 상당 부분은 인디언의 말이나 프랑스어, 스페인어, 포르투갈어, 네덜란드어, 독일어 등으로 붙은 곳이 많고, 그대로 통용된다. 그들이라고 해서 왜 뜻도 잘 모르는 말을 장소 명으로 쓰고 싶겠는가? 그래도 그들은 생소한 장소 명을 기리고, 그 뜻을 배우고 있다. 그 점이 실로 대단한 것이기는 하다.

3) 장소의 형성과 의미의 해석 사례

(1) 비극적인 장소의 사례: 폴란드 아우슈비츠(오시비엥침)

폴란드(Poland) 남부의 중심 도시 크라쿠프에서 서쪽으로 70km 떨어진 지점에 있는 도시 오시비엥침(Oswiecim)의 독일어 지명이 그 유명한 아우슈비츠(Auschwitz)이다. 폴란드는 빙하의 영향으로 국토의 2/3 정도가 저평한 평지이며 대체로 농경지로 이용된다. 그러나 크라쿠프시가 위치한 남부에는 산지가 많은데, 오시비엥침도 빙하호가 많고 고도는 230m 정도로 낮다. 여기서 더 남쪽으로 가게 되면 국경 지역이고 높은 산지의 삼림 지대이다.

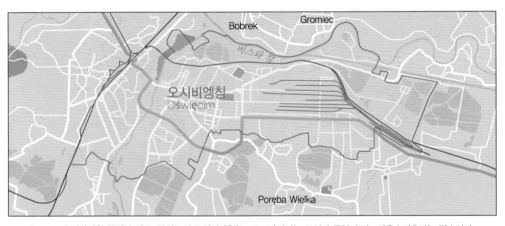

▲ 그림 1·44 **오시비엥침 주변부 지도** 폴란드의 오시비엥침(Oswiecim)이라는 도시가 독일어로는 아우슈비츠라는 장소이다.

오시비엥침에는 제2차 대전 당시 유럽 전역에서 반강제적으로, 또는 속아서 이송되어 온 유대인, 집시, 이민족 등이 집단 수용되었고, 홀로코스트(Holocaust)라는 인종 청소 정책으로 살해되었으며, 노동력이 착취를 당한 장소가 있다. 그 유대인 중에서도 노동력이 없는 어린이와 장애자, 노인 등이 먼저 살해되었고, 이어서 양심수, 집시, 동성애자, 정신 이상자 등이 지하의 가스실에서 110만~150만 명이나 살해되었다(1995년 1월 18일, 뉴스위크). 이 인종 청소를 자행했던 비극의 장소는 1979년 세계문화유산으로 등재되었다.

▲ 그림 1·45-1(좌) 아우슈비츠 수용소 입구
▲ 그림 1·45-1(우) 수용소의 전기 철조망
　'노동은 우리를 자유롭게 한다(Albeit Macht Frei)'라는 선전 문구가 아직도 너무 뚜렷하다. 노동력을 착취하기 위한 선전 문구
로는 정말로 기막히게 훌륭한 문장을 찾아냈던 것이다. 우측은 유대인들의 탈주 방지를 위하여 2중의 전기 철조망을 사람 키
의 2배 정도 높이로 수용소 둘레에 울타리로 둘렀다.

　이 장소의 그림(사진)을 보면 이곳은 나치가 유대인들의 노동력을 착취해서 2차 대전의 전
쟁 물자를 생산하면서 동시에 자기네들을 배반할지도 모른다는 의심을 가지고 유대인들을 잔
혹하게 살해하였다고 생각되는 곳이다. 유대인들은 무슨 영문인지도 모르고 살해당했으니,
정말로 불쌍한 사람들이었다.

　그림을 보면서 독일과 일본의 예를 생각해 보자. 두 나라는 모두 2차 대전에서 패망하기 전
까지 인접한 나라들을 무척 괴롭히고, 탄압하고, 죄 없는 사람들을 살해한 나라들이다. 유럽
에 전쟁 피해를 입힌 독일은 진정어린 마음으로 사죄를 하면서 피해자들을 위로하고 있다. 그
때 부역한 사람들을 현재까지도 추적하여 100세에 이를 때까지 감옥에 있게 하는 형벌을 가
하고 있다.

▲ 그림 1·46-1(좌) 반지하의 가스실 여기에서 많은 사람들이 독가스로 살해되었다. 유대인들은 가스실로 들어가는 것을 목욕탕에
　　목욕하러 들어가는 것으로 알았다는 것이다(Google image).
▲ 그림 1·46-2(우) 학살된 사람들로부터 회수한 의족과 의수 신체적 장애가 있는 사람들은 노동 능력이 없다고 하여 어린이들과
　　같이 먼저 학살되었다(보통 사진 촬영 금지, 블로그에서 캡처).

▲ 그림 1·47-1(좌) **집단으로 유태인을 총살한 벽** 총살당한 사람은 가스실에서 죽은 사람보다 더 수가 많았으며, 따라서 이곳은 인종 청소의 장소였다. 회백색 석벽(화강암)에는 무수한 탄흔이 남아 있다.

▲ 그림 1·47-2(우) **2차 세계 대전 당시 아우슈비츠 수용소에서 경비병으로 일한 94세 노인 라인홀츠 한닝** 독일 법원이 징역 5년을 선고하였다.

그러나 아시아의 여러 나라에 큰 피해를 입힌 일본은 아직은 진심 어린 사과를 피해자들에게 전달하지 못하고 있다. 그저 말뿐인 사과를 한다고 피해자들은 그 사과를 받아들이지 않고 있다. 전쟁 범죄자(일본의 입장에서는 자기 나라를 위해서 숨진)들의 위패를 모아 놓은 야스쿠니(靖國, 정국) 신사를 각료들이 참배하여, 전쟁 범죄자들을 단죄하기는커녕 오히려 기리는 나라처럼 되었다. 그러니 자기네의 범죄 역사에 대한 반성이 없는 것이다.

또한 패전의 대가로 군대를 보유할 수 없는 헌법을 미국과 유엔에서 만들어 주었지만, 그를 개정해서 전쟁할 수 있는 나라로 만들어 가고 있다. 방위를 위한 자위대를 군대 수준으로 강화하는 경제 대국이 되었다. 그것도 우리 한반도의 6·25 전쟁 중에 군수 물자를 미군에 팔아서 이룬 부를 이용하여 경제 개발에 성공하고는, 그를 바탕으로 재무장에 가까운 행위를 하고 있는 것이다.

여하튼 독일의 법원은 경비원인 한닝에 대해 "그가 아우슈비츠 수용소에서 나치 정권이 유태인 수용자들을 굶기고, 총살하는 것을 방조했다."고 5년의 징역형에 대한 이유를 밝혔다.[56] 그러나 이런 총살이나 가스실에서 살해당하는 경우는 비극이지만, 고통은 순간적일 수 있다. 그에 비해 일본은 사람들의 귀나 코를 베고 나서 살해하는 경우를 생각해 보면 정말로 소름이 끼치고 오싹하다. 또한 생체 실험 대상으로 당한 고통, 조선인들에 대해 가한 린치는 야만적, 차별적, 감정적인 처벌로 그 고통도 훨씬 길고 심했음을 기억해야 한다.

56) 2016. 4. 조선일보에서 캡처.

▲ 그림 1·48 **사죄하는 브란트 수상**

위 그림은 1970년 12월 7일, 당시 독일의 빌리 브란트 수상이 폴란드의 유대인 희생자 탑에 헌화하고 무릎을 꿇고 사죄했던 그림이다. 그는 직접적인 잘못을 한 사람이 아니지만, 독일의 총리라는 자리에서 무릎을 꿇고 사죄한 것이다.

독일의 사과는 역대 지도자들이 이어가면서 진심으로 하고 있다. 브란트 독일 총리가 무릎을 꿇었고, 현 메르켈 총리도 나치 시대 독일의 만행을 사실대로 받아들여 피해를 충분히 보상하고, 사과하고 있다. 독일 통일의 기초를 닦은 브란트 총리가 무릎을 꿇고 빌었다는 것이 피해자들의 마음을 움직였다.

어느 장소나 이웃은 좋은 관계일 수도, 어려운 관계일 수도 있다. 일본과 한국의 관계에서 '나쁜 한일 관계'의 예는 임진왜란, 왜구, 한반도 강점 등에서 셀 수 없이 많다. 우리나라에서 일본 쪽으로는 주로 평화와 우정과 문화가 흘렀고, 일본 쪽에서 우리나라로는 대체로 폭력과 야만과 전쟁 비극과 억압이 흘렀다. 일본 교토에 있는 조선인의 귀 무덤(耳塚)도 그 증거이다.

우리는 중국에서 여러 가지를 배웠지만 그들도 우리를 수없이 많이 괴롭혀 왔다. 우리나라를 방어하겠다는 무기 하나를 문제 삼아 그 큰 나라가 보복하면서 겁주는 것은 이웃의 도리가 아니다. 차라리 북한을 달래고 압박하여 핵무기를 포기하게 하는 것이 우리는 물론 중국에도 도움이 되지 않겠는가? 주변의 나라가 모두 우리보다 큰 나라들이니 우리가 정신을 차려야만 견딜 수 있다는 것을 이 사드(THAAD: 고고도 미사일 방어 체계) 관련 장소의 사례는 다시한 번 명료하게 보여 준다.

그런 의미에서 우리는 이민족의 침략을 꼭 기억해야 하고, 어떤 장소, 어떤 길을 따라서 들어와서 어떻게 괴롭혔는지도 꼭 기억해야 한다. 그러나 내부적으로는 우리가 약해서 살기 위해서 도적들에게 할 수 없이 편든 사람들을 끝까지 추적하는 일은 신중히 하되, 벌을 주는 것은 참았으면 하는 생각이다. 우리의 상처를 다시 아프게 하는 일이라고 생각되기 때문이다. 찾기는 하되 발표하지는 말아야 한다는 생각이 든다. 왜냐하면, 정말로 엄격히 하려면 중국에 사대적 자세를 취한 사람들도 가려내서 처벌해야 하지 않겠는가? 그렇게 하면 남을 사람이 몇이나 될지 알 수 없다.

또한 일제에 부역한 사람들이 꼭 관리가 되고, 기관에 취직하고, 군인이 된 사람들뿐이겠는가? 농사를 짓거나, 장사를 했던 사람들 중에는 없겠는가? 그러니 그런 편을 가르는 일은 이제 그만했으면 한다. 우리가 너무 무지했었고, 지배층 양반들이 너무 상민들을 억압하고, 양반만의 나라인 양 행동한 일을 반성해야 한다. 그래서 상민들이 너무 당해서 일제에 전체적으로 대항하지 못했고, 민족이 하나로 단결하지 못했음도 철저히 반성해야 한다. 필자는 모두를 융합하는 시대에 포용하고 용서하는 마인드가 중요하다고 생각한다.

한편, 세계의 여러 나라 사람들은 한반도가 무척 중요한 장소라는 것을 알고 지키려고 노력하는데, 유달리 우리나라 사람들만이 우리가 사는 한반도라는 장소의 중요성을 모른다고 꼬집는다.[57] 제 땅은 무시하고, 제 영역은 무시하고, 지나간 사건의 연루자만 가려내서 편을 가르는 일은 민족을 두 편으로 가르는 행위가 된다. 남북으로 갈려서 70여 년을 서로 등지는 일을 했으니, 이제는 그만하자는 말이다. 옛날의 잘못된 사람들을 찾기보다, 지금 정신 차리고 장소를 지키고 알아서, 이곳이 우리가 반드시 지켜야 할 한반도임을 새겨야 할 것이고, 하나로 통일해야 할 장소임을 새겨야 한다.

(2) 공동체 기반 장소의 중요성

여러 의미를 갖는 장소는 우리 민족에게는 아주 특별히 밀착되어 일상생활에 이용되고 있다. 그래서 장소는 지리학의 용어라기보다는 일반 생활과 관련이 있는 용어일 수 있다. 우리는 이런 장소와 관련해서 '땅의 이치를 연구하는 학문', 또는 '장소를 연구하는 과학(geography; science of place)'을 지리학(地理學)이라 하고, 지리학은 늘 땅의 장소와 사람과의 관련 특성을 일상의 생활 속에서 연구하고 이용해 왔다. 그래서 우리나라 사람들은 천지인(天地人)의 세 글자를 중요시하고, 이들 사이의 자연스러운 관계와 조화를 일상의 생활에서 유지하려고 노력하였는데, 그 셋이 만나는 땅이 장소이고, 그래서 장소는 지리학의 핵심적 연구 대상이다.

그런데 땅과 그 위의 특정한 점인 '장소를 보는 시각과 느낌은 거기에 사는 사람에 의해서 만들어지기 때문에(Knox et al)'[58], 거기에 사는 그 시대 사람들의 꿈, 생각, 행동에 따라서 장소의 의미 또한 달라져 왔다. 그래서 학자 중에는 집단에 의하여 형성된 장소의 형성 과정만을 연구하는 사람도 있다. 가령 종족 집단, 양반 가문 등을 단위로 집단의 장소성을 연구하는 것이 그 예인데, '종족 집단은 한반도의 시공간을 들여다보게 해 주는 중요한 창문'이 된다.[59]는 관점이다.

같은 성씨를 갖는 종족 집단의 세거지(동족촌)는 대부분이 강력한 연결과 지배 관계를 갖는

57) 페트라이쉬(Pastreich, E.) 2013, 이만열(역), 한국인만 모르는 다른 대한민국, 21세기북스, pp. 32–37.
58) Knox, P. and McCarthy, L., 2012, Urbanization, Pearson, 3rd. Ed, pp. 5–6, 436.
59) 전종한, 2005, 종족집단의 경관과 장소, 논형, p. 19.

공동체를 구성하는 것이 일반이다. 그래서 동족촌은 우리나라의 전통적인 공동체 공간을 대표하는 곳들로 보아도 무방한 것이다. 이 책에서 다루는 막현리도 신안 주(新安 朱)씨가 주류를 이루었던 마을이었다. 그래서 공동체적 성격이 남달리 강했을 수도 있고, 장소의 특성도 훨씬 강하게 살아 있는 마을이라고 할 수 있다.

여하튼 장소와 지역은 지리학에서 동시에 자주 사용되는 용어인데, 지역(region)이 어떤 기준에 의해서 만들어지는 공통점을 갖는 좀 더 넓은 땅인데 대하여, 장소는 개개인(또는 집단)이 가지고 있는 주관적인 느낌, 인식, 판단, 행동에 의해서 형성되는 지역보다는 좁은 땅으로, 차이가 그 특성이 된다. 그래서 장소의 특성은 사람이 사는 곳에는 어디에나 있게 마련이다. 이에 대해서 한글을 만드는 데 공헌한 정인지는 그 훈민정음 해제 서문에서 다음과 같이 쓰고 있다. 즉, 정인지 서(鄭麟趾序)에는[60],

"… (전략) 연사방풍토구별 성기역수이이언 개외국지어 유기성이무기자 가중국문자 이통기용(然四方風土區別 聲氣亦隨而異焉. 蓋外國之語 有其聲而無其字. 假中國文字 以通其用.) … (후략)"이라고 쓰고 있다. 이를 번역하면 그 뜻은 대체로,

"… (전략) 그러나 천하의 사방은 풍토와 구역이 서로 달라서, 소리와 기질 또한 그를 따라서 다르다. 무릇 외국의 말은 그 소리는 있으되, 그 글자가 없어서 중국의 문자를 빌어서 사용하며, 통한다. … (후략)"이 된다.

여기서 "언어학자이자 행정가인 정인지도 각 사방의 풍토가 각기 다르다."고 말하고, 그래서 그에 맞는 말과 글이 있어야 한다는 논리인데, 참으로 땅의 이치를 통달한 멋있는 말이라고 할 수 있다. 또한, 동시에 장소의 차이가 사방의 여러 곳에 크고 많이 있음을 주장하여, 중국과 우리나라와는 글자가 당연히 다르고 문화가 다르다는 것을 주장하는 논리인 것이다. 이런 의미에서 말과 장소는 당연히 같이 가야 하는 독특한 존재라고 할 수 있으며, 사람의 생각과 삶을 지배하게 되고 의미를 부여하는 상징적인 요소인 것이다. 따라서 풍토가 다르면 당연히 장소도 달라지는데, 그를 딱딱한 틀에서 벗어나서 범위나 성질을 자유롭고 가변적으로 볼 수 있는 '장소'로 연구하는 것이 편리하다고 생각하였다. 그래서 장소를 경험한 이야기 중에서, 중요하고 재미있는 것을 골라서 엮어 보기로 했다.

---

60) 정인지 서(鄭麟趾 序)

유천지자연지성, 즉 필유천지자연지문 소이고인인성제자 이통만물지정(有天地自然之聲, 則 必有天地自然之文 所以古人因聲制字 以通萬物之情.) 이재삼재지도 이후세불능역야. 연사방풍토구별 성기역수이이언 개외국지어 육성이무기자. 가중국문자이통기용(以載三才之道 而後世不能易也. 然四方風土區別 聲氣亦隨而異焉. 蓋外國之語 有其聲而無其字 假中國文字以通其用.) 이고 이를 풀어 쓰면 다음과 같다.

"천지자연의 소리가 존재한다면 반드시 천지자연의 문자 또한 있어야 하는 것이다. 그러므로 옛 분들께서는 소리에 기인하여 글자를 지어 만물의 사정에 통하게 하였고, 삼재(三才)의 도를 실었는지라 후세에는(도) 바꿀 수 없다." 이어서 **그러나 천하 사방은 풍토와 구역이 서로 달라서 소리의 기질(聲氣) 또한 이를 따라 다르다.** 무릇 외국의 말은 그 소리는 있으되 그 글자가 없어서, 중국의 문자를 빌어 사용하며 서로 뜻을 통하고 있는 형편이다."라고 기술하여 국어학자이면서도 사방의 풍토와 환경이 다르므로 그에 맞는 글자가 있어야 한다고 한글창제를 논리적으로 밝혔다.

왜 한민족은 땅과 장소에 높은 가치를 두는가?

한반도는 정말로 한 많은 삶이 있었던 장소였지만, 그래도 꿈과 성취가 존재하는 기회가 있는 땅이고, 그 삶의 가치가 아름답게 새겨져 있는 장소이다. 그런 뜻깊은 장소에 대해서 답사·탐구하는 것은 나라 사랑의 길이고, 지리 공부의 중요 부분이다.

1) 한국인 삶의 이야기는 하늘과 땅, 그리고 사람에서 시작

"왜 우리나라 사람들은 '여러 가지 뜻'을 가진 '어디'라는 '장소'에 대해 묻고 대답하는 말로 인사를 하게 되었을까?"를 아는 것이 중요하다고 앞에서 말하였다. 다른 나라 사람들이 잘 쓰지 않는 이런 인사말을 우리가 자주 건네게 되는 배경은 여러 의미가 있다. 우리 민족은 장소에 여러 가지 의미를 부여하여 장소에 담고, 그 복잡함을 아이러니하게 단순화시켜서 사용하되, 여러 가지 의미를 동시에 전달하려는 뜻이 있는 듯하다.

그 여러 가지 의미를 좀 더 알기 위해서 우리의 공동체 마을에서만 쓰는 장소들을 이름과 관련시켜 생각해 보자. "왜 우리 민족은 이렇게 장소를 묻는 말을 사람들의 안부를 묻는 인사말로 자주 사용하고, 장소 그 자체를 소통에 이용하고, 일상생활에서 장소를 중요시했을까?"

첫째, 우리는 '민족이 사는 땅을 하늘에서 특별히 선사받았다.'는 생각을 가지고 있다. 고조선의 개국 신화에서 보는 바와 같이 우리 민족은 장소의 중요성을 늘 생각하였고, 장소를 바탕으로 자연과 상호 작용하며 생활하여 왔다. 즉, 한민족은 자기네 스스로가 자연의 일부로서 사람을 생각하는 사고 체계를 발달시켜 왔었다. 그래서 우리 한국인의 사고 체계는 장소가 바탕이 되어서 전개되고 발전되어 왔으며, 자기네가 발을 딛고 서 있는 장소와 그 위에서 이루어지는 삶이 자연과 융합되어 유지·계승되도록 노력해 왔다. 그래서 한국인에게 장소는 자연과 인간과 땅이 혼연일체가 되는 곳으로, 한국인의 삶을 이해하는 출발점이 되는 중요한 포인트이다. 고기(古記)에는 다음과 같이 서술하고 있다.

"… 옛날 환인(桓因) 천왕의 서자 환웅(桓雄)이 인간 세상을 탐내어 구하고자 하니, 환인 천왕이 아들의 뜻을 알아채고 삼위태백을 내려다보니 널리 인간을 이롭게 할만 했다[= 하시삼위태백 가이홍익인간(下視三危太伯 可以弘益人間]. 그래서 아들 환웅에게 천부인(天符印) 3개를 주어 인간을 다스리게 했다. 환웅은 무리 3,000과 풍백, 우사, 운사를 거느리고, 백두산 신단수에 내려와서 곡식과 수명, 질병, 선악, 형벌 등을 관장하여 인간을 다스렸다. …"[61]

61) 일연(一然) 저, 김원중 옮김, 2002, 삼국유사(三國遺事), 을유문화사, pp. 36-37.

일연이 지은 삼국유사 속의 고조선 편에서 알 수 있듯이 우리 민족은 한반도를 성스럽게 하늘로부터 받아서, 유목 생활을 접고 그 장소에서 농사를 짓기 시작하였고, 땅과 장소에 밀착된 생활을 하여 왔다.

이것이 장소를 중요시하는 민족성을 해석하는 첫 번째 열쇠이다. 즉, 이 단군 신화는 우리 한민족이 왜 그렇게 장소와 땅에 집착하는지를 알 수 있게 해 주는 실마리를 제공한다고 볼 수 있는 것이다. 이어지는 단군 신화 편에서 고기는 계속하여 다음과 같이 쓰고 있다. "… 또한, 곰 한 마리와 호랑이 한 마리가 항상 환웅에게 사람 되기를 기원하였다. 이에 환웅이 신령스런 쑥 한 다발과 마늘 스무 개를 주면서 말하였다. "너희가 이것을 먹되 100일 동안 햇빛을 보지 않으면 곧 사람의 형상을 얻으리라." 곰과 호랑이는 그것을 먹으면서 삼칠일(三七日)동안 금기하였는데, 금기를 잘 지킨 곰은 여자의 몸이 되었지만, 호랑이는 금기를 지키지 못하여 사람의 몸이 되지 못하였다. 웅녀(熊女)는 매일 신단수 아래에서 아기를 가질 수 있게 해 달라고 빌었다. 환웅이 이를 딱하게 여겨 잠시 사람으로 변해서 그 웅녀와 혼인해서 아들을 낳으니 그를 단군왕검(檀君王儉)이라 불렀다. 단군왕검은 당요(唐堯)가 즉위한 지 50년이 되는 경인(庚寅; B. C. 2333)년에 평양성에 도읍을 정하고 비로소 조선(朝鮮)이라고 불렀다."

이 개국 신화는 땅 위의 두 집단인 하늘을 숭배하는 집단과 곰을 숭배하는 부족이 통합하여 하나의 통치 집단이 되었다는 것인데, 이런 내용은 이승휴의 제왕운기(帝王韻紀), 세종실록지리지(世宗實錄地理志) 등에도 같은 내용이 나온다.[62]

선택 받은 한민족(그러나 천제가 가장 믿고 아끼는 자식인 장남은 아니었고 차남도 아니었으며, 단지 여러 자식 중에서 한 서자 출신이었다.)은 그들이 살아갈 땅을 하늘로부터 받은 것이다. 따라서 이 신화 속에는 사대주의 사상이 조금은 들어 있다고 생각되지만, 그보다는 반대로 중국을 섬기는 사대주의에서 탈피하고 독립하려는 뜻도 읽혀진다. 여하튼 하늘로부터 땅을 받았으니, 얼마나 자기네가 사는 땅에 대한 애착이 깊겠는가? 어찌 생각해 보면, 환웅이 장자가 아니었으므로 더욱더 삶에 대한 애착과 땅과 자연에 대한 사랑이 훨씬 컸다고도 생각된다. 그렇게 땅과 자연을 사랑하는 적극적인 삶만이 적자나 장자로 출생한 자들이 만든 나라보다 더 잘 사는 장소가 될 수 있기 때문이다.

그러나 동아시아의 역사적 상황은 여기서 모두 설명할 수는 없을 정도로 사연이 많고 오래되었다. 그를 한마디로 요약하면, 한국은 약 5천 년간 중국의 반식민지 상태였고, 실제로 많은 문물을 중국을 통해서 받아들였다. 따라서 한국과 중국 역사상, 중국 사람들이 한국의 과학 기술에 감탄하는 현재의 광경들은 처음 있는 일이다. 그러나 그들은 우리를 자기네의 상대자로 대하지 않고 있다. 아직도 우리의 수준을 그들이 너무 얕보고 있는 것인데, 근린의 국가로서 이런 자세는 바람직하지 못하다.

62) 일연(一然) 저, 김원중 옮김, 2002, 전게서, pp. 37~38.

▲ 그림 1·49-1(좌) **삼성전자 갤럭시 S8 공개 행사장, 2017. 3. 29.(30일 뉴스), 뉴욕 링컨 센터** 눈을 크게 뜨고 가벼운 생각을 가지고 이 사진을 보라. 삼성전자의 갤럭시 S8이 공개되어 큰 인기를 얻고 있다. 이는 단군 할아버지 이래 처음 나타나는 현상들이다. 감히 중국 기술을 조선(한국) 기술이 앞서는 일은 거의 없었고(세종 시에 예외가 조금 있었다), 늘 조선(한국)이 중국에 사절과 예물을 보내서 예의를 표하고, 물건을 사 주고, 발전된 기술을 조금 배워 와야 했다.

▲ 그림 1·49-2(우) **한국의 사드 배치에 대한 중국의 보복을 받는 롯데마트 매장** 중국에서 영업 중인 한국인 매장 이용객들이나 한국 여행을 하려는 중국인들을 상대로 집중적 금지 조치가 암암리에 이루어졌다. 어찌 보면 "정말로 중국다운" 비열한 행태이다.

▲ 그림 1·50-1(좌) **중국(베이징)의 환경 오염(2016. 4. 20.)** 대기 오염이 심각한 상태임을 보이고 있다. 이런 정도의 공해를 배출하는 중국이라면, 그들의 미래는 없다.

▲ 그림 1·50-2(우) **발화 원인 규명 실험** 삼성이 갤럭시 노트 7의 발화로 셀폰을 전량 수거하여 폐기한 후, 원인 규명을 위한 실험을 하고 있는 장면으로, 품질 관리가 한층 더 강화될 것이라는 예감을 준다. 이 삼성 전자의 가는 길이 결과적으로 우리가 살아날 수 있는 유일한 출구로, 그것은 바로 '신뢰성'이라는 문을 통해서 얻어진다.

그런데 중국의 서부와 북부의 건조 지역에서 '강한 편서풍이 동남쪽으로 불 때'는 많은 모래와 흙먼지가 바람에 날려서 동남쪽으로 이동면서 미세 먼지 등의 환경 문제가 발생한다. 거기에 중국 동부의 공장들에서 배출되는 물질로 인한 스모그가 앞을 분간하기 어려울 정도로 베이징과 상하이 등의 해안 도시에 심하게 나타난다. 그리고 그 피해는 우리나라는 물론 일본에까지 영향을 미친다. 중국은 이에 대해서 책임감을 느껴야 하고, 이를 줄이기 위해서 획기적인 대책을 추진해야 한다. 그런 노력이 근린 국가에 대한 예의이다.

공해 대책의 시행이나 지역의 개발에서 우리나라는 민주적인 절차와 규정을 지키면서 해당 장소의 주민들과 같이 상의하여 문제를 풀어야 하기 때문에, 환경 오염 등의 문제 해결속도가 중국보다 훨씬 느리고, 비효율적으로 움직이게 된다. 그러나 민주적인 절차는 장기적으로 보다 만족감을 주기 때문에 느린 것을 탓하지 말고, 보다 먼저 앞을 내다보고 미리 문제를 예상하여 해결하려는 지혜가 요구되는 시대이기도 하다.

현재의 북핵 문제나 환경 문제에 관하여, 중국 속담인 '근묵자흑(近墨者黑: 먹을 가까이 한 자는 검게 된다.)'이란 말을 명심하여 외국의 견제에 대비하고, '독한 이웃 때문에 같이 벼락 맞는다.'는 우리 속담 중 장소의 중요성을 일깨우는 말을 꼭 기억해야 한다. 우리나라 수출품의 총액을 기준으로 할 때, 중국으로의 수출이 약 1/4이나 되어서 큰 비중을 차지하고 있다. 중국은 우리나라의 제일 중요한 무역 상대국이기도 하다. 따라서 피차간에 서로 조심하고, 서로 양보하고, 미리 살펴서 두 나라의 관계가 옛날 죽의 장막 속으로 되돌아가지 않도록 하는 노력이 중요하다.

우리 민족은 오랜 기간 이 땅에서 살면서 여러 장소를 만들고 이용하면서, 장소의 독특한 성격(장소성; 場所性/placeness)도 점차 확실하게 이루어 왔다. 그래서 우리가 거기에 더욱 여러 가지 뜻을 축적시켜서 만들어낸 장소들은 우리 민족의 위대한 정신 유산으로 자리하게 되었다. 따라서 장소성의 해석이 없는 역사는 공중에 뜬 뿌리 없는 역사가 될 수 있다. 우리 민족의 뿌리가 되는 장소(성)의 형성 과정을 무겁게 다루면서 고민하는 연구 자세가 필요하다. 특히 시간을 축으로 하는 종단적인 연구를 하는 사람들, 즉 역사학자들은 반드시 장소를 생각해야 하는 것이다. 그래야 역사가 좀 더 하층민들에게 눈을 돌릴 수 있게 되고, 나와 상관 없는 왕과 특수층만의 역사가 아니고, 나와 상관이 있고 내가 태어난 생생한 현실과 관련이 깊은 장소의 역사가 강화되는 것이다.

단군 신화는 신화이므로 진위 여부를 따지기 보다는 그 의미의 해석이 중요하다고 생각된다. 단군 신화를 통해서 생각해 보면, 우리 조상들은 이 한반도를 사람이 살기에 아주 적합한 땅으로 보았고, 소중하게 여겼으며, 그 땅 위에 사는 '여러 사람들이 모두 널리 이익을 받고 누릴 수 있는 즉, 홍익인간(弘益人間) 정신이 구현되는(= 우리는 이를 민주주의라 한다.) 기회의 땅'이라고 믿고 느끼면서 살아온 사람들이었다. 그래서 조상들은 이 땅과 더 잘 어울리려고 했고, 이 땅을 잘 보존하려고 했고, 이 땅이 주는 혜택에 만족하면서, 서로 돕고 오순도순 살아 왔으며, 남의 땅을 그리 탐내지 않았다. 평화를 사랑하고, 느림을 즐겼고, 억눌려도 언젠가 다시 일어설 수 있는 기회가 주어질 것으로 믿고 참고 참으면서 산 사람들이 우리 민족이었고, 특히 하층민들이었다.

요즘말로 그 하층민들은 좀 약지 못한 사람들이었는데, 너무 오랫동안 짓눌려서 살아왔기 때문에 모든 새로운 일에 냉소적이기 쉽다. 그것은 하도 여러 번 '잘 해 준다.'는 말을 믿다가 뒤통수를 맞아서 그냥 그대로 사는 것이 제일 편하고 좋은 생활 방식이라고 믿게 되었기 때문일 수도 있다. 하층민들에게는 그래도 자기들을 속이지 않는 것은 땅뿐이었다. 그래서 땅을 사랑하고, 땅이 주는 소박한 정신을 자연이라는 선한 뜻으로 여기면서 살았다. 그래서 살아가는 장소에서 늘 보는 얼굴을 보면, 가볍게 "어디 가세요?"라고 장소와 땅을 묻는 인사를 할 수가 있는 것이다.

둘째, 우리나라에는 좁은 공간에 너무나도 많은 사람들이 밀집해서 살아왔다. 한반도는 남북한 합해서 약 22만km², 남한만은 약 10만km²에 불과한 넓이의 좁은 땅이다. 이는 미국의 넓은 주 하나만도 못한 공간(미국은 한반도의 42배 면적)에 많은 인구, 남북한 합해서 약 7천 3백만 명(미국 인구의 약1/5), 남한만 약 5천만 명의 인구가 모여서 서로 부대끼면서 살고 있다.

이 좁은 땅에서 많은 사람들이 살아남기 위해서는 치열한 경쟁을 치루며 살아야 했고, 땅이 부족하니 땅을 가진 사람들에게 순종해야만 했다. 지주에게 다른 이의를 말하면 다른 사람에게 소작을 넘겨 버리는 만행을 양반들은 많이 저질렀다. 지주는 양반이었으니 그 아래의 하층민은 무조건 양반에 복종해야 했다. 그러니 불공평해도 불만을 말해서는 안 되고, 착취를 당해도 그저 헛웃음이라도 보이면서 참아야 했다. 그렇지 않으면 식구들이 살아갈 수 없게 되고, 그러면 거기서 살 수 없게 되어, 다른 곳에 가서 더 모진 고생과 어려운 생활을 해야 하였다. 지금도 치열한 경쟁 속에서 이와 같은 타고난 배경이 젊은이들의 발목을 잡는 경우가 많다. 그러나 '헬 조선'이 되서는 안 되는 것이다. 받은 것은 빈약하고, 자원도 별로 없고, 사람은 많은데, 치열한 경쟁은 우리 한반도에 사는 사람들의 운명인 것이다. 어려울수록 모든 일의 전 과정이 투명하고 공정하게 처리되도록 하며, 우리의 장소를 더욱 잘 알고 사랑하면서, 밖의 세계를 모두가 눈을 부릅뜨고 살피면서 기회를 살려야 한다.

셋째, 우리나라 사람들은 너무 오랜 기간 동안 땅만을 생각하고, 땅만을 믿고 같은 장소에서 살아왔다. 말하자면 신라 통일(676년; 당나라군을 한반도에서 몰아낸 해) 이후 1천(약 1300)여 년이란 유례가 없는 오랜 기간 동안, 사람들은 은둔의 나라에서 별로 이동하지 않고, 한두 장소에서 파묻혀서 살아왔던 것이다. 이는 주변의 정세를 알 수 없게 만들어서 우리의 도전 정신을 무디게 만든 중요한 요인이 된다. 이제 글로벌한 시대에 너무 좁은 공간에서만 다투지 말고, 젊은이들은 세계로 시야를 확대하기를 권한다. 물론 그것은 더 힘든 과정일 수도 있지만, 노력에 따라서 대우를 받게 되는 세상에서 살게 될 것이다.

2) 한국 사람들의 자연관과 우주관

우리는 중국, 일본 등과 같이 동아시아의 주요 국가로, 오랫동안 중국의 문화와 자연 및 우주관을 공유하고 있었다. 대부분은 중국 기원의 생각과 인식들이지만 우리나라의 특성이 있는 만큼 상당히 다른 부분도 나타나고 있다. 한국인 고유의 부분은 여러 곳에서 다루었으므로 여기서는 동아시아 사람들의 공통된 자연 및 우주관의 일부를 소개하고자 한다.

▲ 그림 1·51 **우리나라 고유 종교의 근본으로 받아들여 온 샤머니즘의 본산인 국사당** 남산에서 인왕산(종로구 무악동)으로 옮겨 왔다. 일제가 신사를 짓기 위해서 고유한 종교를 강제로 옮긴 것이다. 사진은 오래전의 것이다

그리고 동아시아인들의 공통 인식에 대해서는 대체적으로 니시벳(Nishbett)의 논리를 주로 따라가겠다.[63] 니시벳은 미국 미시건 대학의 교수로서 많은 중국, 일본, 한국의 연구자들과 공동 연구를 통해서 동양인들의 인식에 대해서 상당한 연구를 해 놓은 학자이다.

우리를 포함한 동양인들에게 익숙한 유교, 도교, 불교 모두는 '조화', '부분보다는 전체', '사물의 상호 관련성'이라는 공통 관심사를 가지고 있었다. 세 철학에 공통적으로 존재하는 전체론 내지 종합주의(holism)는 '우주의 모든 요소들이 서로 관련되어 있다.'는 믿음에 기초하고 있다. 종합주의라는 개념은 공명(resonance) 현상을 생각하면 쉽게 이해될 수 있다. 현악기의 한 줄을 건드리면 공명에 의해서 다른 줄이 울게 되듯이 인간, 하늘, 땅은 서로에게 이렇게 공명을 일으킨다. 그래서 중국인들의 기본적인 우주관은 우주가 무변(無邊: 경계나 변두리가 없는 아주 큰 대상, 우주)으로 한이 없지만, 그것은 상호 독립적이고 개별적인 사물들의 단순한 조합이 아니라, 서로 연결되어 있는 하나의 거대한 물질이라는 것이다.

이런 종합주의 생각은 우리 한민족의 자연관이나 우주관에 모두 들어 있다. 그래서 만일 땅에서 군주가 나쁜 일을 하면 전체적인 우주의 상태 역시 나빠진다는 믿음을 가지게 된다. 이것이 종합주의의 한 예이고 요즘말로 하면 시스템 사고방식과 유사하다. 즉, '전체는 부분의 합 이상이다.'라는 입장인 것이다. 물론 이 시스템 사고방식은 '과학적 분석 후의 종합 해석'을 의미하는 것으로, 종합주의와는 좀 다르기는 하다.[64]

반면에 고대 그리스의 철학자들은 우주가 '입자'로 구성되어 있다고 믿었다. 그리스 문화에서는 우주의 구성단위가 원자(atom)인지 아니면 파장(wave)인지가 중요한 논쟁 거리였지만, 중국인들이 보기에는 우주는 연속적인 파장으로 구성된 것이었다. 과학철학자 니덤

63) Nisbett, R, 2003, The Geography of Thought, 최인철 역, 생각의 지도, 2005, 김영사, pp. 38–61.
64) 朱京植(주경식), 1981, 都市システム論考(도시시스템논고), 東北地理, Vol, 33, pp. 26–34.

(Needham)은 "중국인들에게 있어서 우주는 연속적인 장(場)이었고, 그 안에서 일어나는 사물들 간의 상호 작용은 파장의 중첩이다."라고 적고 있다.

그래서 서양 사고의 원류인 그리스인들은 개인은 독립적이고 개별적인 존재로 보았고, 진리를 발견하는 수단으로서 논쟁을 중요시했다. 그들은 자신의 운명을 스스로 통제할 수 있다고 믿었다. 그래서 그리스인들은 개별 사물 자체를 분석의 출발점으로 삼아 개별 사물의 내부 속성을 중요하게 생각하였다. 우주는 원칙적으로 단순하고 그래서 파악 가능한 것이었다. 철학자의 과제는 사물의 독특한 속성들을 파악하고, 파악된 속성에 기초하여 사물을 범주화하여, 그 범주의 보편적인 규칙을 발견하는 것이었다.

이와 대조적으로 동양(중국)인들은 인간을 '사회적이고 상호 의존적 존재'로 파악하고, 인간에게 가장 중요한 것은 개인적인 자유가 아니라 조화라고 생각했다. 그 조화란 도교에서는 '인간과 자연과의 융합'이었고, 유교에서는 '인간들 사이의 화목'을 의미했다. 동양(중국) 철학의 목표는 진리의 발견보다는 도(道)였고, 구체적인 행동으로 이어지지 않는 추상적인 사고는 무의미한 것으로 간주되는 실용적인 경향이 강했다. 우주는 매우 복잡한 곳이기 때문에 그 안에서 발생하는 일들은 서로 얽혀 있고, 그 안에 존재하는 사물이나 인간은 마치 거미줄처럼 서로 얽혀 있다고 믿었다. 따라서 어떤 대상을 전체 맥락에서 따로 떼어내어 분석하는 일에는 거부감을 가지고 있었고, 전체를 파악하는 것을 중요시했다.

복잡한 상호 관련성에 대한 동양인들의 신념은, 예를 들어 '풍수'라는 자연 인식에서도 잘 드러난다. 중국에서는 어떤 건물을 지으려 할 때 풍수 전문가를 부른다. 그 전문가는 위도, 바람, 수맥과의 거리 등등 수없이 많은 요인들을 고려하여 건물의 구조에 대해서 조언해 준다. 아무리 현대적인 홍콩의 건물이라도 초기 공사 단계에서는 모두 이런 풍수 전문가의 평가 과정을 거쳤다고 한다. 모든 것이 서로 연관되어 있다는 믿음 때문에, 어떤 사물이든지 주변 맥락에 따라서 변할 수 있음을 당연하게 여겼다. 어떤 사물이나 사건을 칼로 무 자르듯이 정확하게 범주화하여 이해하려는 것은 동양에서는 부질없는 일이었다.

'모난 돌이 정 맞는다.'라는 속담은 동양 문화에서 개인의 개성이 자유롭게 표현되기 보다는 무척 억압되어 왔음을 보여 주고, 집단 정체성을 개인보다 더 중요시하는 우리나라 사람들의 특성을 잘 나타내 주는 속담이다. 일반적으로 동양 사람들은 서양 사람들에 비하여 개인의 성공보다는, 집단 전체의 목표 달성이나 화목한 인간관계를 중시하여 왔다. 촌락 공동체에서도 그런 인식과 태도가 거의 대부분이었다.

그러나 같은 동양이라도 역시 자연과 우주에 대한 생각과 인식은 장소마다 크게 다르다. 일본어에서는 자기에 대한 말이 많다. 보쿠(ぼく), 오레(おれ), 와타시(わたし), 지분(じぶん) 등이 사용되는데 '집단 내의 내 부분'이라는 뜻이 있기도 하다. 이렇게 일본어는 자기를 확실하게 낮추어서 부르면서 이야기하는 것을 겸손하다고 생각하고, 전체 중에서 자기를 일부로 파악한다는 점에서 상호 관련성과 전체성을 중요시한다.

그러나 한국어에서 "당신은 저녁 식사에 오시겠어요?(Could you come to dinner?)"라고 말할 때, 상대에 따라서 'you'에 해당하는 말과 'dinner'에 해당하는 말이 크게 달라진다. 가령 "너, 야, 자네, 당신, 여보, 댁, 귀하" 등의 말을 보면, 우리를 포함한 동양인들이 더 예의를 차린다는 것을 의미하기도 하고, 또한 '개인은 각기 다른 사람과 상호 작용을 할 때, 각각의 상황에 따라 각기 다른 사람이 된다.'라는 동양인들의 깊은 의식이 담겨 있기도 하다. 다시 말하여 상대편과 대상이 되는 '저녁 식사 하러(저녁밥 먹으러, 저녁 진지 하시러, 저녁 진지 드시러, 저녁 잡수시러 등)'를 높임으로서, 자기가 아랫부분의 일부라는 것을 드러내고, 상대편을 높임으로서 겸손하다는 것을 표하는 것이다. 우리의 이런 높임은 영어나 일본어와도 상당히 다르다. 그런 면에서 우리나라에서 개인은 상대편을 높임과 동시에 자기를 낮추고, 대상물 역시 상대편에 따라서 높이거나 낮추게 되는 것이다.

▲ 그림 1·52 **한국인의 쌀밥** 밥, 진지, 뫼, 쌀밥, 이밥 등으로 불린다.

사회심리학자인 헤이즐 마커스(Markus, H.)와 김희정은 사람들에게 여러 대상의 그림을 보여 주고, 그중 하나를 선택하게 하는 연구를 하였다. 그 결과 미국인들은 가장 희귀한 것을 고르고 한국인들은 가장 보편적인 것을 골랐다고 한다. 같은 연구에서 볼펜을 선물로 주면서 고르게 했더니 미국인들은 가장 희귀한 색의 볼펜을 골랐고, 한국인들은 가장 흔한 색의 볼펜을 골랐다. 즉, 미국인들은 항상 남의 눈에 띄고 싶어 하고, 한국인들은 늘 남들 정도만 되고 싶어 한다는 것이다.[65]

이것은 결국 한국인들은 같은 공동체 사회의 일원으로 인식되기를 바라고, 거기 전체 내에서 역할도 자기가 아주 탁월한 존재라는 것보다 전체의 일부로서 전체에 기여하는 정도로 인식되기를 바란다는 것을 보여 주는 것이다. 이런 생각은 불교보다는 유교의 영향으로 형성되었다고 생각된다. 동양의 유교는 바로 양반들의 생활 철학이자 경제학, 정치학이었기 때문에 가장 큰 영향을 주었고, 그 중에서 기존의 체제에 순종하고, 자기를 낮추고, 상대를 높이고, 계층의 위계질서를 절대시하는 것을 도(道)라고 하여 강조해 왔기 때문이다.

거기다가 중국과 일본은 그래도 여러 번 통치자들이 바뀌었으므로, 기존의 체제를 절대시하는 정도가 우리나라에 비하여 무척 약하였다. 그러나 우리나라는 1,000년에 한두 번밖에

---

65) Kim, H. and Markus, H. 1999. Deviance or Uniqueness, Harmony or Conformity, Journal of Personality and Social Psychology, Vol. 77, pp. 785-800. Nisbett, R. Op. cit. 재인용.

지배층이 바뀌지 않았고, 그것도 앞의 것을 계승하는 성격이 강했으므로 기존 질서가 절대시 되었다. 그러니 변화 없는 사회 질서가 오래도록 작용하게 된 것이다.

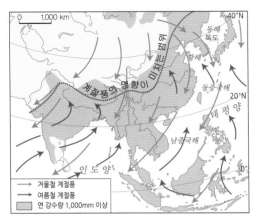

▲ 그림 1·53 **아시아의 계절풍 지역** 벼농사와 밀접한 관련을 갖는 계절풍 지역에서는 계절에 따라 계절풍의 방향과 강수량이 다르게 나타난다. 남부 아시아와 동남아시아, 동부 아시아가 계절풍이 탁월한 몬순 지역이다. 인도, 인도차이나 반도와 섬들, 즉 베트남, 타이, 인도네시아, 필리핀, 그리고 중국, 한국, 일본에 걸치는 광대한 지역에서는 모두 계절풍을 이용하여 벼농사를 짓는다.

지도에서 볼 수 있듯이 동부 아시아 지역은 물론 동남아시아를 거쳐서 남부 아시아 지역에 걸치는 넓은 아시아 지역이 아시아 계절풍(monsoon)이 부는 지역이다. 물론 계절풍은 계절에 따라서 주기적으로 불어오는 바람으로, 이 지역은 모두 과거부터 현재까지 농업이 중요 경제 활동인 지역이다. 우리나라에서는 이 계절풍이 불어서 여름에 덥고 비가 많으며, 겨울에 춥고 건조한 편이다. 주기적으로 봄, 여름, 가을, 겨울이 순환하면서 일정한 리듬을 따라서 생활하게 되는 특징을 갖는다. 여름의 더위는 열대 지역과 거의 차이가 없고, 겨울의 추위는 냉한대와 차이가 없을 정도이며, 그 차이인 연교차는 무려 50℃를 넘어서 세계에서 연교차가 가장 큰 축에 들어가는 장소이다.

따라서 우리나라 사람들은 열대에서 온대 및 냉한대의 모든 지역에 대비하는 준비를 제때에 갖추고 살아야 했다. 그래서 '우리나라에서는 다른 어떤 나라보다도 훨씬 더 때를 중요시하여' 그에 맞는 삶의 준비를 하며 살아왔다. 의복도 4계절의 옷이 모두 필요하며, 음식도 제철 음식이 제일 맛있고, 집도 철에 따라서 문의 개폐와 문풍지의 부착 여부가 중요한 것이다. 또한 때와 계절의 변화를 주도하는 바람에 대하여, 여러 가지 이름과 기능을 갖는 바람들이 장소별로 각각 정해져 있는 것 등도 이런 철의 변화와 관련이 깊다.

계절풍에 맞는 농업은 벼농사이다. 그래서 쌀은 우리 민족에게 필수적인 생활양식이 되었다. 이 자연과 맞는 오랜 역사와 생활로 한반도에서는 늘 벼농사 중심의 농업을 장려하여 왔고, 그에 맞는 공동체 생활이 발달해 왔다. 그래서 한민족에게는 벼농사가 기본이고, 쌀을 주식으로 하며, 인구가 면적에 비하여 조밀하다. 벼농사는 서로 돕는 상부상조가 필요한 생산 활동이었으며, 그래서 공동체 문화가 '마을이라는 작은 단위의 골짜기라는 장소를 배경'으로 발달되었다. 또한 우리 조상들은 유교와 불교의 영향을 많이 받았다. 그래서 내세도 중요하였지만, 그 이전에 특히 유교의 영향으로 조상을 섬기고, 왕을 섬기며, 신분 제도를 그대로 유지하려고 한 사회가 되었다. 따라서 한민족이 사는 한반도라는 장소는 가족이나 소집단 공동체가 중심인 사회이고, 변화가 느린 가부장적 사회이다.[66]

그래서 한반도에서는 어떤 장소에서도 삶과 생산 양식과 가치 체계가 거의 바뀔 수 없었고, 지배 계층은 계속하여 아랫것들을 한 장소에 가두고서 착취할 수 있었던 것이다. 이런 이유로 '장소에 대한 생각은 한국에서 가장 강력하게 유지'되어 왔고, 중국이나 일본은 아주 깊은 산속에서나 그 전통이 좀 남아 있는 정도라고 할 수 있다. 동양 사회에서 쓰는 한자를 보면 한국과 중국과 일본의 차이를 명확하게 알 수 있게 한다. 즉, 아주 이상하게 한국만이 본래의 한자를 고수하여 쓴다. 중국의 새 글자인 간체자(簡體字), 일본의 약자 등을 생각할 때, 한국은 정말로 중국보다도 보수적이고, 있지도 않은 상국(上國)을 떠받드는 나라였음을 여실히 보여 준다.

그런데 대한제국의 멸망과 일제의 강점으로 인한 반강제적 의식 구조의 변화, 6·25 전쟁으로 인한 촌락 공동체의 붕괴, 1960년대 이후의 산업화 과정과 그 흐름 속에서 나타나는 이촌향도의 인구 이동 및 의식 구조 개혁 운동 등은 한국인과 한국 사회에 매우 충격적이었고, 근본적인 변화를 가져왔다. 즉, 사람들의 자연에 대한 인식과 전체에 대한 생각이 급격히 붕괴되었고, 양반에 대한 생각과 태도에 근본적인 변화가 일어났다. 자기네 목줄을 쥐고 있던 양반들이 별것이 아니었고, 자기네를 구해 주는 구세주는 더욱더 아니었으며, 외국의 근대적인 문물에 대해서 자기네와 똑같이 무식한 사람들이었음을 알았다.

더구나 그 변화가 워낙 크고 급격한 변화라서, 그 이후 현재까지 우리나라 사람들의 장소에 대한 태도와 인식도 큰 변화를 보이고 있고, 과거의 역사와 전통을 무시하는 태도까지 보이는 것이다. 이런 급격한 변화는 너무 오랜 기간 동안 한 장소에서 억눌려서 살아온 사람들의 근본적인 자기 혁신의 과정이다. 그것은 자기가 살던 사회와 역사, 장소에 대한 반작용으로 나타나는 현상으로, 모든 기존의 삶과 질서 및 장소라는 터전을 무시하는 현상으로까지 해석된다.

우리는 6·25 전쟁의 과정에서 한반도의 여러 장소에서 죄 없는 동족들을 무고하고, 차별하고, 심지어 죽이기까지 했던 비극을 겪었다. 우리 민족에 의해서도 일어났었고, 외국군에 의해서 일어난 경우도 있었다. 이 모든 비극이 모두 오랜 기간 동안 한 장소에서 억눌려 살아온 사람들의 한풀이와 연결되는 측면도 있기 때문에 더욱더 우리를 슬프게 한다. "왜 진작 그런 변화에 미리 알아서 준비하고 대처하지 못했던 것일까?" 하는 탄식 같은 것이다.

---

66) Wallach, J. and Metcalf, G., 1995, Working with Americans, 문형남·문형진 역, 1999, 미국인을 알면 세계가 보인다, 영풍문고, pp. 56-62.

5 양반과 선비는 진정한 땅의 의미를 알지 못했다.

1) 양반과 아랫것들의 땅에 대한 이해

조선시대 양반들이야 이동이 자유로우니, 여러 곳을 유람하면서 문학, 음악, 미술 등의 예술 작품도 많이 남기고, 즐기고, 놀았다. 그러나 아랫것들은 이동할 수 있는 자유가 없었고, 양반들이 시키는 대로 피땀 흘려서 일해야 하고, 한 장소에서 계속하여 양반에 소속되어 살아야 했다. 최하층 천민이 자기가 살던 장소를 허락 없이 떠나면 그를 잡아다가 감옥에 넣을 수도 있고, 얼굴에 자자를 하여서 도망하지 못하게 하는 형벌도 있었으니 어디를 갈 수가 없었고, 죽음을 당하는 일도 아주 드물지는 않았다. 양반들은 하층민들이 자기네 아래에 들어 있어서 한곳에 머물면서 자기네들에게 봉사하며 살기를 바랐다. 그래야 자기네 삶이 안정될 수 있었기 때문이다. 즉, 일정한 노동력(생산자)의 숫자가 확보되고, 경지가 관리되고, 산출이 증가되어야 그들의 지위도 안정되고, 세력이 길러져서 부귀영화를 계속해서 누릴 수 있었기 때문이다.

그래서 양반들은 하층민들을 달래고, 위협하고, 때로는 대우도 하면서 자기네가 사는 근거지인 세거지(世居地)를 넓히고, 생산량을 늘려서, 권력을 강화하고 그 지역이나 장소를 마치 개인적인 나라같이 만들었던 것이다. 그리고 선비를 포함한 양반들은 그를 배경으로 당파를 만들어 서로 지원했던 것이다. 그러니 양반들은 우리나라의 땅이나 물이나 흙에 대해서 아는 것이 별로 없었다. 그 양반들이 비록 땅을 알았다고 해도 피상적으로 "땀이 없는 앎"이라고 할 수 있다.

그러나 상당수의 양반들은 자기네 문중의 생활 근거지인 세거지를 살기 좋은 곳으로 만들기 위해서 나름대로 대내적인 화합과 대외적인 의연함을 유지하였고, 아래의 하층민들에게 상당히 인격적 대우를 하면서 이상향을 지향하였다는 사례도 있기는 하다. 그러나 그 수가 매우 적어서 사회 전체의 경향이나, 국가의 통치 행태를 바꾸지는 못하였다. 아니 오히려 흔들리는 자기네의 권위와 체제를 지키기 위하여 몇 집씩을 묶어서 감시하고 감독하였던 것은 아닌가? 아랫것들과 연결되기 쉬운 외세를 견제하면서, 같이 억압하였던 것은 아닐까?

양반 자신들은 직접적인 생산 활동을 하지 않았다. 이는 조선의 실학자들까지도 크게 다르지 않았다. 일례로 정약용이 유배지에서 아들에게 당부하는 편지 중에, "스스로 자급자족을 위한 남새(채소)밭을 가꾸어야 한다는 것과 남새 기르는 법에 대해 쓴 것"을 보면 짐작할 수 있으니 그저 권장하는 정도였지, 죽고 사는 생업은 아니었다.

▲ 그림 1・54-1(좌) **개성 흥국사 탑** 만적은 흥국사에서 "왕후장상의 씨가 따로 있는 것이 아니다."라고 주장하며 신분 타파를 목적
　　으로 난을 일으키려다가 실패하였다.
▲ 그림 1・54-2(중) **KAIST에 있는 장영실의 동상(다음에서 캡처)**
▲ 그림 1・54-3(우) **덕수궁의 국보, 장영실이 만든 자격루 물시계** 장영실은 워낙 뛰어난 재능으로 자기의 신분을 일시적으로는 뛰
　　어넘었다. 그러나 그가 계속 그렇게 살 수는 없었다.

　그러니 농업 생산에서 상업 자본이나 제조업 활동을 위한 자본이 축적되는 것을 기대할 수 없었고, 대부분이 착취와 속임수가 많던 정체된 썩은 사회였던 것이다.
　또한 양반의 땅을 경작하거나, 양반의 집에서 기거하면서 일하는 노비나 천민들은 스스로가 직접 생산 활동을 하였지만, 그들은 농업 활동의 합리화와 최대 생산성을 기하지 않았고, 그럴 필요도 없었다. 양반들이 자기에게 연결된 파당에서의 지위만을 잘 유지하고 이용하면 되었듯이, 천민들은 어디를 가도 똑같은 신세였기 때문에 하루하루를 무사히 지내면 되는 것이었다. 그러니 어디서도 생산 기술의 발전이 나오기가 힘든 사회 구조였다. 만일 그들이 독자적으로 생산하고 최대 이익을 구하려고 경쟁하였다면, 백보 양보해서 그의 주인인 양반을 중심으로라도 농업 자본이 형성될 수 있었다. 그러나 양반들은 하층민들의 노동력을 이용해서 생산하고, 그들의 노동력을 착취하는 정도의 경영만을 하였으니, 투자할 잉여 자본을 형성할 뜻도 별로 없었다.
　군이 '아시아적 생산 양식(국가는 국민을 착취하는 기관)'을 운운하지 않더라도, 서구의 자본주의 발달을 생각해 보지 않을 수가 없다. 그들의 자본주의가 한편으로는 상업 자본주의의 형성과 장거리 무역에서 얻은 재화에 의해 발달한 것이고, 다른 한편으로는 식민지에서의 무자비하게 약탈하고 착취한 자본을 축적하여 이루어진 것임을 생각한다면, 우리나라에서 상업이나 기업 자본의 형성을 기대하는 것은 거의 불가능했었다.
　마지막으로 일어난 아랫것들의 해방 운동은 동학 농민 혁명으로, 1894년 초부터 보국안민의 기치를 내걸고 해방 운동을 전개하였다. 본래 동학란은 고부 군수의 폭정(가혹한 수세 징수)에 항거하는 운동으로 시작되었지만, 농민들이 너무나 착취당하다 못하여 일어난 삶의 운동이기도 하였다.

▲ 그림 1 • 55-1(좌) **우금치** 부여 탄천에서 공주시 주미산동을 지나서 금학동에 이르는 고갯길이다. 현재는 터널이 뚫린 길이나, 전에는 이 우금치 고개를 넘어서 왕래하였다. 나지막한 고개이지만 이 우금치는 근대적인 동학 농민 혁명을 수행하기 위해서 동학군이 서울로 진격하던 중 관군과 일본군 연합군에게 가로막혀 농민 혁명 운동이 막을 내린 장소이다.

▲ 그림 1 • 55-2(우) 북한에서 발행된 것으로 보이는 동학 혁명을 기념하는 우표

이 동학 혁명이 실패하면서 일본이 본격적으로 내정에 간섭하고, 차츰 조선을 합병하게 된다. 조선 말기는 하층 농민들을 착취하는 폐단이 극에 달하였고, 하층민들은 자기를 구속하는 신분 제도를 타파하려고 노력하였으나 모두 실패하였다. 대부분의 우리나라 사람들은 상민이나 천민으로 눌리면서 농사를 짓거나, 그릇을 굽거나, 도구를 만들거나, 바다에서 소금을 만들고, 고기도 잡았다. 생산한 물건들은 상당 부분을 땅 주인(양반)이나, 윗사람들에게 바치고, 나머지를 가지고 간신히 다음 해까지 살아가야 했다. 다른 생필품을 구하기 위해서는 먹지 않고 아낀 곡식을 모아서 때로는 장에 내다 팔기도 해야 겨우 필요한 것을 구할 수 있었다. 그러니 매년 생활은 잉여의 자산이나 생산 수단이 되는 자본 축적이 되지 못하고, 오히려 올해 살기 위해서 내년에 생산할 물건을 미리 담보로 잡혀서 살아가야 하는, 자급자족도 못되는 일 년 농사를 미리 가불해야만 근근이 생활을 이어갈 수 있는 빈곤의 악순환이었다. 그러니 해마다 나아지지 못하고, 늘 그렇고 그런 생활이 개미 쳇바퀴 돌 듯 하는 것이었고, 누가 아프기라도 하거나 가뭄으로 흉년이라도 들면 그 전보다 훨씬 더 못해지는 생활을 하게 되었던 것이다.

양반들이 아랫것들과 함께 땀 흘리고, 함께 논과 밭을 갈고, 함께 산과 강을 가꾸었다면, 그래서 온 민족이 하나가 되어서 한글을 배우고, 중국에서 벗어날 길을 모색했다면, 길이 열렸을 것이다. 모든 사람들의 지식이 축적되어서 난관을 극복할 지혜가 반드시 나왔을 것이다. 또한 한글을 배운 아랫것들과 함께 일본을 물리칠 고민을 했다면, 이야기는 완전히 달라졌을 것이라고 필자는 믿는다. 틀림없이 길을 찾았을 것이고, 과학 기술을 발달시켰을 것이고, 일본이 발붙이지 못하게 했을 것이다.

땅이 무엇인지도 모르는 양반들이 땅에서 나오는 재화만을 얻고 살았으니 부정한 방법은 모두 동원하지 않았겠는가? 장소의 의미를 그들은 지배자로서의 장소, 착취의 장소로만 알았을 뿐이지, 인정이 살아 있는 장소에서의 삶과 생산과 교환의 장소에 대해서는 알지 못했다. 아니 알 필요가 없었다.

그와 같은 고달픈 삶을 사는 아래의 하층민들에게는 마을의 장소는 삶이 이루어지는 곳이

고, 가족이 함께하는 곳이고, 그나마 인간다운 맛을 서로 느끼는 곳이고, 짧지만 여유와 휴식을 함께 느낄 수 있는 곳이고, 그래도 꿈을 꿀 수 있는 곳이었다. 그래서 그들이 발붙인 장소는 봄, 여름, 가을, 겨울을 느끼면서 행동할 수 있는 곳이며, 서러움과 한은 물론 기쁨과 즐거움이 함께 서린 곳이었다. 그들이 어려움을 그래도 이겨낼 수 있었던 것은, 약하였지만 장래에 대한 꿈의 덕이었고, 장소를 같이하는 가족과 이웃, 마을의 공동체 사람들이 있었기 때문에 가능했었다.

그래서 때로는 사랑하고 때로는 싫어하면서도 같은 꿈을 꾸며, 같이 일하고, 같이 놀았기 때문이리라. 이렇게 같은 장소의 사람들이 함께 느끼고, 나누고, 같이한 덕분에 그들은 살아남았고, 생활의 리듬을 잃지 않았고, 이겨내려는 작은 몸짓을 하면서 삶을 일으킬 수 있었던 것이다. 그들의 꿈이 길러지고 여무는 곳! 그곳이 바로 공동체의 장소였던 것이다. 그래서 한 민족은 공동체가 이루어지는 땅을 가장 중요한 자산으로 생각하는 민족이 될 수밖에 없었다.

2) 공간 구조 역시 착취 구조였다: 도시 사례

아직도 우리 한반도에서 착취하는 장소는 중심이다. 그리고 '중심의 장소는 도시'라는 것이며, 도시에서도 핵심부인 중심부였다. 물론 현재는 거의 반대로 도시의 공간 구조와 장소와 사회와 사람들이 변하기는 했지만 말이다.

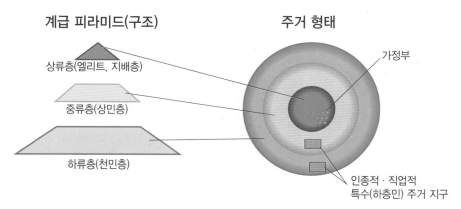

▲ 그림 1·56 **전산업 시대(고대) 도시의 공간적 계층 구조(신분 계층의 수직 구조와 계층별 점유 공간의 계층 구조)** 쇼버그(Sjoberg)의 전산업 시대 도시(Pre-industrial City) 이론[67]을 이용해서 재구성한 레드클리프의 모델(Redcliffs's model)로, 중심부에는 엘리트 지배 계층이 거주하고, 외곽에는 하층민(천민층)들이 거주한다.

우선 이 사회-공간 구조 모델의 전형이 되는 전산업 시대의 로마 도시를 이용하여 사회와 도시의 계층 구조 관계를 이야기해 보기로 하자. 이 전산업 시대(고대)의 도시 구조는 신분 계층에 따르는 차별적, 수직적 지배 형태인 사회 계층 구조(피라미드 구조)를 공간에 투영한 계

67) Sjoberg, G.1960, The preindustrial city, Free Press, pp. 91~103.

층적 도시 공간 구조이다. 이렇게 "공간적으로 포섭 관계를 이루면서 도시 내의 현상들이 배열하는 형태(pattern)와 질서(order)와 모양(shape)을 도시 공간 구조(Urban spatial structure)"라고 한다.

이 공간 구조의 해석은 동심원 가장 외부의 넓은 둘레에는 가장 많은 하층민들이 일하고 거주하면서 내부의 상류 계층 지구를 둘러싸서 보호하는 방어벽의 기능을 한다는 것이다. 하층민 거주 지구의 내부로는 다시 상민 계층의 거주 지역이 있고, 상민층이 거주하는 중간 지대도 역시 가장 안쪽의 엘리트 계층(상류층)의 거주 구역을 다시 둘러싸서 보호하고 있다.

이런 도시 구조는 외적과의 전쟁 시에 가장 먼저 공격을 받는 곳이 하층민들이 사는 외곽 지역이 되도록 건축한 것을 나타낸다. 그들이 모두 적에게 당하여 없어지면, 다음으로 상민층(중류층)이 당하게 되고, 그들이 모두 당해야 마지막으로 성벽의 안쪽에 살던 상류(엘리트)층이 당하게 되어 있다. 로마는 물론 고대 도시는 대체로 이런 동심원 구조로 되어 있었고, 서울도 도성의 내외를 고려하면 이와 같은 구조라고 보아도 무방하다. 즉, 하층민들의 주거지는 상류층을 보호하는 성벽의 역할을 하였던 것이다.

로마의 아파트(로마 시대에는 '인슐라'라고 했고, 대체로 3~5층이었다.)는 외곽의 서민 주택 및 임대 주택으로 건설된 방어 성벽이었다. 한편 포로나 노예 등의 천민층도 도시 핵심부에 사는 경우가 있었는데, 내부의 특수 구역에 거주하면서 상류 엘리트층에 봉사하는 사람들이나 특정 제조업에 종사하는 사람들이었다.

▲ 그림 1·57-1(좌) 로마 시대의 서민들이 살던 아파트인 '인슐라' 복원도(Google 자료)
▲ 그림 1·57-2(우) 고대 로마의 상수도 시설(도수로)

로마는 인구가 100만 명 이상으로 늘어나자 이런 아파트 건설이 많았고, 서민들의 주택으로 많이 이용되었다. 물론 서민이라고 해도 로마 시민은 노예를 거느리고 살 수 있는, 신분상 상류층이었다. 그들이 주로 사는 외곽의 아파트는 로마의 방어용 성벽을 겸하고 있었다. 또한 로마는 많은 인구에게 깨끗한 음료수를 제공하기 위해서 상수도 도수로를 대규모로 건설하였다. 그들은 뛰어난 토목 기술과 아이디어로 깨끗한 물을 산지에서부터 끌어와서 시민들에게 공급하였고, 이런 급수 체계는 주로 외국 정벌에서 잡은 포로, 노예 등에 의해 건설되었다.

또한 이 도수로는 로마가 건설한 해외의 식민 도시들에도 건설되었다.

그러니 얼마나 많은 사람들이 이 도수로 건설을 위해서 희생되었는지는 짐작할 수도 없다. 노예는 사고팔 수 있는 대상이었으니, 동서양 어디든지 하층민이라는 위치는 착취당하는 물건 내지 동물과 차이가 별로 없는 위치이고, 역사적인 유명한 장소는 언제나 그런 비극이 감추어져 있는 곳이 많다.[68]

우리나라에서도 하층민들은 숫자는 많고, 점유하는 공간은 상대적으로 좁았으며, 장소를 이동하는 자유가 보장되지 않았고, 생업도 제한적이었다. 가장 구속이 많은 천민층은 주로 농사일과 특산물, 생필품들을 향, 소, 부곡 등의 장소에서 움직이지 못하고 생산하는 층이었다. 또 다른 천민들은 양반이 사는 장소에서 멀지 않은 곳에 태어나서 양반들의 지시를 받으며 살다가 그 장소에서 죽는 것이 일반적이었다. 이들 중의 일부는 제조하는 기술이 있어서 후에 대체로 "쟁이"라고 불리는 일을 하였으며, 생활에 필요한 물건을 만들고 고치는 사람들이었다.

그에 비하여 장인은 천한 신분이긴 하지만, 국가에 소용되는 물건들을 만드는 사람들이었고, 기술 수준도 상당히 높았다. 그들은 관공장(官工匠; 국가 기관에 소용되는 물건들을 생산하는 장인), 사공장(私工匠; 개인에 소속되거나 개인적으로 물건을 만들어서 양반들에게 제공하거나 시장 등에 내다파는 장인), 경공장(서울에 살면서 왕실에서 소용되는 물건을 만드는 장인) 등과, 생산하는 품목에 따라서 여러 가지로 불렸다. 가령 사기장은 도자기를 굽는 사람이고, 야장은 화살을 만드는 장인이었다. 그나마 이 사람들의 기술과 정신이 계승되어서 현재 우리나라 경제에서 중요한 생산 기술과 근로자의 자세를 간접적으로 떠받들고 있는 것이다. 그러니 우리나라는 양반이나 선비 정신만으로는 현대의 산업을 이끌 수 없다는 것은 아주 분명하다.

물건의 제조만이 아니고, 유통에서는 더욱더 차별이 심하였다. 우선 양반들은 교환업(유통, 상업)에 종사할 수 없었는데, 양반들 자신이 상업에 종사하는 사람들을 하층민으로 차별하였다. 따라서 그들은 정식이 아니고, 불법으로 숨어서 상업에 종사하는 경우가 있기는 했던 듯하다. 그러니 차별을 받는 사람들을 통해서 혁신적인 방법이나 기술이 개발될 수가 없었고, 자본 또한 축적되기가 불가능한 정치·경제·사회 구조였다. 이런 구속을 뛰어넘은 하층민들이 몇 명은 있었는데, 그 중에서 장보고는 정말 뛰어난 사람이었다. 뒤에서 자세히 보기로 하자(387p.).

요즘 대부분의 지자체들이 소위 '장소 마케팅'이란 것을 내세워 우리의 제조업 장인 문화를 찾아내고 다듬어서 실체를 알리고 펴는 일을 많이 하고 있는데, 아주 바람직하다고 할 수 있다. 그러나 너무 요란하게 떠들기만 하고, 대부분은 남아 있는 왕이나 양반이 놀던 명승지, 양반의 생활, 권력층의 유물들만을 주로 내세우고 있으니, 대중적인 일반 문화가 아닌 상류층의

---

68) 로마에서는 나중에 이 도수관을 납(lead/Pb.)으로 만들어서 가정에 연결했었는데, 납이 해로운 줄을 몰랐기 때문이다. 그래서 로마인들은 납 중독에 걸리게 되어 많은 사람들이 병들고 죽어가게 되어서 로마가 망했다는 설도 로마 멸망설 중의 하나이다.

양반 문화에 너무 경도되어 있는 것이 안타깝다. 하기는 남아 있는 것의 대부분이 양반에 관련되는, 양반을 위한 것이기는 하지만, 장소는 꼭 그런 것이 아니니 본질을 살릴 수 있도록 해야 한다.

▲ 그림 1·58-1(좌) **종묘 앞 공원** 본래 어정이라는 우물이 있던 입구의 빈터를 공원으로 꾸몄다. 지하는 주차장이고 전면의 높은 건물은 세운 상가, 그 앞이 종로이다.

▲ 그림 1·58-2(우) **뉴욕 맨해튼 월 스트리트의 트리니티 처치(Trinity church) 경내에 있는 묘지** 세계에서 가장 비싼 땅에 묻힌 사람들이다.

종묘는 우리나라의 비싼 땅에서 왕족들의 위패를 모시고 제사를 지내는 장소로, 조선시대에는 아주 중요한 장소였다. 그런 의미에서 요즘은 종묘의 건축이나 배치, 또는 전통적인 왕가의 제례에 대한 축제, 예술이나 미적 활동의 접근을 많이 하는데, 그것은 본래의 '이 장소가 갖는 상징적인 의미'를 크게 변화(질)시키는 활동들이다. 그러나 새롭게 장소의 의미를 창조하고 변화시킨다는 면에서는 바람직하다고도 할 수는 있다.

그에 비하여 뉴욕 월 스트리트의 트리니티 처치에는 세계에서 가장 비싼 땅에 묻힌 사람들의 묘지가 있다. 그러나 트리니티 처치가 있는 이곳은 도시의 멋진 휴식 공간이다. 뉴요커들은 이곳을 공원으로 여겨서, 점심시간에는 산책하는 사람들로 발 디딜 틈이 별로 없을 정도로 붐빈다. 본래의 장소가 갖는 의미가 크게 변화된 곳이지만, 일반 서민들에게는 아주 소중한 장소로 바뀌었다. 그렇게 사람들이 몰려도 본래의 모습으로 잘 가꾸고 정리되어 지친 사람들을 위로하고 있다.

이런 의미에서 종묘라는 장소의 의미가 변화(질)되는 것은 바람직한 방향이라고 하겠다. 그러나 우리는 아직도 너무 착취 구조였던 도시의 특수층 중심으로 문화를 탐구하고, 참여하며, 지향하는 것이 흠이다. 문화란 본래 대중이 공유하는 생활양식인데 반대로 흐르니, 방향이 다른 것이다.

3) 수구초심 고향을 그리는 마음

조선시대에는 하층민들의 이동이 제한되어 있어서 고향을 찾는 사람들은 그리 많지 않았다. 양반들은 같은 공동체 아래에서 생활하면서 세력화하기 때문에 그들도 역시 많이 이동하진 못했다. 단지 벼슬길에 올라서 다른 곳에서 근무하던 사람들이 귀향하는 것은 특별히 허락을 받아서 꽤나 장시간 고향을 방문하는 경우가 적지는 않았지만, 귀성 문제로 연결되지는 않았다.

귀성 문제가 생긴 원인은 우리나라의 근대화와 함께 생각해야 하는 문제로 한국 사회, 한반도의 변화를 가져온 이동이고, 장소 간의 상호 작용으로 근대화와 관련시켜서 생각해야 한다. 그래서 본격적인 귀성 문제는 1960년대 이후 경제 개발 5개년 계획과 공업화와 도시화에 따라서 이촌향도(移村向都) 현상이 본격화하면서 생긴 문제이고, 촌락 공동체를 붕괴시키는 흐름이었다.

◀ 그림 1·59 **1970년대의 귀성 풍경** 서울역에서 큰 대나무를 가지고 질서를 잡는 전투 경찰 봉사자들. 무조건 밀고 들어오면서 기차표를 사려는 사람들이나 기차에 타려는 사람들로 인해 사고가 나서 상당수의 사상자가 발생한 경우도 있었다. 따라서 강압적인 질서 유지도 다반사였다. 마치 데모나 폭동을 진압하는 듯하다.

특히 추석 명절에 서울역에서는 너무 많이 밀려드는 귀성객들 때문에 사진과 같은 반강제 질서 유지 방식이 도입된 적도 있었다. 또한, 기차표를 사기 위해서 며칠 밤을 바닥에 신문지를 깔고 누워서 대기하여 빠른 번호를 받는 방식으로 변했고, 그 다음 단계는 정보화의 덕택에 컴퓨터로 코레일(korail.com)에 접속하여서 제한된 매수를 살 수 있는 제도가 차례로 도입되었다.

과거에는 토지에 모든 것을 의지하는 사회였으므로, 본래 이동이 별로·없었다. 엄격한 신분 제도, 땅, 그리고 농업이 사람들의 이동 문제만은 근본적으로 해결해 준 셈이다. 그러나 현대는 토지와 상관없는 경제 활동이 도시에서 더 우세해졌고, 빠른 이동 속도를 요구하고 있으므로, 갈등은 더욱 첨예하게 대립되고 후유증도 크다.

▲ 그림 1·60 **1970년대의 버스표 예매와 승차 광경** 당시 남부 지방으로 가는 버스는 대부분 용산 시외버스 터미널에서 출발하였다. 이 용산 터미널에서의 추석 귀향 풍경이다. 차례가 유명무실했다. 버스의 창문을 열고 아래에서 한 사람이 받쳐 주고 다른 사람이 버스에 올라가서 여러 개의 자리를 잡는 방식으로, 줄을 서서 타는 사람들은 자리를 잡기가 사실상 어려웠다.

▲ 그림 1·61 **구정 설을 위해서 귀향하는 차량 행렬** 서울에서 부산까지는 7~8시간이나 걸리는 정체도 흔하다(2017. 1. 27. 금요일 오후 상황이고, 설날은 1. 28. 토요일이었다.). 이제 우리나라는 자동차화(motorization)의 진척으로 '자기 차' 가족이 늘어나서 거의 가구당 한 대 이상의 차를 가지게 되었고, 귀성은 고속도로에서 큰 혼란과 고생을 겪으면서 이루어진다. 설 연휴 이전에 벌써 고속도로는 꽉 찬 만원 상태에 이르렀다.

　　이런 한국민의 큰 명절은 한국인들 모두에게 큰 위안을 주는 축제이다. 모두가 즐거워하는 편이지만, 그 명절놀이의 뒤탈로 이혼이 급증한다는 보고도 있으므로, 장소의 매력과 장소에서의 힐링에 못지않게, 새로운 접근을 필요로 한다.

　　장소 이동에 관련되는 문제는 그 장소의 장소성을 제대로 음미하고 활용하면서, 무엇보다 양보하고, 한민족의 장점인 인내하는 자세가 중요하다. 그래서 우리에게는 아직은 조금 생소할 수 있는 세계적인 불문율이지만 꼭 필요한 '나눔과 공유(sharing) 정신'이 절대적으로 필요하다.

4) 한국인 공동체의 속마음: 정과 인심

　　한반도에 사는 사람들은 사람과 땅에 대해서 특별한 감정을 가지고 산다. 사람에 대해서 좋은 감정으로 음식이나 자리를 권하는 것을 우리는 정이라고 부른다. 정이 있는 사회라야 감칠맛이 있는 사회이고, 우리식의 살맛이 나는 사회라고 사람들은 생각한다. 한국인은 어떤 면에서 이성적인 지식보다는 감성적인 정이 있는 삶과 흥이 곁들인 일을 더 좋아하고, 특히 노래와 춤에 관심이 높다. 힘이 드는 일을 하더라도 흥이 곁들인 노래와 춤을 즐기면서, 또한 맛있는 음식을 먹으면서 함께 일하고 움직이면, 어느새 모두 다 끝나는 경우가 흔하다.[69]

　　(전략) 산골짜기에서 만난 한 할머니는 어릴 때 바닷가에 살았는데, 아버지가 술을 마시다가 만난 친구에게 고작 16살이던 할머니를 시집보냈다고 한다. 어린 나이에 결혼하기 싫었지만 결국 가족의 뜻에 따라 깊은 산속으로 시집을 왔다. 막상 도착해 보니 남편은 초혼이 아니라 재혼이었고, 빈번한 가정 폭력에 시달리며 살아야 했다. 살다가 너무 힘이 들어서 탈출도 시도했다. 그러나 평소에 다니지 않던 어두운 산길을 잘 몰라서 도중에 다시 잡혀왔다. 남편은 세상을 떠나고, 할머니는 이제 혼자 깊은 산속에 살고 계신다. 할머니는 눈시울을 붉히면서도 "이제는 괜찮다, 괜찮다."고 하셨다. 그렇게 힘들게 살아왔음에도 응어리를 풀고 남은 인생을 밝게 살아가는 모습이 대단하다.

　　"한국의 정(情)이 무엇이냐?"하고 내게 물어 오면, 나는 스스럼없이 '할머니'라고 대답한다. 할머니들은 남을 먼저 생각해 주고, 만난 지 몇 시간 안 됐는데도 딸처럼 대해 주신다. 정과 지혜가 넘치는 분들이다.[70] 이처럼 한민족은 어려움, 억울함을 참고 살면서도 꿈을 잃지 않았고, 정이 많은 사람들로 어려운 삶을 감칠맛 있게 살아가고 있다.

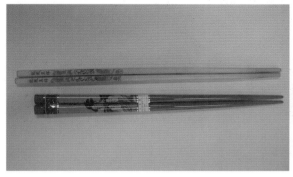 

▲ 그림 1・62-1(좌) **동부 아시아의 젓가락** 중국과 일본의 젓가락이다. 전체적으로 소재, 형상, 길이 등이 모두 차이가 난다. 특히 소재는 중국은 상아를 좋은 재료로, 일본은 대나무를 꼽는다. 일본의 젓가락은 길이가 짧고 끝이 뾰쪽하다.
▲ 그림 1・62-2(우) **농민들의 항의 시위** 쌀 수매가의 추락에 실망한 우리나라 농민들이 벼를 수확하지 않고 트랙터로 갈아엎고 있다.

---

69) 이찬수 외 3인, 2016, 한국을 다시 묻다, 모시는 사람들, pp. 110-115.
70) 따루 살미넨, 조선닷컴, 2016. 9. 29.에서 발췌.

동아시아의 한국과 중국, 일본은 모두 계절풍 기후를 이용해서 쌀을 많이 생산하고, 이를 주식으로 하는 문화이다. 한국에서는 젓가락으로 반찬을 집는 데 사용하고 밥과 국을 먹을 때는 수저를 쓰지만, 중국과 일본은 밥도 젓가락으로 먹고, 반찬도 젓가락으로 집는다. 특히 일본은 생선의 가시를 골라내거나 고기를 잘게 쪼개는 데도 젓가락을 사용한다. 그리고 중국과 일본은 스프 국물을 먹을 때만 굵고 짧은, 넓적한 수저를 쓴다. 이렇게 같은 쌀을 주식으로 하지만 그 문화의 내용은 미세하게 다른데, 그 조그만 차이가 결국은 결정적으로 다름을 가져오는 경우가 많다.

▲ 그림 1·63-1(좌) **우리나라의 대표적 설음식(음력설)** 유기로 만든 떡국 그릇과 우리의 수저를 일본이나 중국의 것과 비교해 보자.
▲ 그림 1·63-2(우) **중국과 일본의 숟가락과 젓가락**

우리나라 사람들이 중요한 명절에 먹는 음식은 설날의 떡국과 부침, 떡, 쌀밥 등으로 수저와 젓가락을 이용하여 먹을 수 있다. 밥과 국은 수저로 먹고 다른 반찬이나 떡은 젓가락을 써서 먹는다.

▲ 그림 1·64-1(좌) **일본의 설음식(양력설), 1인용**
▲ 그림 1·64-2(우) **중국의 설음식(음력설), 4인용, 다음에서 캡처**

그러나 일본과 중국의 정월 음식은 조금 더 평소와 다르며 개인별로 차려지는 것이 다르다. 중국은 개인별 음식과 모두가 나누어 먹는 음식의 종류가 다르고, 쓰는 접시도 다르다. 이들은 수저의 사용을 극히 제한적으로 해서 반드시 국물을 먹을 때만 수저를 쓰고 나머지는 젓가락을 쓴다.

한국은 자유 무역 협정인 FTA(Free Trade Agreement)의 체결로 공산품 수출이 늘긴 했지만, 대신 농축산물 시장을 개방하고 보조금을 지급할 수 없게 되어서 농축산품의 가격이 대폭 하락하였다. 거기에 대량의 값싼 수입품의 범람으로 농업은 경쟁력을 잃고 있는 상황이라서 시골의 생활은 어렵기만 하다. 또한 한국 사회를 정화하려는 부패 방지법이 제정·시행되어서 당장은 엎친 데 덮친 격으로 어려움이 몇 배로 커졌다.[71] 한국의 농업을 살릴 수 있는 방법은 좋은 품질의 상품을 생산하고, 그 제품들을 잘 이용하는 정이 있는 행동이 절실히 필요한 상황이다.

그래도 한미 FTA로 광우병에 걸린 소가 수입되어서 인간도 광우병에 걸릴 것이라고 촛불을 들고 나온 사람들의 정서는 외국에서는 도저히 이해가 되지 않는 움직임이었다. 이런 막무가내의 움직임은 우리를 더욱 분열시키고 어렵게 한다. 우리의 장점인 정을 털어내고, 편을 가르는 운동이기 때문이다. 앞으로는 이런 터무니없는 행동은 정말로 자제해야 한다. 나라의 일에 반대하는 의견을 나타내면서 움직이는 것은 합리적인 근거가 있어야 사회가 분열되지 않기 때문이다.

71) 부패방지법(김영란법)의 시행으로 가격이 비싸서 선물로도 팔기가 어려워졌기 때문이다.

II

금산군 진산면
막현리 장소와 나:

한국인의 사회 · 문화 렌즈 형성

어떤 장소에 사는 사람들이 환경을 인식하고, 일상생활에서 그 환경을 이용하고 적응하면서 생활 방식(way of life)을 만들어가는 과정이 바로 독특한 장소가 만들어지는 과정이 된다. 막현리, 진산면, 금산군의 장소성은 이런 과정이 오랫동안 누적되어 오면서 형성된 것이다. 그래서 '막현리 사람들도 독특한 사회 문화의 렌즈(p. 53 그림 1·21 모형 참고)를 가지고, 막현리적인 생활 방식'을 유지하게 되었고, 그 사회·문화의 렌즈를 통해서 세상을 보고 해석하게 된다. 이제 막현리라는 장소에서 그곳 주민들이 갖게 된 사회·문화의 렌즈 형성에 작용한 요소들을 살펴보기로 한다.

우리나라 사람들은 여러 공동체의 장소에서 꿈꾸고, 설계하면서 삶을 살아왔다. 그래서 장소는 바로 사람들의 꿈, 즉 땅꿈(Dream of Land / Dream of Place)을 꾸어 왔던 곳이다. 사람들의 꿈속에서는 늘 그들의 삶의 장소들이 생생하게 그려지고, 땅을 이용하며, 그 땅에서 활동하는 꿈을 꾸는 것이다. 그래서 '장소의 지리'가 없이는 공동체의 뜻도, 사람들의 활동도, 역사도, 사회도 제대로 설명할 수가 없게 되는 것이다. 즉, 환경의 핵심적인 부분이자 바탕으로서 장소가 우리의 삶 속에 자리하는 것이며, 장소가 없이는 인간에 관한 대부분의 논의가 허상이기 쉽고, 생생함이 없는 말린 꽃으로 보이기 쉬운 것이다. 그러면 우리나라 사람들과 한반도의 장소적, 역사적, 사회 문화적 특성의 형성에 작용하는 여러 측면과 영향 요인들을 막현리를 사례로 이야기해 보자.

1

진산면 막현리 장소의 역사성:

그들은 어떤 땅꿈을 꾸었나?

1) 금산군 진산면 막현리라는 장소의 특성

막현리는 대략 동경 127도 36분, 북위 36도 20분에 위치하며, 해발 고도 약 100m(현재의 하상보다 약 3~4m 정도 높다)에 마을이 입지하고 있다. 신생대 제4기 초기까지 "진산면 막현리 부근에서 지방천과 유등천이 합류하였는데, 그 지점에서 소위 '막현리(신대) 구하도'가 형성되었다. 즉, 유등천은 해발 194m의 장구봉을 끼고 곡류하다가, 현재는 장구봉 동쪽의 N-S(북-남) 방향으로 유로를 변경하면서 구하도가 형성된 것으로 보인다."[72] 막현리에서는 이 구하도를 '질배기재'라고 부른다. 즉, 이 평평한 낮은 고개가 융기 전의 본래 유등천의 하천 바닥이었다.

---

72) 김정오, 2010, 대전 남부산지 하천의 지형연구, 한국교원대학교 지리교육과 석사학위논문, pp. 44-47.

그래서 이곳의 토양은 붉은 색을 띠고 주변에 하천의 흔적이 나타난다. "신대(막현, 질배기재) 구하도는 해발 고도 113m 정도이다. 현 하상과의 비고 차이는 20m 정도 되며, 좁은 유등천, 지방천 하곡이 중요한 거주 공간으로 이용되고 있으므로, 구하도도 현재 밭이나 취락의 대지로 이용되는 모습이다. 현재 구하도의 서쪽으로 과거 공격 사면의 흔적이 보이고 있으며 하천 퇴적물 층의 모습이 관찰되고 있다. 이 하천 퇴적물은 사진에서처럼 풍화가 많이 진행되지 않았으며 원마도도 높지 않고 분급이 불량한 편이다."[73]

유등천은 본래 구례리에서 막현리로 넘어와서 지방천(막현리 앞내)과 합류한 후에 막현리 뒷산에 부딪친 후에 신대리 쪽으로 흘렀다. 그리고 한참 후에 유등천은 구례리에서 신대리, 선무동 쪽으로 바로 직선으로 뚫고 북쪽으로 흐르면서 현재의 유로가 만들어진 것이다. 따라서 유로 변경 이전의 막현리는 여러 하천이 합류되는 하천의 합류점(결절점)이기도 했고, 현재도 하천을 따르는 여러 도로의 결절점이다. 그때(유로 변경 전)의 하천 바닥은 지반의 융기로 많이 상승했고(20m 정도), 그 후에 다시 침식으로 낮아지고 있다. 따라서 현재 막현리의 해발 고도는 약 90~100m 정도이고, 이 유로 변경이 일어난 시기는 계곡 사면의 급한 경사로 미루어 신생대 제4기에 일어난 것으로 판단하고 있다.

▲ 그림 2·1 장구봉산(곡류 단절; meander core) 정상 근처의 사면에서 발견되는 원마도가 낮은 원력들

다음 그림은 유등천 구하도의 막현리 질배기재이다. 과거 유등천이 여기로 흘렀던 구하도의 흔적인 질배기재의 평탄한 모습이 보이고 있고, 옛 하천의 바닥이었던 표면이 침식되어서 깎여나가고 있다(2017. 5. 13.). 우측이 북쪽이고 동쪽에서 막현리 (서)쪽을 보고 찍은 사진이다. 가운데는 가구 공장이고 우측 집이 있는 마을은 양지 뜸이며, 그 뒤의 낮은 산이 장구봉산이다.

---

73) 김정오, 2010, 전게서.

▲ 그림 2·2 **막현리 질배기재와 독적골** 유등천과 앞내가 합류했던 곳에 막현리 마을이 위치한다. 우측은 양지뜸과 장구봉산이다.

그런데 한국인을 포함하는 동아시아의 사람들은 어떤 장소를, 어떻게 선택해서 살기 시작했을까? 중국의 사마천(司馬遷)은 사기(史記)에서 주거지의 규모별 설립 차이를 처음 기술하였다. 그를 보면 "1년을 살려고 하면 마을을 만들고, 2년을 살려면 읍을 만들고, 3년 이상을 살려면 도시를 만든다(一年而所居成聚, 二年成邑, 三年成都)."라고 기술하고 있다.[74] 따라서 마을(취락)은 가장 기초적이고, 처음에는 그렇게 오래 살려고 했던 장소가 아닐 수도 있다. 그러나 우리나라의 전통적인 마을들은 오랜 기간 동안 유지되어 왔고, 우리의 고유문화를 잘 간직하고 있으며, 큰 변화를 겪으면서도 정체성이 유지되는 장소들이다. 그런 면에서 모든 취락은 사마천의 주장과 달리 천년을 살려고 했던 장소이고, 필자의 고향인 막현리도 마찬가지로 오랜 기간 동안 유지되면서 그 중요성을 나름대로 간직한 장소이다.

▲ 그림 2·3 **막현리 마을 전경과 앞산(안산과 조산)** 앞산 아래로 지방천(앞내)이 흐르고, 그 제방 위에 실학로가 건설되었다. 이 사진은 금바위 숲정이 길 끝에서 찍은 사진이다. 마을 입구에는 동구(정자)나무도 보인다. 마을 앞의 논들은 '동구나무 들'이다.

74) 사마천(司馬遷) 찬, BC. 90, 사기, 권1, 중화서국, p.34.

마을의 남서쪽에서 독적골의 물이 흘러나와 남-북으로 흐르는 앞내에 합류하고, 다른 한 편은 마을의 북쪽 끝인 뫼똥 펀더기 옆으로 여수나무 골(사진의 중간 상단에 보이는 작은 골) 의 물이 흘러나와 각각 명당수를 이룬다. 그 옆의 산들이 좌청룡 우백호를 미약하게나마 이루 는 터로, 말하자면 막현리는 나름의 명당자리이다(그림 2·4 참조).

장소에는 오랫동안 시간이 흐름에 따라서 전에 거기 살았던 사람들과, 현재도 거기 살고 있는 사람들에 의하여 여러 가지 의미가 차곡차곡 더해져 왔다. 따라서 한 장소에도 여러 가 지 뜻이 중첩되거나 병존하여 있게 되는 것이다. 그러나 중요한 것은 어떤 장소라도 그 범위 와 내용은 서도 다르며, 어떤 개인이라도 그 장소를 먼저 생각하는 범위와 내용이 일정하지는 않지만, 가장 먼저 떠오르는 '어떤 부분'은 있다는 것이다. 즉, 처음에는 장소 전체를 생각하 지 않고, 대체로 그 장소의 일부에서부터 시작해서 차츰차츰 생각을 더함에 따라서 장소의 범 위가 넓어지거나(혹은 좁아지고), 내용도 점점 구체화된다는 것이다. 이렇게 장소에 있는 여 러 범위와 내용에 시대적 사실까지 쌓여서, 여러 가지 뜻(층)이 있음을 우리는 '장소의 중층성 (重層性)'이라고 부른다. 따라서 막현리도 여러 층들이 누적되어서 다양한 뜻을 가지는 장소 가 많은 마을이다.

▲ 그림 2·4 **막현리 위성 사진** 앞내 지방천을 따라서 실학로가 신대까지 연결된다(다음에서 캡처). 실학로는 지방천의 제방 도 로이다.

앞의 마을 사진과 비교해서 보면, 마을은 앞내(지방천) 건너편의 남쪽에 있는 앞산(330m) 과 장구봉산(160m)을 바라보고 있고, 북서쪽에 있는 진산(鎭山)은 뒷산(310m)이다. 그 뒷산 의 남동쪽 기슭에 자리하는 양지바른 자연 마을이 막현리로 약 40여 호의 집으로 구성된 마 을이다(그림 참조). 마을의 입지는 여러 지명과 자연 환경이 사람들의 마음과 삶에 녹아서, 자연과 잘 조화된 배산임수의 공동체 마을을 이루고 있다.

지방천은 최근에 하천 정비 사업을 통해서 유로를 직선으로 고정시켜서(직강화) 농경지 피해는 거의 없도록 정리되었다. 그러나 논에 물을 공급하기 위해서는 마을이나 경지보다 좀 더 상류 쪽에 보를 만들고, 농수로를 만들어서 보의 아래에 있는 논에 물을 공급해야 한다.

막현리의 공동체 생활을 이해하기 위해서는 물과 관련된 활동과 산과 관련된 활동을 이해하는 것이 우선 중요하다. 물과 관련하여 보막이는 막현리 생활에서 첫째로 중요한 협동 작업의 하나로, 상부상조하는 공동체 정신이 물의 관리와 함께 형성되었고, 시간이 지나면서 더욱 강화되었다. 막현리에서 가장 중요한 보막이는 '둥구나무들 보막이'이고, 이 보의 물은 막현리 마을을 관통하면서 농업용수 외에 요긴한 생활용수로도 사용되고 있다. 두 번째 측면은 마을의 산판 관리와 관련해서 공동체 정신이 함양되었는데, 막현리는 마을이 소유한 산인 동산(洞山)이 많다. 이 산판의 관리 역시 공동체를 이해하기 위해서는 꼭 필요한 활동이다. 이 물과 산의 관리는 막현리 공동체의 기본 활동들이다.

막현리의 뒷동산은 많은 상징을 가진 장소이다. 지기가 산맥을 타고 내려와서 막현리 뒷산에서 나오는 곳이 있고, 산신령이 왕래하는 장소이며, 삼신할머니가 방문하는 장소로 신성한 산이다. 또한 차가운 북서풍을 막아 주고, 가장 가까운 연료림으로서 응급으로 땔감을 준비하는 장소이다. 그 아래는 길게 평탄한 밭과 천수답이 있었는데, 뙤똥 펀더기와 같이 질배기재의 높이와 비슷하여서, 유등천이 유로 변경 전에 만든 산록단구[75]로 보인다.

▲ 그림 2·5-1(좌) **막현리 뒷동산 할미바위**   ▲ 그림 2·5-2(우) **그리스 아크로폴리스 위의 파르테논 신전**

할미바위는 막현리의 샤머니즘이 서린 장소로 "여기에서 정성을 들여 기원하면 아기를 낳을 수 있게 되고, 자손이 번성하게 된다."는 말이 전해 온다. 이 바위는 '삼신할머니(미)'를 뜻할 수 있지만, 그리 큰 바위는 아니다. 거기에다 수많은 금(crack)이 가서 조금씩 부서지는 상태이다. 필자는 부서지는 공동체의 조각들이 파편으로 남아 있는 장소가 막현리라는 생각이 들었다. 그러나 이 바위가 '막현리라는 세계'에서는 중요한 상징이 되었다. 사진 뒤편 나무 아래의 건물은 과거의 '막현 교회' 건물로 현재는 개인 소유이다. 바로 옆에 이런 상극적인 요소들이 위치하는 것을 보면, 막현리 마을의 뒷산은 좁은 그들의 세계 속에서 여러 가지 상징과 의미를 중층적으로 간직하고 있는, 막현리에서 아주 중요한 장소라는 것을 읽을 수 있다.

---

75) 과거 하천이 침식하여 만든 계단 모양의 지형이 지반의 융기로 산록면에 걸쳐 있는 단구를 말한다.

우측은 그리스 신화의 장소 아크로폴리스(Acropolis) 위에 있는 파르테논 신전 사진이다. 역시 신성한 장소이고, 여러 신들이 모셔지며, 도시 국가의 방어를 위한 중요한 장소이다. 신전 주변에는 원형의 음악당과 여신들의 신전도 있어서 다양한 의미가 있다. 그런 측면은 막현리 뒷산도 유사하나, 아크로폴리스는 현재까지 절대적 의미가 있었지만 막현리 뒷산의 상징성은 근대 이후 무시되기도 했다.

▲ 그림 2 · 6-1(좌) **그리스의 옴파로스(배꼽)** 자기네가 우주의 중심이라는 생각을 가지고 있었고 그를 상징화하였다.
▲ 그림 2 · 6-2(우) **중국 북경 자금성의 천단** 동양은 우주의 중심이 중국이고, 그 중심은 북경 자금성의 천단임을 상징화하여 나타냈다. 동아시아의 모든 나라들이 그를 인정하였다. "우주는 원으로, 지구는 4각형(방)으로 나타냈고, 하늘과 땅에 제사를 지내는 장소이다.' 막현리 세계에서는 사람들이 어떤 의식을 치르는 장소는 뒷동산, 앞내 숲정이, 무제바위 등지이다. 또한, '막현리 세계"의 핵심이 되는 장소는 지기가 나온다는 뒷동산이다.

어떤 장소에 대한 여러 사람들의 생각과 행동이 변하지 않는다는 것은 그 장소에 오랜 기간 살아온 사람들의 감정, 가치 판단, 행동이 후손들에게 잘 전해져서 크게 변하지 않고 유지되어 오기 때문이다. 이는 땅과 장소를 남달리 사랑하는 마음과 행동이 우리 민족에게 계속하여 유지되어 왔기 때문이고, 그래서 땅과 장소도 잘 유지·관리되어 아름다운 금수강산으로 남아 있게 된 것이다.

그런데 이런 장소의 형성을 반대로 생각하면, 사람들의 생각과 행동은 자기가 서 있는 장소의 힘(영향)을 받으면서 일어난다는 것이다. 따라서 사람들이 같이 느끼고, 같이 생각하고, 비슷하게 행동하는 곳이 장소로 만들어지는 것이고, 그 장소의 특성은 그곳 사람들의 느낌이나 행동에 영향을 주는 것이다. 그래서 그런 장소에서 사람들은 유사한 생각을 하게 되고, 같음을 느끼고, 비슷한 행동을 하게 된다는 것이다. 이는 말하자면 사람은 장소의 영향을 받고, 장소 또한 사람의 영향을 받게 되는 상호 작용을 의미하는 것이다.

▲ 그림 2·7-1(좌) **막현리 숲정이에 서 있는 가시나무인 시무나무(2그루)** 금바위 숲정이는 지방천(앞내)의 제방과 주변에 시무나무, 버드나무, 팽나무, 아카시아나무 등이 심어져서 숲정이가 되었다. 제방(방천이라고 했다)도 겸하고, 마을을 가려 주는 숲정이의 일부로 방풍과 방역, 경계선, 이정표의 역할을 하는 훌륭한 나무숲이었다. 그러나 지금은 상당수가 벌목되고 고사되어서 몇 그루만 남아 있다. 나무 아래 좁게 포장된 길이 '숲정이길'이다.
▲ 그림 2·7-2(우) **용인의 한국 민속촌 입구에 있는 둥구나무** 여러 색깔의 천들이 복잡한 상징을 가지고 어지럽게 걸려 있다.

그래서 근대 이전의 장소 형성은 바로 일체감, 소속감, 동질적인 행동을 보이는 공동체(community) 형성과 함께 일어나는데, 그리 넓지 않은 공간 범위 내의 긴밀한 상호 작용에 의해서였다. '독특한 느낌'을 그곳에 있는 사람들이 같이 느끼는 장소가 있어서, 거기에 사는 사람들이 동질성을 느끼게 되고, 비슷한 반응이나 감정을 나타내는 것이며, 그런 장소를 바탕으로 비로소 진정한 공동체가 만들어지게 된다. 즉, 같은 느낌과 행동을 유발하는 그런 장소가 공동체의 기반이 되어서 거기에 사는 사람들을 하나로 묶게 되는 것이다. 막현리 역시 같은 원리와 작용으로 공동체가 형성되고 유지되어 왔다.

공동체 마을 입구의 숲정이에는 여러 상징들이 만들어져 있다. 흔히 "고추보다 맵고, 소금보다 짜다."고 하는 하층 서민들의 세상살이를 나타내는 것일 수도 있다. 또는 아랫것들의 말로는 못할 억울함의 표시일 수도 있다. 그리고 거기에는 여러 바램이나, 복잡한 상징도 있다. 그런 것들을 매달아 장식해 놓은 듯 보이는데, 마을에 들어오기 쉬운 여러 '질병, 부정한 일, 횡액들을 막는 의미'로 매달아 장식한다. 나무의 아래편 둘레에는 여러 기원과 부적을 쓰고 그래서 접은 기원 종이를 꽂은 '왼쪽으로 꼰 새끼줄'이 둘러쳐져 있기도 했다.

막현리의 금바위에도 여러 가지 종이 조각, 색색의 헝겊, 새끼줄, 떡이나 기타 음식물, 생선 말린 포 등이 매달려 있곤 하였다. 뒷동산이 자손과 관련되는 바람을 비는 곳이라면, 앞내의 끝인 금바위는 더욱 복잡한 상징과 샤머니즘이 살아있는 장소였다.

집안의 어려움을 해결해 달라는 소원, 아픈 사람을 낫게 해 달라는 바램, 밖에 나가 있는 가장의 건강과 하는 일의 성공을 비는 축원 등이 어우러져 숲정이라는 장소에서 상징으로 나타나며 '공동체의 경계선'이 된다. 그런데 이런 기원하는 행위는 세계 문화유산으로 지정된 수원 화성에서도 마찬가지로 볼 수 있다.

▲ 그림 2・8-1(좌) **세계 문화유산을 나타내는 수원 화성의 표지석**
▲ 그림 2・8-2(우) **수원 화성 행궁 안의 느티나무** 정조가 그의 아버지 사도세자를 추모하기 위하여 만든 화성(수원성)은 세계 문화
　　　유산이다. 성을 만든 공사의 기록과 왕의 행차를 자세히 기록한 문헌들이 모두 세계적으로 가치가 있기 때문이다. 화성은 근
　　　대적인 기술이 도입되어 벽돌로 건축된 성곽이지만, 성곽 내부에 상업 지구와 주택지를 배치하고 자급자족할 수 있도록 도시
　　　가 만들어졌다. 또한, 한성이라는 조선의 수도가 있음에도 별도로 행정 수도의 의미로 건축한, 세계에서도 아주 빠른 행정 수
　　　도를 건설한 예이다. 계획도시이며, 방어를 위한 여러 시설들과 성안에서 치러지던 여러 중요한 행사들도 많이 남아 있다.

화성 행궁 안에 있는 느티나무 고목에는 종이에 각자가 기원하는 글을 써서 매달아 놓은 새끼줄이 네 겹이나 둘려져 담장을 장식하고 있다. 이런 '기원 종이'는 새끼줄에 매달아 놓기도 하고, 벽이나 나무, 바위 등에 붙이기도 하고, 불에 태워서 날리기도 하는데, 한민족의 샤머니즘과 관련된 일상생활을 잘 보여 주는 것이다. 물론 이와 같은 기원과 상징을 나타내는 장소를 만드는 것은 한국은 물론 중국과 일본 등의 동아시아에서는 흔한 일이다.

▲ 그림 2・9-1(좌) **중국 상하이 상가의 기원 종이 장식**
▲ 그림 2・9-2(우) **일본 교토 신사의 장식과 기증자 성명을 새긴 4각 돌기둥(석주) 열** 세상에는 여러 가지 상징과 샤머니즘이
　　　있다.

정조는 여기에 화성을 건축하고 아버지 사도세자의 명복을 빌었고, 그의 어머니 혜경궁 홍씨에게 효도를 다하였다. 정조는 당파에 사로잡혀서 왕으로도 어찌할 수 없는 막강한 파벌력을 가진 자들로 우글대는 한성을 싫어하였다. 그 파벌이 자기 아버지를 죽게 한 것이기 때문이다. 그래서 화성에 행차하면 한성으로 돌아가지 않으려고 돌아가는 길을 일부러 자꾸 늦추었다. 그래서 북문인 장안문을 나서 서울로 향하는 수원의 고갯길을 오르면서 자꾸 쉬었다. 사람들은 '왕의 행차가 늦어지게 되는 고개'라는 뜻의 '지지대 고개'라는 지명과 장소를 만들어 냈으니, 화성의 중요성과 같이 꼭 알아야 할 장소이다. 이렇듯 장소에는 자연적인 것과 그에 상호 작용하는 인간 활동이 함께 들어 있다.

앞의 사진과 같이 화성은 기존의 장소를 많이 통합하고 그 위에 새로이 계획적인 행위나 사건으로 급속하게 장소를 형성한 후, 계속하여 영향을 발휘하는 경우이다. 그러나 장소는 보통 막현리의 여러 장소와 같이 오랜 일상생활 속에서 사람들이 같이 느끼고 행동하면서 장기간에 걸쳐서 만들어지고, 유지하고, 버려지는 장소도 있다.

▲ 그림 2·10 **막현리 사람들의 애환이 서린 독적(조)골의 '가나무'** 이곳에는 큰 떡갈나무(좌)와 상수리나무(우)가 각각 한 그루씩 심어져 300년 이상을 가꾸어 왔다. 막현리 사람들이 땔감이나 소먹이 풀을 베기 위해서 산에 오갈 때, 혹은 이 골짜기의 논과 밭에 일하러 오고 가기 위해서 지게를 지고 지나가면서 꼭 쉬는 장소이다. 그리고 더 안쪽의 질울재를 넘어서 외부 세계로 통하는 호남선 흑석리역에 가기 위해서도 쉬어 가는 쉼터인데, 한 여름에는 그늘이 참 좋은 곳이다. 요즘 말로 '힐링하는 장소(healing place)'였다. 여기서 한 15m 정도 떨어진 좌측의 산기슭에서는 석수가 샘솟는데, 물이 차고 맑아서 뜨거운 여름에도 한 컵을 다 마시기가 어려울 정도로 바위틈에서 나오는 물이 차가웠다. 가나무 뒤로 비닐하우스 옆의 초록색 들깨가 자라는 곳이 우리 집 보리밭이었고, 전신주 뒤편에 있다. 우측 건물은 산촌 마을 관련 건물이다.

한편, 독적골은 막현리에서 제일 크고 중요한 골짜기이고, 그 초입에 가나무라는 참나무 두 그루가 사진에서처럼 서 있다. 이곳은 막현리 사람들에게 예나 지금이나 무척 중요한 장소이다. 막현리 사람들이 '쉬고 소통하는 장소'로 작용했기 때문이다. 현재 이 부근의 토지 이용은 막현리의 장소 변화를 대변할 정도로 무척 크게 변하고 있다.

나무 옆의 건물은 현재 '막현리 산촌 마을 체험장'의 창고이고, 그 아래 소나무 밭은 작물을 경작하는 대신, 논에 소나무를 심은 것이었다. 우리가 개간한 논에 심었던 소나무는 농작물에 대한 대체 경작이었다. 농사지을 사람은 적고 농토는 방치할 수 없어서 소나무를 대신 심었던 것이다. 이제는 산촌 마을 체험장의 주차장, 활동 공간으로 활용이 될 듯하다.

논에 소나무를 심은 것은 대도시 근교에서 흔히 볼 수 있는 토지 이용 형태인데, 이곳 산골에서도 볼 수 있다는 것은 이곳이 대전의 근교촌이 되었다는 것과, 시골의 노동력 부족, 농사일의 어려움을 보이는 증거들이다. 또한 산촌 마을 체험장은 대전 사람들이 여기서 하룻밤을 쉬거나, 그룹 미팅(모임)을 행할 수 있는 좋은 장소로서 각광을 받으면서 잘 알려지고 있다. 그래서 막현리 마을 공동체에 적지 않은 보탬이 되고 있고, 막현리의 장소 마케팅(place marketing)이 청정 환경에 기초하여 이루어지는 장소이다.

막현리 사람들은 이곳에서 함께 쉬면서 "어디에 가면 땔감 나무가 많이 있고, 어디에 가면 소먹이 풀이 많고, 어디에 가면 어렵지 않게 퇴비 감을 마련할 수 있다."는 등등의 정보를 교환하였다. 그뿐만이 아니다. "누구 네는 엊그제 대전 장에서 소를 사왔고, 누구 네는 아프던 사람이 기운을 차렸고, 누구 네는 아들을 낳았다."는 등등의 중요한 공동체 구성원들의 삶의 뉴스가 교환되는 장소였다. 이렇듯 가나무는 막현리 사람들의 휴식터이고, 젊은 사람들의 뉴스 교환 장터였다(나이 많은 사람들은 주로 정자나무 아래에 모여서 정보를 교환했지만, 젊은 이들에게는 일하러 오가면서 쉬는 이 독적골의 가나무 아래가 중요했었다. 또한 여자들은 도랑 옆 빨래터나 우물가에서 모였다.).

따라서 가나무 아래의 잔디밭은 삶의 정보가 교환되는 아고라(agora: 광장)였고, 서로의 느낌과 동질감이 교환되는 장소였던 것이다. 이것이 막현리 사람들의 가나무라는 장소에 대한 감성이었고, "장소에 대한 공통의 인식인 아이덴티티(place identity: 장소 정체성)"였다. 이렇듯, 막현리에는 계층별, 성별, 집단별로 의견을 교환하는 장소인 핫 플레이스(hot place)가 여러 곳 있었고, 서로간의 유(소)통을 위해서 여러 개의 멀티채널(Multi-channel)이 움직이고 있었다.

사진은 막현리 독적골이 경치가 좋고 물이 맑아서 외부에서 산촌 체험을 하기 위해서 오는 사람들이 적지 않기 때문에, 그들을 위해서 방역 소독을 하고, 청결을 유지하고 있음을 보인다. 이는 산지촌과 농촌이 서비스형의 산업으로 재편되는 과정을 보여 주는 것이기도 하다. 이것은 말하자면 글로벌라이제이션(지구촌화; Globalization)의 바람과 영향이 이 산골에도 거세게 불면서 나타나는 장소에서의 변화들이다.

▲ 그림 2·11 **막현리 마을의 입지** '앞내'는 유등천의 지류인 지방천이 마을 앞을 흐르므로 붙여진 이름이다. 도로는 그 하천 제방 위의 길인 실학로가 새로 만들어져서 막현리의 주도로가 되었다. 실학로는 최초의 천주교 순교자인 윤지충과 권상연의 실학 정신을 기리기 위해서 붙여진 이름이며, 태고사로에서 진산 성지 성당을 거쳐 막현리를 지난 후 신대리의 대둔산로에 연결되는 길이다. 이 사진은 지방천을 건너는 다리 위에서 찍은 것으로 다리의 앞쪽으로 마을 일부가 보이는데, 이 다리를 건너면 음지뜸과 양지뜸의 질배기재를 지나서 이웃 마을인 구례리로 가게 된다. 실학로를 따라서 사진 위(남)쪽으로 가면 이웃 마을인 지방리 가세벌 성당(진산 성지 성당)에 이르고, 실학로 우측으로 따라가면 복수면 신대리에 연결된다. 사진 앞 중앙에 앞쪽으로 보이는 산이 '매방골 공동묘지 산'이다. 우측은 뒷산이고 그 사이에 있는 골짜기가 독적골이며, 그 골짜기로 들어가면 가나무를 지나서 질울재를 넘어서 흑석리역에 도달하게 된다. 따라서 막현리는 2개의 골짜기를 지나는 교통로(실학로: 남북 방향의 큰 도로와 구례리~독적골 길)가 비스듬히 교차하는 결절점에 입지하고 있다. 또한 막현리의 웅골이나 지소골에는 소수의 가구가 특산물인 종이나 도자기, 숯, 고리(수납 용기) 등을 만들어서 팔았던 때가 있었기 때문에 그들 골짜기는 조선 시대 장인들이나 하층민들이 살았던 장소였다.

여하튼 막현리 사람들과 같이 우리 민족은 여러 상징, 여러 신들을 상정하고 설정하면서 생활했는데, 현재의 상황에서 생각해 보면 재미있는 발상이고, 생활의 여유를 볼 수 있는 놀이들이며, 미신이기도 하다. 그러나 적어도 1970년 이전에는 이런 습관과 행동과 사고는 모두 처절한 삶의 방편이었으니, 딱한 촌사람들이었다. 배우지 않았으니 알 수 없고, 알지 못하니 과거의 인습에서 벗어나지 못하였지만, 지금은 의미가 변하여 재미로도 행한다. 여하튼 이런 생활과 인식이 오랫동안 한 장소에서 이루어져 왔으므로 한국에는 여러 의미(한이 서린) 있는 장소가 많이 만들어져 있다. 이를 우선 찾아내고, 보존하고, 기술하지 않으면, 나라 사랑이나 우리 역사에 대한 애착은 얻기 어려울 것이다.

한편, 이 유등천 하곡들은 매우 좁고 급한 사면을 이루는데, 이는 옥천지향사 퇴적암과 옥천계 변성암들이 침식에 견디면서 겨우 하천만을 통과시켰기 때문이다. 따라서 여기에는 좁은 경지와 취락의 터가 있을 뿐이어서, 막현리 주민들의 생활은 농업 시대에는 아주 살기 어려웠다. 경지가 좁고 토양층도 얇고 좋지 않기 때문이다.

그러나 이제부터는 대도시의 근교 장소로서 공업, 여가, 서비스업 등이 발전하고 있어서, 경지가 넓은 다른 곳보다 더 잘살 수 있는 여건이 되었다. 주민 생활이 토지에서 분리되었기 때문이다. 또한 막현리는 노동력이 감소되고 노령화되었으나, 최근에 대전 사람들이 들어와 서 인구가 늘어나고 있는 장소이다.

▲ 그림 2·12 **한국 전통 마을의 입지(충남 태안군 방포해수욕장)** 배산임수라는 전통적인 취락 입지의 조건을 현대적으로 해석하면 취락은 결국 "산지 생산 공간, 평지 생산 공간, 바다 생산 공간이 만나서(그들 사이를 연결하는 하천과 도로) 결합되는 결절점 에 입지한다."라는 것이다. 서산 태안의 산촌 지역인 이곳에 집이 많이 몰려 있는 곳은 앞에서 말한 3개의 생산 공간이 겹쳐 지고 연결되는 결절점이고, 약 10여 호씩 집들이 몰려 있다. 나머지는 한두 채가 서로 상당히 떨어져서 산촌을 이루고 있다. 이 서해안의 가옥과 마을들은 대체로 서향이고, 동해안에서는 동향이 우세하다(약 30년 전의 사진).

이 전통 마을의 입지를 설명하기 위해서 방포해수욕장이라는 장소를 보자. 방포해수욕장 주변은 낮은 구릉성 산지들이 바닷물에 침식된 후 다시 융기하여 단구가 형성되는 등의 복잡 한 해안선을 이루어서 소위 '리아스(Rias)식 해안'을 이룬다. 산지로서 바다 쪽으로 튀어나온 곳(cape)은 현재도 파랑 에너지가 집중되어 '모난 돌이 정을 맞듯이' 침식을 당하는 중이고, 육지 쪽으로 들어간 만(bay) 부근은 바닷물의 밀물 작용으로 모래나 뻘 흙이 쌓여서 해수욕장 이 형성된 곳이다. 그래서 자연의 법칙이 '신의 법률처럼' 아주 공평하게 작용하여 '높은 곳 튀 어나온 곳은 깎고, 들어간 곳 낮은 곳은 메우는 작용'이 쉽게 관찰되는 장소이다.

사람들은 이런 환경을 이용해서 간척 사업을 여러 곳에서 행하였다. 이곳도 만의 뒤편으로 는 논이 전개되고 있고, 그 논은 간척으로 이루어진 것이다. 또한 집들이 몰려 있는 산의 연 결 부분의 낮은 끝은 대체로 단구들로 이루어져 있고, 그 위에 모래사구들이 발달되어 있다. 이들은 겨울철 건조할 때 강하게 불어오는 북서풍의 영향으로 모래가 바람에 날려 이동하다 가 쌓여서 발달된 사구들이 많다. 사람들은 이런 자연환경을 극복하면서 이 일대를 농업, 어 업, 관광 서비스업 지구로 발달시키면서 살고 있다.

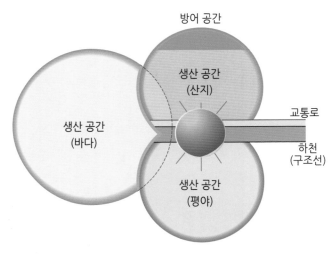

▲ 그림 2 · 13 **한국의 취락 입지 모형**

　그림 2 · 13은 한국의 취락(도시) 입지 모형인데, 취락은 여러 개의 생산 공간이 최단 거리로 연결되는 결절점에 입지하는 것을 보인다.

　그런데 취락이 입지하는 이 결절점은 도로만이 아니고, 뒷산의 산지 생산 공간과 앞뜰의 평지 생산 공간이 교차하며 만나는 경제 활동의 결절점이기도 하다. 우리는 배산임수(背山臨水)라는 전통적인 마을 입지가 풍수지리에 따라서 입지한 전형으로 생각하지만, 그보다는 훨씬 더 중요한 의미를 가지고 있는 것이다. 즉, "산지 생산 공간과 평지 생산 공간으로 쉽게 접근할 수 있는 결절점에 마을이 자리 잡고 있다."라고 해석할 수 있다. 그래서 "생산 활동에 최소 이동 거리가 확보되는 결절점에 막현리 마을이 입지(경제 원리에 따라서)하고 있다."고 해석해야 한다. 또한 막현리는 대체적으로 동(동남)쪽을 향(東向)하여 마을이 입지하고 있다. 풍수지리에 딱 맞는 방향의 입지는 아니다. 그러나 막현리의 주요 농경지가 동쪽에 있으므로, 경지로 이동하기 위해서는 이 방향의 입지가 가장 적합한 것이다.

　사례 장소인 필자의 고향 막현리 마을은 전체가 약 60여 호인데, 서울대학교 졸업생이 3명, 기타 국립대생 10명 정도에 박사 학위 소지자가 8명 이상 배출되었다(3개 자연 마을의 총합. 막현리 본동만은 40호). 단지 생활이 어려운 관계로 대부분이 직업과 관련되는 계열에 진학하여서, 정치나 행정 및 법률 등과는 거리가 있는 일을 하는 순수한 학자들이다.

　또한 앞에서 본 진산면 막현리의 입지 원리를 이곳 방포의 원리와 비교해 보면, 막현리도 결국은 2개의 생산 공간(산지 생산 공간과 평지 생산 공간), 네 방향의 도로 교차점에 마을이 입지하고 있는 것이다(바다 생산 공간이 없을 뿐이다). 그래서 막현리는 신대, 지방리, 구례리, 질울, 지소골, 독적골 등으로 연결되는 크고 작은 길이 교차되고 분기되는 작은 결절점이고, 거기에서 삶은 고달팠지만 여러 꿈들을 꾸면서 막현리 주민들은 살아왔다.

2) 막현리 땅꿈의 조각 맞추기

　필자는 어려서 마을의 여러 장소에서 사회화를 경험하였는데, 대체로 노래하고, 게임하고, 춤추며, 때로는 싸움도 하면서 놀았던 장소들이다. 또한 산과 들과 냇가에서 뛰어다니기도 했고, 여름에 앞내에서 미역을 감고, 물장구를 치면서 물싸움도 하였다. 겨울철에는 방죽과 무논의 얼음에서 썰매를 타고 팽이를 치던 기억들이 선명하게 남아 있는 장소이다. 그 장소들은 골목 안, 앞산, 뒷산, 여수나무골, 금바위, 앞내 등지이며, 아련한 이미지도 함께 가지고 있는 추억들이다. 아래 그림은 그 때의 대표적 놀이들을 보여 주는 것이다.

▲ 그림 2・14-1(좌) **말타기 놀이(장사도 사례)**
▲ 그림 2・14-2(우) **땅따먹기 놀이** 1950~1960년대 당시 우리의 흔한 놀이였다. 발가벗고 미역 감기와 물놀이하기, 자치기, 팽이치기, 못 치기, 딱지치기, 썰매 타기, 구슬치기 등의 놀이가 많았다. 이 외에도 여학생들의 고무줄놀이, 공기놀이 등도 유행했다.

▲ 그림 2・15-1(좌) **자치기 놀이** 편을 갈라서 놀이를 하며, '얼마나 멀리까지 보내느냐?'로 승패를 가른다.
▲ 그림 2・15-2(우) **보길도 어린이들의 물놀이와 미역 감는 풍경(1983년)** 우리가 미역 감던 물은 보길도 어린이들의 경우에서처럼 깨끗한 물이었다. 전혀 옷을 입지 않고 모두 벗고 물놀이를 하였었다.

놀이 장소 주변은 나무, 물, 흙, 꽃, 풀로 이루어져 있고, 특히 막현리의 흙은 검은색이 많았다. 단지 장고봉산 쪽은 옆 마을까지 붉은색 흙이 많았는데 철 성분이 산화되었거나, 과거 지질 시대에 날씨가 더워서 준라테라이트(semi-laterite)성 토양이 현재까지 남아 있을 수도 있다. 그렇지만 막현리의 흙들은 자갈이 많이 섞인 토양인데, 농사는 잘되었다. 그래서 사람들은 "자갈이 오줌을 싸서 농사가 잘된다."라고도 하였다.

이렇게 각자가 어렸을 때 뛰놀던 장소가 고향으로서 그립고 중요한 것은 최근에 그 이유가 밝혀지고 있는데, 그 곳에서 생활했던 사람들에게 심리적으로 안정감을 준다는 것, 지연(地緣) 공동체를 중심으로 순수한 사회적인 네트워크가 단단하게 형성되었다는 것, 그리고 어렸을 때 생태적으로 큰 영향을 받았다는 것들이 고향이 그리운 원인으로 꼽혔다.

여하튼 산업화 이후에 마을 사람들이 떠나면 대체로 서로 간의 연줄에 따라서 서울, 대전, 부산 등지로 먼저 이주해 갔던 사람들의 도움을 받아서 같은 지역으로 나가서 정착하여 살게 되는 경우가 허다하였다. 이것이 대도시 안에서 신림동 전라도 마을, 봉천동 충청도 마을, 동대문 감자바위 촌 등으로 현재도 남아 있다. 그래서 국회의원 선거에서 그런 사람들이 영향을 미쳐서, 숨은 강원도 표, 숨은 전라도 표, 숨은 충청도 표, 숨은 경상도 표로 작용하여 겉보기와 달리 당락이 뒤바뀌는 경우도 허다하다.

또한 생태적으로는 최근에 새로운 사실이 밝혀졌는데, '태어난 곳이 장내 미생물에 큰 영향을 준다.'는 것이다. 사이언스 타임즈(Science Times, 2016. 11. 29.)에 의하면, 젖먹이 때의 생활 환경이 평생 건강을 좌우한다는 것이다.

"… (전략) 서른 종류의 쥐를 골라 새끼를 갖게 한 후(첫 번째 환경), 이어서 서로 다른 환경을 가진 사육 시설에서 생후 첫 4주간을 길렀다(두 번째 환경). 그리고 분변을 채취해 장내 미생물군의 특성을 분석한 다음, 세 번째 사육 시설로 옮겼다(세 번째 환경). 연구팀은 쥐들의 서식처가 바뀌어도 장내 미생물군은 첫 사육처(두 번째 환경) 즉 '고향'에서 형성된 미생물 특성을 명확하게 유지한다는 사실을 발견했다. 더욱이 이 미생물 특성은 다음 세대로 이어지는 것으로 나타나 연구진을 놀라게 했다. … (후략)"[76]는 보고서의 내용은 고향의 중요성을 웅변으로 말해 주는 것이다.

---

76) 사이언스 타임즈(Science Times), 2016. 11. 29.

▲ 그림 2·16-1(좌) **설날의 귀경 풍경(2017. 1. 28.)** 귀경 차량도 귀성 차량 못지않게 심하게 정체된다. 이 해의 경우는 돌아오는 날이 3일이나 되었지만 설날인 28일 오후에 이미 귀경 전쟁이 시작되었다.

▲ 그림 2·16-2(우) **중국의 춘절(설날) 귀성 풍경** 이제 자동차화(motorization)가 본격적으로 시작된 중국의 경우는 우리나라의 귀성 정체보다 훨씬 더 심한 교통 체증이 나타난다. 숫제 차에서 내려서 쉬는 사람들도 적지 않다(반대편의 차선은 텅 비어 있다). 그러나 일본은 이 정도는 아니고, 설을 양력으로 바꾸어서 체증도 심하지 않고, 귀성하지 않는 사람들도 많다. 그러나 동양인들은 모두가 장소 지향적인 행동 특성을 가지고 있음은 전술하였다.

    명절에 시골 고향 장소의 방문은 거기에서 생활한 사람들을 아련한 향수에 잠기게 하면서 그들에게 큰 즐거움과 위로를 주고, 부모 형제와 만나서 이야기할 수 있게 되어서 마음의 안정을 얻도록 한다. 자기가 익숙하게 만났던 고향의 산하와 사람들이 안정감을 주는데, 그때 상호 작용하던 네트워크는 순수하면서도 질적으로 끈끈한 연결성을 갖는 경우가 대부분이다.

    그러나 그 과정에서 일어나는 어려움과 마찰도 심하다. 특히 고부간의 갈등, 부모를 모시는 일과 제사를 지내는 일, 고향의 선산과 조상 묘지 관리 문제, 집안의 재산 분배와 관리 문제 등이 많다. 그래서 모처럼 만나서 얼굴을 붉히고 싸움까지 일어나는 등의 갈등 또한 허다하다. 그렇다고 해도 '고향의 장소'는 우리나라 사람들에게 정말 중요하게 작용하고 있다. 깊은 생각은 상당 부분을 옛날과 연관시키고, 행동의 특성도 어렸을 때의 패턴과 연결되며, 중요한 판단을 할 때도 어려서부터 해오던 습관에 의지하는 경우가 많기 때문이다. 더구나 좋아하는 음식이나 싫어하는 음식은 물론, 그의 소화 특성까지 고향의 장소와 관련이 있다고 한다면, 우리 행동의 대부분이 어렸을 때 길렀던 습관들의 연장선상에 있다고 볼 수 있다. 그래서 보통은 결혼한 후에 얼마 지나지 않아서는 음식 문제로 가정에서 약간의 문제가 생기는 경우도 흔하다. 어머니의 맛, 고향의 맛이 한 사람에게는 절대적으로 좋지만, 파트너도 반드시 그렇다고는 할 수는 없기 때문에 이를 잘 조절하는 지혜가 여러 장소에서 꼭 필요하다.

▲ 그림 2·17 **지게** 지게는 보통 개인들이 화물을 옮길 때 쓰는 나무로 만든 운반 도구였다. 현재는 알루미늄으로 만들어서 가볍다.

막현리 마을은 인구가 늘고 마을의 규모가 커질 때쯤 해방과 6·25 전쟁을 겪었다. 그때의 참상은 너무 비참해서 표현하기도 어려울 정도였지만, 이곳만의 일은 아니었다. 또한 현재의 살림살이는 과거보다는 훨씬 나아졌지만, 보이지 않는 경쟁은 더욱 치열해졌고, 공동체를 살려내는 인정은 거의 메말라진 상태가 되었다. 늘어났던 인구는 1970년대를 기점으로 점차 줄어들어서, 현재는 신대초교 입학생이 거의 없는 상태로, 말하자면 막현리 공동체는 양과 질의 양면에서 근본적인 변화를 겪고 있는 중이다.

현재 우리나라에서 과외 공부를 하지 않고 좋은 대학에 입학하는 것이 어려워졌으므로, 나와 같이 독학을 한 사람은 좋다는 대학에 들어가기가 정말로 힘든 상황이 되었다. 말하자면 '개천에서 용 나기'가 어려워졌고, 자본과 밑천을 들여서 공부해야 하는 시대가 되었다. 또한 우리나라에서만 공부해서는 상황이 무척 어렵고, 외국 유학을 해야 하기 때문에 더욱 큰돈이 들게 되었다. 따라서 젊은이들은 전에 비하여 한층 더 계층 이동하기가 어려워졌기 때문에 희망이 엷은 사회라는 소위 '흙 수저'론이 등장하게 된 것이다. 말하자면 현재는 내가 어렸을 때보다 막현리에서도 빈부의 격차는 더욱 커지고(최하한선은 상승했지만), 열심히 일해도 신분이 역전될 수 있는 가능성이 훨씬 적어졌다.

그래도 막현리에서 꾼 땅꿈은 소박하고 진실한 것이었으며, 편 가르기도 별로 없고 남을 모함하는 것도 안에서는 별로 없었다. 꿈의 색은 화려하지 않았지만 가치 있는 꿈이었고, 별 것은 아니었지만 미래를 기약하는 꿈들이었다. 말하자면 막현리라는 장소와 진산면과 금산군이라는 장소는 '특별히 뛰어난 장소도 아니요, 별로 특이한 장소도 아니며, 아주 흥미가 있는 장소도 아닌 그저 그런, 어디서나 쉽게 접할 수 있는 가난하고 퇴색한 마을의 풍경이 박혀 있는, 변화가 거의 없었던 장소'이다. 이런 재미없는, 의미가 적은 일상의 장소를 '무장소(non place)'라고 부른다. 우리나라의 대부분이 이런 '무장소의 장소'인 것이다. 그러나 요즘은 대도시의 영향력이 시골 지역까지 퍼지면서 적지 않은 껍데기의 변화가 일어나고 있다.

그러나 의미가 적은 장소에 사는 '흙 수저'들이 은수저나 금 수저로 바꿀 수 있는 꿈을 가지고 있었다는 것이 중요하다. 그 꿈은 순수한 꿈이었고 몸부림이었다. 필자의 "과학자가 되겠다."라는 꿈은 당시에는 실현 불가능한 꿈으로 보였지만, 그래도 한 조각 가능성이 있는 꿈이었고, 개천에서 용이 날 수 있는 여건 덕에 별 것은 아니지만 실현될 수 있는 꿈이었다. 이런 꿈을 가진 무장소에서의 삶이 오늘날의 장소에 대한 추억을 강하게 불러오는 상황이기는 하다. 그것은 현재 그 무장소조차도 점점 빠르게 파괴되어 가고 있기 때문일 것이다.

필자는 모르는 것이 많아서 이제야 고민하면서 책을 한번 쓰게 되었다. 그러나 여기서도 위대한 것을 주장하지는 않는다. 단지 아주 중요하지만 정치와 권력에서 밀리고 있는 '지리'라는 학문을 자꾸 밀어내지 말고, 여러 어린이들에게 땅꿈을 꿀 수 있게 하는 학문으로 대접할 자격이 있다는 것을 보이고 싶을 뿐이다.

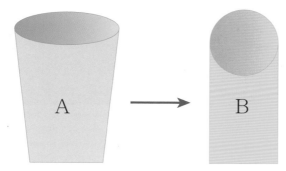

▲ 그림 2·18 **모네와 세잔 등의 그림** 이 그림은 '주관적인 해석'의 기반이 되는 현상학(phenomenology)의 원리를 천재적으로 보여 준다. 컵의 입구가 원으로 되어 있으며, 타원으로 되어 있지 않다.[77] 사람들은 습관적으로 컵이나 병을 그릴 때 A와 같이 타원으로 입구를 그린다. 그런데 그것은 선입견으로, 사실이 아니다. '보이는 대로, 또는 있는 대로' B와 같이 그리는 것(모네나 세잔처럼)[78]이 현상학적인 접근법이다. 이들은 현장을 중심으로 존재감을 중요시하면서 '변화하는 세계'를 표현하는 새로운 그림을 그렸다. 모네는 흔들리는 배에서 변화하는 세계를 색채의 변화로 파악하고자 한 천재이다. 지리학도 마찬가지로 이렇게 사실과 그 변화의 파악에 많이 노력해 왔지만, 정치하는 사람들이 이상하게 자꾸 밀어내고 있다. 아마 자기네 편을 들지 않는 학문이라서 그러는 듯하다. 지리는 가치 중립적인 학문이기 때문이다.

우리는 현재 교육에서도 너무 자기네 아이들만 앞서가게 하면서 공동체적인 생각을 버리고 무조건 자기만의 신분 상승을 위해 과다한 노력과 경쟁을 일으키고 있다. 이는 한국 사회를 피로하게 하고, 아이들의 장래를 일찍 한계를 지어 버린다. 그러니 현재는 어린이들에게 땅꿈이 무엇보다 중요함을 알게 하고, 대기만성을 이루게 하는 자세가 중요한 것이다. 그렇게 서로 양보해야 미래가 기약되는 장소에서 우리 어린이들이 창의적으로 살게 된다.

그런데 우리가 생각하는 장소에는 그것이 의미하는 것과 그 주위의 환경 및 사람들, 그리고 그에 관련 있는 모든 요소가 전부 들어 있는 것은 아니다. 그래서 장소의 범위(영역), 장소의 일과 물건, 장소의 의미 등은 개인에 따라서 인식되는 차이가 크다.

77) J. H. van den Berg 저, 1988, 立敎大 早坂研究室 역, 현상학의 발견, 勁草書房, pp. 10~16.
78) 박갑영, 2004, 청소년을 위한 서양미술사, 두리미디어, pp. 122~123.

어떤 사람은 '서울의 북촌'으로 인사동을 생각하는가 하면, 어떤 사람은 그중에 인상 깊었던 한옥 한두 채를 생각하기도 하고, 어떤 사람은 현재의 정독도서관인 옛 경기고 부근을 생각할 수 있다. 물론 그들에서 범위를 좀 더 넓히기도 하고 좁히기도 하지만, 어떤 사람이 생각하는 장소는 '그 사람이 생각하는 바로 거기에서부터 시작되는 것'이다. 따라서 장소는 개인적이고, 주관적이고, 때로는 공통적이고, 때로는 가변적인 것이다.

▲ 그림 2·19 **막현리 둥구나무들 보(정자나무들 보라고도 한다. 나무 아래 개천에 시멘트로 보를 막았다. 정부의 농촌 투자)** 앞내 (지방천)를 윗막현리(중막현리)의 느티나무 아래에서 막아서 보를 만들고, 그 물을 막현리 마을 입구의 둥구나무 위와 아래에 있는 논에 공급한다. 그래서 '둥구(정자)나무들 보'라고 이름이 붙었다. 이 바로 위에는 무제바위가 있었다. 비가 오지 않을 때 기우제를 지내는 장소였다. 그 바위가 무제바위로 정해진 것은 둥구나무들이 가장 넓기 때문일 것이다.

둥구(정자)나무들은 막현리에서 가장 큰 들이다. 그래서 보의 물도 가장 많고, 마을 앞의 도랑으로 보의 물을 끌어서 생활용수로도 많이 이용하였다. 사람들이 손발을 씻고, 세수하고, 걸레를 빨고, 도구를 씻는 물이 이 물이었다.

앞에 보이는 산의 우측 급사면에는 큰 바위가 있었는데 '무제바위'라고 불렀으며, 가뭄이 심한 해에는 마을에서 기우제를 지내기도 하였다. 온 마을이 근신하면서 어른들이 거기에 제물을 올리고 비가 오기를 바라면서 제사를 지내는 것이 기우제였다.

마을은 농촌 주택 개량 사업으로 역사상 3번째로 막현리의 집들이 대 변신을 하고 있다. 3칸의 초가지붕 주택에서 슬레이트 지붕의 농가 주택으로, 새마을 운동 때에 크게 변했었다. 정말로 침체되고 낡은 먼지투성이의 마을이 그래도 잘살려고 하는 움직임이 충만했던 시기였고, 사람들은 살기 위해서 몸부림을 쳤다. 그리고 얼마 전부터 표준형 농가 주택으로 집을 다시 짓고, 부엌의 구조를 개선하고, 지붕을 기와집으로 바꾸고 있다(막현리 전경 사진 참고).

3) 역사적인 유물과 땅꿈 조각들의 연결

필자가 어렸을 때 살았던 시골은 현재 대전의 근교인 진산면의 막현리(莫峴里)[79] 라는 작은 마을이다. 본래 현재의 진산면은 진산군(珍山郡)이었으나 갑오개혁 시에 군현 통폐합을 거치면서 폐군되어 금산군에 편입되어 진산면으로 되었다.

▲ 그림 2・20-1(좌) **탁지부 삼각점** 우리의 지도와 지적도를 만들기 위해 측량을 위한 기준점으로 탁지부에서 삼각점을 설치하다가 말았다. 일제가 육군 측지 부대를 동원하여 강제로 측량하고 지도를 만들었기 때문이다. 대체로 일제에 의한 측량은 1910년대 초기부터 측량과 출판이 이루어져서 1920년대에는 대부분의 지도가 제작된다. 이 삼각 측량을 우리 손으로 실시했다면 일제의 토지 무단 점유와 수탈을 막을 수 있었으므로, 싼 값에 혹은 공짜로 토지를 빼앗는 식민지 침략은 상당히 막아냈을 것이다.

▲ 그림 2・20-2(우) **현재의 삼각 측량에 참조점으로 사용되는 삼각점** 삼각점은 전국을 삼각 측량 망으로 덮기 위해서 높은 산 위에는 대부분 일제에 의해 설치되었지만, 너무 오랜 시간이 지나 부서져서(망실) 흔적도 없는 곳도 많았고, 새로운 확인이 필요한 곳도 많았다. 정부는 최근에 새로이 삼각점들을 다시 만들어서 세우는 작업을 하고 있다.

'나의 막현리'라는 장소는 금바위에서부터 시작한다. 금바위를 지나면 논밭 사이를 지나서 아래 도랑께로 이어지며, 거기서부터는 마을이다. 이어서 마을 회관, 정자나무, 공동묘지 영골 강변, 독적골, 가운데 도랑께, 위 도랑께로 연결되는 곳이, 마음속의 나의 막현리이다.

막현리의 진산인 뒷산 줄기는 이 부근 최고봉인 안평산에서 뻗어 온 지맥에 연결되고 그 정상에는 삼각점(478m에서 현재는 471m로 정정되어 있음)이 설치되어 있다. 백두대간 연구・답사 팀들은 이 산맥을 안평지맥이라고 부른다. 이 안평산 삼각점과 복수면의 중암사 앞산(443m), 운하산 삼각점(335m) 등을 이용하면, 막현리 장소의 삼각 측량망이 이루어질 수 있다.

일제는 모든 토지를 등기주의로 문서화하면서 그 과정에서 문서가 없는 수많은 토지를 찾아냈는데, 그들은 우리나라의 토지를 문서가 없다는 이유로 수탈하여 자본을 들이지 않고 식민지화 할 수 있었다.

---

79) 충남 금산군 진산면(忠南 錦山郡 珍山面)의 막현리(莫峴里) 마을이다.

당시까지 우리나라 사람들은 관습과 실제 경작 위주로 토지의 대부분을 문서 없이 소유하고, 관리하였기 때문이다. 막현리 사람들도 마찬가지였고, 토지의 소유와 경작은 모두 관습에 의하였으므로, 문서(등기증)가 없던 농민층은 일제에 의해 철저하게 수탈당하게 되었다.[80]

현재도 고등학교, 중학교, 초등학교가 있지만, 진산 읍내는 조선시대에 향교가 있던 곳으로, 군치(郡治)의 흔적과 교육적 유산이 아직까지 남아 있다. 진산면은 대둔산(大芚山)을 주봉으로 하여 그 줄기의 산들이 비교적 높고 험하게 뻗고 있어서 산지가 생활의 중심인 산촌 마을들이 군데군데 떨어져 입지해 있는 곳이다.[81] 진산에 인접한 논산 지역은 논미갱경뜰(논산 강경 들(평야)=호남평야)이 펼쳐지는 한국 최대의 평야 지역이지만, 인접한 진산면은 노령 산지의 끝자락이면서도 산지가 험하여, 주민 생활은 아주 가난하고 밭농사가 중심인 산골짜기였다. 그래서 내가 어렸을 때에는 화전하는 이도 많이 있었다.

▲ 그림 2·21 **안평산 정상의 삼각점** 금산 21번 삼각점이다. 해발 471m.(다음 카페에서 인용함.)

또한 그 계곡 속의 하층민은 설사 사회 활동이나 학문 활동에 참여하여도 한문으로 된 글을 읽을 수 없고 쓰는 용어의 뜻도 알지 못했으니, 우리의 교육은 상류층만을 위한, 상류층에 의한, 상류층의 신분을 유지하게 하는 교육이었다. 따라서 조금은 과소평가하는 것이지만, 조선시대 하층민들에게는 교육이 그림의 떡인 듯하였을 것이다.

---

80) 이 토지들과 새로 개척한 땅을 모아서 만든 주변의 일제 침략 농장을 사람들은 길천(吉川: 요시까와) 농장이라고 불렀다.

81) 진산면에서 유명해진 인물은 오래 전에 신민당 당수를 지낸 국회의원 유진산(柳珍山) 씨가 유명하며, 그의 이름은 진산면(珍山面)에서 유래한다. 그러나 역사상 기억해야 할 인물과 사건은 삼국 통일을 위한 신라군의 백제 침입로인 '황산벌 연결로'가 이곳을 통과하는 길이라는 것이 첫째이고, 둘째는 최초의 기독교 탄압인 진산 사건이 일어나서 윤지충과 권상연이 잡혀간 곳이라는 것이다. 고증이 충분하지 않지만 그들이 막현리에서 생활하다가 참수된 후에 막현리에 매장되었다고 하는 것이다.

▲ 그림 2·22-1(좌) **진산 향교 명륜당(진산면 교촌리)** 진산군이 설치되었었음을 증명하는 유적이다. 현재의 국립 학교와 같은 역할을 하였던 곳이다. 이 산지 속에서도 양반들의 교육이 이루어지도록 배려한 기관으로 전국에서 경사가 급한 곳에 세워진 향교 중의 하나인 듯하다. 너무 터가 경사져서 제대로 올라가기가 어려울 정도이다. 향교는 교육과 성현에 대한 제례 행사가 중요한 기능이다. 성현과 충신 등에 대한 제사와 교육을 통해서 국가에 대한 충성과 양반 계급의 교육과 단결을 기하였다.

▲ 그림 2·22-2(우) **연산의 돈암 서원** 진산 향교에서 멀지 않은 장소인 논산군 연산면의 돈암 서원 사진이다. 조선시대의 사립학교 격인 이 돈암 서원은 유명한 김장생이 문하생들을 길러냈던 장소이고, 우암 송시열이 제자로 들어와서 교류하던 곳으로, 기호학파의 중심지 중 하나였다. 이 역시 양반들의 지위 유지를 위한, 양반에 의한, 양반을 위한 교육 장소였고, 특히 사립 학교와 같은 기능을 유지하였다. 김장생은 사후에 조선 최고의 유학자로 선정되어 성균관에서 제례가 올려진다. 이 돈암 서원은 옮겨진 것이지만, 진산 향교와 달리 아주 평탄하고 넓은 곳에 위치해 있었다.

향교나 서원에 못 가는 사람들은 초기에는 서당, 개인적 사사로 한문을 배울 수 있었다. 그러나 그런 교육은 모두 양반의 전유물이었으니, 하층 천민이나 서민들에게는 그림의 떡이었다. 따라서 당시의 교육은 양반층의 가진 자들의 지위를 더욱 더 공고하게 하는 교육이었지, 모두를 이롭게 하는 교육은 아니었다. 결과적으로 조선은 '반상천(班常賤)의 차별을 더욱 강화시켜 갔던 시대였다. 그래서 세종대왕 이후의 조선 왕조 시대는 대다수의 일반 또는 천민 백성들에게는 큰 의미가 없는 기간이었다.'고 할 수도 있다.

우리나라 서민들의 현재 생활을 유지하게 만든 것은 교육의 힘이다. 교육열이 높은 우리 국민들이 자기를 희생하면서 자손들에게 교육을 받게 하였기 때문에 현재의 우리나라가 되었고, 동아시아에서 우리의 존재를 알릴 수 있게 된 것이다. 그래서 조선시대의 교육과는 전혀 다른 이야기이기는 하지만, 교육이 우리나라의 현재를 만든 것이란 면에서 소위 '선비 정신'이라는 것이 중요하다는 주장이 약간은 인정이 된다고 하겠다.

그러나 현재 우리 민족의 광범위한 활동과 공헌은 적어도 개혁을 이루려고 발버둥 친 조선 말기와 일제 강점기, 그리고 해방 후의 일반 서민들의 활동과 교육의 힘이 나오기 시작하면서부터 나타나는 결과인 것이지, 양반층만의 공헌은 절대 아니다. 따라서 이와 같은 양반을 위한 교육 장소에 대해서는 유물로의 가치가 있을 뿐이고, 실제로는 평등 사회 후의 공교육과 시골의 '야학'이나 형편이 어려운 어린이들을 모아서 가르친 '불량 주택 지구의 교습소나 학원'들이 사실은 더 의미가 있을 수 있다.

진산면은 그림과 같은 '대둔산이라는 명산을 가지고 있다.'는 점에서 축복의 땅이라고 할 수 있다. 대체로 이런 명산은 그 아래의 주민들에게 살아갈 수 있는 여러 생활 물자를 제공해 주고, 좋은 장소의 이미지와 환경의 측면에서 은혜를 베풀었다. 그러나 명산에는 민족의 수난사도 깊이깊이 새겨져 있다. 임진왜란 때 육로로 침입하는 왜군의 호남 지방 침입을 지킨 전투가 이곳에서 있었고(배티 재의 이치 전투), 그 덕으로 곡창을 지키고 조선이 반격할 수 있었다.

▲ 그림 2·23 대둔산(大芚山; 878m)의 위용과 등산용 철 사다리 진산군의 진산(鎭山)으로 주산이다. 대둔산은 용문이라는 바위 문(굴)을 지나야 태고사나 정상에 갈 수 있다. 산세가 수려하며 험준하고, 고도가 높고 경사가 급해서 역사적인 애환이 많이 깃들인 명산이다.

또한 6·25 전쟁 당시에는 공산군들이 후퇴하다가 길이 막히자 파르티잔(빨치산)으로 되어서 이 대둔산을 거점으로 활동했었다. 그 피해는 이 일대의 재산과 인명 피해는 물론, 심각한 이데올로기의 혼돈을 가져왔고, 밤과 낮으로 적과 동지가 달라지기까지 했었다. 이 파르티잔을 소탕하기 위해서 투입된 토벌대 1개 중대가 거의 전멸되다시피 했던 비극도 있었다. 그래서 공산군은 이 산골에 깊은 상처를 주었다.

▲ 그림 2·24-1(좌) **금산군 진산면 막현리의 인삼밭(인삼포)** 산간 지역으로 논이 부족한 이곳의 가장 전통적인 특산물은 인삼이고, 인삼은 특수한 지형에서 특수한 시설을 갖추어야 재배할 수 있는 작물이다. 인삼을 재배하는 삼포도 마찬가지로 산지의 경사면에 등고선식으로 묘판형 인삼포를 만들어 토양 유실을 방지하면서 그늘이 들도록 만든다. 그래서 이웃의 다른 밭의 이랑 방향과 약간 다르게 삼포를 꾸미는 것도 특이하다. 햇볕이 많이 들지 않도록 시설과 방향을 설정한다.

▲ 그림 2·24-2(우) **연산의 재래식 대장간** 농가에서 필요한 낫, 호미, 괭이, 칼 등의 여러 가지 농기구를 제작하여 사용하게 하였고, 잉여로 만들어서 판매도 한다. 이것에 자본이 더해져서 좀 더 커지고 기계화되면, 철공소로 발전한다. 대장간은 1960년대까지도 우리나라 농촌이 자급자족 위주로 활동했음을 보여 주는 장소이다.

막현리 주민들의 생활은 좁은 논밭과 넓은 산지를 상대로 이루어져 왔다. 산지를 일구려면 농기구도 많이 필요하였다. 그래서 사진에서와 같이 여러 농기구를 만들거나 벼리는 장소가 필요했었다. 막현리에도 대장간이 있어서 농기구를 벼리기도 하고, 새로 만들어 팔기도 하였다. 그 대장간 역시 공동체의 자주적 활동에 상당한 역할을 하였다. 거기서 만든 농기구를 이용해서 주민들은 산비탈을 일구고 가꾸어서 집약적으로 토지를 이용하면서, 어려운 생활이었지만 그럭저럭 살아갈 수 있었다. 이러한 토지 이용은 다른 넓은 평야 지역이나, 외국의 경우에서 흔히 보는 조방적인 토지 이용과는 아주 다른 이용 형태를 보여 준다.

▲ 그림 2·25-1, 2 **독일 북부 브레멘 남동쪽 인근의 빙식 평야 농촌 경관(삼포식의 흔적)** 북독일 평야에서 삼포식(Three field system) 농업이 이루어지던 농촌 경관이다(진산면 막현리의 배산임수와 비교해 보자.). 오른쪽 사진을 보면 평지에 농가가 가운데에 있고 주변은 모두 밭이다(집에서 농경지까지가 최단 거리로 연결된다.). 여기에는 논은 없는데, 이 지역 사람들은 밀로 만든 빵을 주식으로 하면서 고기와 우유, 버터 등을 많이 먹기 때문이다. 경지의 크기와 방향이 다르다.

과거 유럽 사람들은 여러 가지 이유로 땅을 돌려짓기하였다. '겨울밀 재배─여름 보리, 가축의 사료가 되는 풀 재배─휴경(공동 가축 방목지)' 등의 돌려짓기로 땅의 경작을 연결시키면서 살아왔다. 강력한 공동체 생활이었으며, 휴경지에는 사료 작물을 재배하거나 놀리면서 가축을 길렀다. 그들은 곡물보다 가축 중심으로 농업을 경영하였고, 혼합 농업(mixed farming)으로 발전시켜서 부자가 된다. 여하튼 삼포식 농업이 행해지는 이곳은 밭의 크기와 이랑 방향이 서로 다르다. 삼포식으로 땅을 쓰는 이유는 '지력을 유지하고, 육류 및 우유를 생산하며(휴경하는 땅에 가축을 방목한다.), 노동력을 철저하게 합리적으로 이용하면서 서로 경쟁시키고, 시장의 곡물 가격에 맞추어 재배 면적을 조절하기 위해서'라고 알려져 있다. 즉, 농업은 곡물 가격에 맞추어 이포식이 되기도 하고 삼포식이 되기도 하였다. 그러니 곡물 가격과 토지의 비옥도 즉, 생산성에 따라서 농업 형태가 결정되고, 4개의 바퀴가 달린 쟁기가 사용되었다. 그래서 전통적인 경지가 바로 기계화로 전환되기 쉬웠고, 경영에서 계약적 농업 형태 역시 자본주의적 근대화에 도움이 되었다. 영주와 농민 간에는 계약을 맺어서 농사를 지었다 (여기서 토지 이용을 위한 '입찰 지대'인 'Bid rent'라는 용어가 나왔다).[82] 그러니 유럽은 본래 중세시대부터 자본주의의 싹이 자라고 있었고, 일부 경지에서는 한 해는 농사를 짓지 않아도 될 만큼의 식량의 여유도 있었던 듯하다.

우리나라는 양반층의 수탈로 인해 오백 년이나 더 지난 다음에 타의에 의하여 처음 자본주의가 도입되었다. 그 후 군은 잔재를 털어 버리고 현재처럼 시장 경제를 발전시킨 데 대해서 "우리는 무척 빨리 그들을 따라잡았다."는 자부심을 가져도 될 것으로 보인다.

더구나 그들은 근대화 단계에서 강제적으로 남의 나라를 식민지로 개척하여 원료를 수탈하고, 노동력을 착취하고, 제품을 팔아먹었지만, 우리는 순전히 피와 땀으로 원료를 구매하고, 제품을 생산하고, 해외에 팔아서 오늘의 경제를 만든 것이니 정말 대단한 것이다.

▲ 그림 2·26-1(좌) **한국의 소가 끄는 단일 쟁기**
▲ 그림 2·26-2(우) **유럽의 쟁기** 2마리 말이 끄는 이 쟁기는 "날이 여럿인 바퀴 달린 쟁기"가 보통이었다. 따라서 유럽의 쟁기는 보다 깊이 땅을 갈 수 있어서 농경에서 수확이 많았다.

82) 중세 유럽의 영주는 신년이 되면 자기 성으로 농민들을 초청하여서 식사를 대접하였다고 한다. 그날에는 농민 각자가 영주의 땅 중 어떤 곳의 땅을 자기가 경작하겠다고 의사를 표시하고, 그 땅을 경작하면, 얼마를 영주에게 지대로 지불하겠다고 쓴 봉투를 영주에게 제출하였다. 영주는 모든 농민들의 앞에서 그 봉투를 열어서 모두에게 알렸다. 농민 각자가 써낸 지대 중에서 제일 높은 지대를 쓴 농민에게 우선적으로 영주의 땅을 경작하게 하였다. 말하자면 농민들은 입찰 지대를 경험하였고, 그것에 의해서 경쟁으로 경작권이 확보되었다. 농민들의 경작권은 자본주의식으로 결정되었던 것이다. 그러니 마름에게 잘못 보여서 경작권을 떼이는 조선의 경우와는 근본적으로 달랐다.

유럽의 농업은 심경으로 땅의 지력을 회복하고, 거기에 삼포식으로 지력을 유지하며, 가축을 길러서(가축이 먹을 사료 작물을 재배하여) 육류를 공급할 수 있는 유축(혼합) 농업이다. 이러한 육류 공급을 위한 농업은 아시아에서는 찾아볼 수 없었다. 물론 단위 면적당 토지 생산량은 아시아의 벼 재배가 훨씬 많았지만, 자급자족을 위한 것이었고 양반의 땅을 대신 농사지어서 소득을 반으로 나누는 것이어서 농민들은 자급이 불가능했다. 따라서 농가의 소득은 유럽의 유축(혼합) 농업이 훨씬 많았다.

이렇게 사진 설명을 읽으면, 땅 위의 장소에는 과거의 역사가 새겨져 있고 우리는 그것을 볼 수 있다. 이를 해석하는 것 중의 상당 부분은 일상생활의 역사인데, 이의 연구는 '상류층의 역사 연구'보다 더 중요하며, 현장의 장소를 답사하고, 자료를 해석하고, 사회를 공부하면서 종합적으로 파악해야 한다.

유럽의 경우 땅이 평탄하여 삼포식으로 경지를 구분하고, 바퀴 달린 쟁기를 도입하기 위해서 경지는 크기는 다양하지만, 그래도 대부분이 장방형을 이루고 있다. 그런 경지라서 후에 농업의 기계화가 쉽게 이루어졌다. 그래서 선진국이라는 대명사는 자기네가 사는 사회 속의 하층민에 대한 착취와 약탈만으로 이루어지지는 않았다. 그러나 그들이 외국에 건설한 식민지에서는 원주민들을 철저하게 억압하고 착취하였다는 사실도 명심해야 하겠다.

만일 우리가 진정한 선진국이 된다면, 지구상에서 약탈당하고, 박해받고, 멸시받고, 못살던 나라가 스스로의 피땀으로 물건을 만들어서 이를 선진 외국에 팔고, 그것을 밑천으로 산업을 개발하여 선진국이 된 세계에서 유일한 나라가 될 것이다.

여하튼 진산면은 남쪽으로 대둔산 줄기인 배티(梨峴峙)[83]를 경계로 전북의 완주군 고산면과 접한다. 또한, 서쪽으로는 삼국 통일 시기에 신라가 백제를 공격하던 계곡인 진산면 행정리와 논산군 벌곡(伐谷)면의 도산리를 경계로 충남 논산군 및 대전시와 접한다. 북쪽으로는 막현리를 경계로 복수면 신대리와 접하며, 동쪽은 복수면, 금산읍 등과 접한다. 산골짜기는 경치가 아주 훌륭하고, 길은 하천과 산을 따라서 구불구불하며, 물 맑고 공기 좋은 계곡을 이룬다. 진산면 막현리의 평지는 유등천(금강의 지류로 대전에서 금강에 유입)의 상류와 지방천(유등천의 지류) 유역의 하곡에 발달한 곡저 평지가 중요하다. 진산 분지라는 말이 있지만, 평지는 좁고 길게 하천을 따라서 있다.

한편 금산군은 복수면 지량리 새(회(灰))고개를 경계로 대전시와 접하며, 금산군의 서쪽과 남쪽 경계선은 진산면의 경계와 상당 부분 일치하는데, 금산군의 주민들은 이 유등천, 대전천 등의 금강 지류 하곡을 통해서 일상생활이 대전에 연결되어 이루어져 왔다. 학생들이 중학교나 고등학교에 진학하는 것은 물론이었고, 주민들이 일상생활에서 쓸 물건을 사러 대전장에 가곤 했었다.

---

83) 이곳은 임진왜란, 정유재란 당시 왜적의 침입을 저지하기 위하여 황진 장군의 혈전이 있었던 장소이고, 주변에 조중봉(조헌)의 결사지(칠백의총), 의병들이 숨어서 적을 기다리던 조중봉 군문안(지량리) 등이 있다. 또한 6·25 전쟁 시에는 빨치산이 대둔산에서 은거하면서 저항하였는데, 그를 토벌하기 위하여 아군이 큰 희생을 당했던 전쟁 장소이기도 하다.

막현리 주민들이 대전장에 가기 위해서는 새벽에 일어나서 짐을 등에 지거나 머리에 이고, 걸어서 왕복하는 것이 보통이었다. 거리는 대전 중앙시장까지 약 15~16km, 정도로 새벽에 일어나서 가면 장을 보고 저녁에 집에 올 수 있었다. 금산군의 교통로는 대전과 전주에 연결되는 국도 17번과 68번 도로, 지방도 635호, 7번 군도 등이 개설되어 외부와의 연결이 근대 이후에는 자동차로는 양호한 편이다.[84]

진산면의 간략한 역사적 변천을 보면, 백제 시대의 진동현에서 신라 시대는 황산군령 현에 속했고, 고려 시대에는 진례(進禮)현으로 되어서 전북 고산현감이 겸무하였다. 그 후 조선 태조 시에 태를 안치시켜서 태실이 생겨났고(복수면 목소리 만인산 태봉(胎封)재와 진산면 배티(梨峙)재의 두 곳), 그 덕에 진산군으로 승격되었다.[85] 그러나 이곳은 노령 산지의 서쪽 줄기에서 뻗은 산지가 많은데다, 그 산지들을 금강 상류의 여러 지류들이 파고 들어가서 협소한 계곡이 많이 만들어졌다. 그래서 평지의 생활 공간이 협소하고, 주민들의 생활은 농경지가 좁아서 자연 빈곤하였다.

▲ 그림 2·27-1(좌) 배티재(梨峙=일명 태봉재)에 세워진 금산군과 전북 완주군의 경계 조형물
▲ 그림 2·27-2(우) 금산군의 특산품인 인삼을 중심으로 하는 금산읍의 인삼 랜드 축제 풍경

동국여지승람(東國輿地勝覽)에 따르면 이곳 진산과 금산의 특산물은 자황(비소 화합물), 동, 철, 자석, 인삼, 꿀, 송진 등이 유명했다.[86] 또한 석회암과 퇴적암이 쌓여 있는 곳에서는 백회나 석탄이 나기도 했지만, 산업 혁명 전에는 그것들은 의미 없는 자원이었다. 당시는 주로 쌀을 생산할 수 있는 논이 넓어야 부유한 장소였는데, 이곳은 산지라서 밭이 좀 있을 뿐이고 논이 부족하였다.

84) 진산읍지 편찬위원회, 2008, 진산읍지, pp. 8~12, 기타 주민 제보 참고.
85) 양성지, 노사신, 서거정 등, 新增 東國輿地勝覽, 1530, 성종 9년(무술년), 명문당 영인본(1994), pp. 592~593.
86) 양성지, 노사신, 서거정 등, 1530, 전게서.

▲ 그림 2·28-1, 2 **진산면 읍내리와 완주군 운주면 사이의 경계인 배티[梨峙] 정상에 세워져 있는 임진왜란 당시의 황진 장군 대첩비** 이곳의 전투가 육로로 호남 지방에 침입하는 왜군의 길을 끊는 계기가 되었다. 금산과 진산은 따라서 역사적으로 아주 중요한 전략적 요충지였고, 금산의 칠백의총 전적지와 같이 역사적 의미가 깊은 장소가 많다.

　　맥퀸(S. McCune)은 '한국의 유산(Korea's Heritage)'에서 한국의 장소명은 아무 뜻이 없는 서양의 장소명과 달리 그 장소의 특성, 자연 경관을 기술하는 것이 보통이라고 하면서 한국의 지명에 대하여 높게 평가하였다.[87] 가령 진산면의 진산(珍山)이란 '보배의 산' 혹은 '보물이 쌓인 산'의 의미로 보물이 되는 산이 있는 장소라는 뜻이며, 진산(鎭山)인 대둔산이 보물과 같다는 뜻이 되겠다. 또한 여러 귀한 것들이 많이 나는 장소라는 뜻도 되어서, '살기에 좋은 장소'라는 뜻도 된다. 이와 같이 한국의 장소 이름에는 그 장소의 특성을 나타내는 뜻이 들어 있어서 아주 훌륭하다고 맥퀸은 본 것이다.

　　이런 의미에서 '막현(莫峴)리'란 큰 고개로 막힌 산골짜기라는 뜻으로 좁은 하곡이 유일한 생활의 터전이 됨을 장소의 이름이 나타내 준다고 하겠고, 외부와는 길이 막혀서 차이가 크게 있는 곳이라는 뜻도 있어서 피난살이나 은둔 생활에 알맞은 장소였다고 하겠다.

▲ 그림 2·29-1(좌) **금산군 복수면(과거 진산군) 지량리의 군문안** 중봉 조헌(趙憲)이 임진왜란 당시 의병을 일으켜서 호남 지방으로 들어가려는 왜군을 막기 위하여 의병을 매복시켰던 곳이며, 절벽 위의 움푹 파인 요새지처럼 생긴 지형이 군문안이다. 아래 절벽의 밑으로 유등천의 물이 깊게 흐르고, 바로 그 하천이 침식해서 만든 절벽이 이어져서, 현재도 교통로가 매우 좁다 (그래서 새 도로는 하천 건너편 맞은쪽(인삼밭의 끝)에 이전하여 새롭게 만들었다.).
▲ 그림 2·29-2(우) **조헌이 활동했던 조중봉** 조중봉 정상으로 소나무 아래에는 삼각점(금산 411번, 334m)이 있다.[88]

87) McCune, S. 1956, Korea's Heritage, A Regional and Social Geography, Tuttle, pp. 212-214.
88) 다음에서 '산너무 저쪽'이라는 블로거의 사진을 인용함.

그래서 막현리는 산속의 피난처 같은 장소라서 외부와의 연결이 참 어려웠던 곳으로, 외부로는 대전과의 연결이 중요했었다. 대전 쪽인 북쪽으로 가면서 신대, 앞재를 지나 지량리로 연결되는 곳에 우경이재가 있다.

이 고개를 넘으면 '호남선의 흑석리역(현재는 폐역)'에 도달한다. 또한, 하천을 따라서 북쪽으로 계속 가면 대전시 안영동에 연결된다.

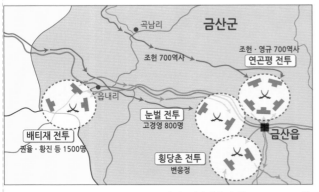

▲ 그림 2·30-1(좌) **임진왜란 당시(1592. 6. 22.~8월 말)의 금산 지역 전투도 일부와 배티재 전투 개략도(지도에서 서쪽 대둔산 인근)** 황진 장군을 중심으로 호남 지방으로 침입하는 왜군을 배티재에서 저지하였다.
▲ 그림 2·30-2(우) **금산의 칠백의총**

그 유등천변의 장소 중에 금산의 칠백의총과 관련된 임진왜란 전적은 살펴보아야 한다. 당시 의병장 조헌은 전라도 관찰사 권율과 금산에 침입해 있는 왜군을 치기로 상의하였고, 그에 조헌은 앞의 사진에 나오는 절벽 위의 군문안과 조중봉에 매복해 있던 의병들을 이끌고 금산으로 이동했다. 그러나 권율은 "금산성 왜군의 기세가 너무 강하니 며칠 뒤에 치자."고 다시 연락을 보냈으나, 조헌은 그 연락을 받지 못하고 조중봉에서 금산성으로 이동했고, 금산성에서 왜군과 싸우다가 700여 명의 의병 모두가 전사한다. 그 의병들의 무덤을 하나로 만들어 '칠백의총'이 되었다. 무명의 아랫것들이 양반들이 망친 나라를 구한 것이다.

▲ 그림 2·31-1(좌) **논산군 벌곡면 도산리의 도산 초등학교**
▲ 그림 2·31-2(우) **벌곡 초등학교**
진산면 읍내리에서 석막리를 지나서 연산의 황산벌로 통하는 길에 있다. 삼국 시대에 신라 군사들이 백제 침공로로 이용하였던 길로, 이 골짜기는 벌곡(伐谷)이라는 이름의 계곡이며, 김유신 장군의 군사가 통과했던 길로 본다. 이곳은 험준한 노령 산지의 끝부분으로 도산 초교는 구불구불한 계곡의 길 옆에 위치하고, 벌곡 초교는 면사무소 부근에 있다.

한편, 진산면 주민들은 산지의 생활이 일상적이고 주된 삶의 방식이다. 그러나 산 계곡 속을 따르는 여러 갈래의 도로가 진산 읍내리를 중심으로 갈라져서 외부와의 연결은 생각보다는 양호한 편이다. 연산과 논산, 대전, 금산, 전주 등지로의 연결이 비교적 쉬워서. 조선시대 기독교가 이 골짜기의 길을 따라 들어와서 일찍 전파될 수 있었다.

▲ 그림 2·32-1(좌) **황산벌 전적지** 진산면 두지리에서 논산군 벌곡을 벗어나면 논산군 연산면에 이르고, 그 인접한 곳에 벌곡을 지나간 신라군이 백제의 계백 장군과 싸웠던 장소가 있다. 역사적으로 중요한 교통로였음을 보이는 장소이다. 골짜기의 약간 넓은 곳이지만 앞쪽으로는 골짜기가 막혀서 결사적인 전쟁이 이루어졌을 수도 있는 지형이다. 일화에 의하면 여기에서 신라 품일 장군의 아들 화랑 관창이 어린 나이에 전사함으로, 그를 본 신라군은 죽기로 싸워서 백제군을 격파하게 된다.[89] '백제군이 왜 그렇게 소규모였는가?'는 당시 삼국의 인구 규모에 비하여 10배나 많은 당군이 백제를 멸하기 위하여 왔기 때문이라는 것이다(이런 대군은 당시까지는 최초였다.). 즉, 너무 많은 당나라 군이 기벌포라는 금강 하구에 상륙하여 부여 사비성을 위협하게 되자, 백제는 신라군을 막는 데는 많은 군사를 돌릴 형편이 되지 못했다는 것이다. 그래서 5,000여 군사로 수만의 신라군을 상대했던 곳이고, 삼국시대에서 가장 중요한 전투가 이 부근에서 있었다. 그러나 이 바위의 황산벌 표시는 고증이 잘못된 것으로 판단되는 막다른 골짜기로, 상업적으로 왜곡된 듯하다.

▲ 그림 2·32-2(우) **계백 장군 묘** 논산군이 얼마 전에 조성한 계백 장군 묘이다. 황산벌의 '기념 바위 표지'와 그리 멀지 않은 탑정호 주변에 자리하고 있지만, 실제의 역사적 사실이나 장소와는 관련이 없는 듯하다. 그러나 계백 장군을 생각하는 이곳 주민들의 휴식 공간은 되고 있다.

진산면 일대는 산지가 중심인 땅으로, 일종의 피난처로서 자리 잡은 산촌(山村)들이 띄엄띄엄 자리하고 있었던 궁벽한 산골짜기였다. 비교적 조용하고 평화로운 산간 생활은 조선 후기에 유명한 사건이 진산에서 터지면서 주목을 받았다.

필자의 소견으로는 천주교가 강경과 연산에서 벌곡의 좁은 길을 따라서 진산으로 들어왔던 것으로 추정된다. 이 골짜기는 산골의 외딴 빈곤한 장소라서 천주교가 쉽게 전파되었을 것이다.

다산 정약용의 친척인(고종 사촌) 윤지충(尹持忠)과 권상연이 초기에 천주교를 신봉하면서, 조상들의 혼백을 불사르고 제사를 지내지 않았던 사건이 터졌던 것이다. 지금이야 참 별것 아닌 사건이지만, 당시의 양반 세력에게는 극악무도하고 사악한 도전적 사건이었다. 그래서 지방리 가사벌 성당(공소)에서 우리나라 최초로 1791년 12월 8일에 두 사람은 체포되었고,

89) 박영규, 2001, 신라왕조실록, p. 302.

전주부로 이송해서 참수를 당하였다(진산 사건).[90]

　이 윤지충과 권상연의 분주폐사(焚主廢祀: 신주를 불사르고 제사를 폐한) 사건은 당시 둘로 나뉘었던 조선의 실학자 또는 서학자들을 하나로 통합하는 계기가 되었다. 그에 따라서 서학이 "유교의 단점을 보완한다."는 소극적 입장을 버리고, 오로지 천주 신앙 봉행의 적극적인 자세로 바뀌게 되었다. 이러한 과정에서 정조 말에는 약 3,000명으로 신자가 늘어났고, 1801년 순조 시에는 유교 사상을 지키기 위한 대규모의 신유박해가 일어나게 되었다.

　우리나라의 실학은 북경을 다녀온 사람들에 의하여 연구되고 전개되었는데, 때마침 서양 선박의 침입으로 기득권층은 더욱 강화된 척사(斥邪) 의식을 갖게 되었다. 따라서 지배층은 혜안과 분별을 잃고 서학자들에 압박을 가하여 쇄국하게 되었으니, 당시 세계사의 흐름에 완전히 역행하여, 개방 정신과 실학사상이 우리나라에서 질식되는 애석한 계기가 된 것이다.[91]

　이 사건은 1914년 시군 통폐합으로 진산군이 진산면으로 강등되고 금산군에 합병되는 데에 영향을 주었을 것이다. 그 후 금산군은 1963년부터 전라북도에서 충청남도로 행정 구역이 변경되었다. 지방리 가사벌 진산 성당은 이 사건을 기억하기 위하여 세워져서 현재에 이르고, 2015년 8월에 프란치스코 교황이 광화문에서 이들을 위한 시복 미사를 집전하였다.

　한편 금산군에서는 진산면 두지리에서 지방리 가사벌 성당을 지나서 막현리 끝에 이르는 길을 '실학로(實學路)'라고 이름을 붙여서, 최초의 천주교 신자의 순교자가 나온 진산 사건을 기념하고 있다. 왜 이렇게 빈곤하고 꽉 막힌 산골짜기에서 우리나라 최초의 서교(천주교와 기독교) 신자가 나와서 순교하게 되었을까?

▲ 그림 2·33-1(좌)　1791년 진산군(면)의 윤지충과 권상연의 순교(기념)비 사진　두 사람은 우리나라 최초의 서교(천주교) 순교자들이었다.

▲ 그림 2·33-2(우)　진산(지방리) 성당 전경　본래 함석(양철) 지붕이었으나 최근에 슬레이트로 바뀌었다. 벽면의 흰색은 최근에 다시 단장하여 깨끗하지만, 슬레이트 지붕으로 바뀐 것으로 보아서 이 성당의 재정은 이전보다 더욱 열악해졌다고 판단된다.

90) 박석무, 2004, 다산 정약용평전, 민음사, p. 148.
91) 이원순, 조선서학사, 일지사, pp. 16~18.

당시의 포교는 거의 비밀리에 행해졌다. 강경, 논산에서 진산에 이르는 대둔산 아래의 길은 산지를 관통하는 길로[92], 노령 산지 골짜기 속의 작은 촌락들이 계곡을 따라서 점점이 늘어서서 입지하고 있다. 산모퉁이를 돌아가면 조그만 마을이 하나 나오고, 또 돌아가면 다른 작은 마을이 또 나오곤 한다. 이렇게 마을들이 입지하는 것을 실에 꿰인 '염주알형의 촌락 입지(string of beads)'라고 부르는데, 교통로에 따른 입지 형태를 나타낸다.

이는 하천과 같이 뻗는 길을 따라서 크고 작은 마을들이 선형으로 입지된 형태로, 대부분의 크고 작은 중심지들이 교통로를 따라서 입지함을 설명한다. 말하자면 길을 따라서 염주나 꼬치구이 모양으로 마을이 입지해 있는 것을 보여 주는 용어이며, 이곳은 그 구슬 모양으로 연결된 마을을 따라서 서양 문물이 조용히 들어왔던 것이다.

▲ 그림 2·34-1, 2 막현리 영골강변 부근의 '매방골 공동묘지' 아래에서 발굴하여 확인 중인 윤지충과 권상연의 묘 왼쪽은 버려진 채로 있던 묘지 주변이고, 오른쪽은 잡초를 제거하고 정리하여 묘지를 확인하는 과정이다. 이들 윤지충과 권상연은 우리나라 최초의 기독교 순교자들이므로 천주교에서는 그 의미를 높이 받들고, 그들의 발자취를 찾고 있다. 확인 중이지만 그들은 막현리에서 거주하였고, 전주에서 처형되었지만 묘지는 막현리의 이곳 부근에 있을 것으로 추정되어, 그를 확인 중에 있다 (2016. 12.).

이곳 진산면 지방리와 가세벌, 그리고 막현리는 앞에서도 기술하였지만 가난한 사람들이 어렵게 사는 궁벽한 산골짜기였다. 그래서 천주교를 몰래 믿기도 쉬웠고, 들어가서 포교하기도 쉬웠던 장소였다. 이런 측면에서 진산군의 막현리와 지방리에서 윤지충과 권상연의 순교가 일찍 일어난 것을 이해할 수 있는 것이다.

이때의 해남 윤씨들은 다산 정약용의 외가로 권좌에서 밀려서 세상을 피하려 하였고, 그 과정에서 서학과 천주교에 여러 사람들이 귀의하였다. 정약용도 자기가 천주교를 믿었다는 것을 정조에게 여러 번 소를 올려서 부정하였지만, 그도 역시 천주교를 믿었던 적이 있었던 것은 사실인 듯하다.[93]

---

92) 삼국시대에 신라의 김유신 장군이 백제를 멸망시키기 위해서 황산벌로 진격할 때 이용한 길이다.
93) 박석무, 2014, 다산 정약용 평전, 민음사, pp. 148-184.

▲ 그림 2·35-1(좌) **전주 전동 성당(로마네스크 양식)**
▲ 그림 2·35-2(우) **"한국 최초의 순교터"라고 새겨진 표지석** 진산 사건의 윤지충과 권상연이 처형된 장소에 순교한 지 100년이
지난 후인 1891년 전동 성당이 세워졌다. 진산 사건의 두 사람이 처형된 "전주부의 남문 밖 처형장"에 전동 성당의 공사가 시
작되었고, 1908년에 외형이 완성되었다. 그 안의 순교 장소를 알리는 비이다.

종교상 진산에서 중요한 다른 유적은 태고사이고 대둔산에 있지만, 6·25 전쟁으로 소실
된 후 다시 지은 건물이다. 기타 여러 불교의 종파나 기독교 종파의 건물들도 여럿이 진산면
에 입지해 있다. 유교의 영향도 무척 강했고, 진산 향교가 중심이었다. 천주교와 교회는 말할
필요 없이 여러 종파가 들어와 있고, 불교와 샤머니즘도 강하다. 따라서 종교가 무척 다양한
장소가 막현리이다. 이는 이곳의 사회 문화의 특성으로, 이곳 사람들의 독특한 사회·문화 렌
즈의 형성에 강하게 작용한 것으로 파악된다.

▲ 그림 2·36 **국립 경주 박물관에 있는 이차돈의 순교비** 한국에서 최초의 종교적 순교자는 모두 상류층에서 나타났다. 이차돈은
불교를 위하여, 왕족의 후손으로 국가를 위하여 법흥왕 때에 순교하였다. 그의 목에서 흰 피가 흘렀다고 한다.

여하튼 필자의 관심 사례 장소인 막현리에 사는 사람들은 여러 종교의 영향을 많이 받았
고, 현재도 다양한 종교 활동이 행해진다. 우선 샤머니즘이나 토테미즘을 시작으로 신선 사상
에 심취하는 도교, 일상생활의 모든 것에 관여하는 유교 등이 강력하고, 정통 종교인 불교,
기독교 등이 모두 공존하고 있는 사회이고 땅이다. 그럼에도 지난 1,000년 동안 아랫것들은
늘 억눌려 지내온 곳이고, 가난한 곳이고, 변화가 없던 장소로 별로 구제 받지 못한 장소였
다. 세계가 빠르게 변하고 발전하고 있었지만, 막현리는 계속하여 잠을 자는 듯하였고, 변화
없는 상황이 오래 지속되었던 곳이다.

 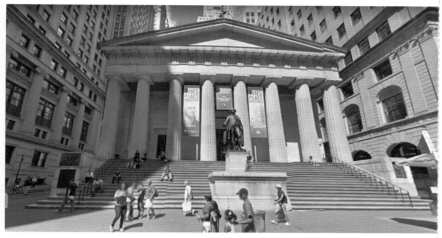

▲ 그림 2·37-1(좌) **뉴욕의 월 스트리트(Wall Street)에 있는 미국에서 두 번째로 설립된 은행인 뉴욕 은행의 1784년 설립 기념 표지석**

▲ 그림 2·37-2(우) **미 연방 정부 제1호 건물(워싱턴 대통령의 동상이 앞에 서 있다.)** 미국은 1776년에 독립하고, 자기네 산업 혁명을 이끌고, 무역과 제조업을 지원하기 위해서 은행을 세운다. 프랑스 대혁명은 1789년에 일어나서 왕정을 폐지하고 민주주의 공화제를 쟁취하였다. 윤상연과 권지충이 참수되기 6년 전(1784년)에 이들은 벌써 세계를 상대로 무역과 제조업, 상업을 지원하기 위해서 은행을 세웠던 것이다. 그래도 미국은 포르투갈, 스페인, 네덜란드, 영국, 프랑스보다 산업 발달이 많이 뒤져 있었다. 우측 사진의 동상은 워싱턴이고, 이 건물은 미국의 수도가 워싱턴으로 옮겨지기 전에 사용하던 맨해튼 뉴욕 은행 부근의 연방 정부 1호 건물이다. 증권 거래소의 바로 맞은편에 있고 지금은 고층 건물에 둘러싸여 있지만 전시관, 박물관으로 이용된다.

막현리 마을은 진산면의 가장 북쪽 끝으로 지방리의 진산 성당에서 약 3km 정도 북쪽(대전 방향)으로 떨어진 곳에 있다. 이곳의 하천들은 대전까지 북쪽으로 약 25km를 흘러서 금강 본류에 합류한다. 이런 금강의 흐름은 역사적으로 유명한 "금강 이남 사람들을 쓰지 말라."고 했던 왕건의 풍수지리적 생각을 가져온 경계선 지역이다. 따라서 고려시대에는 왕건의 훈요십조의 영향을 받았을 것이니, 오랫동안 차별을 받고 가난했었던 산골짜기였다.

이상하게도 금강은 여러 곳에서 발원하지만 미호천, 정안천 등 몇 개의 큰 지류를 제외하고 중·상류 쪽에서는 대부분이 대전 부근까지 북쪽으로 흘러간다. 그리고 대전에서 약간 방향을 바꾸어서 서북쪽의 부강(세종시 행정 수도)까지 흐른 후에는 공주의 곰나루까지 흐른다. 그리고는 공주의 곰나루에서 정안천과 합류하면서 아주 급하게 방향을 바꾸어 서남쪽으로 흐른다. 이런 금강의 흐름이 개성과 한양에서 볼 때 "가까이 흘러오다가 다시 흘러서 멀리 도망가는, 말하자면 나중에 배반하는 흐름의 방향이다."라고 해석하게 된 듯하고, 그것은 비극적인 차별의 시작이었다. 물론 거기에는 왕건을 끝까지 괴롭힌 견훤의 세력이 터를 잡고 버틴 곳이기도 하고, 나라의 이름도 후백제라고 하면서 위력을 크게 떨쳤으니 '골치 아픈 장소의 세력으로 작용'했었음에 틀림없을 것이다. 그리고 무엇보다 중요한 것은 당시나 그 후의 1,000년 동안이나 토지 생산력을 기초로 볼 때 '우리나라에서 가장 부유한 지역이 이 금강 이남'이었으니, 한편으로는 나라 경제의 기반이었고, 다른 한편으로는 경계의 대상이었던 장소였음은 두말할 필요가 없을 것이다.

거기다가 금강 이남 사람들도 물산이 아주 풍부하니 구태여 아니꼬운 정치 세력의 눈치를 보지 않고도 살 수 있는 기반이 있는 곳이라서, 조금은 콧대 높게 행동했을 것이다. 그래서 중앙의 세력에게는 더욱더 경계심이 작용했을 것이고, 그래서 지역적인 차별을 강화하여 가장 먼 유배지로 낙인을 찍었을 것이다. 그러나 중앙의 세력에서 멀리 떨어지면 다른 중심지가 나올 수밖에 없는 것이 지리의 원리이기도 하니, 차별 지역을 묶는 중심지가 하나는 더 나올 수밖에 없었다.

여하튼 막현리가 있는 장소는 진산 군치(珍山郡治)의 혜택이 가장 적은 진산군의 가장 변두리에 있었다. 이곳은 현재 금산군에서도 가장 변두리에 해당하여, 행정적 지원과 혜택도 가장 적은 곳일 수 있다. 그러나 1963년 금산군이 전북에서 충남으로 편입됨에 따라서, 군내에서도 가장 외떨어지고 빈곤한 생활 수준은 조금씩 개선되기 시작하였다. 즉, 현재는 대전과의 교통이 편리해지면서 공장과 음식점, 기타 서비스 업체들이 늘어나서 대전의 근교 지역이 되었기 때문에 중심지에서 퍼지는 파급 효과라는 영향력이 강하게 미치고 있다.

그래서 막현리는 대전의 교외 지역으로 일상생활이 크게 바뀌고 있으나, 젊은 사람들이 거의 다 빠져나가고 노인들, 특히 여성 고령자가 많아서 마을의 활기가 크게 떨어지는 곳이기도 하다. 또한 교통이 편리하고, 산과 물이 깨끗하여 관광과 여가 활동지로 각광을 받아서 음식점과 휴게 시설들, 근교 주택도 많이 생겨났다.

최근에 도로가 정비되어 대전과 시간 거리가 자동차로 20분 정도로 가까워져서, 근교 농업도 발달하고 있다. 약초와 채소 및 과일을 재배하고, 소와 닭 등 가축 등을 길러서 수입도 상당히 증가하고 있다. 또한 최근에는 응골의 바위를 건축업자에게 팔아서 상당한 돈을 받고, 주민들이 나누어서 썼으니, 조상들의 은덕을 많이 받은 장소이다.

▲ 그림 2·38 막현리 금바위 숲정이의 팽나무, 버드나무와 앞내(지방천) 필자가 어렸을 때는 이 나무 옆으로 징검다리를 놓아서 길손들이 물에 빠지지 않고 건너게 해 주었다. 현재는 교량이 있고 물을 약간 가두는 보가 만들어졌는데, '새들 보'이다.

마을에는 지소골과 물레방아 옆에 지소가 있어서 전통적으로 특산물인 한지를 생산했었다. 산 사면과 냇가에 닥나무와 뽕나무를 심어서 한지의 원료를 얻고, 양잠을 할 수 있었다. 주민들은 누에를 키우고 대마(삼)를 길러서 의복을 마련하는 등 자급자족을 위해 노력하였다. 또한 분토골과 뒷동산에는 백자나 옹기를 생산했던 흔적도 있고, 한약재를 길러서 부수입을 올렸다.

어디 그뿐이랴? 마을은 '동산(洞山)'이라는 마을 소유의 산을 상당히 많이 가지고, 그 산에서 마을 사람들의 땔감과 건축 재료를 얻고, 특산물도 채취하여 먹고 팔아서 생활에 이용한다. 마을 공동체에 속하는 사람들은 집을 짓거나 수리할 때 필요한 나무를 베어다가 쓸 수 있는 자격이 주어진다. 그래서 다른 마을 사람들이 이를 상당히 부러워했는데, 동산을 이용할 수 있는 자격은 이곳에 이사해서 살면서, 상당한 기간이 경과해야 한다. 또한 마을의 공동체 활동에 참여해야 하고, 활동에 찬성하여 출자한 사람들 중에서 마을에서 심사하여 자격이 주어진다.

막현리 사람들은 앞내를 보로 막고 도랑을 파서 끌어온 물로 물레방아를 돌리고, 그 물이 마을 앞으로 흐르게 도랑을 파서 빨래터를 만들어 여인네들의 고충을 크게 덜어 주었고, 물을 논에 대서 벼농사를 지었다. 도랑 옆에 지은 집들에는 '도랑께'라는 이름을 붙였다. 막현리 마을은 초기에 가운데 고샅을 '중심 장소'로 하여 터를 잡았고, 차츰차츰 집들이 늘어나면서 집을 잇대어 지어서 마을이 커졌다. 그래서 마을길과 고샅은 구불구불하며 좁고 막다른 골목이 많다. 마을에 상수도나 간이 수도 시설이 없었던 시대에 이 도랑께는 여성들에게 아주 중요한 장소였다. 생활에 필요한 재료들을 씻고, 손발을 닦거나 빨래를 하고, 옷을 손질하던 장소였다. 이곳을 이용하지 않으면 우물가나 먼 거리의 앞내를 이용해야 했었다. 그리고 더 중요한 것은, 도랑께가 여성들이 모여서 여러 가지 정보를 주고받는 장소라는 것이었다. 개인적인 일이나 집안일, 혹은 마을 일 등에 대한 정보가 교환되었던 중요한 장소였다.

▲ 그림 2 · 39 **막현리 여성들이 도랑께에서 살림에 필요한 활동을 하고 있는 모습** 이곳은 여성들 사이에 여러 정보가 교환되는, 여성들의 광장인 아고라(agora)였다.

▲ 그림 2·40 **질울재 정상(해발 약 270m)** 사진 중앙에서 좌측(동쪽)은 막현리로 내려가는 길이고, 독적골의 가나무를 지나면 막현리 마을이 나온다. 우측(서쪽)으로 내려가면 질울을 지나서 호남선 흑석리역에 가게 된다. 막현리 앞내의 고도가 약 110m 정도이니 실제 고도차는 160m 정도로 낮은 고개이다.

산지 속의 막현리는 1960년대에는 이 질울재를 넘어서 철도에 연결되어 외부 세계와 통하였다. 질울로 가는 길을 따라 가면 대전으로 흐르는 갑천 하곡에 연결된다. 그 길을 3~4km 가면 흑석리역에서 상행 방향의 가수원·대전 쪽과 하행 방향의 두계·연산 쪽으로 연결되는 호남선을 탈 수 있게 된다. 사진에서 위쪽은 남쪽으로 떡갈봉에 연결되며 대전시의 삼림욕장이 있다. 사진의 아래쪽(북쪽)은 안평산(471m)으로 연결되며, 이 산줄기가 "안평지맥"이다.

또한 뒷동산 옆의 여수나무골 산은 그리 높지 않아서 정상에 올라가기가 어렵지 않았고, 진달래, 벚꽃, 복숭아꽃, 싸리꽃 등이 많아서 봄이 되면 울긋불긋한 꽃들이 마을을 환하게 해 주었다. 그들은 소위 '막현리의 냄새와 색깔'을 만들어 냈고, 그것들은 역시 장소의 특성을 이루는 중요 요소였다.

▲ 그림 2·41-1, 2 **막현리의 여수나무골 산** 양지바른 곳으로 봄이면 진달래, 벚꽃, 산 복숭아, 싸리꽃 등이 앞뒤를 다투면서 산에 가득 피었다.

어쩌다가 저녁 때 뒷동산에서 마을을 내려다보면, 굴뚝에서 솟아오르는 연기가 모락모락 올라와서 누구네가 저녁밥을 짓는지 알 수 있었다. 어떤 때는 연기가 하늘로 올라가지 않고 마치 흰 솜을 깔아 놓은 띠 모양으로 얇게 수평으로 뻗어 나가는 것이 참 보기에 좋고, 멋도 있었다.[94]

---

94) 이런 현상은 기온 역전과 기압골에 의한 것으로, 상층의 온도가 땅에 닿는 접지 부분의 온도보다 높을 때나 대기가 불안정할 때 나타나는 현상이며 자주 나타나지는 않는다.

4) 개인 땅꿈의 가시화: 사례

이런 막현리의 경치가 너무 멋있어서, 내가 대학 4학년 때 시 한 수를 지어서 대학 신문(서울대학교가 발행하는 신문)에 '망향'이란 제목으로 투고하였더니 가작으로 입선되었다.

뒷산은 진달래 불에 탔고
앞 논의 보리바다는 파도쳤다.
소쩍새 소리는 나를 꾀어
꽃불에 그을린 순이를
내 품에서 울게 했다.
(후략)

나는 중·고등학교를 제대로 다니지 못했으므로 시를 공부하거나 쓸 기회가 별로 없었지만, 그래도 우리나라 사람들이 모두 그렇듯이 운율에 맞는 글을 무척 좋아했었다. 그래서 가끔은 혼자서 흥얼거리며 시를 읊고 다니기도 했다. 그러나 내 시가 좋은 평가를 받은 것은 지금 생각해 보면, 기교 부리지 않고, 토속적인 시골 장소의 풍경을 읊어서인 듯하다.

▲ 그림 2·42-1, 2 **막현리 금바위 숲정이에 많이 있었던 시무나무** 무시무시하게 큰 가시가 많이 있고, 단단한 재질이다. 나무가 보통은 구불구불하게 자라서 목재로는 잘 쓰이지 않지만, 악귀를 막는다고 알려진 나무로 한약재, 방풍림으로 많이 심었다.

그리고 이와 같은 낙천적이고 노래 부르고 춤추기를 좋아하는 민족의 특성이 오늘날에 한류라는 것에 연결되지 않았나 생각된다. 그런데 이는 아름다운 우리 한반도의 자연과 민족성이 어우러지면서 자연스럽게 나타난 것으로 판단된다.

숲정이에서 마을로 향하는 길은 '숲정이 길'이라는 이름을 얻었지만, 경지와 도랑물의 연결과 흐름에 따라서 구불구불하게 이어져 있다. 이는 우리나라의 여러 마을 고샅이 구불구불하고, 비좁고, 막히는 길의 패턴과 같은데, 자연을 닮았다는 의미를 가졌다고 생각된다.

즉, 외부의 바람과 변화가 그대로 마을에 전달되는 것을 막자는 상징적인 뜻도 있고, 외부로의 노출을 막아 주던 숲정이의 상징성과 같이 마을을 2중, 3중으로 보호하도록 하는 의미도 있다. 그런 바람막이 역할을 하는 숲정이를 들고 나면서 사람들은 노래도 흥얼거리고, 가볍게 몸을 흔들어도 보고, 무엇인가를 생각하며 자세를 가다듬으면서 운치 있게 다니곤 했다.

막현리의 숲정이에는 아주 큰 나무들이 우거져 있었는데, 이들 나무는 인간 사회에 침입하는 액을 막는 신통한 기운이 있다고 믿어서 동네 입구에 많이 심는 것들이었다. 그러나 또한 상당히 겁나고 무서운 느낌도 우리에게 주었다. 아기가 죽으면 이 나무들 위에 오쟁이라는 볏짚으로 만든 간단한 수납 용구에 '아기 시신'을 넣어서 올려놓기도 했었다. 그 후 일 년쯤 지난 후에 아기 시신을 다시 땅에 묻는 풍습과 관련이 있었고, 그것은 일종의 풍장이었다.

◀ 그림 2·43 **볏짚으로 만든 오쟁이** 막현리에서 쓰던 오쟁이는 이보다 훨씬 커서 감, 감자, 말린 나물 등을 담아서 저장하는 데 사용하였다. 그러나 크기가 작은 곡식은 샐 염려가 있어서 보통 오쟁이에는 담지 않았다. 오쟁이의 크기는 대체로 짚의 크기에 맞추어 가로 폭을 정하고, 깊이는 50cm쯤 되며, 옆의 짚들이 엮어지는 넓이로 두세 뼘 정도이다. 따로 짚을 대어서 넓게 하거나, 아니면 옆면은 좁은 볼처럼 만들었다(다음에서 캡처).

여하튼 이렇게 어린이의 시체를 오쟁이에 넣어서 나무 위에 올려 두는 것은 당시 유아 사망률이 워낙 높았기 때문이며, 이는 옛날 사람들이 부모의 장례 후에 묘지 주변에서 3년 동안 초막을 짓고 죄인으로서 대기하던 상주들의 습관이나 생각과 관련이 있는 듯한데, 막현리 마을에서는 가끔씩 아기장만을 독특하게 처리하는 매장 습관을 보였다.

◀ 그림 2·44 **남해안의 섬에 아직도 남아 있는 풍장(초분)** 볏짚으로 수납 용구(오쟁이)를 크게 만들어서 가매장하여 놓고 약 3년간 살피면서 보호한다. 그리고 땅에 매장한다. 그러나 이런 매장 습관은 남해안이나 섬 지역에서도 이제는 거의 소멸되었다.[95]

95) 막현리에서는 가끔 어린 아기가 죽으면 작은 오쟁이를 볏짚으로 만들어서 사체를 넣고 나무 위에 약 1년간 올려놓았다가 시간이 지나가면 애장사리라고 하는 돌밭(너덜겅)에 간단히 다시 묻었다. 그래서 금바위는 막현리와 외부 세계를 경계 짓는 곳이었고, 여러 신들과 유통의 장소였으며, 삶과 죽음의 경계선도 되어서, 여러 경계선이 중첩되는 의미 깊은 장소이기도 하였다.

내가 어렸을 때 여름철에는 앞산이나 금바위 냇가에서 발가벗고 하루 종일 헤엄을 치며, 몸뚱이를 새까맣게 태웠다. 겨울철에는 금바위 옆의 무논이나 방죽이 얼어서 썰매타기를 많이 했다. 불탄 회관 터에서는 여러 가지 놀이를 하였다. 마을 회관 터는 6·25 전쟁 때 공산군이 불을 질러서, 마을 사람들이 공동 작업으로 지은 건물은 여러 집의 옷가지나 가재도구와 같이 모두 타 버려서 생긴 빈터였다. 그러나 우리는 아무것도 모른 채 좋은 놀이터라고 여기고 신나게 놀았다.

이런 가난과 부족함, 늘 흙을 밟고 만지면서 커 온 삶은, 어쩌면 흙을 닮아서 눌리고 밟히면서도 아무 불평 없이 살아가는 철학을 온 몸으로 익힌 듯하다. 그래서 그런 장소에 뿌리를 내리고 자양분을 흡수하면서 위로 향하는 삶의 숭고함을 불평 없이 실천했던 것이다. 그 과정에서 어려움이 왜 없었겠는가? 때로는 주변에서 많은 도움을 받았고, 때로는 격려도 받았고, 때로는 의심도 받았고, 때로는 잘못도 저질러 가면서, 그래도 무언가를 바르게 이루려고 하고, 무언가를 주변에 주려고 하지 않았겠는가?

그 고샅과 회관 마당, 뙤똥 펀더기의 흙바닥 위의 놀이를 통해서 우리의 머릿속에는 차츰 고향의 냄새가 서리고, 여러 색깔이 어울리게 물들었다. 그래서 결코 잊을 수 없는 고향의 장소가 깊이 새겨졌고, 사물을 나름대로 해석하고 파악하는 사회·문화 렌즈(social and cultural lens)가 차츰차츰 만들어졌던 것이다.

그렇게 놀면서 노인들에게 인사를 건네지 않고 그냥 지나가면, 우리 마을에서는 바로 불러 세워진 후에 일장 훈시를 듣는 것이 보통이었다. 그 때 우리가 보통 올리는 인사는 "어디 가세요?"라는 말과 함께 고개를 숙이는 것이었다. 따라서 장소에 대한 관심의 표현이나 언급은 바로 어려서 놀던 골목에서부터 나왔고, 놀이에서 행해졌다. 그것은 후에 강력하게 공동체를 결속시키는 상호간 묵시적인 의사소통이 이루어지는 징표가 되었고, 구성원 간의 약속된 강력한 말과 행동이었다. 이 장소에 대한 인사인 "어디 가세요?"는 구성원을 확인하고, 동시에 안부를 묻고, 내가 하는 일을 가볍게 상대방에게 전하는 말이었다.

간디(Gandhi, M.)는 "인도를 구할 수 있는 것은 외국인들의 통치로 만들어진 도시가 아니고, 고대부터 이어져 온 인도 마을이다."라고 말하고, '마을(스와라지) 운동'을 평생 동안 전개하였는데, 그가 말하는 마을은 자연의 섭리에 따라 움직이는 장소 기반의 공동체였다.[96] 즉, 인도의 공동체 기반 마을은 사람들을 서로 소통하게 하여 끈끈한 유대 관계로 결속된 사회로, 우리의 장소, 우리가 살고 있는 마을, 우리가 논의하는 막현리 장소와 별 차이가 없는 것이다.

그런 공동체가 있는 마을의 장소야 말로 구성원들이 '그 장소'에 대한 공통된 인식과 목적을 가지고 예측 가능한 행동을 하는 곳이다. 그러나 도시화가 진행되면서 공동체가 대부분 파괴되고 이질적인 사람들이 서로 뒤섞여졌다. 그래서 살기는 하지만 의사소통과 상호 작용이 거의 없는 '유통 부족 사회'가 되고, 따라서 장소가 사라진 도시 사회가 되면서 마을은 딴 세상이 되어 간다.

---

96) 인터넷 포털 다음(Daum)에서 "간디"를 인용함.

그러나 그에 대해서도 시카고나 보스턴 대학의 몇몇 학자들은 도시 내에도 '공동체적 마을 (Urban village라 한다)'이 있다고 하고, 그를 찾으려고 노력하여 왔다. 그런 도시 내의 장소들은 시골과 같이 사회적으로 강력한 연결과 중요한 상호 작용이 있는 곳이다. 그러나 가장 자연스러운 공동체는 역시 산골(시골) 마을의 공동체이고, 막현리의 금바위 개천 안쪽에 전개되어 있는 장소와 같은 사회이다. 이런 사회는 늘 면대면(face to face)으로 서로 얼굴을 보면서 같은 느낌이 통하는 장소로 사람들의 마음속에 장소가 강하게 박혀 있는 것이다. 그리고 막현리에는 특히 중요한 장소가 몇 개 더 있다. 회관 마당 외에 둥구나무 아래, 가나무 아래, 도랑께, 우물가 등이 마을 사람들에게 중요하였다.

▲ 그림 2·45 **막현리 둥구나무** 정자나무라고도 하는 이 나무 아래는 마을 사람들의 쉼터이자 회의 장소, 정보 교환의 장소로, 막현리의 아고라(agora; 광장)였다.

특히 둥구나무 아래는 더위를 피하고 휴식을 취하면서 만나는 미팅 장소인 것이고, 같은 사람들이라는 것을 확인하는 장소이다. 마을의 입구라는 상징성과 막현리의 경지를 대표하는 넓은 들인 "둥구나무 들"을 모두 볼 수 있는 장소로 공동체 정신을 강화하는 곳이다. 이렇게 막현리에서는 장소와 사람들이 함께 어울리면서, 각자의 땅꿈이 차츰차츰 영글어 갔던 것이다.

2 막현리 공동체:

사람과 장소의 논리적 강화 과정 (변증법적 작용)

땅 위의 어떤 공간과 그 위에 사는 사람들이 속해 있는 사회와의 관계는 논리적 강화 과정 (변증법적)인 상호 의존적 관계로 알려져 있다. 더구나 공동체가 유지되는 장소는 공간적으로 그리 넓은 곳이 아니고, 그저 마을 정도의 넓이가 많고, 공동체 구성원들은 모두가 비슷한 느낌과 태도를 가지고 사는 사람들의 삶터였다. 그 장소에서 사람들이 서로 얼굴과 얼굴을 마주하는 직접적인 상호 작용이 이루어지는 마을 공동체에는 상당히 엄격한 질서가 있었다. 다른 사람들이 보면 별 의미가 없어 보이는 하찮은 것들이지만 거기서는 나름대로 의미가 있다. 그들은 따라서 '그 장소에 추억을 가지고 살고 있는 사람들'로서 아주 독특한 의미를 함께 가지고 있는 것이다.

봄철이 되면 하얗게 산을 수놓는 여러 꽃들과 거기에 아름다운 채색을 더하는 노랑, 빨강, 분홍의 여러 색을 가진 꽃들이 더 화사하게 해 주는 것들이고, 이들의 멋진 배합이 봄철 막현리 장소의 색채였다. 또한 애절하게 울어대는 뻐꾸기와 꾀꼬리, 바쁜 제비 등은 물론 여러 가지 다른 매미 소리, 적막을 깨뜨리는 꽹과리나 징 소리 등은 소리로서 막현리 마을 공동체의 장소 특성을 이룬다. 그뿐이랴! 그때나 지금이나 거름 냄새, 화장실 냄새 등은 피하고 싶은 냄새이지만, 지천으로 깔린 밤꽃이나 아카시아 꽃의 향기와 어우러지면서 역시 익숙한 장소의 냄새가 되었다.

그런 자연물에 대한 객관적 또는 주관적인 느낌과 인식의 상당 부분이 마을이라는 공동체의 터전을 이루며, 그곳 사람들에게는 특정한 자연 내지 인공물이 있는 마을의 장소에 대한 '주관적 감정이나 느낌인 장소감(Sense of place)'이 만들어져서 내려왔다. 물론 장소에 대한 느낌은 현재 새로 생기기도 하며, 때로는 소멸되기도 하면서 공동체 속의 장소에 살아 있다.

주로 마을을 이루게 한 자연환경과 규모가 작고 나지막한 집(본래는 초가), 구불구불한 좁은 고샅, 마셔도 되는 맑은 물이 흐르는 냇물 등이 좋았다. 또한, 그때는 넓어 보였지만 지금 보면 손바닥 같은 논밭 등과 산하, 그들 속에서 이루어지는 사람들의 상호 작용 활동, 사람들의 움직임은 물론, 풍경과 소리와 냄새까지도 장소감 속에 녹아 있다. 그리고 이런 장소감은 여러 요소들과 마을 사람들이 어울려서 엮어 내는 것이고, 그런 느낌인 장소감이 충만할수록 그 마을 공동체는 더욱 활기가 있고, 견고하며, 외부에 대해서 강력한 인상을 주게 된다.

막현리 마을에는 외부에 대해서 상당히 배타적인 규범과 행동, 관습, 활동, 심리 작용이 있다. 외부 사람들은 이 장소에 들어와서는 자격이 주어질 때까지는 본래 이곳에 살고 있는 공동체 구성원들과는 다른 차별적인 대우를 받는다. 그러나 마을의 공동체 구성원이 되면 각자는 대체로 평등하게 권리를 가지며, 어떤 대상물에 공평하게 접근할 수 있다. 따라서 이 마을에 사는 사람들은 모두가 이 마을을 사랑하며, 전해 오는 가치와 규범에 따르고, 그에 맞게 행동하고 있다. 마을이 번성하고 단결이 잘 될수록 애향심은 더욱더 강해지고, 그럴수록 행동 규범들이 잘 지켜지며, 공동체는 더욱 더 공고해진다.

이와 같이 마을의 공동 작업이나 활동들은 공동체 정신을 더욱 강화시키고, 공동체 정신은 마을 사람들이 그 마을을 더욱 독특한 장소로 만들어 가는 힘과 과정이다. 그것을 우리는 '공동체-장소의 논리적 강화 과정(변증법적 과정: Dialectic Processes between Community members and Places)'이라고 하겠다. 따라서 장소감이 강할수록 사람들은 서로 친밀한 관계를 유지하고, 그런 관계는 강한 장소감을 만들어 내게 되어 마을의 장소들을 사랑하는, 서로 주고받는 두 방향의 유통 관계를 이루는 것이다.

이 과정은 또한 막현리의 과거와 현재를 연결시키는 법칙이 되며, 현재를 해석할 수 있는 과정이다. 이 변증법적 과정이 강하게 연결되어 있는 장소일수록 공동체가 잘 발달되어서 살기 좋은 곳이고, 인정이 넘쳐나는 마을이다. 그래서 주변의 마을들에서는 막현리 마을을 부러워하는 경우가 많았고, 마을 내의 결속 또한 아주 단단하였다. 반면에 공동체-장소의 변증법적 과정이 약하여 큰 의미가 없는 마을은 공동체 정신 또한 약한 경우가 대부분으로 근대화 과정에서 해체되어 마을이 거의 사라진 경우도 허다하다. 최근에 도시에서 농촌으로 귀향하는 사람들이 적지 않지만 대부분은 공동체 정신이 뛰어난 살기 좋고 인정 많은 마을로의 귀향이거나, 도시 근교로서 숫제 이 공동체 정신이라는 것 자체가 없는 곳으로의 이주가 많다.

여기서 공동체와 그 구성원 및 환경과의 관계를 조금 더 살펴보기로 하자. 미국의 미시건 주 플린트(Flint) 시와 디트로이트(Detroit) 시의 사건으로 불거진 '환경 인종주의' 논란을 보면 환경과 사람, 특히 인종(민족)과의 관계를 파악할 수 있다. 디트로이트 시에서는 이상하게도 오염된 지역일수록 흑인 혹은 남미 출신(라티노) 이주민의 비율이 뚜렷하게 높았는데, 이것이 새로운 유형의 인종 차별을 나타내는 것이라는 주장이다. 실제로 대부분의 주에서 석유 정제, 쓰레기 소각장 등 공해 배출 시설이 흑인과 라티노 거주지에 몰려 있는 것을 확인할 수 있었다. 디트로이트의 경우에도 흑인 학생의 82%가 오염 지구에 있는 학교에 다니는 반면, 백인 학생 비율은 44% 정도에 머물고 있다.

플린트 시는 납에 오염된 수돗물 문제가 심각했던 곳이고, 그 수돗물이 급수되는 장소에는 흑인들이 많이 살고 있었다. 이는 흑인들에게 차별적으로 납에 오염된 물을 공급했다는 논쟁을 불러 일으켰다. 그러나 역으로 흑인들은 본래 가난한 사람들이 많아서, 환경이 열악한 장소에 몰릴 수밖에 없었던 것도 사실이다. 플린트 시는 이 빈곤한 흑인들을 위하여 깨끗한 수돗물을 공급하려고 노력하지 않았던 것이 근본적인 문제였지만, 시의 재정이 빈약했다.

▲ 그림 2 • 46 **디트로이트 흑인 거주 지역(푸른색 표시)과 오염 시설(빨간 점)의 관련성** 흑인과 오염 시설이 같이 밀집해 있는 것을
보여 주는 자료로, 두 개의 지표가 강한 관련성이 있음을 보여 준다(한국일보, 2016. 6. 12.)

여기서도 알 수 있듯이, 어떤 장소에 사는 집단과 그 장소의 정체성(특성)과의 관계는 변증
법적이다. 이 관계는 시간이 지남에 따라서 차츰 강화되는 상호 작용으로 그 장소의 특성(정
체성)을 형성하고 더욱 강화한다. 또한 그 장소에 사는 사람들의 장소에 대한 느낌과 반응도
다른 장소에 사는 사람들과 점차 다르게 특성을 형성하게 된다. 이를 장소와 사람 사이의 변
증법적 관계라 하며, 지도는 그 변증법적인 관계를 보여 준다.

이 장소와 사람 사이의 변증법적인 관계는 장소 정체성의 이론과 형성 배경을 뒷받침하는
것이기도 하다. 즉, "이 장소는 시간이 지남에 따라서 흑인들이 더욱 많이 모여서 살게 되었
고, 그에 응하여 지가나 임대료가 낮아지고, 유해한 오염 시설도 더욱 많이 집중되었다."고
해석하게 되는 것이다. 그러나 유해한 오염 시설이 많아져서 지가나 임대료가 저렴해지고, 그
래서 흑인이 모여들게 되었다고도 볼 수 있다. 그래서 '환경 인종주의'는 좀 더 확인과 논의가
필요하다. 그러나 '디트로이트의 그곳에 흑인이 점점 많아졌고, 유해한 오염 시설도 많아졌
다.'는 장소 정체성(특성)의 형성과 강화 이론의 확인에는 큰 문제가 없다.

1) 공동체 장소: 거기 사람들의 느낌, 행동, 생각이 켜켜이 쌓여 있는 창고

어떤 공동체의 장소는 바로 그 공동체의 기초이고 틀이다. 따라서 공동체의 형성과 장소는
밀접한 관련이 있다. 그래서 마을 공동체(community)를 구성하는 사람들은 마을의 여러 장
소에 대해서 같은 느낌(공감)을 가진다.

막현리 마을에서 금바위는 외부 세계와 마을을 경계 짓는 경계선이면서 또한 동시에 마을
을 포근히 감싸 주는 역할을 하는 숲정이가 있는 곳이다.

밖에서 금바위의 숲정이를 지나면 마을 안쪽이 되는데, 다른 곳에 갔다가 돌아오는 길에는

"아! 이제 집에 다 왔군."하고 느끼는 장소이고, "목표했던 이동이 끝나는 느낌을 갖게 되는 지점"으로, 요즘 말로 랜드 마크(landmark: 표지판. 사람들 눈에 잘 띄는 건물이나 지형물로 사람들의 마음에 잘 남아 있는 대상)나 이정표 역할을 하는 곳이었다. 그래서 금바위 숲정이는 공동체의 외부와 내부를 구별하는 가시적인 장소이고 경계선을 나타내는 표지판이었다.

이 경계선 밖에 있는 땅을 사면, 마을을 위해서 좋은 일을 한 것이고, 돈을 번 것이 된다. 따라서 숲정이 안쪽으로는 인접한 이웃 마을 사람들에게 조차 땅을 팔지 않는 태도를 가져서, 공동체 장소에서는 모든 구성원들이 땅에 대한 특별한 느낌과 처리 방식을 가지고 있었다. 그래서 이런 특별한 감정을 갖는 마을 공동체에 대해서 좀 더 살펴보기로 하자.

공동체의 정의는 90여 개로 많지만[97] 3개의 관점에서 일치된 견해를 보인다.[98]

첫째, 지리적(공간적)으로 뚜렷이 구별되는, 대체로 좁은 지역에 사는 그룹(집단)의 사람들을 포함하며, 공간적 특성이 있다(Hawley, 1986).

둘째, 그룹 내 관련성의 질(質, quality)이 공동체의 지표이며, 구성원들 간의 상호 작용이 공통 특성(문화나 가치 등)을 갖는다. 상호 작용은 질적으로 끈끈한 면대면의 직접적인 연결을 가지고, 형식적이기보다는 직접적·실질적이다.[99]

셋째, 그룹의 사람들이 서로 관계하는 상호 작용은 공통적 유대(common ties)를 갖는다. 이 공통적 유대를 통해서 근린(neighbor)이 형성된다. 그리고 공동체 구성원 사이의 상호 작용은 공간적인 범위뿐만이 아니고 시간적으로도 제한 범위가 있다.[100]

이상에서 공동체는 일정한 가치나 이념, 문화 등을 가지는 집단을 의미하며, 대체로 좁은 범위에 한정되고, 면대면(face-to-face)의 상호 작용이 기본이 되었으며, 끈끈한 유대와 전통적인 문화를 공유하고 있다. 또한 그들이 가지는 공통적 정신을 공동체 정신이라고 하고, 공동체의 기반으로 파악한다.

이와 같이 지역의 집단 내부와 외부를 구별하는 암묵적이지만 동질성을 인식하는 정신이 공동체 정신(community spirit)인 것이다. 이 공동체 정신은 공동체를 구성하는 구성원들이 모두 공통으로 가지고 있으며, 행동의 기준이 되는 것이다. 가장 중요한 것은 일체감과 소속감, 평등 정신, 공동의 목표, 상부상조, 단결심, 애향심, 구성원들을 아끼는 상호 존중, 측은지심 등이 중요한 항목이었다. 공동체 내에서 구성원들의 신분에서는 상당한 차별이 있었지만, 그래도 평등한 대우를 기본으로 하는 공동체 정신이 있어서 마을 사람들이 하나가 되고, 서로 사랑하면서 공존하는 공동체를 유지할 수 있었다. 그러나 이런 공동체의 정신과 태도는 대부분이 이익 집단으로 변질된 현대 사회에서는 기대하기 어려운 것들이었다.

막현리 공동체 사람들의 정신 중에서 특이한 것은, 다물 정신(多勿精神)에 대한 것이다. '다물'은 고구려 말로 '옛 영토를 다시 찾는다.'는 뜻으로 해석된다.

---

97) Hillery에 의하면 공동체에 대한 정의는 1955년까지 94개가 존재할 정도로 다양하였다.
98) Pacione, M, 2009, Urban Geography, 3rd Ed, Routledge, London, pp. 375–377.
99) 강대기, 2001, 현대사회에서 공동체는 가능한가, 아카넷, pp. 22–28.
100) Stein, M, 1972, The Eclipse of Community, Princeton Univ. Press, N.J, p. 94.

고구려에서 다시 찾겠다고 나선 '옛 영토'는 어디를 말하는 것인가? 그것은 바로 고조선의 땅이라는 사람들이 많다. 그런데 이 다물 정신은 이스라엘 사람들이 아주 강하게 가지고 있으며, 그것과 아주 유사한 정신이 막현리 사람들의 애향심이라고 필자는 생각한다.

이스라엘 사람들은 그들의 땅이 '야훼가 자기네에게 약속한 신성한 땅'이라는 말을 신봉한다. 그래서 그들은 소유한 신성한 땅을 지키는 정신이 다른 민족과 달리 아주 강한데, 이를 '다물 정신'이라고 하고, 그 정신을 잘 지켜오고 있다. 그래서 이스라엘 사람들은 하느님이 자기 유대 민족에게 약속한 땅을 팔지 않으며, 형편상 할 수 없이 땅을 팔았으면 나중에 형편이 좋아지는 대로 '그 땅을 다시 되물리는 매매'를 해서 땅을 다시 찾는다는 것이다. 이런 태도가 이스라엘과 주변 아랍권과의 전쟁과 갈등을 일으키게 하는 원인이 되었지만 말이다. 그런데 그 정신은 한민족의 농투사니들이 가진 정신과 태도와 아주 비슷하며[101], 막현리에서도 이어져 오고 있다. 즉, 우리나라의 농투사니(농민)들은 무작정이라고 할 만큼 땅을 아주 소중하게 여기고, 애착을 가져서 무작정 팔지 않으려고 하였다. 이런 태도와 정신을 그저 '농투사니(농투성이) 정신'으로 부르고, 말은 하지 않지만 끊어지지 않고 계속하여 막현리 사람들의 마음속에도 이어져 왔다.

막현리 사람들도 금바위 안의 땅은 다른 이웃 마을 사람들에게는 거의 팔지 않았고, 조금 손해가 나더라도 내부에서 거래해서 공동체의 기초인 땅 문제를 해결하고, 그 터전을 잘 지켜왔었다. 그리고 그 땅을 지키려는 다물 정신과 똑같은 농투사니 정신은 막현리의 여러 장소에 퇴적되고 침전되어 켜켜이 새겨져 있고, 모두의 머릿속에 각인되어 내려오고 있다.

그냥 지나치기 쉬운 냇물 하나와 몇 그루의 나무가 우리 민족의 근본을 해석하는 장소가 될 수 있다. 따라서 우리나라 자연 마을의 여러 장소를 지리학자들이나 일반인이나 모두 부지런히 다니면서, 듣고, 보고, 기록하고 정리했으면 하는 마음이다.

2) 막현리 공동체를 묶는 활동과 장소성의 강화

막현리 공동체의 공통적인 활동, 즉 상호 작용 중 중요한 활동은 상부상조를 기반으로 하는 공동 활동들이다. 그 중에서 두레, 보막이, 길 닦기, 야학, 상여 관리, 그릇 관리, 품앗이, 산판 관리(송계;松契), 운동회 활동, 마을 자산 관리, 마을 회관 관리 등이 주를 이룬다.

첫째, 두레는 모내기나 김매기 혹은 추수기 등 일손이 집중적으로 필요한 시기에 마을 전체의 가가호호마다 장정 한 명씩을 내어서 공동으로 일손이 필요한 곳에 투입하여 대가를 받고, 일을 해주는 작업이다. 농악대도 같이 움직이고 '농자천하지대본(農者天下之大本)'이라는 글을 넣은 커다란 두레 깃발이 함께 이동한다. 두레에서 모여진 자금은 마을의 공동 경비로 쓰였고, 경로잔치나, 위문 연극 공연, 노래자랑 등의 행사 비용으로 사용되었다.

---

101) 김진홍, 2015, 김진홍의 아침 묵상; 다물정신과 토지무르기, e-mail 문서, 6월 17일.

▲ 그림 2·47-1(좌) **막현리 마을의 상조 회의** 둥구나무 아래의 부녀자 모임(전면)과 마을 상조 회의 및 경로 모임 광경이다. 마을의
　모든 구성원들이 참여하며 경로잔치를 겸하고 있고, 마을 일을 상의하는 모임도 열리는 아고라이다.
▲ 그림 2·47-2(우) **그리스의 아고라(agora; 광장) 주변의 유적** 사람들 사이의 의사소통 장소이다. 광장 주변의 시장과 공공 기관,
　신전, 회의장 등이 시내 한 복판에 배치되어 있어서 의도적으로 사람들이 장을 보면서 모이도록 계획하였다.

　그래서 막현리의 마을 회관, 정자나무, 도랑께, 가나무는 아고라의 기능을 하던 장소들이
다. 마을 회의 장소는 겨울에는 마을 회관이 자주 이용되고, 여름철에는 둥구나무 아래가 아
고라의 기능을 발휘하여서 마을의 유통(소통)이 이루어지는 장소가 된다. 회의에서는 마을의
재정을 보고하고, 때로는 마을의 현안을 처리하는 등의 논의가 중요한 활동들이다.

　이런 면에서 막현리 마을 공동체는 인정이 넘치는 유기적 연대(organic solidarity: 친목과
관습에 의한 연대)가 이루어지는 바탕이 '이웃'에 근거하지만, 다른 하나는 이런 전체적인 활
동을 통하여 이루어진다. 이들은 도시의 기계적 연대(mechanic solidarity; 가령 회사의 계
약에 의한 이익 연대)와 구별되었다.

▲ 그림 2·48 **막현리 금바위 다리와 숲정이 일부, 그리고 금바위들 보** 막현리 입구의 장구봉산 아래에 막은 보이다. 막현리 사람
　들이 금바위 숲을 지나서 신대리와 구례리의 땅인 금바위들의 땅을 사들이고, 그 논에 물을 공급하기 위해서 막은 보이다. 요
　즘에는 사진에서처럼 보를 콘크리트로 낮게 막아서 홍수 시에는 물이 흘러넘치게 하고 평상시에는 물을 가두는 보가 많다.
　그러나 토사에 매몰되는 경우가 흔하여 농사철에 보막이는 여전히 필요하다. 이 금바위들 보는 막현리 사람들이 경계인 숲
　정이를 넘어서 주변으로 세력을 펼쳐 가는 과정을 보여 주는 장소로 '다물 정신'이라는 우리의 땅에 대한 사람들의 무한한 신
　뢰를 나타내는 증거의 장소도 된다.

대부분의 이웃끼리는 인심이 통하고, 서로 음식을 나누며 상부상조하고, 논밭매기나 추수 등의 일과 경조사에 참여하여 서로 돕는 것 등이 표면으로 관찰되는 이웃의 유기적 연대들이다.

둘째, 보막이는 마을의 경지에 물을 공급하기 위해서 마을 앞을 흐르는 앞내(지방천)의 여울목(하천의 경사 변환점)에 둑을 막고, 보(洑)를 만들어서 물을 확보하며 도랑을 만드는 작업이다. 보주는 그 보에서 가장 넓은 경지를 가진 집의 호주가 되는 경우가 흔하며, 나이가 많은 사람인 경우도 많다. 보의 활동은 가뭄이 심할수록 강해진다.

셋째, 길 닦기는 집집마다 한 명씩의 장정이 나와서 마을 입구인 금바위 냇물의 다리에서부터 시작하여 장마철에 부서진 다리와 길을 닦는 작업이다. 보통은 장마가 지난 후 추석 전에 길을 닦지만, 길이 호우로 부서지면 다시 길을 닦곤 하였다. 지금은 모든 길들이 포장되어서 길 닦기는 거의 사라졌다.

넷째, 야학도 매우 귀중한 의미를 갖는다. 요즘처럼 흙 수저 논쟁이 일어나는 것을 보면 막현리 사람들은 모두가 흙 수저 출신이라고 해도 무방하다. 그래도 여유가 좀 있는 집에서는 적어도 큰아들은 대전의 중·고등학교에 진학을 시켰다. 대전에서 고등학교에 다닌 사람들은 겨울철 저녁에 마을의 청년들을 모아 놓고 한글, 한자, 수학, 영어를 가르쳤다. 대체로 마을 회관에서 가르쳤지만, 마을 회관이 불에 타고 없을 때에는 개인 집의 사랑방을 빌려서 가르치기도 하였다. 배우지 못한 막현리 청년들에게 그래도 한글과 한자를 조금이지만 알게 하고, 약간의 셈을 할 수 있게 하였다.

다섯째, 송계(산판 관리)가 중요하다. 마을 동산의 관리와 마을 재산의 관리를 맡는다. 보통은 쌀을 어려운 사람에게 빌려주고 이자를 붙여서 다음 해에 받는데, 그 기금은 마을의 공동 사업을 하는 데 사용되었다. 또한, 많은 공동 기금이 필요하면 공동 벌목으로 자금을 모았다.

▲ 그림 2·49 **막현리 마을 상엿집** 소멸되기 직전의 허름한 상엿집 사진이다. 과거에는 초가로 매년 지붕을 잇고, 문을 달아서 관리하였다. 현재는 그 자리가 대전시 사람들의 교외 택지로 개발되었으니, 정말 상전벽해의 큰 변화가 일어난 셈이다.

사람이 죽어서 상을 치르는 행사는 공동체에서 중요한 일이었다. 얼마 전까지만 해도 마을에서 사람이 죽으면 집집마다 무언가 위로가 될 물건이나 금품을 전달하고, 힘든 일을 상주 대신 처리해 주었다. 이제는 장례 문화가 급변하여서 이 송계 활동은 친목계로 변한 듯하다.

여섯째, 품앗이는 노동력을 서로 교환하면서 농사를 짓는 데 주로 이용한다. 그러나 재물을 꾸어 주고 되돌려 받고, 같은 물건이 없으면 다른 등가의 물건으로 되갚기도 하고, 면해 주기도 하는 주민들 간의 활동들이 모두 품앗이와 궤를 같이 하는 활동들이다. 최근에는 노동력으로 갚는 대신 품삯으로 지불하는 경우가 많다.

▲ 그림 2 · 50 **막현리 부녀회 공동 작업 마을 청소** 마을 입구의 동구나무와 도랑께에서 공동으로 청소를 하고 있다

일곱째, 대청소하기는 봄, 여름, 가을철에 날짜를 정하여 마을 전체가 동시에 집의 안팎과 고샅을 깨끗이 쓸고 쓰레기를 제거하고, 배수구를 정비하는 작업이다. 모든 집에서 남녀노소를 구별하지 않고 안팎에서 함께 날을 정하여 청소한다. 때로는 우물물을 모두 퍼내고 그 안을 청소하는 작업도 하여서 건강을 지키고, 일이 끝나면 공동체 구성원들이 같이 음식을 만들어서 즐기기도 하였다.

여덟째, 막현리 교회와 부설 중등 학원의 활동은 막현리 공동체의 성격을 가장 크게 변화시키면서, 새로운 임팩트를 막현리에 주었다. 이 교회의 활동은 기독교의 유일신 사상이 유교 사상으로 굳어진 막현리에 많은 변화와 다양성을 주었다. 특히 남녀평등 사상과 중학교 교육이 일부나마 도입되는 계기가 되었다.

◀ 그림 2 · 51 **옛 막현리 교회 건물(뒤)** 여기서 중등 과정의 일부를 가르치는 학원을 운영하였다. 막현리에서 가장 많은 청소년들이 모였던 장소였고, 장로교회의 예배가 행해지던 곳이다. 이 학원은 근처의 여러 마을 젊은이들에게까지 꿈을 안겨 주었던 중요한 장소였다. 현재는 교실 일부가 철거되었고, 교회도 폐쇄되었으며, 개인에게 이 건물이 양도되었다.

기타 공동체 활동을 잘 대표하는 것은 '신대 초등학교 운동회'였다. 외국의 경우 공동체의 중심이 교회나 공동체 건물(커뮤니티 센터; community center)이라고 잘 알려져 있다. 여기서는 신대 초등학교 학구 내의 지원 활동이 공동체 정신을 잘 반영하였다. 마을 대항 체육 대회에서는 온 마을이 하나가 되어서 응원을 하곤 하였는데, 그 상품이야 보잘것없지만, 같이 단결하여 팀워크(teamwork)를 발휘하는 과정, 준비하는 과정이 아주 끈끈하고, 일체감을 가져오곤 하였다.

또 다른 중요한 것으로 골목의 법칙이 있었다. 골목에는 골목대장이 있고 거기에 속한 어린이들이 있었다. 그들 사이에는 실력의 우열이 굳이 싸우지 않더라도 자연스럽게 정해졌다. 매일 어울려서 놀고 부대끼면서, 자연스럽게 성장하고, 협력하는 방법을 배우고, 땅을 알아가며, 차츰 철이 들어 갔던 장소가 골목이었다.

▲ 그림 2·52-1(좌) **필자가 살던 막현리 옆집의 뒷(쪽)문** 이 문은 주로 부녀자, 아이들의 통로가 되었고, 집의 뒤편이나 옆쪽으로 나 있다. 주로 샘이나 도랑에 갈 때, 혹은 이웃집으로 마실(을) 갈 때 이용되었다. 또한 쪽문이 없던 집에는 개구멍이 있는데 그것은 닭이나 오리, 강아지 등의 통로가 되고, 장마철에 물이 흘러나가는 수로가 되기도 하였다. 그러나 지금은 이들 모두를 거의 쓰지 않는다. 사진에서도 옆에 심은 나무가 너무 자라서 사람의 통행을 막을 정도이다. 즉, 서로 통하기 어려운 사회가 되었음을 보여 준다.

▲ 그림 2·52-2(우) **우리나라 서울 북촌 한옥 마을의 미로형 골목(고샅)과 담장, 기와집 처마** 골목은 역시 사람들이 통행 시에 몸이 스칠 정도로 좁아서 상대편의 얼굴을 자세히 볼 수 있으므로, 서로 인사하고 인정이 유통되는 통로의 역할을 하였다. 그러나 자동차 중심의 길로 되면서 이 길은 너무 좁은 폭이다. 비상시에 구급차, 소방차, 경찰차는 통할 수 있는 길이 되어야 한다.

이 쪽문은 사실 성곽에서의 암문과 같은 역할도 하였는데, 옆의 고샅으로 연결되어서 실제 생활에서는 참 요긴하게 쓰였다. 우물, 도랑께에 연결되어서 주로 아이들이나 여성들의 통행, 옆집과의 면대면 의사소통에 요긴하게 사용되었다. 또한 무거운 물건을 옮기거나, 들에서 올 때 지름길로 집에 들어갈 수도 있다.

그런 좁고 막힌 고샅길을 갖는 막현리에 "6·25 전쟁 때보다도 더 크게 변화가 시작되었다."고 어린 내가 느낀 것이 5·16 군사 정변과 그 후의 새마을 운동 시기였다. 마을의 주택 개량 사업을 할 때, 모든 집에서 공동으로 초가지붕을 없앴고, 흙 부뚜막을 시멘트로 바꾸었으며,

울타리를 돌담장이나 벽돌로 바꾸었다. 또한 PVC 관을 땅속에 묻어서 독적골 물을 끌어다가 부엌문 앞에서 쓸 수 있게 간이 상수도 시설을 설치하였다. 이는 막현리에서 획기적으로 여성들의 노동을 줄이고, 위생 상태도 크게 개선한 계기가 되었다.

그리고 그에 못지않게 중요한 사건이 우리 마을에서 또 일어났다. 즉, 마을 회관을 다시 짓고, 거기에 금성 라디오와 앰프를 마을의 공동 기금으로 사서 설치하고, 가가호호에 스피커를 달고 그것을 유선으로 연결하였다. 라디오의 채널은 선택하지 못해도, 마을 회관에서 틀어 주는 라디오 방송을 하루에 8시간 정도를 들을 수 있었다. 그래서 서울과 대전에서 무슨 일이 일어나고, 가끔은 세계에서 어떤 일이 일어나는지를 알 수 있게 되었고, 사람들의 의식도 깨어나게 되었다. 이렇게 막현리 공동체는 인접한 마을들보다 훨씬 잘 조직되고, 관리되고, 행동하였다. 그 후에 갑자기 젊은이들이 서울, 대전, 부산 등지로 취직하여 나갔고, 그들이 가져오는 외부의 문물들은 막현리를 한층 더 빠르게 변화시켰다.

이렇듯 옛날의 피난처나 다름없는 막다른 변두리의 산속에서 막현리 사람들은 변화하면서, 잘 적응하며 살아온 것이다. 무척 불리한 자연환경을 극복하면서 인정이 넘치는 마을을 유지해 왔고, 차츰차츰 의식주 문제도 해결하였는데, 무척 배가 고팠던 시기를 잘 넘어서 이제는 제법 여유 있는 생활도 나타났다.

▲ 그림 2·53-1(좌) **서산시 고북면 신식 교회 건물과 그 앞의 민간 신앙을 따르는 선돌 바위** 바위의 이름은 '개좆 바위'라고 불렸으며, 마을의 여러 곳에 서 있는데, 여기서는 교회 앞에 이 선돌이 같이 서 있어서 아주 극적으로 대조적인 경관을 보여 준다.

▲ 그림 2·53-2(우) **같은 마을의 신개척지에 세워진 또 다른 선돌 바위** 고북면에는 이런 선돌이 주로 마을 입구에 많은데, 이 곳은 개척 과정에서 형성된 우리나라에서 유례가 드문 산촌 지역이다. 사람들은 이 선돌들을 새 땅을 개척하면서, 다산을 빌며 세웠다. 즉, 자기의 자손들에게 개간할 땅을 나누어 주면서 그 땅에 집을 지어서 분가시켰고, 그래서 집 사이가 떨어진 산촌으로 발전하였는데, 그 과정에서 다산을 기원하며 세운 상징물이 이 선돌이다. 막현리에는 이런 선돌은 없었지만 할미바위 등의 여러 샤머니즘적 행위들이 남아 있었다.

막현리 사람들은 어려운 환경과의 상호 작용을 통해서, 주어진 어려움을 극복하기 위하여 서로 단결하였고, 서로 도와 가면서 어려움을 이기려고 하였다. 그런데 자연환경의 여건이 살아가기에 어려운 장소일수록 사람들의 삶이 고달팠지만 단결도 잘 되었다.

그래서 그 어려운 삶의 과정에서 위안을 얻으려는 사람들의 바램이 여러 가지 상징과 기원으로 함께 나타났다. 가령 위의 서산 고북면의 예처럼 많지는 않지만, 막현리에도 뒷동산의 할미바위, 앞내의 금바위, 숲정이, 무제바위, 독적골의 가나무 등이 상징물이 있던 장소들이다.

또한 서산(개척의 장소)의 사례에서 볼 수 있듯이 '교회 바로 앞에 다산을 기원하는 상징물'이 세워져 있는 것은 흔하지는 않은 사례이다. 물론 선돌이 먼저 세워졌고 교회가 나중에 세워졌겠지만, 그래도 서로의 상징을 존중하고, 공존하고 있는 것이 매우 인상적이다. 막현리에서도 교회는 유교적 생활을 하는 주민들과 서로 공존하는 측면이 배척하는 측면보다 훨씬 강하였다. 그래서 교회를 세우거나 증축할 때는 막현리 사람들이 협동하여 공사해 주곤 하였다.

3) 장소성을 강화시키는 움직임: 푸드 마일리지, 로컬 푸드, 장소 마케팅

우리나라 도시인들이 알아야 할 장소 개념이나 장소를 이용한 운동으로 '푸드 마일리지(Food milage)' 운동을 들 수 있다. 푸드 마일리지란 '식품의 운송량과 식품이 이동한 거리를 곱한 것'으로 정의할 수 있다. 이를 수식으로 표기하면 '운송 식품의 양(t) × 거리(km)'로서, '톤 · 킬로미터(t · km)'를 단위로 한다. 예를 들어 10톤의 식품을 20km 정도 운송했을 경우, 푸드 마일리지의 값은 200t · km가 되고, 얼마나 많은 양이 얼마나 먼 거리를 이동했는지를 나타내는 지표로, 값이 클수록 많이 이동한 것이 된다.

따라서 푸드 마일리지는 숫자가 작을수록 좋다. '좋다'는 의미는 값이 싸고, 신선하고, 소비자에게 친근한 식품이라는 뜻이다. 즉, 우리 식탁에 올라오는 식품의 운송 거리가 짧을수록, 유통 단계가 간단할수록 푸드 마일리지가 낮아지기 때문이다. 그래서 수입 농산물의 경우는 당연히 푸드 마일리지 값이 크다. 이는 먼 거리에 위치한 원산지에서 우리의 식탁에 오르기까지 거리는 물론, 그에 따른 시간과 비용이 늘어나기 때문이고, 그만큼 바람직하지 못한 상태인 것이다. 더구나 걱정스러운 일은, 우리나라의 푸드 마일리지 값이 해가 갈수록 커지는 경향을 보인다는 것이다. 예를 들어, 2010년의 우리나라 국민 1인당 푸드 마일리지 값은 7,085t · km로서, 2001년의 5,172t · km 보다 37%나 증가한 것으로 나타났다. 이는 우리나라를 포함한 조사 대상국인 일본, 영국, 프랑스 중 가장 높은 수치로서, 739t · km를 기록한 프랑스의 10배에 달하는 규모이다(지역난방공사 자료).

▼ 표 2 · 1 국산과 외국산 과일의 푸드 마일리지(t · km당 CO_2 배출량), 지역난방공사

구분		푸드 마일리지(t · km)	t당 수송 거리(km)	1t · km당 CO_2 배출량($kgCO_2$)
포도	외국산	524,001,054	18,427	221.7
	국산	5,140,321	201	50.1
키위 (다래)	외국산	324,443,116	11,852	131.5
	국산	839,393	196	39.8
오렌지 (감귤)	외국산	814,504,027	11,512	265.5
	국산	30,710,687	524	82.2

우리나라의 푸드 마일리지가 불과 10년 사이에 대폭 증가한 것은 원거리에 위치한 미국의 곡물 수입량이 2001년의 480만 톤에서, 2010년에는 884만 톤으로 두 배 가까이 증가했다는 점이 큰 원인으로 꼽힌다. 또한 농·축·수산물의 수입 자유화 및 칠레 등과의 자유 무역 협정(FTA) 체결로 먼 거리에서 수입되는 식품들의 값이 싸서 상대적으로 많은 양을 수입했다는 점도 푸드 마일리지를 증가시킨 이유 중 하나이다.

그러면, 푸드 마일리지를 줄여서 건강한 식탁을 꾸밀 수 있는 방법은 없을까? 가장 좋은 방법은 직접 농사를 짓고 가축을 기르는 것이다. 식품의 생산자와 소비자가 일치한다면 푸드 마일리지와 배출되는 유해 물질 걱정을 줄일 수 있다. 그러나 현실적으로 도시에 사는 사람들에게 농사를 직접 지으라는 것은 어려운 일이다. 그래서 대신 모든 먹거리들의 이동 거리를 줄이기 위한 방법으로 '로컬 푸드(Local food)' 운동이 제시되고 있고, 이를 통해 도시 소비자들이 지불한 대가가 가까운 장소의 생산자에게 바로 돌아가게 한다는 데 의의가 있다.

로컬 푸드 산업은 대체로 상품이 출하된 후 10일 이내의 신선함, 100마일 이내의 가까운 거리 이동, 지역 일자리 창출 등의 이점이 있다. 그러나 가격이 비싸고, 상품의 수가 적고, 큰 가게에서 구할 수 없다는 점 등의 불편함도 있다.

▲ 그림 2·54-1(좌) 대표적 로컬 푸드 운동인 미국의 '100마일 다이어트' @ localdiet.org의 로고
▲ 그림 2·54-2(우) 대전시 서구 월평동 지역의 '가까이 애' 로컬 푸드 로고.

이 로컬 푸드 운동은 미국의 '100마일 다이어트' 운동이 유명한데, 이는 자신의 주거지로부터 100마일 안에서 생산되는 농산물을 소비하자는 운동이고, 우리나라의 신토불이 운동도 같은 종류의 운동이다. 또한, '가까이 애' 운동도 마찬가지로 로컬 푸드 운동으로 '장소의 특성'을 살려 내려는 운동들이다.

그러나 특별히 드러내지는 않았지만, 우리나라 촌락의 공동체 사람들은 이러한 운동을 오래전부터 행하여 왔었다. 그래서 장에 가서 물건을 사기보다는, 마을에서 생산한 것을 구해서 쓰고, 자기네 물건이 후에 나오면 그것으로 되갚았다. 그리고 같은 물건이 없으면 다른 물건으로 대신 갚는 '물물 교환'으로 서로 적당한 양을 주고받으며 바꾸면서 써 온 것은 아주 오래된 로컬 푸드 운동이라고 하겠다.

4) 막현리 공동체의 다른 연대인 네거티브 유대 관계: 터부(Taboo)

공동체 활동에는 터부적 네거티브 규범이나 활동도 많이 있었다. 그 중 가장 크고 무거운 것이 반윤리적 문제였다.

첫째, 가장 무거운 것이 근친상간의 불륜 범죄 행위였다. 공동체 내부에서는 '생피 붙다.' 라고 불리는 근친 간의 불륜 행위에 대한 금지 및 벌을 주는 활동이 제일 무겁고 중요했다.

▲ 그림 2·55 조선시대 신윤복의 터부(금지된 사랑) 그림 민가 모퉁이, 젊은이들의 어려운 만남과 헤어지기 싫은 배웅 등을 나타 내는 그림이다. 차림으로 보아 양반 계층의 사람들이고, 걸려 있는 달은 초승달로 보이지만 확실하지 못하다. 이 달은 초승달 인지 그믐달인지를 정확히 파악하기 어렵게 그렸다.

그래서 근친 간의 부적절한 불륜 행위가 발생하면 마을 회의를 열어서 당사자를 강제로 공동체 밖으로 내보내는 징벌을 부과하였다. 소위 공동체 내부에서 '북 지운다.'라고 알려져 있는 벌로, 그 죄를 모든 구성원들에게 알게 하였고, 빈 몸으로 마을 밖으로 강제로 내보내는 벌이 행해졌다.

그러나 근친상간이 아닌 경우의 불륜 문제는 지금 돌이켜 생각해 보면, 약간 관대했던 듯 하였다. 근친 간의 불륜이 아주 엄하게 다스려지는 데 비하여, 일반적인 불륜에는 상당히 느슨했던 이유는 아마도 축첩 제도와 신분 제도의 영향인 듯하다. 상전과 노비와의 사이를 밝히면 대체로 하층민이 손해가 컸기 때문인 듯도 하다.

둘째, 불효에 대한 벌칙 행위이다. 자기의 부모나 존속에 대해서 최대한의 성의와 관심으로 대하고 봉사해야 한다. 여기에도 공동체가 관여하였다.

셋째, 남의 재물을 나쁜 방법으로 취하지 않고 속이지 않는 것이다. 공동체의 특징은 면대면의 직접 관계이므로 이웃 주민이 무척 중요하다. 대문을 잠그지 않는 경우도 허다하였고, 이웃집 부엌의 숟가락 숫자까지도 서로 훤히 알았다. 이런 공동체의 장소에서 비로소 정(情)이 살아났었다.

막현리 사람들의 환경과 상호 작용, 변화:

산지, 냇물, 그리고 대전과의 관련

1) 산지 사면에 적응하는 생활

막현리는 산골짜기의 자연 마을로 산이 많고, 경지는 좁아서 빈곤한 농촌이었다. 그러니 살기 위한 노력으로 더욱더 자연과의 상호 작용이 많았던 장소였고, 산지가 많으니 우선은 산을 이용하는 생활이 주였다. 많은 나무를 쉽게 연료화하면서, 비탈 밭을 일구고, 과수나무를 심어 가꾸고, 살아가는 터전을 개간하는 활동들이 중요하였다.

그래서 산지 사면을 개간한 비탈 밭이나 다랑이 논은 막현리 사람들의 땅에 대한 마음가짐을 잘 보여 준다. 사면의 경사 방향에 맞추어 등고선 식으로 이랑을 만들고 농사를 지어서, 막현리 장소성을 더욱더 산지 생활에 맞추는 활동들이 강화되었다.

특히 계단식 논은 보통 천수답으로 약간의 지하수가 나오는 곳에 경사가 약한 사면을 골라서 순전히 인력으로 작은 논을 만들며, 제일 위의 논에는 물이 솟는 샘이 있는 경우가 많다. 그래서 그 샘물이 차례차례 아래의 다랑이 논으로 흘러가게 된다. 그러나 전체적으로는 비가 와야 비로소 농사를 짓게 되므로, 벼 수확이 매우 불안정하고 경작에는 사람의 노력이 많이 요구되는 장소였다. 또한 기계화가 어렵기 때문에 이제는 대부분의 다랑이 논을 버리는 상황이다.

그러나 이 다랑이 논은 우리나라 사람들의 토지에 대한 마인드, 즉 '땅을 사랑하는 마음이 잘 나타나는, 또는 땅꿈을 꾸는 장소'를 잘 보여 주는 증거물이다. 왜냐하면 이런 논에서 나오는 곡식은 양반들에게 빼앗기지 않았고, 비로소 아랫것들의 온전한 몫이 되는 게 일반이었다. 그런 의미에서 이런 장소야 말로 아랫것들의 정신이 잘 살아 있는 장소인 것이다.

◀ 그림 2·56 **우리나라 남해안 남해도의 다랑이 논과 품앗이 모내기** 이런 논은 순수한 우리말로 '다락 논(다랑이)'라는 이름으로 불렸는데, 책에서는 보통 계단식 논이라고 부른다. 여기 다랑이에서의 모내기에는 남해 마을 공동체의 기본 협력 관계인 품앗이가 이루어지는 광경을 볼 수 있다.

이 다랑이 논은 온전히 사람들의 손발과 등짐으로 땅을 파서 옮기고, 돌을 쌓고, 표면을 다듬어서 만든 논이다. 차마 이런 다랑이 논에서 나오는 곡식마저 양반들이 빼앗아 가지는 못했으므로, 하층민들은 순전히 그들의 노력으로만 이런 다랑이 논을 만들면서, 힘든 것도 잊고 땅꿈을 꾸면서 행복해 하고 편한 마음을 갖게 되었던 장소였다.

이 논을 유럽의 삼포식 농업을 하는 평평한 사각형의 경지와 비교해 보기 바란다. 이 논에는 거의 기계를 도입할 수가 없다. 이런 곳에서 나오는 농산물이 모여서 자본이 될 수도 없고, 기계화를 이룰 수도 없는 것이다. 이 굽어진 논두렁을 직선으로 만들려면 아마도 그 농부는 병이 나서 살지 못했을 것이다. 이렇게 지형을 따라서 등고선 식으로 굽어진 논두렁을 만드는 것이 '최소의 노력을 들여서 논을 개간하는 방법'이었기 때문이다. 따라서 다랑이 논은 대부분이 논두렁이 경사의 모양을 따라서 등고선 식으로 구불구불하게 만들어져 있고, 그렇게 만드는 것이 가장 합리적인 노동력의 투입이었다. 물론 '토양의 유실을 방지하는 환경 보호적인 개간이었다.'는 의미는 요즘에 와서 새로 해석되는 가치이다. 이처럼 막현리 공동체의 기반이 되는 활동들은 한층 더 산에 의지하는 경우가 많아졌다.

막현리에는 여러 산이 많았지만, 그 중에서도 뒷동산이 중요하였다. 그것은 뒷동산이 여러 가지 기능과 의미를 가진 중층성의 장소였기 때문이다. 첫째는 막현리 마을의 진산(鎭山)으로, 풍수상의 복을 가진 기운(지기(地氣))이 뻗어 내려오게 하는 산이라는 것이다. 즉, 복은 진산을 통해서 내려와서 아래의 명당으로 나오기 때문에 전통적인 마을의 입지에는 뒷산인 진산이 꼭 필요했다.

그런데 장소를 현대식으로 개발하게 되면 주로 '상징적인 장소'가 제일 크게 변하고, 본래의 의미도 사라지면서 우리의 땅과 장소가 변질된다. 이를 랠프 등의 지리학자들은 '장소의 상실(placelessness)'이라고 표현하고 있는데, 이는 장소의 상징성과 의미가 변하는 것을 나타내는 말이다. 왜 이런 상징성이 큰 장소가 빨리 개발될까?

첫째, 상징성이 큰 장소는 접근하기 어렵고, 다른 자연적·심리적 부담(가령 죽음의 공간)이 커서 쉽게 개발이 어려웠으므로, 지가가 훨씬 낮았기 때문이다. 그러나 접근성과 자연의 제약을 개선하고, 상징성을 없애버리면 가장 많은 이익이 생기는 장소가 될 수 있기 때문에 빈번하게 개발이 되기도 한다. 그래서 새로 개발되는 대규모 주택지는 공동묘지나 저습지가 대부분 포함되어 있는 것이 좋은 예이다.

둘째, 뒷동산은 마을에서 가장 가까운 산이었으므로 비상시의 연료림으로서 중요한 의미가 있었다. 1960년대 당시는 모든 난방이나 음식물 조리가 나무를 연료로 하여 이루어졌으므로, 가장 급할 때는 뒷동산에 가서 나무를 해다가 집에 불을 피워야 음식도 만들 수 있었고, 방에 난방도 할 수 있는 것이다. 물론 뒷동산은 좋은 연료가 많은 곳은 아니므로, 시간이 없는 급한 경우나 부녀자들이 약간의 연료를 구하는 장소였지만, 자주 이용되었다.

셋째, 뒷동산은 지도에서 보듯이 북서쪽에 위치하여서 겨울철에 찬 북서풍을 막아 주었고, 따뜻한 햇볕이 잘 들어오는 남동 사면을 주민들에게 제공하여, 막현리 마을이 뒷산에 의지해서 입지할 수 있는 터전을 주었다. 뒷동산은 양쪽으로 다른 산에 연결되면서 미흡하지만 좌청룡과 우백호를 양편에 만들어, 마을 입지를 상징화할 수 있었다.

2) 막현리 마을 인구 유출과 공동체 장소의 상실

과거 막현리 사람들의 환경과의 상호 작용은 주로 자연 환경이 가이드라인을 정하고, 인문환경이나 능력이 그를 수정하는 정도였는데, 이제는 상호 작용의 특성이 많이 변하였다. 생활에서 과학 기술의 영향이 무엇보다 중요해졌다. 그래서 트랙터나 로터리 등이 있어서 대규모 영농이 가능해졌다. 그러나 젊은이들은 막현리의 장소 특성을 형성한 농업에는 거의 관심이 없어졌으며, 노년층은 과학 기술을 잘 쓰지 못하기 때문에 생활의 어려움은 이전보다 심해졌다고도 할 수 있다.

그래서 이곳의 경제 환경 혹은 보다 넓은 의미의 사회 환경은 과거보다 훨씬 중요하게 작용한다. 가족, 이웃, 어려운 경제 상황, 어려움을 무릅쓰는 자식 교육 등이 모두가 사회 환경으로서 이곳의 장소성을 엮어 내었다. 따라서 농어촌이 주로 자연환경의 영향을 받던 전 산업 시대와는 달리, 적어도 1960년대 이후에는 사회 환경이 우리나라 촌락의 대부분을 좌우하였다.

산간 생활로는 지탱하기 어려운 많은 인구가 되자, 젊은이들은 도시로 빠져나가면서 작용하는 채널화된 단계적 인구 이동(Channelized stepwise migration)을 보였다. 즉, 시골 사람들이 바로 먼 대도시로 이사하는 경우보다 인접한 소도시로 먼저 이동하고, 나중에 다시 대도시로 이동한다는 이론에 따라서 막현리 사람들은 주로 대전으로 이동하였다. 그리고 도시 생활을 경험한 후에 서울이나 부산으로 다시 이동하는 경우가 많았다. 또한 사람들은 이동할 때 먼저 그 마을을 떠난 선도자, 친척, 지인들의 안내를 받아서 이동하였다. 따라서 도시 내에서의 생활도 선도자와 인접한 이웃에 정착하여 비슷한 직업을 구하는 경우가 많았다. 그래서 막현리 사람들은 대전에 많이 살고, 다음으로 서울, 부산, 대구 등지에 연고자가 있어서 그쪽으로 가는 경우도 상당히 많이 있었다.

여하튼 많은 사람들이 빠져나가게 되자 막현리는 급속히 노인들이 많은 고령화된 촌락이 되었고, 이제는 농사를 직접 짓기에 어려운 상태가 되어서 더욱더 사회 환경이 중요해지게 되었다. 대부분의 농지는 영농 조합에 위탁하여 농사를 짓고, 대가로 얼마의 쌀을 받는 방식이다. 그에 따라서 과거의 산지 사면을 개척한 비탈 밭이나, 산골짜기의 다랑이 논, 먼 산속의 경지 등은 모두 경작을 포기하였고, 대신 울창한 삼림지가 되었다. 과거에 산을 오르내리던 길은 대부분이 폐쇄되거나 없어졌고, 사람들의 생활 공간도 상당히 축소되면서 장소의 포기가 광범위하게 나타나게 되었다. 즉, 외부 세계로의 활동 공간(action space)이 확장된 대신에 막현리 속의 장소는 광범위하게 버리는 현상이 나타나서 실제의 마을의 생활공간은 매우 좁아지는 장소의 변화가 일어났다.

3) 장소의 상실과 새로운 무장소로의 변화

오랫동안 사람들이 빠져나가면서 인구가 줄고, 농지의 포기가 계속되지만, 그래도 이곳에서 이 땅과 장소를 아끼면서 사는 사람들도 적지는 않다. 마음속이야 무척 복잡하고 체념 상태에 빠진 경우도 많지만, 그래도 농업을 금전적인 가치보다는 '살아가는 일종의 리듬'으로 여기는 사람들이 적지 않은 것이다. 그리고 새로운 경향으로, 늘어나는 빈집에 외지인들이 들어와서 무상으로 그냥 살면서 대전이나 인근의 공장에서 일하는 경우가 적지 않았고, 외부 사람들이 마을 주변의 농지나 산지를 사서 주택지로 개발하는 일도 많아졌다.

새로 막현리로 들어오는 사람들은 농사와는 상관이 없는 사람들로 주로 대전에서 오고 있다. 대전의 교외화(suburbanization) 현상의 물결을 타고, 전원의 생활을 꿈꾸며 오고 있는 것이다. 또한 이곳에는 공장이나 음식점에서 일하는 사람들도 있고, 주말에 놀러 오는 사람들도 많이 늘었다. 이런 과정은 더욱 더 장소의 상실을 유발한다. 물론 그들은 새로운 장소를 경험하고, 자기네의 장소를 만들어 가는 사람일 수도 있기는 하지만, 본래의 '막현리 장소성'을 변화시키는 사람들이다. 그래서 장소성의 중첩과 변화가 일어나고, 전체적으로 장소의 포기, 장소의 상실이 일어나서 막현리는 '무장소(non-place; 아무런 느낌이나 의미를 주지 못하는 흔한 장소)가 되는 경향'이 강해지고 있다.

또한 막현리 주민들의 공동체 활동의 하나인 동계(洞契)는 이 마을에 새로운 기능을 도입하고 있다. 금산군의 지원으로 '산촌 마을 체험 장소'로 지정되어서 새로운 장소 마케팅 활동을 하고 있다는 것이다. 대전 사람들이 산촌 마을을 체험하도록 독적골에 건물과 놀이 시설을 지어서 주말을 쉬고, 산지촌 여가 활동을 경험하게 하는 프로그램인데, 장소의 경험을 통해서 이곳의 장소성을 공감하고 돌아가게 하는 활동이다.

맑고 오염되지 않은 산지와 계곡 속의 자연을 체험하게 하는 것이 그리 쉬운 일은 아니다. 따라서 가능성이 높은 "장소 마케팅(place marketing)"이지만, 프로그램이 얼마나 사람들에게 만족을 줄 수 있는지와 늘어나는 유사한 프로그램과의 경쟁 등이 문제가 될 수 있다. 아마도 이 활동은 서로 상반되는 결과와 영향을 막현리 장소에 줄 것이다. 하나는 이곳이 산촌 체험 장소로 유명해져서 대전 사람들이 많이 오면서 마을이 부유해지는 일이고, 그것은 바라는 바이다. 그러나 이 활동이 성공하면 막현리는 더욱더 무장소화되고, 장소의 상실을 경험하게 될 것이다. 모르는 사람들이 많이 살고, 본래 막현리와는 상관없는 활동과 생활을 하면서 공동체는 크게 변질되고, 모르는 사람들이 인사도 없이 그냥 지나치는 일이 일상이 될 수도 있다. 그런 서로 모르는 외지 사람들이 많아야 장소 마케팅은 성공하는 것이지만, 대신 외지 사람들이 많이 오면 올수록 막현리의 환경이 훼손되고 장소성을 상실하게 하는 일이 되어서 마치 양날의 칼을 들고 있는 상황인 것이다.

또한, 젊은 사람들은 이제는 벼농사보다 특용 작물의 재배에 노력을 집중한다. 인삼, 딸기, 고추, 들깨 잎, 고구마, 사료 작물, 약초 등을 재배하게 되고, 거기에는 특수한 전문 기술과 재배법이 필요하게 되므로 더욱더 사회 환경이 중요해졌고, 세습되는 지식들은 거의 무력화 되었다. 그래서 사람, 과학 기술, 정부나 자치 단체 등과의 협력이 이전보다 중요해졌으므로, 환경에 관한 POET(People, organization, environment, technology) 이론이 설득력을 얻게 되는 과정을 여기서 또한 볼 수 있다. 즉, 사람, 기관 및 단체, 환경, 기술 등이 서로 상호 작용하여 막현리 장소를 현재 변화시키고 있다.

4 장소의 모양과 관리에 대한 해석

이제 여기까지 읽은 여러분들은 이제 당신의 장소를 한번 확인해 보기 바란다. '우선 당신의 마음속에 남아 있는 가장 중요한 장소'를 떠올려 보자. 처음에는 그 장소의 일부분인 한 지점이 생각나다가 점점 그 범위가 넓어지고, 그 장소 안의 내용물도 차츰차츰 구체적으로 보이기 시작할 것이다. 이런 과정에서 우리는 장소란 어떤 범위가 있음을 알 수 있다. 즉, 장소는 한 지점을 중심으로 일정한 세력이 미치는 공간이 있고, 개인은 개인대로 독특하게, 집단은 집단대로 공통으로 인식한 장소의 공통 범위를 가지고 있다. 그래서 사람들은 그 범위를 특정 장소가 갖는 영역(territory)이라고 부른다.

1) 장소의 모양과 영역

장소의 영향 범위인 영역은 독일의 지리학자 크리스탈러(Christaller)가 주장한 중심지 이론이 기반이 된다. 중심지(central place)란 우리가 사는 곳에서 필요로 하는 물건이나 서비스를 구할 수 있는 장소를 말한다. 가령 내가 커피를 한 잔 사서 마실 수 있는 곳이거나, 내가 회사에 제출할 주민 등록 등본을 발급받을 수 있는 곳이 중심지이다. 물론 요즈음은 우리나라가 높은 도시화율에 힘입어서 대부분의 사람들이 도시에 살고 있기는 하지만, 도시에서 먼 곳의 사람들은 커피라는 상품을 파는 도시나, 동·면사무소가 있는 큰 장소인 읍내리에 가야 한다.

이렇게 물건이나 서비스를 제공하는 장소 중에서 좀 규모가 큰 장소인 도시나 읍내리를 중심지라고 부른다. 이런 중심지들은 작은 규모에서부터 자연 마을(hamlet) – 큰 마을(village; 읍내리) – 읍(town) – 도시(city) – 대도시(metropolis) 등으로 점차 그 영역의 범위에 따라서 중심지 규모가 커지게 된다. 따라서 중심지가 생기기 위해서는 꼭 필요한 장소의 범위라는 '세력권(trade area: 시장권) 혹은 영역(territory)'이 있어야 한다.

세력권의 형성 원리에 따르면, 장소의 영역은 처음에 중심지를 둘러싸는 원형으로 형성된다. 따라서 가장 보편적인 장소의 모양은 핵심을 갖는 원형의 세력권일 것이다. 그러나 장소는 사람들의 느낌, 인식, 행동 등에 의해서 변하기 때문에 심리적, 경제적, 문화적, 사회적, 정치적 어떤 행위이든, 사람들의 구매 행동에 영향을 미치고 그에 따라서 세력권도 정해진다. 따라서 각각의 활동 분야마다(이를 중심기능이라고 한다.) 중심지가 따로 있을 수도 있고, 한 곳에 집중될 수도 있다. 세력권이 따로 있으면 작은 중심지이고, 여러 세력권이 한곳에 집중되어 있으면 큰 중심지인 도시가 된다.

따라서 장소에는 여러 세력권이 중첩될 수도 있고, 따로 분리될 수도 있으며, 연속해서 이어질 수도 있다. 또한 지형을 따라서 사각형이나 삼각형, 긴 띠 모양 등으로 형성될 수 있음은 물론이다. 그러나 큰 장소(중심지)는 이론적으로는 경쟁을 통해서 대체로 중복이 없는 육각형 모양으로 균형을 이루게 된다.

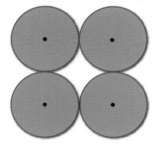 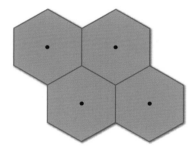

▲ 그림 2 · 57-1, 2 크리스탈러의 중심지(도시)와 그 세력권(영역) 형성도 세력권은 자연물이나 인공물, 생물의 영향권의 형태와 유사하며, 가장 보편적인 세력권의 모양은 원형이다. 여기에는 경제 원리가 작용하고 있으며, '사람들이 최단 거리를 이동하면서 물건을 구입할 수 있게 중심지가 분포하며, 사람들은 경제인으로 같은 물건을 사려면 가장 가까운 곳에 가게 된다.'라는 원리가 작용한다. 그래서 어떤 장소의 세력권(시장권)은 중심지(중앙점)에서 일정한 범위를 둘러싸는 원형으로 파악할 수 있다. 그러나 인접한 중심지들 사이에서 서로 많은 사람들을 유치하려고 경쟁하면, 6각형 모양으로 균형을 이루는 세력권이 만들어지게 된다.

그러면 세력권(영역)은 어떻게 관리하였는가?

우리나라에서 가장 독특한 세력권을 갖는 장소는 아마 서울과 경주일 듯하다. 서울은 다른 기회에 논의하기로 하고 여기서는 경주의 세력권 관리를 살펴보기로 한다. 경주라는 장소의 중요성은 여러 각도에서 조명될 수 있지만, 필자는 반월성과 그 주변의 장소성을 세력권(영역)과 같이 생각해 보기로 한다.

경주 반월성 옆의 계림은 김알지가 알로 태어난 신성한 숲이다. 호공이 밤에 숲속에서 큰 빛(광명)이 나오고 자줏빛 구름이 하늘에서 뻗쳐 있는 것을 보고, 가서 보니 그곳에 큰 궤가 있었다. 그 황금 궤를 열어 보니 그 안에 사내아이가 있었다. 그 아이를 데려다가 길렀고, 금(金)궤에서 나와서 성을 김(金)씨라 했다. 또한 '알지'는 우리말의 '아기'를 일컫는 말이다. [102]

102) 이신복, 1974, 한국의 설화, 을유문화사, pp. 47-48.

그러나 왕궁이 있던 반월성과 함께 생각하면, 계림은 반월성의 숲정이와 같은 역할을 하는 인공 숲으로 반월성과 외부 세계를 막거나 연결하는 공간이고, 악을 막는 장소이고, 특별한 공간을 구분하는 경계선이며, 그것은 바로 영역을 관리하는 경계선이다.

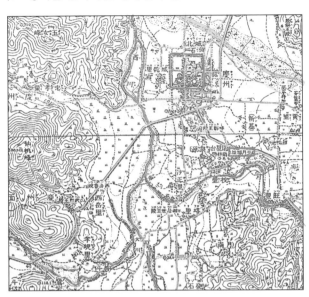

▲ 그림 2・58-1(좌) **경주의 계림과 반월성**
▲ 그림 2・58-2(우) **1920년대의 경주시 지형도** 지도는 1920년대의 경주시 1:50,000 지형도이다. 경주 분지에는 바둑판 모양의 조방제 흔적이 남아 있고, 형산강 지구대를 기준으로 길들과 유적, 여러 하천들이 분지 속에 집중되고 있다. 형산강 지구대를 따르는 도로와 남천과 북천을 따르는 도로 및 건천을 지나는 대천, 양동을 지나는 기계천을 따르는 길도 경주로의 접근로로서 중요했었다. 또한 이들 접근로는 유사시 방어를 위하여 통제가 필요하였다. 그런 관점에서 경주는 접근하는 사람들과 물자를 통제하기 위해서 설정된 요새화된 방어 진지들과 상징적인 공간(남산) 등이 많은 곳이다.

이렇게 경주는 자연환경을 이용한 신라의 여러 통치 시설, 상징적인 장소들이 계획적인 인공 환경과 같이 나타나고 있는 장소이다.[103] 그런데 우리나라에서 가장 오래된 유명한 숲정이라고 할 수 있는 계림은 반월성이 바로 노출되는 것을 막아 주고, 반월성의 상징성과 독특한 의미를 지닌 사회 공간을 만들어 내는 외부의 요소이다. 특히 반월성은 대체로 3중으로 둘러싸여 있으면서 최고의 상징성을 보인다. 첫째, 내부적으로는 성벽이 있다. 둘째, 중간에 자연적인 하천(남천)과 인공적인 해자가 건설되어서 외부에서 무단히 접근하는 것을 막았다. 셋째, 계림이라는 숲정이가 신성한 장소이면서 외부에서의 접근을 상징적으로 막았던 세력권의 경계였다.

이와 같이 여러 겹의 방어망을 갖추고 영역을 관리할수록, 외부와의 연결은 더욱 중요하였다. 그래서 경주에 이르는 길은 여러 개가 있다. 그들 도로를 따라서 접근하다가 조방제의 구획을 위해 격자 모양으로 만들어진 한 차수 낮은 도로를 이용하면 쉽게 반월성에 도달할 수 있다. 그래서 반월성은 촌락이나 도시가 우선 갖추어야 할 외부와의 연결을 이루는 연결점으

---

103) 한편 경주에는 조선시대에 또 다른 원리로 통치 지점이 읍성으로 건축되어 있다. 조선시대에는 4각형의 작은 경주 읍성이 방위를 맞추어 반월성 북쪽에 축조되었다.

로서 기능을 잘 갖추고 있었다. 이런 점을 지리학에서는 결절점(node, nodal point)이라고 부르는데, 도시는 대체로 고차적인 결절점이다.

◀ 그림 2·59 **경주 첨성대** 대체로 1년을 상징하는 360여 개의 돌로 방위를 맞추어 쌓아 올린 천문 관측소로 하늘의 뜻을 보다 정확히 알려고 했던 장소이다. 그래서 '첨성대 − 계림 − 반월성'의 연결선은 경주에서도 아주 중요한 상징 공간이고, 최고의 정보가 통하던 길이다.

그러나 경주는 한반도의 구석에 치우친 좁은 땅이다. 따라서 전체적으로 영역의 한쪽 구석에 중심지가 있어서 통치에 어려움이 있게 된다. 즉, 통일 신라 이후에 한반도를 통치하기에는 중심지가 너무 구석에 치우쳐서 불편하였으므로, 5소경이라는 중요 도시 5개를 설정하여서 영역을 관리하면서 수도의 단점을 보완하지 않을 수 없었다. 또한 경주는 그 좁은 분지에 약 20만 명으로 추산되는 인구가 살고 있어서, 중요한 지점들은 주로 산지 사면과 구릉 위에 위치해 있다.

▲ 그림 2·60 **계림과 반월성 항공 사진** 계림, 첨성대, 반월성과 해자(북쪽은 인공 해자이고 남쪽은 남천이 자연적인 해자였다.)의 배치(네이버에서 캡처)를 볼 수 있다. 3중의 상징적인 경계선이 있고, 내부에 다시 왕궁의 담장과 건물이 있었을 것을 생각하면 실제로는 6~7개의 문을 통과해야 왕과 만날 수 있었을 것이다. 또한 반월성 밖의 해자와 안압지 및 그 주변의 왕궁 등을 고려하면, 경주는 방어를 중심으로 하는 도시였다. 즉, 경주 자체가 한반도의 구석에 입지하고 있는 분지로, 동해에 가까우면서도 바로 바다에 열려 있지 않았으며, 여러 검문소와 관문을 지나서야 도달할 수 있는 방어 도시였다. 따라서 신라는 수도의 방어를 최우선으로 고려하는 계획을 세웠고, 영역의 관리상 불리함을 5소경을 설치해서 해결하려 하였다.

또한 경주에는 조방제(條方制=條理制)가 실시되어, 시내를 바둑판 모양으로 구획하여 도시를 건설하고 관리하였다는 것도 아주 중요하다. 이는 경주 내부 영역을 관리한 흔적으로 고대부터 도시가 계획적으로 만들어졌고, 관리되었다는 것을 말해 주는 증거이기 때문이다.[104] 그리고 그 흔적은 1920년대에 일제가 만든 1:50,000 지형도에도 나타나 있다.

조방제는 부여와 평양에서도 발견되는 도시 계획의 흔적으로 우리나라 도시의 토지 이용이 계획적으로, 중국과 같이 바둑판 모양으로 구획되어서 이용되었다는 증거가 되는 중요한 것이다. 그러나 그 이후의 고려나 조선시대의 도시들은 기본이 되는 주도로 이외에는 거의 무계획적으로 토지를 구획하지 않고 자연적으로 거주 공간이 형성되어서 미로형의 막다른 골목이 많은 도시가 되었다. 이는 풍수를 중시했던 영향인 듯하다. 그래서 현재 서울의 북촌이나 남산 기슭에서 미로형의 흔적이 되는 길을 어렵지 않게 볼 수 있다. 또한 이들은 모두 도시 장소의 모양, 장소의 세력권을 보이는 흔적들이라는 것이다.

2) 공동체 장소에서의 활동과 장소의 재편성

세종시 연동면 내판리는 본래 사진에 나오는 이 마을이 중심 마을이었다. 일제 강점기 초기에는 여기에 경찰지서, 면사무소, 창고 등이 위치하고 있었다. 마을 전체는 북동향이지만 그래도 양지바른 마을이었고, 마을 앞에는 일제에 의해 근대 토목 공사가 이루어져서 물에 잠기던 미호천 지류의 주변 땅이 넓은 논으로 만들어졌다.

▲ 그림 2·61 **현재 세종시 연동면 내판리(과거 충남 연기군 연동면 내판리) 마을 공동 우물** 막현리의 '우물과 도랑께의 빨래터'와 같은 역할을 하는 곳으로 음료수 제공, 빨래터, 부녀자 집합 장소, 세면장 등의 기능을 하였다. 우물가의 금줄은 우물과 마을에 악한 기운과 부정한 일이 들어오는 것을 막는 역할을 한다고 믿는 상징물이었고, 소원 성취를 빌기도 하는 징표였다. 또한 큰 향나무는 이곳이 오래된 마을의 중요 장소인 핫 플레이스(hot place)라는 것을 나타내며, 조선시대의 가족과 남녀 활동을 생각하면 마을에서 가장 중요한 장소였음을 읽을 수 있다.

104) 이기석, 1999, 한국 고대도시의 방리제와 도시구조에 대한 소고, 한국도시지리학회지, 2-2, pp. 4-20.

그러나 경부선 철도가 1905년에 부설되고 내판역이 만들어진 후, 부강의 금강 수운은 철도에 밀려서 폐지되었고, 철도역 앞으로 마을의 모든 기능이 이전되어 이제는 주택만 일부가 남은 마을이 되었다. 그래서 학교, 농협 지점과 구판장, 가게, 슈퍼, 우체국, 면사무소, 경찰 지구대, 창고, 식당 등의 중심 기능은 모두가 내판역 앞의 신작로 쪽으로 이전하였다. 즉, 철도가 장소를 재편한 것을 보여 주는 곳으로, 내판리는 중요한 증거의 장소이다.

일제는 완전한 식민지 건설을 위해서 한반도의 공간 구조를 재편하는 작업을 철도와 신작로를 통하여 추진하였고, 기득권을 가진 사회 계층을 재편하는 신분 해체 작업을 진행하였다. 그것은 중심지와 영역을 기차역을 중심으로 기존과 다르게 편성하는 일이었다. 그래서 신분 제도가 타의에 의해서 타파되었고, 남의 식민지 계획에 따라서 아랫사람들에게 일부나마 자유도 주어지게 되었으니, 이 땅의 양반들은 정말 각성하여 자기네의 과오를 반성해야 한다.

▲ 그림 2·62-1(좌) **부강역**
▲ 그림 2·62-2(우) **내판역**
부강은 금강 수운 종점의 나루터 취락으로 청주성보다 더 많은 재물이 유통되었다고 알려진 장소였다. 그러나 철도역이 세워지면서 수운은 몰락하고 수운점에 위치하던 시설들은 모두 이 철도역 앞으로 이동해서 넓은 시가지를 형성하고 있다. 읍내리(village)급의 중심지이지만 현재도 정기시가 열리고, 우체국, 면사무소, 농협, 목욕탕, 휴대폰 매장, 전자 제품 판매소, 고등학교, 여러 음식점(한식, 일식, 중식 등) 등이 상설 시장을 구성하고 있다. 철도에 의하여 세력권의(비록 많이 좁아지긴 했지만) 중요 공간이 뒤집혀진 장소이다. 부근의 내판역에서도 비슷한 중심지 이동이 나타났음은 앞에서 밝혔다.[105]

사실, 기차역 쪽으로 이주한 사람들은 대체로 개방적이고 신문물을 적극 수용하는 층이었을 것이다. 기술과 세력의 변화를 재빠르게 수용하여 신분의 변화와 경제적 이익을 추구하였고, 일제에 항거하던 세력들과 변화를 수용하지 못하던 양반층 일부와 하층민들은 대체로 차츰 몰락하게 된 장소이다. 이와 같은 철도역을 중심으로 신분 계층과 장소를 재편성한 예는 부강에서 대규모로 일어났고, 인근의 강경과 대전에서는 더욱더 큰 장소와 사회 계층 재편 작업이 일어났었다.

105) 모두 오래된 사진이다.

그러면 막현리의 장소 변화는 어떻게 나타날 것인가? 막현리에서는 마을 회관이 초기에는 남자들 중심으로 운영되는 마을의 중요한 뜨거운 장소(hot place)였다. 그러나 조선시대가 모계의 영향이 강했음을 생각하면, 실제로 도랑께는 막현리 마을에서 가장 중요했던 장소 중의 하나였다. 마을의 소식이 여기에서 서로에게 전해지고, 이웃들과 서로 유통이 이루어지는 장소였다. 특히 마을 회관이 불에 탄 후에 남자들의 모임 장소는 도랑께에 가까운 정자나무 아래로 이동되었다. 따라서 도랑께의 중요성은 더욱 커졌다. 결과적으로 도랑께는 막현리 정보의 고속 도로와 같은 역할을 하였으며, 그 물을 이용하여 마을의 경제적 생산 기반인 벼농사를 가능하게 하고, 과거에는 생활용수나 음료수로 이곳의 물이 이용되기도 하였다. 즉, 막현리 부녀자들이 모여서 먹거리를 준비하고, 빨래를 하면서 여러 가지 마을 정보를 교환하는 여성들의 아고라(Agora)의 역할을 하는 이야기의 터였다.

이 아고라의 주변이 중요함을 알기 위해 고대 그리스의 학문과 토론이 이루어지는 시장 주변을 다시 돌이켜보아야 한다. 그 시장 주변에는 공회당이 광장과 함께 있고, 신전이 있으며, 많은 사람들이 왕래하고, 이야기하고, 정보를 교환하였다. 이런 '유통의 장소가 아고라'이고 사람들의 삶의 냄새가 나고, 학문의 소리가 들리는 장소였음을 생각하면, 막현리에서는 도랑께, 정자나무 아래, 마을 회관, 가나무 등이 중요한 장소들이다.

▲ 그림 2·63 **바티칸 박물관의 입장권** 그리스 아테네의 아고라 주변에 있던 아카데메이아 대학문을 나오는 플라톤(Platon)과 그의 제자 아리스토텔레스(Aristoteles) 그림이다. 붉은 옷을 입고 오른손으로 하늘을 가리키면서 '모든 질서는 하늘에 있다.'는 말을 하고 있는 사람은 이상주의자 플라톤이다. 선생의 왼편에 서서 파란색 옷을 입고 한 손에는 책을 들고, 다른 한 손으로 땅을 가리키면서 땅 위의 현실에서 진리를 찾는 사람은 현실주의자인 아리스토텔레스를 상징으로 잘 나타내고 있고, 일찍부터 아고라에서의 대화를 통한 소통을 중요시했음을 보인다. 바로 유럽의 철학과 과학의 근원을 이 그림은 알려 주고 있다. 이 '아카데메이아'는 유럽 최초의 대학으로 플라톤(Platon, BC 427~347)이 세웠으며 입구에 "기하학을 모르는 자는 들어오지 말라."라고 써 붙였다는 말이 유명하다. 이 기하학은 지리학과 밀접한 관련을 갖는 학문이기도 하며, 특히 장소의 특성을 밝히는 데 중요하다.

또한 막현리를 포함하는 우리나라의 여성들은 우물에서 음료수, 도랑에서 생활용수, 광에서 식량, 부엌에서 음식물을 전부 관리하고 장악하였다. 따라서 몸은 늘 피곤하였지만 사실상의 내부적 경제권을 대부분 쥐고 있었다. 단지 대외적으로, 혹은 동족 간의 관계에서, 그리고 사회적·관념적으로 여성의 권리가 제한되었던 것이다. 이는 유교적인 질서와 가치 체계의 영향으로, 우리나라 본래의 여성에 대한 사회적 대우와는 차이가 있었던 것으로 보인다. 도랑께는 장소가 띠 모양의 경계선을 갖는 여자들이 모이는 곳이라고 한다면, 둥구나무는 원형의 경계선을 갖는 장소였다. 또한 어린이들에게는 골목이 더욱 좋은 모임 장소일 수도 있기는 하지만, 이 모든 점들의 장소는 모두가 길이라는 선으로 연결되어, 유통, 네트워크, 결절점의 장소망이 되었다. 그래서 "마을 전체의 영역은 평면과 구형의 입체 공간을 이루고 있었다."고 하겠다.

그런데 이런 '유(소)통하는 장소의 중요성'은 경기도 용인의 유명한 노인 요양 시설(SNC)에서의 일하는 한 관리원의 말이 잘 설명해 준다. 이 요양 시설은 우리나라에서는 정말 좋은 환경을 가지고 있고, 운영도 모범적으로 잘되는 곳이다. 거기에는 유복한 사람들, 부족한 것이 별로 없는 노인들이 들어가 있다. 그 사람들에게 "이 건물에서 어느 쪽을 쓸 것인가?"를 선택하라고 하였고, 그 희망에 따라서 방을 배정하려 하였다. 그런데 그들의 선택은 정말로 놀라운 결과를 보였다.

가장 좋은 쪽은 울창하게 나무가 우거진 산을 마주하고 아주 조용한 환경의 방들이었다. 두 번째로 좋은 쪽은 차들이 지나는 도로가 보이고 가끔 경적이나 브레이크 소음이 좀 들리는 방들이었다. 가장 좋지 않은 쪽은 아파트와 집들이 가까이 있고, 가게도 많아서 소음이 많은 시장 쪽이었다. 그 쪽은 악쓰며 고함지르는 소리, 애기 우는 소리, 물건 파는 소리 등이 뒤섞여서 자주 들려서 '시끄러운 편'이라고 할 수 있는 환경의 방들이었다. 관리인들은 '세 번째 쪽에는 지원자가 없을 것으로 생각되어서 방들이 비지 않을까?' 하고 걱정도 했었다.

▲ 그림 2·64 **고급 요양원. SNC 요양원 입구에서 조망한 주변 환경** 요양원 건물은 입구 우측 능선 위로 조금 보인다. 주변의 환경이 아주 뛰어나고 내부의 시설은 물론 관리 시스템이 잘 갖추어 있으며, 운영이 전문적·합리적으로 유지되고 있어서 우리나라 최고의 노인 요양 시설로 알려져 있다.

그런데 이 고급의 요양원이 개원하고 조금 지난 이후부터 이 시끄러운 쪽의 지원자가 많아져서 경쟁이 생길 정도로 인기가 높아졌다. 왜 노인들이 그와 같이 시끄러워서 쉬는 것도 방해 받을 수 있는 쪽의 방을 많이 선택을 했을까? 그 이유는 단 하나였다. '노인들은 실제 인간적인 삶을 보고 듣는 것을 가장 좋아했다. 그래서 서로 다투고, 소리치고, 지지고, 볶는 사람들의 일상생활을 보는 것을 제일 좋아한다.'는 것이다. "사람 소리라도 듣는 것이 좋고, 그들의 움직임을 보는 것이 그래도 즐거운 일이었고, 그들의 싸움을 구경하면서 그래도 소외되지 않았다고 생각했고, 혼잣말이라도 그들과 말하고 사는 것이 바람직한 노인들의 삶이다."라고 그들 노인들은 생각했다는 것이다. 즉, 노인들은 혼자되는 것이 싫었고, 옛날의 골목길의 기억이 살아나는 환경을 좋아했고, 서로 유통하는 공동체 삶을 체험하거나 구경이라도 할 수 있는 영역의 장소를 좋아한다고 증언했던 것이다.

이렇듯 이런 사람들의 어울리려는 마음, 소통하려는 마음, 한 무리에 들어가려는 마음은 모든 사람들의 공통적인 특징이고, 마을 공동체를 이루게 하는 중요한 요소이며, 영역을 구성하는 기초가 된다. 따라서 막현리 마을 공동체는 마을 회관, 정자나무, 도랑께, 우물가, 가나무 등의 장소를 없애면, 아마도 소리도 없이 붕괴될 것이라고 필자는 생각한다. 그래서 마을 회관이나 도랑께는 그리스의 아고라에 비유될 수 있는 장소로서 중요하고, 그 영역 또한 공동체를 이루는 바탕이라서 소중할뿐만 아니라 남성 중심의 사회가 여성 중심으로 바뀌는 것을 확인할 수 있게 해 주기도 한다.

그런 공동체적 삶을 이루는 활동은 남자와 여자가 다른 경우가 많지만 함께하는 경우도 많다. 앞에서 본 바와 같이 부녀회에서 마을 진입로 청소를 하거나(그림 2・50), 자기 집 앞을 쓰는 활동 등은 공동체를 인식할 수 있는 작은 작업들이고, 그런 활동들이 모두 전해져서 내려온다. 따라서 이런 일들에 주저 없이 참여하는 것은, 상당한 기간의 공동체 생활과 활동에 참여하여 일체감을 갖게 된 후에야 거부감 없이 받아들이게 되는 것이다.

▲ 그림 2・65-1(좌) 막현리의 고구마 캐기 작업 광경 막현리 공동체를 지지해 왔던 한 갈래인 품앗이 작업이다.
▲ 그림 2・65-2(우) 막현리 부녀회가 주관하는 고추 작목반 새로운 갈래의 공동체 활동을 보이는 것이다. 같은 농작물들을 재배하면서 정보와 지식 공유, 공동 판매 등이 이루어진다.

사진에서 확인되지만 막현리 장소의 부녀자들이 소득 증대를 위하여 고추, 딸기, 마늘, 깻잎 등의 작목반을 조직하고, 공동으로 상품 품질 관리, 포장, 출하 등을 실사하고 있다(둥구나무 아래). 이는 막현리의 활동 주축이 여성 중심으로 변했음을 보여 주는 활동들이고, 그 활동의 종류에 따라서 장소의 의미도 변하고 중요성도 재편되고 있는 중이다. 특히 여성의 평균 수명이 남성보다 훨씬 늘어나면서 장소의 재편성도 더욱 확대될 것이다.

▲ 그림 2 • 66 **막현리 방앗간과 농촌 체험장 건물로 현대식이다.** 본래 방앗간은 50m쯤 남쪽으로 떨어진 곳에 정자나무 뜰의 봇물을 이용하는 물레방앗간이 있었다. 그러나 현재의 방앗간은 전기 모터로 돌아가는 방앗간으로 훨씬 소음도 적고 속도도 빠르며 먼지도 적어졌다. 사진의 우측 끝(북쪽)에는 뙤똥 펀더기를 없애고 택지화한 모습도 보인다. 현재 막현리는 대전시의 교외 주택지로 개발이 진행되고 있었다. 산의 소나무들도 벌목이 행해져서 일부가 잡목 숲으로 변했는데, 모두 장소의 재편성이 이루어지고 있음을 보여 주는 것이다.

1) 빨리 지나가게 하라(Let it go)!

여기서 나는 장소에 관련된 나만의 어려움을 조금 변명해 보기로 하겠다. 나는 몇 가지 행동이 어떤 장소에서든지 나의 의지와 상관없이 행해진 기억이 남아 있다. 장소에 상관없이 어디서든지 나오는 특정 행동이 나 스스로를 무겁게 하였다. 그것은 얼굴이 빨갛게 되고, 당황하는 행동이었다. 그래서 젊었을 때는 '빨리 지나갔으면……' 하는 생각이 든 적도 몇 차례인가는 있었다.

나는 우선 착한 척하는 마음의 병이 있고 그것을 고쳐야 했다. 해방과 6 · 25 전쟁을 겪으면서 한국 사회의 심한 혼란으로, 나는 예방 접종을 받지 못했다. 그 후 나는 천연두라는 심한 병에 걸렸고, 그 후유증으로 얼굴이 흉터 투성이가 되었다. 그 부담은 정말로 커서 정신적으로 큰 콤플렉스를 가지고 괜히 얼굴을 붉히며 평생을 살았다. 전쟁 직후 천연두가 하도 심하게 창궐하는 것을 막지 못해서, 충청남도 도지사까지 경질될 정도로 당시 시골 지역의 사회상은 비참하였다.

◎ 참고 사례: "Let it go!"

어찌 보면 디즈니(Disney) 만화 영화 '겨울 왕국(Frozen)'의 여주인공인 엘사가 자기의 콤플렉스를 들키고 나서 "렛 잇 고우!(Let it go!(보내 줘!))"를 외치는 처절한 심정을 나는 이해할 수가 있었다. 그녀가 사람들에게 악마의 마법에 걸렸다는 것을 들키기 전에는 그 사실을 감추려고 착한 척하면서 살려고 했던 콤플렉스를 나는 깊이 공감할 수 있었다. 엘사의 'Let it go!'라는 그 말은 정말로 가슴에 한이 맺힌 응어리진 말이었다.

사실은 나도 어렸을 때부터 지금까지도 착해지려고 노력하였고, 착하다는 말도 들으면서, 나의 얼굴 인상에서 오는 불리함을 보상받으려고 무척 노력하며 살았다. 그러나 본래의 내가 착하였는지는 확신할 수 없다. 대부분을 착하게 살려고 했지만 반드시라고는 할 수 없고, 남이 못되는 것을 바라지는 않았지만, 내가 잘되기를 바란 적은 수도 없이 많기 때문이다. 아마도 어려움을 이기고 꽉 막힌 상황을 극복하기 위한 수단으로, 나는 착한 척 행동하였던 듯하다.

▲ 그림 2·67 **디즈니 영화 '겨울 왕국'의 배경이 된 노르웨이 제2의 도시인 베르겐의 시가지** 시가지의 중심부가 대체로 과거 상업
조합인 "한자 동맹 도시의 경관"을 이루고 있는 아름다운 도시이다.

위 그림에 나타난 한자 동맹 도시 경관의 특성은 광장과 도로를 면하여 좁은 3~4층 건물
의 정면이 좁은 측면의 파사드로 이루어졌고, 부지의 구획은 '좁고 긴 장방형의 토지 구획 체
계(Long lot system)'를 보인다. 사실 좁은 측면의 정면화는 보다 많은 상인들에게 평등한 접
근성을 주기 위한 목적과 안전(성벽) 기능을 위하여 이런 토지 구획을 택한다.

다시 말하면 보다 많은 상인들에게 민주적인 평등을 보장하기 위해서 이런 구획과 건축을
하는 것이다. 왜냐하면, 접근성이 같고, 보다 많은 수의 상인들이 도로에 면한 상점을 운영할
수 있기 때문이다.

전면의 지붕은 보통 계단형으로 장식하면서(여기는 아니다), 1층은 판매 상점, 2층은 주인
이 거주하는 집, 3층은 하인과 장인 및 판매인 거주 공간, 그 위의 다락방은 창고로 이용된다.
그래서 이렇게 중세 도시 건물의 층별 사용이 기능에 맞추어 전문화되는 것을 '전 산업 도시
의 수직적 기능 분화'라고 한다. 북쪽의 고위도(66도 22분)에 위치한 도시지만 편서풍과 멕시
코 만류의 영향으로 따뜻한 편이고, 겨울에 항구가 얼지는 않지만, 눈이 많은 겨울이 무척 길
다. 베르겐은 노르웨이 최대의 무역항이었고 북방의 원료 수집과 제품 판매, 안전을 위하여
한자 동맹과 상인 제조업 조합(guild, 길드)의 조직 활동이 활발했었다.

여하튼 베르겐을 배경으로 한 겨울 왕국의 엘사는 왕녀로 태어나 왕국을 물려받을 신분이
지만, 손에 닿는 것마다 얼어붙게 만드는 마법에 걸려서 헤아릴 수 없는 고통을 당한다. 그래
서 엘사는 자기의 능력이 악마의 마법에서 나온 것임을 감추기 위하여 무척 착한 척하는 삶을
살아간다. 그러나 그것이 위선임이 드러나면서 사람들이 등을 돌리자 온 세상을 얼게 만든다.

▲ 그림 2·68 디즈니 애니메이션 겨울 왕국의 포스터, 극장판 애니메이션 '겨울 왕국(2013, 국내 2014)' '흥행 1위 애니메이션'이라
는 기록을 세운 〈겨울 왕국〉의 엘사의 모습이다. 사실 이 '겨울 왕국(Frozen)'은 디즈니(Disney)사가 〈인어 공주〉에 이어 안데
르센의 작품 『눈의 여왕』을 모티브로 삼아 만든 극장판 애니메이션이다. 원작에서는 주인공이 소년과 소녀지만, 감독 크리스
벅과 제니퍼 리의 손길을 거치면서 엘사와 안나라는 자매로 바뀌었다.

엘사가 걸린 악마의 마법에서 벗어나기 위해서는 "상대를 위하여 목숨을 버릴만한 절대적
인 사랑이 필요하다."는 것이었다. 그런데 동생 '안나'가 그 사랑을 실천한다. 엘사를 죽이고
왕이 되려는 악한의 칼을 안나가 몸으로 막아서 대신 죽으려고 자기를 버리자, 그 악마의 마
법이 풀린다. 마지막에 목숨을 건 동생의 사랑으로 마법에서 풀리게 되어서 백성들이 엘사를
다시 왕으로 추대하는 해피엔딩의 만화 영화이다. '겨울 왕국'은 폭발적인 인기를 모았고 그
녀가 부른 노래 'Let it go!'도 엄청난 사랑을 받았다.

그런데 다른 무엇보다도 나는 아무 잘못이 없이 당하는 엘사의 고통과 착한 척하는 가식적
인 삶이 나의 삶과 무척 닮았다는 느낌을 받아서 이 만화 영화를 좋아하게 되었다. 그녀가 여
러 장소에서 당했던 어려움들을, 나는 내가 만났던 나의 장소에서의 어려움들과 비교하곤 하
였다. 나의 어린 시절 행동의 일부를 해석할 수 있는 열쇠를 여기서 찾기도 했었다. 또한 북
부 유럽의 여러 빙식 지형의 장소, 가령 피오레 항구, 뾰족한 산릉, 빙하 등이 인상적으로 잘
나타나 있던 멋있는 작품이었다.

2) 피그말리온 콤플렉스

6·25 전쟁 때 북한 공산군이 동네에 들어와 마을 회관을 불태웠기 때문에 우리의 모든 옷
가지며 먹을 것 등등(그것들은 사실 보잘것없는 것으로, 가격으로 따지면 정말로 사소한 것이
었지만) 대부분이 불에 타 버렸다.

아버지는 공산군이 마을에 온다고 하니까 먹을 것이나 옷가지, 이불 등을 모두 마을 회관
으로 옮겼다. '집에 두는 것보다는 그래도 진산 지서의 순경 하나와 의용군 한 명이 나와서

공동 시설이라고 지키는 마을 회관에 옮겨서 보관하는 것이 보다 안전할 것이다.'라고 생각했던 것이다. 정말로 전쟁이라는 것을 모르는 순진한 시골 사람들의 생각과 행동이었다. 그러나 마을 회관을 지키던 그 순경은 공산군이 오기도 전에 피했다. 사실 순경 혼자서 중대 규모의 공산군에게 대항해 봤자 너무도 비참한 최후였을 것으로, 어떤 의미에서는 미리 잘 피했다고 할 수는 있겠다. 여하튼 마을에 들어온 공산군은 보잘것없는 옷가지, 이불, 식량, 잡동사니 등과 마을 회관 건물을 통째로 모두 불태워 버렸고, 그것들을 불에서 꺼내려고 나간 아버지를 묶어서 끌고 갔다. 다행이 아버지는 밤에 이동하다가 산 위에서 무조건 아래로 목숨을 걸고 굴러서 간신히 도망하여 집으로 돌아올 수 있었다.

그래서 우리는 보잘것없던 그 살림살이를 일시에 모두 잃게 되었고, 나는 밖에 입고 나갈 옷도 없었다. 내 나이 또래의 학생들은 모두 학교에 다니는데 나만 학교를 다니지 못했다. 학교에 다니는 것은 그만두고 밖에도 나다닐 수가 없었고, 우리 집은 식량이 없어서 살아가기조차도 힘들게 되었다. 나는 무척 학교에 가고 싶었지만, 학교에 다니라는 허락을 받을 수가 없었다. 그래서 그냥 집에서 시간을 보내면서 집안일을 돕기도 하고, 쓸데없이 시간을 허비하고 놀았다. 요즘 같으면, "어린이를 학대했다."고 경찰에 불려갈 일들이 그 당시의 시골에서는 흔하게 일어났었다. 우선은 살아남는 것이 중요한 과제였기 때문이다. 그리고 학교를 못가는 경우는 나 말고도 사실 주변에 아주 많이 있었다. 명목상은 의무 교육이었지만 말이다.

그런 상황에서 그래도 내가 잘한 것은, '내 바로 위의 형(셋째 아들)의 책 읽는 소리를 아주 재미있게 유심히 들었다.'는 것이다. 자꾸 책 읽는 소리를 들었더니, 글자는 몰라도 그 문장을 모두 외우게 되었다. 내용을 외우고 나서 형이 없을 때 책을 넘기면서 글씨와 외운 내용(글)을 짚어 보면, 저절로 글자들이 맞아떨어졌고, 그래서 나는 한글 글자를 하나둘 차츰차츰 알아가게 되었다. "철수야, 영희야, 바둑아…" 이렇게 한 글자 두 글자를 말로 외우면서 글자와 맞추는 작업은 정말로 재미있는 작업이었다. 그렇게 하면서 나는 책을 읽지 못하면서도, 마치 책을 읽는 듯이 소리를 낼 수 있었으며, 글자를 맞추면서 그 글자들을 차츰 알게 되었던 것이다.

이런 과정이 바로 내가 한글을 스스로 깨우치게 되는 과정이었다. 필자가 이렇게 쉽게 한글을 배웠다고 한다면, '한글은 정말로 위대한 글자다.'라고 밖에는 달리 표현할 수 없는, 정말로 쉽고 귀한 글자인 것이다. 그런 훌륭한 글자를 만드신 세종대왕이야말로 정말로 한민족을 해방시킨 성인(聖人)이라고 나는 믿는다.

학교에 다니지 않고도 한글을 아는 나를 동네의 어른들은 "이것도 한번 읽어 보아라!"하며 자주 시험하였고, 내가 그것을 읽으면 나를 무척 칭찬해 주셨다. 학교를 다니는 학생들도 책을 읽지 못하는 경우가 흔했는데, 학교에 다니지도 않는 내가 어른들이 읽어보라고 하는 책을 곧잘 읽었기 때문이다. 그런 나를 동네 사람들은 수재라고 하면서 무릎에 앉히기도 하고, 옆에 앉게 하면서 많이 귀여워해 주셨다.

그래서 나의 존재를 어른들에게 알리는 수단으로, 나는 '한글을 읽는 공부와 착한 행동'에 관심이 커지게 되었다. 어떤 때는 공부가 착한 행동보다 더 나의 존재를 잘 알리는 방법처럼 느껴지기도 하였다. 특히 마을에 하나밖에 없는 진공관 라디오에서 들려 나오는 방송을 들으려고 저녁이면 그 집의 사랑방 두 칸에 어른이고 아이들이고 할 것 없이 모여서 방송을 들은 때가 있었다. 그리고 가끔은 라디오의 약(배터리)을 절약하기 위해서 방송을 끄고, 휴식 시간을 갖곤 하였고, 그런 때면 나는 여지없이 어른들이 시키는대로 글을 읽는 일을 많이 하였다.

여하튼 나는 평생에 걸치는 피해를 북한 공산군으로부터 직간접적으로 받은 피해자가 되었고, 그 무거운 짐은 아직도 나의 어깨를 무겁게 짓누르고 있다. 그래서 나는 6세 때부터 아무 잘못이 없는데도 고개를 숙이고서 다녀야 했다. 다행히 목숨은 건졌지만, '피그말리온 콤플렉스'는 물론이고, 자기 얼굴에 대해서 자신이 없는 콤플렉스를 경험하면서 살아야 했다. 그래서 "나 때문에 외부로부터 쓸 데 없는 불이익을 받지나 않는지?"하고 '내가 속한 집단에 대한 외부의 시선'을 늘 의식하고 살아야만 하는 것이 참 괴로운 자기 스스로의 부담이었다.

그리스 전설에 나오는 피그말리온은 키프로스의 왕인 동시에 조각가이기도 하였다. 그는 자신이 만든 '처녀의 동상 갈라테이아'를 너무 사랑해서 미의 여신 아프로디테(비너스)에게 "그와 살게 해 주세요!"하고 간절히 소원을 빌었다. 갈라테이아 이외에는 아무 여성도 사랑할 수 없었기 때문이었다. 그의 간절한 소원을 듣고 아프로디테가 숨결을 불어넣자 갈라테이아는 생명을 얻었고, 피그말리온은 소원대로 그녀와 결혼했다.

모든 콤플렉스는 사실 마음속 어딘가의 부서진 곳, 아픈 곳을 찌르고 건드려서 스스로를 괴롭히는 심리 과정으로 알려져 있다. 그 수많은 콤플렉스 중에서도 나를 가장 아프게 하면서도 다른 한편으로 나를 감동시킨 것은 '피그말리온 콤플렉스(Pygmalion complex)'였다. 나를 아끼고, 관심을 가지고 사랑해 주는 사람들의 마음에 들기 위해 '나 아닌 나'의 모습을 보여 줄 때마다, 나는 아주 진지해지곤 했다. 그러나 나중에 알게 된 이 피그말리온이라는 심리적 질병은 정말로 벗어던지기 어려운 마음속의 병이었다.

그래서 부모님이 기대하는 나, 친구들이 좋아하는 나의 모습으로 애써 행동할 때마다, 나는 조금씩 '나 아닌 다른 사람'으로의 연기, 즉 착한 사람으로 나를 가장시키기까지 하는 것이었다. 말하자면 디즈니 만화 영화 '겨울 왕국'에서 엘사가 무엇이든 만지면 얼음으로 바뀌는 저주에 걸린 것을 감추기 위해서 행한 '착한 척하는 행동'이나, '내가 늘 공부하고, 착한 체하는 행동'은 모두 다른 사람들에게 나의 콤플렉스를 감추기 위한 노력의 일부로 볼 수도 있는 것이다. 그것은 진짜 순수함에서 우러난 착한 행동이 아니었을 수도 있는 것이다.

다행히 필자는 이제는 다른 사람으로부터 사랑을 받기 위해 '나 아닌 나'가 되려는 몸부림은 내려놓은 지 오래되었다. 하지만 그 피해는 지금까지도 너무 크고 무거운 것이다. 그리고 그 원인이 북한 공산군의 남침이 가져온 혼란에서 유래된 것으로, 나는 평생을 따돌림 받는 희생자였다. 전쟁이란 폭력과 혼란, 무질서 속에서 어린이들을 위한 예방 접종이나 치료를 불가능하게 했기 때문에 '전쟁의 장소에 있던 나와 죄 없는 수많은 어린 생명들'이 죽어갔거나, 병에 걸려서 고통을 받으며 살아야 했던 것이다.

내가 조사한 것은 아니지만, 내가 아는 사람들 중에 '얼굴에 천연두의 흉터가 있었던 사람들은 대부분이 일찍 죽었다.'고 생각된다. 아마도 큰 심리적인 부담을 이기지 못했기 때문일 것으로 나는 나름으로 분석하고 있다.

사실 피그말리온 스토리는 참 휴머니스틱(humanistic; 인간적)하다. 신화에서 그 어떤 여인도 사랑하지 못했던 피그말리온이 조각상과 사랑에 빠지자 그의 간절한 소원을 들어주어서 조각상이 진짜 살아 있는 여인이 되게 하였다는 이야기는 정말 가슴이 뭉클한 이야기이다. '간절히 기도하면 이루어진다.'는 인간의 절실한 믿음을 깊게 흔들기 때문이다. '그 소원이 참으로 불가능하고, 비현실적이긴 해도 꿈이야 꿀 수 있지 않은가?'하고 전쟁 후의 시골이라는 장소에 있던 아이들에게 웅변으로 일깨우는 작용을 했기 때문이다.

또한 피그말리온 효과는 야누스(Janus)처럼 두 얼굴을 지니고 있다. '학교에서 선생님이 학생들에게 많은 기대를 할수록 학업 성취도가 높아진다.'든지, '가정에서 부모의 기대를 끊임없이 받은 아이가 실제로 성공할 확률이 높아진다.'는 식의 이야기는 '긍정적 피그말리온 효과'라고 할 수 있다.[106] 하지만 타인의 기대를 충족시키기 위해서, 자신을 바꾸려고 끊임없이 애쓰고 노력하는 사람들의 마음속 상처와 스트레스를 설명할 때 '피그말리온 콤플렉스'는 부정적인 현상을 설명하는 말로 사용된다.

그래서 피그말리온의 신화는 '상대를 향한 사랑이 그를 긍정적으로 바꿀 수 있다'는 믿음과 '상대를 향한 지나친 기대가 오히려 그를 망칠 수 있다'는 위험을 동시에 가지고 있는 두 얼굴의 이야기를 말하는 것이다.[107] 필자는 이 착한 척했던 행동이 '긍정적인 면이 많았고, 부정적인 면도 있었다.'고 생각한다.

---

106) Rosenthal effect라고 한다. 교사가 학생들에게 높은 기대를 갖게 되면 실제로 학생들의 성취도가 높아진다는 것이다.
107) 정여울, 2015, 버나드 쇼의 희곡 '피그말리온', 중앙선데이, 2015. 6. 28.

▲ 그림 2·69 여성 혐오증에 걸린 우울한 지식인 버나드 쇼(George Benard Shaw)[108]

　　여하튼 나는 학교에 갈 나이가 되었지만 학교에 다니지 못하다가, 10살 때에 신대 초등학교 3학년에 편입해서 학교를 다녔다. 한글을 알기 때문에 1~2학년을 다니지 못했지만, 3학년으로 입학이 가능했고, 구구단도 외웠기 때문에 3학년 적응이 가능했었다. 너무 남루한 옷을 입고 다녀서 조금은 창피하였고, 어려운 학교생활이기는 했었다. 다른 아이들이 나를 싫어할 수 있다는 생각에 나는 죄 없이 얼굴이 붉어지고, 스스로가 느끼기에 괴롭기도 했던 콤플렉스로 어려움을 겪었던 기억이 많았었다.

　　반면에 그 콤플렉스의 반작용으로 나는 좀 친근한 사람들에게는 너무 직선적인 말로 아는 체를 많이 했다. 더구나 나는 가끔 너무 상대편을 아프게 하는 말로 상처를 주기도 하였다. 그래서 내가 나이가 든 후에는 '말을 하지 말자.'라는 뜻으로 '인일시지언 면백일지우(忍一時之言免百日之憂)'라는 좌우명을 가훈으로 걸게 되었다.[109]

　　이는 내가 억눌렸던 상황에 대한 반작용으로 심한 말을 했던 면을 반성하자는 것이다. 그러니 어린 마음에서도, 성인이 된 후에도 이런 상태가 빨리 지나갔으면 하는 생각이 있었고, 그런 스트레스의 장소를 나는 피하려고 하였던 것이다.

---

108) 인터넷 포털 다음(Daum)에서 "피그말리온"을 검색함. 거기에는 조지 버나드 쇼의 작품이 소개되어 있다. '인터넷 포털 다음'에 나오는 버나드 쇼 작품을 개략적으로 소개한다.: 버나드 쇼의 피그말리온은 음성학 교수인 헨리 히긴스이고, 갈라테이아는 런던 빈민가에 사는 가난한 꽃 파는 처녀 엘리자이다. 히긴스는 엘리자에게 정확한 발음과 말하는 법을 열심히 가르치고, 예의범절 등도 익히게 하여 드디어 6개월 뒤에는 사교계에서 공작부인이라 해도 통할 정도의 품격 있는 레이디로 만든다. 그러나 그리스 전설과는 달리 히긴스와 엘리자는 결혼하지 않는다. 히긴스는 자기중심적으로만 생활하고, 엘리자를 자신이 하는 실험의 대상, 또는 실험의 성과로만 생각한다. 말하자면 상류 계급에 속한 지식인의 위선적인 모습을 보였다. 한편 엘리자는 교육을 받은 덕분에 자기 스스로 생각하고 판단하며 행동하는 인격에 눈을 뜨게 된다. 그리하여 그녀는 자신을 인간으로 취급하지 않는 히긴스를 거부하고, 지성도, 생활 능력도 없지만 진심으로 자신을 사랑해 주는 청년 프레디와 결혼한다는 이야기이다.
109) 이는 본래 명심보감의 "인일시지분 면백일지우(忍一時之憤免百日之憂): 한때의 분함을 참으면 백날의 근심을 면하게 된다."는 뜻에서 '분함'이란 말 대신에 '말'로 한 글자를 바꾼 것이다.

내가 더욱 어려웠던 것은 텔레비전이 보급된 이후에 중시되는 외모 지상주의 때문이었다. 사람들이 너무 외모나 첫인상으로 대부분을 결정하는 영향이 더욱 강해졌기 때문이었다.

그에 대해서는 따루 살미넨(Taru Salminen, 핀란드 출신의 작가 겸 방송인)은 다음과 같이 말했다.

"내가 한국에 처음 와서 깜짝 놀랐던 것은, 타인의 외모에 대한 지적을 많이 한다는 것이었다. 내 나라 핀란드는 다른 이의 외모에 대해 지적하면 절대 안 되는 문화이다. 그래서 한국 사람들이 왜 그렇게 말하는지 나는 이해하지 못했다. … (중략) 입사 면접을 위해 성형 수술까지 한다는 보도를 보면 한숨밖에 안 나온다. 외모가 스펙이라는 말은 한국에서는 정말인 것 같다."[110]

외국인이 이렇게 느낄 정도이면 한국은 정말로 심각한 외모 지상주의에 빠진 사회임에 틀림없는 장소이다. 여하튼 외모의 매력이 아주 중요하다는 것을 전제로 사회학자인 하킴(Hakim, C. 2010)은 중요한 주장을 한다. 그녀는 브르드외(P. Bourdieu, 1983)의 자본 이론인 경제 자본, 문화 자본, 사회자본 이외에 '제4의 자본'을 주장한 학자이다. 경제 자본은 돈이나 토지, 재산처럼 재정적인 이득을 발생시키며 사람들이 이용하는 자원과 자산을 말한다. 문화 자본은 경제학자들이 규정하는 인적 자본, 즉 노동 시장에서 소득을 얻는 데 이용할 수 있는 교육상의 자격이나 훈련, 기술, 근무 경험 등이다. 여기에는 문화적 지식과 소양까지 포함된다. 사회 자본은 한 사람에게 유용한 연줄을 제공해 줄 수 있는 계층과 집단이나 일족을 통해 얻는 실제 자원이나 잠재적 자원을 일컫는다.[111]

그런데 '제4의 자본'으로 내세우는 매력 자본(erotic capital)은 '아름다운 외모, 건강하고 섹시한 몸, 사교술, 카리스마, 패션을 통한 자기표현 기술, 성적 능력 등의 개인 자산'이며 '요람에서부터 계속 효과가 나타나기 때문에 인생의 모든 단계에서 잘 보이지는 않더라도 큰 영향(특히 여성에게)을 끼친다.'고 알려져 있다.[112]

이 자본의 프리미엄은 직장에서 가장 흔하고, 10~20% 정도 소득을 증가시키며, 취업과 승진에도 영향을 미친다고 알려져 있다. 요즘 많은 사람들이 여러 장애를 극복하고 인간 승리를 이루는 것을 보면, 정말로 박수를 보내고 환호하는 것이 보통인 세상이다. 선진국에 가서 살아 보면 그런 차별을 전혀 내색하지 않는 주변의 사람들이 참 많았는데(속으로야 어떻게 생각하든), 한국 사회도 빨리 그렇게 바뀌기를 바라는 마음이다. 그리고 진정한 사람들의 재능과 능력과 노력으로 모든 것이 평등하게 정해지고 이해되는 한국의 장소가 빨리 되었으면 하고 바라고 있다.

그래서 나는 '면접으로만 모든 것을 결정한다.'는 새 정부의 인재 채용 방식인 '블라인드 테스트(Blind test)'를 싫어한다. 외모로 모든 것이 결정되기가 더 쉬워지고 연줄이 더 중요해지지 않겠는가? 그러면 흙 수저들이 한층 더 불공평해질 것이라는 생각을 떨쳐버릴 수가 없기 때문이다.

110) 따루 살미넨(핀란드 출신, 작가 겸 방송인), 조선일보, 2016. 6. 14, 조선닷컴에서 인용.
111) 문화일보, 제4의 자본, 2013. 2, 기사, 다음 블로그 매력 자본(erotic capital) 검색.
112) Hakim, C. 2010, Erotic Capital, European Sociological Review, 26, pp. 499-518.

III

나의 땅꿈 장소들:

사적 장소의 추적

1
꿈을 꾸어야 장소도, 사람도 살아난다.

1) 가진 것이 없으면 꿈이라도 꾸어야 하지 않겠는가?

어린 나이였지만 힘에 부치는 일을 해야 할 때가 많았고, 배가 고파도, 아파도 참아야 할 때도 많았던 때가 나의 어린 시절이었다. 지금 생각하면 그 '참는다는 것과 일하는 것'은 한국인들, 특히 시골의 하층민들의 삶을 이루게 하는 필수 요소였다는 생각이 든다. 나야 어린 나이에 힘이 들고, 일하기 싫어서 기억이 나겠지만, 본래 하층민들로 태어나서 특별한 직업을 가진 사람이나, 그들의 자식으로서 특정한 업을 물려받은 사람들은 정말로 어렵고 힘이 들었을 것이다. 역사적으로, 제조에 독특한 기술이 있는 장인들의 삶은 대체로 어렵고, 가난하고, 착취당하고, 무시당하는 생활이었다. 그래서 장인 정신의 기저를 이루는 것은 '인고의 정신'이며, 하층민으로 태어난 사람들은 대부분이 갖게 된 정신인데, 나는 장인의 후손이 아니지만 참을성만은 몸에 배어 있었다.

역대 우리나라 장인들은 쉴 틈이 없이 농사를 짓고, 물건을 만들고, 양반들의 뒷바라지를 하면서 좋은 물건을 만들어 내는 것에 만족하였다. 재주가 많았음에도 부모가 속한 신분 계층 탓에 태어나면서부터 제대로 대접 받지 못하고 살아야 했다. 즉, 태어나면서부터 사는 장소와 해야 할 일이 정해졌고, 이동할 수도 없었으며, 먹고 마시고 살아가는 전부가 모두 양반에 종속되어 있었다. 이 점이 일본과 대비되는 원망스러운 차이점이었다.

◎ 사례 장소: 명당에 위치한 마을

경주 양동 마을의 지형은 '능선과 계곡이 勿(물)자형으로 생긴 길지'를 이루며, 거기에 잘 조화되어 마을이 대체로 남향으로 위치하고 있다. 마을에서의 '주거'는 신분에 따라서 집의 위치와 크기가 정해졌으며, 벼농사가 경제적 기반이었고, 경지는 주로 형산강의 지류인 서북쪽의 기계천 주변에 널리 전개되는 논들이다. 따라서 마을은 생산 공간, 주거 공간, 의식 공간으로 크게 대별되나, 신분 위계에 따라서 다시 주거지의 위치와 역할이 구분된다. 단지 이곳은 구릉이라는 지형 특성상 산지 생산 공간의 역할은 미미하였다. 주택들은 지형과 잘 어울려 있고, 구릉성 산지와 평야가 만나는 결절점에 마을은 배산임수로 자리하고 있다. 풍수상으로 양동 마을은 '삼남의 4대 길지'라는 평이 있고, 택리지에도 좋은 주거지라는 평이 실려 있다.

설창산 기슭의 구릉과 평지와 물이 만나는 결절점이지만, 밖으로 나가고 들어갈 때, 마을 입구의 양동 초등학교를 지나기 전까지는 마을이 밖으로 노출되지 않는 장소로, 외부에 상당히 감추어져 있어서 좋은 터라는 것을 쉽게 알게 된다. 그래서 그런지 전통적인 양반의 문화가 잘 보존되어 있고, 장소의 상징도 잘 유지되는 곳이다. 그러나 현대에 와서 이촌향도로 적지 않은 하층민들의 가옥이 없어졌다. 그들의 꿈도 많이 퇴색된 듯하다.

▲ 그림 3·1 경주시 강동면 설창산 문장봉 기슭의 양동 마을 양반 촌락 이 마을의 시작은 약 520여 년 전 '풍덕 유씨 가문'으로 '월성 손(孫)씨의 손소'라는 사람이 입향하여 월성 손씨의 종가를 이루면서부터였다. 그 후 손소의 딸은 이 마을 '여강 이(李)씨 집안'에 출가하여 조선조의 유명한 학자인 이언적을 낳아서 그의 자손들이 번성하게 된다. 사진에서 초가집과 기와집, 집의 위치와 크기는 대체로 신분과 관련이 있다.
그래서 이 마을은 월성 손씨의 자손들과 여강 이씨의 자손들이 경쟁하면서 화합하는 동족촌으로 '양동 마을'을 이루고 있다. 손소가 처가 입향(처가살이)한 사례로 미루어 모계의 전통도 강하였다고 볼 수 있지만, 유씨네는 여기서는 대가 끊겨서 손씨네가 제사를 모신다. 그렇다면 이곳은 모든 이에게 명당이라기보다는, 그냥 살만한 장소로 양반들이 협력하여 '마을 공동체 소왕국'을 잘 이루었다고 보면 될 듯하다. 그러니 여기 살았던 사람들이 중요한 것이다. 마을이 보관하고 있는 손소의 초상은 보물이고, 마을은 2010년에 세계 문화유산으로 안동의 하회 마을과 같이 등재되었으니, 한국의 전통 취락으로서 아주 중요한 장소이다.

일제 강점기에 실시된 '생활 상태 조사(1933)'에 의하면, 이 양동 마을 상류층의 주택은 외문과 내문이 있고, 사당이 있었다. 따라서 중·하류층의 주택과 규모와 구조가 확연히 구별되었다. 그리고 이곳에서 모두가 꿈꾸어 온 역사는 무척 길었다.

여하튼 경주 부근의 하층 장인들도 멋진 생활은 꿈에서도 누리지는 못했으나, 좋은 물건을 만들려는 꿈을 가졌으니, 그 장인 정신이야말로 정말로 '한국인들을 지탱해 준 정신 줄'이라 하겠다. 그들은 향·소·부곡 등의 특정한 장소에 묶여 살면서 그 장소의 특성을 이용하여 좋은 물건을 만들려고 했던 정신을 버리지 않았다. 그렇게 어려움을 참으면서 좋은 물건을 만들고, 앞으로의 꿈을 이루려는 정신은 바로 이 부근의 여러 장소에서도 마찬가지로 다듬어져서 후손들에게 이어져 왔고, 반대로 이 장소에서 탈피하려는 노력도 많이 했었다.

명당인 막현리에서도 지소골의 한지 제조, 분토골이나 뒷산의 도자기 생산(가마의 흔적), 모시와 삼베의 생산과 판매, 뽕나무 재배 및 누에치기와 명주 생산, 목화 재배와 베 짜기 등이 여러 장소에서 행해졌었다. 그것은 여기 살았던 사람들의 삶과 꿈의 증거였다.

(1) 꿈은 사소한 계기에서 싹튼다. 복수면 신대 초등학교라는 장소

나는 초등학교를 졸업할 때 '성적이 좋다는 의미의 우등상'으로 옥편을 받았고, 그것은 훗날 나에게 좋은 계기를 마련해 주었다.[113] 그때까지 상이라면 상장을 한 장 수여받는 것으로, 그것도 모두가 부러워하였지만, 졸업식 때는 옥편을 부상으로 받았던 것이다. 그 상품은 나의 삶에 또 다른 요인으로 작용하였고, 열심히 공부하면 큰 상을 받을 수 있음을 알게 해 주었다. 나는 그런 자각이 바로 어린이들에게 꿈을 꾸는 계기를 만든다고 생각한다. 그 상을 받고 나서 나는 더욱더 열심히 공부하기로 마음을 먹었고, 그러기 위해서 조그만 시간도 아껴가면서 공부하였다. 그런 면에서 내가 3학년에 편입해서 6학년 졸업을 할 때까지 신대 초등학교에서의 생활은 나에게 첫째가는 소중하고 소중한 땅꿈의 장소가 되었다.

▲ 그림 3·2 **신대 초등학교 교문과 운동장** 우측(북쪽)은 본관이고 필자가 초등학교에 다닐 때는 목조 건물로 검정색 콜타르를 칠한 나무판자를 벽에 덧댄 일본식 건물이었다. 교실 바닥도 나무 마루이고, 교실 중간은 나무 미닫이 벽이었는데, 그 벽을 트면 3개 교실을 연결하는 강당이 되었다. 그러니 옆 반의 수업하는 소리가 서로 들렸다. 칸막이를 튼 교실에서는 보통은 학예회, 졸업식, 입학식 등을 하곤 했었다(이런 행사 때는 날씨가 춥고 나쁜 경우가 많았다.).

사진에서 주차된 건물의 위쪽은 강당으로 신축 건물이고, 내가 다닐 때는 없던 건물이다. 그 뒤의 낮은 구릉은 막현리의 뒷산에 연결되는 낮은 고도의 구릉이고, 이를 넘으면 막현리의 새들에 연결된다. 따라서 이 구릉은 사실은 상징적으로 막현리를 2중으로 둘러싼 '좌청룡'에 해당하는 구릉이다. 우리는 학교에 빨리 가려고 하거나, 홍수로 금바위 시냇물을 건널 수 없을 때는 이 낮은 구릉을 넘는 지름길을 이용하여 학교에 다녔다. 그래서 비가 많이 와서 큰 홍수가 나도 막현리 학생들은 학교에 출석할 수 있는 지름길을 가지고 있었다.

시골 학교 교실은 대체로 늘 시끄럽다. 그런데 그렇게 시끄럽다가도 갑자기 조용해지면 정신이 번쩍 드는 곳이 시골 학교 교실이라는 장소이기도 하다. 그리고 필자는 이 장소에서 "위로는 천문, 아래로는 지리를 배우겠다."고 처음으로 마음속에 다짐하였다.

---

113) 그 옥편 덕에 내가 오늘날 그래도 몇 자의 한자라도 알게 되는 계기가 되었다.

내가 신대 초등학교 4학년 때의 일이니, 한 2년 정도 학교를 다닌 때였다. 내 짝은 부잣집 아들인 C 군이었다. 나는 3학년에 편입하였지만, 그래도 공부를 잘하는 쪽에 들어가 있었다. 그래서 숙제를 C 군에게 자주 보여 주었던 기억도 있다. 그의 아버지는 한지를 만들던 시설을 이용하여, 외국에서 수입한 폐휴지를 사다가 그를 펄프와 종이로 만들어 판매하는 제지 공장을 경영하던 상당히 일찍 깬 기업인이었다.

▲ 그림 3·3-1, 2 **학급 당번인 '주번'을 나타내는 휘장** 고학년의 각 반에 2명이 한 팀이 되어서, 학생들이 마실 물을 공급해 주었다. 또한 청소 담당 분단이 청소를 마치면 주번 선생님에게 알려서 검사를 받고, 청소 담당 학생들이 집에 가든지, 아니면 더 보충해서 청소를 하던지 하게 한다. 또한 주번 일지를 작성하고(아마도 학급 일지와 같은 것), 마지막으로 문을 잠그고 주번 종례를 하고 주번 선생님에게서 마지막 전달 사항을 듣고 집에 돌아가게 된다. 가장 늦게 집에 가는 학생들이고, 보통은 고학년인 4학년 이상이 순서대로 주번을 하였다.

나는 C 군의 문제집을 대신 풀어 주는 일이 싫지는 않았다. 당시 시골 학교에서는 접하기 어려운 문제들이 그 책 속에 들어 있었는데, 사실 어려운 문제들이 많았다. 내가 문제집을 풀어 주면 그는 내게 먹을 것을 주거나, 제 동화책을 학교에서 읽게 해 주었다. 지금 생각해 보면 나는 짝을 잘 만난 것이 된다.

어느 3월 초쯤의 날로 아마도 학년이 바뀔 때(당시는 일제의 영향으로 새 학년의 시작은 4월 1일부터였다.)의 일이었다. 이 시기에는 봄 방학(학년 말 통지표를 받고 신학기까지 2주 정도)이 며칠 남지 않아서 자습하는 시간이 많았다. 학년 말에는 선생님들이 시험 성적 산출, 통지표와 학적부 작성, 교육청 보고 공문 작성 등으로 실로 바쁜 때였다.

그날 선생님은 교탁에 앉아서 요즘 말로 잔무를 처리하시고, 우리는 산수 자습을 하였다. 나는 짝에게서 만화 삼국지를 빌려서 읽고는, 집에 갈 때까지 돌려주기로 하였다. 그것은 실로 어렵고 벅찬 작업(?)을 해야 하는 날이었다. 선생님 모르게 만화를 읽어야 하는 것은 어려운 일이기 때문이었다. 아무리 자습이라도 공부 시간에 만화 삼국지를 읽어서는 안 되고, 그날의 자습 시간에는 산수를 공부해야 했었다.

선생님이 잡무로 학생들을 보지 않고 서류 작업만을 하시자, 학생들은 때를 만난 듯이 장난치고 떠들어댔다. 말하자면 말썽꾸러기들의 세상이 된 것이었다. 나중에 자습한 것을 검사하는 날이 있기는 했지만 검사를 하지 않는 경우가 더 많았다.

나는 아주 좋은 기회라고 생각하고 책상 속에 만화 삼국지를 넣고 고개를 아래로 숙이고 그것을 읽어 갔다. 한 권으로 된 삼국지에 그림이 거의 절반이니 읽어야 할 텍스트가 별로 많지는 않았다. 그리고 그림을 보면 대체로 줄거리가 연결되었는데, 그림을 감상하는 시간이 글자를 읽는 시간보다 훨씬 더 길었다. 그림이 멋있게 잘 그려졌기 때문이었다.

정신없이 읽어 갔더니, 아마도 2시간이 끝날 때쯤에는 삼국지의 적벽대전 부분을 읽고 있었다. 이상하게도, 아이들이 무척 시끄럽게 떠들어도 그 만화책을 읽는 일에는 아무런 지장이 되지 않았다. 요즘 말로 하면 '독서삼매경'에 빠진 것인데, 만화 삼국지에 빠진 경우도 독서삼매경이라는 말을 써도 되는지는 모르겠다. 그런데 어느 순간 갑자기 교실 안이 물을 끼얹은 듯이 조용해졌다. 이 조용함은 시끄러운 것보다도 훨씬 더 나의 주의를 환기시켰다. 얼른 고개를 들고 앞을 보았더니 선생님이 내 책상 앞에 서 계셨고, 내가 만화 삼국지를 감추고서 읽고 있는 것을 다 확인하신 것이었다. 나는 얼굴이 홍당무가 되었고, 무조건 자리에서 일어섰다. 혼이 날 각오를 내 나름으로 한 것이다. 선생님은 아무 말 없이 만화 삼국지를 빼앗고, 교탁으로 가서 다시 일을 하셨다. 교실 안은 다시 시끄러워졌지만, 아이들은 무척 조심을 하면서 내가 어찌될 것인지를 그들 나름대로 짐작을 하면서 떠들었다.

4교시 수업까지 다 끝나고 우리 분단은 청소를 하였다. 선생님은 그래도 교탁에서 일을 하셨다. 청소가 끝나고 주번 학생들이 청소 검사를 요청하자 선생님은 검사를 하지 않으시고, 그냥 모두 집에 가라고 하셨다. 주번 학생까지 집에 갔으므로 나는 드디어 혼날 시간이 되었음을 알았다. 그래서 교실 한 구석에 서서 기다리고 있었고, 내 짝도 옆에 서 있었다.

▲ 그림 3・4-1(좌) 제갈량(공명, 승상, 무후)의 초상(다음에서 캡처)
▲ 그림 3・4-2(우) 적벽대전이 있었던 장소 주변의 붉은 절벽 양쯔 강인 장강이 산지를 공격하여 만들어진 붉은 색 절벽(하식애)이다. 중국인들은 거기에 흰색으로 '적벽(赤壁)'이라고 새겨서 장소 특성을 살렸다.[114]

아이들이 모두 나가자 선생님은 우리 둘을 불렀다. 교탁 앞에 가서 우리는 '차렷 자세'로 섰더니, 선생님이 내 짝인 C 군에게 "이것이 누구 책이냐?"하고 예상 외로 아주 부드럽게 물으

---

114) 고마츠켄이치(小松健一), 1997, 삼국지의 풍경(三國志の風景), 岩波書店, 도쿄, pp. 84-86

셨다. 짝은 겁을 먹은 목소리로 "제 것인데요. 그저께 아버지가 사다 주셨어요."하고 대답했다. 선생님은 다시 나에게 "이 책을 어디까지 읽었느냐?" 하고 물으셨다. 나는 읽던 페이지를 확인하지 못했으므로 대답을 못하고, 선생님이 들고 있는 책을 받아서 읽던 페이지를 짚었다. 아직 읽어야 할 부분이 많이 남아 있었다. 선생님은 C 군에게 "너는 이 책을 다 읽었느냐?" 하고 물으셨다. C 군은 겁이 나니까 "예, 다 읽었어요." 하고 거짓말로 대답했다. 사실 그는 그 만화 삼국지를 나만큼도 읽지 않았다. 그런데 선생님이 의외의 말씀을 하셨다. "그래? 너는 이 책을 다 읽었으면 오늘은 꼭 집에 가지고 갈 필요가 없겠구나? 응?" 하셨다. 그리고는 나를 향해서 "너는 오늘 같은 자습 시간에 선생님이 시킨 일 외에 다른 일을 하면 안 된다. 오늘은 용서할 테니, 이 책을 집에 가지고 가서 읽고, 내일 짝에게 돌려주거라." 하시고는, 둘을 향해서 "만화책은 학교에 가지고 오면 안 된다."라고 말씀하셨다. 나는 그날 그 만화 삼국지를 집에 가지고 가서 거의 밤을 새다 시피해서 다 읽고, 또 읽고는 다음날 짝에게 전해 주었다. 그런데 그렇게 무섭고 어려웠던 그 선생님이 그렇게 멋있을 수가 없었다. 왜 그런지 잘은 몰랐지만 지금도 그 선생님이 무척 멋있고, 훌륭하신 선생님으로 내 머릿속에 남아 있다.

그리고 훨씬 뒤에 내가 서울대학교 사범대를 졸업한 후 교사가 되어서 교실에서 가르칠 때, 학생들이 떠들 때면 가끔은 아무 말 없이 그 떠드는 학생들을 바라보거나, 그곳으로 가서 서 있곤 한 적이 있다. 그러면 학생들은 자연히 조용해졌다. 그 선생님은 그때 교실의 장소에서 경험적으로 '떠드는 학생들을 조용하게 만드는 하나의 좋은 방법'을 나에게 알려 주셨던 것이다.

이렇듯 내가 꿈을 꾸고 그 꿈을 실현하는 과정에서 나의 초등하교 시절의 사람들이 살아나고, 내가 처음으로 '소박한 꿈을 꾸던 신대 초등학교 교실의 장소'가 의미 있게 살아나는 것을 확인할 수 있다. 그때 같이 뛰놀며 씨름하던, 같이 노래하고 같이 춤(무용)도 추던 그때의 까까머리, 단발머리의 친구들이 살아나고, 그 교실, 그 운동장, 그 놀이터, 그 등하교 길이 아련하게 살아나면서, 우리의 피곤한 몸을 달래 주는 장소로 다시 살아나는 것이다.

그런데 나에게 더 중요한 것은 그 만화 삼국지 중에서 가장 훌륭한 사람으로 그려진 '제갈량(공명)의 공부법'을 알게 된 것으로, 그것은 아직도 내 마음에 새겨져 있다. "그는 어떤 때는 산으로 가고, 어떤 때는 강에 배를 띄우고, 며칠씩 밖에 머물며 현지에 대한 산 공부를 하고 돌아다니므로 언제 집에 돌아올지 모릅니다. 때로는 천문을 보고 일어날 일을 미리 알고, 때로는 지리를 공부하여 사물의 변화를 알며, 마음속에 육도삼략을 간직한 지혜가 무궁무진한 학자로, 경서의 문장이나 외는 사람이 아닙니다. 그리고 필요에 따라서 바람을 부르고, 비를 오게 하며, 바쁘면 축지법을 써서 다른 사람이 10일 걸릴 길을 단 하루 이틀에 걸어갈 수 있는 재주를 가진 사람입니다." 이런 천거의 말을 들은 유비가 제갈량을 찾아갔으나 두 번이나 만나지 못하고 허탕을 치고 돌아왔다. 그래서 유비가 목욕재계하고 세 번째 찾아가서야 겨우 만날 수 있었던 그 제갈량의 '현장 중심, 답사 중심의 학습법'이 나의 머릿속에 박힌 것이다.

▲ 그림 3·5-1(좌) **적벽 근처의 장강 지류에 흙을 나르는 중국 농민들** 이와 같이 어깨를 이용한 물건 운반법은 중국, 일본, 동남아시아에 걸쳐서 흔히 나타나는 촌락 사람들의 화물 운반법이나, 우리나라에는 별로 없다. 우리나라는 이보다 더 많은 짐을 훨씬 효율적으로 옮길 수 있는 지게가 이용되었다(126p).

▲ 그림 3·5-2(우) **적벽 주변 농촌의 풍경** 빨래를 하는 하천의 물이 상당히 오염되어 있다. 주변의 농촌은 어려운 생활이 계속되는 장소인 것이다. 도로 양편으로 조각난 경지를 살펴보면 무척 집약적인 토지 이용을 하고 있음을 알 수 있고, 인력으로 만든 불규칙한 경지이다. 그 촌락 경지의 크기와 모양은 경제 상태를 반영하는 경우가 많다. 조각난 좁은 경지는 어려운 촌락 생활을 반영한다. 물론 후한 시대에는 하층 서민들이 지금보다 더 어려운 생활을 했을 것은 틀림없다.

그 후, 제갈량은 유비(현덕)의 신하가 되어서, 유비에게 천하삼분의 방향을 제시하고, 뛰어난 언변과 논리와 글재주로 동오와 연합 전선을 구축하여 조조와 싸웠다. 그래서 동오의 대장군 주유의 군사를 이용하면서, 동남풍을 불게 하여 조조의 100만 대군을 적벽 부근의 장강에서 전멸시켰다(사실 동남풍은 동지 전후에, 장강 주변에서 잠시 방향이 바뀌는 국지풍으로 판단된다. 그는 현지답사에서 그런 국지풍이 있음을 확인하고 이용했던 것이니, 정말로 뛰어난 장수임에 틀림없었다.). 그리고 얼마 되지 않는 유현덕의 장수와 군사들에게 "어디에 가면 무엇이 있으니, 거기서 어떻게 하라!"라고 모든 장병들에게 명령을 계속하여 내리면서, 유독 관우에게는 명령을 내리지 않았다.

제갈량은 관우의 뛰어난 무술과 성격을 잘 알았다. 관우는 은혜를 꼭 갚는 사람이라서, 조조에게 신세를 졌던 그가 조조를 죽이지 못할 것이라는 것을 알았다. 또한 '조조는 적벽대전에서는 죽지 않는다.'는 것도 제갈량이 하늘의 별자리를 보아 알고 나서 관우를 분발시키기 위해 일부러 그를 무시하여 흥분시켰던 것이다. 관우가 "내가 조조를 살려 보내면, 제갈량의 군령을 받겠다."라고 서약하자 비로소 명령을 내리는 대목은 정말로 어린 나를 감동시켰다. 그런데, 적벽이란 곳은 모든 것이 제갈량을 위하여 잘 구성되고 만들어진 장소라고 할 정도로, 그는 모든 장소에 대해서 잘 알고 있었던 것이다. 제갈량이 썼던 그런 기술이 요즘은 과학으로 거의 모두를 이룰 수 있는 기술들이 된 것도 참 신기하며, 인간의 상상은 과학 기술이 언젠가는 실현시키는 것으로 변화됨을 알게 해 준다.

여하튼 필자는 그 때부터 '과학자가 되어야 한다는 꿈'을 꾸기 시작하였고, '무엇인가 도움이 되는 일을 해야 한다.'고 마음먹었다. 결국 나는 이학박사(Doctor of Science)가 되긴 했지만, 당시에는 집안 형편이 어려워서 초등학교를 졸업하고는 중학교를 다니지 못했다. 대신 막현리 교회에서 운영하는 중학 과정의 학원(교습소)을 약 2년간 다녔고, '서울 강의록'이라는 것도 헌 책을 구해서 공부하였다.

(2) 막현리 교회 학원에서의 꿈

그런데 막현리 교회에서 가정 형편으로 진학하지 못하는 어린이들을 위하여 학원을 열었다. 나는 그곳에 다니면서 내 나름으로 중학교 과정을 스스로 공부하였다. 강의록이란 책을 구해서 보기도 하고, 진산 중학교에 다니던 형의 교과서를 보기도 하였다. 그러면서 주경야독으로 독학하여, 2년 반 만에 '고등학교 입학 자격 검정고시'에 합격하여서, 중학교 졸업 학력을 인정받았다. 사실 '검정고시'라는 제도가 있다는 것을 알게 된 것은, 집에 설치된 유선 스피커를 통해서였으니, 스피커는 주민들에게 중요한 기능을 하였던 것이 틀림없다.

그때 내가 방과후에 하는 일이란 주로 산이나 들에 가서 꼴을 베어다 소에게 주는 일과, 어머니의 일을 도와서 밭에 김을 매는 일, 산에서 거름이 되는 풀이나 나무를 해다가 집에서 퇴비를 만들어서 논과 밭에 쓰게 하던 일 등이 생각난다.

이런 일을 하면서도 나는 짧게 끊어지는 조각난 시간들을 잘 쓰기 위해서 노력하였다. 약간 두꺼운 도화지를 손가락 크기로 잘라서 종이쪽을 만들고, 거기에 영어 단어를 한 개씩 적어서 호주머니에 잔뜩 넣고 다니면서 수시로 그것들을 꺼내서 외우는 공부법을 택했다. 지금 생각해도 일하면서 공부하기에는 참 좋은 방법이었다. 그러나 발음을 연습하지는 못하므로 사실은 불완전한 공부 방법이었지만, 그래도 시골에서 일을 하면서 공부할 수 있는 방법이었다. 내가 일한 가사일 중에서 제일 힘이 들었던 것은 역시 논을 개간하는 육체적 노동으로, 돌을 골라서 둑에다 버리고, 흙을 퍼서 날라다가 논에 까는 일이었다. 아버지는 사업에 실패하고 논을 팔았으므로, 그 면적을 보충하는 수단으로 논을 많이 개간하게 되었다. 그 일은 가족 모두가 무척 힘들어 했고, 나도 저녁을 먹으면, 그냥 쓰러져서 잠들었던 기억이 눈에 선하다.

▲ 그림 3·6-1, 2 **막현리 교회에 부설된 중등 학원의 전면(좌)과 후면 일부(우)** 대한 예수교 장로회의 교회였고, 지방리 교회에서 분리하여 설립되었다. 현재는 교회가 없어졌고 개인 주택으로 되었다.

나는 검정고시에 합격한 후, 대전에 있는 어떤 고등학교의 입학시험에 합격하였으나, 가정 형편으로 진학하지 못했다. 그리고 집에 머물면서 농사일을 1년간 하였다. 어렵게 고등학교에 합격하였지만 진학할 수 없게 되자, 그에 대한 반발로 일부러 공부를 포기하였다. 그래서 공부를 하지 않겠다고 온 식구들에게 선언하고 농사를 지어 보았다. 그러나 시골에서 농사짓는 일이란 것은 참으로 어렵고 힘든 일이었다. 기운이 부족해서 지게를 지고 산에서 굴러떨어진 적도 여러 번 있었고, 여름철에 인삼밭 퇴비를 만들어 팔기 위해서 산에서 풀을 베다가 힘이 부쳐서 엉엉 운 기억도 있었다.

당시 나를 가장 지치게 한 것은 '농사일은 일이 끝이 없다.'는 것이었다. 하루 종일 쉬지 않고 일을 해도, 그 다음날은 또 다른 일이 생겨서 다시 온종일 일을 하지 않으면 안 되는 나날의 연속이라는 점이었다. 그 다음날도, 또 그 다음날도… 계속하여 일해도 농사일은 끝이 없었다. 이런 농사일은 나를 녹초가 되게 만들었고, 나의 꿈을 빼앗아서, 막현리는 나를 좌절하게 하는 장소로 변하였다.

그래서 1년 뒤에 나는 "다시 공부를 해야겠다."고 아버지와 상의하였고, 온 식구들 앞에서 다시 공부하겠다고 선언을 한 후, 그 뒤로는 앞만 보고 상당히 무섭게 공부하였다. 나는 공부하는 일이 아무리 어려워도, 그래도 농사짓는 일보다는 쉽다고 생각하게 되었고, 이때 내가 주로 머물며 공부하던 장소를 대전으로 옮길 수 있었던 것이 큰 행운이었다. 나는 온 식구들에게 미안함을 느끼면서, 아버지의 또 다른 자식 사랑 모습을 확인하였다. 사실은 무척 인자한 분이셨는데 시골에서 배우지 못하고, 가난에서 벗어나려고 어머니에게 큰 부담을 주면서 몸부림을 쳤던 분이었다. 별로 배우진 못했지만 막현리 이장을 하면서 일손이 부족하니까 나에게 1년 동안 농사일을 하게 하였다.

또한 지나서 생각해 보면, 막현리 교회는 단순한 교회가 아니었고, '당시의 막현리와 주변 마을 어린이들의 정신적 성장을 가져온 장소'였다. 그래서 '막현리 장소성을 고차적으로 승화시켜서 의미 있게 하고, 가난한 막현리 어린이들의 정신세계를 넓혀 주었던 장소의 핵심이 막현리 장로 교회였다.'라고 나는 지금도 믿고 있다. '막현 교회 중등 학원'은 교회에서 성경 공부와 중학 과정을 교습하는 장소로, 막현리는 물론 인근의 가난한 청소년들에게 큰 영향을 준 곳이었다. 꿈을 꾸게 했던 곳이고, 정신적 성장을 가져다 준 장소였다.

그런 면에서 당시에 그 교회 학원에서 봉사한 여러 사람들이 있었는데, 내 기억으로는 남제현 전도사, 김조한 씨, 주은식 씨, 멀리 강경에서 온 박현식 씨 등은 고교를 졸업한 분들로 당시의 10대 초반의 청소년들에게 그래도 꿈을 심어 준 사람들이라고 할 수 있다. 그 학원을 거쳐서 정규 중·고등학교에 진학한 사람은 10여 명, 대학에 진학한 사람도 4~5명은 되었으니 대단한 성과였다. 그에 대하여 막현리 교회 학원을 달리 해석하면, 조선 후기인 정조 시대 '윤지충과 권상연'이 부모의 혼백을 불태우고 제사를 지내지 않은, 말하자면 '실사구시, 백절불굴의 천주교 신앙 정신'이 막현리 교회로 연결되었다고도 볼 수 있다.

또한 막현리라는 장소는 내가 서울대학에 입학한 후, 다시 몇 년 뒤에 서울대 입학생을 배출하였다. 그리고 대전의 충남대학이나 다른 인접 대학에 다니면서 박사 학위를 받은 사람은 모두 7~8명에 달하여, 40여 호의 작은 마을에서 얻은 성공적인 성과였고, '주변의 다른 마을과는 전혀 다르게 공부시키는 마을'이 되었다. 이는 놀라운 성과였고, 나의 '롤 모델(roll model)' 역할도 조금은 있었다고 생각된다.

(3) 대전 문화원에서의 꿈: 어떤 고등학교

여하튼 다음 해에 나는 대전의 어떤 고등학교에 무료로 다닐 수 있게 장학생이란 명목으로 합격하였다. 그런데 이 학교는 참 엉터리 학교로, 학생들이나 선생님들이 수업하거나 자습하는 것이 자유였다. 그래서 그 학교에서는 희망이 없어졌지만, 그래도 그 학교 덕에 대전에 나와서 꿈에 그리던 수학 학원도 다녀 보았고, 도서관에도 다니기 시작할 수 있었다. 그래서 그 학교에 다니는 것을 포기하고 대신 대전시 문화원의 도서관에서 아침부터 저녁까지 열심히 공부하면서 시험 준비를 할 수 있게 된 것이 중요하였다. 아버지께서는 큰 부담을 안으시면서 나에게 기대를 거시고 공부를 하게 하셨다. 나는 힘들었던 '지나간 농사짓던 세월'을 계속하여 되씹어 보면서 정말로 열심히 공부하였다.

당시에 꽤 유명하였던 카페나, 아나뽕 등의 잠을 쫓아내는 약을 사서 먹기도 하고, 찬물로 세수도 하면서 공부하였다. 그렇게 공부하기 1년 반 만인 1966년 5월에는 '대학 입학 자격 검정고시'에 합격하였다. 내가 생각해도 비교적 짧은 기간에 고등학교 졸업 자격증도 얻었으니, 어찌 보면 나는 조금은 독한 사람이었다. 그리고 나의 꿈은 정말로 사소한 것이 계기(초등학교 4학년 때 과학자가 되겠다는 꿈과 초등학교 졸업식에서 상을 받은 일)가 되었다. 아직 철은 없었지만 나는, 그때부터 그 꿈을 고이고이 다졌다.

◀ 그림 3·7 과거의 대전 문화원(그 후 동양 백화점) 건물 터 현재 NC 백화점 자리이다. 1966년 당시는 시 공관으로 영화를 상영하는 극장이었고, 출입구가 다른 꼭대기 층(5층)에 대전 문화원 사무소와 도서실이 있었다. 개가식으로 책이 몇 권 있었고, 도서실 좌석을 직원이 근무하는 시간 중에 무료로 이용할 수 있었다.

이 '문화원 도서실' 장소에서 나는 주로 대학 입학 자격 검정고시를 준비하였다. 현재는 그곳에 재건축을 한 NC 백화점이 있고, 그 앞에는 MC(Mega City) 건물이 있다. 그 옆에는 과

거의 대전시청이 있었고, 지금은 농협이 자리하고 있다. 문화원은 대전 구시가지 중심 업무 지구(대전역 앞 구 충남도청에 이르는 중앙로 주변)의 한 가운데에 위치하고 있었다. 이곳은 그래서 나의 꿈이 영글어 가던 장소 중의 하나이다.

그 당시 대전에는 홍륜 학원이라는 야간 학원이 열렸다. 공자의 도덕과 질서, 그리고 인륜을 널리 펴서, 세상의 질서를 유교적 질서로 바꾸려는 뜻을 가진 학원이었다. 천막 교실에서 열었는데 그래도 상당수의 학생들이 몰려 왔다. 낮에 직장이나 공장에서 일하고 밤에 공부를 한다는 뜻을 살리는 학원이었다. 나도 얼마간은 야간에 다니기도 했지만, 시간이 부족해서 그만두었다. 이후로는 내가 생각해도 대단한 끈기로 열심히 공부를 하였고, 아버지는 내가 대학 입학 자격 검정고시에 합격한 후에는 본격적으로 공부할 수 있도록 다른 농사일을 시키지 않으셨다. 그렇게 어려운 살림에서도 아버지가 나를 믿고 공부할 수 있게 농사일을 시키지 않으신 점에 대해서 나는 무척 감사하게 생각한다. 당시 우리 집 형편은 아무리 해도 내가 대학에서 공부할 수 있는 상황은 아니었기 때문이다. 아버지는 내가 정규 학교를 다니지 않고도 빠른 시간 내에 중학교, 고등학교 졸업 학력을 인정받은 것을 대견하게 생각하신 것이다.

나 또한 이런 길을 처음으로 개척하면서 나가는 사람으로서 자부심이 생겼고, 미래의 꿈을 막연하게나마 그릴 수 있어서 좋았다. 시골 사람으로 태어나서 대학에 응시하고, 도전할 수 있는 자격을 얻은 것이 그래도 쉬운 일은 아니기 때문이다. 당시만 해도 대전의 학교에 등록해 놓고, 공부하지 않고 그냥 놀면서 빈둥빈둥 지내는 사람들도 적지 않은 사회 상황이었다.

대전은 경부선 철도와 호남선 철도가 분기하면서 성장하기 시작한 도시이다. 본래 한밭(大田)이라고도 불렀지만, 이곳의 중심은 회덕이었고, 주변에 진잠, 유성 등의 현이 있어서 대전을 이들 현들이 나누어서 점하였다. 말하자면 대전은 중심지가 없는 변두리의 넓은 분지였다. 철도가 부설되고 충남도청이 이곳으로 이전하면서 대전면이 신설되고, 이어서 대전읍, 대전시가 되어서 급성장을 하게 된다. 그래서 기존의 회덕, 진잠, 유성을 모두 영역으로 합병한 곳이 대전으로, 굴러온 돌이 박힌 돌을 뺀 곳이라 하겠다.

대전의 접근성이 매우 높아져서 서울까지 가서 물건을 사기에는 시간이 많이 걸리게 되자, 영남 지방, 호남 지방, 충남북 지방의 상인들에게 상품을 공급하는 도매상들이 많이 생겼다. 그래서 결국 경부 · 호남선이 갈라지는 대전으로 물자와 부가 집중하게 되어서 대전은 급성장하였고, 인구 150만의 광역 중심 도시가 되었다. 시청도 이 도심에서 대흥동으로 옮겼다가 이어서 둔산 지구의 멋진 청사로 옮겨 간 것 역시 도시의 성장이 빨랐음을 보여 준다.

더구나 고속 도로까지 여기서 분기하면서 대전의 성장은 더욱 빨라졌다. 그러나 대전의 급속한 성장은 인근의 논산, 강경, 금산, 공주 등지의 침체를 가져오기도 하였다. 그래서 KTX는 오송에서 분기하도록 하여서 충북의 어려움을 도와주는 정책을 폈고, 대전역은 경부선만이 정차하게 되었다.

2) 그래도 꿈은 이루어진다. 서울에서의 생활

(1) 서울대학교 사범대학 지리교육과

그 후에 나는 다행히 가족과 여러 사람들의 도움으로 서울대학교 사범대학 지리교육과에 입학하였다. 말하자면 나는 개천에서 용이 나는 기회를 잡은 것이다. 첫해에는 불합격이 되어서 재수를 하였지만, 그때 처음으로 서울대학교에 입학시험을 치르기 위해 서울에 갔었다. 대전에서 새벽 6시 차를 타고 서울역에 점심때에 내려서 버스를 타면서, "이 버스가 서울대 사대가 있는 용두동에 가느냐?"고 차장에게 물었다. 차장이 간다고 해서 탔는데, 어디를 지나서 내려야 할지를 몰라서 차장에게 내리는 곳을 알려 달라고 하였다. 그런데 그 차장이 나만을 기억할 수 없다는 생각이 들자 출입문에서 떨어져서 자리에 앉지 못하고, 차장 옆에 서서 갔다. 걱정이 되었기 때문이었다. 그러면서 조금 가다가는 "아직 멀었나요?"하고 물으면 차장은 "아직 멀었어요."라고 대답하기를 적어도 서너 번은 반복한 것 같았다.

첫해의 실패 후에 나는 대도시의 입시 학원에 다니고 싶었지만, 그럴 돈이 우리 집에는 없었다. 나는 고향 막현리 사랑방에서 문을 걸어 잠그고 공부를 하였다. 때로는 어린 조카들이 많이 울었고, 때로는 마당에 널어놓은 곡식이 빗물에 떠내려간 적도 있었지만, 나는 나가보지 않았다.

가장 놀라웠던 기억은 여름철에 문을 잠그고 공부를 하면, 처음에는 더워서 온몸이 땀투성이가 되곤 하였지만, 이를 참고 더 공부하면, 어느 시점에서부터는 땀이 전혀 나지 않고 오히려 시원하게 느껴지기 시작한다는 것이었다. 후에 생각해 보면, 그때는 정말로 멋있는 피서를 한 것이라고 판단된다. 더운 여름에 문을 잠그고 공부하는 것이 독서삼매경을 이루어 가장 훌륭한 피서가 되었고, 그 과정에서 많은 공부를 한 것이었다.

▲ 그림 3 · 8-1, 2 **1968년 당시의 서울대학교 사범대학 본관과 그 앞의 4 · 19 기념탑** 우리 학생들이 반정부 데모, 교련 반대 데모, 3선 개헌 반대 데모 등을 했었는데, 그 데모의 출발점은 바로 이 4 · 19 동상 앞이었다.

어렵게 사범대학 지리교육과에 입학해서 다니면서 나는 시골에서의 생각과 생활과 느낌을 살려서 촌스럽게 공부를 하였다. 촌스럽게 공부했다는 것은, 요령이 없이 무작정 공부를 했던 것인데, 그런 자세가 나를 더욱더 공부하는 곳으로 이끌었고, 더 많은 공부를 할 수 있도록 만들어 갔다. 지리는 재미는 있었지만, 기존의 개념들과 달리 너무 새롭고 어려운 부분이 많은 학문이었다. 특히 답사는 재미있었지만 비용이 적잖이 들었고, 우리말로 된 전문 서적들이 예나 지금이나 별로 없어서 공부하기에 어려움이 참 많은 분야였다.

나는 대학 시절에 "향토 개발회"라는 써클(동아리) 활동을 했다. 내가 이 향토 개발회의 멤버가 된 것은 정말로 사연이 깊다. 향토 개발회라는 서울대 사범대의 서클이 우리 동네인 막현리로 농촌 봉사 활동을 나온 데서부터 나와의 인연이 연결된 것이다. 한편은 계몽을 목적으로 하고, 다른 한편은 봉사를 목적으로 하여서 젊은 대학생들이 10여 일간을 농촌에서 농민들과 같이 생활하고 봉사하는 활동을 하였다. 그들은 비참한 농촌의 상황을 진지하게 파악하려 하였고, 배우려 하였고, 도우려 하였다. 그러나 사범대 학생들은 대부분이 가난하여서 경제적인 도움을 주지는 못하였다.[115]

그들은 막현리 마을 회관에서 10일간 식사를 만들어 먹고, 자면서 봉사 활동을 하였다. 약 3년간 여름과 겨울 방학에 10여 일씩 활동하였다. 그 학생들에게 나는 여러 가지 문제를 배울 수가 있었는데, 특히 내가 수학 문제를 풀 수 있도록 그 학생들이 도와주었다. 내가 문제를 풀다가 막히면 편지에 그 문제를 써서 서울대 사범대 수학교육과로 보냈고, 그 학생들은 문제를 풀어서 내게 다시 편지로 보내 주었다. 이 서클의 활동은 나와 우리 동네를 변화시켜서 의식 구조를 바꾸는 계기가 되었고, 젊은 청소년들에게 좋은 자극을 주었다.

▲ 그림 3·9 **동대문구 용두동·제기동의 선농단** 이 아래에 서울대학교 사범대학 캠퍼스가 위치하고 있었다. 경성 사범대학의 전신이었으니, 역사가 깊은 곳에 교육의 중심이 위치하고 있었다. 단지 일제의 식민 잔재가 본래의 뜻을 흐리게 한 점이 있는 곳이기도 하다. 우리나라를 36년간 강제로 지배한 일제가 우리나라의 곳곳에 자기네의 흔적을 많이 남겼을 것이라는 것도 알아야 하겠다. 그런 의미에서 사라져 가는 우리나라의 여러 장소와 그 의미를 더욱더 많이 찾고 기려야 할 것이다.

---

115) 막현리 마을은 너무 경제적으로 침체되어 있었기 때문에, 그 후 이화여대 약대 학생들이 다시 봉사를 위해 이 마을에 왔다. 그런데 그 학생들은 장학금을 마련하여 경제적으로 직접 혜택을 주었다. 학생의 신분으로 어디서 지원을 받았는지는 모르나 귀한 장학금으로, 그를 마련하기 위해서 많이 노력했을 것이다. 장학금은 마을 송계에서 대응 자금을 투입하여 현재도 관리하고 있다. 나는 당시에 대학 3학년이었는데, 그 여학생들의 경제적 도움도 무척 중요하다고 말한 적이 있었다.

내가 대학교 중에서 서울대학교를 택한 동기와 여러 단과 대학 중에서 사범대학을 선택한 것은, 우선은 내가 다른 대학을 몰랐기 때문이다. 그리고 우리 집이 가난하였기 때문에 그래도 등록금이 싼 곳을 골라야 했다. 또한 그 '향토 개발회'라는 서클의 학생들을 통해서 '사범대학이 남을 이끌고, 가르치는 참 보람 있는 일을 하는 대학'이라는 것을 알게 되었기 때문에 사범대학으로 진학하게 된 것이었다. 당시에 동대문구 용두동에 있던 서울대 사범대학에서의 나의 학교생활은 힘이 들었다. 제기동의 무허가 판자촌에서 자취, 그 후 입주 가정 교사, 시간제 가정 교사 등을 하면서 어찌어찌해서 학비와 용돈을 마련했고, 간신히 학업을 계속할 수 있었다.

그리고 여기서 '나의 영어 공부'에 대해서 새로운 시작이 필요함을 충격적으로 느끼게 되었다. 모든 과목 중에서 혼자 공부하는 사람에게는 영어가 제일 어려웠다. 그 이유는 요즘과 달리 발음을 정확히 듣거나, 교정할 수가 없었기 때문이다. 우리의 교양 영어는 S 교수님이 가르쳤었는데, 주로 읽고 해석하는 수업이었다. 한 학생씩 차례로 읽고 해석하게 하는 수업이 많았는데, 나는 그때 내가 엉터리로 발음을 하고 있다는 사실을 처음 알았다. 예를 들어서 'Legs of the table.'을 읽을 때 나는 '레그즈 오프 더 테이블'이라고 또박또박 끊어서 틀리게 읽었다(아마도 '렉접더 테이블'이라고 해야 될 듯하다.). 영어의 해석은 조금 했겠지만, 발음과 읽기는 완전히 엉터리였고, 말하자면 나는 그동안 멋대로 절반의 잘못된 영어 공부를 한 것인데, 그것이 독학의 후유증이었다. 나는 무척 창피해서 교수님이나 다른 학생들이 읽는 발음에 비로소 신경을 쓰기 시작했고, 고치려고 노력하기 시작했다. 그러나 그 작업은 내가 처음부터 다시 영어 공부를 하지 않으면 안 되었으므로, 정말로 어려운 일이었다. 이 엉터리 발음은 결국은 내가 대학교수가 되어서 미국의 미시건 대학에 교환 교수로 가게 되면서 고쳐지기 시작하였고, 뉴욕 대학에 다시 한 번 교환 교수로 다녀와서야 비로소 상당히 발전된 성과를 거두었다.

나는 대학 3학년 때부터는 ROTC 훈련을 받았는데, 힘도 들고 시간도 많이 들었지만, 이로 인해 장학금도 받고 재미 있는 군대 생활을 할 수도 있었다. 서울대에 합격하면서 나는 '남을 이끌고 앞서 가야 한다는 생각과 그에 대한 의무감'을 처음으로 강하게 느끼기 시작하였다. 이 정신과 태도가 나의 인생에서 중요한 기본이 되었고, 육군 장교의 길을 걸으면서 한층 더 강해졌다. 육군 장교들은 무척 명예를 존중하는 집단으로, 나의 행동에도 많은 지침과 시사를 주었다.

대학 시절의 다른 큰 충격은 당시 신입생 환영 행사에 초청 강연 연사로 오신 함석헌 선생의 말씀이었다. 그분은 "너희들 사범대 학생들은 참 불쌍한 사람들이다. 사도를 지키며 살아야 하기 때문이다. 내 생각으로는 사도(師道)란 바로 사도(死道)를 말한다. 즉, 사도를 지키고 살려면 죽은 목숨과 같이 재미없는 생활을 계속해야 한다. 술 먹고 어디에다 오줌 한번 싸 봐라! 선생이 그랬다고 단번에 나쁜 사람으로 매도될 것이다."라고 흰 모시의 바지저고리와 두루마기를 입고, 흰 고무신을 신고, 흰 수염을 휘날리면서, 카랑카랑한 목소리로 그분은 열변을 토했다. 말하자면, 훌륭한 교사가 되려면, 온갖 유흥과 오락, 즐거움, 돈 등과 담을 쌓고 죽은 듯이 살아야 한다는 뜻이었다. 그러니 아무 재미도 없는 무미건조한 길을 사범대학 졸업한 사람들은 각오해야 한다는 말을 그렇게 돌려서 '죽음의 길을 가는 사람들'로 바꾸어서 말한 것이었고, 이 생각은 오랜 기간 동안 나의 행동을 가이드했었다.

이 당시 나의 활동 장소는 이제 서울로 옮겨져서, 동대문구 용두동, 제기동, 답십리, 대학로, 이화동, 전농동 등이 주였고, 이어서 서울역과 갈월동, 마포구 공덕동, 신촌, 강화도, 북한산, 청주, 포항, 김제, 전주까지 확장되었다. 지리과 답사, 아르바이트, 서클 활동, 친구 모임 등을 통해서 활동 영역이나 장소가 조금씩 넓혀지고 있었다.

지금 우리나라는 교육에서 교권과 학생의 권리인 학습권 및 교육 방법상 큰 변화의 흐름 속에서 갈팡질팡하는 장면이 자주 노출되고 있다. 교사가 학생을 벌주거나 체벌을 가하면, 폭력을 행사한 사람으로 처벌을 받게 된다. 내가 처음 미국에 갔을 때인 20여 년 전에 미시건의 초등학교에서 목격한 쇼크를 이제 우리나라에서 경험하고 있는 것이다. 그러나 이러한 혼란은 차츰 큰 틀에서 자리가 잡힐 것으로 믿는다.

(2) 군대의 중 · 소위 생활

나는 대학을 졸업하면서 육군 장교로 군 생활을 시작하였다. 군대는 새로운 시험의 장이었고, 매우 현실적인 사람으로 나를 변화시켰다. 광주 상무대에서 힘든 훈련을 마치고 나는 화천의 251 포병 대대에서 측지 장교로 근무하였다. 처음 이 부대에 갔을 때의 기억이 새롭다. 내가 '5분 대기조'라는 임시 편성 소대의 소대장이 되었을 때이다. 그 소대장은 한 달씩 신임 소위들이 돌아가면서 맡게 되어 있었는데, 내가 군번이 빠른 선임 소위였으므로 가장 먼저 5분 대기조 소대장을 맡았다. 이 5분 대기조라는 소대는 간이 비행장 경비를 맡는 것이 주된 임무였다.

매일 하는 일은 비행장 활주로에 쳐진 바리케이드 케이블(여러 가닥의 철사로 꼬여진 케이블로 굵기는 직경이 4~5cm 정도)의 관리와 경계 임무였다. 활주로를 세 군데 케이블로 가로질러서 저녁에 치고, 아침에 걷고 하면서 시설을 관리하는 임무였다. 그런데 나는 본래 '차리 포대 관측 장교' 임무를 처음으로 맡고 있었으므로 상당히 바빴다. 어느 날은 내가 다른 임무로 바빠서 비행장에 가지 못하고, 대신 분대장에게 비행장에 가서 바리케이드를 걷고 오라고 지시하였다. 그것은 현장을 무시한 나의 큰 잘못이었다.

나의 지시를 받은 분대장은 한술 더 떠서, '매일 아침에 가서 바리케이드를 걷고, 또 매일 저녁에 다시 가서 쳐야 하므로 그것이 귀찮다.'고 생각했던 모양이었다. 그래서 그는 "아예 바리케이드를 걷지도 치지도 않겠다."고 마음먹었다. 그래서 그날은 바리케이드를 걷지 않고, 그냥 느슨하게 땅에 닿도록 늘어지게 쳐 놓았다.

그런데 하필 그날, 군단장님이 경비행기를 타고 전선 시찰에 나섰고, 그 비행장에 착륙하려고 하였다. 미리 알리고 왔으면 별 다른 일이 없었겠지만, 그 군단장님은 원리 원칙에 충실한 분으로 전투태세를 비밀리에 확인하기 위해서 아무도 모르게 이 비행장에 내리기로 하신 훌륭한 분이었다. 비행기를 조종한 분은 대위였는데 "활주로 상공의 비행기에서 내려다보니 철선이 가로막혀 있는데, 땅 위에 닿아 있는 것 같기도 하고, 공중에 쳐져 있는 것도 같기도 해서 쉽게 판단을 못하고 몇 바퀴 선회를 하였다."고 했다. 우리 대대의 상황실에서는 비행기가 낮게 선회하니까 5분 대기조를 출동시켰다. 나는 다른 일을 하다가 갑자기 비상 출동 소리를 듣고 빨리 비행장으로 뛰어갔다. 5분 대기조 소대원들도 같이 뛰어서 갔는데, 가서 보니 비행기는 이미 착륙한 상태였다. 나는 바리케이드를 치우고 비행기 옆으로 갔더니, 조종사인 대위님이 나를 불렀다. 그분도 땀을 많이 흘리면서 말하였다. "군단장님은 옆의 다른 사단장이 와서 모시고 갔는데, 당신도 나도 참 운이 좋았소."라고 말하였다. 그리고 "만일에 바리케이드를 팽팽하게 쳐 놓았으면 착륙하다가 바리케이드에 비행기 바퀴가 걸려서 비행기가 전복되었을 것이고, 그랬으면 군단장님이나 부관, 자기는 아마 큰일을 당했을 것이다."라고 말하였다. 그러면서 내 어깨를 가볍게 쳤다. 나는 그때부터 '군대는 100% 확인이다.'라는 좌우명과 함께 '인생에 있어서는 운도 실력 못지않게 중요하다.'라는 것을 실감한 '운의 장소'를 한번 경험하였다.

이 (행)운에 대해서는 나중에 일본 유학 시절에 또다시 한 번 확실하게 듣게 된다. 도호쿠(東北) 대학의 니시무라(西村) 교수님이 나에게 한 말이 아주 감명이 깊었다. 니시무라 교수님은 나를 자기 집으로 불러서 저녁을 같이 하면서 말씀하셨다. "운(運)은 그 사람의 몸을 둘러싸고, 그 사람 주위를 위에서 아래로 빙빙 돌고 있는데, 아래로 내려왔을 때 그 운에 올라탈 수 있는 사람은 성공할 수 있다. 실력이 있고 준비가 된 사람은 운이 아래로 내려왔을 때 올라탈 수 있다. 그러나 실력이 없고 준비가 안 된 사람은 운이 자기 발 아래로 내려와도 탈 수가 없어서 성공할 수 없게 된다. 또한 운이 위로 올라가면 제아무리 실력이 있고, 노력을 해도 올라탈 수 없어서 실패만 거듭하게 된다.

그러니 운이 내려왔을 때 올라탈 수 있도록 미리 준비하고, 운을 기다려야 한다. 그런 기회는 일생에 3~4번 정도 온다. 그러니 평소에 준비를 해 두는 것이 중요하다."라고 나를 데리고 친절하게 알려주시던 말이 머리에 남아 있고, 그때 그 말씀을 참 고맙게 생각하고 마음에 새겼었다. 많은 일본 사람들, 대학원에서는 아주 친한 친구는 아니었지만 나에게 많은 도움을 주었던 사람들이 여러 명 있었다. 교수로는 니시무라, 이다꾸라, 하세가와, 시타라, 가네야수, 아오야기, 아베 선생 등이 중요했고, 대학원생으로는 니시하라, 엔도, 다카하시, 도요시마, 사카이다, 고토, 이시자와 등의 도움도 컸다. 도호쿠 대학 대학원생이야 고르고 고른 일본 사람들이 입학하는 장소이니, 일본에서도 아주 양질의 훌륭한 사람들이 많이 모여 있었던 것이 틀림없는 듯하다. 그러니 일괄적으로 어떤 사람들을 평가하는 것은 잘못된 일이라고 나는 생각한다. 그때 같이 공부했던 대학원생들의 대부분이 일본 여러 대학의 교수가 되었고, 훌륭한 인성을 가진 사람들이 많았으니 말이다. 이 일본 센다이에서의 경험도 내 인생에서는 아주 중요하였다.

여하튼 내가 공부를 하는 동안 가난은 나를 많이 단련시켰고, 그 어려움을 이기는 과정에서 나는 막현리에서 꾼 꿈을 실현시킬 수 있었다. 그리고 나의 얼굴에서 오는 콤플렉스를 극복할 수 있는 자신감이 검정고시에 합격하면서 조금 생겼고, 막연하지만 남보다 앞서갈 수도 있다는 생각을 하게 되었다. 그리고 그런 자신감은 내가 서울대학교에 입학해서 공부를 하면서, 그래도 여러 교수님들이나, 주변의 선후배들로부터 인정을 받을 수 있었다는 경험 법칙이 강화되면서 길러진 것이었다.

또한 포병 부대의 한 포대를 지휘하고, 측지 장교라는 독특한 직책을 수행하면서 책임과 엘리트 정신을 동시에 경험을 하게 된 것도 중요하다. 그때 군 복무를 하면서 그래도 일본어를 조금은 공부한 것이 나중에 유학 생활에 도움이 되었으니, ROTC는 나에게 중요한 경험이었다. 나는 전라남도 광주시 충장로, 송정리, 평동, 화순, 강원도 춘천, 화천, 사방거리(산양리)까지 장소 경험을 확대하였으니, 중요한 성장의 과정이 있었다. 군대 생활을 하면서 새 경험으로 확장된 장소들은 나에게 인내와 경쟁과 운, 그리고 직업적인 월급 생활 등의 경험을 갖게 하였고, 제대하는 해에 시험을 치른 대학원의 입학금은 필자가 소위, 중위로 군 복무를 하면서 2년간 모았던 돈으로 해결했으니, 군 복무도 정말로 중요한 기간이었다고 볼 수 있다.

◀ 그림 3・10 ROTC 육군 소위 임관식 나는 10기로 임관했는데, 거의가 육군 장교였고, 광주 송정에 있던 포병 학교에서 16주의 고된 훈련을 받은 후에 화천의 251 대대에서 측지 장교로 근무하면서 땅꿈을 다지곤 했다.

2. 가정과 사회생활의 시작

1) 중학교 교사와 대학원 석사 과정

그 후 필자는 중학교에서 교사를 하면서 대학원에 다닐 수 있었다. 처음에는 전농 중학교 전임 강사로 교직 생활을 시작하였고, 1975년부터 서울 반포 중학교에서 정교사로 근무하였다. 이때 가정과 교사인 길민선(吉敏仙)을 만나서 가정도 꾸리게 되었으니, 필자의 인생에서 가장 중요한 시기였지만 역시 어려운 살림이었다. 집사람은 나와 결혼해서 교사 생활을 접고, 전업주부가 되어서 애들 셋을 키우면서 자신을 희생하고, 고생을 많이 하였다. 이때의 장소는 방배동, 의정부, 평택, 공주 마곡사, 남산, 북한산 등지로 확장되었다.

서울 반포 중학교에서 교사로 근무하면서 공부를 하고, 4년 만에야 대학원을 겨우 마치면서 논문을 썼다. 교사를 하면서 시간을 절약하기 위해서 학생들에게는 엄한 선생으로 일관하였다. 그렇게 해야 '나의 시간'을 만들어 이용하기가 좋았다는 생각이 들어서였다. 그래서 학생들에게는 '아주 많이 미안한 기간이고, 좀 부끄러운 장소'이기도 하였다.

서울대 교육 대학원은 현직 교사들이 대부분이라서 야간에 수업을 하는 경우가 많았다. 그래서 필자는 석사 과정을 4년간 다녀서 겨우 마치게 되었고, 날마다 피곤한 생활이었지만, 그래도 성취감은 컸다. 필자는 1974년 군에서 제대하는 해에 입학시험을 보아서 합격해 놓고 6월에 제대하여서, 그해 9월부터 등록하여 수업을 받았다. 수업은 다행히 용두동의 교수 연구실에서 행하는 경우가 많아서 근무를 끝내고 서둘러서 버스나 택시를 타고 학교에 와서 강의에 참여한 후 집에 가면 바로 쓰러져서 자는 경우도 많았다. 그래서 경험한 장소의 확장은 그리 크지는 않았다. 그럼에도 불구하고 전농동, 반포동, 방배동, 명동, 창경원, 비원, 인왕산, 마니산, 치악산, 의정부, 인천, 퇴계로 퍼시픽 호텔 등지로, 나의 장소는 더욱 늘어났다.

대학원을 졸업하고 나서 나는 일본에 유학할 기회가 예상 밖으로 빨리 왔다. 일본의 제2 제국대학인 도호쿠(東北) 대학에서 연구하시고 박사 학위를 받으신(이를 거기서는 논박(論博; 논문 박사 제도)이라고도 한다.), 그러나 이제는 고인이 되신 황재기 교수님의 추천으로 유학이 가능하였다. 논박 제도는 주로 일본의 중견 이상 학자들에게 기회가 주어졌었다. 당시 일본의 지리학계는 외국 박사 학위를 별로 인정하지 않아서, 외국에서 박사 학위를 받은 사람은 일본에 와서 다시 학위를 받는 일이 많았고, 그때 논문을 쓰면 수여하는 학위가 논박이었다.

▲ 그림 3·11-1, 2 **서울 반포 중학교 건물과 교문, 교내 활동** 내가 초창기 1회 졸업생들과 만날 때의 반포 중학교는 서울 시내에서 아파트 단지 속에 있는 두 개의 학교 중에서 두 번째 학교였다. 첫 번째는 여의도 중학교였고, 다른 하나가 이곳 반포 중학교였다. 반포 초등학교 출신들이 많이 입학하였다. 무척 자율적으로 열심히 공부하고, 또 왕성한 교외 활동으로 촉망 받던 학생들이 참 많았다.

반포 지구는 사당천과 한강이 만든 하중도를 개발한 장소이다. 이 주변은 잠원동을 지나서 압구정동 부근까지가 모두 홍수 시에는 물에 잠기는 저습지로, 과거에는 뽕나무, 호박, 무, 배추, 상추, 파 등을 심던 모래와 진흙이 퇴적된 장소였다. 여기는 한강 본류와 사당천이 합쳐지면서 물이 서리듯이 빙빙 돌아서 "서릿개"라고 하였고, 모래와 흙이 많이 퇴적될 수 있었다. 본래는 이곳도 물이 갑자기 불어나면 농사를 짓던 사람들이 재난을 당하는 경우가 가끔 있었다. 갑작스런 홍수에서 대피하기 위해서 흙을 쌓아 올려 만든 돈대(피수대) 위에 포플러(미루나무)를 심어서 대피 장소로 가꾸곤 했었다. 이런 장소가 서울시 주택지 개발을 위해 한강 남쪽의 지천과 합류하는 저습지로 확장되는 첫 번째의 장소였다. 따라서 이곳은 배수 펌프장이 없으면 살 수 없는 장소이고, 여기에 지어진 아파트들은 모두 사상누각들이다. 그러나 현대 과학 기술과 건축 기술 덕으로 철제 파일(H beam)을 박고 그 위에 건축했으니 건물의 기초는 오히려 더 견고하였다. 다만 그래도 모기와 해충, 먼지와 냄새, 습기가 많은 것과 도심과 외곽 주택 지구를 연결하는 장소로 아파트 값이 너무 비싼 것이 흠이기는 하였다.

나는 여기서 1978년 당시 유행하던 '도시 지리 연구'를 카이스트에 있던 컴퓨터를 이용해서 추진하였다. 도시의 토지 이용을 결정하는 요인에 대한 분석을 수행하였다. '중회귀 분석 모델(Multiple regression model)'을 이용해서 "지가의 결정이 도심에서의 거리에 따르며, 도시에서의 상점들의 입지가 지가와 도심에서의 거리 등에 의하여 결정된다."는 결론을 얻었는데, 지금 생각해 보면 참 부끄럽지만, 당시 한국의 지리학계에서는 처음으로 시도한 분석이었다.

1970년대에는 서울대학교에도 컴퓨터가 없었기 때문에 이런 연구는 사실 불가능에 가까웠지만, 외국에서는 소위 '지리학의 과학 혁명', 계량 혁명을 거치는 과정으로 이런 연구가 유행이었다. 나는 미국의 미네소타 대학에서 박사 학위를 받고 이화여대로 부임하여 근무하시던 이기석 교수님(후에 서울대 사대 지리교육과로 옮김)의 도움으로, 우리나라에 2대밖에 없던 대형 컴퓨터(한 대는 경제기획원에 있었고, 나머지 한 대는 KIST에 있었다.) 중에서 KIST의 컴퓨터를 이용하여 내 논문의 자료를 분석할 수 있었다. 컴퓨터 분석 비용은 당시 중학교 교사의 한 달 월급보다 많았으니, 그 또한 참 재미있는 비용이었다. 그 분석의 과정과 결과는 지금의 pc나 노트북보다도 훨씬 못한 것이지만 말이다. 그리고 이때까지 나의 장소 경험은 서울 전역과 충청도, 전라도, 경상도, 강원도의 전역으로 확대되었지만, 지면 관계로 여기서는 생략한다.

▲ 그림 3·12-1, 2 **동대문구 용두동과 제기동에 있는 선농단과 보호수인 향나무** 나의 서울대학교와 대학원에서의 생활의 중심은 용두동과 제기동이었다. 여기에는 선농단과 600년 수령의 보호수인 향나무가 있다. 내가 대학에 다닐 때는 이 선농단은 '청량대'로 불렸으며, 서울대 사대 구내의 뒷동산에 있었다. 이 구릉은 서울 시내에서 많이 볼 수 있는 낮은 구릉들 중의 하나인데, 화강(편마)암이 안암천에 의하여 침식된 후 오랜 기간 풍화를 받아서 낮아진 구릉으로, 이 일대에 여러 개가 분포하고 있었다.

이 선농단 아래에 많은 젊은이들이 앉아서 교육과 철학과 과학을 이야기했었다. 그래서 학생들과 교수들은 "한국의 중등 교육을 이끌어 간다."는 사명 의식을 강하게 품고 있었고, 우리는 한국의 지리 교육을 위해서 열심히 노력하였다. 후에 관악 시대가 열려서 학교는 모두 관악 캠퍼스로 이동하였지만, 나에게는 이 제기동과 용두동, 대학로 등이 중요한 장소이다.

조선시대에는 여기서 안암천을 건너서 청량리, 전농동까지 대부분이 논과 밭으로 연결되어 있었다. ·조선시대의 왕은 농사철이 되면 이 선농단에 나와서 풍년을 기원하는 제사를 지내고 농사짓는 일을 손수 시범으로 보였다. 많은 사람들이 이곳에 모여서 같이 제사를 지내면서 나라의 풍년을 바랐고, 농사일을 왕과 함께 하였다. 궁궐에서는 여기 모인 많은 사람들에게 음식을 대접하였다. 음식은 맛이 있으나 간단히 만들 수 있는 것을 택했다. 소뼈를 삶아서 국물을 만들고 거기에 고기와 밥을 넣어서 만든 탕을 제공하였다. 사람들은 그 탕을 '선농탕'이라고 불렀고, 그 말이 차츰 변해서 '설렁탕'이 되었다고 한다. 현재 서민들이 즐기는 영양이 가득한 음식이 여기서 새로이 만들어졌다는 것도 알았으면 좋겠다.

또한 이 주변의 지명은 제기동(祭基洞)으로, 이 이름은 바로 왕이 농사를 위하여 제사를 지냈던, 그래서 "농사, 국가, 땅에 대한 제사의 기본이 되는 장소"라는 뜻의 이름이다. 따라서 이 제기동의 선농단(先農壇)은 한민족의 땅과 장소, 농업과 땅에 대한 태도와 마음 씀씀이를 용두동과 같이 잘 보여 주는 곳이다.

그 옆을 흐르며 이 선농단 구릉을 만든 안암천은 마장동에서 청계천과 합류하고, 청계천은 다시 '살곶이 다리'가 있는 한양대 옆에서 중랑천과 합해진다. 또한 중랑천은 한강의 큰 지류로 뚝섬을 만들고, 자기가 만들어 낸 섬인 '뚝섬 서울 숲'의 뒤로 한강에 합류하면서 흐른다.

2) 일본 도호쿠(東北) 대학 대학원: 질풍 같은 연구

일본의 문부성 장학금은 세계적으로 많은 금액의 장학금을 유학생들에게 제공하였다. 학생들이 학비의 부담이나 생활비의 부담이 거의 없이 공부에 몰두하여 연구할 수 있을 만큼 큰 금액을 장학금으로 주었고, 주거 보조비, 연구 보조금 등을 주었다. 센다이(仙臺)시 아오바야마(靑葉山)에 위치한 도호쿠(東北) 대학 이학부 지학동 2층에 지리학 교실이 있고, 강좌제로 운영하여서 인문 지리와 자연 지리의 2개 강좌가 있었다.

강좌제란 교수가 한 강좌를 설정하고 책임을 맡고 있으면, 그 아래에 조교수가 1명이고 조수(교)가 2명인 제도이며, 교실은 우리나라의 학과와 같은 기능 단위이다. 교수가 결원이 될 때까지 조교수는 교수가 될 수 없었고, 조교수가 있으면 조교 또한 조교수가 될 수 없는 제도였다. 이제 나의 장소는 일본 전역인 도쿄, 우에노, 메구로, 신주쿠, 센다이, 아오모리, 홋카이도, 나라, 오사카, 교토까지 확장되었다.

나는 도호쿠 대학에서 공부하면서 드디어 '엘리트 자세와 정신'이 더욱 확실해졌다. 그래서 남들보다 앞에 서서 일해야 한다는 것과, 나는 한국을 대표한다는 책임감을 느꼈고, 앞으로 국내의 지리학을 위해서 사명감을 가져야 한다고 생각하였다. 그런 의미에서 나의 꿈은 도호쿠 대학에서 거의 이루어졌다고 볼 수 있다. 그것은 과학자가 되는 것이었고, 그 꿈은 초등학교 시절부터 꾸어 온 오래된 꿈이었다.

센다이의 도호쿠 대학 이학부 대학원의 표본실이라는, 2층에 있는 연구실에서 나는 약 4년 간 공부하였다. 이곳은 지질 시대의 제3기층들이 융기되어서 이루어진 연약한 지반의 암석들로 계곡은 깊게 침식이 되어서 협곡을 이루는 곳이 많았다. 그 침식물들이 운반·퇴적되어 센다이 만에는 넓은 해안 평야가 발달되어 있으며, 이 평야와 산지가 만나는 곳은 단층선으로 급경사를 이루는 절벽의 사면이 많았다.

▲ 그림 3·13 **일본 센다이(仙臺)시 아오바야마(靑葉山) 캠퍼스의 도호쿠(東北) 대학 이학부 대학원** 지학 전공 지리학 교실 건물(우측)과 신축 중인 지진 예측 연구소 건물(좌측)이 보인다. 지학동 뒤의 건물은 화학 전공 건물이고, 그 뒤로는 물리학 전공과 생물학 전공 건물들이 입지해 있으며, 우측으로 가면 수학동과 약학부 건물이 있다.

또한 이 센다이라는 도시는 일본 동북부 지역의 광역 중심 도시(Regional metropolis)이며, 일본 북부의 중심 기능들을 전략적으로 센다이시에 집중시켜서 유지·관리하게 하는 도시이다. 우리나라도 마찬가지이지만 외국의 경우는 관리 비용을 줄이기 위해서 법원, 물류 관리청, 도시 계획청, 예산청, 도로 관리소, 등기소 등의 지점을 모든 도시에 설치하면 비용이 너무 지출되기 때문에, 광역 중심 도시에 그런 기능들을 두고 여러 개의 도시와 현(도)을 관할할 수 있도록 그 도시를 중요시한다. 그래서 주변의 현(도)과 시들에 여러 가지 편익 서비스를 제공하게 하는 장소가 광역 중심 도시이다. 우리가 간단히 도시에 설치되어 있는 정부 기관, 정부 출연 기관, 기타 지역 관리청 등의 도시 기능이라는 것을 조사해 보면, 다른 도시와 탁월하게 다른 여러 가지 도시 기능을 가진 도시가 있고(반드시 인구가 많지는 않다), 그 역할을 하는 도시를 광역 중심 도시라고 한다. 대체로 대전, 광주, 대구, 부산 등이 광역 중심 도시라고 할 수 있다.

여하튼 도호쿠 대학 대학원에서는 세미나가 교수별, 코스별로 개설되어서 자기의 연구 분야와 교수의 전공 분야 논문을 읽고 그를 요약해서 발표하는 일과, 일반 지리학의 최신 연구 논문을 소개하고 비판하는 발표, 자기의 연구를 발표하는 세미나, 전공 계열의 융합 세미나가 빈번하였다.

또한 박사 학위 논문을 쓰기 위해서는 저널에 3~4편의 연구 논문을 미리 발표한 후에 그를 종합하여 박사 학위 논문을 정리하게 하는 연구 제도가 도입되어 있었다. 즉, 박사 학위를 내부에서 마음대로 주지 못하게 하고, 일종의 자격 심사를 외부의 학회에 간접적으로 부여하였던 것으로 보인다. 논문을 저널에 발표하기 위해서는 여러 번 논문을 고쳐 쓰고, 수정받고, 다시 써야 하는 과정을 겪는다. 컴퓨터나 워드프로세서가 없는 시대에 원고지에 논문을 써서 저널에 싣는 것은 실로 어려운 과정이었다. 한편의 논문을 투고하기 위해서 4~5번은 수정하여 원고지에 다시 써야 했었다.

어느 날은 내가 연구실에서 새벽 2시까지 공부하고 나오면서 "이만하면 지구 과학계 인문 지리학 교실(학과)에서 내가 가장 많이 공부를 하고 가는 사람일 것이다. 일본 학생들을 공부 시간으로는 이긴 것이다."하고 뿌듯한 마음으로 현관을 나오면서 우연히 한번 뒤를 돌아보게 되었다. 그 순간 나는 "아!" 하고 소리를 지르고 발걸음을 돌려서 다시 연구실로 들어가게 된 경우가 있었다. 내가 놀란 것은 뒤를 돌아본 순간, '센다이(仙臺)시 아오바야마(靑葉山)라는 산 위의 자연 과학계 10개 연구동 중 1/4 정도는 불이 켜져 있었다.'는 놀라운 사실 때문이었다. 물론 이학 연구동(우리의 자연 과학 대학원)에서는 실험을 위해서 1~2주간 밤낮을 가리지 않고 연속해서 실험하고, 자료를 얻어야 하고, 그래서 계속 실험이 필요하여 밤을 새는 경우도 많았다. 여하튼 그날 '그렇게 많은 연구실에 불이 켜져 있었다.'는 것이 나를 다시 연구실로 들어가게 하였고, 결국 연구실에서 밤을 새우고 말았던 기억이 있다. 그러나 밤샘은 다음날 일을 제대로 할 수 없게 만들어서 장기적으로는 효과적이지 못했다.

그 일본 유학 시절에 나는 연구를 진행하면서 '연구를 하다가 목숨을 잃어도 좋다. 그리고 박사 학위를 받지 못해도, 취직을 하지 못해도 좋다.'는 생각을 가지고 열심히 했었다. 자연히 엘리트 정신이 따라왔던 것이고, 일본어가 될 때쯤이면 그들과 조금은 경쟁을 할 수 있었다. 그때 나의 지도 교수인 이다쿠라(板倉勝高) 박사는 나에게 "주상(군)은 일요일에는 학교에 오지 말고 여행을 하고, 공부만을 하지 말고 연구를 하세요."라고 말하면서 지나칠 정도로 연구실에 붙어 있던 나를 타일렀던 기억이 난다.

그러나 일본 학생들이 나를 경쟁 상대로 보고 견제하기 시작하는 것은 내가 그만큼 연구에서 성과가 나왔기 때문이었다. 그리고 유학생을 견제하는 경향은 일본에만 있는 것은 아니었다. 후에 내가 체류하면서 연구했던 미국 대학에서도 유학하는 학생들과 생활하다 보면, 진정한 파트너로서 상대해 주는 경우는 극히 예외적인 경우에 불과했음을 알게 되었다. 나는 교환 교수로 1991년과 1998년에 1년씩 2회, 합해서 2년을 미국에서 공부한 적이 있었다. 그들은 ID(Identification; 신분증)를 주면 그것으로 끝이었고, 나머지는 자기가 알아서 해야 하는 경우가 대부분이었으니, 실제 자료를 조작하고 분석을 하기는 참으로 어려웠다. 그리고 어떤 자료를 특별히 제공받으면, 그에 대한 대가를 각오해야만 했다.

어떤 한국 유학생의 말이 무척 실감이 나게 지금도 머릿속에 남아 있다. "여기 미국에서 무서운 것은 사람이고, 특히 한국 사람을 만나는 것이 두렵다."라는 말이 그것이었는데, 우리나라 사람들이 정말로 반성해야 할 부분이라고 할 것이다. 그러니 장소마다 우리가 경계해야 하고, 기억해야 하고, 지켜야 하고, 즐겨야 할 의미를 모두 가지고 있는 것이다. 그 특별한 의미를 파악하는 것이 글로벌화하는 세계 속에서 한국인이 경쟁하면서 견딜 수 있는 힘을 기르는 것이고, 그 과정을 이기는 것은 바로 우리나라와 땅과 사람을 사랑하는 것이다. 무조건 즐기는 것도, 무조건 피하는 것도 안 되며, 즐겁게 대하되 진지해야 하는 것이다.

3. 대학 교수로서의 생활

1) 공주사범대학

필자가 처음으로 대학 교수가 되어서 연구와 교육에 집중한 장소가 공주사범대학이었다. 공주 분지는 구조선을 따라 흐르는 금강과 그 지류들이 침식하여 만들어 낸 좁은 산간 분지이다. "봉황산을 진산으로 하고, 배가 흘러가는 '행주형의 지형'으로, 옛날부터 봉황산과 연미산에 닻을 내리도록 철주를 박아서 공주라는 배에서 재물이 흘러나가지 않도록 하였다."고 전해진다.

또한 공주는 백제 웅진 시대 65년간의 수도로서, 공산성 유적은 답사하기에 알맞은 장소였고, 조선시대에는 관찰사가 있던 충청 감영이 위치하던 중심지였다. 따라서 도시의 규모에 비하여 여러 중심 기능들이 위치하며, 특히 교육적 기능이 특화된 도로 교통의 요지이다.

공주사범대학은 좁은 공주 분지에 입지하고 있지만, 이곳이 본래는 백제의 수도, 충남도청이 위치하던, 충청도에서는 격이 높은 중심지였고, 그 전통에서 공주교대(사범학교)가 대전사범학교보다 훨씬 먼저(1938년) 시작되었다. 도청을 공주에서 대전으로 옮기는 대가로 일제는 금강대교를 공주에 건설해 주었다. 또한 공주사대는 1948년에 전국에서 3개의 사범대학인 서울대 사대, 경북대 사대와 같이 국립 사범대로 설립되어 오랜 역사와 전통을 가지고 있는 학교이다.

▲ 그림 3·14 **필자가 처음 대학 교수 생활을 시작한 공주대학교 사범대학 후문(당시는 정문이었다)** 초기의 공주사대는 경기, 충남북, 전남북 지방의 중등 교사를 양성하는 역사 깊은 사범대학이었다. 지금은 충남, 대전 지역의 교사를 주로 양성하고 있어서 그 영역은 많이 축소되었지만, 일반 대학으로 변신하면서 여러 캠퍼스를 합병하여, 대규모의 대학이 되었다. 그러나 사범대학만 있을 때의 전통이 아직은 살아 있어서, 다른 대학에 비하여 교수와 학생들 간의 유대 관계가 돈독한 대학이다.

필자는 거기에서 여러 연구를 수행하였다. 귀국하여 처음으로 소도시인 공주읍의 내부 구조를 발표하였고, 이어서 대전시의 내부 구조, 진도의 중심지 체계, 신도안 연구 등을 수행하였다. 필자의 도시 연구 중에서 중심지(도시) 체계로 따지면 자연 마을(Hamlet), 큰 마을(Village, 읍내리), 읍(Town), 소도시(City), 광역 중심 도시(Regional Metropolis)까지의 계열을 만들어서 연구하였다. 그래서 상호 의존하는 도시 체계와 소도시와 대도시의 내부 구조를 동시에 비교 연구하였고, 3년이라는 짧은 기간에 비교적 많은 연구를 수행하였다. 그것은 헌신적으로 도와준 학생들이 있었기에 가능한 연구 성과였다. 교수들 상호간에도 서로 돕는 분위기가 탁월하였고, 학생들은 열심히 교수들의 연구를 도와주는 인정 있는 분위기가 기억에 남는 장소였다.

그런데 나는 여기가 나의 인생에서 두 번째로 운이 작용한 장소라고 생각한다. 즉, 내가 중학교 교사의 휴직원을 내고 일본 유학을 하고 돌아와서는, 대학으로 자리를 옮기고 공직 생활을 계속하게 되었다는 것이 중요한 운이다. 지금은 대학 교수 되기가 정말로 어렵지만, 내가 학위를 마치고 귀국하였을 때에는 소위 졸업 정원제가 실시되면서 정원의 30%가 되는 학생들을 정원 외로 더 모집하게 되었다. 따라서 대학의 양적 팽창이 일어나서 자격을 가진 교수가 부족하였으며, 대학 교수직을 얻기가 그렇게 어렵지는 않았다.

그러나 당시에는 중학교 교사는 바로 대학 교수가 될 자격이 없었다. 고등학교 교사는 대학 교수로 갈 수 있었지만, 중학교 교사는 2단계가 높은 대학 교수로는 갈 수가 없게 교육법이 정해져 있었다. 또한 내가 휴직을 하고 유학을 갔으므로 사직도 할 수 없는 신분이었다. 그런데 대학 교수 요원이 너무 부족하니까 내가 공주사대로 갈 때쯤부터 처음으로 그 2단계 상승 전출 제약이 폐지되어서 나는 공주사대로 전출해서 갈 수 있었다. 이렇게 대학 교수로 순조롭게 출발한 것이 나의 두 번째의 운이었다고 생각된다. 공적인 생활이 끊어지지 않고 시기적으로 잘 맞아서 계속 연결되어 역사 깊은 대학에서 근무할 수 있었기 때문이다.

2) 한국교원대학교

제5 공화국의 교육 분야 투자 중에서, 그래도 '가장 잘 투자한 것이 한국교원대학교의 설립'으로 알려져 있다. 산업화 시대인 1970년대에 내가 중학교 교사였을 때, 어딘지 모르는 공대를 나온 기술 교사가 1년 동안에 무려 3명이나 왔다가 가기를 반복하였다. 공대를 나온 사람들이 시시하게 교사를 할 수가 없었던 것이었고, 그들은 주로 중동이나 아프리카에서 많은 월급을 받으며 일하기를 원했고, 따라서 기술 교사들이 상당히 부족하였다. 이런 분위기가 계속되는 것은 '한국의 비약적인 발전'에 맞는 교사 양성 시스템과 교사에 대한 처우 모두 개선이 필요함을 웅변으로 말해 주는 것이었다. 그래서 5공 정부는 '새로운 교원 양성 전문 대학의 필요성'에 대한 교육 개발원의 연구 보고서에 기초하여 한국교원대학교를 설립하였다.

당시로는 약간 파격적으로 등록금을 면제하고, 전원을 기숙사에서 2년 동안 생활하게 하면서 한국 교육을 이끌 '유아 및 초 · 중등의 엘리트 교사를 양성'하는 것을 교육 목표로 세웠다. 훌륭한 교사를 양성하고, 교사의 처우를 개선하게 하는 일환으로 섬이나 오지에서 근무하는 교원들에게 대학원 진학의 기회를 주며, '교과 교육학을 연구'하여, 교육 방법을 획기적으로 혁신한다는 목표를 가지고 있는 대학이다. 또한 묵묵히 어려움 속에서 근무하는 엘리트 교사에게 자기 재충전의 연수 기회를 주는 것도 교원의 사기를 위하여 필요하였는데, 그런 목적들을 뒷받침할 수 있는 학교가 교원대였다.

본래 강내면 일대는 금강의 지류인 무심천의 침식과 화강암의 심층 풍화로 학교 주변은 낮은 구릉들이 대부분이고, '수타리봉'이 그래도 좀 높은 봉우리로 삼각 측량을 위한 삼각점이 있다. 제비울 아래의 부탄리(浮灘里)는 대동여지도에 나오는 전통 있는 지명의 마을이고, 변화가 큰 여울이란 의미이다. 또한 다래울이라는 여울이 가까워서 다락리(多樂里: 즐거움이 많은 곳)라는 지명이 나온 듯하다. 이런 장소에 장래의 한국 교육을 밝힐 사람들이 모여서 학문을 연구하고, 토론하여, '많은 즐거움을 만들어 내는 장소의 뜻'에 맞는 노력을 기울여 왔다. 그 중에서 생각나는 아주 작은 것을 소개한다.

첫째, 교원대 민주 도로이다. 도서관이나 강의실에서 학생 기숙사로 넘어가는 이 길은 학생들이 기숙사에서 강의실(인문관)과 도서관에 다니느라고 아주 많이 왕래했지만, 계획에 없던 진흙탕 산 사면을 민주적으로 일구어 만든 오솔길이다. 즉, 본래 그 자리는 공동묘지처럼 여러 기의 묘지들이 있었고, 길을 만들지 않았으므로 평범한 구릉의 능선과 붉은 토양의 사면이었다. 학생들의 통행을 위한 길은 대운동장 옆으로 아스팔트가 덮인 도로와 그 옆으로 만들어진 보도가 정식 통행로였다. 그런데도 학생들은 그 아스팔트 깔린 큰 길이 돌아가는 먼 길이어서, 시간 여유가 없는 짧은 점심시간에는 이 좁고 진흙탕에 발이 빠지는 길을 장화를 신고 다니면서 시간을 절약하려고 하였다. 개교 초기에는 학생들이 1개 학년뿐이고, 건물들은 차례로 건설되는 중이었으며, 교수들도 학생들의 수에 비례하여 보충적으로 모집하고 있었다. 따라서 학교 내에는 사람의 수가 적었고, 별 다른 식당이나 편익 시설이 없었다. 그래서 학생, 교수, 직원 등이 모두 기숙사 식당에서만 점심을 먹어야 했었다.

▲ 그림 3 · 15 **교원대 민주 도로** 인문관에서 기숙사로 넘어가는 길로 학생들이 마스터 플랜을 변경시키고 만들어 낸 가장 짧은 이동 거리를 갖는 길이다.

학생들은 점심을 먹고는 바로 강의실에 가야 하는 시간표의 부담이 있어서(교수가 여유 있게 충원되지 않았고, 교실도 충분하지 못했던 시기), 진흙 길을 마다 않고 다니게 되었다. 이 길이 가장 짧은 직선상의 길(경제 거리)이기 때문이었다. 그러자 학교 건설 사무소에서는 하는 수 없이 계획에 없었던 길에 임시로 보도블록을 띄엄띄엄 깔아 주게 되었다. 처음에는 징검다리 식으로 보도블록을 놓아서 임시 길을 만들었다. 그러나 학생들의 통행이 계속하여 더 많이 늘어나자, 보도블록의 수를 늘여서 세 개의 보도블록을 한 줄로 이어서 깐 징검다리식의 좁은 길을 두 번째로 만들었다.

그래도 통행량이 많아서 점점 붐비게 되자 이제는 넓게 보도블록을 전부 깔아서 서로 오고 가도 부딪히지 않고 왕래할 수 있고, 제법 운치가 있는 새로운 길이 만들어지게 된 것이다(사진). 즉, 수요자들이 발전 계획을 만들고, 수정하게 한 좋은 사례가 되는 '민주적인 길'이 바로 이 길이다.

둘째, 잔디 광장도 계획이 변경된 중요한 장소이다. 마스터플랜에 잔디 광장은 본래 있던 농업용 저수지를 살려서 호수를 만들기로 되어 있었다. 그러나 그를 메워서 잔디밭으로 만들었고, 오늘날에는 거기서 학생들의 활동이 많이 이루어지는 청람 광장이 되었다. 이 장소도 따라서 본래의 계획보다는 훨씬 잘 쓰이는 교원대의 아고라라고 할 수 있는 아름다운 장소가 된 것이다.

▲ 그림 3・16 **한국교원대학교 청람 광장** 본래는 저수지가 있던 곳을 메워서 잔디 광장으로 만들어서 대규모 예술제, 학생 행사, 운동 시합 등에 사용한다. 바로 옆에는 도서관과 대학원이 자리 잡고 있으며, 푸른색의 새 건물이 종합관(사회관; 사진 찍을 당시는 공사 중), 그 옆은 인문관, 맞은쪽은 교양관, 지붕만 보이는 희색 건물이 체육관이다. 사회관 뒤편으로 종합 운동장과 기숙사가 있다.

여하튼 교원대에 입학하는 학생들은 질적으로 우수한 학생들이었고, 또한 열심히 공부하였다. 교수들도 대체로 학교의 설립에 대해 다른 대학들로부터 여러 말을 듣고 있음을 알아서 무척 근신하면서 교육과 연구에 집중하였다. 따라서 초기에 약속한 파격적인 대우보다는 다른 대학보다 못한 대우를 감수하면서도 큰 불평 없이 최선을 다했다. 여러 성과가 올라가지 않을 수 없었고, 특히 '교과 교육학의 연구와 교육 실습 제도의 발달'에 크게 기여하게 되었다.

교과 교육학은 교원대학이 우리나라에서 처음 체계적으로 정착시킨 학문 분야라고 할 수 있다. 학생들의 교원 임용고시 합격률도 전국에서 제일 높으며, 대학원생들의 숫자가 학부 학생들보다 훨씬 많은 대학원 중심의 대학으로 발전하여 명실 공히 내실 있는, 수준 높은 교육을 하고 있다.

그런데 이런 교원대학의 역할과 활동에 대해서도, "우리 대학에서도 할 수 있다."고 주장하면서 그 기능의 일부를 빼앗아가는 대학들이 생겼다. 할 수는 있겠지만, 규모의 경제를 만족시키지 못해서 잘하지는 못할 것으로 나는 생각한다. 여하튼 교원대학은 밤 10시에 대학을 방문해도 상당수의 연구실에 불이 켜져 있는 연구하는 장소가 되어서, 연구와 교육에 노력하는 분위기는 다른 대학과는 판이하다.

한국교원대에서 나는 세 번째로 운을 경험하였다(니시무라 교수는 중요한 운이 인생에서 3~4번 온다고 했었다). 첫 번째 운은 군대의 소위 시절에 5분 대기조 소대장으로 뼈저리게 경험하였다. 군대에서는 부임 초라서 잘 몰라서 그랬었다고 생각할 수 있고, 두 번째 운은 내가 대학 교수의 생활을 공주사대에서 시작한 것이었다. 그러나 교원대에서 정년퇴임을 한 것은 공적인 생활에서 볼 때 아주 크고, 오랜 시간에 걸친 것이었으므로, 바로 세 번째의 운이라고 판단된다. 여러 가지로 부족한 내가 대학 교수가 되어서 무사히 퇴임하게 된 것은 결코 작은 일이 아니고, 동료 교수들, 교직원들, 대학원과 학부의 학생들이 많이 협력하고 도와주어서 가능했고, 운도 많이 작용해서 무사히 정년퇴임이 가능했던 것으로 생각된다.

나는 교원대학에서 실력 있는 교수가 되기 위해서 무진 노력하였다. 연구, 영어 발음 교정, 학생들이 실력 있는 교사가 되도록 돕기 위한 현장(field) 중심 교육 등을 하면서 최선을 다했다. 그래서 2번에 걸쳐 각각 1년간의 해외 연구 기회를 얻어서, 미시건과 뉴욕에서 연구하면서 영어 발음 교정에 노력하여 상당한 성과를 얻었다. 교원대에는 착실한 대학원생들이 많아서 논문을 같이 검토하고, 연구하고, 발표하면서 연구 업적도 쌓았다. 특히 나의 전공인 도시 연구와 관련해서는 도시의 기능 중 교육 기능을 많이 관련시켰고, 교육 특화 장소를 규명하는 교육 지리학의 분야를 많이 검토하였다.[116]

현장 중심 교육은 슬라이드를 수업 시간에 많이 사용하면서(도호쿠 대학과 미시건 대학에서 학습) 그래도 나름 성과를 얻었다. 그러나 슬라이드는 여러 자료 중에서 적합한 것을 고르는 일에 시간이 많이 걸렸고, 더구나 PPT(power point; 마이크로소프트사의 슬라이드 이용 프레젠테이션 프로그램)를 만드는 것도 시간이 많이 걸려서 교수의 생활은 더욱 바빠졌고 부담도 있었다. 거기에 아날로그 기술이 디지털 기술로 변환되면서 교수들의 수업 준비는 차츰 더 어려워졌지만, PPT를 사용하는 것은 이제 트렌드가 되었다. 그래서 교원대학에서는 수업 준비에 투입하는 시간이 연구에 투입하는 시간보다 더 많은 '교육(teaching) 중심의 교수 생

116) 박찬선, 2013, 정보화 사회의 교육격차에 관한 지리학적 연구, 한국교원대학교 박사학위논문, pp. 209-210. 서정훈, 2011, 평생학습사회의 지역학습 프로그램에 관한 연구, 한국교원대학교 박사학위 논문, 278P. 김형미, 2013, 학군간 학생이동의 특성연구, 한국교원대학교 박사학위논문, 249P. 등

활', 혁신적으로 가르치는 방법을 연구하는 교수 생활을 지향하였다. 이에 대한 준비는 시간은 많이 들고 별로 표가 나지 않는 일이지만, 모두가 열심히 하였고, 아마도 그것이 일반 대학 속에 있는 사범대학들과의 큰 차이일 것이다.

또한 나는 '사도(師道)란 사도(死道)와 같다.'는 생각으로 학생들에게 잘 대해 주되, 자세는 늘 엄격히 하였다. 여기서의 생활은 필요한 말만을 하려고 하였다. 그러면서도 내가 겨울 왕국의 '엘사'처럼 착한 척하면서 살려고 하는 콤플렉스는 늘 몸에 배어 있었기 때문에, 철저한 준비로 그를 털어 내려고 노력을 하여서 시간은 더욱 부족한 바쁜 생활이었다.

3) 미시건 주립대학 교환 교수(Visiting Professor of MSU; Michigan State University)

나의 형편없는 영어 발음을 교정하고, 새로운 연구의 동력을 얻기 위하여 미국의 미시건 주립대학에 교환 교수를 신청하여 지원을 받게 되었다. 이런 의미에서 교수 연구의 지원은 매우 의미 있는 프로그램이었고, 나의 계획을 믿고 지원해 준 분들에게 감사를 드린다. 미국에서의 생활은 큰 부담이 없이 하고 싶은 일을 할 수 있어서 참 좋았다. 이 대학에서 내가 가장 노력을 기울인 것이 영어 발음의 교정이었고, 다음이 도시 연구 동향 파악이었다.

우선 영어를 들을 수 있도록 듣기 훈련에 많은 시간을 할애하였다. 늦은 밤까지 텔레비전을 보고, 여러 강의에 들어가서 수업도 청강하였다. 이런 훈련은 상당히 많은 도움이 되었다. 이 대학의 윌리엄(Jack Williams) 교수와 주디 올슨(Olson) 학과장, 한국인 교수로 지금은 고인이 된 임길진 교수의 도움이 컸다.

미시건은 5대호로 둘러싸인 왼쪽 손바닥 모양의 반도에 있는 주로, 별명은 '큰 호수(Great lakes)의 주'이며, 주도는 랜싱(Lansing)에 있다. 미국의 북부에 해당하여 캐나다와 국경을 접하고, 빙하 침식 지형으로 빙하호가 많으며, 평탄한 평야가 전개되는 광활한 땅을 가진 주로서 눈이 많이 온다. 가장 큰 도시는 디트로이트이고 자동차 공업으로 성장했지만, 미 북동부의 공업이 쇠퇴하는 바람에 미국에서 가장 많이 인구가 감소한 도시이다. 그러나 그런 어려움 속에서도 원칙을 지키며 깨끗한 여러 공원과 산, 하천, 호수 등을 관리하고 있었다.

필자가 미시건 주립대학(MSU)이 있는 'East Lansing'에서 교환 교수로 1990년도에 1년여를 보낼 때의 이야기이다. 그때 눈이 좀 아프고 다래끼가 생겼는데, 시간이 없다고 방치했더니 더 악화되어서 결국은 수술을 받아야 했다. 나는 수술을 할 수 있는 외과 의사를 유학생들을 통해서 찾았다. 그러다가 한국인으로 이곳에 와서 개업하여 유명해진 "Dr. Kim(H. J.)"을 알게 되었고, 그분을 찾아갔다. 그분이 개업한 '샬럿'이라는 작은 도시에서 수술을 받고 일주일 뒤에 경과를 보러 갔더니 잘 되었다고 하면서 나에게 식사를 대접하겠다고 하셨다.

▲ 그림 3·17 **1990년도의 미시건 주립대학 지리과가 속한 건물** Natural Science Building인 여기의 3층에 지리과가 있고, 당시에는 Judy Olson이란 여교수가 학과장을 하고 있었다. 이분은 후에 미국 지리학회장을 역임하였다. 여기서 필자는 미국의 의료 지리, 사회 지리, 도시 지리학과 계량 분석법을 공부하였다.

그 말을 들은 나는 참 부끄러웠다. "이분은 여기서 유학생들의 어려움을 많이 도와주셨는데, 나는 교환 교수로 와서 나의 어려운 일을 처리해 준 것만도 고마운데, 내가 저녁을 사야 하지 않는가? 어찌 그분에게 저녁을 대접 받을 수가 있겠는가?" 하는 생각 때문이었다. 그래서 집사람과 같이 참 미안해하면서 사양을 하다가 결국은 '조그만 선물(보통은 예의로 10달러 짜리 술을 한 병 가지고 간다.)'을 하나 들고 끌려가다시피 해서 샬럿의 중국집에 갔다.

미국은 한식이든, 중국식이든, 미국식이든 가격 차이가 별로 없다. 서비스가 비슷하면 가격도 비슷해야 경쟁을 할 수 있기 때문이다. 중국 음식도 서비스에 따라서 아주 비싼 음식이었고, 그 저녁을 그분이 산 것이다. 음식점에는 사람들이 많이 있었고, 음식이 나오기를 기다리면서 여러 가지 미국 이야기를 들었다. 그런데 음식점에 온 여러 미국 사람들이 닥터 김에게 와서 인사하고 자기네 테이블로 돌아가서 음식을 먹는 것을 몇 번이고 보았다. 적어도 6~7명은 인사를 하고 갔다. 나는 그분이 여기서 정말로 성공해서 많은 사람들의 존경을 받고 사는 것을 확인할 수 있었다.

그런데 더욱 놀라운 것은 그분이 미국에 온지 25년이 넘도록 열심히 일했는데, 당시 미국에 있는 재산을 모두 정리하고 한국에 귀국하여도 '압구정동의 아파트 한 채'를 사지 못한다는 그분의 말이었다. 그분의 의대 동창 친구들은 강남에서 아파트를 몇 채씩 가지고 산다고 했다. 그래서 외국에서 돈을 버는 것은 정말로 어려운 일이라는 것을 실감하였다. "나는 돈이 없어서 한국에 들어갈 수도 없다."고 하는 그분의 말을 나는 무척 미안하게 들었다. 한국에서 그분의 친구들이 그리 어렵지 않게 많은 돈을 번 것을 보면, 자기는 좀 멋쩍다고 하였다.

외국에서 돈을 벌어서 한국으로 보낸다는 것은 정말로 어려운 일임을 모두 알았으면 좋겠다. 특히 수출해서 돈을 버는 것은 정말로 전쟁과 같다는 것을 모든 국민들이 알았으면 좋겠고, 외화 쓰기를 조심하였으면 한다. 그래야 결과적으로 한반도라는 장소가 빛을 내기 때문이다. 여러 가지 불만이 두껍게 쌓인 한반도 장소가 그래도 '지켜 내야 할 우리의 장소'임을 모두가 공감하고, 각자가 조금이라도 기여할 수 있도록 노력해야 하겠다.

공짜는 공짜만을 생산한다. 즉, 노력 없이, 양보 없이 되는 일이란 결국은 아무 가치도 없는 일일 것이다. 우리나라에는 '정치라는 것'이 너무 많다고 필자는 생각한다. 여러 정치가들이 무엇을 만들어 내는지 나는 잘 모르지만, 편을 가르고 갈등을 만들어 내지나 않았으면 좋겠다. 또한 교육 전문가들이 만들어 놓은 교육과정을 정치 논리로 막판에 뒤집지나 말았으면 좋겠다. 잘 알지도 못하면서 막무가내로 뒤바꾸는 것은 교육을 망하게 할 수 있다는 것을 알아야 한다.

4) 헌터 대학(Hunter college, City University of New York) 교환 교수

제1차의 미시건 대학 교환 교수에서 많은 것을 보고 배웠으며, 많은 노력과 시간을 들여서 영어를 어느 정도는 말하게 되었다. 그래서 6년 뒤인 1997년에 미국에 다시 가서 연구하기로 하고, 연구 주제로 내 전공 분야인 '세계 도시 뉴욕의 도시 구조 연구'를 추진한다는 프로젝트를 제출하였다. 그래서 다행히 두 번째로 학술 진흥 재단(현 한국 재단)의 지원을 받게 되었다. 이런 경우도 흔하지는 않을 것이지만, 실제로 미국 도시 중에서도 가장 크고 어려운 뉴욕의 구조를 연구하기로 하였는데, 그것은 정말로 벅찬 과제였다. 더구나 나의 연구 방법은 늘 현지 조사를 하여서 자료를 수집하고 그를 분석하는 연구라서, 상당한 부담을 가지고 연구에 임하게 되었다. 역시 주된 목적은 영어를 좀 더 잘하기 위한 것이었지만, 이런 기회를 준 분들에게 감사를 드린다.

이 헌터 대학의 지리과는 12층에 있어서 고속 엘리베이터를 타고 움직이지 않으면 지각하게 된다. 여기서는 도시 지리학과 경제 지리학, 도시 계획론 코스에 참여하였다. 이곳의 맥래퍼티(Mc Lafferty) 교수와 모제(Moses) 교수가 연구의 어드바이저로서 많은 도움을 주었다.

그러나 이때는 정말로 어려웠다. 바로 IMF가 터졌기 때문이다. 나와 같이 나간 교수들 중에는 여러 명이 도중에 연구를 포기하고 일찍 귀국한 경우도 있었다. 학술 진흥 재단의 연구비와 월급을 다 쓰고도 생활비가 턱없이 모자랐기 때문이다. 나는 서울 집을 세를 놓고 나가서 그를 보태서 썼지만 그래도 안 되었다. 우리 식구가 5명이기 때문이다. 그런데 큰아이는 서울에서 대학 1학년이었고, 영어도 제법 잘하게 되니까 6개월 있다가 대학에 복학을 하겠다고 먼저 들어가서 방이 하나 남게 되었다. 집사람은 그 방에 한국인 유학생 한 명을 기거하게 하여서(room sharing) 그 돈까지를 생활비에 보태가면서 내 연구를 도왔다.

▲ 그림 3·18 **미국 뉴욕 맨해튼의 Park Avenue와 68번가(Street)가 교차하는 장소에 위치하고 있는 헌터 대학(City University of N.Y., Hunter College)의 한쪽 측면 경관** 여기서 필자는 교환 교수로 두 번째 미국 생활을 하였다. 거처는 뉴저지(N.J.)의 러더포드(Rutherford)란 곳에 정하였다. 버스와 지하철을 갈아타야 학교에 갈 수 있다. 이 대학은 파크 애비뉴 위로 공중 연결로를 통해서 서쪽의 도서관 등 서비스 빌딩에 연결되도록 지었다. 가운데의 도로가 Park avenue이다.

우리가 나갈 때 환율이 1달러:600원 정도였는데, 좀 있으니 1:1,500원으로 올랐고, 최고조일 때는 1:2,000원까지도 올랐다. 그러니 생활이 어려워질 수밖에 없었던 것이다. 그래도 헌터 대학의 모제 교수와 맥래퍼티 교수의 도움으로 뉴욕시의 통계과 직원을 소개받아서 자료를 얻고, 지도도 구하였으며, 통계 자료 중 일부는 구입하여 보고서 대신 논문을 써서 학회지에 투고하였다.

어느날 집에서 나와 버스를 타고 맨해튼에 가려는데, 한 노인이 혼자서 비틀거리면서 버스에 타지를 못했다. 나는 버스에 타려다가 다시 내려서 뒤에서 부축하여 그 남자 노인(흑인)이 버스에 타는 것을 도와주었다. 그런데 그 노인은 "Thanks."라는 말조차 한마디도 하지 않았다. 그것이 나에게는 이해가 안 되었다. 그 노인은 미국인답지 않은 행동을 보였기 때문이다.

내 말을 들은 맥래퍼티 교수는 "앞으로는 노인들은 물론 다른 어떤 사람도 도와주지 말라."라고 하였다. 그 이유는 "미국에는 여러 나라 사람들이 이민 와서 살고 있어서, 때로는 도와주면 일부러 넘어지면서 도와주는 사람이 밀어서 넘어졌다고 말하며, 손해 배상을 요구하여 그를 물어야 하는 일도 있다."고 하였다. 요즘 서울의 지하철 안에서는 젊은 사람들이 노인들을 보고도 본체만체하는 경우가 많고, 자리가 비게 되면 젊은 사람들이 노인들과 자리에 앉기 위해 속도 경쟁을 하는 경우도 흔하다. 이에 대해서 어떤 노인들은 "한국의 젊은이들이 어른을 공경하지 않고 너무 한다."고 불평을 말하는 경우도 있다.

그래도 노인들은 너무 슬퍼하지 말기를 바라는 마음이다. "앞으로 더 큰 고생을 할지도 모르는 젊은이들을 좀 도와주는 것이 좋지 않겠는가?"하는 마음이다. 그러나 젊은이들이 노인들과 자리에 먼저 앉기 위해서 경쟁하는 일은 세계 어느 나라에도 없는 보기 흉한 광경이기는 하다.

참으로 맨해튼은 여러 나라에서 온 사람들이 많이 있는 곳이다. 단 하나라도 공짜가 없는 곳이고, 지하철에서 가만히 서 있으면, 거의 1/3 이상이 영어가 아닌 모르는 말로 대화하는 장소이니, 세계의 여러 사람들이 모인 '고급 잡탕의 장소'임에 틀림없는 곳이다. 그래서 얼마 전까지는 미국 사회를 '멜팅 팟(melting pot)'이라 부르고, 어떤 문화든지 미국화시킬 수 있다고 자신만만했었다. 그러나 최근에는 미국 사회를 '샐러드 보울(salad bowl)'이라고 하여, 다양성이 공존하는 사회라고 부르고는 있다. 그리고 12층에 있는 지리과 강의실에서 고속 엘리베이터를 타고 내려와서 건물 밖에 나와 담배를 한 대 피우고, 다시 들어가서 고속 엘리베이터를 타고 올라가 수업에 들어가면 10분이 넘는 경우가 허다했다. 그래서 필자는 여기서 담배를 끊기로 하고 실천하였다. 나중에는 이것도 나의 건강을 위해서 참 잘한 일이었다.

▲ 그림 3·19 **교원대 로터리, 대학 본부, 문화관 앞** 한국교원대는 열린 대학을 지향한다. 그래서 교문도 없이 지낸 때도 있었고, 지금도 대문을 닫지 않는다

그리고 다시 필자는 교원대학에 돌아와서 근무하고는 정년퇴임을 하였다. 아주 심한 비판적인 말로 '없어져야 할 대학인 한국교원대학교'의 초기의 멤버로 옮겨 와서 공부와 연구도 많이 해야 했고, 학생들을 잘 가르쳐서 다른 대학 출신들보다 더 신뢰받고 우수한 교사가 되게 해야 하는 무거운 짐을 지고 나는 최선을 다하였다. 나는 특히 지리 교육과의 우수한 교수진을 확보하기 위하여 백방으로 노력하였고, 그 성과는 상당히 컸다고 필자는 믿고 있지만, 이 평가도 역시 주관적인 것이므로 더 두고 볼 일이기는 하다.

4 지리학은 '인간의 땅'에 대한 감정과 기억에 관심을 갖는다.

인간의 장소에 대한 기억은 환경 해석에서 오는 신호(signal)들의 경험이 축적된 것으로, 그 사람의 개성과 동기의 힘이 관련되며, 그로 하여금 특정 환경을 해석하도록 하게 한다.[117] 왜냐하면 꿈과 관련된 장소, 꿈에 나오는 환경의 해석, 꿈을 꾸게 하는 독특한 분위기의 형성 등은 지리학의 환경 연구에 중요한 공간적인 실마리를 제공하기 때문이다. 그렇다면, 왜 우리 조상들이 그토록 좁은 공간 속에서 신분의 고착을 깨지 못하고 불행한 삶을 1,000년이나 유지했는가? 그들의 기억에는 어떤 신호들이 축적되어 있을까?

그에 대한 대답은 한반도에서는 우선 양반이라는 신분 제도와 그 문화 때문이라고 필자는 생각한다. 그리고 아직도 우리 한국에서는 만연해 있는 양반 의식 내지는 특권 의식이 불식되지 못하고 유지되고 있다고 생각된다. 이를 해결하지 못하면, 우리나라가 세계의 지도적 국가가 되기는 어렵다. 여러 민족은 말할 것도 없고, 흑백과 남녀가 모두 평등함을 외적으로 갖춘 미국을 보면, 우리나라 양반들의 책임감이랄까? 양보 정신, 혹은 엘리트 정신, 사명 의식이 정말로 필요한 시대이다.

우리 문화의 축을 양반 문화 또는 선비 문화에서 찾는 몇몇 사람들에 대해 나는 그 사람들이 아직도 "우리 민족 문화의 본질과 깊숙이 깔려 내려오는 속을 보지 못하고 화려한 겉만을 살피는 사람들이 아닌가?"하고 감히 생각한다. 김진홍(목사) 씨가 소개하는 일본인 고무로 나오기(小室直木)라는 사람이 말하는 대로 "우리나라의 양반들은 노동을 하지 않고 말만 앞세웠던 면이 있다."는 것을 부정할 수 없다. 그에 비하여 일본의 장인들은 대를 물려가면서 물건을 만들고 개량과 개혁하는 일에 온 힘을 기울였으며, 그것이 오늘날의 일본 제조업과 서비스업을 떠받히는 정신적 지주가 되었다. 일본 사람들의 장점 중 하나는 사소한 일도 철저하게 끝을 맺는 일이다. 자기 부모가 하던 라면 가게를 아들이 이어받아서 발전시키고, 다시 손자가 이어받아서 더욱더 라면 가게를 발전시키는 장인 정신이 있으며, 직업관이 뚜렷하다.

나는 그들의 직업관이 부러워서 '왜 그렇게 자기 직업을 소중하게 여기는가?'를 알려고 노력한 적이 있었고, 일본의 역사 속에서 답을 찾았다. '아무리 사소한 일이라도 일본에서 제일가는 사람이 되면, 그의 신분이 상승해서 사무라이(우리나라의 양반층)가 될 수 있었다.'라는 것이었다. 말하자면 신분 상승을 위한 출구가 만들어져 운영되었다는 것으로, 그런 제도로 숨을 쉬게 한 그들이 한없이 부러웠다.

---

117) Jackle, J. Brunn, S., and Roseman, C. 1976, *Human Spatial Behavior*, Duxbury Press, Mass., p. 65.

그런 자세가 그들의 합리적인 일 처리와 관련이 있고, 더 나아가서 일본의 장인 정신, 상인 정신을 만들어 내는 계기가 되었다. 그들은 지금도 화가 나면 "그렇게 해서 쇼바이(장사, 商賣)가 되겠느냐?"라고 나무라는데, 그 말은 일본인들에게는 참으로 뼈아픈 질책의 말인 것이다. 또한 그들은 철저한 직업 정신으로 자기가 하는 일에 대해서 자부심을 갖고, 대를 이어서 계속하는 것을 큰 명예로 생각한다. 이것은 참 부러운 태도였다.

그에 비하여 우리나라는 오백 년, 천 년이 지나도 신분이 변동될 수 없었다. 어떤 사람이 자기 신분을 속이고 공부해서 과거에 급제하고 벼슬을 하였다. 그런데 그가 신분을 속인 것이 탄로가 나서 결국은 모든 것을 박탈당한 후에 다시 천민으로 강등되었다는 기록이 있는데, 그것은 참으로 우리의 비겁한 신분 제도를 보이는 부끄러운 역사라고 할 수 있다. 우리나라에서는, 요즘은 많이 변했지만, 자기가 하는 일을 자기 자손들에게는 시키지 않으려고 노력하는 사람들이 많다. 그래서 "지금 하는 장사가 잘되는 모양인데, 아들딸에게 물려줄 것입니까?"하고 물으면 그 주인의 대답은 "내가 좀 성공하면 그만두어야 하지요."라고, 자기가 하는 일을 자손에게는 시키지 않겠다고 말한다. 즉, 자기의 직업을 폄하하는 일이 다반사이니 무슨 직업 의식이 생길 수 있겠는가? 그래서 그런 사람들은 조금 성공하면 바로 장소를 바꾸어서 '자기의 장소를 버리는 어리석음'을 너무도 쉽게 하는데 정말로 애석한 일이다. 그리고 그 사람들이 그렇게 직업정신이 없게 만든 사람들은 그들의 장소에 서 있는 바로 나, 우리 소비자들의 꿈이 없는 태도 때문임을 또한 반성해야 한다.

다만 일부의 학자들이 제기하는 우리나라의 신분 문제를 보면 "임진왜란 시에는 재물(양곡)을 많이 국가에 헌납하면, 그의 신분을 묻지 않고 벼슬을 내리거나, 천한 신분의 사람은 그 신분에서 평민이 되는 길을 열어 주기는 했었다."고 한다. 그러나 이는 오직 재물로서 신분을 사고 판 것으로, 자기가 노력하여서 최고 기술에 도달하여 신분이 상승하는 것과는 큰 차이가 있다. 더구나 재물로 벼슬을 사고파는 것은 우리 민족이 아직까지도 끊지 못한 정경 유착이라는 악습의 시작이었기에 좋은 제도가 아니다.[118] 물론 재물을 기증하면, 그에 맞게 명예를 높이는 일은 정말로 필요한 또 다른 일이기는 하다.

이런 제도의 미비는 정말로 과감하게 모두를 혁파해야 한다. 요즘처럼 '흙 수저와 금 수저론'이 사회를 어둡게 하는 시대가 더 이상 계속되어서는 안 되고, 그 불공정한 게임이 통용되는 장소가 더 이상 있어서는 안 되겠다. 서울이든, 전라도든, 충청도 혹은 경상도든 무조건 불평등한 경쟁은 안 되고, 인간의 꿈이 있는 땅이어야만 되는 것이다.

이제 우리는 지난날의 잘못된 역사를 단호하게 끊되, 그런 기억은 빨리 잊어야 한다. 우리는 그래도 새로운 전기를 마련하여서 단군 이래 가장 뛰어난 시대에 살고 있다. 우리를 업신

---

118) 최근의 뉴스에서 분노를 일으키는 것은 "로스쿨 입학자들의 출신과 배경에 대한 뉴스가 첫째로 흙 수저, 금 수저론을 불러일으켰고, 둘째는 이들 특권층을 감시해야 할 일부 노조에서 자기네 자식은 특채를 했다는 것과 그들이 돈을 받고 새 근로자를 채용했다."는 것이다. 이는 위와 아래는 물론이고, 옆으로도 모두 위험하다는 것을 보여 주는 뉴스들이다. 정말로 우리는 가망이 없는 장소에서 살고 있는가? 현재 온 나라를 진동시키는 대통령과 그 주변의 특권층 몇 사람의 행동과 위법은 우리를 완전히 낙담시켰고 탄핵을 받았지만, 그럼에도 우리는 다시 바르고 힘차게 일어나야 한다.

여기던 나라들에게 보란 듯이 도전하고, 앞서가고 있는 것이다.

세계 10위권의 무역량을 가진 당당한 나라를 우리는 만들어서 살고 있다. 이 시대를 사는 사람들은 정말로 자부심을 가져도 되며, 더욱더 분발하여서 우리나라에서는 물론 세계에서도 제일가는 장인이 되기를 바라면서 새롭게 개혁해 나가야 할 것이다. 지리학 또한 이런 훌륭한 일을 해낸 장소들을 부지런히 연구하고, 거기의 사람들과 관련지어 기술하고, 해석해 놓아야 한다.

미안하지만 나는 온전한 흙 수저도 가져 보지 못했다고 스스로를 생각한다. 제대로 된 흙 수저도 아니고 부러지고 휘어진 흙 수저도 많다는 사실을 요즘 젊은이들이 명심했으면 한다. 그렇지만 우리의 현재가 젊은 사람들에게 얼마나 어려웠으면 스스로를 '흙 수저'라고 비하하겠는가? 오죽했으면 "헬 조선"이라고 자기가 사랑하는 나라와 장소를 폄하하겠는가? 그래도 하늘 아래에 우리 젊은이들을 생각하는 장소는 여기뿐임을 젊은이들은 기억했으면 한다. 우리는 타의에 의해서건 스스로 일부의 자각에 의해서건 정말로 다른 나라 사람들이 부러워하는 민주주의와, 경제력과, 그를 뒷받침하는 배움과 저력을 가지고 이 장소에서 살고 있다. 그래서 이 장소를 잘 알아야 흙 수저들도 설 수가 있게 된다. 그리고 힘든 당신들이 이 장소에서 그래도 쉴 수 있게 이 땅을 가꾸기를 바라는 마음이다.

이제는 꿈을 가진 사람들이 창의적인 아이디어로 세상을 이끌고, 가진 사람들이 못 가진 사람들과 같이 더불어서 좋은 세상을 만드는 일에 노력해야 한다. 가진 사람들이 자기 몫에만 관심이 있다면, 자기의 기득권만을 생각한다면, 민족의 미래는 어둡다고 할 수밖에 없고, 우리의 국토 역시 2차 산업의 잔재만이 가득한 캄캄한 장소가 될 것이다. 늦게 시작했지만 2차 산업으로 우리는 세계의 주목을 받았고, 3차 산업의 여러 분야에서도 세계의 주목을 끌었다. 그러니, 4차 및 5차 산업으로도 우리의 능력과 자질을 보여서, 요즘 모두가 말하는 '4차 산업 혁명'을 성공적으로 이끌어서 우리와 세계인의 삶을 윤택하고 평화롭게 해야 한다.

그 과정에 지리학의 공헌이 필수적이다. 우리 국토에 대한 사랑을 위하여 그 안에서 꿈을 키울 수 있는 장소가 여러 곳이 있어야 하겠고, 요즘 말로 힐링하는 장소에서 심신을 가다듬고, 꿈과 창의력을 키우고 다듬는 일을 하는 장소를 만들어야 하겠다. 세계 여러 나라 여러 장소의 특성을 알고, 또 사람을 알아서 우리와 상호 협력할 수 있도록 지리학은 뒷받침해야 한다. 특히 장소는 모든 창의적인 사고의 시발점이 되는 틀림없는 밑바탕이다. 이를 의미 있게 가꾸고 잘 이용하는 것이 중요하다.

참고 표 3·1 **필자의 생활 · 장소 타임 스텝(Time Steps in Author's Life and Place Matrix)**[119]

시간	1948~1965	1966~1967	1968~1972	1972~1974	1975~1978	1978~1982	1982~1991	1998~1999	2000~2014	2015~
1. 장소	막현리, 신대초교, 막현장로 교회학원, 구례리, 지량리, 지방리, 진산 읍내리, 복수 곡남리, 흑석리, 대전 안영동, 산성동, 군산	대전 용두동, 서대전 농고, 홍륜학원, 선화동, 대흥동, 서울 용두동, 혜화동	서울 용두동, 서울대 사대 지리과, 답십리, 사당동, 방배동, 원주, 조치원, 음성 사정리, 서산 평천리, 울진, 김제, 강화	광주 충장로, 평동, 상무대 포병 학교, 화순 동복, 화천, 포병부대소위 중위, 사방거리, 추파령	서울 동대문 전농동, 서울 대대학원, 서 초 반포 중학 교, 방배동, 관악 신림동	일본 도쿄, 센다이 도호 쿠 대학, 교토, 나라, 후쿠시마, 반 다이, 홋카이도 삿뽀로	공주사대, 청원 다락리 한국교원대, 부산, 김해, 목포, 제주, 울릉, 미국 랜싱, 미시건대, 시카고, LA, NY, 토론토, 교학사.	미국 뉴저지, 뉴욕 파크애비뉴, 헌터칼리지, 워싱턴, 올랜도 마이애미, LA, 포트리, 중국, 동남아, 토론토, 오타와	청주 한국교원대, 서울 방배동, 유럽 주요국, 아프리카, 개성.	방배동 전원마을, 지오랩(Geo Lab), 독일, 스위스, 프랑스, 베네룩스. 교학사.
2. 사람 ●●	주낙천, 김현랑, 주태식, 주명식 외 형제들, 조인철, 박노황, 이덕규, 신정수, 조경인, 남제현, 김조한, 박현식, 김형순, 신뢰윤 외 10여 명	김태조, 정운영, 권영중, 간홍균, 우종월, 이선우 외 3명	김상호, 이지호, 이찬, 황재기, 이기석 교수님, 김경추, 김진철, 남영우, 서광원 외 5명, 최종우, 조준섭, 방재욱, 김종용, 이길웅 외 8명	이서교, 박순권, 온도석, 정돈철, 김종권, 전수완 외 10여 명	최운식, 이기석, 황재기, 황만익, 김종욱 교수님, 양동길, 박왕규 고재혁 기우현 조일훈 홍승인 홍성옥 외5명 길민선, 고공신, 길기철, 박용태 외5명	板倉, 長谷川, 西村, 靑柳, 設樂, 阿部, 西原, 遠藤 외 5명. 조화룡, 한주성, 박병익 외3명	조창연, 이문종, 박종서 최성길 김재팔 외5명, 한균형, 오경섭, 류제헌 외5명, 신극범, 박배훈, 권재술 외5명, 이종현, 김학진, 임길진 외	맥래퍼티, 이재훈, 잭 윌리엄, 임길진, 조동철, 최재헌 외 5명, 川村, 石澤, 豊島, 阿部 외 5명	권재술, 최병순, 한철우, 최병모, 주명덕 외5명, 이종식, 서민철, 김태환, 권재중, 고준호, 박찬선, 전동호 외 30명	최성욱, 정상근 외5명, 양철우, 박규서, 이영민 외 5명 막현리 김길수
3. 사건	신대초교 졸업. 막현교회학원 입학	대전문화원 도서관, 서농고, 홍륜학원	서울대 사대 지리과 입학, 향토 개발회	ROTC, 상무대 훈련, 251포병대대	결혼, 전농중, 반포중 교사, 서울대대학원	일 문부성 장학생, 도호쿠대 대학원,	공주사대, 한국 교원대 교수, 미시건대 교환, 미국 횡단	미뉴욕 헌터대 교환 교수, 미국 2차 횡단	한국교원대 도서관장, 교수부장	전원마을, 정년퇴임 한국교원대 명예 교학사에서 책 출간

(●● 사람은 좀 더 자세히 써야 하겠지만, 지면 관계로 최소한으로 줄였다.)

---

119) 필자의 장소 타임 라인의 보조 기록: 어린 시절을 생각하면서 일, 사건, 기타 등의 항목 설정도 필요했지만 너무 개인적인
부분이 강조되어서 여기서는 생략하기로 하였다.

226

IV

장소에 관한
논리와 해석의 구체화

여기서는 장소를 잘 해석하고 구체화하기 위해서, 장소의 핵심인 영역에 대해 생각하면서, 그 안에 내재한 주요 논리를 정리해 보기로 한다. 우리가 생각하는 장소를 합리적으로 알고, 이야기하기 위해서 재미는 없지만, 꼭 필요한 부분이기 때문이다.

모든 장소에는 그 장소와 관련을 맺고 사는 사람들 개개인의 환경에 대한 인식이 중요하게 작용한다. 어떤 개인과 그의 주변 사람들 사이 및 그 사람들과 환경과의 상호 작용은, 그 장소에 관련이 있는 사람들에게 장소와 환경에 대한 공통 인식을 상당 부분 갖게 한다. 또한, 사람들 사이의 상호 작용을 막거나 활발하게 하는 장소와 환경에 영향이 미치는 영역과 경계선 작용 등이 있기 때문에, 그들에 대해서 좀 더 이야기해 보기로 하자.

1 사회적 거리:

영역 및 개인 공간

생물체가 살고 있는 장소는 그 생물체의 영역과 환경으로 구성되고, 영역은 장소를 이루는 기본적인 공간이 된다. 또한 장소와 영역의 범위는 같을 수도 있고 다를 수도 있지만, 장소의 핵심 개념은 영역이다. 즉, 장소는 영역에 의하여 특성이 형성되고, 구체화된다는 것이다.

한 생물체가 가지고 있는 영역에도 여러 단계가 있을 수 있고, 그 생물체가 집단을 이루며 살아갈 때는 개체(인)의 영역과 다른 집단의 영역이 생겨난다. 그런데 생물체의 영역은 1차적으로 생태적 또는 본능적인 활동으로 형성되며, 그것은 '생태적 또는 본능적으로 자기를 지키려는 감각의 거리'에 의해 결정된다. 그래서 상대편이 일정한 거리에 들어와서 위험하다고 느끼면 나타나는 반응들이 여러 가지로 다양하다. 숨고, 피하고, 도망하고, 냄새를 풍기고, 색을 바꾸고, 죽은 체 하고, 강한 체 하고, 가까이 오는 적을 공격하거나 무시하는 행위 등을 자기에 맞게 쓰고 있는 것이다.

더구나 인간은 문화라는 지식을 기반으로 사회생활을 하는 동물로, 사회 속에서 개인의 역할은 여러 차원의 다른 정체성을 가지고 활동하게 되므로, 더욱 다양한 반응이 나타나게 된다. 즉, 나는 한 개인으로서 물건을 소비하면서 생활하고, 가정에서 가장으로 역할을 하면서 마을이라는 공동체의 한 구성원이기도 하다. 또한 나는 내 회사에서는 한 분야의 전문가로서 역할을 하고, 나의 존재가 회사의 생산 활동에 꼭 필요함을 확인하곤 한다. 어느 특정한 날에는 특별 휴가를 얻어서, 봉사단의 일원이 되어서 국가나 자치 단체, 혹은 마을이나 회사를 대표하는 봉사 활동도 하게 된다.

이상의 나의 활동들은 각각 사회 내에서의 역할이고, 그 역할이 일어나는 곳(공간)은 각각의 의미를 갖는 나와 관련되는 '나의 장소'이며, 나에 관련되는 영역인 것이다. 따라서 생태적인 거리에 의해서 규제되는 장소나 공간보다도 이제는 사회 거리에 의한 사회 집단의 규제에 의해서 의미와 강제성이 정해지는 사회 공간이 정말로 더 중요해질 수 있는 것이다. 마치 같은 10m의 거리를 움직이더라도 관악산의 숲속 길에서 움직이는 것과, 남의 집 마당에서 움직이는 것은 전혀 다른 의미를 갖는 것인데, 그 차이가 사회 거리의 의미를 확실히 알게 해 주는 예인 것이다. 이제 그들에 대해서 좀 더 알아보기로 하자.

1) 영역과 영역성

모든 생물(유기체)은 자신을 보호하기 위하여, 자기를 둘러싸고 있는 외적 환경에서 확실히 구별되는 공간을 영역(Territory)으로 설정하여 지킨다. 즉, 자신의 안전을 지키기 위해서 자기 주변에 경계선을 긋고, 그 안을 자기 생존에 필요한 공간으로 독특한 의미를 부여하고, 그를 지키게 된다. 이 유기체가 확보하려는 공간을 영역이라고 하고, 그 영역을 지키려는 행동이나 특성을 영역성(Territoriality)이라 한다. 영역은 대체로 장소를 이루는 범위로 정의하며, 개인이나 그룹이 배타적으로 가지며 방어하는 공간을 말한다.[120]

단세포 동물인 박테리아에서 인간에 이르기까지 모든 생물(유기체)은 자기 주위에 경계를 설정하여 가지고 있다. 그래서 그 생물의 몸이 어디서 시작하고 어디서 끝나는지, 그 생물이 가지고 있는 경계를 확실하게 구별한다. 그러나 생물체는 이 경계의 밖에 다른 또 하나의 경계를 가진다. 이 외부에 있는 제2의 경계는 안쪽의 제1의 경계보다 범위의 확인이 곤란하지만, 실제로 아주 중요하여서, 확실하게 경계의 존재를 표시하면서 지키려고 한다. 그래서 학자들은 보통 중심의 유기체에서 제2 경계의 안까지를 '유기체의 영역(Territory)'이라고 부른다.

따라서 영역의 크기와 모양은 같은 생물체라도 약간씩은 변화가 있지만, 그 생물체에 따라서 대체로 유사한 크기와 모양을 보여 준다. 그렇다고 하더라도 인간의 경우, 영역의 크기와 모양에 특별한 의미를 부여하여 영역을 지키는 영역성은 다른 생물체와 달리 복잡하고, 특히 환경과 문화의 차이에 따라서 아주 확실하게 다른 의미로 나타난다.[121]

120) Altman, I. 1975, The Environment and Social Behavior, Brooks/Cole Publishing Co. Monterley, Cal. pp. 105-107.
121) Hall, E. 1959, 國弘正雄 外 2人, 1966, 譯, Silent Language, 沈默のことば, pp. 209-210.

◀ 그림 4·1 **무인도에 표류한 두 사람** 한 사람이 더 늘면 평화를 위한 영역(사적 공간) 확보용 담장이 필요할 수도 있다.[122] (I. Altman, p.130에 의함)

2) 영역은 공동체의 기초 공간이다: 영동군 황간·용산면 일대 사례

영역은 모든 생물체가 갖는 안전을 위한 공간의 본능적 활용에서 시작된다. 집에서 키우는 강아지를 보면, 외부인이 집으로 접근하면 멍멍 짖으면서 움직이거나 고개를 들면서 방어적 또는 공격적인 행동을 한다. 이런 행동이 모두 영역과 장소와의 밀접한 관련성을 보이는 행위들이다.

인간 사회 집단의 가장 기초적이라고 할 수 있는 소규모 공동체도 반드시 영역과 장소를 바탕으로 성립하고 있다. 영역이 없으면 지역 공동체는 성립될 수 없고, 장소가 없는 공동체는 무미건조해서 바로 와해되거나 유명무실해지는 것이다. 그래서 영역은 좀 넓은 장소를 포함해서 닫힌 공간으로 보는 경우가 많다.

우리가 살펴보려는 충북 영동의 원촌리는 작은 마을이지만 접근로 5~6개가 교차하는 지점이면서도 배산임수의 생활 공간과 좌청룡우백호의 상징적 풍수 개념이 잘 갖춰진, 소위 명당자리에 입지하고 있다. 외부에서 보면 험준한 산지 속에 거의 보이지 않는 감추어진 피난처로서의 마을이지만, 접근성은 아주 뛰어나다. 마을은 방어에 좋은 지형을 갖추고 있고, 정감록 '십승지 지명인 금계리(촌)'에도 가깝다.

---

122) Irwin Altman, 1975, The Environment And Social Behavior, op. cit. p. 130

▲ 그림 4·2-1, 2 **사례 장소; 충북 영동 황간면 원촌리** 금강 상류(초강천) 구하도의 하안 단구에 입지한 마을로 달맞이 행사로 유명한 월류봉 건너편 마을(닫힌 공간)이다. 하천, 구릉성 산지 사면, 교통로 교차점에 위치하며, 남향이라는 방향보다도 접근성을 더욱 중요시하여 입지하였다.

본래 금계촌은 경북 풍기시의 금계촌과 경북 상주시의 금계촌이 유명하지만, 금계촌이라는 지명은 우리나라에 흔한 이름이다. 그런 지명들이 갖는 특성은 높은 산지에 막혀서 외부에서는 접근하고 찾기가 어려운 곳들이며, 풍수적인 장점이 있는 곳이지만 한편으로는 팍팍한 삶의 장소라는 공통점을 가지고 있다.

그런데 이곳은 전국의 달맞이 장소로 유명한 곳이다. 원촌리 앞산의 월류봉(月留峯)은 '달이 머물다 가는 봉우리'라는 뜻의 장소로, 이름처럼 달밤의 정경이 아름다워 달맞이 명소로 꼽힌다. 높이 400m의 깎아지른 절벽 사면 아래로 물 맑은 초강천이 휘감아 흘러 풍경이 수려하다. 월류봉 아래쪽에는 한때 이곳에 머물며 작은 정자를 짓고 학문을 연구한 우암 송시열(1607~1689)을 기리기 위해 건립한 한천정사와 영동 송우암 유허비가 세워져 있다.[123]

영동군 황간면 원촌리는 초강천이 구불구불 흐르다가 직선으로 유로가 바뀐(meander-cut) 곳에 입지해 있다. 즉, 자연적인 지형이 마을 공동체가 형성되도록 터를 제공하여서 매우 강력하게 완결성을 주는 곳이다. 외부에 대하여 확연히 구별되는 경계가 만들어지면서, 사람들이 동질성을 쉽게 확인하게 해 주는 장소성을 가진 곳이다. 따라서 이곳 마을은 영역이 쉽게 지켜질 수 있는 장소이면서, 장소의 특성이 잘 살아나게 된다. 이곳은 물론 정감록의 10승지와 관련이 없을 수도 있지만, 그래도 10승지 중에서 거론한 대소백(大小白)의 산지 주변을 생각하면, 유사성은 상당한 곳이라고 볼 수 있다.[124]

이곳 황간면 일대는 1905년 경부선 철도의 개통과 1971년 이후 경부 고속도로가 개통되면서 근대 교통로에서는 높은 접근성을 가지게 되었다. 이 일대는 험준한 산간 지역으로, 인구가 적고, 전통적 생활 양식이 많이 남아 있으며, 산지에 적응한 밭농사 중심의 생활을 유지하는 순박한 산지촌이었다. 그러나 지금은 대도시가 아니면서 주요 국도와 철도, 고속 도로, KTX가 지나가는 전국에서 몇 안 되는 장소이다.

123) 문화일보, 2016. 9. 13. 낙산사, 월류봉, 완산칠봉, 추석특집 달맞이 명소.
124) 신일철 해제, 1983, 정감록, in 한국의 명저, 현암사, pp. 180-196.

그래서 6·25 전쟁 중에는 무고한 사람들이 많이 희생되기도 한 '노근리 사건 현장'과 멀지 않고, 공산군과 치열했던 전투도 여러 차례 이 부근에서 있었다. 그들 교통로의 통과와 사건의 발생 원인은, 험준한 지형이 직접적 영향이었다. 특히 슬픈 사건은 전쟁에서 정신없이 밀리던 사람들이 방어선을 구축하는 과정에서 일어난 비극이며, 외부 사람들이 이와 같은 산지 장소에 사는 순박한 사람들의 특성을 잘 몰라서 일어난 일로 판단된다.

여기서 멀지 않은 장소에 한반도에서 가장 중요한 고개인 추풍령이 있고, 그를 넘으면 바로 경상북도 김천시이다. 그래서 이곳 사람들은 옛날에는 김천장을 보거나 김천으로 학교를 다니던 사람도 적지 않았다. 특히 자동차가 많지 않았던 1960년대까지는 철도가 도로 교통보다 중요하였고, 장소의 변화를 주도하였다. 또한 이곳은 충북의 중심인 청주에서 멀리 떨어진 주변 지역이고, 경북의 중심인 대구에서도 멀어서, 이곳에는 양쪽 세력의 작용으로 말씨가 혼재하고 있다. 즉, 충청도 사투리와 경상도 사투리가 섞여서 나타나는 곳이다. 말하자면 2개의 영역이 교차되는 곳이라고 볼 수 있는데, 지리학에서는 이런 장소를 점이 지대(transitional zone)라고 부른다.

▲ 그림 4·3 황간면 원촌리 부근의 지도(다음에서 캡처); KTX는 경부선에서 6~7km 남쪽을 지난다.

이런 산지 속의 장소는 그래도 순수한 인간적인 삶이 이루어지는 곳으로, 마을 공동체도 서로간의 경쟁이 있었고 외부의 변화 바람도 휘몰아쳤지만, 비교적 잘 조정하면서 미풍양속을 보존하고 있는 장소이다.

보네트(Bonnett, A.)는, "인간의 정체성은 장소 속에서 형성된다. 그래서 있다가 사라져 버린 장소는 우리를 당혹스럽게 만든다. 그리고 인간의 정체성도 장소에 따라서 변한다. 상실된 장소들은 숨어 있는 역사를 말하는 동시에 대안적 미래를 말하기도 하기 때문이다."라고 하였다. 그래서 장소는 때로는 그냥 없어져 버리기도 하고, 사용되다가 결국은 버려져서 잡초만 무성하게 되기도 하고, 때로는 억눌려 지내기도 하면서 겨우 남아 있기도 함을[125] 알아야 한다고 주장하였다.

125) Bonnett, A. 2014. Off the Map(지도에 없는 곳). 박중서 역. 2015. 장소의 재발견. 책 읽는 수요일. p. 20.

▲ 그림 4·4 **영동군 황간면 노근리의 6·25 전쟁 시 양민 살해 흔적 장소** 황간면 원촌리의 인근이다(직선거리 약 3km). 6·25 전쟁 당시 이데올로기의 비극이 있던 이곳은 충북 영동군 변두리의 한 장소이다. 소백 산지와 노령 산지가 분리되기 전에 한데 뭉쳐져 있는 지형 속의 산간 분지로, 태백 산지의 험준함과 거의 차이가 없는 험준한 산지 지형이 펼쳐진 장소이다.

이 일대 주민들은 산기슭에 밭을 일구고 밭농사 중심의 산촌 생활을 한다. 주변 환경을 잘 이용하고 있는 셈이다. 바로 인근에 황간역과 추풍령면이 있지만, 산에 가려서 외부에서 접근이 어려운 장소였다. 영동군 황간면 원촌리에서 황간역까지는 직선거리로 약 3km 정도 떨어져 있고, 원촌리에서 용산면 부상리까지는 약 10여 km 떨어져 있으며, 다 같은 산지촌들이다. 또한 영동읍까지는 부상리, 원촌리, 노근리에서 모두 약 10km 정도 떨어져 있는 범위이다.

▲ 그림 4·5-1, 2 **영동군 용산면 부상리 마을 입구의 선돌** 외지고, 꽉 막힌 열악한 산지 환경을 슬기롭게 극복하기 위해서 노력하는 마을 공동체 사람들의 개척 정신과 지혜, 정성을 쉽게 읽을 수 있다.

그중 부상리 마을은 약 20년 전에 비하여 훨씬 다양한 색채를 과감히 채택하고 산의 제약에서 벗어나려는 여러 활동을 하고 있으며, 보건소도 위치하고 있다. 위 그림의 남근석인 선돌은 마을의 실제 경계와 입구를 나타내고, 주민들이 갖는 마음속의 경계이기도 하다. 이 안으로 들어오면 마을 속으로 들어온 것으로 간주한다. 또한 이 선돌은 나쁜 기운을 막고, 행운을 가져오게 하며, 자손과 농사에서 좋은 일을 많이 가져오고, 다산을 기원하며, 마을 주민들의 안녕과 단결을 기원하는 등의 여러 가지 뜻으로 세운 것이다.

남근석은 이곳처럼 자연환경이 열악하고 산지가 대부분인 장소에서는 흔히 나타나는 상징물인 선돌이고, 이런 민간 신앙이 다수 발달할 수 있다. 따라서 열악한 환경 탓에 실제로 춘궁기에는 굶는 사람들이 많았고, 그래서 이웃을 도운 선행비가 이 주변의 마을에 여럿이 세워져 있는 장소이다. 이 영역의 완결성 혹은 닫힘의 정도는 매우 높고, 그에 부응하여서 내부의 결속력도 아주 강함을 잘 보여 주는 것이다.

▲ 그림 4·6-1, 2 **영동군 용산면 부상리의 남근 신앙과 상징화** 자연석에 인공을 약간 가미한 큰 남근석 옆에 작은 자연의 남근석을 세웠다. 이는 전통 민간 신앙으로 다산을 기원하며, 마을 입구 양쪽에 세워져 있었다. 현재 우측의 작은 남근석은 어딘가로 옮겨졌고, 그 대신 마을 유래를 알리는 안내석이 서 있다. 모두 영역을 나타내는 상징이다.

따라서 이곳 부상리 민간 신앙의 의미와 상징은 장소의 연구에서 아주 중요한 열쇠 역할을 하게 된다. "외부의 시선으로 그들의 믿음과 태도를 평가해서는 안 된다. 있는 그대로 거기에 사는 사람들의 시선으로 그들의 생각을 읽어야 한다."는 것이 장소 연구에서 중요한 현상학(現象學, phenomenology)적 자세이고, 장소 해석에서 중요한 시각이 된다. 또한 일반적으로 마을 간의 경계 표시는 산, 하천, 바위, 나무, 골짜기, 탑, 돌담, 비석, 나무 기둥, 표지석 등이 많이 사용되어 왔으므로, 선돌이 흔하게 나타나게 된다.

▲ 그림 4·7 **부상리의 또 다른 선돌** 자연석이며 여성을 상징한다. 작은 남근석 옆에 있던 것이다.

왜 이런 상징물이 많고, 부근에서는 왜 이런 비극을 맞게 되었을까? 이에 대한 대답은 장소가 갖는 험준한 산지 지형에 있다. 이곳은 중부와 남부를 가르는 경계선의 점이 지대이고 중심에서 멀어서 강력한 공동체가 발달하지 못하면, 생활이 어려운 장소였다. 이 장소에서 공동체는 상징을 통해서 화를 막고 복을 빌면서 어려움을 참아 왔지만, 외부에서 부는 강한 바람의 일부는 막지 못한 듯하다. 그러나 우리는 여기서 사람들의 노력과 생활, 영역과 장소를 소중히 하는 정신을 바로 알 수 있다.

▲ 그림 4·8 **영동군 용산면 부상리의 경주 김씨 '김문경 진휼(송덕)비'** 근검하고 덕을 베풀며 물자를 내서 시혜했다는 것을 알리는 비석이다. 작고 얇은 화강암에 그저 그런 글씨로 새겼으며, 볼품없는 작은 비석이다.

위 그림은 볼품없지만 가장 가치가 있는 송덕비라고 할 수 있다. 이런 영동의 산골에서 볼 사람도 별로 없는 장소에 세워졌으니, 정말로 고맙게 생각한 주민들이 세운 마음의 비라고 하겠다. 양반들의 송덕비는 이런 유형이 별로 없고, 커다란 검정색 오석으로 만든 것이 많고, 흰색 대리석, 화강암도 많으며, 비석에 집을 짓거나 장식하여 보관하는 경우도 많다. 그러나 이 비는 그런 장식이 없이 주민들의 마음과 같이 만들어져서 소박한 채로 장소성을 알려 주면서 보존되고 있다. 그리고 그런 주민들의 마음가짐이 서로를 아끼고 단결하여 이곳의 어려운 환경을 잘 이용하면서, 그래도 나름대로 멋있는 삶을 이루게 하는 장소를 만들어 냈다.

2 영역의 종류와 공간 구조

1) 영역의 종류와 공간적 계층 구조

장소와 영역은 떼려야 뗄 수 없는 관계이다. 일반적으로 영역은 장소들을 포함하지만, 어떤 영역은 장소를 포함하지 않을 수도 있다. 가령 신체 영역은 장소가 포함되기 힘들고, 상호 작용 영역도 장소가 포함될 수도, 포함되지 않을 수도 있다. 이는 두 영역의 크기가 크지 않기 때문이다. 그러나 보다 큰 영역인 가정 영역이나 공공 영역은 여러 개의 장소를 포함할 수도 있고 장소가 영역이 될 수도 있다. 이런 의미에서 장소의 이해를 위해서 영역을 좀 더 구체적으로 알아보기로 한다.

장소의 핵심인 영역(사회 공간)은 여러 가지로 나눌 수 있으며, 대체로 그 넓이와 포섭(함) 관계 및 배타성의 강도에 따라서 종류와 위계가 결정된다. 영역은 크게 4종류의 영역(사회 공간)으로 나눈다.

첫째, 공간적으로 가장 좁은 최하위의 영역은 신체 영역(Body territory)으로, 대체로 몸을 둘러싸고 있는 물방울 모양이라고 생각할 수 있고, 친근한 개인적인 사적(personal) 영역으로, 공간적 면적은 좁지만 폐쇄성은 가장 강하다. 이 신체 영역을 침입하면 아주 강력한 법의 제재를 받게 된다.

둘째는 상호 작용 영역(Interactional territory)으로, 특정 그룹의 활동 공간이며, 회사의 개발실, 학교 교실, 어린이집 교실, 연인 사이의 데이트 공간 등이 상호 작용 영역이다. 이 상호 작용 영역을 침입해도 강력한 법의 제재를 받게 된다. 이는 사회적 활동 내지 상담 활동 영역이 많다. 그러나 이 영역의 크기는 아주 다양하며, 회원만이 자유로운 출입이 가능하다.

셋째는 가정 영역(Home territory)으로, 상당히 넓지만 공간의 크기는 아주 다양하다. 이를 침입해도 주거 침입이 되어서 법의 제재를 받게 되는 배타성이 강한 공간이며, 가족 구성원만이 자유로운 출입이 가능하다.

마지막으로 넷째는 공적 영역(Public territory)으로 범위가 상당히 넓고, 영역의 폐쇄성이나 배타성은 약해서, 누구에게나 열린 영역이다. 공원, 도로, 기차역, 산, 하천, 해안 등이 그 사례들이다.

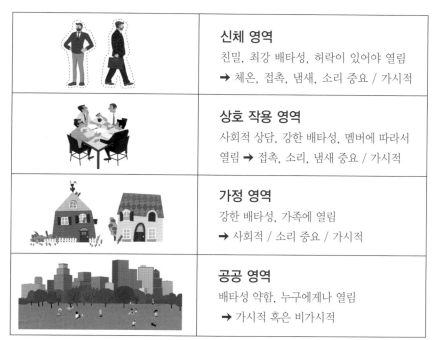

	신체 영역
	친밀, 최강 배타성, 허락이 있어야 열림
	→ 체온, 접촉, 냄새, 소리 중요 / 가시적
	상호 작용 영역
	사회적 상담, 강한 배타성, 멤버에 따라서
	열림 → 접촉, 소리, 냄새 중요 / 가시적
	가정 영역
	강한 배타성, 가족에 열림
	→ 사회적 / 소리 중요 / 가시적
	공공 영역
	배타성 약함, 누구에게나 열림
	→ 가시적 혹은 비가시적

▲ 그림 4 · 9 영역의 종류와 범위, 특성(인간관계에서의 지대(Zones)[126]

◀ 그림 4 · 10 **영역의 종류와 계층적 구조(포함 관계)** 공간적인 현상
의 확실한 정리를 위해서는 그 배열의 특성과 질서인 공간 구
조를 밝히는 것이 중요하다. 공간적인 현상들은 대체로 상호
의존성에 의하여 나타나는 포함 관계에 의하여 계층 구조를
밝힐 수 있다.

홀(Hall)은 영역을 친밀 공간-개인 영역-사회 영역-공공 영역으로 구분하였고,[127] 지리
학자들은 신체 영역-상호 작용 영역-가정 영역-공공 영역으로 구분하였다. 명칭은 다르지
만 특성은 유사하다. 가장 배타성이 강한 공간은 신체 영역이고 여기에는 개인의 프라이버
시나 안전, 혹은 개인의 기호 등이 유지되도록 영역을 지키기 위한 여러 가지 법과 규제가
있다.

126) Herbert, D. and Thomas, C. 1997, Cities in space: City as place, 3rd. Ed. Wiley. p. 263.
127) Wikipedia, 2016, Body Language, 상당 부분이 근접학에 대해서 설명하고 있다.

느슨한 규칙이라고 할 수 있는 생활 에티켓도 이 공간의 개인적인 특성을 보호해 주고 있다. 가령 "남의 신체에 너무 가까이에 가지 않는다."는 것이 그런 영역을 보호하는 것들이다. 물론 가장 강력한 법률에서는 이 개인 영역을 침해하면 형법의 적용을 받는 것으로 규정되어 있다.

2) 영역 내의 활동과 기능: 전통 벼농사와 토지 이용 비교

공동체 생활과 영역 내에서의 활동은 시골과 도시와는 차이가 크다. 가장 전형적인 공동체 장소의 활동은 시골의 자연 마을에서 발견되는 것이 보통이다. 시골의 자연 마을에서 구성원들의 생활은 직업 활동을 보는 것이 좋다. 그런데 시골의 직업 활동은 대체로 땅과 관련되는 농업 활동이다. 최근에는 여러 특용 작물을 도입해서 높은 소득을 올리면서 독특한 농업 기술을 확보하는 경우도 적지 않지만, 전통적이고 보편적인 벼 재배와 관련되는 활동이 가장 많았으므로 이런 장소를 생각해 보자.

▲ 그림 4 · 11 농업용수를 저장했던 저수지와 보의 전형인 김제의 벽골제 유적

농업 활동에는 우선 물이 필요하므로, 전통적으로 물의 확보를 위한 활동이 공동체에서 중요했다. 댐이나 저수지, 보를 만들고 물을 확보하여 경지에 적기에 충분한 물을 공급하는 것은 벼농사에서 가장 중요한 활동이었다.

물이 있어도 벼를 재배할 경지가 있어야 거기에 노동력을 투입해서 농사를 지을 수 있는 것이다. 그런데 우리나라의 경우는 산이 많아서 그를 잘 개간하지 않으면 충분한 경지를 얻을 수 없었다. 하층민들은 양반 지주들의 땅을 소작으로 부치거나, 아니면 다음 그림과 같이 산지 사면을 개간한 다랑이 논이라도 만들어야 했다. 그래서 이런 조각난 다랑이 논은 우리 한민족 하층민들의 중요한 삶의 터전이 되었다.

▲ 그림 4 · 12-1(좌) **청산도의 구들장 논**
▲ 그림 4 · 12-2(우) **경북 합천의 다랑이 논**
벼들이 황금색으로 아름다운 자태를 뽐내는 가을의 수확기에는 그 동안 노력한 농부의 마음을 위로하는 금빛의 색깔이 펼쳐진다.

과거에는 땅의 소유를 볼 때, 평지나 계곡의 넓은 경지는 대체로 양반들의 차지였고, 큰 강 유역의 평야는 일제가 들어오면서 개척되고 일본인에게 분양 · 수용된 경우가 많았다. 그러니 우리 서민들은 이렇게 작게 조각난 땅이 아니었으면, 자신이나 가족의 목숨을 이어갈 수가 없었다. 이런 다랑이 논은 개척, 경작, 추수에 이르기까지 모두가 사람의 피와 땀과 눈물어린 노력을 필요로 하는 땅이다. 그런 의미에서 이런 다랑이 논의 진정한 의미를 모르고는 한민족의 삶을 논할 자격이 없다 해도 과언은 아닐 것이다.

한편, 한민족의 토지에 대한 마음 씀씀이를 알려 주는 것이 산지 사면의 다랑이 논임은 이미 밝혔지만, 사람들은 다랑이 논에 많은 노동력을 투입하였다. 또한 다랑이 논은 수리가 불안전한 천수답이 대부분이었지만, 한국의 농민들은 가능하면 논을 만들어서 벼농사를 지었다. 그래도 정말로 물이 해결되지 않으면 밭으로 용도를 바꾸는 경우도 적지는 않았다.

3) 전통적 벼농사와 토지 이용의 사례 비교

첫째, 한반도 장소의 전통적인 다랑이 논에서 이루어지는 활동을 보자.

한민족은 특히 논의 개척 과정에서 자연을 최소한으로 변경하면서, 최소의 노력으로 논을 만들어서 농사를 짓고, 삶을 유지하여 왔다. 그 증거가 되는 땅이 다랑이 논들이다.

◀ 그림 4 · 13 **한국의 산지 사면의 경지화와 다랑이 논 (충북 청주시)** 한국의 다랑이 논은 인간들의 가장 기본적인 자연과의 상호 작용에서 자연을 아끼고 최소한만을 개발한 결과로 나타난다.

여기 나타나는 곡선의 다랑이 논의 논두렁을 직선으로 만들려면 인력으로는 거의 셀 수 없을 정도의 노동력이 필요하다. 그래서 한민족은 산지 사면에 잘 조화되면서 적응하는 방식의 논농사를 통해 개척에서 환경 파괴를 최소화하였다. 여기서도 지난해의 벼를 수확한 벼 포기 밑동의 흔적이 등고선식으로 곡선으로 나타나서 지형에 잘 조화되도록 벼를 경작하였다는 증거를 보이고 있다.

이를 직선으로 경작하려면 논두렁의 굽어진 곳을 메우고 양쪽 끝을 파내야만 한다. 그렇게 논두렁의 형태를 직선화하면 환경도 파괴되고 인력도 낭비된다. 또한 논의 바닥을 수평으로 다듬어서 만들어 내기 어렵고, 홍수 시에는 논두렁이 파괴되기도 쉽다. 이렇게 휘어진 논두렁은 자연재해에도 잘 견뎌서 사람들의 노력을 최소화해 주었다. 중간의 가운데 논 구석에서 볼 수 있듯이, 이 다랑이 논에 물을 공급하는 샘과 둠벙도 준비되어서 가뭄에 대비하고 있다.

또한 벼농사를 위하여 한반도에 있는 촌락 내에서는 서로 돕고 의지하는 공동체 정신이 이 벼농사를 매개로 잘 길러져 왔다. 물을 관리하고, 농사철에 맞추어서 협동하면서 상부상조하는 정신이 강력하게 유지되어 왔다. 더구나 우리 한민족은 벼농사에 훨씬 불리한 장소로 벼농사를 확대하였다. 즉, 만주 지방의 벼농사는 우리 한민족의 노하우로 가능하게 되었다. 우리는 이제 우리가 필요로 하는 수요량을 훨씬 넘어서는 벼를 수확하고 있다. 위의 합천이나 남해안의 다랑이 논의 벼농사, 만주의 벼농사 등과 이탈리아의 벼농사를 비교한다면, 정말 대단한 우리 한민족이다. 한민족은 벼 재배의 북쪽 한계를 만주까지 확장시킨 훌륭한 농업 기술을 개발한 사람들이다.

둘째, 유럽의 이탈리아 롬바르디아 평야의 벼농사를 살펴보자.

▲ 그림 4·14 **이탈리아 롬바르디아 평야의 벼농사(10월 초)**

이탈리아도 험준한 산이 많은 장소지만, 벼농사는 중국과 인도에서 재배법을 배워서 롬바르디아 평야에서 벼를 많이 재배한다. 롬바르디아 평야는 지평선에 둘러싸인 넓은 평야로, 포강(Po river)의 물을 끌어서 관개를 하고, 기계화하여 대규모로 벼를 재배하고 있다. 이곳은 계절풍 기후가 아니고, 건기와 우기가 뚜렷하며, 여름에 비가 적은 지중해식 기후이지만 관개를 통해 벼를 재배한다.

이 롬바르디아 평야는 벼, 옥수수, 사료 작물, 지중해성 과수나무 등이 함께 재배되는 장소이다. 롬바르디아 평야에서 옥수수는 절반 이상을 가축의 사료용으로 재배한다. 관개 시설을 모두 갖추고 있어서 지중해성 기후이지만 생산성이 높고, 옥수수 재배는 벼와 같이 기계화되고, 경영의 합리화를 기하고 있다.

▲ 그림 4·15 **이탈리아 롬바르디아 평야의 옥수수와 사료 작물 재배** 관개 시설이 잘 갖추어져 있고, 기계화되어서 생산성이 높다. 또한 산지 사면에서는 올리브, 포도 등의 계단식 경지를 만들어 수목 농업을 하고 있다.

셋째, 일본과 중국의 벼농사 장소를 보자. 우선은 경지 형태가 우리와 매우 닮았다.

▲ 그림 4·16-1, 2 **일본 니가타 현의 벼농사** 산지가 많은 나라이지만 우리나라와 같이 논에는 대체로 벼를 심는다. 다랑이 논도 아직 많다.

▲ 그림 4·17 **중국의 벼농사** 인구 13억 6천만 명을 부양할 수 있는 생산량을 얻기 위해서 노력한다.

▲ 그림 4 · 18 **중국 운남성(雲南省) 원양(元陽)의 다랑이 논** 계단식 경작으로 토양 유실을 방지한다(구글 캡처).

　일본과 중국은 계절풍이 광범위하게 전개되는 동부 아시아의 주요 벼농사 장소이고 국가들이다. 일본의 평야는 몇 개를 제외하고는 그리 넓지 않기 때문에 산간 분지와 계곡의 평야에서 벼농사를 집약적으로 실시한다. 과거에는 다랑이 논이 많았으나 현재는 많이 줄었고, 쌀의 소비량도 줄어서 쌀의 잉여 생산 대책에 부심하고 있다.

　벼농사의 규모는 중국이 세계 제일이다. 중국은 지역별로 벼농사와 밭농사가 기후와 토양 조건에 맞게 발달해 있다. 인구가 많고 밀도가 높아서 가족 노동력 중심의 집약적인 토지 이용을 하며, 산간 지역에는 다랑이 논도 역시 흔하다. 본래 중국은 벼 재배 기술을 선도적으로 발달시켜 왔기 때문에 재래적 농업 기술은 세계 최고였다. 그러나 현재는 한국이나 일본의 벼 재배 기술 수준에 비교하면 상당한 격차가 있다. 중국의 동부와 북부의 넓은 평야 지대에서는 끝없이 지평선이 나타나는 대규모의 평야들이 펼쳐지고, 그 장소에서 대량의 벼를 재배한다. 많은 중국의 인구를 부양하는 생산력은 벼농사의 중요성을 단적으로 말해 준다. 작물 중에서 가장 많은 수확량을 내는 것이 벼이기 때문이다.

　넷째, 미국의 벼농사를 보자.

　미국에서는 아시아, 특히 일본과 한국인들이 주로 먹는 벼를 상업적으로 재배한다. 맛은 최상품의 경우 한국의 쌀밥 맛을 능가하는 경향이다. 또한 루이지애나 주에서는 넓고 비옥한 평야에서 강수량이 풍부하고 고온 다습한 기후를 이용한 많은 벼 재배가 행해진다.

　미국인들은 대규모 플랜테이션 형태(상업적 단일 경작)로 벼를 재배하고, 그것도 일부러 동양의 벼 품종을 골라서 재배하여 우리의 입맛에도 맞는 쌀을 생산하려 노력한다.

▲ 그림 4·19 **미국 캘리포니아의 벼농사 수확** 끝이 없이 넓은 평야에 상업적인 곡물 농업으로 벼만을 경작한다(플랜테이션). 2대의 트랙터를 이용하여 수확하고, 소독은 헬리콥터로 한다.

우리는 이런 외국의 농업 전략의 상황을 우선 잘 알아야 한다. 그리고 무조건 우리나라의 농촌 문제에 대해 농민들에게만 책임을 전가하면 안 된다. 반도체, 텔레비전, 냉장고, 컴퓨터, 자동차, 기타 철강 제품 등을 수출하여서 많은 달러를 벌기 때문에, 그들의 농산품을 수입해 주어야 하는 옵션도 걸려 있기 때문이다.

현재의 트럼프 대통령은 그 점을 정확히 읽고 있는 것이다. 그러니 공산품을 수출해서 돈을 벌었다고, 외국의 농축산물을 수입하는 것과는 관련이 없는 표정을 짓는다면 그것은 대한민국의 장소와 사람을 무시하는 배은망덕한 태도임을 알아야 한다. 우리의 농산물을 소비해 주되, 우리 농민들이 견딜 수 있는 장치도 있어야 하지 않겠는가? 이 점은 수출 기업들도 명확히 기억해야 한다. 그것이 대한민국이라는 장소에 사는 사람들의 최소한의 예의이다.

미국의 벼농사는 기후와 큰 관련이 없는 농업으로 동양의 한국인, 일본인, 중국인들을 대상으로 벼 품종을 선택해서 재배한다. 그런데 기후가 좋아서 쌀밥의 맛은 확실히 좋은 편이다. 땅도 무척 넓어서, 넓은 면적에 조방적으로 단일 경작을 실시하며, 농가 수입도 많다. 미국에 이민 간 한국인들도 상당수가 농사를 짓기 때문에 우리 농업의 강점과 약점을 그들은 모두 잘 안다. 그러니 노령화된 우리나라의 농촌에서 행하는 벼농사가 어떻게 그들을 이기겠는가? 온 국민의 관심과 아이디어가 필요한 때이다.

그러나 낙심하지는 말자. 캘리포니아 지역은 반 건조 기후의 강렬한 일사량으로 논의 물이 다량으로 증발하면서 많은 물이 필요하다. 또 물이 증발하면서 논에 염도(소금기)가 높아져서 몇 년 지나면 벼를 재배하기 어려운 땅이 될 수도 있기 때문이다. 우리가 노력하면 하늘도 우리를 돕게 되는 것이다. 희망을 가지고 새로운 기술을 찾고 합심하여 노력하면 길이 열릴 것이다.

▲ 그림 4 · 20-1(좌) 뉴욕 맨해튼 주변의 뉴저지주 저지시티의 토지 이용
▲ 그림 4 · 20-2(우) 지리산 계곡의 토지 이용
두 지역의 토지 이용 방식이 달라 전혀 다른 경관이 나타난다.

뉴저지에는 뉴욕시의 핵심 도심인 맨해튼에서 30분도 걸리지 않는 거리에 광활한 평지가 갈대밭으로 그냥 방치되어 있다. 갈대만 제거하면 바로 논밭으로 바뀔 수 있다. 앞의 높은 건물들이 실루엣을 이루는 곳이 허드슨 강 건너 맨해튼 중심부의 '엠파이어스테이트 빌딩'과 주변의 건물들이다. 이 부근을 중부 맨해튼 도심(Midtown Manhattan)이라고 부르며, 링컨 터널을 통해서 맨해튼에 들어오는 사람들을 대상으로 하는 버스 터미널과 철도 연결선, 관광과 숙박 기능을 가진 건물들이 많이 입지되어 있다. 142번가의 문화 및 오락 기능 장소도 여기서 멀지 않다.

넓은 토지를 가진 이 미국이라는 나라의 사람들은 도시를 넓고 쾌적하게, 녹색의 공원을 많이 유지하도록 설계하여 건축한다. 그래도 사람들이 집중하게 되면 초기에 개발된 곳은 비좁고 황폐해져서 슬럼으로 변하기도 한다. 여하튼 토지 이용의 마인드가 우리나라와 많이 다르며, 달라야 살 수 있는 나라이다.

그에 비하여 경남 함안 지리산 계곡의 다랑이 논은 산지 사면의 경사지라서 피땀을 흘려야 경지로 만들 수 있는 장소이다. 우리나라 산자락의 다랑이 논의 개간과 벼 재배를 하는 농부들을 보면, 우리나라 사람들의 땅에 대한 마음가짐과 태도를 알 수 있다. 조선시대까지, 아니 그 후에도 일반 서민들은 '땅만은 정직해서 자기네 아랫것들을 속이지 않았다.'고 믿었다. 그래서 아래의 서민들은 이런 다랑이 논을 일구느라 몸은 피곤해도 양반들의 착취에서 벗어날 수 있어서 마음속에서는 더 큰 행복감을 느꼈었다. 농사꾼들도 그렇게 온 몸으로 고생을 참고 견디며 그래도 자식만은 가르쳐야 한다고 다짐하고, 한평생 벼농사를 지으면서 즐거운 마음으로 살았던 것이다.

4) 열대 벼농사 사례 장소 발리(Bali): 열대 우림과 사바나; 농사철의 의미, 약하다.

　동남아시아는 남부 아시아와 동부 아시아의 중간으로 점이 지대의 성격을 갖는 지역이다. 그 중에서 인도네시아 발리 섬의 기후는 열대 우림 내지는 열대 사바나로 건기와 우기가 뚜렷하다. 우기인 9월~3월에는 비가 많고 낮에는 소나기인 스콜이 자주 내린다. 그러나 건기인 4~8월에는 비가 많이 오지 않는다.

　발리 섬은 적도의 바로 남쪽인 남위 7도 부근에 있지만 인도네시아의 주요 섬은 적도가 통과하는 위치에 있다. 이 나라는 주변의 인도와 중국의 영향이 강하게 혼합되어 있는 장소이다. 인도네시아의 주요 종교는 이슬람교이지만 발리에서는 힌두교를 믿는다. 벼농사는 어떻게 행해지고 있을까?

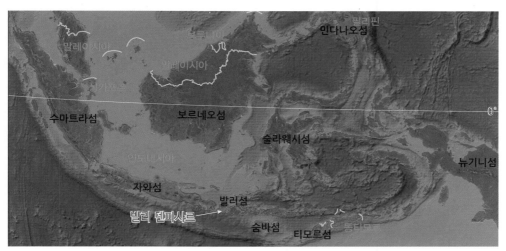

▲ 그림 4 · 21 **인도네시아 발리 섬의 위치** 이곳은 알프스 – 히말라야 조산대에 속하지만 환태평양 조산대와 결합되는 지점으로 화산과 지진이 많고, 섬 자체도 화산 활동으로 형성되어 산지가 많다.

▲ 그림 4 · 22 **발리 해안가** 인도네시아는 적도가 통과하는 나라이고, 발리는 적도 바로 남쪽에 있으며 열대 우림, 사바나 지역의 특징이 나타난다. 경사가 급한 지붕의 가옥이 밀림 가운데에 있는데, 다우 지역에서 흔히 볼 수 있는 가옥 경관이다.

이 일대는 남부와 동부 아시아를 향하는 선박들이 자주 통과하는 지역으로, 일찍부터 주변 국가들과 유럽 열강의 침략을 많이 받아서 계속하여 억압받은 장소이다. 그래서 여기저기에는 식민 지배에 저항했던 흔적이 많이 남아 있다.

발리는 천혜의 자연 조건을 가진 항상 여름인 장소이지만, 제국주의 열강(네덜란드)의 370여 년에 걸친 식민 지배로 헤아릴 수 없는 착취를 당하여, 아직도 그 폐해에서 완전히 벗어나지 못하고 있다. 더구나 그 뒤에 일제의 식민 지배도 받았었다.

▲ 그림 4·23-1(좌) **발리인들이 네덜란드 군과 독립을 위해서 싸우는 장면**
▲ 그림 4·23-2(우) **뿌뿌딴 광장 사원의 전쟁 기념관** 힌두교 양식으로 지어졌고, 네덜란드의 침입에 대항하여 최후의 저항을 했던 장소이기도 하다. 거기에 인도네시아 발리의 민족혼을 찾기 위해서 기념관을 지었다.

제국주의 열강들에 의하여 오랜 기간 억압된 상황은 동남아시아의 여러 나라들에 속한 대부분의 섬들이 모두 비슷한 사정이다. "동인도 회사의 침몰한 배를 찾겠다."는 핑계를 대고 상륙한 네덜란드 군은 무력으로 인도네시아를 식민지배하기 시작하였다.

▲ 그림 4·24 **발리의 뜨가랄랑 다랑이 논(Tegallalang rice terrace)** 열대 우림 지역으로 1년에 3모작이 가능하며 2월 중순에 이미 여러 단계의 벼 재배를 볼 수 있다. 사진은 모를 심기 위한 준비를 한 논이다. 2017. 2. 10.

발리에서는 2017년 2월 중순을 전후하여, 섬의 여러 곳에서 벼농사의 여러 단계를 볼 수 있다. 다랑이 논에서 모내기를 위해 준비하는 논, 모내기를 한 논, 모가 자라는 논, 벼 이삭이 익고 있는 논, 벼를 베는 논, 탈곡하는 논 등등 벼농사의 모든 단계를 동시에 볼 수 있는 장소가 발리이다. 1년에 벼를 3모작이나 할 수 있기 때문에 자기네 형편에 맞게 재배를 시작한다. 따라서 이곳에는 '우리와 같은 계절의 리듬'은 없고, 언제든 자기가 하고 싶은 때에 농사를 시작할 수 있다. 그래서 벼농사에서 가장 중요한 '계절과 때의 맞춤'이 별로 중요하지 않은 장소라서 농사에서 시간이 그렇게 중요하지 않은 곳이다. 왜냐하면, 우리는 벼농사의 철에 맞추기 위해서 공동체의 모두가 협력하도록 유도하는 체계가 발달해 왔는데, 발리는 그럴 필요가 없는 장소이기 때문이다.

▲ 그림 4·25-1, 2 **발리의 뜨가랄랑 다랑이 논**(Tegallalang rice terrace)　왼쪽은 모내기를 해서 1~2주가 지난 논이고, 오른쪽은 막 모내기를 한 논이다. 벼의 경작 시기별로 여러 단계가 있어서 많이 다르지만, 발리는 같은 시기에 같은 공간에서 벼농사의 여러 단계를 동시에 볼 수 있어서 정말 재미가 있다.

▲ 그림 4·26 **다랑이 논을 보러 오는 사람들을 상대로 영업 중인 카페**　뜨가랄랑의 다랑이 논에서도 이제는 벼농사에 의한 수입보다는 관광에 의한 수입이 훨씬 많다. 주변에 기념품점, 카페 등이 많이 입지해 있다. 이곳 발리의 벼농사에서는 '인디카'라고 하는 벼를 재배한다. 쌀이 찰기가 적어서 바람에 날릴 수 있고, 오른손으로 밥을 먹기에 편한 쌀을 재배한다.

▲ 그림 4 · 27 발리 서부 지역의 벼가 자라는 평지의 논과 관개 수로(도랑): 2017. 2. 20.

▲ 그림 4 · 28 발리 우붓(Ubud)시 근교의 논 2월에 벼가 익어 가고 있었고, 새들을 쫓기 위해서 흰 천이나 줄을 늘여 놓았다. 2017. 2. 12.

열대 우림 기후라서 벼 재배의 여러 단계가 모두 잘 나타난다. 따라서 그들은 시절이라는 때를 꼭 맞출 필요가 없고, 그것이 그리 중요하지도 않은 장소라고 하겠다.

▲ 그림 4 · 29 벼 베기와 탈곡 우붓 근교의 논에서 벼를 베면서 탈곡을 하고 있다. 가족 노동력이 중심이기는 하다.

이와 같은 벼의 재배에서 수확에 이르는 작업 장면을 한 장소에서 관찰할 수 있다는 것은 벼농사라고 해서 모두가 같은 작업 과정을 통해 협력을 해야 하는 것이 아님을 알게 한다. 우리나라와 달리 매일 오는 소나기(스콜)와 언제든지 벼를 심고 길러서 수확할 수 있는 발리는 때를 맞추기 위한 협동 작업이나, 농수로와 보를 관리하기 위한 협동 작업이 거의 필요 없다. 따라서 우리와는 장소의 특성, 환경도 다르고 사람들의 생활 리듬도 크게 다르다.

여하튼, 인도네시아의 발리가 좋은 환경을 이용해서 벼농사도 성공하고, 관광업도 성공해서 과거의 상처를 털어 내고 잘 살기를 바라는 마음이다. 또한 우리나라의 촌락에서 이루어지는 벼농사도 기업화하고, 최적의 종자를 선택해서 재배해야 하겠다. 벼농사도 과학화하면서 관광 산업화 할 수 있도록 여러 아이디어가 요구되는 시점이다.

5) 장소와 영역성에 대한 해석: 가시성

특정 집단의 사람들은 국지화된 공간(localized area)에서 통제와 우월성과 배타성을 얻으려고 하는 경향이 있다. 말하자면 그 공간을 지배하려고 하는 것이고, 이런 작용은 그 집단의 통제를 나타내는 집단 영역성(group territoriality)으로 나타난다. 그 영역성은 그 집단의 사람들이 공간(space)을 사용하는 논리에 의하여 특성이 나타난다. 그래서 집단 영역성은 집단 특성과 정체성을 나타내게 되므로, 구성원의 상징, 정체성, 사회적 상호 작용을 조절할 수 있는 수단 등에 관심을 갖게 된다.

우리나라 전통 가옥에서 사립문이 있든 없든, 제주 가옥에서 정랑이 있든 없든, 그의 안쪽은 그 집, 그 가정의 영역이다. 또한 집안에서도 남자들이 주로 활동하던 사랑방은 남자들의 영역이고, 안채와 부엌은 여자들의 활동 영역이었으며, 양반집의 가옥에서는 담을 쳐서 그 영역을 구별하기도 하였다. 그러나 현대의 아파트는 거실과 주방이 붙어 있는 경우가 많고, 그래서 남녀의 영역 구별은 그 의미가 거의 사라졌다. 또한 단란한 가정일수록 남녀의 일을 엄격히 구분하지 않고 서로서로 형편에 맞게 일을 협력하고 처리하는 경향이다. 더구나 요즘처럼 전문 영역의 일도 모두 퓨전 스타일로 혼합하고, 학제 간의 협력을 중요시하는 경향은 가정에서도 같은 경향을 보일 것으로 예측된다.

그래서 과거 전 산업 시대에서와 같은 일하는 영역의 구분은 차츰 벽이 없어지고 의미가 달라졌다. 요리와 세탁, 청소 등에서 이미 전문가들의 성적 구분은 없어진 지 오래다. 이런 상황은 현대인들의 영역 구분에서도 경계를 허무는 일로 나타날 것이다.

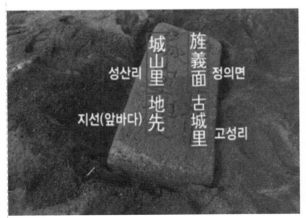

▲ 그림 4·30-1(좌) **바다 영역의 경계를 나타내는 표지석** 제주도의 고성리와 성산리 어촌계의 바다 경계가 두 마을의 앞에 있는 이 표지석을 경계선으로 함을 밝히고 있다. 이런 경계의 표시는 육지에서보다 바다에서 훨씬 분쟁이 많았으므로 주로 바다의 경계에 쓰였다. 그런데 경계를 나타내는 내용 모두가 한자로 표기되어 있는 것으로 미루어 일제 강점기에 제작된 것으로 보이는 비석이다. 그리고 이의 설치에는 일제의 영향이 작용했을 수도 있다. 지선(地先: 경지의 경계를 접한 야산이나 수면의 앞)이란 말이 그를 의미한다(YTN, 2015. 10. 15.). 가로 50cm, 세로 100cm 정도의 현무암으로 제작된 이 경계 표지석은 태풍 치바가 피해를 남기고 제주도를 지나가면서 지표면으로 드러나게 된 것이다.

▲ 그림 4·30-2(우) **서산시 고북면의 마을 입구에 서 있는 선돌** 이 선돌 역시 영역을 표시한다. 또한 마을의 생산 활동에서 다산과 안녕을 기원하는 남근 신앙의 일종이다.

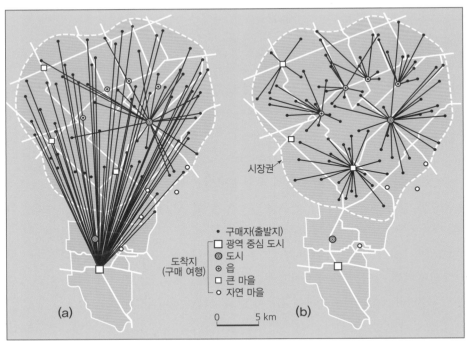

▲ 그림 4·31 **캐나다인들의 의복과 정원 용품 구매 이동(여행) 패턴** 좌측(a)은 시골 지역 현금 거래 경제 중심의 캐나다인들의 구매 행동이며, 대체로 대중심지 지향을 보인다. 우측(b)은 구식 메노나이트 종파 신자의 구매 행동으로, 먼 거리의 대중심지를 피하고, 지방의 소중심지 지향을 보인다. 이렇게 놀라운 구매 패턴의 차이는 동일 지역에 살고 있지만 상이한 문화 그룹(종교)의 행동 공간에 차이가 있기 때문으로 보인다. 작은 검은 점(출발지)은 각 개인의 위치이고, 모이는 점은 중심지의 계층과 규모에 따라서 각각 자연 마을, 큰 마을, 읍, 도시, 광역 중심 도시로 구분된다. 신대륙에는 집촌보다 독립 개인 주택이나 산촌이 많다.

일반적으로 집단 영역 내의 구성원 숫자의 증가는 그 영역 내의 긴장을 높이는 것으로 알려져 있다. 쥐의 실험에서 개체가 증가하면 쥐들이 서로 싸우고 공격하는 빈도가 증가하고, 개체의 수가 감소되어 평형 상태가 되면 공격성도 감소하는 것으로 알려져 있다. 이렇듯 영역 범위 및 크기와 구성원 숫자는 보이지 않는 일반적 제약 사항이다.

이런 대내적인 긴장이 증가하는 것을 막기 위해서 여러 가지 생태적인 기구가 고안되어 있는 것이 일반이다. 전체 인류의 증가와 먹을 식량의 관계는 맬서스(T. R. Malthus)에 의해서 제기되었지만, 식량의 증가 속도보다 인구의 증가 속도가 기하급수적으로 빨라서 결국은 전쟁이 일어나거나, 질병 확산으로 개체의 숫자가 조절되게 된다는 것이다. 그러나 현대는 인위적으로 출생과 질병을 통제할 수 있고, 식량 생산을 과학적으로 증대시킬 수 있어서, 훨씬 더 스스로의 조절이 가능하게 되었다고 하겠다.

▲ 그림 4 · 32 **한반도에서 영역의 경계선이 강력하게 작용하고 있는 비무장 지대의 철책과 긴장 완화를 위한 평화적 활동을 펼치는 학생들** 학생들이 평화 통일 기원 활동으로 꽃과 메시지를 철책에 걸고 장식하여, 황량함과 긴장으로 메마른 이곳을 훈훈하게 하는 활동을 펼치고 있다.

그래도 지구 전체로는 인구의 증가가 기존의 수십 배에 도달해 있어서 지구촌에서의 긴장은 늘 더 커지고, 더 심각해진다고 할 수 있다. 따라서 영역을 지키기 위한 노력이 사회나 국가별로 훨씬 더 중요해지고, 때로는 국지적으로 전쟁과 테러 등도 일어나고 있는 것을 우리는 늘 보고 듣고 있다. 그러나 배타적인 영역의 경계는 이러한 대립 관계에서만 나타나는 것은 아니고, 같은 집단에서도 보이지 않게 작용하는 경우도 많다.

필자가 유학했던(1979년) 도호쿠대 대학원의 한국 유학생들은 2개 연구소에서 연구하는 한국 사람들을 주목했었다. 한 그룹은 위의 연구소에 파견되어서 연구하던 당시의 럭키금성

연구소 직원들이었다. 그들은 회사에서 이 연구소에 파견하는 연구원으로 와서 연구를 하고 있었다. 그런데 그들은 실제 실험실의 핵심 시설인 반도체 연구 실험 기기가 있는 방에는 접근이 불가능했다.

두 번째로 우리가 관심을 가졌던 그룹은 농학부의 토마토 연구소에서 연구하는 학생들이었다. 당시 그 연구소에서는 땅 위에 토마토가 많이 열리고, 땅속에도 감자처럼 주렁주렁 달리는 토마토를 개발하는 연구가 거의 성공하는 단계에 있었다.

▲ 그림 4·33 **일본 센다이시 가타히라(片平)의 도호쿠 대학 본부 내에 소재하는 전기 통신 연구소** 일본의 대학들은 캠퍼스가 여기 저기 분리되어 있는 경우가 많다.

1990년대 초에 반도체를 연구하러 일본에 파견되었던 럭키금성의 직원들은 자발적으로 핵심 장비와 자료가 있는 방의 출입구, 현관 부분의 방을 도맡아서 청소하였다. 청소를 하면서 거기서 버려지는 실험 자료와 연구 보고서 및 그들의 대화 속에서도 정보를 얻으려고 노력한 것이었다. 거기에는 보이지 않는 영역의 경계가 무척 엄격하게 존재하고 있었던 것이지만, 눈물겨운 노력으로 그들은 상당한 정보를 얻어서 귀국하였다. 나는 왜 LG전자의 반도체 사업이 현대전자로 넘어갔는지는 모르지만, '현대전자보다는 LG의 반도체 연구진들이 훨씬 더 고생을 많이 하고, 연구하고, 노력한 사람들이었다.'는 것은 알고 있다. 그들은 정말로 보이지 않는 영역의 차별을 당하면서, 설움을 삼키면서 연구하였는데, 그것이 오늘날 우리나라 반도체 산업의 기초를 이루는 밑거름은 되었을 것이다. 다행인지 불행인지 그 기술과 시설은 현대전자로 합병되었다가 다시 SK하이닉스로 되었다. 만일에 거기에 정치적인 논리가 있었다면, 그것은 보이지는 않지만 학자로서는 받아들이기 어려운 실책이었을 것이다.

농학부의 토마토 연구 학생도 마찬가지로 신품종의 토마토에는 접근할 수 없었다. 한 학생은 박사 학위보다 그 토마토의 종자를 가지고 귀국하는 것이 소원이었다. 그러나 한국 학생들은 그 토마토 온실에 접근이 불가능했었다. 그 뒤의 연구와 응용이 어떻게 진행되었는지 필자는 알지 못한다. 아마도 현재의 방울토마토의 기원이 되었을 가능성이 크다.

여하튼 그들은 무척 뜨거운 관심을 받았었다. 이처럼 당시에 우리나라와 일본 사이에는 연구와 산업 발달의 격차가 무척 컸었다. 적어도 당시는 5~10년의 격차가 있었을 것이다. 현재는 많이 좁혀졌지만, 최근의 보고서에 의하면 그 격차가 다시 확대된다는 어두운 뉴스가 있다. 그러지 않을 것이라고 믿고 싶다.

　더욱 우리를 괴롭힌 것은 그들이 우리에게 연구 영역을 완전히 개방하지는 않았던 것을 실감한 때부터이다. 그러니 그 제한 속에서 우리는 차별을 이기려고 더욱더 노력해야 했다. 그리고 우리가 처음에 잘 모를 때는 그들이 도와주었지만, 나중에 아는 것이 많아지면 우리를 견제하였던 경우도 있었다. 그러나 그것을 탓할 수는 없다. 어떤 나라도 마찬가지로 유학생들에게 제공하는 연구 정보는 제한적일 것이다. 그 사람들이 우리에게 장학금을 주고 공부할 수 있게 하는 것만으로도 감사해야 했었다. 역시 도와주는 원조 속에도 국가의 영역성이 강하게 작용하고 있었던 것임을 알 수 있고, 그를 탓할 수도 없는 것이다. 우리가 모두 더욱 정신 차리고 일하고, 정직하게 연구할 수밖에는 도리가 없다.

　이런 차별에 대해서 내가 미국에서 겪었던 일을 생각하면 일본보다 더 심한 경우도 있었다. 미국에서는 자료를 하나 제공받으면 대가를 주어야 했었다. 그들이 외국인을 도와주는 일은 참 드문 일이었고, 대부분 관심을 표시하지도, 상관하지도 않는 사람들이다. 이를 생각하면 그동안 우리나라 사람들이 사명감을 가지고 각자의 부문에서 정말 열심히 노력해 왔다는 것을 알 수 있다. 자기가 하는 연구가 자기는 물론이고 나라에 보탬이 될 것을 생각하면서 연구하였다. 그 덕에 가장 후진 국가였던 우리가 선진국의 문턱을 넘고 있는 것이다. 제품을 무조건 만든다고 그것이 팔리고 수출이 되는 것은 아니므로 연구 개발에 더욱 힘을 쏟고, 그런 일을 하는 사람들을 귀하게 여겨야 하겠다.

　대체로 영역은 가시적으로 나타내는 것이 일반이다. 우리나라의 휴전선을 생각하면 가장 잘 영역의 가시성이 이해될 것이다. 또한 트럼프 대통령이 멕시코와 미국의 국경에 담장을 쌓겠다는 것도 영역의 가시화 작업을 하겠다는 좋은 예이다. 고려 때의 천리장성, 중국의 만리장성 등이 역사적으로 영역을 가시화한 사례들이다. 개성 공단에 들어가려면 엄격한 출입국 통제를 받던 것도 영역의 가시성에 다름 아니다.

　그러나 영역은 비가시적·상징적으로 존재하는 경우가 더 많다. 가령 우리나라의 영해는 눈으로는 확인이 불가능하며, 다른 나라도 바다에서는 마찬가지이다. 또한, 사회에서 문제가 되는 '흙 수저 금 수저론'처럼 보이지 않는 계층 간의 영역이 사실 문제인 것이다. 겉으로는 모두 평등하다고 하면서 속으로는 결정적인 차별이나 넘을 수 없는 유리 천장이 존재하기 때문이다. 그리고 이런 차별은 동일한 장소에서, 지구촌 시대의 다문화 가정에서 특히 심각하게 작용하는 차별들이다. 이를 고치지 못하고서는 우리가 선진국에 진입할 수는 없다.

　그런 의미에서 우리나라에 와 있는 외국인들에게 알려 줄 수 있는 연구 정보는 특별한 경우(가령 국가 안보 등)를 제외하고는 개방을 해야 할 것이다. 그렇지 않으면 그들이 귀국해서, 우리의 도움을 많이 받았지만 우리를 고맙게 생각하지 않을 수 있다는 것을 알아야 한다. 나는 "일본의 문부성 장학금을 받은 상당수의 외국 유학생들이 자기네 나라로 귀국한 후에 반일 인사가 된다."고 걱정하는 일본 문부성 지도층을 만난 적이 몇 번 있었다.

3 국가적 영역의 배타성:

가장 강한 배타성

1) 영역과 독도 문제

우리의 당면한 영역 문제는 여러 가지가 있다. 남북이 통일하는 문제가 첫째이지만 이 문제는 다음에 검토하기로 한다. 두 번째 영역 문제는 독도 문제이다. 매년 일본의 시마네현과 우리나라가 독도 문제로 신경전을 펼치고 있는 것은 일본의 몰염치한 주장 때문이다. 과거 무력으로 우리나라를 짓누르며 외교권을 빼앗으려고 흉계를 꾸미고서, 안쪽으로 자기네 나라에서는 한 개의 현에 불과한 시마네현이 취한 조치를 꼼수로 이해 당사국에 알리지도 않고 오히려 감추면서 도둑처럼 행한 조치에 대한 주장이다(일본의 조치가 아니었다.). 그 전에 우리나라는 이미 이 독도를 점유하고 이용한 증거들을 수도 없이 많이 가지고 있지만, 단지 근대 국제 사회의 모임에 일관되게 참여하지 못한 어리석음이 있었을 뿐이다.

그들은 자기네 잘못을 반성하기는커녕 한술 더 떠서 당시의 행위를 반성하지 않고, 무력으로 억누른 시대에 자기네가 행한 과오를 정당하다고 우기는 것이니 기가 찰 노릇이다. 더구나 일본의 자료에도 독도가 자기네 땅이 아니라고 되어 있는 증거가 너무나도 많다. 일본이 양심이 있는 나라라고 한다면, 오히려 시마네현이 '자기네 현에 속한 섬'이라고 비밀리에 살짝 취한 조치를 원인 무효화하여 '독도를 한국의 영토로 인정'해야 할 것이다. 그리고 근린 우호의 정신에서 우리에게 사죄하는 것이 올바른 국제적 행위이다.

▲ 그림 4 · 34 **대한민국의 영역인 영토 동쪽 끝 독도와 부근의 섬** 본래 독도는 '독도 군도(한 무리를 이루고 있는 여러 개의 섬들)'라고 부르는 것이 맞다. 독도는 천연기념물 336호이다.

일본은 우리의 손과 발을 묶고 억누른 상태에서 러일 전쟁(1904)을 일으키면서, 우리 땅을 이용하여 동해에서 전쟁에 이겼다. 옆 나라의 영토를 무력으로 무단 이용한 것이며, 도둑질한 것이고, 그를 또 다시 합법적이라고 우기고 있는 것이다. 결국 일본은 자기네의 죄과를 반성하지 못하고 있는 것이다. 그것은 그들이 아직도 태평양 전쟁의 죄과를 반성하기는 커녕 '제국주의 근성'을 버리지 못했음을 보이는 것이다. 우리의 불행을 이용해서 돈을 벌고 그 돈을 무기로 오만하게 밀어붙이면서 억지 주장을 되풀이하고 있다. 독도에는 외로운 바위는 여러 개 있어도, 대나무는 씨도 없다. 하기는 울릉도 바로 옆에 대나무가 무성한 죽도가 있기는 하다. 그러니 당시 풍문으로 알던 죽도를 무조건 우기는 것이라고 판단된다.

우리는 석도, 돌섬, 독섬에서 독도로 이름을 바꾸어 불렀다. 석도에 대한 영유권은 1900년에 대한제국에서 시마네현보다 먼저 고시하였다.

한국이 독도를 실효 지배하고, 한국의 영토라고 말하는 것은 일제 강점기에 강제로 빼앗긴 우리의 주권을 이제야 주장하는 때늦은 권리 행사이다. 일본은 과거 일본 제국주의 시대에 식민지 건설을 위해 자행했던 폭력과 착취와 속임수 주장을 반성도 없이 되풀이하고 있다. 독일 같지는 못해도, 적어도 자기네들에 대한 부끄러움은 알아야만 같이할 수 있는 이웃인 것이다.

▲ 그림 4・35 **연합국 총사령부 훈령(SCAPIN) 제 677호** 제3항에 일본 영토에 포함되지 않는 섬을 울릉도, 리앙쿠르 락(Liancourt Rocks, 독도)이라고 명시하였다. 또한 그 훈령 속에는 위의 지도가 첨부되었는데 거기에도 울릉도와 독도가 'Korea의 것'으로 명시되어 있다.

우리나라는 다른 나라를 침략하거나 영토를 빼앗은 적이 없는, 평화를 사랑하는 나라이다. 독도는 육지에서의 거리나 울릉도에서의 거리 등으로 볼 때 두말할 필요 없는 대한민국의 영토이다. 그리고 독도는 적어도 신라시대부터 우리의 영토였다. 일본 스스로가 독도는 조선(대한민국)의 영토라고 확인한 지도가 많은 이유를 왜 그들만 아직도 모르는지에 답해야 한다.

자꾸 '다케시마는 일본 땅'이라는 주장을 반복해서, '그들 스스로가 동아시아 지역에서 펼쳤던 야만적 침략 행위의 증거를 스스로 들이대는 어리석은 행동'을 더 이상은 하지 말기 바란다. 그리고 아무 문제가 없는 한국의 영토인 독도를 분쟁 지역화하려는 얄팍한 술수를 중지하기 바란다.

독도 문제의 해결을 위해서는 앞으로의 우리 행동이 중요하다. 독도에 대한 탐색과 연구를 한층 더 확대하여 많은 자료를 축적해야 한다. 정보화 사회에서는 정보가 많은 나라가 진정한 주인이 되는 것이다. 또한 남쪽의 마라도와 이어도를 포함한 서남부의 멀고 가까운 섬 지역의 생활과 문화에 대한 연구도 체계적으로 추진해야 한다. 무엇보다 국력을 기르면서 이런 장소의 연구가 누적되면, 영역의 문제가 자연스럽게 해결될 것이다.

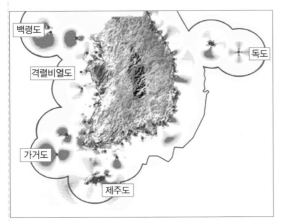

▲ 그림 4·36-1(좌) **LTE-M 통신 범위** 이 내비게이션이 완성되면 우리나라의 영해 어디서나 여러 종류의 해상 운항 정보를 받을 수 있다.
▲ 그림 4·36-2(우) **1984년 당시 마라도의 연료 확보 풍경** 쇠똥(우분)을 개떡처럼 만들어 말려서 연료로 사용하였다(1984. 3.). 이렇게 멋있는 장소는 이제는 우리나라에 별로 없다.

국제 장소의 영역은 우리가 늘 쓰고 있지만, 때로는 우리의 운명을 가르거나 우리를 아주 불편하게 한다. 그 예를 미국과 멕시코 국경에서 살펴보자.

2) 사례 장소: 미국과 멕시코 국경 도시

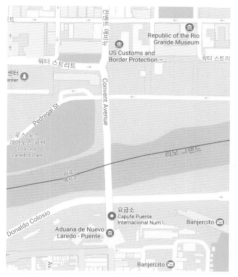

▲ 그림 4・37-1(좌) **미국-멕시코 국경 도시들** 미국의 Laredo(러레이도: 리오그란데 강의 북부) 시와 멕시코의 Nuevo Laredo(누에보 러레이도: 강의 남부) 시 사이를 흐르는 리오그란데 강에 의하여 경계가 만들어졌다. 이 강은 국경이면서 동시에 두 시의 경계가 되었고, 따라서 경계의 의미가 훨씬 강조되어 작용한다. 다리는 2개가 5~6m 정도 떨어져서 평행하게 건설되었다. 서쪽 다리는 후아레스-링컨 국제교(Juarez-Lincoln International Bridge)이고, 동쪽 다리는 '샌 다리오 애비뉴'라고 부르며, 이 다리에 연결된 길에 미국의 세관과 국경 방어 사무소가 위치하고 있다.

▲ 그림 4・37-2(우) **미국의 세관** 세관 너머로 철망과 이중벽이 보인다.

이 국경선을 미국에서 멕시코로 건너가는 경우, 차량으로 4~5분이면 건너갈 수 있고, 통과 요금 4달러를 지불하면 된다. 그래서 편안하게 차에 탄 채로 운전하면서 멕시코에 쉽게 들어가게 된다. 아주 손쉬운 국경 통과인 것으로, 유럽에서 여러 나라를 지나면서 경험하는 국경 통과보다는 그래도 조금은 어렵지만, 큰 불편이 없이 지날 수 있는 장소이다. 그러나 반대로 멕시코에서 미국으로 들어가려면, 이야기가 정말로 복잡해지고, 상당한 시간과 비용이 필요하게 된다(2017. 6. 2.).

필자는 이곳을 장소의 차이를 즉시 경험하는 좋은 장소라고 생각했다. 영역의 강제성을 경험할 수 있는 장소이고, 또한 사회 환경과 거리가 강력하게 작용하는 장소를 경험할 수 있는 곳이기도 하다(이들에 대해서는 추후에 해당 부분에서 자세하게 설명한다.).

멕시코에서 미국으로 들어가려면 우선 통과 비용 3달러를 멕시코에 지불한다. 그리고 미국 국경 통제소에서 1차로 여권 검사를 받고, 무엇을 해야 하는지를 알리는 황색 안내지를 차에 붙이고 비상등을 켜면서 진행하여, '통과 확인 허가(visa waver permit; 이하는 허가라고 한다.)'를 받은 후에야 국경을 통과할 수 있다. 또한 허가를 얻기 위해서는 미국의 러레이도 시로 차를 더 운전하고 들어가서, 보통은 가장 가까운 주유소에 주차하고, 주차비로 6~7달러 정도 내야 한다(한 시간 정도 주차 시). 그리고 주차 허가증을 받아서 차에 붙이고 차에서 내려서 150m 정도 걸어서 다시 국경 통제 사무소에 되돌아와서, 줄을 서서 기다렸다가 허가

(permit)를 받는다.

허가를 받기 위해서는, 한국과 미국 사이에 관광 비자가 면제되었다고 해도 '이스타(ESTA)'라는 온라인으로 신고하여 받은 관광 비자 증명서'를 꼭 가지고 있어야 한다. 여권에 상륙 허가 기간이 기재된 경우에도 꼭 이스타가 필요하다. 국경 통제 사무소에서의 대기 시간은 특별히 정할 수는 없고, 사람이 많아서 오래 기다릴 경우에는 2시간 정도를 국경 사무소에서 기다려야 한다. 미국 시민들이야 그냥 자유롭게 다니지만, 외국인은 허가(VISA waver permit)를 얻어야 하기 때문이다.

수속이 끝날 때까지 지루하게 기다렸다가, 열 손가락 모두 지문 찍고, 안경을 벗은 얼굴 사진을 찍고, 질문에 대답해야 한다. 주로 미국에 머물 주소(호텔), 비용, 여행 기간, 무기나 동식물 소지 여부 등에 대한 질문을 받는다. 여기서는 허가를 얻으면서 다시 수수료로 1인당 약 7달러를 내야 한다. 따라서 총 비용은 적어도 16달러에서 20달러 정도를 각오해야 하며, 이 모든 왕복 여행에서의 차이와 불편함이 바로 장소의 차이와 경계를 지날 때 이동 방향의 차이에서 오는 것이다.

▲ 그림 4 · 38-1(좌) 멕시코의 누에보 러레이도(Nuevo Laredo)에서 미국 러레이도(Laredo)로 향하는 미국의 국경 게이트
▲ 그림 4 · 38-2(우) 미국이 만든 멕시코 국경의 철제 방어벽 벽돌로 된 장벽도 있고, 철망으로 된 곳도 있다.

▲ 그림 4 · 39-1(좌) 누에보 러레이도(멕시코) 시의 풍경 차들은 일방통행 도로의 양편에 주차한다. 어도비(adobe)풍의 누런색 흙벽돌의 건물이 흔하다. 이는 기온이 높고, 건조한 기후에 적합한 두꺼운 흙벽의 건물이다.
▲ 그림 4 · 39-2(우) 미국 러레이도 시의 I-35 고속 도로 주변의 풍경 공장들이 많고, 그 안에는 많은 멕시코 노동자들이 있다. 또한 이곳의 수많은 미국인들이 멕시코의 누에보 러레이도와 그 주변의 공장에 일하러 매일 매일 국경을 넘어서 출퇴근하고 있는 장소이기도 하다. 이 멕시코 국경은 러시아 국경보다는 그래도 소통이 원활한 편이었다(영역 변화에 따른 생활 변화 사례).

▲ 그림 4·40 **보충 영역 세분화의 문제점(러시아 모스크바의 교통 체증과 낙후된 기술 수준을 보이는 장소)** 러시아는 증기 기관과
철도 시대의 기술은 첨단으로 상당한 수준이었다. 그러나 그 후의 자동차 기술, 소비재 공업 등은 상당히 낙후되었다(약 10년
전 사진). 국경 문제도 교통 체증을 심화시킨다. 이 실려 가는 차에도 배터리 대신에 제너레이터를 돌리는 도구가 꽂혀 있다.

그래서 '내가 어느 장소(영역)에 속해 있는가?'에 따라서, 그리고 '어느 방향 영역으로 이동
하려고 하는가?'에 따라서 전혀 다른 대우를 받고, 전혀 다른 사람이 되기도 한다(불법으로
통과하려고 하다가는 바로 체포된다.). 하기야 미국에서는 알을 품은 청둥오리도 한국의 것과
달리 귀한 대우를 받으며 보호되고 있기는 하므로, 미물들도 어떤 영역에 속해 있는지에 따라
서 대우가 전혀 달라지는 것을 우리는 느낄 수 있다.

과거 소련이 붕괴하고 러시아와 새로 탄생한 여러 독립 국가들 사이에는 새로운 국경(영
역)이 설정되어, 여권을 가진 수많은 사람들의 출퇴근이 매일매일 행해진다. 소련은 본래 자
원이 많은 곳에 콤비나트를 만들어서 어떤 곳에는 중화학 공업을, 어떤 곳에는 섬유나 식품
공업을, 어떤 곳에는 제철이나 석유 화학 공업 등을 각각 입지시켰었다. 그런데, 그들 지역이
각각 독립하여서 다른 나라가 되자, 여권을 소지하고 서로 출퇴근을 해야 하는 경우가 다반사
가 되었다. 그리고 교통량이 많지도 않지만, 늘 체증이 나타나서 교통 문제도 심각하다. 더구
나 단일 제품만이 생산되었던 장소에서는 다른 생필품이 별로 없어서 이제야 자급과 독립을
위한 제품을 생산하려고 하니, 교통량이 급증하고, 비효율성이 누적되고, 생필품은 늘 부족하
여 줄을 서고 있는 것이다. 이처럼 영역은 우리에게 다른 생활 패턴을 요구하면서 불편이 커
지게 된다.

여하튼 이 미국과 멕시코의 두 국경 검문소 사무소의 거리는 100m 정도지만, 이 두 장소를
통과하려면, 적어도 4곳의 문을 지나야 한다. 톨게이트를 지나서 1차 여권 검사소, 소지품 검
사소, 2차 여권 검사소(비자 웨이브 허가(permit))를 거쳐야 한다. 또한 이곳 국경은 2중 철
조망이거나, 철조망과 담장을 2중으로 쌓아서 튼튼한 장벽을 구축하였다. 이와 같이 멕시코
에서 미국으로 들어올 때는 미국에서 멕시코로 갈 때와 전혀 다른 대우를 경험한다. 그래서
장소의 차이와 중요성을 여기서 몸으로 실감하게 된다. 돈도, 시간도 많이 차이가 나지만, 그

보다 오직 법적인 자격과 정당성이 중요하다.

나갈 때는 문제가 없고, 들어올 때 문제가 되는 것인데, 그것이 장소의 중요성과 빈부의 격차를 웅변으로 말해 주는 것이고, 그를 실감나게 경험하게 된다. 이런 영역의 차이를 '사회적 절벽(social cliff)'이라고 부르고 싶다. 단지 국경선 하나로 천길만길의 낭떠러지를 경험하기 때문이다.

한편 영토 문제에 대해서 우리는 중국과의 국경 문제도 재논의하고 해결해야 할 문제가 많이 있다. 이어도 문제, 간도 문제, 두만강과 압록강 하류의 여러 섬들에 관한 것들도 중요한 이슈들이다. 중국도 동아시아에서 더 이상의 제국주의적 패권 국가로 행동하지 말고, 동아시아에서 가장 중요한 국가로서 책임 있고, 국제 평화에 기여하는 국가가 되도록 노력해야 한다.

3) 세계 최고의 영역성 문제 장소: 지브롤터(Gibraltar)

세계적으로 영역과 경계를 다투는 문제는 국제 사회에서 오랫동안 중요한 갈등과 불안 요소였다. 국가 간 영역의 다툼은 여러 곳에서 일어나고 있는데, 특히 중동의 아랍과 이스라엘을 둘러싼 갈등이 무척 오래되었고 심각한 문제이다. 또한 영역 문제는 가시적인 영역의 경계를 만들어서 일시적으로 균형이 잡힌 듯이 보이는 곳이 많지만, 언제 다시 갈등이 터질지는 아무도 알지 못한다.

▲ 그림 4·41 지중해와 대서양의 연결을 통제하는 장소인 지브롤터

여기서 가장 중요한 영역의 갈등 지점인 지브롤터를 보자. 이곳의 통제는 유럽에서 두 대륙과 두 바다(유럽과 아프리카 대륙 및 대서양과 지중해)를 통제하는 중요한 장소임을 증명하는 갈등인데, 그 힘이 어디에 있었는지를 밝혀 주는 장소이기도 하다.

이 장소는 본래 스페인 땅인 이베리아 반도 끝에 있지만, 지브롤터는 영국령이고 영국의 군사 기지가 있다. 과거 스페인의 왕위 계승 문제로 일어난 전쟁에 영국이 개입하면서 지브롤터를 장악하였다. 스페인은 지브롤터 인근의 타리파와 맞은편 아프리카의 모로코 탕혜르 지역에 세우타를 영토로 만들어서 지중해를 이용 · 통제하고 있다.

그 탕헤르도 지중해 통제를 위하여 영국이 모로코에 건설했던 도시이다. 본래 지브롤터는 그리스 신화에서 헤라클레스가 손으로 산맥을 쳐서 깨뜨린 후에 지중해와 대서양이 연결되게 만들었다고 하는 전설이 있는 장소이다.

▲ 그림 4 · 42 **아프리카 모로코의 지중해 통제항인 탕헤르** 이곳은 스페인의 타리파의 대안 항구로 백색의 도시이고, 처음에 영국이 건설했었다. 사진 중간의 황토색 건물은 요새로 만든 군사 시설들이고, 그 앞의 감시 초소와 같이 항구를 방어하는 시설이다. 사진 아래에 주차장, 부두 시설이 있다.

◀ 그림 4 · 43 **지브롤터 바위산에서 본 스페인** 영국은 바위산을 깎아 내고 바다를 메워서 지브롤터 산과 이베리아 반도의 스페인을 연결하는 인공 도로를 건설하여서 육계도처럼 만들었다. 그러나 그 사이에는 몇 겹의 검문소가 있고, 비행장의 활주로를 가로질러서 국경 검문소를 지나야만 스페인(사진의 위쪽)으로 건너가게 되어 있다.

▲ 그림 4 · 44 **스페인에서 본 지브롤터의 바위산** 지중해 건너편인 수평선상의 희미한 앞쪽의 산들은 아프리카 모로코의 세우타이다.

본래 "여기 지브롤터를 지나면 항해 중에 지구 아래로 배가 떨어진다."고 유럽인들은 믿었다. 그래서 여기에 헤라클레스가 두 개의 기둥을 세워서 추락을 막았다고 신화에서는 알리고 있다. 그러나 사실은 반대로 유럽인들은 이곳을 지나서야 비로소 부를 얻을 수 있었다. 그래서 바르셀로나에 세워진 콜럼버스 동상은 이 밖(대서양)을 가리키는 모양을 하고 있다.

▲ 그림 4·45 **헤라클레스의 기둥** 지브롤터의 대안인 아프리카 모로코의 세우타 항에 있는 헤라클레스의 기둥(Pillars of Heracles)이라는 조각상이다. 지중해와 대서양을 연결하는 해협이 지브롤터이고, 그 해협을 만든 것은 헤라클레스라고 신화에서 말하는데, 그를 상징한 것이다.

본래 '지브롤터의 바위(Rocks of Gibraltar)'는 헤라클레스가 손으로 산맥을 쳐서 깨뜨려 대서양과 지중해의 두 바다가 연결되도록 해협을 만든 것을 기념하는 것이고, 그 신화의 상징을 이 기둥이 보이고 있다. 어떤 면에서 '신화의 영역'을 나타내는 장소이기도 하다. 바위는 사진에서처럼 2개의 기둥을 나타내며, 여기에는 '해외 무역을 열게 한 장소'라는 의미도 또한 포함되어 있다. 따라서 신의 영역을 인간들이 돌파한 시발점이 되는, 세계화의 시작점이라는 상징적인 장소라고도 할 수 있다. 그래서 이 두 개의 기둥은 스페인의 국기, 미국의 화폐에도 상징적으로 들어 있다.

▲ 그림 4·46 **스페인의 아프리카 연결 항 타리파** 지중해와 대서양 항해를 통제하기 위해서 요새지화 되어 있음을 알 수 있다.

자기네 영토에서 지중해 무역과 영역을 통제하던 지브롤터를 영국에 양도하게 되자, 스페인은 대 아프리카 연결 항이 따로 필요했다. 그런 이유에서 스페인 사람들은 영국에 지브롤터 반환을 계속하여 요구하면서 타리파 항을 열었다. 그래서 영국과 스페인, 모로코 사이에는 늘 영역에 대한 갈등이 존재한다.

지브롤터의 다른 한쪽 기둥에 해당하는 아프리카 쪽은 모로코 세우타 부근이다. 따라서 이 세우타가 아프리카에서는 유럽 연결 항으로 중요하다. 또한 이런 영역과 관련되는 신화와 장소에 대한 해석은 지리학에서 상징성을 해석하는 것으로 아주 중요하다. 이곳에 세계(유럽)의 바다 관문임을 상징하는 두 개의 기둥 조각상을 세운 이유가 바로 이 장소가 세계화, 외부 세계로의 관문임을 보여 주는 것이다.

4) 영역의 침범과 인간의 비극: 6 · 25 전쟁

영역의 침범은 대상자에게 큰 스트레스와 압력으로 작용하여서 크게 반발하고 다툼으로 발전하는 경우가 많다. 그러한 갈등은 법이나 권력 기관에 의지하여서 가까스로 해결되기도 하지만, 모두에게 상처만을 주면서 그냥 봉합되는 경우가 더 많다. 그러나 국가 간의 영역 침범은 더욱 심각하여 전쟁으로 발전하기 쉽고, 전쟁이 아닌 경우라 하더라도 양국 간에 큰 마찰과 장벽으로 작용한다. 국내의 사회 문제는 대체로 법에 의하여 영역의 침입에 대한 해결이 이루어지지만, 국제 관계에서는 그런 일을 전담하는 국제기구(가령 국제 사법 재판소나 안전 보장 이사회)가 있다고 하더라도 해결이 어려워서 그냥 엉거주춤 현 상태를 유지하는 경우가 많다. 따라서 국제 관계에서 자기네 영역을 지키기 위해서 각국은 자기네 나라를 지킬만한 군사력을 유지하고 있는 경우가 많다.

우리나라는 강대국들 사이에 끼어서 군사력을 웬만큼 유지해도 수적으로 주변 강대국들의 힘에는 미치지 못하게 되어 있다. 그래서 역사적으로 인접한 여러 나라들로부터 부당한 간섭이나 침략을 계속하여 받아 왔다. 우리의 영역 침범에 대한 장소는 무수히 많지만, 조선시대 이후는 임진왜란과 병자호란, 일제 강점, 그 후는 6 · 25 전쟁 등이 비극적 사건들이다. 여기서는 병자호란 때의 남한산성과 6 · 25 전쟁 때의 중부 전선의 장소를 보기로 한다.

남한산성은 서울을 지키는 4개의 요새지(진) 가운데 하나로 남동쪽이나 남서쪽에서 침입하는 적을 막는 요새지이다. 본래 고위 평탄면을 둘러싸는 지형을 이용하여 성곽을 쌓고 그 안에 행궁과 여러 군사 시설을 배치하고, 유사시에는 왕이 와서 전쟁을 지휘하게 하였다. 그러나 병자호란 때에는 왕이 이곳으로 피난하여 싸우다가 45일만에 항복하고, 송파진에서 왕이 무릎을 꿇고 머리를 땅에 찧는 치욕적인 일을 당했다. 그때와 같은 억울함을 잊지 말자고 세운 '무망루'가 수어장대 옆에 서 있다.

▲ 그림 4·47-1 **남한산성의 무망루** 병자호란 시에 왕이 '무릎 꿇고 항복하면서 언 땅에 이마를 부딪치며 청 황제에게 사과한 일'을 잊지 말자는 뜻의 비이다. 중국은 우리나라를 마치 자기네 군대의 스파링 파트너로 삼고 심심하면 침략하여 자기네 힘을 과시하고, 우리를 속국처럼 다루었다.

▲ 그림 4·47-2 **6·25 전쟁 때 중부 전선의 미군들을 위문하는 유명 여배우 마릴린 먼로의 무대 장면** 수많은 미군들이 보인다. 어린 나무가 겨우 자라고 있는 나지막한 한국의 산지 속에 미군의 간이 캠프가 우리를 슬프게 한다.

우리 영역은 무슨 어려움이 있더라도 우리 국민들이 지켜 내야 하는 장소이기도 하다. 간혹 안보에 대해서 의견을 달리하는 경우가 있는데, "가장 대립이 있던 때가 병자호란 시기가 아닌가?" 하는 생각이 든다. 당시 항복을 반대하는 주전파는 청나라에 볼모로 잡혀가는 비극도 있었다. 따라서 지도자는 국민들에게 이런 비극을 당하지 않도록 준비하는 것이 제일의 책무이다.

또한 이런 영역의 침범이 있으면, 다른 의견이 있더라도 전략적인 측면에서 방향이 정해지면 일치단결해서 영역을 지켜야 한다. 6·25 전쟁 시에 미군들은 잘 알지도 못하는 우리나라에 파병되어서 북한군과 중공군을 상대로 목숨을 걸고 싸웠다. 그 미군들을 위하여 4일 동안 한반도 중부 전선에 머물면서 위문한 마릴린 먼로는 그녀의 이름에 못지않게 굉장한 애국심과 열정을 가진 배우였다. 정말로 그녀는 미군들을 마음속에서 위문한 것으로 보인다.

우리의 장소를 외국 군대가 힘으로 밀고 들어와서 우리의 생활을 짓밟는 비극은 다시는 없게 해야 하겠다. 비극적인 외국의 침입을 막으려면, 나라의 힘을 기르고, 과학 기술을 발전시키며, 좋은 제품을 만들어서 그들과의 경쟁에서 이겨야 한다. 그리고 모두가 '우리의 장소를 지키려는 결의로 하나가 되는 것'이 중요하지만, 그 작전은 다양할 수 있다.

▲ 그림 4·48 6·25 전쟁 당시 북한군의 진격 모습 "이 트럭들은 도대체 어디서 나온 차량이냐?" 준비된 전쟁이었음을 보이는 것
이다(외국 종군 기자 사진). '영광스런 우리 조선 민주주의 인민 공화국 만세'라고 쓴 플래카드를 걸고, 군인들을 나르는 수송
트럭들이 비포장 도로, 아마도 남한의 남부 지방으로 판단되는, 흙투성이 길을 달리고 있다. 왼쪽으로는 이들을 서서 바라보
는 치마저고리를 입은 여자들이 보인다.

▲ 그림 4·49-1(좌) 6·25 전쟁 중에 파괴된 한강 철교 예고 없이 한강 철교를 폭파해서 많은 피난민들이 목숨을 잃었고 극심한
어려움을 겪었다. 얼마나 다급했으면 이렇게 했을까? 준비 없는 나라는 국민을 지키지 못한다. 정말 '아무것도 아닌 이념의
충돌'로 우리는 지금까지 반으로 분단된 장소를 가지고 있는 사람들이다. 우리는 '상대방을 너무 받아들일 줄 모르는 단점을
가진 사람들'임을 역사가 보여 주는 장소에 살고 있다. 사색당파, 4대 사화, 임진왜란 시의 사신들의 보고... 정말 생각하면 할
수록 부끄러운 자화상이다.
▲ 그림 4·49-2(우) 폐허가 된 철원의 공산당사 건물

  국가 영역을 지키는 것은 모두에게 필수적인 사항이지 선택이 될 수 없는 것이고, 우리 민
족을 있게 하는 장소를 살리는 길이다. 이런 비극적인 장소가 언제쯤 웃음의 장소로 바뀔 수
있을까?

4 거리(Dictance):

장소성을 만드는 제일 요인

거리(距離)는 두 점(사물) 사이가 서로 얼마나 떨어져 있는가를 수치로 나타낸 것이다. 장소에서 이 거리는 여러 가지 의미가 있지만, 대체로 접근성(가까운 정도를 나타내는 수치)을 나타내는 지표가 된다. 일단 거리가 가까우면 두 장소는 서로 많이 닮게 되고, 서로 접근하기도 쉽고, 서로 상호 작용이 잘 일어나서 변화와 혁신도 잘 일어나게 된다. 또한 거리는 때에 따라서 상호 작용과 혁신에 가속도를 더하기도 한다. 그래서 장소의 변화에서 거리가 중요한 것이다.

좌표 평면 위의 두 점 $A_1(X_1, Y_1)$과 $A_2(X_2, Y_2)$ 사이의 거리 $D(A_1A_2)$는 피타고라스 정리로 구해진다. 그리고 그 값이 작으면 거리가 가까운 것이다.

$D(A_1A_2) = SQRT((X_2 - X_1)^2 + (Y_2 - Y_1)^2)$ (단, SQRT는 'square root'의 준말로 우리말로 그냥 루트($\sqrt{}$)로 나타내는 컴퓨터 기능의 약어)로 구해진다. 이 거리를 구하는 공식은 좌표 공간을 3차원, 혹은 그 이상의 통계 공간으로도 확장이 가능하며, 일반화도 가능하다.

두 장소 사이의 거리에는 여러 가지 거리가 있을 수 있으며, 비례 관계가 아닌 것도 많다. 특히 장소를 설명할 때 이들 여러 거리가 모두 잘 이용되는 것들이어서 여기서 정리한다.

1) 절대(물리적) 거리와 상대 거리

장소에서 절대 거리란 지표상의 두 지점 사이의 실제 거리이다. 본래 장소를 특정할 수 있는 지표 공간은 3차원의 공간이다. 그래서 두 지점(장소) 사이의 거리는 앞에서 살펴본 피타고라스 정리로 계산되는 직선의 거리가 보통 사용된다. 이론적으로 두 장소 사이의 거리가 멀고 가까움을 논의할 때는 이 직선거리가 이용되는 것이 일반이다. 그러나 지표상의 두 장소 사이의 거리는 완전한 평면으로 이루어져 있지는 않고, 여러 가지 높고 낮은, 많은 기복이 있는 3차원의 공간이다. 따라서 직선거리는 대략적으로 떨어진 정도는 알 수 있지만, 실제로 높은 산이 가로막히거나 큰 강이 가로막혀 있으면, 거리가 비록 가깝더라도 접근하기가 어렵기 때문에 아주 정확하지는 못하다.

그래서 실제로는 고도차를 고려하여 계산하는 경우가 상당히 있지만, 그래도 두 장소 사이에 있는 수많은 크고 작은 기복들이 무시되기 때문에 그것을 완벽하게 고려하기는 쉽지가 않다. 그에 대한 대안으로 도로를 따르는 거리를 쓰는 경우가 보다 정확하게 두 장소 사이의 거리를 반영하므로 도로 거리를 쓰는 경우는 자주 보게 된다.

기복이 많이 있거나 실제로 이동하는 도로가 곡선 구간이 많으면, 도로 거리는 훨씬 정확하게 두 장소 사이의 거리를 반영한다. 따라서 두 장소 사이의 이동량, 접근 가능성, 상호 작용의 세기 등을 보다 정확하게 파악할 수 있게 된다.

물리학에서 쓰는 중력 모형 공식을 장소 연구에 적용하여 계산하는 상호 작용의 크기는 도로 거리를 쓰는 경우가 적지 않다. 가령 두 장소 A_1(인구수), A_2(인구수) 사이의 '인구 이동량의 추정치(I_{12})'를 계산할 때는 중력 모델(gravity model)을 쓰게 되는데,

$I_{12} = k*((A_1*A_2)/D(A_1A_2)^n)$으로 정의된다. 단, k는 상수로 특별한 강조 사항이 없으면 1을 사용할 수 있다. 또한 n은 거리에 대한 가중치로 일반적으로는 제곱 값인 2를 쓰는 경우가 많지만, 거리의 저항(마찰)이 적은 곳에서는 1이나 그 이하도 사용된다. 그러나 교통이 불편하고 산지가 많은 곳이면 2 이상의 값을 갖게 된다. 즉, n의 값이 1 이상이면, 거리의 마찰력이 크다는 것이고, 그것은 도로가 좁고 교통이 불편하거나, 산지 지역인 경우가 많다. 따라서 이 n의 값을 계산해 내는 것은 그 두 장소와 그 사이의 자연환경을 잘 해석할 수 있는 열쇠를 찾는 것이 된다. 따라서 이들 값을 찾은 후에 현지를 답사하여 그 의미를 제대로 해석해야 한다.

이상은 모두 절대 거리에 대한 해석이다. 그러나 그 거리에 대해서는 여러 가지 지표의 거리가 이용될 수 있고, 이는 모두 상대 거리라고 할 수 있다. 상대 거리는 '어떤 지표를 쓰는가?'에 따라서 그 값에 차이가 있게 된다. 그래서 여러 가지의 상대 거리가 장소 해석에 사용되고 있다. 여기서는 장소의 특성을 설명하는 데 필요한 거리를 좀 더 세분해서 설명하기로 한다.

2) 인지 거리(認知距離; Cognitive distance)

인지 거리는 사람들이 느끼는 거리에 대한 상대 값이다. 사람은 거리를 인식할 경우에, 잘 아는 장소는 가깝게 느끼고, 잘 모르는 장소에서는 같은 거리라도 멀게 느끼는 경향이 있다. 그래서 두 장소를 왕복할 경우에 '사람들이 느끼는 거리는 다르다.'고 알려져 있다. 즉, 갈 때의 거리가 돌아올 때의 거리보다 더 멀게 느껴지는 것이 보통이다. 그것은 사람들이 가지고 있는 '마음의 영역'에 상대적 경계가 있기 때문이다. 그래서 돌아올 때는 어떤 점만을 지나면 다 온 것으로 사람들이 마음속에서 느끼기도 하고, 길이 익숙해졌기 때문이기도 하다. 그리고 그 경계선은 대체로 마을의 영역 경계선과 유사하게 인식한다는 것이다. 가령 이 책의 중요 사례 장소인 막현리의 경우, 그곳 사람들은 숲정이를 보게 되면 집에 다 온 것으로 인식하게 된다는 것을 알 수 있다. 따라서 목표 지점이 아닌, 앞의 훨씬 짧은 거리에서 다 왔다는 마음의 안정을 사람들은 느끼게 된다.

그래서 사람들이 그리는 머릿속의 지도(mental map)는 실제로는 여러 가지로 왜곡되어 나타나게 된다. 잘 아는 곳은 과장하여 자세하게 그리며, 잘 모르는 곳은 생략하고 축소시키는 것이다. 지도가 과장되어 크게 나타난다는 것은 거리를 짧게 인식한다는 증거이기도 하다.

또한 잘 아는 곳을 자세하게 그린다는 것은 그만큼 머릿속에 그 장소를 확실하게 알아서 인식하고 있다는 이야기이므로, 훨씬 친밀하게 느끼게 된다. 따라서 잘 아는 장소는 먼 거리라고 해도 가깝게 느끼고, 가깝다고 평가하게 되는 것이다. 물건을 팔거나 서비스를 제공하는 사람들은 이 거리를 잘 알고 이용하면 업무에 많은 도움이 될 것이다. 또한 이 인지 거리는 정책의 결정에서 아주 중요하게 기능을 발휘한다. 멀고 힘들다고 느끼는 장소에 어떤 문제점을 조금 개선하면 그 효과가 크게 나타나기 때문이다.

따라서 이 책의 시작 부분에서 이야기한 대로, 많이 다니고, 자꾸 보고, 잘 알게 되면, 친근해지고, 가깝게 느끼고, 훨씬 그 장소를 사랑하게 되는 것이다. 그런 원리를 이용하면 애국심에 바로 연결이 될 수 있다. 즉, 지리를 위해서는 자주 다니고, 자연이나 인문 경관을 감상하면서 '왜 그렇게? 왜 여기서?' 등을 생각해 보는 것이, 바로 그 장소와 우리나라를 위해서 무엇보다 중요하다고 하겠다.

거리의 인식에서 느끼는 '마음의 안정'은 가령 막현리에서 밖으로 나오면서는 '마음의 긴장'으로 바뀌어 나타난다. 즉, 막현리 사람들은 숲정이를 지나기 전부터 영역 밖으로 나가게 된다는 사실에 마음을 가다듬고 긴장하게 되어, 자기가 영역을 벗어나는 목적을 다시 한 번 확인하게 되고, 그 긴장을 완화하기 위해서 가끔은 몇 가지 의식을 행하게 된다. 흔히 사람들이 손을 흔들어 보고, 발을 힘 있게 밟아 보기도 하고, 작은 소리로 노래를 부르기도 하고, 숲정이의 냇물에 손을 담가 보기도 하며, 돌멩이를 주워서 던져 보고, 숲정이 나무에 소원을 빌기도 하는 등의 행위를 하면서 긴장을 풀고 이번 길의 목적을 재차 다지는 것이 보통이다. 그래서 시골 마을의 경계선 장소에는 흔히 돌을 쌓아 올리는 성황당이 있어 왔고, 그것은 경계선을 들고 나면서 돌을 주워 올려놓아서 생긴 것이다. 성황당의 그 돌들은 상징용 외에 비상시에는 방어용으로도 쓰였다. 그리고 이 경계선을 지나기 전의 걸음 속도와 경계선을 나가서의 걸음 속도 또한 다른 것으로 알려져 있다. 이렇듯 마음속의 거리와 경계는 우리의 실제 생활에 큰 영향을 주게 되는 것이다.

3) 경제 거리: 비용 거리/시간 거리

최근의 거리는 물리적으로 거리가 멀고 가까움보다도 '얼마나 비용(시간)이 걸리는가?' 하는 경제 거리가 무엇보다 중요하다. 상품을 만들어서 시장에 보내기 위해서 컨테이너에 하나를 채웠다고 하자. 비록 먼 거리라고 해도 컨테이너를 옮길 수 있는 도로와 수송 차량이 있다면 그리 큰 비용이나 시간이 걸리지 않는다. 그러나 거리가 가까워도 그 사이에 산이나 강이 있고, 그래서 길이 없어서 먼 곳으로 돌아서 가야 한다든지, 거기까지 와서 그 컨테이너를 가지고 갈 차량이 먼 곳에 있다면, 그곳은 먼 거리에 있는 것이고 많은 시간과 비용이 걸릴 수 있는 것이다. 우리는 여기서 물리적 거리의 멀고 가까움이 중요하지만 그에 못지않게 이용 가능한 교통수단, 교통로, 적환점, 하역 방법 등이 중요함을 금방 생각할 수 있다. 또 상품을 하역한 후에도 물건을 보관할 수 있는 창고나 야적장의 유무, 컨테이너에서 물건을 꺼내서 처리하는 장치나 인력 등은 모두 경제 거리에 작용하는 요인들이다.

그뿐 아니라 물류가 많은 곳은 보통은 수송비가 싸고, 물류가 적은 노선은 돌아오는 비용까지를 물어야 하는 경우도 흔하다. 이런 경험은 우리가 이삿짐을 날라 보면 쉽게 알 수 있는 것이다. 시골에서 서울로 이삿짐을 나르는 경우는 차를 잘만 이용하면, 싸게 수송할 수 있다. 그러나 서울에서 시골로 가는 경우는 그 차가 시골에 가서 물건을 내리고, 다시 서울로 돌아오는 비용까지도 물어야만 하는 경우도 허다하기 때문에 비싸다('back haul cost'라고 한다.). 따라서 경제 거리는 면밀한 분석이 필요하고, 그를 실제로 중요시해야 하는 거리이다. 이를 생각하지 않고 기업체를 입지시켜서 운영한다면 멀지 않아 큰 어려움에 부딪힐 수 있다.

그래서 기업 경영에는 지리적인 분석이 중요하고 꼭 필요하다. 역사상 중요한 전쟁은 대체로 이런 전략적인 장소를 얻기 위해서 일어난 경우가 많았다. 가장 큰 전쟁은 제2차 세계 대전으로 영국의 3C 정책과 독일의 3B 정책의 충돌이라고 볼 수 있다.

4) 사례 장소: 트로이(Troy) 전쟁과 무역로

신화에서 트로이 전쟁은 스파르타 왕비 헬레나를 트로이의 왕자 파리스가 납치하면서 일어난 전쟁이라고 알려져 왔지만(그냥 신화라는 설도 있기는 하다.), 사실은 장거리 무역의 거점을 확보하기 위한 오랜 싸움이었다. 트로이는 지중해와 마르메라해를 거쳐서 다르다넬스 해협을 통과한 후 보스포러스 해협의 이스탄불을 거쳐서 흑해로 연결되는 남-북 항로와, 지중해로 나가는 에게 해의 동-서 항로가 교차되는 장소이다. 또한, 터키의 트로이에서 다르다넬스 해협을 건너 그리스의 세델바르에 연결되는 동-서 육상 교통을 연결하는 항구로서 무역로 상의 요충지이다. 현재는 육지 쪽에 위치하지만, 당시의 해안선과 기후 변화를 고려하면 트로이는 바다에 면한 항구 도시였다. 따라서 당시 그리스와 터키의 대외 무역에서 트로이는 꼭 필요한 지점이었고 경제 거리를 크게 변화시키는 장소이기도 했다.

마치 이스탄불이 유럽과 지중해를 연결하는 장소로 전략상 아주 중요해서 요새지화한 것과 같은 이치이다. 따라서 트로이는 터키의 카나칼레와 유럽 대륙을 연결시킬 수 있는 또 다른 보스포러스 해협의 연결점으로 작용하는 요지이다. 그래서 해양으로 진출하려는 그리스의 연합군은 당시의 무역로를 장악하고 있던 트로이와 전쟁이 불가피했고, 그것은 경제 거리와 적환점, 요새지를 한꺼번에 확보하기 위한 싸움이었다.

그리스 연합군은 이미 이 전쟁 전에 크레타 섬을 빼앗아서, 무역을 위한 항로(경제 거리 단축)를 부분적으로 장악하였다. 더구나 그리스 국토는 터키에 연결되는 알프스-히말라야 조산대의 한 부분으로, 산지가 많고 화산과 지진이 많이 일어나는 곳이며 평지가 적다. 유럽과 아시아와 아프리카 대륙을 연결하는 위치로서 고대에는 찬란했던 문화를 가지고 있었지만, 사실은 지형적인 영향으로 자기네 나라에서 충분한 식량과 물자를 충분히 생산할 수 없었다.

▲ 그림 4·50-1, 2 **트로이의 목마와 유적** 무역로와 영역(해양 영역)을 빼앗기 위한 그리스 연합군과 트로이와의 10년 전쟁은 너무나 유명한 전쟁이었다(구글 캡처).

그리스는 산지의 영향으로 좁은 평지 때문에, 여러 섬과 복잡한 해안선을 이용하여 항해술과 조선술을 발달시키고 바다로 나가야 했다. 그들은 한편으로는 대외 무역을 발달시켜서 부를 가져와야 했고, 또 다른 한편으로는 무력을 길러서 해외 식민지를 건설하고, 거기에서 필요한 물자를 가져와야 살 수 있었다. 그래서 규모가 작은 도시 국가(Polis)들이 여러 개 발전하면서 내부적으로는 국가의 통일도 늦었고, 침략도 많이 받은 나라이다.

▲ 그림 4·51 **트로이 주변** 현재의 지중해와 에게해 주변의 그리스, 터키, 키프로스, 마케도니아, 불가리아 등이 복잡한 국경선으로 서로 얽혀 있다.

이곳 에게해의 해안선은 무척 복잡하고, 다도해를 이루며, 국경선도 드나듦이 매우 복잡하다. 그래서 이런 자연환경에 적응하느라 그리스나 터키 등은 해운업과 해군, 무역업 등이 잘 발달한 나라들이다. 자연의 복잡함을 이기면서 기술을 개발하여 세계적인 해상 활동 국가로 발달하게 된 것이다. 이러한 측면에서 볼 때, 그들 섬을 연결하는 무역로상의 장소로 트로이는 아주 중요하였으므로 결국은 충돌이 불가피하게 되었다.

　이 장소들의 중요성은 수에즈 운하의 개통에 따라서 약간은 감소했으나, 그래도 여전히 해상과 육상 교통이 교차하는 중요한 장소이다. 철도와 도로 교통의 요충지일 뿐만 아니라 석유를 수송하는 파이프라인, 유조선 등이 통과하는 것으로도 중요한 장소이다. 앞서 언급한 것처럼 에게해, 흑해, 아드리아해, 지중해로 연결되는 이 해역은 수많은 반도와 섬, 다도해와 리아스식 해안으로 복잡한 지형을 이루며, 알프스-히말라야 조산대의 일부로 화산과 지진도 많다. 그 복잡한 지형에 응하여 여러 나라의 국경과 민족 분포가 교통로를 따라서 서로 얽혀 있다. 정치적으로 아직도 분쟁이 많은 지역이고, 경제적으로는 유럽에서 가장 떨어지는 수준의 여러 작은 나라들이 많다.

▲ 그림 4 · 52 **트로이의 주변 확대 지도**

　특히 키프로스는 상당히 불안한 상황으로 전쟁과 휴전을 반복하여 왔고, 터키에도 분리 독립을 주장하는 운동이 있으며, 그리스 북부의 아드리아해 주변 발칸 반도의 여러 나라들은 소련의 붕괴 이후에 독립한 나라들이 많다. 이렇게 정치적 불안과 경제적인 어려움이 기존의 다민족 국가들을 다시 쪼개는 현상이 가장 심각한 지역 중의 하나이다. 이렇게 작은 나라들이 쪼개져서 갈등을 겪는 상황을 가리켜 '발카니제이션(Balkanization; 발칸 반도화, 소국 분할)'이라고 하며, 경제적 상황과 민족 분포의 교차 등이 이를 더욱 복잡하게 한다. 그런 면에서 우리나라도 의견의 대립과 파벌화에서 벗어나려면, 경제가 좀 더 발달하여야 한다. 작은 파이를 차지하기 위한 싸움은 불쌍하고 처절하며, 양보도 별로 없는 무조건적인 경우가 많다.

　여하튼 트로이 전쟁은 스파르타의 왕비 헬레나를 사이에 두고 일어난다. 물론 무역의 거점을 차지하려는 속셈은 뒤에 감추어 두고서 그리스 연합군이 트로이를 10년간 공격한다. 그래도 트로이를 함락시키지 못하자, 최후로 사진과 같은 '트로이의 목마'를 만들어 그 안에 뛰어난 군사를 숨기고 퇴각한다.

트로이 군사들은 적이 물러가서 전쟁에 이기자 그 목마를 끌어다 성안에 놓고 축제를 벌인다. 그러다가 모두가 술에 취하고 잠들었을 때 그리스의 군사들이 목마에서 나와서 트로이 군사들을 죽이고 성문을 열어 숨어 있던 그리스 군사들을 성안으로 불러들인다. 그리스 군사들이 성 안팎에서 모두 일시에 들이닥치면서 트로이는 패배하게 되어 모든 것을 잃는 비극의 장소가 된다. 이 전쟁은 그리스가 에게해를 장악하면서 무역과 문화를 발달시키게 되는 계기가 되었다.

또한 트로이 북쪽에는 현재 세계 5위, 유럽과 중동의 제일 도시인 이스탄불이 있다. 이 도시는 현대의 가장 중요한 결절점의 하나로 유럽, 아시아, 아프리카를 연결하면서, 보스포러스 해협을 통제하는 장소이다.

▲ 그림 4·53-1(좌) **터키 이스탄불의 보스포러스 해협 요새지** 아시아와 유럽을 연결하는 최대의 무역로로 현재는 사진 우측 요새지의 끝에 일부 보이는 다리가 연결되어 있지만, 워낙 중요한 장소라서 늘 교통 정체가 나타나며, 부근이 전부 요새화되어 있다.
▲ 그림 4·53-2(우) **이집트에서 옮겨온 오벨리스크(obelisk)** 테오도시우스는 390년에 이집트 룩소르에서 이 오벨리스크를 이스탄불 경마장으로 옮겨 왔다.

이스탄불은 유럽과 아시아에 걸쳐 있는 도시로 유럽과 중동에서 제일 큰 도시(인구 약 1,400만 명)이며, 터키의 경제 활동 중심이다. 푸른색의 바다는 마르메라해와 흑해를 연결하는 보스포러스 해협이다. 아시아, 유럽, 아프리카의 세력이 집중되는 곳이고 세계의 결절점에 해당되는 장소라고 할 수 있다. 이스탄불의 유럽 쪽은 상업과 공업이 발달해 있고, 아시아 쪽은 주로 주거 지역으로 인구의 2/3가 동쪽의 터키 쪽 이스탄불에 주로 거주하고 있다. 그래서 출퇴근하는 사람들이 많아서 교통 체증이 늘 심하게 일어난다.

이 이스탄불의 중요성을 대변하는 건물이 다음 사진의 하기야 소피아 성당이다. 본래 그리스 정교의 성당으로 건설되어서, 가장 중요한 정교회 성당이었으나, 뒤에 오스만 제국이 이스탄불을 점령하면서 모스크로 변경된다. 그 후에 이 소피아 성당에는 모스크 장식인 4개의 기둥(미나렛)이 추가되어 함께 설치되어 있어서 이스탄불이 그리스 문화, 그리스트교, 이슬람교, 터키 고유 문화 등의 여러 종교와 문화가 교차되어 왔음을 보이는 상징적인 건물이다.

▲ 그림 4 · 54-1(좌) **이스탄불의 하기야 소피아 성당** 그리스 정교의 성당으로 시작해서 모슬렘의 모스크, 소피아 성당으로 교대로
　이용되다가 다시 박물관으로 이용되며, 현재는 모든 종교 활동을 금하고 있는 장소가 되었다.
▲ 그림 4 · 54-2(우) **블루 모스크(푸른 타일 장식)**

　이런 하기야 소피아 성당의 변화들은 이 이스탄불이라는 장소가 세계적인 교차로라는 것을
말해 주는 것이다. 그래서 동서로 아시아와 유럽을 연결하는 교통로상의 장소이고, 다시 남북
으로 유럽과 아프리카를 연결하며 바다로 지중해와 흑해를 연결하는 중요 교통로가 중첩하는
요지라는 것을 말해 준다. 그리고 이스탄불은 동로마 제국, 비잔틴 제국, 오스만 터키의 수도
로서 1,000년 이상 수도로 기능하며 발달하였다.

　최근에 터키 정부는 이 장소의 교통난을 해소하기 위해서 대규모의 해저 터널 공사를 하는
데, 한국 건설 회사 컨소시엄이 공사를 맡아서 시공하고 있다. 이 공사가 끝나면 시간 비용
거리가 획기적으로 단축되고, 무역로의 변화가 다시 나타날 것으로 판단된다. 굳이 수에즈 운
하를 돌지 않아도 되는 나라와 지역이 많아지기 때문이다.

　여하튼 이곳에 다리가 놓이기 전에는 앞의 그림에서와 같이 거의 대부분의 해안이 요새지
화 되어 있었고 왕래하는 배들을 통제하였다.

5) 생태 거리: 본능적 거리

(1) 피난(도주; 안전) 거리(flight distance): 소극적 생태 영역 확보 행동

　필자는 어렸을 때, 마을 앞의 논두렁에서 메뚜기나 방아깨비를 잡은 적도 많았고, 밭 사이
에서 새를 쫓기도 하였다. 그리고 앞내의 금바위 숲에서 잠자리나 매미를 잡기도 하였다. 맨
손으로 이들을 잡는 경우가 대부분이므로 그들이 도망가지 않도록 살금살금 가까이 접근하
여, 알지 못하도록 가만히 손을 뻗고, 살그머니 잡는 것이 중요하였다. 빠르게 쫓아간다든지,
큰 움직임(motion)을 취하면, 여지없이 그들은 도망간다. 너무 멀리서 잡으려고 해도 실패하
고, 너무 가까이 접근해도 놓치기 십상이다.

그들을 놓치지 않고 잡으려면 적당한 거리까지 접근해야 하는데, 그 적당한 거리를 넘어서 다가가게 되면 여지없이 실패하게 된다. 그렇다! 그 하찮은 미물들이라도 사람이 온다고 무조건 도망치지는 않는다. 일개의 곤충이라도, 도마뱀이나 개구리들이라도 '살아가기 위해서 위험을 회피하는 동작을 취하는 거리'가 있다. 이 피난 거리는 처음에는 본능적이지만 수많은 학습 결과 그 개체가 확실히 안전을 기하게 되는 거리를 정하게 되는데, 그 것이 바로 '피난 거리'인 것이다.[128]

홀(Hall)에 의하면 이 피난 거리는 개체의 크기에 '정의 상관관계'가 있어서 큰 개체는 작은 몸의 개체에 비하여 피난 거리가 큰(먼) 것으로 알려져 있다. 필자는 이 피난 거리를 일차적으로 영역을 해석하는 데 필요한 첫 번째 이론으로 생각한다. 따라서 장소가 설명할 수 있는 영역이라는 것을 이해하기 위해서는 우선 본능적인 차원의 피난 거리에 대한 이해가 필요하다고 생각한다. 자기의 영역에서 활동하면서 그 장소를 의미 있는 곳으로 만들기 위해서는 일정한 거리를 두고 접근하든지, 또는 감추든지, 또는 도망가든지 해야만 장소가 의미가 있게 되는 것이다.

(2) 생명(임계) 거리(critical distance): 적극적 생태 영역 확보 행동

필자는 어렸을 때 어머니의 심부름을 자주 하였다. 마을의 어떤 집에 가서 물건을 빌려 오거나 빌려 온 물건을 되돌려 주는 작은 심부름이 많았다. 여자 형제가 없던 나는 당시에 여자 아이들이 많이 하는 일이나 심부름도 하였는데, 좀 창피하기도 했었고, 겁을 먹기도 했었다. 내가 창피를 느끼는 것은 어린 마음에 '남자 아이'라는 정체성의 훼손이 마음에 걸렸기 때문이었다. 또한, 우리 집에는 그런 물건이나 도구가 없어서 빌려 쓰는 것이, 우리가 가난하다는 것을 나타내는 듯해서 어린 마음에 조금은 상처가 되었던 듯도 하다. 무엇보다 중요한 것은 내가 겁을 먹고 심부름하기 싫은 경우였는데, 거기에는 크게 두 종류가 있었다. 하나는 개를 기르는 집에 심부름을 가는 것이었고, 다른 하나는 좀 떨어진 이웃 동네인 지방리의 외갓집에 심부름을 가는 일이었다.

첫째, 개를 기르는 집에 심부름을 가려면 정말로 겁이 많이 났다. 개는 그 집 사람들과 그 집에서 지켜야 할 영역을 확실히 아는 동물이다. 내가 그 집에 심부름을 가면 우선 나를 쳐다보면서 짖는다. 내가 조심스럽게 집안으로 더 들어가면서 일부러 "안녕하세요?" 혹은 "계세요?"하고 큰 소리로 인사를 하면, 대체로 주인아주머니가 "오, 지방골 댁 아들 왔구나. 무슨 일로 왔느냐?" 하고 마주 나오면서 개가 짖지 못하게 하고, 이야기를 건넨다. 그러면 나는 비로소 안심하면서 어머니 심부름으로 물건을 빌려 달라고 하든지, 아니면 가지고 간 물건을 돌려주든지 하였다.

이 개의 행동은 자기가 지켜야 할 영역에 내가 들어갔기 때문인데, 몇 단계로 설정된 개의 영역이 침범되는 데에 따라서 개의 행동이 다르게 나타난다.

---

128) Hall, E., 1969, The Hidden Dimension, Doubleday & Company, Garden City, pp. 10~12.

내가 보다 더 안의 결정적 영역을 침입하면, 개는 마구 짖어대며 달려든다. 이렇게 적극적으로 달려드는 거리를 '결정 거리'라고 부른다. 이 결정 거리는 모든 생물체들이 아주 적극적으로 자기의 영역과 장소를 보호하는 행위를 나타내는 거리이다.

둘째, 필자의 외가가 있는 지방리라는 이웃 마을에 심부름을 가려면 몇 개의 자연 마을을 지나야 한다. 같은 막현리지만 4~5개의 자연 마을로 이루어져 있다. 그래서 지방리에 가려면 중막현리, 마근대미(상막현리), 가세벌(진산 성당 맞은 편)을 거쳐야 갈 수 있다. 거리야 4km 정도라서 그리 먼 길은 아니지만, 이들 자연 마을을 지나는 것은 '다른 마을 또래 아이들의 영역'을 지나가야 하기 때문에 참 신경이 많이 쓰였다. 각각의 마을마다 영역이 있고, 나의 또래 애들이 모여서 노는 장소가 있었다. 그들은 이유 없이 나를 놀리거나, 불러서 이것저것 따지기도 했다. 때로는 큰 청년들이 우리 마을 소식을 묻기도 하였는데, 이성에 대한 물음이 많았다고 기억한다(이런 경우는 다행히 위험은 없었다.). 여하튼 여러 명이 한마디씩 하기 때문에 미처 대꾸를 하지 못하고 당하는 경우가 허다했다. 그 마을들을 벗어나서 막현리라는 영역에 들어오면 마음이 그렇게 가벼울 수가 없었고, 마음이 편해지고, 걸음걸이가 천천히 변하며, 노래도 부르곤 했었다.

막현리를 구성하는 가장 먼 거리의 자연 마을인 마근대미(상막현리)는 내가 어렸을 때는 막현리가 아닌 줄로 알고 이곳을 지날 때 무척 긴장하였었다. 이 이질감은 학구가 달랐기 때문이기도 하고, 거리가 멀기 때문이기도 하였다.

▲ 그림 4·55 **막현리의 자연 마을 마근대미** 마을 앞을 지나는 하천(지방천)의 제방 위에 만들어진 '실학로' 위에서 찍은 것이다.

마을은 산지와 평지가 만나는 점에, 커다란 호상(arc)의 모양을 이루면서도 선형으로 위치하는데, 구심점이 없이 평등하게 늘어서 있다. 마을 앞의 도로에 면하여 집들이 지어져서 선형을 이루나, 뒤편으로도 몇 채의 주택이 있고, 약 15호 정도로 구성된 마을이다. 또한 마을 속을 지나지 않고, 실학로가 마을 앞을 우회하여 지난다.

이와 같이 '마을이 동일한 하나의 공동체 영역 속'이라고 해도 모두가 같은 것은 아니고 그 안에서 다시 작게 나누어지는 장소의 경계가 있는데, 이것이 일상생활에서 아주 중요하게 작용한다. 그 경계를 넘어서 일상생활을 하는 것을 피하기 때문이다.

그런 의미에서 막현리의 양지뜸이나 음지뜸, 윗막현리 등도 큰 공동체 범위 안에서 각기 다르고 더 좁은 별도의 영역을 가지고 있었다. 작은 영역들은 일상생활에서는 아주 긴밀하여 옆집의 숟가락 숫자도 알 정도이고, 부족한 것을 나누어 쓰기도 한다. 그러다가 큰 일이 있으면 큰 공동체 영역이 기능을 발휘하여 동일한 구성원으로서 동료가 되는 활동을 하게 되는 것이다.

6) 사회 · 문화 거리(Social distance)

사회적 동물인 사람은 직접이든 간접이든 서로 접촉(연결)하는 속에서 생활한다. 즉, 유통(소통)이 되는 속에 있어야 하는데, 이때 작용하는 거리는 물리적인 거리가 아니고 상대적인 사회 거리이다. 여기서는 사회 거리의 설명을 위해서 '심리적 거리(psychological distance)'를 예로 하여 설명하고자 한다.

우리가 좋아하는 사람을 즐거운 일로 만나러 가는 거리에 대한 느낌은 무척 가깝고 쉽게 느껴지고, 같은 거리를 움직이더라도 좋아하는 사람과 다투고 나서 돌아오는 길은 무척 멀고 힘들게 느껴진다. 이것이 심리적 거리이며, 그 거리가 사회 거리의 일종이라면, 사회 거리를 쉽게 이해할 수 있을 것이다. 내가 어렸을 때, 학교에서 사친회비(현재의 기성회비)를 낼 때가 되었는데 내지 못하면 학교에 가기가 무척 싫었고, 그 등굣길도 아주 멀게 느껴졌다. 그러나 어머니나 아버지에게서 얼마 안 되는 돈이지만, 그 돈을 받아서 학교에 가게 되면 무척 기분 좋은, 가까운 등굣길이 되었다. 그래서 학생들이 직접 돈을 가지고 학교에 가서 선생님에게 납부하는 제도는 교육적으로 좋지 않은 제도라고 내가 어른이 되어서도 믿고 있다. 그 과정에서 역시 사회적 · 심리적 거리가 커지기 때문이다.

이 심리적 거리는 따라서 감성(정)적인 거리이고, 상대가 있는 사람들 사이의 사회적 관계 속에서 느껴지는 거리이다. 따라서 사회 거리가 멀고 가까움은 주관적 판단에 따르게 된다. 앞에서 나는 상대적 거리에 근거한 공간 환경을 설명했는데, 그 개념도 바로 사회 거리이고, 비용 거리, 시간 거리 등은 모두 사회적 거리들이라고 할 수 있다.

그래서 사회 거리는 거리에 따라서 엄격하게 고정된 것이 아니고 상황에 따라서 변하는 거리이다. 어린 아기를 데리고 가는 어머니는 안전한 공원 길에서는 어린 아기가 스스로 걸어가도록 보면서 뒤따라가지만, 혼잡한 길에 들어서면 어머니는 어린 아기를 안고 가거나, 혹은 손을 잡고 가게 된다. 그러면 안전하다고 느끼기 때문인데, 안전하고 즐거운 길은 거리가 훨씬 짧아진다고 느끼는 것을 쉽게 확인할 수 있다.

이 사회 거리가 적용되고 정의되는 사람들의 활동 공간을 사회 공간(Social space)이라고 하며, 앞에서 논의한 영역은 하나의 강력한 사회 공간이다.

또한 도시 구조 연구에서 사회 공간의 분석으로 밝혀진 것은 그 속에는 가족적 지위 차원

(동심원 형태로 도시 내부에 존재), 인종적 지위 차원(여러 개의 핵으로 구성되어서 도시 내부에서 다핵심을 이루고 있음), 사회 · 경제적 지위 차원(부유한 지역과 빈곤한 지역들이 부채꼴의 섹터 모양으로 도시 내부에 존재하고 있음)의 3개 지위가 샌드위치 모양으로 층층이 켜를 이루어 결합되고, 누적되어서 중층 구조를 형성하고 있다는 것이다. 이를 머디(Murdie)라는 학자는 '요인 분석(factor analysis)'이라는 통계적 기법을 이용해서 밝혀내었다.

이 머디의 연구는 그때까지 도시의 구조가 동심원 구조라는 버제스(Burgess)의 주장이나, 도시는 부채꼴의 섹터 모양의 구조라는 호이트(Hoyt)의 주장, 혹은 도시의 구조는 여러 개의 핵심으로 이루어진 다핵심 구조라는 해리스와 얼만(Harris and Ullman)의 주장 등 3개의 중요한 주장들을 통합하는 이론이 되었다.

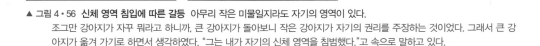

▲ 그림 4 · 56 **신체 영역 침입에 따른 갈등** 아무리 작은 미물일지라도 자기의 영역이 있다.
조그만 강아지가 자꾸 뭐라고 하니까, 큰 강아지가 돌아보니 작은 강아지가 자기의 권리를 주장하는 것이었다. 그래서 큰 강아지가 옮겨 가기로 하면서 생각하였다. "그는 내가 자기의 신체 영역을 침범했다."고 속으로 말하고 있다.

위 만화는 가장 기초적인 사회 공간인 신체 공간(영역)(Body space/Body territory)이 침입당할 때 일어나는 갈등을 소개한 것이다. 타인의 신체 영역을 허가 없이 침입하게 되면, 법의 제재를 받게 되는 것이 보통이고, 폭력의 범주에 해당하는 제재를 받게 된다. 만화에서처럼 아무리 작은 강아지라도 자기의 신체 공간(영역)이 침입을 받으면, 그 행위를 없애줄 것을 요구하게 되고, 상대는 그의 권리를 회복시켜 주어야 하며, 그렇지 않으면 법의 제재를 받게 될 수 있다.[129]

사회 공간이 역사상 가장 인격적으로 무시되면서 범해진 것은 노예 수송선에서의 사회 공간 침범의 사례였다. 그들은 노예들의 인격이나 신체 영역을 무시하고 짐짝처럼 앉혔고, 그 공간의 높이는 3피트 3인치(약 90cm)였으니 모두가 고개를 숙이고 앉아야 하는 높이의 공간이었다.

129) Irwin Altman, 1975, ibid. p. 880에서 전재

▲ 그림 4·57 **노예 수송선에 의한 노예 운송(이동) 방법** 그림에서와 같이 아프리카 흑인들이 포획되어 노예로 끌려가는 수송선 안은 신체 영역(Body territory)이 전혀 보장되지 않는 공간이었다. '흑인 노예들을 짐짝으로 쌓아서 운반'하는 화물선이었다. 이런 상품을 팔고 사는 것은 당시의 유럽인들의 의식에는 너무나 당연한 것으로 인식되었다. 사람이 인격적으로 대우를 받기 위해서는 최소한의 신체 영역이 우선 보장되어야 한다.

또한 뉴욕 맨해튼 남부의 부두에서 멀지 않은 할렘은 중국인 지구와 중첩되고 가까워서 더욱더 문제가 심각하다고 전문가들은 말한다. 자기네 인종이나 민족끼리 문화를 공유하여 일정한 생활 방식을 유지하면서 자기네끼리만 서로 유통하고 상호 작용하면서 콜로니(colony)를 이루기 때문이다. 이런 장소는 사회 거리의 중요한 단면을 잘 보이는 것이다. 저소득 흑인 거주지의 게토나 할렘은 이민 생활에서 앵커(anchor: 닻)의 역할을 하는 경우도 많다.

▲ 그림 4·58 **맨해튼의 할렘가** 지금은 많이 정비되어 있고, '슬럼 클리어런스(슬럼 대청소로 없애기 운동)'를 통해서 많이 사라졌지만, 그래도 황폐화된 거리는 많이 남아 있다. 이런 속에서의 생활은 바람직하지 못한 면도 많이 있고, 내부적으로 상당히 끈끈한 상호 관계를 유지하기도 한다.

국내의 인구 이동도 시골에서 대도시로 이주하는 사람들이 지인들이나 친척들이 살고 있는 곳의 부근에 정착하여 살기 시작하는 것과 마찬가지로, 국제적인 이민은 더욱더 그런 경향이 강한 채널화된 이주(channelized migration)가 보통이다. 이는 사회 문화적인 충격을 최소화하고, 처음 정착하면서 일자리를 구하기 쉽고, 자기가 정착하는 그 장소의 환경을 쉽게 배우기 위함이다. 가장 중요한 언어의 장벽을 피할 수도 있기 때문이다. 그래서 이런 슬럼에 정착하는 사람들은 먼저 정착한 사람들을 통해서 직업을 구하고, 이어서 언어가 좀 자유로워지는 2~3년 뒤에는 이 슬럼을 떠나는 경우가 많다. 이런 면에서 본다면 민족 지구인 차이나타운이나 코리아타운 등은 슬럼 지구 주변에 위치하지만, 나름대로 긍정적인 요소도 많다.

▲ 그림 4·59 **남아프리카 공화국의 인종별 상점** 보어인들은 원주민과 흑인들을 차별하고 부를 착취하면서 그들만의 부자 나라를 만들었다. 이 나라가 아프리카 내에서 번성하게 된 이유 중 하나는 유럽인들의 골드러시 때문이다. 요하네스버그에는 금을 캐던 굴착기가 아직도 남아 있다.

국제적으로 가장 악명 높던 민족과 인종을 차별한 사례는 남아프리카 공화국의 장소에서 일어났다. 골드러시로 인해 몰려온 유럽인들과 그 후손인 보어인(Boer; 네덜란드인의 후손, 백인)들은 원주민들과 수입한 노예들을 광산과 플랜테이션 농장의 노동자로 강제로 투입하였다. 그리고 백인들은 원주민과 흑인들을 억압한 후 도시를 세우고, 이어서 자신들만의 나라를 세우게 된다.

불과 20년 전만 하더라도 남아공은 흑과 백이 철저하게 분리된 사회였다. 흑인은 백인이 거주하는 지역을 허가증 없이는 통행할 수도 없었고, 백인과 흑인이 이용하는 시설이 구분됐다. 가령 육교를 건너더라도 같은 통로로 이동할 수 없었다. 심지어 반투스탄(또는 홈 랜드)이라 불리는 척박한 땅에 흑인을 강제로 이주시켰다. 인종 차별보다 훨씬 더 강력한 인종 분리를 법제화한 아파르트헤이트(Apartheid)가 이 남아공이란 장소에서 시행되었던 것이다. 그 후 만델라라는 위인과 조직적인 저항 운동, 국제 사회의 협조 등으로 이런 차별은 이제 사라지게 되었다. 이들이 모두 사회 거리에 의한 사회 공간을 보이는 것이다.

서울 관악구 난곡 지구는 난곡동에서 신림동 지역에 걸쳐서 존재하던 판자촌 마을이다. 이를 재개발하는 과정에서는 그곳의 세입자들의 권리가 상당히 침해되었다. 그들은 자기네의 권리를 지키기 위해서 무척 노력하였다. 난곡 재개발에서 세입자들이 '세입자도 사람이다.',

'엄마 우리 이제 어디로 가?' 등의 구호가 쓰인 현수막을 달고 저항하는 것은 하층민들의 영역을 지키기 위한 외침이었다. 그러나 집주인과 세입자 간의 사회 거리는 상당히 멀었고 차별적으로 작용하는 경우가 많았다.

▲ 그림 4·60 사회 공간 영역을 지키기 위한 갈등: 난곡 재개발 직전의 모습

또한 이렇게 재개발되는 곳은 대체로 지대 차 이론(Rent gap theory)에 의하여 개발하게 된다. 즉, 본래 위치가 좋아서 개발하면 막대한 이익이 생기는 장소에 오래된 낡은 건물들이 많아서 재개발하면 높은 주택 가격이 형성된다. 그래서 지대 차가 큰 지역에서는 기존의 사업자, 임대 거주자, 낮은 소득자 등은 개발 후에 더 이상 임대료와 주택 가격을 지탱하지 못하고 퇴출되는 젠트리피케이션이 나타나게 된다. 이것이 또한 사회적 하층민, 약자들에게 고통을 주게 되는 과정이라서 재개발이 사실은 동전의 양면과 같이 밝은 면과 어두운 면이 동시에 존재함을 알아야 하고, 그 안에 서민 주택을 공적으로, 또한 법적으로 확보하여야 한다.

한편 문화는 생활 방식을 포함하는 유무형의 자산이다. 이 문화를 공유하는 지역을 문화권이라고 부르는데, 그 문화권에 따라서 사람들의 공간 인식이 다른 것으로 알려져 있다. 그 속에서 살아가는 사람들의 사회 활동은 문화의 영향을 많이 받게 된다.

'침묵의 말(Silent Language)'이란 책에서 홀(Hall)은 "남아메리카 사람들(아랍 문명권의 사람들도 마찬가지였다.)은 대화할 때 사회 거리가 아주 짧아서 상대편과 거의 몸이 맞닿아야 하고, 경우에 따라서 상대편의 입김이 얼굴에 느껴질 정도까지 가까워야만 대화가 진지해지고 상대가 편하게 느껴지는 문화를 갖는 사람들이다. 그러나 북미(미국) 사람들은 대화하는 상대와 상당한 거리가 떨어져야 편하게 느낀다. 물론 그 편하게 느끼는 거리는 상황에 따라서 좀 더 가까울 수도 있고, 약간 멀 수도 있다."[130]라고 기술하고 있다.

홀은 당사자들이 모르게 남미의 외교관과 미국의 외교관이 대화하는 장면을 유엔 본부 건물에서 관찰했었는데, 아주 놀라운 결과가 나타났다.

'… (전략) 처음에 두 사람은 텅 빈 회의장의 한쪽 구석에서 이야기를 시작하였다. 그런데

130) Hall, E. 1959. 國弘正雄 外 2人. 1966. 譯. op. cit. Silent Language. 沈黙のことば(침묵의 말). pp. 233-235.

남미의 외교관이 이야기를 시작하면서 너무 가깝게 미국 외교관에게 접근하면서 이야기하였다. 상대가 너무 가깝게 접근하자 약간 불편함을 느낀 미국 외교관은 한 걸음 뒤로 물러나서 이야기를 하였다. 그러자 무언가 맞지 않는다는 듯한 몸짓으로, 남미의 외교관이 한 발 더 앞으로 내딛으면서 미국 외교관에게 다가서면서 이야기를 계속했다. 미국 외교관은 역시 무언가 더 불편함을 느껴서, 뒤로 한 발 더 물러나면서 이야기를 계속 했다. (후략)'

이런 과정을 계속하여 반복하고 또 반복해서 30분 정도가 지난 뒤에 두 사람은 회의장의 다른 한쪽 귀퉁이(corner)에 몰려 있었다. 홀이 보니 미국 외교관은 땀을 뻘뻘 흘리면서 뒤로 더 가고 싶었지만 귀퉁이라서 더는 물러날 수가 없었던지 힘들어 하며 땀을 닦고 있었고, 남미 외교관은 미국 외교관을 구석에 몰아넣고는 큰소리로 이야기하면서 화가 난 듯하였다.

홀은 이상하게 생각되어 두 사람에게 "아주 심각한 이야기를 했나요?"하고 물었더니, 두 사람 모두 멋쩍게 웃으면서 "아닙니다. 아주 일상적인 잡담 정도를 이야기하였습니다."라고 대답하였다. 한 사람은 몸이 닿을 정도로 바짝 붙어야 편하게 이야기가 되는 사회 거리를 갖는 문화 속에서 살아온 사람이고, 다른 한 사람은 서로 약간은 거리를 두고 이야기해야만 편한 사회 거리를 갖는 문화 속에서 살아온 사람이라는 차이가 있었을 뿐이었다. 이렇게 자기가 살아온 환경, 특히 소프트한 인공 환경인 사회 환경이나 문화의 영향은 사람들의 의사 결정에 아주 결정적으로 작용하는 것이다. 이 적당한 거리를 두는 사회 거리에 대해서 집중적으로 연구하는 분야를 근접학(Proxemics)이라 한다.

이 근접학을 잘 알지 못하면서 추진한 커다란 상거래가 일순간에 무산된 일이 수도 없이 많이 있다. 때로는 가깝게 다가가서 속삭이듯, 때로는 조금 떨어져서 다른 사람도 들을 정도로 큰 소리로 이야기하는 것이 중요할 수도 있다. 그래서 외국 사람과의 거래에서는 이 사회 거리라는 것이 절대적으로 중요한데, 그 사회 거리에 의하여 파악되는 사회 공간은 한층 더 복잡해질 수 있음은 말할 것도 없다. 그래서 홀은 이를 '문화 거리'라고 부르면서 문화의 중요성을 사회의 중요성과 같이 다루었다. 그러니 이런 중요한 요소를 무시하고 무작정 덤벼들면 십중팔구는 실패하게 된다.

여기서 하나 지적하고 싶은 것은, 우리가 집집마다 가지고 있는 응접세트는 우리 문화에 맞는 사회 거리를 제공하는 가구가 아니라는 것이다. 대체로 서양 사람들에게 맞는 사회 거리를 제공하는 가구라는 것을 명심하기 바란다. 그래서 가끔 응접세트에 앉아서 비밀리에 이야기하는 사람들을 보면 자리에서 일어나서 상대방에게 가까이 가서 귓속말로 이야기하는 것을 볼 수 있다. 이런 경우가 우리나라 사람에게 특히 많은데, 외국인 앞에서는 아주 주의해야 할 대화 에티켓으로 근접학을 좀 더 연구할 필요가 우리에게 있는 것이고, 그 기초는 지리학에서 배울 수 있다.

우리는 안방에서 다리를 뻗거나 책상다리(가부좌)를 하고 대화를 나눌 때 참 편한 느낌을 갖는다. 또한 어른은 아랫목에 앉고, 객이나 나이가 어리고 신분이 낮은 사람은 윗목에 앉아서 약 1m 정도 떨어져서 이야기하게 되는데, 그렇게 앉는 것이 우리나라 사람들에게 편안함을 느끼게 되는 거리이고 장소인 것이다.

특히 이런 근접학을 논의할만한 거리에서는 중요한 것이 냄새이다. 좀 멀리 떨어지면, 이 냄새가 그리 중요하지 않을 수 있지만, 신체 영역에 영향을 미치는 근접한 거리의 공간에서 냄새는 결정적인 작용을 한다. 그래서 외국에 유학하는 학생들이 자기 지도 교수를 만나는 날에는 김치를 먹지 않고 가는 경우가 흔하며, 웬만한 미국의 아파트에서는 청국장, 된장찌개, 생선찌개 등 냄새가 좀 심한 음식을 푹푹 끓여서는 먹지 않는 등의 삼가는 행동들을 쉽게 볼 수 있다.

아래 사진의 왼쪽 청년은 20대 초반의 대학생이었고, 우측의 여성은 60대 초반의 노년층 부인이었지만, 그래도 편안한 사회 거리와 장소가 둘 사이에 있음을 보이고 있다. 또한 그들이 앉아 있는 자리는 각자의 영역을 최대한으로 확보하는 위치를 차지하고 있음도 잘 보인다. "이제 당신이 이 둘 사이의 나머지 좌석에 앉게 된다면 어디에 앉을 것인가?"

▲ 그림 4·61 지하철 4호선 사당역에서 출발하는 차량에 사람들이 앉아 있는 모습(2017. 3. 28. 13시경) 지하철 내에서 무의식적으로 앉은 사람들 사이에도 자기에게 편한 거리가 확실히 있음과 영역을 최대로 확보하려는 행동이 은연중에 나타난다. 다음에 앉을 사람이 어디에 앉을 지를 우리는 대체로 예측할 수 있다.

당신은 아마도 가운데 앉을 것이다. 그래야만 당신의 영역이 양쪽으로 넓게 확보되기 때문이다. 이렇게 사람은 무의식중에도 자기의 영역을 최대화하기 위한 영역 확보 행동과 편안한 거리를 구하고 있는 것이다. 이러한 행동의 해석이 바로 사회 거리와 장소를 해석하는 데 중요한 열쇠가 된다.

7) 사이버 거리

현재의 과학 기술과 정보화는 거리의 개념을 크게 바꾸었다. 서로 얼굴을 대면하지 않고 대부분의 상호 작용이 이루어지게 되면서 사이버 공간에서의 상호 작용은 더욱 중요해지고 있다. 더구나 이 사이버 거리는 기존의 거리 개념과 근본적으로 다르다. '물리적 거리의 멀고 가까움이 문제가 되지 않고, 어떤 망에 연결되느냐?'가 중요하기 때문이다. 따라서 대체로 정보 통신 기술이 중요한 것이다. 우리나라의 인터넷 기반은 해저의 광통신 케이블과 같이 전국을 연결하고, 무선망도 통신 위성을 올려서 마찬가지로 빠른 속도를 유지하고 있다. 따라서 우리나라는 인터넷과 그 공간인 사이버 스페이스에서도 아주 양호한 하부 구조를 이루고 있다. 단지 이를 잘 이용하고 효과적으로 써서, 창의성을 발휘하고, 4차 산업 혁명을 빠르게 이루는 것은 우리 세대의 중요한 책임이라고 하겠다.

외국을 여행해 본 사람이라면 우리나라의 모바일 및 인터넷 서비스가 아주 편리함을 자주 느끼게 된다. 빠른 속도는 기본이고, 지하철, 버스 등 어디서나 와이파이에 쉽게 연결하여, 원활하게 이용할 수 있기 때문이다. 그래서 과거와 같이 외우고, 기억하고, 써서 메모하는 것들이 대체로 큰 의미가 없어지고, 기계나 로봇은 하지 못하는 독창적이고 여태까지 없었던 감성적 가치를 만들어 내는 것이 중요하게 되었다.

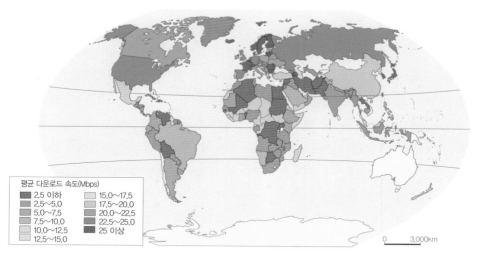

▲ 그림 4·62 세계의 국가별 평균 다운로드 속도(Average download speed) 대한민국은 세계에서 최고로 빠른 속도로 인터넷에서 동영상, 사진, 기사, 작품 등을 다운로드할 수 있다. 이 지도를 보면 우리나라의 다운로드 시간은 북유럽, 프랑스, 일본, 대만 등과 같이 첫 번째 그룹에 속해 있다.

그래서 이런 하부 구조를 잘 이용한 창의적인 사업의 적극적 추진이 중요한 것이다. 또한, 현재는 여러 분야가 융합하는 4차 산업의 발달과 혁명이 진행되고 있다. 지금까지 잘 이룩한 성과를 더 살리면서 민족의 발전을 기하여야 하겠는데, 그 바탕으로서 장소는 중요한 융합의 기반이 된다.

5 사람들의 장소 인식 과정

"우리가 이 세계를 있는 그대로로 아는 것은 결코 있을 수 없다. 수용 기관(감각 기관)에 와서 닿는 물리적인 힘을 아는 것이 겨우 할 수 있는 일이다."

– 킬패트릭(Kilpatrick) –

어떤 동물이든 공간을 움직이는 경우에는 반드시 '공간적 실마리(spatial cue)'를 이용하여 움직이게 된다. 그런데 이 실마리는 그 동물이 주변의 환경을 인식하는 과정에서 형성되고, 오래 동안 움직이고 생활하면서 차츰차츰 넓고 확실하게 만들어진다. 이렇게 주변 환경과 공간을 학습하여 가는 과정은 일련의 심리적인 변환 과정인 환경 인식 과정을 거치고, 그것이 누적되고 구조화되어서 '공간 학습(Spatial learning)'이라는 지식 체계를 갖추어 가게 된다.

1) 환경 인식과 공간적 실마리

홀(Hall)에 의하면 인간의 환경 인식은 감각 기관을 통해서 얻은 정보를 심리적 변환 과정을 거쳐서 형성하게 된다. 그에 따르면 인간의 감각 기관은 두 종류로 나누어진다. 첫째는 원거리 감각 기관으로, 멀리 떨어진 대상을 인식하는 기관이며 눈, 귀, 코가 있다. 둘째는 근거리 감각 기관으로, 근접한 세계를 인식할 때 쓰이는 기관이며, 피부, 근육, 점막 등이 있다. 이 중에서 가장 중요한 감각 기관은 눈으로, 귀를 통하여 얻는 정보보다 무려 1,000배나 많은 양의 정보를 얻는 기관이다. 귀에 의해서 정보를 얻는 범위는 대략 20피트(약 6.1m)의 거리라야 유효한 정보를 얻을 수 있다. 그러나 100피트(약 30.5m)의 거리가 되면 양방향의 대화는 어렵고, 한쪽 방향만으로는 정보가 전달될 수는 있지만, 그 이상의 거리가 되면 매우 어려워진다.

다운과 스테아(Down and Stea, 1973)에 의하면 환경 인식(Perception and cognition) 과정은 일련의 심리적 변환 과정이다. 그 과정을 통하여 개인은 매일매일 '공간 환경에서 겪는 여러 현상의 속성과 상대적 입지에 대한 정보 획득, 정보 코드(code)화, 정보 저장(store), 정보 회상(recall; 불러내기), 정보 해독(decode; 번역) 과정'을 통하여 환경을 인식하게 된다.

▼ 표 4 · 1 환경의 인식(cognition)과 인지(perception) 과정

정보 획득		정보의 내부적 과정		기능
파지와 감지		코드화, 저장, 회상, 해독		입지와 환경의 속성
(Acquisition and Sensing)	⇒	(Coding, Storing, Recalling, and Decoding)	⇒	(Locations and Attributes of Environment)

우리는 어떻게 장소의 환경 정보를 갖게 되는가? 우리는 살아가면서 여러 장소에 특정한 환경과의 상호 작용에서 오는 여러 환경에 관한 정보인 '에너지 메시지'를 받아들이는 고도로 전문화된 감각 기관을 가지고 있다. 정보는 전자기적, 기계적, 화학적, 혹은 부딪침 등으로 감각 기관에 전달된다. 이들 자극에는 빛, 열, 소리, 떨림, 몸의 움직임이 포함되고, 액체나 기체, 고체 등의 자극으로 전달되지만 그중 극히 일부만이 받아들여진다.

빛의 경우 390~700 밀리 마이크론의 범위만이 우리 눈이 볼 수 있는데, 이는 전체의 1/70 에 불과한 범위이다. 그래도 인간의 모든 감각 기관 중에서 정보의 획득은 눈의 시각 기능이 가장 탁월하다. 우리말로 '내 눈이 삐었다.' 혹은 '내가 잘못 보았다.'라는 표현은 자기의 판단 이 잘못되었다는 뜻으로, 자기가 자세하고 주의 깊게 살펴보지 않았음을 이르는 말이다. 또한 영어로 'I see(본다는 것)'는 바로 'I understand(알았다.)'와 같은 뜻이며, '안다는 것은 궁극 적으로 보는 것을 포함한다.'는 의미가 들어 있다. 또한 'To see is to believe(보는 것이 믿는 것이다.)!'라는 말도, 눈으로 보아서 환경 정보를 얻는 것의 중요성을 잘 나타내 준다. 그럼에 도 인간이 시야에서 얻는 정보의 인식 투입은 상대적으로 적다. 그래서 "세부 정보는 전체의 10% 이하를 보는 것에서 얻는다."고 알려져 있다.

소리 환경은 시각 환경 정보보다 훨씬 적은 정보를 가진다. 소리 환경은 계속하여 변하지 만 우리의 귀는 그 변화를 잡아낼 정도로 민감하지 못하다. 낯익은 장소에서도 가벼운 비나 눈에서 나는 소리는 구별하기 어렵고, 넓은 장소에서 끊임없이 변하는 소리는 보이지 않는 사 람에게는 그를 파악해서 개념화하기가 참으로 어렵다. 그럼에도 지리학자들은 최근 소음을 측정하고 지도화하여 공해를 막는 데 기여하고 있기는 하다.

냄새 환경은 장소를 기억하는 데 도움을 준다. 특히 좁은 공간에서 나는 사람의 냄새는 시 각이 애매해지는 경우에 중요한 공간적 실마리가 된다. 그래서 냄새는 시각적인 인상보다 훨 씬 더 장소를 잘 기억하게 해 준다. 얼마 전의 실험 연구에 의하면, 향기롭고 기분 좋은 냄새 를 맡게 하면 학습 효과가 증진되는 것으로 알려져 있다. 기타 촉감에 의한 환경 정보의 획득 은 다른 감각 기관이 문제가 있을 경우에 정보를 획득하는 훌륭한 수단이 된다. 또한, 매우 제 한적이긴 하지만 다른 감각 기관에 비해서 감성적인 부분이 만짐(touch)으로 잘 전달되어서 풍부한 느낌을 줄 수는 있다.

앞에서 언급한 것처럼, 환경의 인식과 인지 과정을 거치면서 전체적인 정보화 과정은 내부 적, 심리적으로 진행된다. 이 과정은 일반적으로 사람이 성장하면서 점점 더 고도화된다. 또 한 환경 정보를 저장하고 회상하여 이용하거나 해석하는 양도 어떤 시기를 지나면 폭발적으

로 증가하여 나타나기 때문에, 이 과정을 알기 위해서는 교육학적으로 증명된 이론을 살펴보는 것이 도움이 되고, 의미 있는 일이기도 하다.

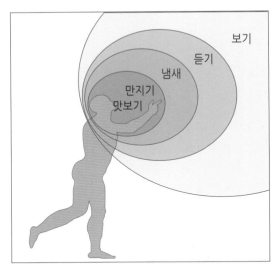

▲ 그림 4·63 인간의 환경 정보 감각의 범위 감각 기관에 따른 정보의 양적, 질적인 평가. 골드(Gold, J.에서 전재)[131]

또한 사람들이 공간적으로 이동할 때 참고하는 공간적 실마리는 직접 장소와 환경을 보고, 경험하면서 형성된다. 따라서 직접적인 경험이 가장 중요하고, 그에 의하여 개인적으로 유효한 실마리가 형성되어 간다. 그러나 효과적인 자료가 있다면 간접적 경험으로도 유효한 실마리가 형성될 수 있다.

2) 장소 환경 학습 과정(Learning Process of Place Environment)

장소 환경의 학습에 대한 이론은 여러 가지 논의가 있지만, 그래도 아동의 "인지 발달 단계 이론"을 정립한 피아제의 논리가 중요하다. 벡(Beck, 1967)에 의하면 어린이의 방향 감각, 거리, 차원 등의 공간과 환경에 대한 감각의 발달은 피아제 등의 인지 발달 단계에 따라서 성장한다는 것이고, 그것은 피아제의 이론으로 설명이 가능하다는 것이다. 여기서 벡이 피아제 등의 논리를 적용하여 설명하는 공간과 장소에 대한 '인지와 학습의 논리'에 따라서 그 주요 내용을 간단히 발췌하여 소개한다(Piaget and Inhekder, 1967).[132]

첫 번째 단계 아동들의 장소에 대한 인지 발달 단계를 감각 동작기(Sensorimotor period; 출생에서 약 2세까지)라고 불렀다. 처음에 태어난 어린 아기는 그의 배나 등을 바닥에 대고 누워 있게 된다. 이때 아기는 원근의 개념이나 대상을 인지할 수 없다. 그러나 시간이 지남에 따라서 그가 볼 수 있는 것은 수평선이거나, 혹은 그 선상을 움직이는 개체들이고, 그들에 대해서 공간 개념이 성립된다.

131) Gold, J. 1980. An Introduction to Behavioral Geography, Oxford Univ. Press, p. 51.
132) Jackle, Brunn and. Roseman, 1976. op. cit pp. 72–74.

이어서 아기는 기어 다니는 단계로 성장한다. 그가 움직이는 것은 평면상으로 그가 보고 탐험하는 것은 단일 평면상(uniplanar)의 것들이다. 그는 그의 높이에서 어떤 대상물로 향하거나, 그 대상물에서 멀어지는 움직임을 대체로 보게 된다.

▲ 그림 4·64 엎드려서 잠자는 아기의 모습 어린이의 시야와 주변 환경의 지각은 밀접한 관련이 있음이 밝혀졌다.

더 시간이 지나면 아기는 머리를 들고, 최종적으로는 일어나게 된다. 여기서 그는 수직과 평면, 즉 3차원의 세계로 들어가게 된다. 그리고 그는 위와 아래, 혹은 좌와 우로 움직임이 자유롭게 된다. 부모들은 이 실제 세계에 보다 빨리 아기들을 진입시키기 위해서 걸음마를 시키고, 아기를 세워서 안거나 업어 주게 되는 것이다. 그런 부모들의 보살핌은 아기로 하여금 보다 빨리 현실 세계에 진입하는 것을 도와주며, 공간적인 학습이 확실하게 이루어지게 해 준다. 또한 아기는 2차원의 세계에서 3차원의 세계로 확장하여 보는 것을 구조화하게 되고, 환경의 질과 요소 등을 알게 되면서 여러 가지 행동이나 조작을 보이게 된다. 특히 불, 음식, 도구 등에 강한 호기심을 보이며 환경의 질을 평가하기 시작한다. 그래서 위험, 벌, 음식, 거리, 방향 등을 알게 된다. 따라서 아기를 안거나 업거나 혹은 유모차에 태워서 이동하게 되면, 아기가 버릇이 되어서 자꾸 밖으로 나가기를 요구하면서 떼를 쓰거나 우는 경우를 어렵지 않게 경험한다. 그것은 아기가 이미 미지의 세계에 대해서 탐험하기 시작하는, 말하자면 자기만의 '오디세이 여행'을 시작하는 증거이다.

그런 아기들을 보면, 사람은 어려서부터 장소 즉, 땅과 환경에 대한 관심이 무척 크다는 것을 알 수 있다. 더구나 우리의 부모나 조부모들이 아기를 데리고 밖에 나가는 것을 보면, 아기용 케이지에 두고 키우는 서양의 아기들보다 안거나 업고 여기저기를 다니는 우리 할머니, 할아버지, 아버지, 어머니들의 육아 방법이 아기들의 장소와 환경 인식과 학습에 훨씬 더 유리했었다고 볼 수 있다.

두 번째 단계는 전조작기(Preoperational period: 약 2세에서 약 7세까지)이다. 어린이들은 자기를 둘러싸고 있는 대상물들을 기초적인 방법으로 정신적 구성물로 전환할 수 있다. 그러나 주어진 길에서 다른 방향으로 사람들이 이동하면 다른 장소에 도달한다는 것을 알지만, 그 반대의 방향을 아직은 개념화시키지 못한다.

그리고 비로소 장소의 의미를 '사회 활동상의 의식(rituals)'을 통해서 알게 된다. 예를 들어 가정이 매우 강한 감성적인 의미가 있는 특별한 장소라는 것을 알게 된다. 그리고 아주 '초보적인 영역의 개념'이 발달하게 된다.

가령 어린이는 아버지가 일할 때 텔레비전을 볼 수 없다는 것과 큰 소리로 게임을 할 수 없다는 것을 알게 되며, 자기의 방이 생기는 것을 아주 영광으로 여긴다. 또한 어른들이 인정하는 영역의 상징들, 가령 문, 울타리, 대문 등에 대해서 큰 의미를 갖기 시작한다.

세 번째는 구체적 조작기(Concrete operational period: 약 7세에서 약 11세까지)이다. 이 시기는 이미지의 변환과 추상화가 크게 증가한다. 어린이들은 반대로 내부적 체계가 발달한다. 어떤 것이 한 방향에서 일어나면, 반대의 다른 방향에서도 일어날 수 있음을 알게 된다. 그래서 길을 건너면서 좌우를 살피게 된다. 어떤 장소의 사물을 다른 관점에서 파악하여 나타낼 수도 있고, 그들을 통합하여 추상적인 상징화를 할 수도 있다. 이 시기의 끝쯤에는 공간적으로 다음의 개념들을 정립해서 알게 된다.

① 공간적 근접성의 개념(사물 간의 가깝고 멈)
② 공간적 분리 개념(사물의 분리, 따로 떨어짐)
③ 공간적 사물의 (계층)질서 개념(공간적으로 연속된 사물 간의 질서, 규칙, 상하 관계)
④ 둘러쌈, 포위 개념(어떤 대상물이 다른 것에 의해서 둘러싸임)
⑤ 연속성의 개념(공간적으로 대상물의 전체적 분포)

이상의 개념들이 정립되면서 어린이들은 보다 추상적인 사회적 상징성을 파악할 수 있게 된다. 그래서 어린이들은 차츰 그들의 친구나 친척, 혹은 이웃이 있는 장소에서는 부모의 행동이나 가시적인 것들이 달라짐을 알게 된다. 새 옷을 입거나, 행동이 다르고, 말씨가 다르며, 거기서 자기가 잘못하면 뒤에 어떤 벌이 있음도 알게 된다. 그런 부모의 행동과 관계 속에서, 어린이들은 보다 넓은 세계와 근린과의 관계, 또한 근린에서 특별한 자기 집의 사회적 위치(social order) 등을 알게 된다.

▲ 그림 4 · 65 피아제(J. Piaget, 1896~1980) 스위스의 발달 심리학자로서 아동의 인지 발달 단계 이론을 주장하여 많은 공감을 얻었다(다음에서 캡처).

네 번째는 형식적 조작기(Period of formal operations: 약 11세 이후)이다. 이 시기부터 어린이들은 구체적인 현실 세계에서 자유로워져서 정말로 공간적 가설을 추상화할 수 있다. 그들은 현실 세계에서 변환된 비현실적 공간적 이미지(영상)들을 사용할 수 있다. 위상학적, 기하학적, 투시적인 변환들을 배워서 알게 되고 변환할 수 있고 이용할 수 있다.

이 시기의 어린이들은 좌표 개념을 도입하여 사용하고, 자기중심적인 방향과 거리감에서 탈피하게 된다. 그리고 평면상에 여러 대상물들을 실체적으로 표현할 수 있게 된다. 이 표현에서는 여러 공간적 참조 점(spatial references)들이 필요하다.

첫째, 자기중심적 참조 점을 가지고 모든 대상물들을 위치시키거나 관련지을 수 있다. 그것은 자기를 중심에 놓고 위와 아래, 혹은 앞뒤 등으로 자기의 위치에서 다른 대상물들을 위치시키는 것을 말한다. 가령 '내 친구의 집은 우리 집 뒤에 있다.' 등이 그런 것이다.

둘째, 현실적 참조 점인 하천, 도로, 건물들의 입지와 관련시켜서 다른 대상물들을 위치시키는 것이다. 지리에서 중요시하는 상대적 또는 관계적 위치 개념과 유사하다.

셋째, 좌표적 참조 점은 추상적으로 주요 방향(동서남북)이나, 위도와 경도 등을 사용하여 대상물들의 입지를 설명하는 것을 말하고, 가장 고차적이고 난이도가 높은 참조 점이다.

어린이들은 성장하면서 함축적인 의미와 명목적인 의미를 분리할 수 있으며, 따라서 어떤 대상물의 기능이나 실용성에서 따로 떼어내서 그것의 순수한 사회적 의미를 알 수 있다. 이제 어린이들은 대상물의 일차적 혹은 이차적 의미를 분리하기 시작한다.

심리학자들은 모두가 사람들의 공간(환경)에 대한 앎은, 감각 동작 공간에서부터 시작해서 고도로 '상징적인 공간'으로 진화되고, 그 상징적 공간(장소)에 크게 의존한다는 것에 견해가 일치하고 있다.

그래서 각 개인은 그의 개인적인 독특한 장소(공간) 학습에 따라서, 그 개인의 고유한 장소 (공간) 조직을 인식하게 되고, 그 위에서 장소 조직 스타일을 발전시키게 된다. 그리고 개인은 시행착오를 통해서 개인의 '일관된 장소(공간) 인식 틀'을 발전시켜서 만족할만한 장소 문제의 해결 방법을 찾게 된다. 여기서 장소(공간)적 실마리의 적합성이나 그렇지 못함을 찾아내어 보완 학습을 할 필요가 있는 것이다.

더구나 언어학적으로 발견된 증거에 의하면, 이 단계에서부터 어린이들의 학습 능력은 예상을 뛰어넘는다는 것이다. 이 기간에 '어린이들의 어휘력 증가가 세제곱으로 급증'하는 것으로 알려져 있다(이를 cubic age(세제곱 연령대)라고 한다.). 이 시기 이후의 어린이들의 공간과 장소에 대한 학습량도 주어진 기간에 역시 세제곱으로 증가할 것임은 두말할 필요가 없다. 그러므로 이 시기에는 어린이들의 학습량과 질을 장소에 관한 것도 포함하여, 고도화할 필요가 있다.

이상에서 장소(공간)에 대한 학습도 일반 교과목의 학습 과정과 같이 어린이들은 성장해 가면서 그들의 학습량은 물론 장소의 내용도 질적으로 향상하며, 점차 나선형으로 향상·확대해 나간다고 볼 수 있는 것이다. 그러나 나이가 들면 이들 인지된 공간과 지식은 정체된 후, 점차 줄어들고 개인의 활동도 대폭 감소하게 되는데 이는 노화 현상의 결과들이다. 이를 정리하면 어떻게 표현될까? 이 관계를 공간을 배우려고 하는 동기와 관련시켜서 정리하면 다음과 같다.

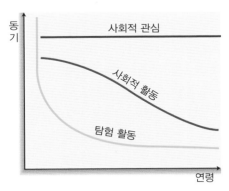

▲ 그림 4·66 **나이와 동기의 관계**

그림에서 보는 바와 같이 나이가 들어가면서 노화 현상이 나타나고, 그에 따라서 인지 능력이나 근육이 감소하고, 삶의 유한성을 알게 되면서 큰 변화가 나타난다. 위 그래프에서 가로축은 나이를, 세로축은 동기의 강도를 나타낸 것이다. 나이가 들면서 노화가 진행됨에 따라서 사회적 활동이나 모험 활동의 동기나 실제 활동이 급격히 감소한다. 사회적 관심은 나이에 관계없이 그냥 수평적으로 현상을 유지하는 경향이다. 그러나 사회적 활동과 탐험 활동은 모두 급격히 감소한다. 특히 탐험 활동이 나이와는 급격한 반비례 관계이다. 즉, 탐험 활동은 나이에 따라서 급격히 감소한다.[133]

나이가 들면 사람들의 인지 능력이 감소하기 때문에, 마찬가지로 장소(공간) 인지 능력도 크게 감소할 것이고, 그에 관련하여 점차 불완전한 인지도를 갖게 된다. 따라서 이런 현상은 연령이 많은 노인들이 자동차 운전 중 사고를 많이 내는 중요한 원인의 하나로 해석된다. 노인들이 돌발 상황에 대처하는 능력이 크게 떨어지는 원인도 장소(공간) 인지 능력의 감소와 관련이 깊을 것이다.

그러면 어떻게 장소(공간) 학습이 저장되고 유지되는가? 장소에 관한 지식은 다른 지식과 큰 차이는 없겠지만, '인지도 또는 심상 지도(mental map, cognitive map)'라 불리는 수단을 잘 응용하여 파악할 수 있다. 사람들은 인지도를 말로 표현하기도 하고, 글로 표현하기도 하며, 때로는 그림이나 지도 형태로 표현하기도 한다. 지도 형태의 인지도에 대해서는 뒤에 논의하기로 한다.

---

133) 강석기, 2016, 연령과 동기, Science Times, 2016. 6. 23, 강석기 칼럼.

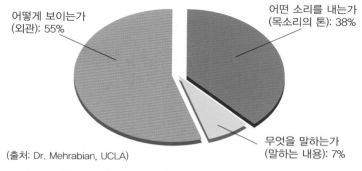

어떻게 보이는가
(외관): 55%

어떤 소리를 내는가
(목소리의 톤): 38%

무엇을 말하는가
(말하는 내용): 7%

(출처: Dr. Mehrabian, UCLA)

▲ 그림 4·67 말하는 사람의 청중에 대한 영향

그러면 사람들은 일상의 생활과 대화에 있어서 주로 무엇에서 영향을 받는가?

청중들은 위의 그래프에서 보는 바와 같이, 55%는 말하는 당신이 보이는 것에서 자극을 받는다. 이것이 바디 랭귀지(body language)이다. 그리고 목소리의 톤이 38%에 달하는 영향을 준다. 가장 적은 비율(7%)을 차지하는 것은, 말하는 사람이 '말하는 내용'이다.

그래서 느낌이 중요한 것인데, 그 중에서 보이는 것이 대부분을 차지함은 앞에서 이미 논의하였다. 그리고 두 번째는 당신이 말하는 소리가 또한 중요함을 알아야 한다. 그리고 마지막이 말하는 내용인데, 이것의 비율은 실제는 매우 낮다. 그래서 보는 것과 말소리를 듣는 것을 합하면, 당신에 대한 느낌의 93%를 차지하게 되는 것이다. 따라서 대부분의 사람들이 외모를 위해서 화장이나 옷 등에 신경을 쓰고 있는 것은 당연한 것이다.

6 환경 각인 현상과 공간 학습

1) 환경 각인과 환경 학습

본서에서 필자가 든 주된 사례의 장소는 진산면 막현리로 필자의 고향이고, 자라면서 여러 사건을 경험한 곳이다. 그래서 필자의 머릿속에는 고향 막현리의 여러 곳이 때로는 환경으로, 장소로, 공동체의 활동 무대로, 또는 여러 사람들의 생활 현장으로서, 거기에 사는 사람들과 함께 깊이 새겨져 있다.

따라서 막현리는 장소와 공간의 기본 개념과 기본 이론의 확인 장소이자 중요한 참조 장소(Reference places)로서 나에게 중요한 역할을 하고 있다.

(1) 환경 각인 현상

왜 그렇게 알려지지 않은 좁은 장소가 내게는 그렇게 중요하게 작용하는가? 내가 우리나라와 세계의 상당 부분을 돌아보았고, 여러 장소에 대해서 늘 관심을 가지고 살아가고 있는데, 왜 하필 오래전의 좁은 장소를 기억해 내고 거기에서부터 다른 장소를 유추하고, 비교하고, 해석을 끌어내는가? 그것은 바로 막현리라는 장소가 내 머릿속에 강하게 각인되었고, 거기에서 장소를 알고 해석하는 사회·문화 렌즈가 형성되었기 때문이다.

▲ 그림 4·68 **청동오리의 각인 현상** 청동오리 새끼들이 각인 현상으로 어미를 따라가면서 흉내를 내는 광경인데, 그 과정은 본능적인 환경 학습의 과정이다.

이 각인 이론(Imprinting theory)은 오스트리아의 동물학자 콘라드 로렌츠(Konrad Lorenz, 1903~1989)가 제안한 이론이다. 그는 청동오리(회색 다리 기러기)의 새끼들이 부화되어 깨어나면서 바로 그들의 어미를 따라다닌다는 사실에 주목하였다.

그는 인공으로 부화시킨 청둥오리 새끼들에게 자기가 신고 있던 장화를 보여 주었다. 그리고 그가 장화를 신고 앞장서서 나가자, 새끼 오리들이 졸졸 그를 따라오는 실험을 여러 대중 앞에서 실시하여, 그의 각인 이론을 증명하였다.

그것은 새끼 오리들이 '태어나서 처음 눈에 들어오는 움직이는 물체를 따라가게 되는 행동 현상'을 실험으로 보인 것이다. 새끼 오리들이 어미가 자기들을 부화시키려고 품고 있을 때, 알에서 깨어나면서 새끼의 눈에 처음 들어오는 것은 어미의 다리이고, 그 다리를 처음 보고서 새끼들은 어미의 다리를 따라간다는 것을 알아냈기 때문에 밝힐 수 있었다. 그리고 이런 각인 현상은 결정적 시기(Critical period)에만 일어난다는 것도 알아냈다. 따라서 그 시기가 지나가면, 각인 현상은 일어나지 않게 된다. 그리고 각인된 행동은 바로 끝나는 것이 아니고 일생 동안 계속된다는 것이다. 필자의 장소에 대한 여러 이야기가 막현리 중심으로 전개되었음을 독자들도 이제는 수긍할 것이다. 막현리의 여러 장소들이 내 머릿속에 각인되었기 때문이다.

▲ 그림 4·69 **청둥오리 새끼의 각인 현상을 증명한 로렌츠** 그가 청둥오리(기러기) 새끼들에게 각인시킨 장화를 신고 앞서가자, 새 끼들이 졸졸 콘라드 로렌츠를 따라가는 각인 현상을 증명하여 보여 주고 있다.

따라서 각인 현상은 환경의 특수한 자극에 대한 본능적인 반응이라고 볼 수 있다. 우리 인간도 그런 각인 현상이 아기일 때 일어난다는 것이 확인되기 때문에, 사람이 태어나서 커 나가는 환경은 아주 중요한 자극이 된다. 그래서 어머니 젖을 먹을 때의 어머니의 모습과 품, 그리고 어머니의 냄새 등이 중요한 것이다. 따라서 어렸을 때 경험한 선명한 환경 이미지가 있는 장소를 해석하고 설명하는 데는 각인 현상이 필수적 논리라고 할 수 있다. 그런 면에서 우리에게는 고향이 그립고, 고향 장소의 풍경과 냄새, 고향 사람들이 중요한 것이다.

(2) 환경 학습

환경 학습에서도 위와 같은 환경 각인 현상이 있기 때문에 필자에게 막현리가 중요한 장소인 것이다. 그 위에서 때로는 모방하고, 때로는 학습하고, 인지하면서 스스로 배워 가는 방법으로 필자의 환경 지식이 쌓여 왔기 때문이다.

이 책의 앞머리에 쓴 것처럼, 사람은 자기가 보려고 하는 것만을 주로 보게 되고, 관심이 없는 대부분의 환경 정보들은 생략해 버리기 때문에, 그 사람의 머릿속에 있는 환경 지도인 인지도는 그 사람이 관심을 가지고 보아 온 것들로 구성된 지도이다. 즉, 인지도는 그 사람이 믿고 있는 장소와 세계에 대한 단면을 보여 준다는 점으로서 중요하다. 그 인지도는 정확할 필요가 없으며, 사실상 많은 왜곡과 잘못이 들어 있다. 그럼에도 이를 연구하는 것은 첫째로 우리가 필요로 하는 사람이나 사물들이 어떻게 인식되고, 그것들이 어디(어느 장소)에 있는지를 알게 한다. 둘째로 어떤 특정한 사람이 원하는 것을 얻기 위해서 그 장소에 어떻게 가는지를 알게 하므로 중요하다.[134]

물론 현재는 스마트 폰에서 지도를 다운받아서 이들의 위치와 가는 길을 쉽게 찾아서 이용할 수 있기 때문에, 인지도에 의한 공간 정보의 이용이나 길을 찾는 방법의 중요성은 많이 줄어들었다. 그렇지만 머릿속의 인지도 없이는 사람의 이동은 거의 불가능하다. 그래서 사람들은 스마트폰이나 전자 기기에 의해서 장소를 탐구하지만, 끊임없이 인지도와 관련시키면서 이동한다. 따라서 앞으로는 인지도가 어떻게 왜곡되며 장소감이 어떻게 얼마나 사라지는 지를 연구하는 것이 중요한 과제가 될 것으로 보인다.

우리의 인지도는 한 장소의 중요한 지점에서 차츰차츰 범위가 확대되거나 혹은 자세하게 되며, 범위가 변경되면서 한 장소에서 다른 장소로 이동하게 되고, 여러 자료들과 장소들이 차츰차츰 연속적으로 연결되어 나타나는데, 이들은 모두 환경 학습의 결과이다.

2) 어린이들의 도로 환경 인지: 패밀리 서커스

어린 학생들에게 집에 가는 길을 물으면, 학교에서부터 시작하여 설명한다. 왜 그와 같은 대답을 하는가에 대한 해답은 스테아(Stea)의 연구에서 밝혀졌다. 즉, '어린 학생은 집에서 학교에 가는 길과 학교에서 집으로 돌아오는 길의 주변에 대한 공간 환경 실마리를 장소 학습을 통해서 알아가고 있고, 그에 따른 인지도를 형성하기 때문이다. 그러나 어린이는 상당 기간 동안 불완전한 인지도를 형성하고 있고, 다른 지역과의 연결도 짓지 못하고 있다.'는 것이다. 그의 연구에 의하면, '어린 학생들은 자기의 집에서 학교에 가는 길을 그릴 때, 길의 모두를 하나의 연결된 직선으로 나타냈다.'는 것이다. 그 학생의 통학 길은 실제는 여러 번 방향이 바뀌었지만, 어린 학생은 그 길을 모두 직선으로 그렸던 것이다. 이것은 그들의 장소 환경 학습이 아직은 충분하지 못함을 반영하는 것으로, 실제 나이가 든 고학년의 학생들은 사실 그대로는 아니지만, 몇 번은 방향을 바꾸어 실제와 비슷하게 통학로를 그린 것과 매우 대조적인 인지도였다.

그래서 어린이들은 거리는 비록 멀지만 자기가 아는 길에서만 길 안내가 시작될 수 있는 것이다. 이는 '어떤 장소에 대한 지식'과 '그 장소에 가는 길을 아는 것'은 밀접한 관련이 있지만, 같은 것은 아니기 때문이다.

---

134) Down, R. and Stea, D, 1977, Maps in Minds Reflections on Cognitive Mapping, Harper and Row, Publishers, N.Y. pp. 6–15.

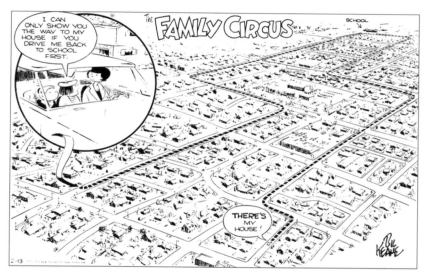

▲ 그림 4·70 **다른 가족 길 안내(Family Circus(패밀리 서커스))** 도시는 어린이가 인지도를 그리기에는 어려운 환경이다. "우리 집에 가려면 우선 먼저 나를 학교까지 데려다 주세요. 그러면 나는 학교에서 집에 가는 길을 안내할 수 있지요!" 이 어린이는 왜? 이렇게 먼 거리를 돌아서 다시 학교에서부터 시작하여야 집에 갈 수 있을까? (The Register and Tribune Newspaper Syndicate, 1972. Jackle, et al, 1976).[135]

그러나 위의 가족 안내 그림에서 보이는 것처럼, 어린이는 어떤 장소를 회상해 낼 수는 있지만, 그 장소가 다른 장소와 공간적으로 어떻게 연결되는 지에 대한 개념(이를 공간 체계라고 부른다.)은 형성되어 있지 못한 단계이다. 따라서 집과 학교가 연결된 것은 자신의 학습으로 알고 있으므로 그 길을 회상해 낼 수 있지만, 다른 제3의 장소와는 연결 짓지 못하는 것이다. 그래서 어린이에 의한 집으로의 안내는 비록 먼 거리지만, 집과 학교를 연결하는 선에서 시작되는 것이다. 그렇지 않으면 어린이는 아마도 길을 잃게 될 것이다.

그러나 이런 문제는 어린이만이 아니고 성인들도 늘 당하는 어려움인데, 이는 장소와 공간 환경을 많이 학습하는 것으로 해결될 수 있다. 특히, 우리나라가 아닌 외국의 장소에 대해서는 좀 더 생소한 경우가 많다. 이는 공간 환경에 대한 정보를 전달할 때 대체로 지도를 통해서 전달하고, 위치나 장소의 개념을 확인·설명하는 경우가 대부분이므로, 먼 외국까지는 장소 개념들이 연결되지 못했기 때문이다(본인의 공간 체계에 대한 지식이 발달되지 못했기 때문).

이런 의미에서 요즘 내비게이션에 의해서 쉽게 길을 찾는 것은, 길을 잘 모르는 외국에 가는 경우에는 더 어려움을 느끼면서 길을 헤매게 될 가능성이 커진다는 폐해가 있다. 지도를 보고 방향을 읽으면서 스스로 길을 찾는 능력이 길러져야 외국에서도 응용력이 생기는데, 현재의 내비게이션 이용 방법은 길 찾는 능력을 점점 더 퇴화시키기 때문이다. 만일 비상사태나 전쟁 등으로 내비게이션을 쓸 수 없는 상황이 되면 혼란은 더욱 커질 것이다. 따라서 지도를 보고 현지와 대조해서 환경을 인식하는 훈련이 아주 필요하다.

---

135) Jackle, Brunn and, Roseman, 1976, Human Spatial Behavior, p. 77.

3) 방향 편향 현상

　도시 내에서 사람들이 매일매일 집에서 도심에 있는 직장으로 출퇴근을 하는 경우, 그 사람들이 알고 있는 도시의 장소는, 집과 도심을 연결하는 파란색 부채꼴 모양의 부분에 대해서 특별히 잘 알게 된다. 이렇게 사람들이 움직임이 특정 방향으로 집중되고, 그에 따라서 친근하게 느끼고 잘 아는 장소의 범위가 부채꼴(깔때기) 모양으로 형성되는 현상을 '방향 편향 현상(Directional Bias)'이라고 한다.

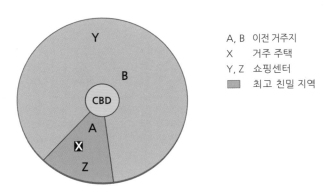

A, B　이전 거주지
X　　거주 주택
Y, Z　쇼핑센터
■　　최고 친밀 지역

▲ 그림 4 · 71 직장이 도심부에 있는 사람의 방향 편향(Directional Bias) 현상

　따라서 그 지역에 대해서는 많은 환경 정보를 머릿속에 가지고 있게 되며, 그 도시에서 가장 친근한 구역(파란색 부분)이 형성된다(지도의 Y · Z: 쇼핑센터, X: 자기 집, A · B: 이전 거주지).[136] 따라서 성인이라도 자기가 살고 있는 도시에서조차 잘 알고, 친근하게 느끼는 범위는 아주 제한되어 있다. 그래서 환경에 대한 인식과 평가는 아주 주관적인 것이다. 이는 운전을 해 보면, 쉽게 확인되는 현상이기도 한데, 자기가 잘 알고 친근한 쪽을 통과하려고 하는 경향이 강하기 때문이다.

　이렇게 사람들은 매일 매일의 생활에서 장소에 관한 정보와 지식을 모아서 선별하고 저장한다. 이들 공간적 실마리들을 머릿속에 그의 주관대로 그려서 가지고 있는 지도가 있어서, 사람들은 그를 이용하여 공간에서 이동할 수 있는 것이다. 이 지도는 경우에 따라서 축척이 커지기도 하고, 작아지기도 하는 가변적인 것이다. 또한 관련되는 장소의 정보들도 어떤 곳은 자세하고, 어떤 곳은 단순하며, 또 어떤 곳은 아무 것도 인지되지 못하고 거의 텅 빈 경우도 많다. 그래서 어떤 가정이 이사하는 경우, 이사 갈 집을 찾는 과정을 지도에 표시해 보면, 위의 빗금 친 부분의 구역 안에서 주로 주거지 변경이 이루어지는 경우가 많았고, 그 연장선인 도시 반대쪽에서 찾는 경우가 그 다음으로 많은 것으로 알려져 있다. 어린 학생들도 그래서 가장 잘 아는 장소가 집에서 학교를 연결하는 선의 주변에 활동이 집중되는 방향적인 편향(편의)을 갖게 되는 것은 성인들의 경우나 마찬가지이다.

---

136) Adams,J. 1969, Directional Bias in Intra–Urban Migration, Economic Geography, Vol. 45–4, p.304.

7 인지도(認知圖: Mental map)

모든 개인은 매일매일 장소를 이동하거나, 지리적인 결정을 해야 할 때, 그가 주관적으로 환경의 에센스를 뽑아서 머릿속에 정리한 지도인 인지도(Mental map)를 이용한다. 이 인지도란 그가 그동안 경험하고 성장하는 과정에서 장소(공간)의 환경에서 필요한 정보와 자료들만을 골라서 정교하게 재조직하여 머릿속에 저장하여 가지고 있는 주관적 지도이다. 그 인지도가 형성되는 과정은 앞의 표 1에서 제시한 대로 '환경 정보의 획득 – 코드화 – 저장 – 회상 – 해독 – 조작의 과정'을 거쳐서 결과로서 머릿속에 만들어지게 되며 추상적으로 나타나게 된다. 그래서 인지도가 만들어지는 과정은 공간적 행동을 행하는 과정(process of doing)으로, 주로 공간 환경의 일부, 그 실마리들, 참조 장소에 대한 자료들을 모아서 누적한 것이라고 할 수 있고, 그 사람의 특정 장소에 대한 관심 사항의 종합이라고 할 수 있다.

인지도는 첫째, 환경 학습의 경험을 반영하는 연령에 따라서 달라진다. 그래서 어린 학생들은 앞 그림의 '패밀리 서커스'와 같이 장소에 대한 불충분한 정보를 이용하므로, 예상 밖의 독특한 행동을 나타내게 된다. 둘째는 비슷한 연령의 어린이라도 그 장소에서 얼마나 오랫동안 생활해 왔고, 환경 학습을 했는가에 따라 가지고 있는 인지도가 달라진다. 셋째는 자기의 장소 환경에 얼마나 관심을 가지고 있는 가에 따라서 달라지는 것인데, 이들 요소는 우리가 이미 살펴본 장소 환경의 학습에서 가정한 피아제의 '장소에 대한 인지 발달 단계론'을 따르는 것이기도 하다.

1) 데일리 프리즘(Daily Prism)

유치원에 다니는 어린이에서부터 초등 및 중학교, 고등학교에 다니는 학생들은 말할 것도 없고 회사에 다니는 사람이나, 가정주부도 대체로 매일 매일의 일상생활이 정해진 일정에 따라서 진행된다. 우리는 모두 그와 같이 개인의 시간대에 맞는 일정에 따라서 그 사람이 방문하거나 머무는 장소 역시 매일 상당히 유사하므로, 그 궤적을 모형화할 수 있다.

이런 일상의 시간표와 그 시간표에 따라서 방문하거나 머무는 장소를 연결하면 시공간 상의 흐름이 되고, 이를 간략하게 대칭형 다각형으로 연결하면 데일리 프리즘이 만들어지게 된다. 이 데일리 프리즘이 중요한 것은 사회 계층에 따라서 특성이 유사하게 형성된다는 것이다. 즉, 데일리 프리즘이 사회 계층, 분화된 주거 지역의 특성, 연령 등에 따라서 달라질 수 있음을 짐작할 수 있다.[137]

---

137) 장성문, 2008, 초·중학생의 일상생활에 관한 시·공간적 비교연구, 한국교원대학교 지리교육과 석사 학위 논문, pp. 123-125.

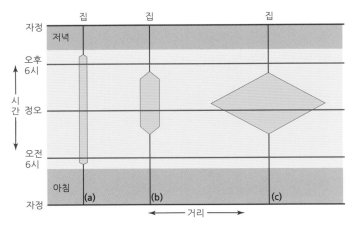

▲ 그림 4·72 **데일리 프리즘(Daily Prism)의 주요 형태** 이동한 거리와 머문 장소 및 시간대를 이용해서 간략히 프리즘을 그리면 3
가지 형태로 분류될 수 있다. 이 데일리 프리즘은 가장 많이 머무는 집에서부터 이동하는 시간과 장소를 간략하게 연결한 것
인데, 세로축에는 시간대를, 가로축에는 이동하는 장소를 거리에 따라서 대칭으로 나타낸 것이다.

스웨덴의 지리학자 헤거스트란트(Hägerstrand)가 정교하게 개념화한 시공간(Time-space)상에서의 변화와 이동(확산의 공간적 패턴)을 추적하는 것은 현대 사회의 변화를 구조적으로 파악하는 중요한 기법이다. 이 시공간상의 변화 개념을 파악하기 위해서 '어떤 개인이나 집단이 시간상으로 언제, 공간상으로 어디에서, 무슨 활동을 어떻게 하고, 왜 그렇게 행동하는가?'를 다루는 것은 시간 지리학(Time Geography)의 주된 연구 분야이다. 이렇게 어떤 사람의 하루를 '시간과 공간상에서의 움직임'으로 파악하여 표현한 궤적을 데일리 프리즘이라 한다. 이 데일리 프리즘은 시공간 개념을 구조화하고 이해하기 위한 좋은 도구가 되며, 개인의 일상 활동이 이루어지는 활동 공간(Activity space)의 특성을 알 수 있게 해 준다.

첫 번째 (a)는 자기 집에서 식품점을 운영하는 어떤 마을의 한 겸업 주부의 데일리 프리즘이다. 이 주부는 아침 5시 30분에 일어나서 가게 문을 열고, 가게 앞을 청소한다. 그리고 식료품을 사러 오는 마을 사람들을 맞으며 물건을 판다. 아침밥은 식구들과 함께 간단히 먹지만, 그렇다고 자유롭지는 못하다. 언제든지 손님이 오면 바로 물건을 팔아야 한다. 분식을 시켜 간단히 점심 식사를 하고는, 조금 쉬고 운동을 한다. 가게 주변을 걷기도 하고, 실내에서 자전거를 타기도 한다.

오후에는 그래도 시간이 좀 나지만 자리는 지켜야 하고, 시간이 되는 대로 가게 안을 정리한다. 가끔 단골손님들이 와서 마을 소식을 듣기도 하고, 자기가 들은 이야기를 해 주기도 한다. 그래도 마을 소식은 많이 아는 편이다. 저녁때는 마을 사람들이 집에 가면서 반찬거리를 사 가기 때문에 조금 바쁘다. 그래도 시간을 내서 저녁 식사 준비를 한다. 8시경에 가게 문을 닫고 식구들과 같이 늦은 저녁을 먹는다. 그 후에는 좀 쉬면서 식구들과 이야기를 하다가 10시가 넘으면 잠자리에 든다.

이 프리즘은 가장 긴 시간을 아주 좁은 공간에서 지내는 경우라고 보면 되고, 생활 중에서 환경 정보를 별로 얻지 못하고, 특별한 성취감도 느끼기 어려운 경우가 많다. 가장 힘들고,

표 나지 않는 가사를 직업과 분리시키지 못하고, 비슷한 일을 반복하면서 하루하루 생활함을 보인다.

(b)는 어떤 중류층 가정의 중학생으로, 아침 7시쯤에 일어나서 세수하고 학교에 갈 준비를 하면서 오늘 배울 수학의 인수 분해 공식을 확인하며 외운다. 자세한 것은 학교에서 배울 수 있을 것으로 믿지만 왜 그렇게 해야 하는지는 모른다. 8시 반에 어머니가 만들어 준 간식을 챙겨서 가방에 넣고 걸어서 버스 정류장에 간다.

거기서 학교에 가는 버스인 1010번을 타고 약 20분 걸려서 학교 앞 버스 정류장에 도착하여서 내린다. 다시 좀 걸어서 학교에 가서 내 교실로 들어가고, 반의 친구들과 인사하고 오늘의 수업을 받는다. 6시간의 수업을 배우고 나면 오후 3시 반이 되고, 교실과 주변을 정리하고 학교를 나온다. 걸어서 버스 정류장에 와서 길 건너의 반대 방향에서 1010번을 타고 집에 오면 4시 반이다. 집에서 좀 쉬면서 어머니가 주는 간식을 먹고, 오늘의 과제를 하고, 식구들과 같이 저녁 식사로 카레를 먹는다. 그리고 내일 배울 내용도 대충 살펴본다. 그리고 10시가 좀 넘어서 잠을 잔다.

이 학생의 데일리 프리즘은 그래도 버스로 20여 분간의 거리를 이동하는 공간으로, 상당히 넓은 공간을 이동하면서 많은 환경 정보를 얻는다. 그래서 (a)보다는 질적으로 훨씬 훌륭한 데일리 프리즘을 가지고 있고, 그 생활에서 성취감도 얻는 경우가 많다.

(c)는 어떤 부유한 가정의 가장으로, 아침 7시에 일어나서 출근 준비를 하고 신문을 대충 보고, 정원도 살펴본다. 그리고 식구들과 같이 아침을 먹는다. 아침 식사 후에 8시쯤에 자동차를 운전하여 회사로 향한다. 회사에서 회의를 하고, 자기 맡은 사무와 서류를 정리하고, 거래처에서 회의하기로 연락하고는 10여 분 거리를 다시 차를 운전하여 간다. 거기에서 회의를 하고, 다시 회사에 들어와서 일을 처리하다가 내일 있을 회의 자료를 준비한다. 그리고는 주변을 정리하고 회사를 나온다. 돌아오는 길에 집에서 기르는 개의 간식을 좀 사가기로 하고, 10분 정도 운전하여 애견 가게에 들른다. 거기서 개의 간식을 사가지고 다시 운전하여 집에 온다. 좀 씻고 식구들과 같이 저녁 식사를 하고, 개에게도 먹이와 간식을 준다. 식구들과 이야기하고, 과일도 먹으면서 시간을 보내고 저녁 10시가 되어서 잠을 잔다. 가장 넓은 공간을 이동하면서 많은 환경 정보를 얻고, 중요하다고 판단되는 일들을 많이 처리한다. 그래서 셋 중에서 질적으로 가장 고차적인 생활 패턴을 가지고, 바람직한 데일리 프리즘을 가지고 있다.

이렇게 하루의 시공간상에서 움직인 궤적을 추적하여 단순화시키면, 마름모꼴(다각형)의 데일리 프리즘을 얻게 된다. 데일리 프리즘은 대체로 가정에서 출발하여 가정으로 돌아오게 되며, 그 움직인 범위의 넓이에 학자들은 주목하게 된다. 프리즘의 넓이는 첫째, 어린이는 좁고, 성인은 넓다. 그리고 노인이 되면 다시 좁아지게 된다. 둘째, 부유한 계층은 넓고 저소득층은 좁다. 그 넓고 좁은 범위가 약간의 차이가 아니고 몇 곱으로 달라진다. 상류층은 특히 넓고 구체적이며, 비교적 확실한 공간적 이미지를 가지고 있고, 하층민들은 좁고 불완전한 공간적 정보를 가지게 된다.

셋째, 이동 능력과 이동 수단에 따라서 넓이가 달라진다. 일반적으로 자가용을 이용한 이동은 넓고 대중교통이나 도보로 이동하는 경우는 좁다. 따라서 넓은 데일리 프리즘은 많은 환경 정보를 얻는 삶이고 성취감도 높은 고차적 생활 패턴을 가진다고 할 수 있다.

여하튼 이렇게 공간을 움직이면서 얻은 환경 정보는 머릿속에 체계적으로 변환되고 정리되어 저장되었다가 필요시에 다시 회상하여 이용된다.

2) 주요 일상 행동으로서 통근: 통근 거리 문제

우리나라 부부들은 맞벌이를 하는 경우, 남자들의 프리즘이 넓고 크며, 여자들은 프리즘이 좁고 작은 것으로 나타난다. 이는 남자들이 일상생활에서 먼 거리를 이동하는 것을 나타내 준다. 그래서 필자는 그 차이가 우리나라 남자들의 페미니즘 정신을 잘 반영하는 것이라고 처음에 해석했었다.

그러나 데일리 프리즘과 자료를 잘 해석해 보니, 남성의 통근 거리가 큰 것은 여성을 위한 페미니즘이라기보다는 자기가 좀 더 많은 환경 정보를 점하려고 하는 행동임을 알게 되었다. 그리고 가사를 여성에게 전담시키기 위해서 남자가 멀리 통근하기 때문에 나타나는 결과라는 것을 알게 되었다.

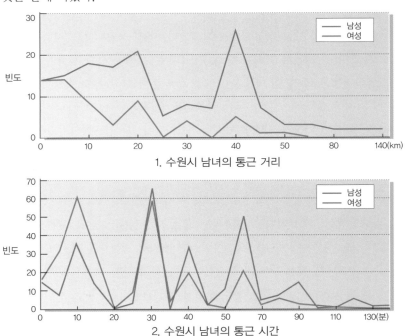

1. 수원시 남녀의 통근 거리

2. 수원시 남녀의 통근 시간

▲ 그림 4 · 73-1, 2 **수원시 남녀의 통근 거리 및 통근 시간** 수원시의 사례 연구에서 남자(청색)의 통근 거리는 20km, 40km에서 각각 높은 빈도를 보였다(표본 수, 300명). 특히 남자 통근 거리의 최빈치는 40km에서 나타나고 있고, 평균 통근 거리는 15.6km(표본 수, 238명)였다. 그에 비하여 여성(적색)의 최빈치는 5km에서 나타나고, 나머지는 여러 개의 봉우리가 나타나지만, 높은 빈도는 아니었고, 평균 통근 거리는 9.8km였다.

통근 시간 면에서도 남자는 30분, 60분대에 높은 빈도를 보이며, 평균 통근 시간은 약 41

분이었다. 여자는 10분, 30분에서 각각 높은 빈도가 나타나며, 평균 통근 시간은 약 30분이었다. 여자와 남자의 통근 거리 차이는 약 5.8km, 통근 시간 차이는 11분으로, 모두 99%의 신뢰 수준에서 의미가 있는 차이였다.

한국의 여성들은 맞벌이를 하지만(남녀 모두 교사들을 대상으로 한 연구이다.), 남자들의 기사도적 전략(먼 거리를 통근하면서, 집에 늦게 들어오는 전략)에 따라서 여성들은 어쩔 수 없이 가정에 묶이게 된다는 것을 알게 되었다. 이런 면에서 한국 남성들은 좀 더 진지하게 여성을 위하는 행동을 가정에서부터 찾아서 분담해야 할 것이다.[138]

아직도 유교 사상에 젖어 있는 우리나라의 가정에서는 남자들이 가부장적인 생각에 젖어서 가사를 여성에게만 전담시키는 경향이 강하다. 이런 경향은 결국 남자들은 폭이 넓은 인지도를 머릿속에 가지게 되지만, 여성들은 좁고 불완전하게 연결되는 인지도를 가질 수밖에 없게 한다. 그 결과로 여성들은 '길눈이 어둡다'는 소리를 듣게 되고, 운전도 잘 못하게 되며, 공간과 관련되는 의사결정은 늘 몇 개의 경험한 곳에서 벗어나지 못하게 되는 것이다. 가령 음식을 사서 먹더라도, 다양한 선택보다는 자기가 가 보았던 몇몇 음식점으로 결정하는 경우가 많다. 이는 남성들이 조장한 사회 환경에 대한 여성들의 인식의 제약과 불완전한 인지도에 기인한 것이다.

이와 같은 상황이 지속된다면, 한국의 가정에는 평화가 유지되기 어려울 것이고, 늙어서 '황혼 이혼'을 당할 가능성이 높아질 수밖에 없을 것이다. 세상이 바뀌었음을 한국의 남자들은 빨리 깨닫고, 가정에서 가사를 분담하여 상호 유통하고 의지하는 행복한 가정을 가꾸어야 할 것이다. 그리고 이런 패턴은 동아시아의 한, 중, 일 3국이 모두 같은 현상이다.

3) 인지도와 구성 요소

사람들은 매일매일 가정과 학교, 직장, 취미 활동 혹은 쇼핑, 사교장 등의 장소에서 여러 가지 활동을 하면서 자기가 움직이는 경로(동선)의 주변에 있는 환경을 기억하여 머릿속에 저장한다. 이처럼 환경을 학습하면서 저장된 머릿속의 지도를 우리는 인지도(mental map/cognitive map)라고 부른다.

사람들은 모두 이 지도가 있기 때문에 공간을 이동할 수 있는 것이다. 따라서 데일리 프리즘이 넓은 사람은 인지도가 넓고 자세하며, 데일리 프리즘이 좁은 사람은 대체로 인지도도 좁고 불완전하게 나타난다. 그래서 데일리 프리즘이 사람들의 환경 인식과 장소의 활용에 관한 해석에서 중요한 것이고, 그에 조응하여 발달하는 인지도는 바로 사람의 성장 단계나 사회 계층, 사회 활동 등에 따라서 달라지게 되어서 장소의 해석에 아주 중요하다. 왜냐하면, 장소를 이루는 장소감은 환경에 대한 사람의 인식에서 발달되는 개념이고, 그에 따라서 인지도도 발달되기 때문이다.

---

138) 양보윤. 1997. 여성의 통근특성에 관한 지리학적 연구. 한국교원대 석사학위논문. pp. 73–90.

지금까지의 연구에 의하면 모든 개인의 인지도는 차이가 크지만 그 구성은 공통된 요소로 표현되어 나타난다는 것이다. 따라서 이를 잘 이용하면 지리와 환경의 교육, 문제 장소의 파악과 개발 전략, 혹은 도시민들의 만족도를 높일 수 있는 도시 계획 수립 등에 쓸 수 있고, 도시민들이 가지고 있는 장소에 대한 선호도나 그 내용을 파악할 수 있다.

린치(K. Lynch, 1960)는 도시민들이 가지고 있는 도시 경관의 질적인 가독성(분명한 구별) 혹은 '읽기 쉬움(복잡한 도시를 쉽게 그려 내는 이미지)'을 파악하기 위하여 3개의 도시에 대해서 사람들이 주로 잘 알고 있는 대상들을 조사하였다. 그는 도시의 관찰자와 환경 간에는 '양방향의 상호 영향을 주는 관계가 있다.'고 보았다. 그리고는 사람들이 알고 있는 대상에 대해서 인터뷰를 실시하여 그를 재조직하여 지도화하였다.

그는 사람들이 가지고 있는 '도시 이미지(인지도)는 5개의 요소로 나타남을 알았다. 즉 사람들이 가지고 있는 모든 인지도에는 다음의 5가지 요소가 들어 있다.

1. 길(Paths): 채널, 이동 통로 등을 의미하며, 관찰자가 움직일 수 있는 길을 말한다. 그것은 가로, 통로, 대중교통 노선, 운하, 철도 등을 주로 말한다. 사람들은 일이나 이동 중, 관찰 중에 그들을 지나게 되며, 따라서 가장 중요한 요소이다. 인지도에는 이 통로를 따라서 다른 요소들이 위치되고 배열된다.

2. 끝(Edges): 끝은 길로 이용되지 않는 선형의 요소들로, 흔히 2개 대상물의 경계선이다. 해안, 벽, 철도선, 산지, 하천 등을 말하며 길보다는 덜 중요하다. 길의 측면이고 사람들이 잘 알고 있는 것들이다.

3. 지구(Districts): 이 지구는 도시의 일부로 규모의 차이가 있지만, 도시를 잘라낸 절단부와 같다. 2차원으로 인식되는 것이 앞의 요소들과 다르다. 대부분의 사람들은 도시를 이 지구들로 인식하는 경우가 많다. 외부에서 인식할 수 있는 것들을 묶은 공간이며, 길과 같이 중요한 요소이지만 내부를 자세히 인지하지 않는다.

4. 결절점(Nodes): 관찰자가 들어갈 수 있는 전략적인 점으로 거기서부터 이동을 시작하는 지점이다. 대체로 교차점, 합류점, 분기점 등을 의미하며 따라서 선형의 요소인 길이 만나는 점이 대부분이다. 또한 지구의 핵심, 이동들이 수렴하는 점 등도 그 예이다.

5. 표지 혹은 지표(Landmark): 이것도 점으로서의 참조물이다. 그러나 관찰자는 그 속에 들어가지는 않는다. 빌딩, 표지(간판), 기호, 가게, 혹은 산, 교회의 종탑 등이 이 요소의 예이다.

◀ 그림 4·74 인지도 구성 5개 요소; 길, 끝, 지구, 결절점, 표지

인지도는 주관적으로 개인에 따라서 특정 장소는 자세하게 표현되고 정보를 많이 가지고 있고, 어떤 곳은 여백으로 정보가 없는 부분도 많다. 이렇게 정보가 들어 있지 않은 공백 상태의 넓은 부분을 미확인 인지 장소(Terra incognita; 미지의 나라)라고 한다.

4) 사회 계층과 인지도

사회 계층과 인지도 발달과는 밀접한 관련이 나타난다.[139] 공간을 많이 이동하는 사람은 인지도가 넓고 구체적이고, 공간을 적게 이동하고, 한 장소에 머무는 사람은 우물 안 개구리 모양으로 좁고 불완전한 인지도를 갖게 된다. 따라서 사회 계층에 따라서 인지도도 크게 달라진다.

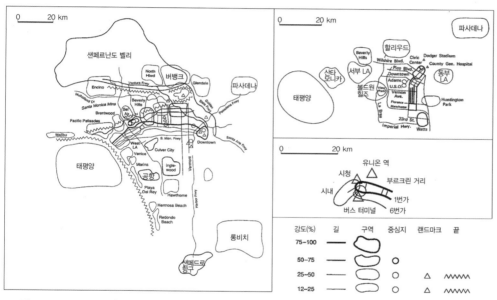

▲ 그림 4·75-1, 2, 3 **LA 주민들의 인지도** 계층에 따라서 아주 큰 차이를 보이고 있다. 좌측은 백인 상류층의 인지도, 우상은 흑인들의 인지도, 우하는 멕시칸들의 인지도이다. 모두 LA 시민들을 인터뷰 하여 "LA를 얼마나 알고 있는가? 그 중에서 무엇 무엇을 아는가? ○○을 아는가?" 등을 질문하여 그들의 대답을 통해 많이 아는 비율에 따라서 계급을 구분하고, 굵기를 달리하여 작성한 인지도이다.

상류층: 백인 상류층의 인지도는 넓은 범위에 걸쳐서 아주 구체적인 인지도를 가지고 있다. 특히 백인들이 자주 가는 북부의 할리우드, 서부의 태평양 해안, 중심부의 업무 지구, 남쪽의 롱비치 휴양 지구 등이 확실하고, 자세하며, 폭넓게 나타난다.

이들 지구는 백인 부유층의 거주지인 고급 주택 지구, 휴양과 오락 지구, 도심의 업무 지구 등을 포함하며, 백인 상류층은 그들을 대부분 인지하고 있음을 보인다. 이것은 백인 부유층이

---

139) Jones, E. and Eyles, J. 1977, An Introduction to Social Geography, Oxford, pp. 51~54. 필자들은 Down과 Slea의 1973년 연구를 인용하여 설명하고 있다. 그러나 본래는 LA 시청의 도시 계획과에서 조사한 것을 여러 사람들이 인용한 것이다.

주로 살고, 일하고, 휴식하는 곳이라서 대부분을 잘 알기 때문에 나타나는 현상이다.

중류층: 우상은 흑인의 인지도이다. 도심부의 남쪽 부분과 그 주변의 일부만이 인지도에 나타나며 인지도가 불완전하고 좁다. 높은 인지를 보이는 것은 몇 개의 도로이고, 태평양이나 할리우드는 약간 알고 있는 정도이다. 백인 상류의 인지도와 아는 장소가 겹치기는 하지만 많이 다르고, 연결되지 못하고 따로따로 떨어진 불완전한 인지도를 보인다.

하류층: 우하는 멕시코인(칸)들의 인지도로 백인의 인지도와 비교하면 전혀 다른 도시의 이미지처럼 차이가 크다. 철도역(유니언 역) 주변의 도심 주변 장소를 조금 알뿐이고, 좁고 불완전하며, 연결도 거의 되지 못하고 있다. 상당수의 멕시칸들이 불법으로 체류하고 있고, 그런 법률관계와 경제 활동의 제약, 낮은 경제 수준, 좁은 교류 관계 등에서 그들은 결국 아주 제한적으로 L. A. 도시의 일부분에서만 활동하고 있고, 일부만을 알고 있음을 보인다.

이렇게 인지도는 같은 성인들이라도 사회적 · 경제적 계층의 차이에 따라서 다르며, 그 차이는 대부분의 사회적 · 경제적 지위와 그들 활동의 영역 차이에서 유래한다. 따라서 우리는 인지도가 좁고 불완전한 사람들에게 복지적으로 활동 영역을 넓혀 줄 수 있는 정책을 취해야 한다. 이러한 측면에서 볼 때, 노인들에 대해서 서울 지하철을 무료로 탈 수 있게 하는 정책은 긍정적이기는 하다. 그러나 전부를 무료로 하는 정책은 재고되어야 한다. 절반 정도를 할인해 주는 방법을 고려하여, 노인층에게도, 지자체에도 만족할 수 있는 정책을 검토해 봄직하다. 그리고 여러 가지 공공적인 행사는 가능한대로 장소를 바꾸어 가면서 실시하는 것이 보다 바람직하다.

5) 인지도의 발달 단계

인지도는 어떤 사람의 장소에 대한 정보를 표현하는 주관적인 마음속의 지도이다. 또한 그 사람이 특정한 장소에서 얼마나 오래, 자세하게 경험하고 관찰하였나를 판단하는 자료이기도 하다. 그래서 장소에 대한 경험은 그 사람의 연령, 장소 경험의 기간, 사회 계층, 개인의 인지 발달 차이 등에 따라서 달라진다. 이에 대해서는 이미 앞에서 논의한 '장소 환경 학습 과정'에서 피아제의 이론에 따라서 나선형으로 발달하는 환경 학습의 인지 발달 단계 이론으로 살펴보았다. 이제 어린이들이 성장하면서, 자기가 살고 있는 장소(마을)에 대해서 어떠한 인지도를 가지고 있는가를 단계별로 검토하기로 한다. 게티스 등(A. Getis, J. Getis, and J. Fellmann)의 연구에 의하면 인지도의 발달은 놀랄 만큼 극적으로 이루어지고 있다.[140]

---

140) A. Getis, J. Getis, and J. Fellmann, 1996, Geography, WCB Publishers, pp. 272-273.

6세 어린이의 인지도는 자기가 사는 마을에 대하여, 자기 집을 가운데에 그리고, 앞집과 뒷집을 각각 좌우(앞과 뒤)에 그린 인지도로 자기 마을을 나타냈다. 단지 자기에게 가장 강한 인상을 주는 것은 집의 굴뚝이고, 굴뚝 옆의 나무에서도 깊은 인상을 받은 듯하다(상).

10세의 중간 어린이는 자기 마을에 대한 인지도를 상당한 정도를 추상화시켰고, 비교적 폭넓은 마을의 윤곽을 가지고, 제한적이지만 지도의 형태로 나타냈다. 마을의 길 이름도 알고, 가옥의 배치도 알고 있었다. 아마도 어린이의 집은 무어 스트리트(Moore St.)에 면한 듯하다. 왜냐하면 13세 어린이의 인지도와 비교해 보면, 10세 어린이는 남북을 반대로 맞추었기 때문이다.

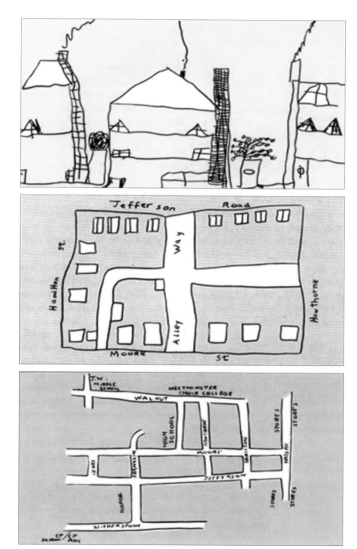

▲ 그림 4·76-1, 2, 3 인지도 발달 단계(Getis 등): 어린이들이 그린 자기가 사는 장소(근린)에 대한 인지도 (1) 맨 위는 6세 어린이의 인지도, (2) 가운데는 10세 어린이의 인지도, (3) 아래는 13세 어린이의 인지도이다. 이들은 모두 같은 집에 살고 있는 어린이들이고, 아래 두 어린이는 여자 어린이였다. 이들에게는 "자기가 사는 마을(근린)을 그려 주세요."라고 요구했을 뿐이다. 더이상 어떤 요구나 정보도 주지 않았다.

13세 어린이는 과감한 생략과 추상화로 마을의 전부를 그리고 있었고, 외부와의 연결로도 나타내고 있다. 10세 어린이가 그린 마을의 범위는 황색으로 대비하여 표시하였다. 이를 보면 이 연령대의 어린이의 인지 발달이 급속히 이루어지며, 공간 환경의 인지를 포함하여 전체 지식의 증가가 '입방(세제곱)의 비로 늘어나고 있음'을 쉽게 알 수 있다. 즉, 13세 어린이의 장소에 대한 인지 범위는 10세 어린이의 인지 범위의 50배 이상 넓은 범위를 알고 있는 것이다.

10세 어린이의 인지 범위는 6세 어린이의 인지 범위에 비하여 30배 정도의 범위를 인지하고 있는 것으로 나타난다. 따라서 피아제의 인지 발달 단계 이론이 어린이들의 인지도에서도 잘 나타나고 있다고 할 수 있다.

이런 면에서 어린이들의 교육에서 현장 학습은 지적 발달을 촉진시키고, 빠른 발달을 가져오게 할 수 있어서, 앞으로 새로운 교육에서 장소에 대한 교육, 지리 교육이 절대로 필요함을 알 수 있다.

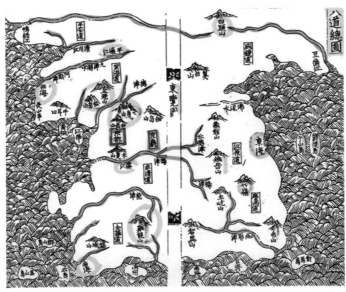

▲ 그림 4·77 우리 조상들의 한반도 인식(신증동국여지승람의 팔도 총도) 팔도총도는 조선시대 초기 사람들의 한반도에 대한 인지도라고 해도 무방하다. 자세히 보면 한반도를 하천과 중요한 산, 몇 개의 고개와 나루터 등 독특한 소수의 장소(연결로)와 행정 구역으로 인식하였다.

쉽게 알 수 있듯이 위 지도는 경기도, 강원도, 황해도, 충청도가 훨씬 과장되어 나타난다. 말하자면 수도권 중심의 인지도라고 할 수 있다. 서울에 거주하는 관료들이 만든 지도들을 종합하였기 때문으로 이해할 수 있다. 즉, 인지도는 자주 왕래하고 잘 아는 중요한 곳을 더 자세하고 과장하여 그린다는 것을 확인할 수 있다. 이렇듯 인지도는 매우 주관적이고 중요하다고 인지한 것들 중심으로 그려 내기 때문에 개인별 혹은 집단별로 중요시하는 장소의 상대적 중요성을 알 수 있는 도구이기도 하다.[141]

141) 노사신, 양성지, 이행, 서거정 등, 1530, 전게서, p. 22.

또한 여기서 부기할 것은 동해, 서해, 남해의 위치 표시가 바다가 아닌 육지에 표시되어 있다. 이는 각각의 바다 신(용왕)에게 제사를 지냈던 장소를 의미한다. 동해는 양양, 서해는 장산곶, 남해는 해남이 바다에 제사를 지내던 장소였으므로, 그곳에 각각 바다를 표기하였다. 이런 장소들이 우리 민족의 국토 인식이라는 면에서 의미가 있는 것이지만, 이를 과대 평가·해석해서는 안 된다.

6) 한일 양국 대학생들의 세계 인지도: 세계관의 차이

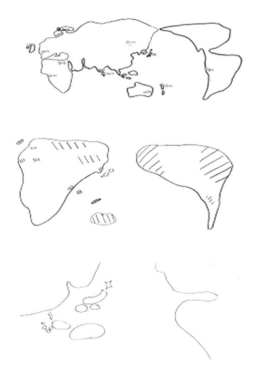

▲ 그림 4·78 대학생들의 세계에 대한 인지도: 상 – 한국교원대(일반형), 중 – 일본 조에쓰대(상징형), 하 – 일본 조에쓰대(매스컴형)

(1) 상: 세계 일반 인지도

우리나라 대학생(한국교원대)의 세계에 대한 인지도는 한반도를 세계의 중심에 놓고 세계 지도를 그렸다. 전체적으로 상세하고 정확하게 그려진 인지도이며, 아프리카 대륙이나 유라시아 대륙에 비하여, 한반도를 크게 나타냈다. 또한 상대적으로 일본 열도도 비교적 정확하게 나타냈다. 따라서 흠잡을 곳이 별로 없는 자세한 인지도이고, 세계에 대한 지식도 많은 편으로, 바람직한 세계관을 가지고 있다.

(2) 중: 상징형

일본 조에쓰대(교육대학; 우리나라의 사범대학에 해당) 학생의 인지도 역시 일본을 중심에 놓고 그렸으며, 모두를 생략하여 그렸다. 그러나 자기네 나라인 일본은 자세하고, 한반도도 조금은 나타나게 표시는 하였다. 자기네 나라에 대해서는 잘 알고 있지만, 인접한 국가나 세계에 대해서는 자세하게는 알지 못하는 약간 편협한 세계관을 가지고 있는 듯하다. 세계 지리 지식의 평가에서 높은 점수가 아니었고, 평균 정도의 학생이었다. 그러나 환경 대상물을 추상화하는 능력은 뛰어났다.

(3) 하: 간략형(매스콤형, 조에쓰대 학생)

세계 지도라기보다는 일본 주변을 간략히 나타냈다. 한반도를 거의 나타내지 않았고, 대신 일본을 중심에 놓고 자세하게 그렸지만 정확도는 매우 낮다. 세계 지리 지식의 점수도 낮은 편이고, 세계관도 불완전하고 편협한 편이다.

이와 같이 인지도를 분석하면 어떤 개인이 중요하게 여기는 것, 알고 있는 범위, 그곳의 환경의 특성을 파악할 수 있다. 따라서 공간 환경 연구와 계획에서는 인지도의 분석이 거의 필수적이라고 하겠다.

7) 장소 계획과 생활 변화: 사람이 살기에 편한 도시

우리가 사는 장소는 우선 안전하고, 아름답고, 편리하여, 생활하기에 쾌적한 곳이어야 한다. 쾌적한 장소의 최우선 조건은 우리 가정의 안전을 확보하여 가족 구성원 모두의 안전을 지키는 것이다. 그래서 서로 사랑하며, 이웃들과 교류하여 살기 좋은 공동체를 만들어 가려고 하는 노력이 중요하다. 이 목표를 달성하기 위해서 자치 단체는 공동체 정신을 활성화하여 살기 좋은 곳으로 가꾸어야 한다.

그런데 우리가 살기에 어려운 장소의 환경 특성에서 가장 중요한 것은 '영역을 침범하는 범죄 활동이 많이 일어나는 장소'라는 것이다. 범죄는 개인이나 집단이 가지고 있는 영역의 권리를 파괴하는 활동이다. 따라서 범죄 예방과 건전한 사회 환경 조성을 위한 장소 계획이 필요하다.

(1) 안전한 골목길 공동체 계획

"범죄가 발생하기 쉬운 환경은 어떤 환경인가? 그를 알고, 연구하여 범죄가 발생하기 어려운 환경을 만들면 어떨까?"[142] 이 같은 생각에서 시작된 새로운 환경 설계 기법도 많이 있다. 이른바 '범죄 예방 환경 디자인'이라 불리는 '셉테드(CPTED, Crime Prevention Through Environmental Design)'는 그런 연구의 한 흐름이다.

---

142) 고준호, 2009, 범죄와 두려움의 공간적 특성, 한국교원대학교 지리교육과 박사학위논문, pp. 20-32.

주된 움직임은 거리 환경을 깨끗하게 만들고, 조명도 밝게 바꿔서 범죄가 발생할 가능성을 근본적으로 막아 보자는 움직임들이고, 장소 인식을 가장 중시하여 전개한다.

일례로 보스턴시는 1980년대 초에 접어들면서 범죄 예방을 위해 셉테드를 도입했다. 우범 지대에 위치해 있던 주택 단지에는 가로등이 추가로 설치됐고, 보기 흉한 낙서로 가득했던 거리의 벽에는 밝고 아름다운 풍경이 그려졌다.

또한 불량배들이 모이는 어둡던 장소는 화사한 정원으로 바꿨고, 뒷골목으로 연결되는 건물 후문은 늦은 밤부터 아침까지 외부인이 접근할 수 없도록 막아 놓았다. 그 결과 보스턴시의 절도와 강도, 폭력 등의 범죄 발생률이 20% 이상 감소하는 효과를 보였다. 이런 노력들은 우리가 사는 장소를 살고 싶은 곳으로 만들려는 훌륭한 시도들이다.[143]

▲ 그림 4·79 도시 계획에서 근린의 유대를 강화하기 위하여 도입한 막다른 골목형 도시 계획(쿨드색; Planning of the Cul de sac) 보스턴시는 이 쿨드색 도시 계획으로 주민들 간의 상호 감시와 면대면 접촉을 증가시켜서, 주민들 사이의 유대감을 높였다. 또한 공공(용) 공간(public space)을 지구의 중앙에 위치시켰다. 그랬더니 이 장소는 외부 침입도 어렵고, 도주하기가 어려워져서 범죄 발생도 크게 줄었다.

이처럼 현대 사회는 환경을 잘 인지하고, 거기에 맞는 발전 계획을 수립·적용하는 것이 절실한 때이며, 지리학의 연구는 이를 위해서 중요한 기초를 제공할 수 있다.

(2) 빈민가의 환경을 바꾸는 페인팅

브라질 리우데자네이루의 빈민촌인 파벨라(Favela) 지역은 폭력과 마약 등의 범죄들로 가득한 슬럼가였다. 헤아릴 수 없이 많은 판자촌과 미로 같은 복잡한 골목 때문에 온갖 범죄자들이 모여들면서, 파벨라는 세계에서 범죄율이 가장 높은 곳 중 하나로 꼽혔다.

그런데 이곳에 수십 명의 네덜란드 화가들과 마을 거주민들이 함께 밝고 재미있는 벽화를 그리면서 아름다운 변화가 시작됐다. 그 결과 이 지역은 범죄율이 25%나 낮아지게 되면서 관광객들이 몰려들고 있고, 축제가 이어지는 장소로 탈바꿈하고 있다.

---

143) Science Times, 2016. 6. 3. 기사 중에서 인용.

▲ 그림 4·80 그림 페인팅 작전으로 삶이 변화된 브라질 파벨라(Favela)의 벽화 장소(구글 캡처)

▲ 그림 4·81 우리나라 페인팅으로 유명한 부산의 피난민촌 안창 마을 벽화와 색칠하기

　이미 이 책의 제Ⅰ장에서 '백제의 미소'라는 예술품이 훌륭한 장소를 만든 예를 살펴보았지만, 미술이나 조각, 음악, 연극, 발레 등의 예술은 모두 훌륭한 장소를 만들수 있다. 더구나 그런 경우에는 창조력이 충만한 예술 활동들이 일상적인 삶과 어울리는 시너지 효과를 보인다. 이제는 특히 감성이 중요한 시대이므로, 이들을 적극 활용하여 창의성을 높일 수 있는 인공 환경과 사회 환경의 조성이 필요하다. 그렇게 되면 새로운 장소성이 형성되고, 그 장소가 중요해지며, 침체되었던 곳이 살아나게 된다. 더구나 한민족은 예술적 감성이 풍부한 사람들로, 앞으로 창의적 활동이 기대된다.

V

장소 배열의
공간 구조와 질서

1

장소 배열의 공간 구조:

한국의 취락 체계

　　장소는 땅 위의 일정 범위를 사람들이 인식하거나, 점유하여 생활하는 공간으로 사람들에 의하여 상징화되고 이름이 붙여지면서 존재하게 된다. 장소 연구가들은 '지표면 위의 한 곳을 바라만 보아도 장소가 형성될 수 있다.'고 하는 생각에서부터, 오랫동안 거기에 살아오는 사람들에 의하여 공유된 인식과 상징을 가진 공간까지를 장소라고 하였다. 그래서 그 장소의 공간적 범위는 가령, "의자 위에서부터 시작하여, 책상, 방구석, 방 안, 창문, 마당, 집 안(homestead), 자연 마을(hamlet), 큰 마을(village), 읍(town), 군(county), 도시(city), 도(province), 지역(지방)(region), 나라(nation), 아시아(Asia), 세계(world)"까지로 연속적으로 장소의 범위가 확장될 수 있다. 또한 지역과 달리 장소는 그들 사이에 얼마든지 다양한 크기의 장소들로 구별될 수 있다.

　　그러나 장소의 가장 확실한 경계와 범위는 투안(Tuan)에 의하면, 눈으로 볼 수 있는 범위(시야)인 가시성(visibility)이 강하게 작용하는 공간으로 군(county) 이하의 취락(마을)에서 확실히 인식될 수 있다. 여기서는 너무 좁은 장소보다, 자연 마을에서부터 큰 장소까지의 순서로 배열을 검토하겠다.

◀ 그림 5·1 보길도의 취락 제주도의 취락보다 훨씬 높은 담으로 둘러싸인 가옥으로, 좁은 고샅을 만들어 연결된 집들이 마을을 이루고 있다. 강력한 상부상조의 지역 공동체를 기반으로 하는 사회로, 높은 돌담은 우선적으로 영역을 확보하고, 이어서 방풍과 바람에 실려오는 소금기를 막는 방염(防鹽)이 목적이지만, 왜구나 해적의 침입을 막고자 하는 1차적인 안전의 확보라는 뜻도 강하게 들어 있다.

　　취락은 자연환경과 밀접한 상호 작용으로 이루어지는데, 바닷가의 어촌 공동체는 육지의 농촌 마을 공동체보다 훨씬 더 강한 인적 연결을 이루고 있다. 이는 같은 배에 타면서 목숨을 서로 담보하기 때문이다. 우리가 사는 한반도에는 자연 마을, 큰 마을, 읍, 도시, 대도시 등의 여러 취락들이 존재하고 있다.

　　따라서 이와 같은 다양한 취락들의 집합을 우리는 취락 체계(聚落體系; Settlement

system)라는 틀로 정리할 수 있다. 혹자는 이를 정주 체계(定住體系)라고 번역하기도 하지만, 취락이란 말은 이미 중국의 사기(史記)에 나오는 말이고, 우리나라 학자들도 이미 오래전부터 사용하여 왔으므로, 구태여 일본어로 번역된 한자어인 '정주(定住; teizyu)'라는 용어를 쓸 필요성을 느끼지는 않는다.

여하튼 취락 체계란 여러 취락들이 서로 상호 작용을 하고, 서로 의존하면서 계층적인 지배−종속 구조를 갖는 경우가 많다. 그들을 크기에 따라서 배열하면 연속체(continuum)를 이루어 취락들 사이에서 뚜렷한 구별이 어려운 경우도 있지만, 차이가 큰 경우(가령 자연 마을과 읍)에는 쉽게 차이를 확인할 수 있다. 그리고 대체로 작은 장소는 큰 장소에 기능적으로 의존하는 경우가 일반이다. 그래서 서울의 아래에 부산이나 대전 등이 있고, 대전의 아래에 천안시나 논산시가 있고, 다시 그 아래에 금산읍이나 강경읍 등이 있게 된다. 이것이 계층적인 장소의 계열이지만, 때로는 규모가 역전되는 경우도 존재한다. 가령 서울, 부산 등 대도시 주변에는 규모가 큰 위성 도시가 많지만(성남, 양산 등), 그 도시들의 기능은 가령 충청북도 진천읍보다 훨씬 적거나 낮은 기능들만 있는 경우도 많다. 베드타운으로서의 주거 기능만 있으므로 다른 기능들은 약해지는 영향 때문이다. 그래서 취락이라는 장소는 규모만이 아니고, 수행하는 기능, 법이나 행정법적인 규정, 상호(의존) 작용 등에 의하여 지위가 정해지면서 대체로 계층적으로 배열된다.

2 장소 배열 이론

장소는 지표면 위에서 개인의 주관적인 의미가 있는 좁은 지표면이 될 수도 있지만, 일정한 범위에 사는 사람들이 공통으로 인식하는 틀에 따라서 넓게 위치하고 기능하는 경우가 더 일반이다. 일정한 영역 내의 공간 체계는 안과 밖의 영향에 반응하면서 변화하지만, 전체적으로는 평(균)형 상태(equilibrium)를 지향하면서 목적에 따라서 움직이게 된다. 평형 상태를 유지한다고 하는 것은 어떤 특정 취락이 크게 변하여도, 전체 취락들의 형태와 기능이 조절·유지된다는 의미이다.

또한 공간 구조(Spatial Structure)란 공간 체계를 설명할 수 있는 틀을 말하는 것으로, '땅 위의 공간상에서 여러 장소들이 배열해 있는 모양, 질서, 상태를 나타내는 공간적 구성 또는 조직'을 말하고, 그 장소들 사이에는 대체로 상호 의존적인 계층(포함) 관계로 조직되어 있다고 알려져 있다. 따라서 그를 분석하고 설명하는 것이 전체적인 장소들에 대한 연구이다. 또한 공간 구조 역시 우리가 생활하면서 계획하고, 만들어 내고, 생활에 이용하는 것이지만, 동시에 사람들은 이 공간 구조의 영향을 받으면서 그 영향 속에서 사회생활을 하게 되는 상호 의존의 관계이기도 하다.

인간의 활동과 공간 구조와의 관계는 앞에서 논의한 '사회−공간적 변증법(Socio−Spatial Dialectics)'이 작용하고 있다. 즉 사람들은 환경의 영향을 받으면서 그에 반응하고 행동하여 사회가 변하기도 하며, 다른 한편으로는 사람들과 사회의 작용으로 공간과 환경도 차츰 더 크게 개발ㆍ변화하게 되는 관계인 것이다. 따라서 인간의 활동과 장소 및 공간 구조와의 관계를 전체적으로 파악하려면 우선 환경의 틀이 되는 공간 구조를 살펴야 한다. 여기서는 조금은 무리가 따르겠지만, 중심지라고 볼 수 있는 비교적 큰 규모의 장소들을 중심지 이론으로 파악해 보기로 한다.

일반적으로 넓은 평야 지대에서 인구 밀도가 조밀하면 사람들이 모여 사는 장소인 중심지들의 숫자가 늘어나고, 그 장소들 사이의 간격이 가까워지게 된다. 한 중심지가 생길 수 있는 '기본 수요량(최소 요구치)'이 쉽게 만족되기 때문에 작은 중심지의 수가 늘어나는 변화가 일어나는 것이다. 즉, 그 속에는 늘 사람들의 움직이는 거리가 짧아지도록(최소화) 하려는 사람들의 노력이 작용하기 때문이다. 먼 거리를 이동해야 하는 사람들이 불편해지면, 새로운 장소가 중심지로 생겨날 수 있는데, 그를 최종적으로 결정하는 것이 기본 수요량(최소 요구치 인구수)과 사람들의 이동 거리, 그리고 만족도라고 할 수 있다.

기본적 공간 구조는 작은 장소들의 영향권이 큰 장소들에 의존하는 포함 관계로 이루어져 있다. 그래서 일정 법칙에 따라서 상호 작용(의존)하는 장소들의 배열은 지배와 종속 관계인 계층적 공간 구조(Hierarchical spatial structure)라는 것을 이룬다. 왜냐하면 이런 구조라야 사람들이 최소한으로 움직이면서 보다 고차적인 서비스를 받을 수 있게 되기 때문이다. 그러면 한국의 장소(중심지) 배열에 영향을 미친 요인들을 고려하면서 공간 구조를 살펴보기로 하자.

1) 한국인들의 자연과 국토 인식; 뛰어오르는 호랑이

한국 사람들은 본래 자연과 무척 친근한 삶을 살아온 사람들이었다. 그들이 자연에서 살아갈 재료를 구하고, 충분히 얻어서 남는 것을 저장하면서 비로소 한 장소에서 살 수 있게 되었다. 한 장소에 정착해서 살아가기 위해서는 몇 가지의 조건이 필요하였다. 역사적으로 신석기 정착 생활에서 필요한 조건으로 보면, 음료수와 적어도 1년 이상은 먹고 남을 정도의 식량과 재료들이 풍부한 장소여야만 정착이 가능했다. 동시에 자기와 가족, 동료들이 안전하게 살 수 있는 장소여야만 삶터로 선정되었다.

그래서 물, 농업, 연료, 주거지와 저장 창고 등이 필요했고, 울타리나 담장, 무기, 도구 등이 있어야 했다. 이런 물질적인 조건 외에 서로가 공동생활을 이루게 하는 질서와 그 질서를 지키면서 씨족을 이끌어 갈 지도자도 필요했다. 이렇게 생활에 필요한 재료와 그를 얻는 기술, 안전과 그를 지키는 기술, 외부로의 연결로, 지도자 등이 정착 생활의 필수 조건이었다.

우리 한반도의 신석기 유적들은 대체로 위와 같은 환경 조건들을 만족시키는 곳에서 발굴되었고, 이를 통해서 우리 선조들의 자연 인식을 읽어 낼 수 있다.

▲ 그림 5·2 **한반도와 주변의 신석기 유적지** 신석기 유적지의 분포는 바로 우리 민족의 자연 인식과 평가를 반영한다. 주로 하천변이나 해안 중에서 안전을 확보할 수 있는 장소를 선정하여 정착 생활을 하였고, 산과 물이 있는(서로 만나는) 결절점을 선호하였다. 신석기 사람들은 여러 가지 도구, 무기들을 만들어 이용했고, 종교 의식 등도 행하면서 단결하며 생활했다. 가장 오래된 유적지는 제주도의 한경 고산리 유적으로 약 1만 년 전의 생활 터로 알려져 있다. 이런 분포는 현재와 다른 한반도 환경을 고려해야 하지만, 그래도 안전, 생활 재료, 공동체 질서 및 외부 연결로 등은 꼭 필요했다. 이후 씨족과 부족 사회를 거치면서 지역의 세력들이 형성되었다.

필자는 현재의 자연 마을의 입지가 산지와 평지가 만나는 산기슭의 결절점에 위치하여서 하천과 육상 교통로가 확보되고, 산지에서 생활 재료를 얻고 또한 방어 기능 등이 있는 곳이었음을 앞에서 밝혔다. 따라서 신석기 유적에서도 이 결절점이 아주 중요하게 작용했을 것으로 판단한다. 그래서 이동하던 수렵 어로의 생활(이동로가 가장 중요한 요소)에서 정착 생활로 넘어가는 필수 요소 중의 하나도 바로 이 교통로와 결절점이라고 판단된다.

그러나 교통이 편리한 곳은 안전을 도모하기가 어려워서 방어 시설을 갖추어야 하는 것이고, 외부에서 잘 눈에 띄지 않는 지형을 골라서 정착하게 된다. 그런 곳은 바로 좌청룡 우백호라는 산맥으로 둘러싸여 있고, 뒷산(진산) 아래 양지바른 골짜기의 산기슭이며, 앞으로는 안산이 가려 주는 터전(소위 명당)이라고 생각된다. 한반도에는 산지가 많고 그 산맥들이 대체로 북동－남서 방향으로 뻗어서 그런 명당과 닮은 장소들이 상당히 많다고 생각된다.

또한 양호한 교통로 확보가 더 중요한지, 아니면 그를 막는 방어 시설이 더 중요한 지는 주변의 다른 환경을 고려해서 판단해야 하지만 모두 중요한 것이 사실이다.

(1) 한국인들의 자연관: 샤머니즘, 애니미즘, 토테미즘

우리나라에서 가장 먼저 역사에 등장하는 나라는 단군왕검이 세운 단군 조선으로, 그의 후손들이 모여서 우리나라를 만들었다. 그 후 반만 년이란 오랜 역사를 살아오면서 한민족은 그들의 조상과 관련이 있는 하늘과 땅 즉, 자연과 조화를 이루면서 그를 지키고, 이용하고, 상징성이 충만한 국토로 인식하고 그 위에서 즐기면서 살아왔다. 그래서 이 땅에 사는 사람들은 역사 이전부터 '인간과 자연이 서로 영향을 주고받는 상호 작용'을 하면서 자연을 인식하고, 이용하고, 자연으로부터 영향을 받아 왔던 것이다.

▲ 그림 5 · 3-1(좌) **한민족의 한반도 자연 인식** 한민족은 한반도를 민족이 영험하고 용맹한 동물로 추앙하며 산신령으로 모셨던 호랑이에 비유하는 자연인 식을 갖고 있다.
▲ 그림 5 · 3-2(우) **인왕산 선바위**

위 그림에서 보는 바와 같이 한반도에 대한 인식은 우리 민족의 자존감을 길러 주는 역할을 하였다. 일제는 우리나라 사람들을 길들이기 위하여 사람들의 인식을 왜곡하여, "한국 사람들이 아주 평화를 사랑하므로 한반도에 대한 전통적인 인식은 풀을 먹으며 평화롭게 사는 온순한 토끼 모양이다."라고 하였다. 이를 억울해 하던 최남선은 "우리의 한반도 인식은 옛날 고구려의 영토인 대륙을 향하여 용맹한 기상을 펼치며 포효하면서 바다를 박차고 뛰어오르는 호랑이 모양이다."라고 발표하여, 낙망하던 당시의 사람들의 마음을 많이 위로하여 주었다. 이렇듯 한반도의 자연에 대한 인식은 우리 민족의 꿈이나 자존감에 관련된다.

우측 사진은 인왕산의 선바위이다. 현재도 많은 사람들이 치성을 드리는 이 선바위는 우리 민족의 자연 인식과 샤머니즘을 대표하는 덩어리이다. 본래 인왕산 자체도 국사당이 남산에서 오기 전부터 바위, 건물, 나무, 물, 다리, 길 할 것 없이, 모든 대상에 셀 수 없는 여러 신들이 살았던 샤머니즘의 장소였다. 그중에서도 이 선바위는 가장 여러 신들이 모여 있는 장소였고, 또 한편으로는 서울 도성의 범위를 정하는 데도 결정적인 역할을 했다고 알려져 있다.

즉, 정도전과 무학 대사가 도성의 범위를 정할 때 이 바위를 넣을지 말지를 두고 대립하였는데, 무학 대사는 이 선바위를 성안으로 넣자고 주장하였다. 즉 더 넓게 성벽을 쌓자는 주장이었다. 어느 날 이성계가 첫눈이 내린 새벽에 나와서 보니 이 바위의 안(동)쪽으로만 눈이 녹아 있었다. 그래서 눈이 녹은 선을 따라서 서울 도성을 쌓았고, 그래서 선바위는 바로 도성의 성벽 밖으로 제외되었다고 한다. 아마도 이성계가 정도전의 말에 더 무게를 두었던 것으로 해석되는 대목이다. 이 바위의 이름은 '이 바위의 모양이 선을 올리는 큰 바랑을 둘러멘 중의 모양'이라고 해서 선바위라고 했다는 것이다. 본래 선바위는 화강암이 풍화되어서 많은 타포니(풍화혈이 얼고 녹는 기후의 작용으로 바위에 움푹하게 파인 구덩이나 구멍)가 발달해 있어서 기묘한 형상을 이루고 있기 때문에 붙은 이름이다.

또한 인왕산 자체가 타포니가 많기로 유명한 산이라서 샤머니즘이 발달하기에 적합한 장소였던 것이다. 거기에 서울 도성이 이 산을 양쪽으로 가르고 있으니 온갖 샤머니즘과 불상을 모신 집들이 헤아릴 수 없을 정도로 다닥다닥 붙어 있었다. 실제 점집이나 절이 1970년대 초까지 무척 많았지만, 대부분은 1970년대에 반강제로 철거되었다. 그러나 아직도 그 기능들이 상당히 유지되고 있는 장소가 많다. 사진 속의 장소도 계단을 오르면 절이 있고, 여러 가지 소원을 비는 장소로도 상징화되어서 '샤머니즘과 불교가 함께 공존하고 있는 장소의 중첩'이 나타나는 곳으로, 우리 민족의 자연 인식이 드러나는 장소이다.

◀ 그림 5·4 **순천의 정원 박람회장에 설치된 샤머니즘적인 장식품** 재미있는 표현으로, 아마도 정원 박람회의 성공을 기원하는 설치물이다. 정원 박람회는 큰 성공을 거두었다.

(2) 풍수지리

그런데 현재까지도 우리 민족이 인식하고 있는 자연 현상 중에서 뚜렷한 것은 산과 강, 하늘에 대한 인식이며 그에 기초하여 우리나라의 여러 샤머니즘과 풍수지리가 형성되었다. 그 중에서 가장 강력하게 남아 있는 인식의 맥이 '백두대간'이다. 백두대간은 백두산에서부터 마천령산맥 – 함경산맥 – 낭림산맥 – 태백산맥 – 소백산맥으로 연결되는 산맥들을 하나의 산맥 즉, 택리지에서는 '조선산맥'으로 연결시켜서 불렀는데, 관념상으로 인식하는 한국인들의 산맥 인식 체계이다.

사실 풍수론에서 산맥은 경우에 따라서 논두렁이나 밭두렁에 의해서도 커다란 산맥의 연결과 같이 '연결된 대상의 지맥'으로 인식하는 경우가 허다하기 때문에, 이런 논리를 적용하면 단절되었지만 연결된 맥으로 인식할 수는 있는 것이다. 따라서 백두대간과 산맥 체계는 일치할 수 없다. 그러나 상당히 오랜 동안 우리 민족이 백두대간을 연결된 맥으로 인식하고 보아 왔기 때문에, 그를 과학에 근거하여 일부러 폄훼할 필요는 없지만, 그렇다고 무조건 옹호해서도 안 될 것이다.

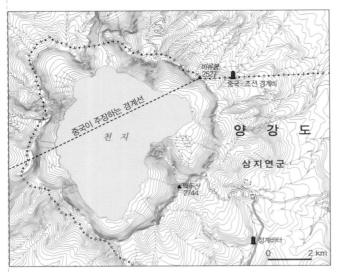

▲ 그림 5 · 5-1(좌) **북한의 백두산 지형도**
▲ 그림 5 · 5-2(우) **민족의 영산 백두산과 천지** 우리 민족의 영산인 백두산은 꼭대기에 천지라는 화구호가 있고 주변에 제일 높은 봉우리는 병사봉(장군봉)이다(산경표에서는 백두산의 제일봉을 연지봉이라고 하였다.). 백두산 최고봉은 병사봉으로 높이가 2,744m(중국 주장; 2750m)이며, 화산 폭발 시에 용암이 흘러서 형성된 개마고원이 아래에 넓게 발달되어 있다.

백두산은 우리나라에서 가장 높은 산이고 우리 민족의 시작과 관련을 가지고 있는 정신적인 산이다. 조선의 학자(실학자 포함)들은 이 백두산이 중국에서 연결되어 온 산맥의 줄기로, 한반도의 모든 산맥이 이에 연결되며, 최종적으로 중국에 이어진다고 하는 사대사상을 뒷받침하기도 하였다. 따라서 한반도가 중국에서 따로 떼어진다는 것은 꿈에도 상상할 수 없는 사람들의 생각이었으므로, 어떻게든지 한반도를 중국과 연결시켜야 했었다. 백두산의 정계비가 있었던 장소는 지금은 '정계비 터'라고 표기하여 지도에 보이고, 행정 구역도 양강도라고 고쳤다.[144] 그래서 주의할 필요가 있지만, 여하튼 백두산은 민족의 영산으로 민족의 자존심과 긍지를 일깨워 주는 산이다.[145]

우리가 늘 편하게 생각하는 생활의 터전은 우리나라의 지형에서 탁월하게 많은 다양한 분지 지형과 북동−남서 방향의 여러 산지들과 관련이 있는 장소이다. 즉, 조상들은 차가운

144) 권혁재, 2007, 한국지리, 우리국토의 자연과 인문, 법문사, pp. 56~57.
145) 이 지도는 따라서 북한에서 만든 지도이며, 인터넷 포털 다음에서 다운받았다.

북서풍을 막을 수 있고, 남쪽으로 생활 공간이 열려 있으며, 그 속에서 생활용수를 공급하는 하천이 흘러나오고, 주변의 산지에서 연료를 얻을 수 있는 양지바른 완만한 경사를 가진 지형을 삶의 장소로 선정한 경우가 많다. 이런 장소에 가면, 우리 한국 사람이면 대체로 포근하고 온화함을 느끼게 되며, 마치 고향에 온 듯 편안함을 갖게 되는 지형의 구조로 우리 민족과는 친근한 지형이고, 생활상으로도 큰 이점이 있는 장소이다.

그런데 이런 장소들을 만들어 내는 1차적인 산맥이 소위 척량 산맥이라고 불리는 한반도의 골격을 이루는 함경산맥, 낭림산맥, 태백산맥에서 시작되기 때문에 이들을 연결된 하나의 맥으로 인식하는 것(= 백두대간)은 중요한 지형 인식이 될 수는 있다. 왜냐하면 거기에서 2차적인 여러 북동-남서 계열의 산맥들이 연결되어 우리의 실생활에 직접 영향을 많이 주기 때문이다.

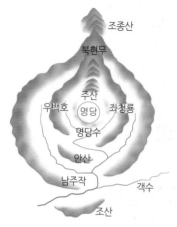 

▲ 그림 5·6-1(좌) **풍수지리에서의 명당 개념도** 이 명당 개념은 산과 물, 그들의 방향과 형태에 따라서 여러 다른 상징을 갖는 명당들이 존재한다.
▲ 그림 5·6-2(우) **백두대간의 의미를 새롭게 일깨워 주는 진부령비**

또한 신증동국여지승람에 들어 있는 조선 초기의 팔도총도를 보면 우리나라 사람들의 자연 인식은 산맥이 아니고, 유명한 몇 개의 산과 하천 중심으로 자연을 인식하였음을 알 수 있다. 이는 대체로 산과 바다와 하천에 제사를 지내던 일과 연관이 되며, 따라서 조선시대에도 국토 인식이 많이 바뀌었음을 읽어 낼 수 있다.

우리나라 사람들은 자연을 대할 때 그 대상물들에 '신이 들어 있다.'고 생각하면서 자연을 조심스럽게 이용하면서 살아온 사람들로, 이는 조선 말기까지도 계속된 생활 태도였다. 그래서 전통적인 자연 인식을 다룰 수 있는 대상을 찾는다면 첫째는 애니미즘(토테미즘 포함)과 그에 연관된 샤머니즘, 무속 등과 결합된 자연과의 조화를 추구하는 자연 인식이 현재까지도 우리 민족의 생각 속에 들어 있다고 하겠다. 물론 이들이 뚜렷하게 독립되어 나타나는 경우는 많지 않고, 불교, 도교, 풍수지리 등과 결합하여서 나타나는 경우가 흔하다.[146]

146) 장덕순, 1987, 국문학과 무속, in 한국의 전통사상과 문학, 서울대 출판부, pp. 1-65. 박종홍, 1974, 한국사상사, 서문문고, pp. 125-142.

여하튼 자연을 경외하고 소중히 하며, 그와 어울려서 살려는 자연과의 조화가 우리의 공간 구조를 해석하는 첫 번째 열쇠이다. 그것이 맞다, 틀리다는 논리의 다툼은 그 다음의 논의 사항이라고 볼 수 있다.

이와 같은 자연의 인식이 장소에 반영되는 예는 세계의 모든 민족에서 공통으로 나타나는 범민족적인 현상이지만, 서양이 훨씬 덜한 것은 기독교의 영향 때문이고, 동양에서 훨씬 강한 것은 불교, 도교, 유교가 샤머니즘 등과 결합했기 때문이다.

이런 맥락에서 우리 민족이 단군 신화에 나오는 토템 사상이나 선민사상, 민족의 염원인 대륙을 향한 움직임 등이 작용하면서, 자연스럽게 우리 한반도의 상징을 뛰어오르는 호랑이에 비유한 것은 아주 잘된 귀결이다.

▲ 그림 5·7 **마이산 탑사** 마이산 두 봉우리 즉, 여성 산과 남성 산 사이에 있지만, 여성 산 쪽에 기대어 위치하고 있다. 민족의 자연 인식이 잘 나타나는 곳이다.

이 마이산은 슬픈 전설 및 큰 꿈과 관련이 깊은 장소이다. 옛날 옛적에 하늘나라에서 죄를 짓고 쫓겨난 산신 부부가 인간 세상에서 아이 둘을 낳고 기르며 오랜 인고의 세월을 이 마이산에서 속죄하며 보냈다. 그러다 속죄 기간이 지나서 승천하려 할 때 부정을 타서 두 봉우리로 되었다는 것이다. 남편 산신은 승천하는 모습을 누가 볼까 염려하여 밤에 오를 것을 제안했지만, 부인 산신이 새벽 승천을 고집하여 새벽에 승천하기로 하였다. 그런데 일찍 치성을 드리러 산을 찾은 아낙이 산신들이 승천하는 광경을 보게 되자, 놀라서 그만 비명을 지르는 바람에 산신 부부는 승천하지 못하고 굳어져 지금의 암수 마이봉이 되었다고 하는 전설을 가지고 있다.

지질학적으로 보면, 중생대 백악기(대체로 1억 4,500만 년 전~6,600만 년 전) 당시 이곳은 거대한 공룡들이 살던 큰 호수였다. 그 호수에는 홍수 때 유입된 자갈과 모래가 퇴적되어 두꺼운 자갈층이 만들어졌고, 약 1억 년 전에 그것이 매몰되어 오랫동안 큰 압력을 받아서, 자갈이나 돌이 바위 속에 박혀 있는 바위인 '역암(礫岩)'이 되었다.

그 뒤 7,000만 년 전쯤에 한반도의 지각 변동으로 그 역암이 지표면 위로 올라오게 되었다. 역암층은 단단한 편이었지만, 여러 크기의 돌들이 함께 굳어 있어서, 그 후 차별 침식과 풍화로 돌들이 먼저 빠지고, 그 곳에 집중적인 풍화를 받아서 타포니가 많은 지금의 모양을 갖추게 되었다고 설명한다.

'신증동국여지승람'에는 마이산을 '용출봉'으로 기록하고 있다. 봉우리 두 개가 높이 솟아 있기 때문이다. 봉우리 중에서 동쪽 봉우리를 수마이봉(678m), 서쪽을 암마이봉(685m)이라고 부른다. 대부분의 산에 박힌 돌은 우리가 하천에서 쉽게 볼 수 있는 둥근 돌(작은 것은 몽돌, 자갈 규모)들이 많다. 주변의 하천에서 이 큰 호수로 운반되어 와 쌓인 돌들이다. 그 돌들이 풍화 과정에서 빠져서 아래로 굴러 떨어졌고, 그 돌을 이용해서 탑들을 많이 쌓은 것으로 보인다.

또 다른 전설에는 마이산의 탑들은 풍수에 능한 이갑룡(李甲龍)이란 도사가 조선 8도의 돌들을 옮겨다가 쌓은 탑이라고 한다. 이 돌탑들은 매우 안정적이라서 강한 태풍에도 쉽게 넘어지지 않는다. 그 많은 탑들을 쌓는 과정에서 이갑룡은 뛰어난 재주는 없지만 끈기 있게 탑을 쌓고, 풍수에 맞게 작업을 해서 신선이 되었다는 것이다. 무엇이든 선한 마음으로 오래 수행하면 신선이 될 수 있다는 것을 깨우치는 전설이다. 풍수가들은 "이곳 마이산에서부터 땅의 기운(지기)이 기운이 계룡산으로 연결되고, 신도안에 있는 명당으로 분출된다."고 한다.

그래서 세 번째 전설에서 마이산은 조선 왕조를 창건한 이성계의 개국 명분을 뒷받침하고 있다. 물론 이성계의 자가발전식 개국 명분론이겠지만, 고려 말 남원 운봉에서 왜구를 물리치고 마이산에 들른 이성계는 이곳에서 잠을 자게 되었다. 그런데 꿈속에서 산신으로부터 '이 나라 이 강토를 헤아리라.'는 계시와 함께 '금척(金尺)'을 하사받았고, 그를 계기로 조선 개국의 꿈을 꾼 곳이라고 한다. 당시 고려 말에는 '고려공사삼일(高麗公事三日)'라는 말이 나돌 정도로 법과 제도가 무질서하게 수시로 바뀌었고, 어떤 조직과 단체의 말기 현상을 보였다. 그 무질서를 법과 제도로 다스리려는 신진 세력들이 있었고 정몽주, 이성계 등이 그 그룹이었다.[147] 그런데 이성계가 금척을 하늘로부터 받았다는 것은 바로 '새로운 법질서를 세우라는 명을 받았다.'고 할 수 있어서 조선의 건국을 합리화하는 전략인데, 민족의 자연 인식을 정치에 이용한 것이라고 생각된다.

---

147) 박병호, 1992, 한국의 전통사회와 법, 서울대학교 출판부, pp. 24-26.

▲ 그림 5·8-1(좌) **마이산 수마이봉(동쪽)**
▲ 그림 5·8-2(우) **마이산 원경** 수마이봉은 암마이봉(서쪽)과 함께 신비적 상징을 가지며, 아래쪽에 샘물이 나온다. 수마이봉의 서
   사면은 침식되다 남은 역암의 경사가 무척 급하며, 사람의 사타구니 같은 모양을 이룬다(이 부근만을 고려하면, 이 산이 암마
   이봉이라고 볼 수 있으나, 전체적인 것을 생각하면 수마이봉이라고 할 수도 있다.). 그런 면에서 상징은 양면성이 있고, 보는
   사람들의 느낌이 중요하다.

▲ 그림 5·9 **몽골의 성황당** 여러 신들과 바람을 기원하는 오색의 천으로 장식한 돌무덤으로 성황당과 같은 곳이며, 우리나라에도
   유사한 성황당의 장식들이 많이 있다.

여하튼 토지는 민족이 기대고 지탱하는 터전의 역할을 하였고, 한반도의 토지는 우리 민족에게 재산 이상의 특별한 의미를 부여하고 있다. 마치 토지(땅)는 고유한 개성이 있고, 사람들에게 삶의 기운을 주는 장소가 그 중에 있다고 생각하는 듯하다.

본래 풍수지리는 중국의 곽박(郭璞)이란 사람이 쓴 금낭경(錦囊經)이란 책에서 유래하지만, 중국의 풍수론이 도입되기 전에 우리나라에는 자생적인 풍수가 있었던 것으로 알려져 있다.[148] 풍수란 대체로 땅의 맥을 따라서 지기(地氣)가 흐르며, 그 지기의 이동은 물을 만나면 정지한다고 한다. 흐르듯 이동하던 지기가 땅 위로 솟아나는 곳은 명당이고, 그 장소 안에 핵심이 되는 명당 혈(穴)이 있다. 그 명당은 상징적으로 좌청룡 우백호라는 진산에서 뻗어 나온 작은 산줄기에 의하여 둘러싸이고, 이들은 모두 남쪽으로 열린 골짜기 속에 있으며, 진산의 아래에서 발원하는 하천이 골짜기 밖으로 흘러나가는 지형 형세를 이룬다. 그리고 좌청룡, 우백호는 한 줄기의 산줄기가 아니고 여러 겹의 산줄기로 되어 있다.

본래 풍수지리는 유교와 상당히 궤를 같이 하는 조상 숭배의 원리가 바탕을 이룬다. 따라서 가장 바람직한 명당의 모양은 소위 회룡고조(回龍顧祖)형인데 이는 '산의 지맥과 본산이 서로 휘돌아서 마주 바라보는 형세를 이룬다.'는 지형이다. 따라서 조상은 후손을 보살피고, 후손은 조상을 숭배하는 것이 근본 원리라는 면에서 조선시대 유교의 통치 원리와 통하였고, 그래서 우리 민족은 더욱 극성스럽게 풍수지리에 빠진 것으로 생각된다.

가장 유명한 풍수지리서에 나오는 일화를 한번 보자. 중국 제나라의 관중(管仲)에게 왕이 물었다. "내가 어제 밤에 꿈을 꾸었는데 동종(銅鐘)이 윙윙 소리 내어 울었다. 이것이 무슨 징조인가?" 관중이 대답했다. "동종이 울었다면 그의 동족(同族)인 동산(銅山)이 무너졌다는 징조입니다." 과연 며칠 뒤에 동 광산에서 동을 캐던 인부가 달려와서 "동산이 무너져서 큰 재난을 입었다."고 아뢰었다는 것이다. 여기서 풍수지리의 기본 원리인 '조상이 후손을 돌본다(조상인 동산에서의 사고를 같은 종류인 동종이 먼저 알고 울어서 알렸다는 것이다.).'는 원리를 확인할 수 있는데, 실로 아주 '원시적인 유추(analogy)가 작용'하고 있는 것으로 해석된다.

과학 기술이 발달하지 못했던 고대에는 큰 행운이나 불운 혹은 자연의 섭리 등 초인적인 변화에 대하여는 다른 뜻을 더하였다. 그 변화들을 귀신 등과 관련짓는 경우가 많았고, 그에 대하여 행운이 있는 장소나 액운(손해)을 피하는 방법이 여러 가지로 설정되어 비보(秘報)라는 것으로 전해지고 있다. 그중에 중요한 것은 '땅의 기운인 지기(地氣)'가 있다고 가정하고, 그것을 잘 이용하면 복을 받을 수 있다는 생각이 풍수지리의 기본이라고 할 수 있다.

---

148) 석탈해는 반월성이 명당자리라는 것을 알고 거기에 사는 사람을 내쫓는데, 그 집터에 대장장이가 쓰는 도구를 묻어 두고 왕에게 자기 아버지가 대장장이였고 반월성에 살았는데 파 보면 그 유물이 나올 것이라고 하였다. 왕이 확인해 보니 과연 그 증거가 나와서 석탈해의 말이 받아들여졌다. 그래서 거기에 살던 사람을 내보내고 반월성을 차지하게 되었다.

▲ 그림 5·10-1(좌) **풍수지리의 여러 명당도** 여러 가지 가공의 동물이나 희귀한 상황에 비유하는 형국을 이루고 있지만, 대체로 조
  상의 덕을 받으면 자손이 흥하게 된다는 원리를 가지고 있다.

▲ 그림 5·10-2(우) **전남 구례군 토지면 오미리의 운조루(류이주의 저택)** 주요 민속자료 8호이다. 금환락지(金環落地)의 터로 잘
  알려진 명당으로, 삼남의 3대 명당이라고 한다. '타인능해(他人能解)'라는 말을 뒤주에 써서 누구나 쌀을 가져갈 수 있게 하
  여, 자선을 베풀었다고 전해진다(다음에서 캡처).

▲ 그림 5·11 **탄천과 그 주변 높은 하상(고수부지라는 말이 쓰이지만 일본어에서 온 용어인 듯함)에 만든 주차장과 운전면허 시험
  장(2017. 4. 27.)** 평소에는 물이 흐르지 않는 양편의 높은 하상은 탄천의 하천 폭(넓이)에 비하여 상대적으로 넓게 쌓인 것으
  로, 그것은 잠실이 만들어진 원리와 같이 만들어진 것이다. 이 탄천과 한강이 합작으로 만든 모래땅은 원래 부리도(浮里島),
  잠실, 신천, 송파 등이 따로따로 떨어져 있었고, 그들을 하나로 합치면서 한강의 유로를 북쪽으로 변경하고, 탄천의 유로를
  고정하여 잠실이 되었다. 이들 하중도는 홍수 시에 하천의 물과 같이 이동해 오던 토사가 한강 본류를 만나면서 한강과 탄천
  의 유속이 감소되고, 결과적으로 운반력을 잃어서 퇴적되었기 때문에 만들어졌다. 이제 잠실은 한국 최고층 빌딩이 들어선
  장소로 유명하게 되었다.

동방삭(東方朔)이란 사람은 풍수지리에 능하여 3,000년 동안이나 살았는데, 저승사자가 자기를 잡으러 오는 것을 미리 알고 피했다는 것이다. 그래서 매번 허탕을 치던 저승사자는 꾀를 내어 이 '탄천에서 숯을 물에 빠는 시늉'을 하고 있었다. 동방삭은 숯을 물에 빠는 저승사자를 보고 "내 삼천갑자 사는 동안 저렇게 멍청한 친구는 처음 보겠네. 그래 숯을 물에 빤다고 검은 숯이 희어지지는 않지. 허허허." 하고 혀를 찼고, 그 말을 듣고 저승사자는, 동방삭임을 확실한 증거를 가지고 잡을 수 있었다는 것이다. 그래서 이 하천의 이름이 탄천(炭川; 숯을 빨던 냇물)이 되었다고 한다. 이렇게 풍수지리와 관련된 장소명은 우리나라에 헤아리기 어려울 정도로 많다.

따라서 명당의 지형을 찾는 것이 풍수가들의 일이었지만, 그들도 맞지 않을 때를 생각해서 여러 가지 도피로도 만들어 놓았다. 즉, 길흉화복이 풍수지리에 잘 맞는 것은, 사람이 착한 선행을 계속하여 베풀고, 바르게 잘 살려는 노력과 맞아야 한다는 것이다. "착하게 살지 않으면 명당에 묻히더라도 복을 받을 수 없다."는 주장도 이에 해당한다.

이는 현대 지리학에서 볼 때는 절대적인 환경 결정론적인 측면에서 행한 지형 평가의 결과를 '환경 가능론'으로 해석하고, 응용하는 장소 설정 과정(장치)'이다. 또한 이론적인 원형에 부족한 부분이 있다면 비보라는 수단을 써서 보충하여 명당을 만들 수 있다는 생각으로, 결정론에서 벗어나는 가능론적 보완 논리(수단)도 가지고 있었다.

여하튼 풍수지리가 '자연과 인간과의 상호 작용 측면'을 나타내기도 하고, 유교의 원리인 삼강오륜과 잘 맞는다고 역사적인 사실들이 주장하지만, 사실 풍수지리가 잘 맞는다는 증거는 별로 없다. 차라리 사회적으로 성공한 사람이 높은 지위에서 조상의 묘를 잘 쓰고, 자기의 자손들을 교육하고, 잘 이끌어서 그의 자손들도 좋은 자리에 올라설 수 있도록 작용하였다는 '사회 자본'으로 해석하는 것이 훨씬 더 나을 듯하다.

더구나 조선시대에는 부모에게 효도하고, 부모의 상에 모든 노력을 투입해서 상례를 치루면, 다른 사람들이 그를 좋게 평가하는 사회 분위기가 작용하였다는 역사적 사실들이 더 중요하다고 판단된다. 그것은 오늘날의 금 수저론이 작용하는 원리와 같이 가문, 사회 지위가 강하게 작용했기 때문이라고 판단하는 것이 더 합리적이라고 생각한다. 부모에 효행하고, 최선을 다하여 장례를 치러서, '근본이 되었음'을 나타내 주는 증거를 확보하기 때문이다.

이와 같은 풍수사상은 조선시대 지도 제작의 밑바탕이 되었으니, 이쯤에서 가장 중요한 조선시대의 지도인 대동여지도를 살펴보기로 한다.

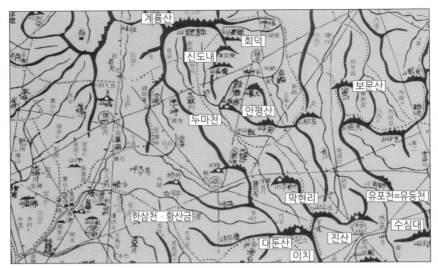

▲ 그림 5·12 **막현리와 진산, 연산, 진잠, 회덕(보문산) 부근의 대동여지도** 조선 철종 13년, 1861년 고산자 김정호(古山子 金正浩)가 제작한 지도이다. 그는 휴대와 이동의 편리성과 동서와 남북의 이어 보기에 초점을 맞춘 과학적이고 정밀한 지도를 제작하였다. 그러나 산맥과 하천과 중요 장소의 표시는 풍수론에 근거하였다.

여기에서 대동여지도(大東輿地圖; 큰 우리나라의 일반 종합 지도라는 뜻)의 위대한 특징을 간단히 정리한다.

첫째, 대동여지도는 근대적 측량술이 발달되지 못했던 1861년 당시에 만들었지만, 현대 지도와 큰 차이가 없는 정확한 지도이다. 지도를 연결하여 이어 보기에 편리하도록 지도 각 면의 외곽 부분에 여백을 없앴고, 각 첩의 표지에 수록된 고을의 이름을 써 주는 방식을 채택하여 찾아볼 수 있도록 하였다. 또한, 중요 장소를 중심으로 지도를 연결하게 하여 당시의 중요 장소들을 쉽게 정리할 수 있게 하였다.

둘째, 대동여지도는 많은 사람들이 이용할 수 있도록 목판본으로 제작되어 많은 부수를 인쇄할 수 있었다.

셋째, 대동여지도는 물줄기·산줄기·해안선을 판각하기 쉽도록 단순화하였으며, 가장 중요한 사항인 지도 제작의 틀은 풍수지리에 근거하고 있다. 물론 과학적인 자료와 정확성은 당시의 여러 자료를 종합하여 아주 뛰어나지만, 기본적인 '한반도의 인식 틀은 풍수지리'에서 벗어나진 못했다. 따라서 산맥의 주향 방향이나 명칭은 현재와 상당히 다르다.[149]

넷째, 김정호는 전국의 정보를 체계적으로 이해하기 위해 지도와 지리지를 동시에 이용해야 한다고 주장하였다. 그래서 지도인 '대동여지도'와 지리지인 '대동지지'를 동시에 제작하였다. 또한 목판본의 대동여지도 22첩에서는 도로 위에 10리마다 짧은 사선(방점)을 그어 실제로 가는 거리를 알 수 있도록 해 주었다.

이와 같이 조선 말기의 훌륭한 지도에서도 풍수지리는 뿌리 깊게 자리 잡고 있다. 이는 풍수지리가 우리 민족이 조국의 강과 산과 들을 인식하고 해석하는 기본적인 틀이었음을 보여

149) 원경렬, 1991, 대동여지도의 연구, 성지문화사, PP. 151-162.

준다. 따라서 지금 필자가 아무리 이를 근거 없는 허망한 사고라고 말해도, 당분간 사람들은 일상생활에서 무의식적으로 풍수지리를 검토해 볼 것이다. 특히 명당이라는 장소는 한국 사람들의 자연 인식 논리와 관련이 있고, 우리나라와 같이 북반구 중위도에 위치하면서 북동-남서 계열의 산맥이 많은 곳에서 잘 발견되는 지형 형국이다. 오랫동안 우리에게 편안함과 낯 익음을 주는 장소로 인식되고 있기 때문에, 전혀 허망한 것만은 아니라는 주장도 있다.

우리나라에서 풍수지리에 의한 명당을 논한 최초의 기록은 신라 석탈해가 반월성을 차지하는 일화에서 시작된다. 즉 그가 월성을 살펴보니 명당이기에 그곳에 사는 사람을 몰아내고 자기가 차지하였다는 기록이다. 그는 먼저 월성에 사는 사람의 집 마당에 대장장이 도구와 물건들을 묻어 두었다. 그리고 얼마 지나서 왕에게 "저의 부친은 대장장이이고 월성에서 살았는데 사후에 얼마간 자리를 비운 사이에 어떤 사람이 들어와서 살고 있으니 저의 집을 찾아 주십시오."하고 탄원하였다.

왕이 "그 집이 석탈해 너의 부친 집이라는 증거가 있는가?" 하고 물으니 석탈해는 "제 부친이 대장장이였으므로 집터를 파 보면 어딘가에 대장장이 물건이 나올 것입니다."라고 대답하였다. 왕이 사람을 시켜서 월성의 집을 파 보니 마당에서 과연 대장장이 물건과 여러 도구가 나왔다. 왕은 "석탈해의 말이 맞다."고 하며 그 집을 석탈해에게 주었다고 하는 기록이 나온다. 후에 석탈해는 왕이 되어서 그 반월성에 성을 쌓고 신라 천 년의 기틀을 세웠다는 것이다. 이 이야기는 조금은 황당한, 그리고 풍수지리가 정당하지 못하게 사용된 예이지만, 우리나라에서 최초로 나오는 풍수지리와 명당에 대한 기록이다.

그 후 신라 말에서 고려에 이르면 중국에서 도입된 풍수지리는 자연 인식의 논리를 넘어서 살아가기 위한 기술로까지 발전하였으며, 왕건의 훈요십조, 개성의 도성 배치까지 모두가 풍수지리에 근거한 것들이었다. 또한 조선의 이성계 역시 풍수의 대가인 도선국사의 사상을 이어받은 무학대사의 조력을 받아서 조선의 건국 이후 서울의 건설, 도성의 배치 등을 모두 풍수지리 원리에 따랐다. 물론 그 안에는 현대 지리학적인 여러 가지 요소가 들어 있다는 것을 확인할 수는 있지만, 수도의 선정과 도성의 배치 논리가 모두가 풍수지리였으니, 우리가 느끼기에 편안함이나 경외감과 위압감을 주는 배치를 한 것은 당연하다. 그러나 조선의 왕위 계승이 별로 순조롭지 못하였고, 반정에 의한 왕위의 찬탈, 말할 수 없는 전쟁의 비극, 최고 권력자의 비참한 말로 등 도성의 선정과 배치가 명당이라고 할 수 없는 요소도 역시 많았다.

또한 양반집에서의 주된 가옥은 물론, 소 외양간이나 돼지우리를 만들 때에도 풍수지리를 고려하였을 정도로, 너무나 허망한 논리에 우리 민족이 너무 오랫동안 신음했다 할 것이다. 이는 실제의 지리학이 발달하지 못하게 하고, '모든 것에서 중국과의 관련이나 찾는' 역사의 밝지 못함(사대사상과 허례허식)과 왜곡(우리가 자랑하는 왕조실록이 다시 고쳐 쓰였던 때가 여러 번 있었다.), 정치 과잉이 너무 심하여, 그 피해가 조선 사회, 나아가 우리 한국 사회까지를 짓눌렀음을 보이는 것이기도 하다.

▲ 그림 5·13 **마을 입구의 탑(경북 상주시)** 이 탑은 마을의 안녕을 기원하고, 나쁘고 악한 기운, 질병 등이 들어오지 못하게 막아 주고, 풍수지리의 약점을 보완해 주는 역할을 한다. 즉, 비보(秘補)의 한 예이다. 이 외에도 나무를 심기도 하고, 실제로 토산을 만들기도 하고, 연못을 파기도 하였고, 선돌을 세우기도 하며, 때로는 긴 제방을 만들기도 했다.

사실 풍수지리에 딱 맞는 장소(명당)를 찾는 것은 쉬운 일이 아니었다. 그래서 대부분의 양반들은 "자기가 죽으면 어떤 곳에 묻힐 것인가?" 하는 문제로 정말 많은 시간을 허비하였다. 조선시대 송사의 대부분이 이 묘지와 관련된 것이라는 연구 결과가 있고 보면, 정말로 우리 양반들은 헛일에 너무 많은 시간을 허비한 딱한 사람들이었다.[150] 또한 조선이라는 사회는 과도하게 정치가 많고, 관치가 많은 나라였으므로, 서민들의 생활은 양반들의 쓸데없는 정치 놀음을 뒷받침하느라고 늘 어려웠던 것이 일상적이었다.

재미삼아서, 내가 어머니에게 들은 명당 이야기 하나를 소개한다.

"어떤 거지 모자가 겨울에 눈보라 속에서 눈이 푹 쌓인 산길을 걸었다. 그날은 밥을 얻어먹지 못해서 허기진 배를 움켜쥐고 추위에 떨며 산길을 가다가, 병에 걸렸던 어머니 거지가 그냥 쓰러져 죽게 되었다. 아들 거지는 어떻게 할 도리가 없어서 주위를 돌아보니, 모든 곳에 눈이 두껍게 쌓였는데, 햇볕이 드는 양지쪽의 한 평 정도만 눈이 녹아 있었다. 아들 거지는 다른 생각 없이 그곳을 대충 파고 거기에 자기 어머니 시신을 묻었다. 그리고 울다가 산 아래로 내려가서 구걸을 하였다.

그날 오후는 구걸하는 집마다 밥이며, 쌀이며, 심지어 어떤 약방에서는 기운 나는 환약과 돈까지도 거지에게 내주었다. 정말로 운수 좋은 날이었다. 그날은 밥을 배불리 먹고 기분이 좋아서 어느 집 처마 아래서 밥그릇을 베개 삼아 누워서 잠을 잤다. 그 다음 날은 옆 동네로 갔는데 어제와 마찬가지로 사람들이 모두 잘 대해 주었다.

150) 조윤민, 두 얼굴의 조선사, 글항아리, pp. 9~14, pp. 67~71.

그날도 밥을 배불리 먹고 돈도 얻어서, 어느 기와집 처마 아래에서 밥그릇을 베개 삼아서 또 잠을 자기로 했다. 그런데 한밤중에 그 집 주인이 나와서 거지를 집안으로 들어오라고 하였다. 사양하다가 들어갔더니 주인은 음식을 대접하고 여러 이야기를 시켰다. 그래서 거지는 아버지가 누명을 쓰고 돌아가셨고, 그 바람에 가산은 파산하였고, 어머니와 같이 피신하면서 떠돌다가 며칠 전에 어머니가 돌아가셔서, 장사 지낸 이야기를 했다. 이야기를 들은 주인은 눈물을 흘리면서 자기 집에서 같이 일하면서 살라고 하였다. 그 집 주인은 노인 부부로 무남 독녀 외동딸을 두고 있었는데, 딸이 오랫동안 아파서 누워 있다고 하였다. 갖은 약을 다 써 봤는데 낫지 않아서 거의 포기 상태라고 했다. 거지는 전날 기운 나는 약을 하나 얻었으므로, 그 약을 그 집 외동딸에게 먹여 주었다. 그랬더니 딸은 금방 얼굴에 화색이 돌고, 이야기도 하더라는 것이다. 노부부는 너무 좋아하면서 거지를 사위로 삼았는데, 거지가 하는 일은 무슨 일이든지 다 잘 되어서 더욱더 부자가 되었고, 자손도 많이 낳았다."

'명당이란 그런 영험함이 있으며, 때와 장소가 맞아야 하고, 어진 마음이 있어야 명당을 볼 수 있다.'는 것이니 착하게 살기를 힘써야 한다는 이야기였다.

▲ 그림 5·14 **망우리 공동묘지의 일부** 풍수지리와 전혀 상관없는 방위나 지형을 택하고 있다. 옆에 주택도 들어와서 이제는 삶의 공간과 죽음의 공간이 이웃하고 있다. 그만큼 살아가기가 어려워졌다는 의미이다.

오늘날의 풍수지리를 논의하는 것에 대해서, 지리학에서의 입장은, 자연을 인식하는 하나의 틀이란 면에 의미를 둔다. 전통적인 주거 공간의 선택에서 좌우로 산줄기에 둘러 싸인 남향의 계곡 속은 상당히 편안하고, 북반구에서는 몇 가지 장점(가령 일사량이 많고 찬 북서풍을 막아 겨울에 온난하다 등등)이 있음을 인정한다. 그러나 최근의 화장 장묘의 급증 추세를 미루어 보면, 이제는 우리나라 사람들이 쓸데없는 허망한 '묘 자리 선정', '명당의 미망'에서는 거의 벗어났음을 알 수 있다. 이는 '우리가 잘살게 되고, 과학과 합리성을 찾으면서 나타나는 현상'으로, 음택풍수(묘자리 선정)의 의미가 거의 상실됐다고 하겠다.

'… (전략) 최근의 장례 방식 중 화장(火葬)을 하는 비율이 2015년에 처음으로 80%를 넘어섰다. 한국장례문화진흥원은 2015년 사망자 27만 5,700명 중 화장자 수가 22만 1,886명으로, 화장률이 80.5%로 집계됐다고 밝혔다. 1994년 화장률이 20.5%였던 것을 감안하면 20여 년 만에 화장하는 비율이 4배 정도 늘었다(조선일보).'[151]

위의 신문 기사를 보면, 이제 우리나라 사람들도 장례 문화는 가부장적 유교의 전통을 거의 버렸음을 알 수 있다. 풍수지리의 원조인 중국인의 상당수가 버린 지 오래되었고, 이웃 일본은 오래전에 이미 거의 다 버렸음을 보면, 우리나라만 너무 늦었음을 알 수 있다.

◀ 그림 5·15 **화장을 하는 장례식장의 유족들** 화장은 이제 우리나라 장례 문화의 대세가 되었다. 화장은 바람직한 현상으로, 유교 중심의 사회 질서에서 이탈하는 정도를 쉽게 파악할 수 있는 의례이다. 장례문화진흥원이 수도권 화장 시설 6곳 중 한 곳을 이용한 1,000명에게 화장 후 유골 안치 방법을 조사한 결과는 '봉안 시설에 안치하는 경우가 73.5%'로 가장 많았다.

우리나라 사람들은 가장 충실하게 공자의 가르침을 따르고 중시하여 지켜 왔었지만, 이제는 번잡한 장례식과 풍수지리 논의는 거의 사라졌다고 하겠다. 잘 알지도 못하는 한자 용어를 쓰면서 치르는 장례 절차를 요즘 젊은이들이 그 뜻을 알면서 수용하는지 의문이기도 하다.

(3) 정감록, 기타

어느 장소에 사는 사람들이라도 근대 이전까지는 대체로 샤머니즘이나 애니미즘 또는 토테미즘 등 자연물의 숭배에서 시작하는 원시 종교가 있다. 우리 민족 또한 마찬가지로 여러 신을 가지고 있었다. 하늘 신(天神), 땅 신(地神), 산신(山神), 물 신(용왕 신), 조상신, 집안 신(성주, 家神), 부엌 신(조왕신, 竈王神), 삼신할머니, 마을을 지키는 성황신 등이 잘 알려져 있다. 물론 그 외에도 업 신(구렁이, 두꺼비 등의 상징 신), 뒷간(측간) 신, 대문 신, 우물신, 소말 신(우마 신), 도깨비 등도 있다.[152] 그러니 우리나라의 자연에는 어디에나 신이 있었다. 그래서 사람들은 하늘과 땅을 소중히 공경하였으니, 이는 그리스나 로마인들의 신들과 별로 다를 바가 없는 존재였다. 이 신들은 사람들과 같이 살면서 좋은 일도 있게 해 주고, 나쁜 일을 당하게도 한다고 믿었다. 그러니 삼가고, 공경하고, 욕심 부리지 않고 열심히 살아왔던 것이다. 같은 물에 있는 신이라도 용왕 신은 좋은 신이요, 물귀신은 잘못하면 재앙으로 연결되는 신이다. 그러니 조심할 수밖에 없고, 고사를 지내면서 삼가고 기원해야 하는 자연(신)이다.

151) 조선일보, 2016. 9. 17.에서 인용.
152) 최운식, 2011, 우리이야기 한마당, 집안에 모셔진 신들, 다음의 Tstory 검색. 2011. 7. 11. 의제.

기타 나무나 돌 등을 잘못 건드리면 소위 '동티'가 나니 큰 나무는 조심하고 예를 갖춘 후에 나무를 베었다. 또한 산이나 들에서 식사를 할 때는 "고시레"를 외치면서 밥이나 떡을 조금 떠서 땅이나 물에 던졌다. 우리는 초등학교 시절 소풍을 가서 야외에서 밥을 먹을 때도 고시레를 하였다. 그러나 이들 대부분의 신들은 중국에서 들어온 신들이니, 그냥 한자로 표시하지 말고 하늘, 땅, 물, 나무, 집, 외양간, 뒷간 등의 신으로 불렸으면 더욱 좋았을 것이다. 그러나 선조들은 이 신들을 모두 중국 신으로 만들어 버렸으니, 정말로 우리 양반 조상들은 한심하다 못해서 양심도 없었던 듯하다.

▲ 그림 5·16-1(좌) 강릉 단오제에서 대관령 국사 성황신을 모시는 의식(2015. 6. 1.)
▲ 그림 5·16-2(우) 나무로 만든 남근에 치마를 입혀서 성황신에 합방 의식을 하는 성황제(강원 고성군 죽왕면 문암리 백도 마을)
　행사 마을의 안녕과 배를 타고 나가는 사람들의 무사와 물고기 잡이의 풍어를 기원하였다.

대체로 조선시대에는 자연이 무척 험난하고 위험하면 이들 신에 대한 접신 의식을 성대히 하였고, 그리 위험하지 않은 신에 대한 의식은 약소하게 치렀는데, 그 전통은 현재도 계속 이어지고 있다. 내가 어렸을 때만 해도 집안에 누가 아프면 푸닥거리, 바가지 칼 의식이나 용왕 치기, 초사흘 고사 등의 의식을 행하는 일이 많이 있었다.

▲ 그림 5·17-1(좌) 하와이의 동족신
▲ 그림 5·17-2(우) 일본의 동족신
　대체로 마을 입구에 설치되어 있지만 집안에 만들어 놓은 경우도 적지 않다. 두 곳 모두 다산을 기원하는 뜻으로 남근을 상징하는 대상물을 두고 있다.

① 정감록과 신도안 사례

정감록은 일반 샤머니즘과는 달리 상류층에 무척 큰 영향을 미쳤다. 정감록은 정감(鄭鑑)이라는 양반 도사와 그의 하인인 이심(李沁)이라는 사람이 전국의 명승지를 유람하면서 서로 나눈 대화를 적은 것이라고 알려져 있다. 그 중에서 가장 우리에게 영향을 준 것은 "한양(서울)을 중심으로 하는 이씨 왕조가 멸망하고, 정 도령이 출현하여, 계룡산 신도내(新都內)에다 새로운 천년 왕국의 도읍을 세운다."는 이야기로, 말세 설을 중심으로 하는 비기도참설이었다. 정감록의 근간을 이루는 것은 예언적 도참설이며, 주된 내용은 풍수지리이고, 십승지론과 천지 개벽론 등이 중요하다.

본래 계룡산 신도내는 고려 멸망 후에 이성계가 새로이 조선의 수도로 정하려 했던 곳이며, 기본적인 공사를 실시하다가 공사를 중지하고 한양으로 수도를 옮기면서 공사 터가 남은 장소이다. 그래서 계룡 신도시와 삼군 본부가 들어가기 전인 1984년 이전까지도 신도안에는 공사 흔적이 많이 남아 있었다. 놀라운 것은 당시 신도안의 중심을 연결하는 주된 도로가 종로(鐘路)이고, 종루를 세우려 했던 인경봉(종루봉)이 설정되어 있는 등 서울 계획의 원형이 당시에도 상당히 남아 있었다는 사실이다.

▲ 그림 5 • 18-1(좌) 계룡산 기슭의 신도안 읍내리의 끝 부분에 세워져 있던 정감 도사 송덕비
▲ 그림 5 • 18-2(우) 조선 왕궁 건설 유적 송덕비에는 정감이 천지와 우주의 운행 원리에 통달한 도사라는 내용이 새겨져 있었다. 특히 비의 뒷부분에는 이 비의 건립을 위해서 헌금한 사람들의 이름이 새겨져 있었는데, 일본인도 포함되어 있었다. 사진에서 보는 바와 같이 주변은 간단한 조경으로 공원화되어 있었다. 그리고 거기에 올라가는 길은 돌로 계단을 자연스럽고, 소박하게 만들어 놓았다.

이 신도안이란 장소에는 수많은 유사 종교가 밀집해 있었는데, 유사 종교의 대부분은 언제 말세가 되어서 망하는 지를 은밀하게 신도들에게 전하고, 정 도령이 왔을 때 대응하는 법을 알려 주는 것이 주된 일이었다. 사회가 불안하고 정치 과잉이 될수록 이런 잠결과 허황된 예언서가 한층 판을 쳤던 것은 요즘과 크게 다르지 않다.

정감록 십승지(十勝地)란 "첫째 풍기 예천이요, 둘째는 안동 화곡이요, 셋째는 개령 용궁이요, 넷째는 가야산이요, 다섯째는 단춘이요, 여섯째는 공주 류구ㆍ마곡이요, 일곱째는 진ㆍ목천이요, 여덟째는 봉화요, 아홉째는 운산 두류산이요, 열째는 대ㆍ소백산이니, 길이 살 땅이라 장수와 정승이 이어서 나오리라."라고 정하여진 장소들을 말한다.[153] 그런데 이들 장소는 모두가 험준한 산지로 둘러싸인 오지들로, 경제 활동을 하고 살기에 참 불편한 장소라고 생각하면 되는 곳이다.

계룡산 신도내의 유사 종교는 1차적으로는 1979년에 계룡산이 국립공원화 되면서 산 위에서 모두 산 아래로 내려 보냈다. 이때 상당수의 유사 종교가 정리되었고, 읍내리에 남아 있던 유사 종교는 1984년에 620개발 사업(삼군 본부의 이전 건설)에 의해서 모두 철거되었다. 또한 이 개발 사업으로 상당수의 주민들은 인근의 대전, 논산, 공주 등지로 흩어져서 살게 되었고, 정감록의 영향은 크게 약화되었다.

태조 이성계는 권중화(權仲和)가 올린 도면을 보고 신도안의 풍수지리가 매우 좋다는 논리를 따라서 유성에서 머물면서, 5일간 신도안을 답사한 후, 왕도를 위한 공사를 지시하였다.[154] 그러나 공사는 1년 후에 중지된다. 경기도 관찰사였던 하륜(河崙)이 신도안이 수도로서 부적합하다는 논리를 전개하였기 때문이다.

하륜은 "계룡산과 신도안이 첫째, 소위 '수태극 산태극(水太極 山太極)의 명당 형국'을 이루지만, 두마천이 흘러나가서 금강에 합류하고, 금강은 연결된 산의 맥을 끊게 되어서, 소위 수파장생(물이 장생을 파괴)하는 형국이 되어서 불길하다(사실 이런 형국에 대한 주장은 중국의 호순신이란 사람의 논리이므로, 조선의 학자들은 전혀 대항할 수 없었다.). 둘째, 계룡산 신도안은 한반도의 중앙에서 벗어나서 영역을 효율적으로 관리하기에 부적합한 위치이다(필자의 생각으로도 가장 맞는 말이다.). 셋째, 물이 적다. 계룡산 신도안을 흐르는 두마천은 수운(조운)으로 이용되기 불가능하다(이 역시 아주 합리적인 지적이었다.)."[155]고 주장하였다.

153) 신일철, 1983, 정감록(鄭鑑錄), 해제, in 한국의 명저 2, 현암사, pp. 180–196.
154) 양성지, 노사신, 서거정 등, 신증동국여지승람(新增 東國輿地勝覽), 1530, 전게서, 권18, 연산, p. 303.
155) 원영환, 1990, 조선시대 한성부 연구, 강원대 출판부, pp. 14–22.

▲ 그림 5·19 **정감록촌의 대명사 계룡산 신도안(新都內)(현재의 계룡시(鷄龍市))** 계룡산 아래 "남쪽으로 열린 자형의 침식 분지" 인 신도안 읍내리의 1983년 10월경의 전경이다. 보이는 산지는 좌측의 산맥(청룡) 부분이다. 우백호 부분은 끝의 일부가 조금 보이고 있지만, 좌우 모두 3겹의 산줄기가 이 신도안을 둘러싸고 있어서 지형(풍수 형태)만으로는 이곳이 한양보다 좋아 보이는 곳이다. 가운데 보이는 봉우리는 장군봉으로 서울의 북악에 해당하는 부분이다.[156]

필자가 답사한 신도안 내부의 침식 분지는 너무 협소하여서 전체적으로 수용 가능 인구는 당시 연구에서 15만 정도로 판단하였다. 따라서 이성계가 신도안 수도를 폐지한 것은 아주 잘한 정책이었다.

그러나 이중환은 '택리지'에서 계룡산이 우리나라의 4대 명산이라고 밝히면서 풍수상의 의미를 부여하였다. 즉, "산 모양은 반드시 수려한 돌로 된 봉우리라야 산이 수려하고 물도 또한 맑다. 또 반드시 강이나 바다가 서로 모이는 곳에 터가 되어야 큰 힘이 있다. 이와 같은 곳이 나라 안에 네 곳이 있다. 개성의 오관산(五冠山), 한양의 삼각산(三角山), 진잠의 계룡산(鷄龍山), 문화의 구월산(九月山)이 그것들이다. (중략) 계룡산은 웅장한 것은 오관산보다 못하고, 수려한 것은 삼각산보다 못하다. 그러나 내맥이 멀고 골이 깊어서 정기를 함축하였다." 라고 기술하여 이미 다른 곳들은 수도로서 한 번씩은 선정되었으니, 계룡산 아래도 기대할 수 있음을 암시하고 있었다.

▲ 그림 5·20 **계룡산 신도안 최근 전경** 계룡산에서 촬영한 사진으로 계룡대의 일부가 보인다. 앞의 사진과는 방향이 달라서 직접 비교는 어렵다(다음 카페에서 전재).

156) 주경식, 1984, 계룡산 신도안의 지리적 현황, 대한지리학회지 지리학, Vol. 29, pp. 72-88.

계룡산은 화강암으로 이루어진 산으로 상당히 오랫동안 풍화를 받은 산이다. 전체적인 색깔은 회색으로 '1970년대 학생들의 교복 바지에 많이 사용되는 직물의 색'이었다. 그런데 정감록에 "말세가 되면 계룡산의 돌이 희어지고… 큰 흉년이 들고, 호환으로 사람이 상하며, 생선과 소금이 아주 천해지고, 냇물이 마르고 산이 무너지면 백두산 북쪽의 오랑캐 말이 길게 울고, 평안 황해 양서(兩西) 사이에 원통한 피가 하늘에 넘칠 것이다. 한양 남쪽 백 리에 사람이 어떻게 살겠는가?" 이런 구절을 읽으면서 계룡산을 보면 화강암으로 된 계룡산이 검은색에서 흰색으로 변해 보이게 되어 정말로 말세가 되었다는 생각을 사람들이 갖게 되었을 것이다. 현재의 남북 관계 또한 말세를 나타낸다고 할 수도 있다.

"말세에는 아전이 태수를 죽일 것이며, 행동에 조금도 기탄이 없고, 위와 아래의 분별이 없어지고, 삼강오륜이 영영 없어질 것이다. 강상의 변(세월호 같은 사고 혹은 도리에 어긋난 사고)이 잇달아 일어나서, 필경 임금은 어리고 나라는 위태하여 흔들릴 즈음에 대대로 국록을 먹은 신하는 죽음이 있을 뿐이다."[157]라고 기술하여, '말세에 살아남기 위해서는 암시적, 은유적으로 신도안이나 십승지로 들어가야 한다.'고 권한다. 그러나 거기에도 또한 조건이 있었다. 즉, "후세에 만약 지각 있는 자가 십승지에 먼저 들어가면 가난한 사람은 살고 부자는 죽으리라. 먼저 들어가는 자는 돌아 나오다 죽고, 중간에 들어간 자는(고생을 참은 후에) 살고, 뒤에 들어가는 자는 들어가다가 죽으리라." 따라서 말세라는 때에 대비해서 신도안에 들어가서 고생을 참아야 한다는 것이다. 그래서 신도안에는 일제 강점기, 해방 전후, 6·25 전쟁 시기 등 나라에 변고가 있을 때에 인구가 급증하였다.

신도안 사람들의 삶은 무척이나 어렵고 가난하였지만, 다른 촌락과 달리 공업화 시기에도 인구가 감소되지 않았다. 즉, 거기서 도시로 나가지 않은 이유가 이 정감록 때문이었다. 전입 이유를 물었을 때 "신도안으로 들어온 것은 75% 이상이 풍수지리, 종교, 건강상의 이유"라고 당당히 대답한 것이 이를 뒷받침한다.

▲ 그림 5·21-1(좌) **종로 냉면집** 계룡산 신도내 읍내리에 있던 중앙의 도로명은 '종로(鐘路)'였고, 그 길의 이름을 따서 "종로 냉면집"이란 음식점이 입지해 있다.
▲ 그림 5·21-2(우) **신도안 마을 회관 모습**

157) 신일철. 1983. 정감록(鄭鑑錄). 해제. 전게서. 현암사. p. 190.

이런 지명과 사진이 의미하는 점에 비추어 보면, 현재 서울인 조선시대 한성부 계획은 이미 신도안에서 상당히 정립된 후 한양으로 옮겨져서 시행·건설되었음을 알 수 있다. 우측 그림은 신도안 마을회관 건물로, 1984년에는 신도안을 철거하기 위한 사무소로 쓰이고 있었다.

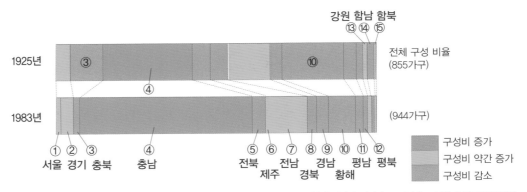

▲ 그림 5·22 **계룡산 신도안 주민들의 출신지 비교** 일제가 1925년에 조사한 출신지와 필자가 1983년에 조사한 출신지 비교에서 계룡산이 속한 충남 출신의 주민 비중이 크게 증가한 것을 제외하고는 한반도 전체에서 정감록을 신봉하는 사람들이 신도안으로 모여들었음을 알 수 있다. 특히 북한 지방의 함북, 함남, 평북, 평남, 황해도 등의 비중이 1983년 당시도 상당히 남아 있었다.[158] (그래프의 패턴은 1983년에 맞추어 같게 하였다.)

또한, 냉면과 도토리묵은 정감록 촌에서는 흔히 볼 수 있는 식품, 음식이었다. 이것들도 이식 산업(移植産業)으로 주민들의 생계유지를 위한 산업이다. 이식 산업은 현대적 입지 원리와는 맞지 않는 색다른 입지이고, 자기네가 살던 곳에서 잘 되던 산업을 정감록 촌에 이식한 산업이었다. 그러나 냉면, 도토리묵, 엿 등은 정감록 촌의 주변 산지에서 많은 재료들을 이용하여 제조한 것들로 원료 지향의 산업 입지라고도 할 수 있다.

▲ 그림 5·23-1(좌) **그림 계룡산 신도안의 정기 시장(1, 6일) 장날 풍경** 시장에는 콩, 팥, 산나물, 고구마, 도토리묵 등이 나와서 팔렸고, 어려운 시골 지역의 장터였지만 닭이나 토끼, 염소 등도 팔렸다.
▲ 그림 5·23-2(우) **신도안의 유사 종교를 상징하는 깃발들**

158) 善生永助, 朝鮮總督府(편), 1933, 조선의 취락(朝鮮の聚落), 전편, 1974, 경인문화사 영인, pp. 253~257, 생활실태조사 (기 5), 홍경희, 1985, 촌락지리학, 법문사, pp. 83~85.

당시 신도안에는 대체로 집집마다 각기 다른 종교를 가지고 있었다고 할 정도로 여러 종류의 유사 종교가 많았다. 그런데 이 유사 종교를 운영하는 자금은 전국은 물론 일본이나 중동에서 오는 것도 있었다. 또한 사람들의 생활이 어려우면 어려울수록 더욱더 유사 종교에 의지하는 경향이 강했었다.

근대화 이후 한국의 농어촌들은 이촌 향도 현상에 의한 인구 유출로 거의 절반 정도로 인구가 줄어들었다. 그러나 이곳 신도안은 별로 인구가 줄어들지 않았다. 대전과 논산에서 시내버스가 다니는 정도의 근거리로, 통근·통학하는 주민들이 상당히 많았지만, 인구 감소에는 거의 영향이 없었다(1968년의 인구는 약 5,100명 정도였고, 1983년의 인구는 약 4,800명이었다.). 이것이 정감록의 위력이라는 것이다.

② 정감록 이식 산업: 유구읍

십승지는 정감록에서 언급한 열 곳의 장소로, 말세에 살아남을 수 있는 산속의 피난처 마을이다. 여기서는 필자가 몇 번 방문하고, 논문을 지도한 적이 있는 유구에 대해서 살펴보기로 한다.

그 십승지 중, 그래도 첩첩산중의 좁은 공간에서 독특하게 섬유 산업을 발전시켜서 나름대로 번성하는 장소가 공주시 유구(維鳩)읍이라는 장소이다. 즉, '유마지간 가면살륙(維麻之間可免殺戮)'이란 정감록의 기술이 있는데, '유구와 마곡사 사이는 살육이 면해지는 곳'이라는 뜻이고, 차령 산지의 산속에서 궁벽한 산골 생활을 하던 장소이다. 그러나 정감록의 예언을 믿고 온 정감록 신봉자들이 6·25 전쟁 이후 전국에서 모여들어서 정착하면서 유구도 크게 달라졌다. 정감록에서는 10승지 중에서 6번째로 공주 유구—마곡을 들었지만, 신도안에서는 가장 가까운 거리에 있는 십승지이다.

유구는 본래 차령 산지 아래의 영 취락으로 도로 교통상의 요지라고 할 수 있다. 공주목에서 예산, 홍주목, 내포 지방을 가려면 차령 산지의 차동 고개를 넘어야 하고, 그 고개 양쪽으로 아래에 위치한 마을 중 하나가 유구이며, 차령산맥 너머 서쪽에는 예산군 신양면 신양리가 있다. 또한 유구에서 북쪽으로 차령 고개를 넘으면 천안 삼거리에 이르게 되는 도로 교통의 요지이다.

그러나 유구는 산골이라서 피난처였지, 공업이 입지하기에는 아주 부적합한 장소이다. 그런데 왜 이곳에 소위 '입지론'이라는 지리학의 원리에 맞지 않게 여러 공장들이 입지해 있는 것일까? 그것은 이 유구 지역의 공장입지를 이해하는 데 가장 기초적인 확인 사항이다. 유구 일대로 일제 강점기에서부터 양서(관서, 해서) 지방에서 피난민들이 정감록의 예언에 따라서 이주하였다.

▲ 그림 5·24 **유구의 정감록 촌** 평안도와 황해도의 양서 지역에서 사람들이 이주해 오면서, 그들이 들여온 섬유 산업 기술을 배경으로 이 산지에는 150여 개의 섬유 공장이 입지해 있다.

양서 지방은 중국과의 연결이 쉬운 황해도와 평안도 지방으로, 그 지역이 섬유 산업도 발달해 있었으므로 사람들이 유구로 피난을 오면서 그 섬유 직조 기술을 가지고 들어왔다. 이렇게 살던 곳에서 발달한 기술과 산업을 새로 이주한 지역으로 옮겨서 발전시킨 산업을 이식 산업(移植産業: Trans-planted industry)이라고 부른다.

▲ 그림 5·25-1(좌) **유구의 직물 공장 건물과 황금 직물의 외벽** 현재는 벽에 그림이 그려져 있다. 유구 섬유 공장의 역사를 보여 준다.
▲ 그림 5·25-2(우) **직조 공장의 내부 실 감는 기계가** 여러 겹의 실을 꼬아서 한 가닥으로 만든다.

유구의 섬유 산업은 수직기 시대를 거쳐서 동력기 시대로 이행하면서 직조 공업의 장소로 이름을 높였다. 이 섬유 산업은 사람들의 이주로 같이 이식되었으므로 현대적인 입지 이론으로는 이들 산업 입지를 설명하기가 어렵다. 또한, 이 유구에서는 직조 공업을 위하여 현재는 수입한 실크를 이용하여 비단을 짜고, 그것을 대구의 염색 공단으로 보내서 염색한 후 서울 시장에 보내거나 중동 지역으로 수출하고 있었다. 따라서 수송비와 수송 시간의 측면에서 모두 불리하고, 원가도 상당히 높게 먹힌다. 그래도 기술자의 임금이 싸고, 지대가 낮고, 물이 좋고, 근로자의 기술 수준이 높은 것 등이 장점이다.

 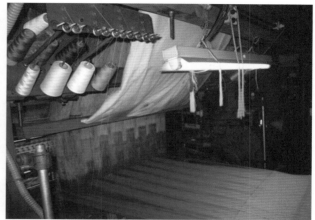

▲ 그림 5·26-1(좌) **유구읍 고개 위의 성황당과 서낭나무** 유구와 마곡사 사이의 산속이 얼마나 궁벽한지를 증명하는 성황당의 서 낭나무가 고개 위에 현재도 남아 있다.
▲ 그림 5·26-2(우) **직조 공장 내부** 앞에서 감은 실을 이용하여 직물을 짜는 직조 공장으로, 계열화가 되어 있다.

유구에도 6·25 전쟁 시에는 다수의 피난민이 유입되어 큰 변화가 일어났다. 산업의 전성기는 1958년 전후로, 직조기가 3,000대, 여공은 3,000명, 남자 직공은 800명에 달하였다.

▼ 표 5·1 유구와 풍기의 직조 공장주의 출신지 현황(직물협동조합, 1984, 단위: 인)

출신지 지역	평안도	황해도	충청도	경상도	서울	경기도	전라도	강원도	계
유구	10	33	26	4	3	2	3	1	82
풍기	40	12	2	15	1	2	–	2	74
계	50	45	28	19	4	4	3	3	156

1984년 유구는 직조 공장이 82개소에 종업원이 1,356명에 달하였는데, 공주시 전체 공장 102개소의 80% 이상을 차지하였으며, 공주시 직조 공업 종업원 전체 1,859명의 72% 이상인 1,356명이 유구에 집중되어 있었다.[159]

특히, 유구읍에서 직조 공업이 집중된 곳은 석남리, 유구리, 녹천리라는 3곳이고 이 장소들은 인구가 1980년대까지 증가하였다. 이런 현상은 아주 독특한 장소성을 보여 준다. 그 후 유구읍의 인구는 다른 마을에서 많이 줄었지만 전체적으로 8,314명(2014년)으로 1982년의 절반 이하로 감소했다. 그러나 직조 공장의 수는 훨씬 증가하여 150여 곳이 넘고 있었다.

---

159) 박용기, 1985, 유구, 풍기 직조업의 지리학적 연구, 공주사범대학 교육대학원 지리과, 석사학위논문, pp. 17~22.

▼ 표 5・2 섬유 공장이 입지한 유구읍 3개 리(里)의 인구 변화(1945~1982년, 단위: 명)[160]

마을＼연도	1945	1960	1970	1976	1982	비고
석남리	846	4,278	3,842*	4,286	4,693	인구 감소 있음
유구리	1,225	2,340	1,794*	1,844	1,877	인구 감소 있음
녹천리	804	1,148	1,531	1,717	2,219	
합계	2,875	7,766	7,167*	7,847	8,789	

▲ 그림 5・27-1(좌) 유구에 위치한 직조 공장의 내부와 직조 기계들
▲ 그림 5・27-2(우) 다양한 직조 공장의 직조 광경 정감록 촌의 이식 산업 장소의 특수성을 보여 준다.

2) 통치 행정과 5일장(정기 시장)이 장소에 미친 영향

(1) 중심지(도시) 취락의 성립

고도가 높은 터키 아나톨리아 고원은 건조 지역이며, 그곳의 코냐 평야에 위치한 까탈 휘익(Catal Hüyük)은 무역업을 하던 농촌 촌락이었다. 그래서 건축물 재료는 흙벽돌이고 건물들이 서로 맞대서 지어져 있고(건조 지역이라서 특별한 지붕이 거의 필요가 없는 장소), 내부적으로 통제와 결속이 강한 장소로, 폐쇄적인 건물과 취락 구조를 가지고 있었다.

건물 내부에서 밖으로의 출입은 지붕에서 사다리를 사용하였고, 방어에 유리하게 지어졌으며, 주거용이지만 의식에 사용된 것도 있다. 발굴된 무역품으로 단단한 천연 유리에 속하는 흑요석(Obsidian)과 안료(화장품, 채색용), 부싯돌, 예술품 등이 있었다.

---

160) 박용기, 1985, 전게서, p. 26에서 발췌.

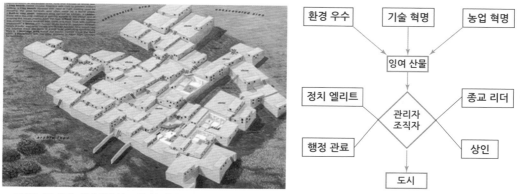

▲ 그림 5·28-1(좌) 세계 최초의 도시적 농촌 취락: 터키 아나톨리아 고원의 까탈 휘익(Catal Hüyük(Hoyuk)) 취락
　　영국의 멜라트(Mellaart, J.)에 의하여 1961~1963년 사이에 발굴된 신석기 최초의 도시적 촌락(도시 기능을 가진 촌락)이다.
　　까탈 휘익의 건축물 중에는 BC 7000년경에 최초 건물이 만들어졌고, 뒤에는 약 BC 5600년경까지의 건축물들이 매장되어
　　있었다.[161]
▲ 그림 5·28-2(우) 도시 촌락 발생 모형[162]

　　도시는 잉여 농산물에 의해서 정착이 이루어졌고, 이어서 조정·연결·관리와 통치 기관이
만들어지고, 종교가, 정치가, 행정가 및 군인 등이 엘리트로서 통치·관리하면서 상인들과 같
이 거주하는 도시가 만들어지게 된다는 모형이다.

　　까탈 휘익이 주목을 받는 것 중의 하나는, 이곳이 모계 사회 취락이자 대규모의 농업 취락
(인구 추정치는 약 2,000명 정도)이었지만, 그 당시에 무역을 하였다는 사실 때문이다. 즉,
자급자족이 아니고 무역을 해서 식량 등의 필요한 것을 구했다는 것이 놀라운 일이다. 중요한
무역품은 검정색의 흑요석(Obsidian)이고, 이어서 붉은 점토, 부싯돌, 채색 도구, 안료, 예술
품 등이다. 이들 무역품들은 가까운 곳에서 나는 것은 별로 없었기에 농업 취락이었지만 상당
히 먼 거리의 장소와 무역을 했다는 것이고, 그 중심이 아나톨리아 고원이며, 이는 도시가 본
격적으로 발달하기 이전에 이미 교역을 했다는 사실을 보여 주는 장소이다.

　　특히 흑요석은 화산 폭발 시에 형성되는 아주 단단한 돌로, 신석기 시대에는 그 돌이 있어
야 동물의 가죽을 쉽게 벗길 수 있었는데, 말하자면 당시에는 가장 단단한 물질이었다. 흑요
석을 이용해서 동물의 가죽을 벗기고 고기를 식용으로 할 수 있었으며, 가죽은 옷으로 이용할
수 있었던 것이다. 그들은 벽화도 그렸는데 구석기의 영향을 받은 것처럼 되어 있고, 종교 의
식이 예술로 상징화되었다. 그곳은 통치 계급부터 하층민까지 사회 조직도 잘 갖추어졌다고
볼 수 있다. 이상의 사실로 미루어 보아서 세계 최초의 도시에서는 먼저 농업이 행해졌고 꼭
잉여 산물이 있는 것도 아니다. 또한 자급자족이 어려운 부족한 물자는 교역으로 해결하여,
상업과 무역도 일찍 이루어졌음을 알 수 있다. 이것이 옵시디안 이론(Obsidian theory)이고,
그에 따라서 이 까탈 휘익은 농업을 했던 도시라고 주목하기 시작한 것이다.[163]

---

161) Times Books Ed. 1995, Past Worlds, Random House, NY, pp. 81~82.

162) Kaplan, Wheeler, and Haraway, 2009, Urban Geography, Wiley, p. 28.

163) Jacobs, J. 1969, The Economy of Cities, 中江利忠 외 역, 1972, 都市の原理, 鹿島出版會, pp. 19~27.

한편 헐버트 등의 고대 도시 발생 모형에서는, 도시가 발생하기 위해서 우수한 환경(주로 비옥한 토양과 교통상의 결절점)을 가진 장소에서, 기술 혁명으로 정착 농업이 발달하여 잉여 농산물(식량)이 생산된다. 정착 생활이 확대되고 정치와 종교, 군사상의 지도자(초기에는 제정일치)가 조직적으로 잉여 생산물과 기타의 산물을 수집 · 운반 · 관리하고, 무역을 하는 관리와 상인에 의해 부와 필요한 물자들이 관리 · 조달된다. 조직과 기술 발달이 더 빨라지고 사회 신분의 분화와 문화가 발달하면서 도시가 발생하게 되는 모형을 제안한 것이다.[164]

(2) 통치 행정 조직의 영향

우리나라, 중국, 일본 등 동아시아에서는 계절풍을 이용하여 오랜 기간 동안 벼농사를 지어 왔고, 발달된 농경 기술을 바탕으로 일찍부터 많은 인구가 모여 살았다. 또한 불교를 신봉하면서 유교를 생활 규범으로 하고, 자연과 어우러지는 도교의 정신을 존중하는 생활을 하여 왔다. 더구나 우리나라에서는 중앙 집권적 통치와 행정 조직이 다른 나라보다 오래 계속되어 발달하였다.

특히 고려, 조선이라는 나라를 거쳤지만, 통치 행정 조직은 크게 변하지 않은 상태에서 상당 부분을 계승하였으며, 중앙 집권의 강화를 위하여 약간의 개혁이 있었을 뿐이다.[165] 그래서 우리나라의 장소 배열인 공간 구조에는 통치 행정 조직이 결정적인 영향을 미쳤다. 따라서 이 통치 행정 조직의 영향을 우리나라 공간 구조 원리로 좀 더 검토해 보아야 한다.

그러나 조선시대 지방 행정 조직에서 중요한 것은 군현(郡縣)의 하부 조직으로 "면리(面里) 제를 채택한 것"이며, 그것은 조선 말기까지도 유지되었던 말단 조직이다. 따라서 장소에 끼친 그 영향은 무척 중요하다. 조선시대의 예를 충청남도를 사례로 알아보기로 한다.

조선시대에 충남 지방에는 2목(공주, 홍주), 10군(임천, 서천, 한산, 태안, 면천, 천안, 서산, 온양, 금산, 진산)이 있었다(단, 금산과 진산은 당시에는 전라도에 속해 있었다.). 군보다는 작은 행정 구역이지만, 유사한 기능을 갖는 25현(홍산, 덕산, 직산, 정산, 청양, 은진, 회덕, 진잠, 연산, 이산, 대흥, 부여, 석성, 비인, 남포, 결성, 해미, 당진, 신창, 예산, 목천, 전의, 연기, 아산, 보령)도 존재하였다. 물론 이들의 관할 구역은 서로 뒤엉켜서 비지적인 관할 구역을 가진 곳도 37곳이나 되었고, 그를 월경지(越境地)[166]라 불렸으며, 조선시대 말까지도 그대로 유지되었다. 이들은 권문세가, 힘이 있는 지방 행정관의 존재 등의 영향이 원인이었을 것이다. 그 뿐만이 아니라, 목에 속한 군현은 따로 존재하였으니, 별도의 직할 영역이 있었음을 알 수 있다. 당시 충청도의 호구(戶口) 수는 정조 시인 1789년에 21.8만 호에 85.1만 구(口)를 보였다. 물론 이 구수(口數)는 모든 인구가 아니고 병역이나 노역을 담당하는 사람들로, 대체로 16~60세의 남녀 수로 추정된다.

---

164) Herbert, D., and Thomas, C, 1997, Cities in Space: City as Place, 3rd, Ed, Wiley, N.Y, pp. 19–20.
165) 윤용혁, 1984, 조선시대, 지방제도 in 한국지지, 지방편 II (강원, 충북, 충남), 건설부 국립지리원, pp. 400–408.
166) 한 영역의 영토가 영역의 경계를 뛰어넘어서 다른 영역의 속에 들어가 있는 영토(영역 밖의 영토).

여하튼 충청남도에 속하는 총 10군 25현과 해당 면리의 통계를 정리하면 다음과 같다.

▼ 표 5·3 1789년(정조 시) 충청남도의 행정 조직 분류표(2목, 10군, 25현의 구분)

번호	계급(면 수)	빈도(군현 수)	번호	면 수	빈도(군현 수)	면리 합계
1	5면 이하	1	7	11	3	
2	6	3	8	12	1	
3	7	3	9	13	1	
4	8	6	10	14	3	
5	9	9	11	15 이상	3	
6	10	2	합	345면리	35 군현	
공주목	26(면)	홍주목	29(면)	총계	2목 35군현	400면리

이와 같은 목군현제(牧郡縣制)와 그 하부 조직으로 면리를 말단 행정 조직으로 유지한 것을 보이는 예는 김정호의 '대동지지'(1866)에서도 유사하게 나오는 사항이다. 단지 '대동지지'에서는 면리 대신에 방면(坊面)으로 명칭이 다를 뿐이다. 가령 경기도 김포군의 하부 조직인 방면은 군내, 마산, 노장, 고란태, 석한, 검단, 고현내, 임촌의 8개 방리로 되어 있었다.[167] 따라서 1866년에 비하여 현재는 하부 조직이 상당히 정리가 되었고, 수가 감소되었다.

위의 표를 이용하면 1개 군현에 속한 면리 중에서 가장 빈도가 높은 개수는 9개가 최빈치이다. 평균치는 1개 군현 당 9.86면리가 속해 있는 것이다. 따라서 최빈치가 보다 의미가 있고, 그런 의미에서 1개 군현 당 약 9개의 면리가 속해 있다고 할 수 있다.

현재 충청남도에는 7군 8시의 행정 조직이 설치되어 있다. 그 중 금산군에 11읍·면, 부여 16, 서천 13, 예산 12, 청양 10, 태안 8, 홍성군에는 11읍·면이 각각 속해 있다. 따라서 현재 1개 군에는 11.6 읍·면이 속해 있어서 숫자가 늘었다.

따라서 현재의 군에 속한 읍면의 평균수보다 정조 시가 2개면 정도가 숫자가 적다는 것을 알 수 있다. 그러나 과거에 인구가 적고 밀도가 낮았던 것을 고려하면 현재보다 훨씬 규모는 작고 숫자는 상대적으로 많은 면리가 군에 속해 있었다고 할 수 있다. 거기다가 정조 시인 1789년에 시행되던 군현제에서는 그 숫자가 35군현이나 되어서 현재의 15개 시군보다는 상당히 많은 군현이 있었으므로, 그 규모는 현재보다 훨씬 작았다(거의 절반 이하의 크기였다.).

인구가 현재보다 훨씬 적은데 왜 군현의 숫자를 많이 만들었을까? 가장 중요한 이유는 걸어서 하루에 왕복할 수 있는 범위 내를 정해야 했기 때문이다. 또한, 당시 중앙 집권 체제 하에서 모든 가구와 사람들을 확실하게 통제하기 위한 방편이 필요했고, 양반의 숫자가 많은데 비해 일할 자리는 너무 적어서 결국은 양반들의 자리를 위하여 군현의 숫자를 많이 만들 수밖에 없었던 것으로 보인다.

---

167) 김정호 저, 1866, 임승표 역주, 2004, 대동지지 1, 이회, pp. 374-375.

그렇게 되면, 훨씬 더 아래의 하층(천)민들이 확실하게 장악되는 것은 물론이고, 조세나 부역의 실행도 철저하게 집행될 수 있었다. 물론 반역이나 도둑, 외적의 침입 등을 쉽고 빨리 파악할 수도 있었지만, 그만큼 아랫것들은 어려움이 더 많았다.

즉, 이상과 같이 추론해 본다면, 우리나라의 군현에 속한 면의 숫자는 크리스탈러(Christaller)의 행정 원리인 k=7과는 큰 차이가 있지만, 규모가 작고 낮은 경제 수준까지를 고려하면, 오히려 상당히 근접한다고 볼 수도 있다. 결국 1~2개 정도의 차이가 생긴다고 판단되기는 하지만, 경제 규모가 발달되기 전이고, 규모가 작았으므로 면의 숫자는 이론치보다 많아야 했던 것이다.

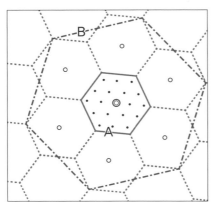

- 큰 마을(village)
- 시장 읍(표준 시장: town)
- 시장 도시(중간 시장: city)
- A 시장 구역: 독특한 장소이나 가시적 경계선은 없다.
  (표준 시장권): 읍의 시장권
- B 시장 지역(도시 영역): 개념적인 장소이다.
  (중간 시장권): 도시의 시장권

↤ 규모에 따른 장소의 인식
큰 마을과 읍의 시장 구역은 가시적인 장소이다.

▲ 그림 5·29 투안(Tuan)이 인용하고 스키너(Skinner)가 연구한 중국 정기 표준 시장(Periodic Standard Market) 크리스탈러의 행정 원리에 따르는 중심지 장소의 배열을 보였다. 이는 하야시(林)의 연구와 비슷한 결과이다.

또한 중국인들의 자급자족은 큰 마을(Village) 내에서가 아니고, 표준 시장(18개 큰 마을, 인구 7천~8천 명 정도, 면적 20평방 마일의 읍)의 범위 안에서 이루어진다. 이는 대체로 우리나라의 면 중심지(큰 마을)보다는 2배 정도 크고, 읍 규모의 약 1/10 정도의 크기이다. 따라서 이 표준 시장에 딱 맞는 현재 우리나라의 행정 단위나 중심지는 없지만, 조선시대의 군, 현의 기능은 규모상 여기에 접근하였다고 생각된다.

또한 가시적인 중심지 장소, 큰 마을과 표준 시장 읍(Market town)이라는 중심지는 가시성이 강한 중심지 장소이다. 이 7개의 표준 시장의 중심에는 여러 기능이 통합된 중간 시장인 도시(city)가 있고 그 범위는 개념적으로만 알 수 있는 장소이다. 그래서 투안은 읍 규모의 중심지의 중요성을 강조한다. 시골의 엘리트들이나 지주들은 전통적으로 그 범위를 알 수 있기 때문이고, 종교적(불교)으로도 그 범위를 확실히 알 수 있기 때문이다.[168]

한편 중국도 우리나라와 같이 행정 원리가 가장 먼저 조직·시행되고 후에 시장이 행정 중심지를 고려하여 설치되었기 때문에 행정 원리가 시장 원리보다 우선한다.

168) Tuan, Y., 1977, Space and Place, Univ. of Minnesota Press, pp.167~169.
하야시노보루(林上), 1986, 중심지 이론 연구, 대명당, pp. 382~387.

더구나 중심지 조직 원리 중 하나인 행정 원리의 역할과 기능의 중요성은 우리나라처럼 산지가 많고 평지가 적은 농업국에서, 또한 수운망에 비해 도로망이 충분히 발달되지 못했던 조선 후기의 교통로를 생각한다면, 그래도 상당히 들어맞는 중요한 공간 구조의 조직 원리라고 할 수 있다. 따라서 우리나라의 장소 배열을 설명하는 공간 구조의 해석에서 통치와 행정 조직은 가장 중요한 역할을 담당하고 있다고 판단된다.

필자도 '진도의 중심지 체계 연구'에서 처음에는 통치 조직과 관련된 행정·교통 원리가 강하게 영향을 미쳤고, 후에 화폐 경제의 발달로 중심지의 시장 원리, 사회 문화의 영향에 따라서 중심지 배치가 변하고 있다고 해석했었다.[169]

(3) 정기 시장의 영향

정기 시장은 경제 지리적 요소로 포함시켜서 설명하는 것이 바람직하지만, 정기 시장의 초기 개설에는 통치력, 행정력이 결정적으로 중요하였으므로, 여기서는 '통치 행정 조직의 영향'에 포함시켜서 기술하였다.

본래 중국, 우리나라 등 동양에는 행정력이 먼저 강력하게 발달하였고, 상업을 억압하였기 때문에 다른 지역에 비하여 통제가 잘되는 장시는 발달하였지만, 정기 시장은 발달이 미약하였고, 늘 감시의 대상이었다. 그러나 이민족이 사는 곳과 변경 지역, 산지, 오지 등에는 통제와 감시를 하면서도, 정기 시장을 개설하였다. 또한, 정기 시장의 기능이 서민 생활에 활력을 주는 장소라고 너무 과도한 해석을 하지 않는 것이 좋겠다. 단지 우리나라의 경우 조선 말기와 근대 이후에는 물산과 상업이 장려되고, 신분 제도가 사라지면서 정기 시장도 많이 늘어났다.[170] 본래 이 정기 시장은 한곳에서 물건을 팔게 되면 최소 요구치에 도달하지 못하는데, 적은 수요 때문에 이동을 하고, 정기적으로 나누어서 팔리는 것을 합하면 최소 요구치에 도달할 수 있기 때문에 생겨난다.

우리나라의 경우 진도에서 연구한 것을 보면, 진도의 정기 시장 중, 현재까지도 지명으로 오일시(五日市)의 지명이 사용되는 곳이 2곳 있었고, 십일시(十日市)의 지명을 갖는 시장이 한 군데 있었다. 그것은 정기 시장이 매우 활발했음을 보여 주는 증거인데, 그 이유는 이곳은 외부와의 연결이 매우 불편했기 때문에 정기 시장 연결망이 발달하지 않으면 안 되는 장소였기 때문이다. 이들 정기 시장은 주민들이 생활용품의 대부분을 구하는 중요한 장소였고, 생산물을 내다 파는 장이었다. 그래서 정기 시장이 열리는 날자가 지명으로 남아 있는 것이다.[171] 또한 진도 전체에서는 "10일을 순환 단위로 하여 진도의 어디에서인가는 장이 열리고 있었다."라고 볼 수 있을 정도로 정기 시장을 중요시하였다.

이는 외부 연결이 불편한 장소에서 일반 주민들이 급히 필요로 하는 물건을 구하고 처분할

169) 주경식, 1986, 불완전개방지역의 지역구조에 관한 시론: 진도의 경우, 대한지리학회지 지리학, 34, pp. 14-29.
170) 브로델(Braudel, F.) 저 주경철 역, 1996, 물질문명과 자본주의 II-1, 교환의 세계, 상, 까치, pp. 169-178.
171) 주경식, 1986, Op. cit, 지리학, 34, pp. 14-29.

수 있게 제도를 정비한 것으로 해석이 되고, 그렇다면 그들 정기시의 개설은 통치와 행정력에 의한 것임은 두말할 필요가 없겠다.

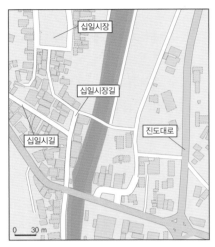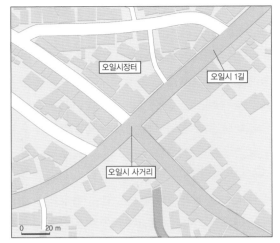

▲ 그림 5·30-1(좌) **진도군 임회면의 십일시 장터와 도로명** 십일시장길, 십일시길 십일시교 등의 지명이 남아 있다. 진도대로 상의 석교 삼거리에서 십일시교를 건너면 임회면 석교리의 십일시장이 열리는 장터에 연결된다.
▲ 그림 5·30-2(우) **진도군 고군면 오일시 장터(다음 지도에서 캡처)**

정기 시장에 대해서는 스키너(Skinner, W.)가 중국 쓰촨성에서 1949년에 조사한 연구를 소개하기로 한다.

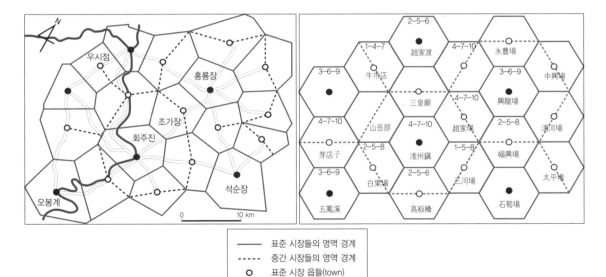

▲ 그림 5·31 **중국 농촌의 시장과 사회 구조**(Skinner, W. 1964, Marketing and Social Structure in Rural China).[172]

대체로 군청 소재지가 있는 읍의 경우는 시장이 있는 곳이라고 생각해도 무방하다. 그림에서 실선으로 표시된 다각형의 꼭지점마다 큰 마을이 자리 잡고 있으며, 이 큰 마을들은 다각

172) 브로델(Braudel, F.) 저 주경철 역, 1996, 전게서, pp. 156–157.

형의 한가운데에 위치한 읍(혹은 읍의 기능을 겸한 도시)의 고객이라고 보면 된다. 즉, 꼭지점의 마을에서 가운데의 작은 원(흰색 또는 검정색)으로 가서 필요한 물건을 사 온다는 것이다. 이런 도형 위에 다시 더 넓은 다각형이 점선으로 표시되어 있는데, 이 경우에는 다각형의 꼭지점마다 읍(邑)이 자리 잡고 있고, 그 읍에 위치한 시장을 표준 시장(Standard market)이라고 하였다(흰 원으로 표시된 지점). 이어서 점선으로 표시된 다각형의 중심부에는 시장 도시(市場都市; 모두 6개)인 중간 시장(Intermediate market)이 자리 잡고 있다(검정색 원으로 표시된 지점). 두 번째 도식에서는 위의 상황을 보다 단순화시켜서 표시했다. 이것은 크리스탈러나 뢰쉬(Lösch, A.)가 시도한 중심지 이론의 모델을 잘 나타내 준다.[173] 단지 여기서 읍이 없는 곳은 한 곳이 있는데 그곳은 산악 지역이다.

통치 행정을 맡고 있는 최고의 관리자는 자기네 구역에서 풍부한 물자는 합리적으로 처분하고, 부족한 물자를 다른 장소에서 구하여, 일상생활을 무리 없이 유지하고 부를 축적하기 위하여 상설의 시장 조직 이외에 임시 또는 정기 시장을 여는 경우가 많았다. 그런 경우는 동서양을 막론하고 주기적으로 필요한 때에 물자를 모으고 교환시키는 정기 시장이 잘 이용되었다.

이런 정기 시장은 고대 중국이나 이집트도 마찬가지이며, 특히 바빌로니아에서는 이런 교환 활동이 아주 일찍 발달해 있었다. 또한 아메리카 인디언들도 꽤 조직적이고 화려한 시장이 있었다.[174] 이처럼 "시장"은 무척 오랜 역사를 가지고 있으며, 전 산업 시대에는 대체로 행정 조직과 밀접한 관련이 있었다.

그렇지만 이 스키너의 연구에 대해서 중심지 연구의 대가인 모리카와(森川 洋, 1980)는 이미 다른 학자들의 비판을 원용하여, 다음과 같이 비판하였다. "스키너의 연구는 첫째, 그림은 크리스탈러의 모델처럼 아름답지만 거기에는 가장 기본적인 개념인 '재화의 도달 범위' 등을 무시하고 있다. 또한 둘째, 연구 지역에 최대한의 공간적 변화를 주었지만 스키너의 모형은 현실에 적합하지 않다(다르다)."라고 비판하였다.[175] 이런 면에서 보면, 스키너의 정기 시장 연구는 중심지 이론의 상당 부분을 설명하지만, 그래도 중심지 이론의 일부만을 설명하는 모형이라는 것이다.

필자 역시 우리나라의 장소 배열을 설명하는 기본 이론으로 정기 시장이 중요하다고 보지만, 정기 시장 이론은 '행정 원리'와 같이 일부를 설명할 수 있다고 판단한다. 여하튼, 이 공개 시장인 정기 시장에서 파는 상품 중에는 부자나 가난한 자나 모두 자기 몫을 구할 수 있다. 독일식의 표현으로, 이 직접적인 교환은 '손에서 손으로, 눈에서 눈으로 하는 상업(Hand-in Hand, Auge-in-Auge Handel)'이다. 팔릴 만한 물건들은 그 자리에서 팔리고, 인도되고, 바로 계산을 마친다는 것이다.

고대 그리스 역시 시장을 가지고 있었고 특히 '아고라(Agora)'는 시장 주변의 광장이며, 민

---

173) 브로델(Braudel, F.) 저 주경철 역, 1996, 전게서, pp. 155~159.
174) 브로델(Braudel, F.) 저 주경철 역, 1996, 물질문명과 자본주의 Ⅱ-1, 교환의 세계, 상, 까치, pp. 23~24.
175) 森川 洋(모리카와 히로시), 1980, 中心地論(Ⅰ), 大明堂, pp.

주 정치가 행해지던 중요한 장소로, 많은 토론과 거래가 있던 도시 장소였다. 그래서 시장과 무역이 일찍부터 정기적으로 그곳에서 발달했었음을 알려 준다. 아시아나 아프리카에서 이동해 온 물자들이 터키 지역을 거쳐서 유럽으로 전파되는 과정에서 아고라와 시장이 거래 장소가 되고 부가 축적되었던 듯하다.

우리나라에서 문헌에 나오는 시장은 삼국사기에 처음 등장한다. 신라 소지왕 12년(서기 490년)에 처음으로 경주의 시장을 열었다는 기록이 있다. '초개경사시 이통사방지화(初開京師市 以通四方之貨)'라는 구절이 바로 그것이다. 이는 '처음으로 당시의 서울인 경주에 시장을 열어서, 사방의 재화가 통하게 하였다.'라는 의미로, 경주에 있던 상설 시장을 의미하는 것은 아니지만, 통치 행정 기능에 의하여 장이 열려서 사방의 재화가 서로 통하게 하였음을 보여 준다. 물론 수도 경주의 시장을 열기 전에 여러 지방에 조그만 시장들이 있었겠지만, 문헌의 기록으로는 찾을 수는 없었다.[176]

다음으로 지증왕 10년(서기 508년)에 "치동시전 설관이감지(置東市典 設官以監之)"라는 기록이 나온다. 이는 '특별 기관과 법을 만들어 동쪽에 시장을 베풀고, 그곳에 관원을 두어서 시장의 상업 거래를 감독하게 하였다.'라는 뜻이다. 그 이후에 서남쪽에도 시장을 두었으며, 특히 '신당서(新唐書)'에 의하면, '신라의 시장에서는 여러 부녀자들이 재화를 사고팔고 한다.'라는 기록이 나온다.

이상의 우리나라 기록에서는 적어도 몇 가지를 확인할 필요가 있다. 첫째로 시장은 제도적으로 행정, 통치 행위와 관련을 맺고 열린다는 것이다. 따라서 우리나라처럼 오랜 행정 조직을 가지고 있는 나라에서는(적어도 고려시대 이후) 규모가 큰 군치의 소재지인 읍(邑) 이상의 행정 중심지에서는 시장이 어떤 형태로든 유지된 듯하다. 둘째로 신라시대에 시장에서 물건을 파는 사람이 주로 부녀자들이었다고 한다면, 여성의 활약이 아주 중요했다는 것을 보여 준다. 당시는 남자들이 중심인 사회였으므로, 남자들은 물건의 획득, 수송, 배달 등에 주로 종사하고, 시장에서 사고파는 것은 부녀자들이 주로 했다고 이해할 수 있다. 이렇듯 시장에서는 오래전부터 여성의 역할이 중요하였다. 그러나 근대 이후의 인구 증가, 교통과 통신의 발달, 이촌 향도의 인구 이동, 수출 지향의 공업화로 소득이 증가하면서 정기 시장은 많이 소멸되고 상설 시장화 하였고, 정기 시장이 입지하고 있던 하위 중심지에서 물건을 사던 소비자들이 자가용 자동차가 많이 보급되면서 대도시로 집중하였으며, 그에 따라 하위 시장들은 많이 소멸되었다.

따라서 우리나라의 여러 장소들 중에서 농업 관련의 촌락에 있던 장소들과 읍 이하의 소규모 중심지(hamlet, village 등)에 있던 시장 장소들이 많이 소멸되었다. 대신 도청 소재지급 이상의 도시와 광역 중심 기능을 갖는 직할시들이 급격히 성장하면서 주변 장소들의 거래를 흡수하자, 소도시 내에 위치하던 여러 정기 시장 장소들은 거의 소멸되었다. 단지 새로운 시장 장소들이 대도시 내에서 지역 시장으로 생겨나기도 하였고, 정기 시장 대신 상설 시장으로 운영되고 있는 경우가 많다.

---

176) 朝鮮總督府, 1929, 朝鮮の市場經濟, 조선인쇄주식회사, pp. 7-8.

(4) 정기 시장의 기타 기능과 영향

교환의 초기 상태는 이동 상인들에 의해 운영되는 정기 시장이 중요하였다. 우리나라에서는 이 상인들을 규제하였지만, 유럽에서는 사정이 조금 달랐다. 상업 무역을 장려했기 때문이다. 유럽도 정기 시장에 의한 고정 상인들의 피해가 커지자 규제를 많이 하였지만, 그 규제가 제대로 지켜지진 못했다. 특히 런던에서의 피해가 컸었는데, 거리가 거의 막혀서 이동이 어려울 정도였다. 이 혼잡 상태는 결국 런던 대화재(1666년)에 의해서 런던의 4/5가 전소되어서 새로운 런던을 건설하면서 가까스로 해결되었다. 이 런던 대화재를 계기로 가로를 넓히고, 다시 주택 지구를 정비하고, 상업 지구를 지정하는 등의 정책을 시행하여, 현대 런던으로의 도시 기본을 닦을 수 있었다. 대화재 당시 런던은 도로상에서 불법으로 길을 막고 장사를 하던 정기 시장 상인들의 임시 좌판과 불법 건물 때문에 화재에 대응하지 못하는 어쩔 수 없는 상태였고, 그 후 근대적인 도시 계획을 세워서 도시를 새롭게 건설하고 나서야 이동 상인들의 좌판 문제를 해결할 수 있었다. 파리 역시 나폴레옹 시대에 오스만에 의한 대규모 토목 공사와 도로 확장으로 현대까지 이용하는 도시 계획이 추진되어 새 도시가 건설되었던 것이다.

▲ 그림 5 · 32-1(좌) **런던 시장의 대화재** 약 350년 전인 1666년 9월 2일 런던 교외의 빵 공장에서 일어난 불은 전체 시가지의 4/5를 태웠다. 테임즈 강 바지선에서 당시의 런던 대화재를 재현하고 기념하고 있다(2016. 9. 5.).
▲ 그림 5 · 32-2(우) **불이 난 장소에 세워진 대화재 기념탑(monument)과 주변의 건물들**

3) 경제 지리적 측면

(1) 한국 촌락과 도시의 입지: 생산 공간을 최단 거리로 연결하는 장소

전통적인 우리나라의 촌락의 입지를 살펴보면, 마을의 뒤편에 있는 산은 능선이 맥을 이루어 뻗으면서 산지 생산 공간을 이루며, 주로 밭농사, 연료 및 건축 자재, 기타 임산물이 생산되는 생산 공간이다.

또한 거기에는 방어용 시설(산성)이 있거나, 적의 침입을 감시하는 시설이 있는 경우도 있고, 때로는 신성시하는 장소이거나, 찬 북서풍을 막아 주고, 인간에게 좋은 기운과 지기가 흘러나온다고 상징화가 되어 있는 장소로도 각각 이용되어 왔다.

마을의 앞에는 대체로 평지 생산 공간이 발달되어 있다. 하천이 흐르고, 토지 중에서 논농사가 중심이 되는 생산 활동이 이루어졌다. 이곳은 봉건 시대에 주된 경제 활동이 이루어졌던 장소이며, 논과 밭, 하천과 도로 등의 대부분이 여기에 있다. 그래서 가장 핵심이 되는 공간은 산지 생산 공간과 평지 생산 공간이 교차되어서 이루는 일종의 결절점이고, 거기에 전통 마을이 위치한다. 말하자면 마을은 산지나 평지 생산 공간의 양쪽으로 쉽게 이동할 수 있고, 그것도 가장 짧은 거리로 이동할 수 있던 장소였다.

따라서 우리나라 대부분의 전통 취락들은 이 산지 생산 공간과 평지 생산 공간이 만나는 결절점에 위치하지만, 앞의 방포에서 보듯이 좀 더 큰 취락들은 바다 생산 공간에 직접 또는 간접으로 연결되었다(항구, 하안, 도진 취락). 서울, 경주, 평양, 개성, 의주, 마포, 통구, 이포, 공주, 부여, 충주, 강경, 부강 등은 모두 가항 하천을 통해서 바다에 연결되었으며, 국가의 통치를 행하던 역사적 수도나 하항이었던 장소들이었다.

따라서 무작정 우리나라의 가옥, 촌락, 도시가 풍수적인 영향을 받아서 입지했다고 하는 것은 불합리한 생각이다. 물론 그 주택이나 촌락이나 도시가 우선은 경제적 원리에 따라서 입지되고, 거기서 자연의 인식 논리에 따라서 구체적인 배치가 잡혀졌던 것도 사실이다. 우리 선조들은 중요 장소는 결국 위와 같이 다중의 레이어(Layer)들이 중첩되도록 하였는데, 그래서 장소에 따라서 특정 요소가 보다 더 강하게 보일 수는 있다.

(2) 공간 경제적 측면: 중심지 입지 영향

사람들이 움직이는 동기 중 가장 중요하고 빈번한 것은, 경제적 목적에 의한 이동이다. 물론 이동의 목적 중에는 사교나 봉사 활동을 위한 이동도 많이 있겠지만, 그런 이동 역시 장기적으로, 또는 지나간 과거의 행위에 대한 보답 등의 측면이 있음을 고려하면 역시 경제적인 원리가 밑바닥에 깔려 있다. 그렇지만 그런 사회 문화적 이동은 제외하고 생활에 필요한 경제적 목적과 관련된 이동만을 원인으로 잡아서 분석해도 우리는 공간 구조의 틀을 설명할 수 있다.

근대 산업 혁명 이전의 경제는 농업 활동이 주된 경제 활동이었다. 토지를 배경으로 생활하였으므로 상당한 면적의 주택지와 일정한 규모 이상의 경지와 연료림, 기타 가축 사육을 위한 땅 등이 필요하였다. 그리고 농업 활동은 최대의 생산물을 얻기 위해서 여러 가지 인력 관리 조직이 필요하였다. 작물의 재배에도 많은 지혜가 필요하였고, 서로간의 협력이 필요하였으므로 공동체를 조직하고 상부상조하여야만 대체로 자급자족할 수 있었다.

그래서 마을에 사는 사람들이 필요로 하는 물건은 대체로 자급자족하였지만, "농사에 필요한 물건들과 자급이 안 되는 생활 용품들은 어디서 어떻게 구할까?"

이 질문에 대한 대답이 공간 구조의 가장 기본적인 조직 원리를 찾는 열쇠가 된다. 그 해답은 "가장 가까운 곳에서 필요로 하는 물건을 구한다. 그 이유는 비용과 시간과 노력이 적게 들기 때문이다."라는 것이다. 즉, 많은 사람들의 활동이 집중되는 보다 큰 장소에서 구한다.

그래서 "가장 가까운 곳에서 소비자인 마을 사람들이 필요로 하는 물건을 구할 수 있도록 한다."는 소매업 원리의 해석이 중심지 이론(Central plac theory)이다. 물론 여기서 중심지라고 하는 곳은 재화나 서비스를 공급하는 장소 즉, 그 재화나 서비스들을 취급하는 상점이나 사무실, 회사들이 모여 있는 곳으로, 읍이나 도시들을 생각하면 되고, 그런 장소를 중심지라고 한다. 그러나 중심지의 규모에 따라서 특정 중심지보다 작은 장소들은 그 특정 중심지 아래에 모두 들어있다고 보고, 그들에 대한 논의는 생략한다. 또한 중심지의 규모에 따른 종류는 여러 가지가 있어서 마을에서 대도시까지의 사이에 여러 형태가 존재한다.

그러면 중심지를 둘러싸고 있는 영역을 나타내는 바탕의 6각형 망은 어떤 특징이 있는가? 우선 6각형은 중심에서 주변부에 이르는 거리들의 편차가 가장 적다(편차가 작아서 없는 것은 원이다). 둘째, 지표면을 중복됨이 없이 모두 덮을 수 있는 망이다. 셋째, 원에 가장 가까운 망이면서 중복 없이 덮을 수 있는 형태가 6각형 망이다. 따라서 중심지 세력권은 모두 6각형 망으로, 그리고 그 망이 덮인 공간에서 논리를 전개한다.

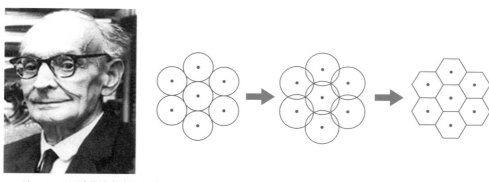

▲ 그림 5 · 33 **1933년 중심지 이론의 모형을 세운 독일의 크리스탈러(Christaller,W.)와 6각형 망** 지리학의 이론 모형 중 가장 훌륭한 모형을 만들었다고 그를 기린다. 중심지들은 처음에 중심지를 둘러싸는 원형의 세력권(시장권, 영역: market area)을 갖지만, 차츰 인접한 중심지와 경쟁을 하게 된다.

처음의 원형 세력권은 세력권들 사이에 빈틈이 있었다. 경쟁이 심해지면 인접한 중심지들이 그 빈틈을 서로 차지하려고 경쟁하게 되면서 차츰 세력권을 넓혀서 빈틈이 없어지고, 서로 중복하기까지 하면서 세력권을 넓게 된다(중간). 결국 경쟁하는 인접 중심지 간에 중복되는 세력권을 공평하게 양분해서 가지게 되고, 그 결과로 6각형의 세력권 망이 빈틈없이 형성된다. 이렇게 중심지들이 인접한 중심지들과 세력 확장을 위해 서로 경쟁하는 것을 공간적 경쟁(spatial competition)이라고 한다. 그러나 개인들이 필요로 하는 모든 상품을 가까운 중심지에서 모두 갖추고 팔 수는 없다. 작은 중심지에서 고차적인 상품과 서비스를 다루려면 최소요구치(threshold)에 도달하지 못하게 되기 때문이다.

가령 햄릿(작은 마을)에서 극장을 세워서 운영한다면 적자가 나서 망하게 되기 때문에 작은 중심지에서는 고차의 재화나 서비스를 직접 취급하지 않고, 좀 멀리 떨어진 큰 중심지에서 공급하는 재화나 서비스에 의존하게 된다. 이를 '공간적 상호 의존'이라고 한다.

우리 인간들이 거주하는 장소 중에서 상품과 서비스를 소비자에게 제공하는 원리를 설명하는 이 중심지 이론은 주로 농업 지역의 평야에서 잘 확인된다. 중심지 이론은 우리 일상생활에서의 경제 활동에 대해 '상호 경쟁하며 의존하는 공간적 계층 구조'를 경제적 이론으로 설명한 것이다. 그에 의하여 연구 · 제시된 원리는 3가지가 있지만, K=3(market principle)이라는 시장 원리 체계가 기본형이다.

이론적인 공간 구조는 그림 5 • 34처럼 아주 질서 정연하다. 그러나 현실 세계는 여러 가지 영향 요인(조건)들, 가령 평탄한 평야이고, 인구 분포가 균등하며, 교통 상 어느 방향으로든 이동이 가능하고, 필요한 물건이 있으면 그를 바로바로 하나씩 사러 가야 한다. 또한, 거리가 먼 장소로 가는 것은 교통비를 더 많이 부담해야 하므로 먼 중심지로는 같은 물건을 사러 가지 않게 되고, 어느 곳에 가든 물가는 동일하며, 주인의 친절함도 같고, 사람들은 합리적인 판단을 하는 경제인(economic man)이어야 하는 등의 경제적인 조건이 잘 맞지 않아서 실제 중심지 분포는 약간 규칙성이 떨어져서 불규칙해 지는 것이 현실이다.

또한 가게들은 경쟁에서 살아남기 위해서 적어도 최소한의 이익(최소 요구치; 손해가 되지 않는 이익이 0인 수요량)이 보장될 수 있는 수의 소비자들을 확보해야만 가게가 운영된다. 그리고 초과해서 오는 소비자들이 사 가는 양은 바로 그 가게의 이익이 되는 것이다.

이런 원리를 작은 마을 중심지(자연 마을; hamlet)에서부터 다음 그림에 따라서 알아 보자.

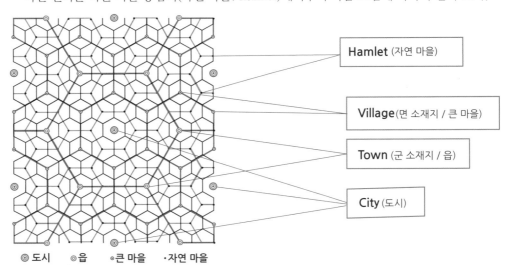

◎ 도시   ◉ 읍   ● 큰 마을   · 자연 마을

▲ 그림 5 • 34 크리스탈러의 중심지 이론을 설명하기 위한 기초적인 K=3(시장 원리=market principle) 체계 중심지들의 배열은 계층적인 공간 구조(Hierarchical spatial structure)를 이루며, 기능적으로도 또한 공간적으로도 상호 의존하게 조직되어 있으며, 지표면을 빠짐없이 덮게 된다. 여기에는 4개의 중심지인 마을, 큰 마을, 읍, 도시의 4종류의 중심지 세력권(시장권)들이, 4개의 층으로, 크기를 달리하면서 중첩되어 펼쳐져 있다.[177]

177) Rubenstein, J., 1994, An Introduction to Human Geography, 5th Ed., Macmillan, pp. 450-453.

작은 마을 중심지가 위치하게 되면, 중심지의 세력권(시장권=영향권=영역)은 경쟁이 없을 경우 중심지를 둘러싸는 원형으로 나타나게 된다. 그러면 서비스를 받지 못하는 빈 공간이 원 밖으로 생기게 된다. 그 후 인접한 중심지와 경쟁이 생기면 빈 공간 부분에 중첩되는 세력권 부분이 발생한다. 그 중첩 부분을 인접하는 중심지들이 공평하게 나누어서 가지게 되면, 가장 작은 검은색 6각형 모양의 세력권이 빈틈없이 만들어져서 땅 위를 덮게 된다. 이어서 두 번째 계층의 중심지인 큰 마을(읍내리, 면 소재지; village)들끼리도 서로 경쟁이 생겨서 검은 육각형과 마찬가지로 이번에는 보다 큰 빨간색의 6각형 망이 아래의 검정색 6각형 망의 위에 중첩되어 새로이 형성된다.

다음은 읍(군청 소재지: town) 규모의 중심지들끼리도 앞에서와 똑같은 경쟁을 하게 되고 그러면 좀 더 큰 파란색 6각형 망이 빈틈없이 만들어진다. 이 읍 규모의 중심지는 역사적으로 오랜 기간 동안 중심지로서의 기능을 발휘하였던 장소가 보통이다. 이는 동서양이 모두 마찬가지로, 보통 도보로 왕복할 수 있는 하루 생활권의 범위였다. 프랑스에서는 이 범위를 '뻬이(pays)'라고 불렀고, 블라쉬(Blache)라는 인문 지리학의 창시자는 이 군의 중심인 읍을 공간 범위 중 가장 의미 있는 지역 단위로 파악하여, 이 읍을 중심으로 개발 계획을 수립하였다. 말하자면 '읍을 하나의 생활 양식이 독특하게 이루어질 수 있는 범위'로 파악을 하였던 것이다.

여하튼 마지막으로 도시를 중심으로 하는 가장 큰 초록색의 6각형 망이 가장 위에 네 번째로 펼쳐져서, 상품과 서비스가 빈틈없이 전체에 공급되는 것이다.

좀 더 생활과 관련시켜서 설명하면, 작은 마을 중심지(Hamlet/가장 작은 검정색 6각형의 중심점)들에서는 가장 값이 싸고, 자주 사는 연료, 생선, 채소, 쌀, 과자 등의 '저차 기능 상품들'을 검정색 6각형의 안에 사는 사람들에게 팔게 된다. 그러나 그 검정색 6각형 안에 사는 사람들은 조금 덜 자주 이용하는 우체국, 농협, 햄버거 가게, 약국 등을 이용하려면 보다 멀리 떨어진, 큰 마을로 가야 한다. 큰 마을(읍내리; Village/빨강색 6각형의 중심점=파란색 6각형의 꼭짓점)에서는 자주 이용하는 것들과 가끔 이용하는 것들을 파는 가게들이 모두 입지해 있으므로, 앞에서 본 저차 기능 상품들과 덜 빈번하게 이용하는 '중간 기능 상품들'을 거기서 함께 구할 수 있다. 그러나 멀리 있는 작은 마을 중심지 주변에 사는 사람들이 거기까지 가려면 약간의 교통비를 지불해야 한다.

그러나 가끔씩 이용하는 건강식품, 변호사, 병원, 등기소 등을 이용하려 할 때는 큰 마을에는 그런 것들이 없으므로 보다 큰 중심지로 가야만 한다. 그래서 큰 마을 세력권인 빨간색 6각형 안에 사는 사람들은 다시 읍(Town/파란색 6각형의 중심점=초록색 6각형의 꼭짓점)에 가야 한다. 또한 보다 더 비싼 '고차 기능 상품들', 가령 영화관, 혼수 준비, 병원 입원 등의 경우는 읍에서도 이용하기 어려운 것들이고, 그래서 도시(City/초록색 6각형의 중심점)에 가야 한다(의존한다고 표현)는 것이다. 이렇게 되면 어디에서도 모든 중심 기능들을 구하여 이용할 수 있게 되지만, 교통비는 부담해야 한다.

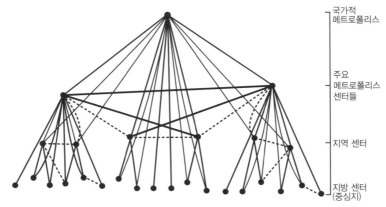

▲ 그림 5·35 k=3 체계의 계층 구조의 수직적 전개 모형[178] 최고차의 중심지는 하부의 중심지들을 지배(상호 의존)하는 계층 구조이고, 중심지의 개수는 위에서부터 1, 2, 6, 18…의 계열을 이루게 된다. 또한 대도시와 여러 소도시들 사이에는 수많은 상호 작용이 존재한다. 그 중 혁신(innovation)과 그의 확산(Diffusion)이 서로 다른 수준의 도시들 사이로 퍼져나가게 되는 채널로 이용되고 있음도 밝혀져 있는데, 이런 구조를 계층 구조라고 한다. 따라서 중심지 사이의 기능들도 이런 계층 구조를 따라서 상호 의존하는 것이다.

또한 이상과 같이 '재화나 서비스의 질적인 차이'에 따라 크고 작은 중심지들 사이에서는 제공하는 재화나 서비스가 질적으로 서로 다르다. 이렇게 크고 작은 장소들이 어떤 고차 기능에 대해서는 작은 장소에서 구할 수 없으므로 보다 큰 중심지 장소에 가야 하는 상호 의존 관계를 공간에서 보면 '공간적 상호 의존 체계(구조)'가 되는 것이다. 물론 큰 중심지는 그보다 작은 중심지의 기능들을 모두 가지고 있음은 말할 필요가 없다.

이런 관계는 마치 '가벼운 배탈은 슈퍼나 가게에서 소화제를 사 먹고, 좀 무거운 감기는 면사무소 옆에 있는 보건소에 가며, 좀 더 아픈 치통은 읍에 있는 치과에 가고, 크게 다쳐서 입원할 때는 도시에 있는 종합 병원에, 그리고 심각하고 위험한 병의 수술은 대도시의 대학 병원에 가서 치료하는 것'과 똑같은 이치의 상호 의존 관계이다. 이런 면에서 보면 우리나라는 이미 재화나 서비스의 획득과 공급에서 모두 중심지 이론을 도입하였음을 알 수 있다. 따라서 이미 알게 모르게 우리는 이런 공간 구조(계층적 상호 의존 관계) 속에서 살고 있고, 이와 함께 지리를 아주 잘 이용하고 있는 것이다(즉, 의료 서비스 체계는 중심지 이론에 따라서 서비스를 제공하고 있다.).

178) Bourne, L. S. 1975. Urban systems, Clarendon Press, Oxford, p. 22.에서 전재.

따라서 이 중심지 이론에는 두 가지의 계층 구조가 확인된다. 하나는 기능의 계층 구조라는 것이고, 다른 하나는 중심지 장소의 계층 구조가 그것이다. 가장 싸고 빈번하게 구입하는 식료나 연료는 가장 낮은 저차의 기능이고, 영화 감상 등 가끔 이용하는 재화나 서비스는 고차의 중심 기능이다. 저차의 기능만을 판매하는 곳은 가장 작은 중심지이고, 고차의 중심 기능은 큰 중심지에서 담당하게 된다.

저차의 중심 기능은 최소 요구치(=인구수)가 적고, 고차의 중심 기능은 최소 요구치가 많다. 오래전의 조사이기는 하지만 미국의 경우를 보자. 주유소=196명, 식품점=254명, 선술집=282명, 초등학교=322명의 최소(상주) 인구가 필요하였다. 또한 중(간)차의 중심 기능으로 부동산=384명, 이발소=386명, 의류점=590명, 호텔=846명 등이 필요했고, 고차 기능의 경우는 백화점=1,083명, 병원=1,159명, 사진관=1,243명 등의 최소 요구치 인구가 필요했었다. 따라서 고차 기능은 도시에 입지해야만 망하지 않고 운영이 된다. 또한 높은 최소 요구치를 필요로 하는 서비스나 상품을 얻기 위해서 소비자는 보다 큰 중심지인 도시에 가야만 서비스를 받을 수 있게 되는데, 교통비도 또한 많이 들게 된다(자주 가지 못하게 된다.).[179]

중심지 이론의 기본 원리인 시장 원리(k=3 체계)를 가령 여기서 파란색 6각형의 중심점인 군청 소재지인 A 읍(Town=파란색 육각형의 중심=초록색 육각형의 꼭짓점)을 예로 들어 설명한다. 그 주변에는 면 소재지인 큰 마을인 Village(빨간색 6각형의 중심점=파란색 6각형의 꼭짓점)이 6개가 있다. 그런데 빨간색 6각형 안에 사는 사람들이 치과에 갈 경우 그들의 1/3만이 A 읍(읍; 가령 금산읍)으로 이동하고 나머지는 각기 주변의 다른 나머지 2개의 읍으로 1/3씩 분산되어 이동하게 되는 것이다. 그래서 6개의 면 소재지에서 A 읍으로 이동하는 총 수는 1/3*6=2가 이동하게 된다. 거기에 A 읍 속에는 온전한 빨간색 6각형이 하나 들어 있어서, 이를 합하면 3이라는 숫자가 된다. 그래서 k=3이라는 상수가 나온다. 이는 읍의 영역(세력권 또는 시장권)은 큰 마을(Village, 면 소재지) 영역의 3배가 된다는 뜻이다. 말할 것도 없이 도시의 세력권(시장권)은 읍의 시장권의 3배인 것이다. 또한 큰 마을 사이의 거리의 $\sqrt{3}$배는 읍들 사이의 거리가 되는 것이기도 하다.

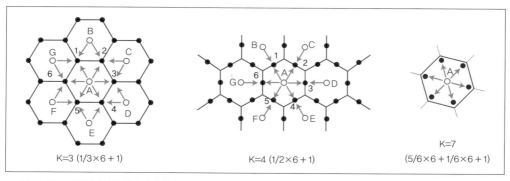

▲ 그림 5·36 크리스탈러의 중심지 배치 원리 k=3, k=4, k=7 체계의 원리도

179) Berry, B. J. L. and Garrison, W. 1958, The Functional Base of the Central Place Hierarchy, Economic Geography, Vol. 34, pp. 145–154.

크리스탈러의 중심지 이론에 의하면 막현리는 작은 자연 마을인 햄릿(hamlet)으로, 현재 본동은 38호의 주택이 있지만 막현리 전체로는 118가구에 남녀 각각 102명씩으로 합계 204명이 거주하고 있다. 마을에는 가장 기초적인 저차의 중심 기능인 잡화점이 3개 정도 입지하고 있고, 정미소와 주막이 하나씩 있어서 마을 주민들에게 서비스를 제공한다. 간단한 조미료, 밀가루, 건어물, 과자류, 사탕, 주류, 과일, 쓰레기봉투 등을 판매한다. 또한 창고, 농기계 보관소, 산촌 마을 체험장 등의 기능체가 입지하고 있어서 공동으로 관리가 필요한 자재나 시설 등을 보관하고 관리한다.

또한 주변에는 3개의 음식점, 가구 공장, 창고, 사찰도 새로 위치하고 있는데, 이들은 대전시의 기능들이 교외화에 따라서 새로 입지한 기능체들이다.

▲ 그림 5・37 **막현리 본동 입구에 위치한 정자나무 근처의 정자 수퍼** 막현리에는 본래 여러 개의 자연 마을이 있다. 막현리 본동(원막현리)과 양지뜸, 음지뜸, 윗막현리(중막현리), 마근대미(상막현리)의 5개 마을이 있었다. 그러나 중심 기능들은 막현리 본동에만 입지해 있다.

▲ 그림 5・38 **진산 읍내리** 빌리지(village, 큰 마을) 규모의 중심지로 중요 기능체들이 도로를 따라서 배열되어 가촌을 이루고 있다. 이 중심지에는 벌써 3층 이상의 건물이 들어서서 고층화가 되고 있다. 농협, 신협, 우체국, 파출소, 치과, 편의점, 음식점 등이 위치하고, 초등학교, 중학교, 고등학교가 있다. 이들 기능체들의 뒤로는 주택들이 들어서 있다. 진산 도서관 쪽으로 면사무소와 중학교, 우체국, 농협 등이 있다.

그 다음의 상위 중심지는 앞의 그림에서 보듯이 주변의 햄릿이 6개 있고 실제로 속한 햄릿은 3개가 되는 좀 큰 진산 읍내리 마을(village), 복수면 소재지인 곡남리 등이 있다. 그 위로는 이들이 6개가 주변에 있고, 실제로 3개가 소속되는 읍(town)이 위치한다. 이 읍은 군의 중심지인데, 과거에 진산군일 때는 읍내리가 이 읍의 역할을 했으나, 현재는 진산군이 폐지되었으므로, 금산읍이 더욱 중요한 읍이 되었다. 진산면 읍내리는 복수면 곡남리보다는 훨씬 많은 중심 기능체(가게)들이 있는데, 그 이유는 과거의 진산군 기능 일부가 아직도 남아 있기 때문이다. 진산 읍내리는 전형적인 가촌으로 주된 도로를 따라서 중심 기능체들이 입지하고 있다.

진산 읍내리 중심 도로의 북쪽에 입지한 진산 초등학교와 진산 중학교를 연결하는 도로변에 여러 중심 기능체들이 선상으로 입지한 형태를 지리학에서는 '상업 리본(commercial ribbon; 여러 기능체들이 도로를 따라서 띠 모양의 가촌으로 입지해 있음)'이라고 부른다. 이 상업 리본(도시의 상업 지구와 같은 역할을 한다.)의 북쪽인 뒤편은 경사가 급한 녹지인데 여기에 진산 읍성이 둘러 있었고 지금도 성의 일부가 남아 있다.[180]

그러나 이 금산군 내의 중심지 배열은 크리스탈러의 모형에 비하여 해당되는 중심지들의 숫자도 차이가 나(적)고, 중심지의 배열에서의 규칙도 잘 맞지 않고 차이가 많이 난다. 그 이유는 첫째 이 장소가 산지 지형 속의 분지라는 것, 둘째 인구 분포가 장소마다 차이가 크고, 소득도 차가 크다는 것, 셋째 광역 중심 도시인 대전시의 영향이 너무 강하여 작은 중심지들이 흡수되었다는 것 등이 작용하기 때문이다. 본래 진산군만 해도 동서남북에 여러 개의 면이 위치하고 있었는데, 현재는 복수면을 제외하고는 뚜렷하게 흔적이 남아 있지 못하다.

▲ 그림 5・39-1(좌) 과거 진산군 내의 또 다른 빌리지(큰 마을) 규모의 중심지인, 복수면 사무소 소재지 곡남리 경관
　　　진산 읍내리에서 가장 가까운 빌리지 규모의 중심지의 삼거리이다.
▲ 그림 5・39-1(좌) 북수면 곡남리 수심대의 중봉 조헌 사당.

여하튼 상위의 중심지인 금산읍에는 법원, 경찰서, 고등학교, 대학교가 모두 위치하고 있다. 그 외에도 문화 센터나 인삼 시장, 문화원(극장), 병원, 핸드폰 판매점, 서점, 보석과 시계점, 은행, 보험사, 등기소 등이 독특하게 별도로 자리 잡고 있는 중심지이다.

---

180) 진산읍지 편찬위원회, 2008, 진산읍지, p. 358.

금산읍의 인구 규모는 크지는 않지만(약 2.4만 명), 제공되는 서비스는 다른 읍보다는 고차적 기능을 많이 가진 읍이라고 할 수 있다. 이들 기능 중에는 대전광역시에서 분산되어 이전해 온 고차 기능들도 입지하고 있다. 따라서 금산읍에는 일반적인 다른 읍(town)보다는 고차의 중심지 기능이 많이 입지하고 있는데, 그 이유는 진산군을 병합했다는 것과 대전광역시의 급성장에 따른 교외화의 영향이다.

▲ 그림 5 · 40 **금산읍(town) 중심 지구인 상리, 중도리 부근의 네거리 경관** 읍 규모(도시) 중심지의 경관이다. 소아과 · 내과 병원, 치과, 핸드폰 판매 대리점, 약국, 은행, 음악 학원, 서점, 한약방, 피자 가게, 보험 회사, 공동 주차장 등이 보인다. 4~5층의 고층 건물이 입지하고 있는데, 이는 주변에서 금산읍의 중심부로 향하는 고객들이 많다는 것을 보여 준다. 여기에는 법원이나 등기소, 대학 등의 고차적 중심 기능과 인삼 시장, 관광지 개발 등이 중요한 영향을 끼치고 있다.

그리고 이 금산읍의 위에는 시(city)급의 중심지가 있고, 다시 그 위에 보다 고차적인 광역 중심 도시(Metropolis 혹은 Regional metropolis)급 대도시로 대전시가 있다. 그러나 금산군 지역에는 대전의 역할이 너무 강하게 작용하여 다른 시급의 중심지는 발전하지 못하고 모두 대전에 흡수되어 버린 상태이다. 이를 빨대 효과(straw effect)라 하는데, 대도시로의 교통로와 교통수단이 발달하면, 중간에 있던 중심 도시들은 위축되거나 소멸되게 된다는 것이다. 즉, 큰 중심지의 흡인력이 작은 중심지와 그 세력권을 모두 흡수해 버리는 현상을 말한다.

따라서 교통이 발달하면 할수록, 큰 중심지는 더욱더 발달하게 되어서 장소 간의 차이도 더욱 커지게 되는 것이다. 본래 이 장소 간의 차이(격차)를 해소하려고, 즉, 지역 간 불균형의 차이를 메우려고 교통로를 건설하지만, 지역 발전 원리나 장소의 원리에서 보면 그 차이를 줄이는 것은 사실 매우 어렵다. 대개 두 장소 간의 격차가 더욱 커지는 것이 일반적이다. 따라서 도로 개설이나, 자금 융자 등의 물질적인 지원도 필요하지만, 삶의 질을 높이는 의료, 문화 서비스 등의 측면에서 차이를 인정하고 서로 보완하면서 삶의 질을 높이는 접근이 중요하다.

이 관계는 우리나라의 서울과 다른 지방 도시들을 예로 생각해 보면 쉽게 이해가 될 것이다. 최근에는 좀 덜하지만 한 20년 전에는 "포항이나 울산에서 월급을 주면 그 돈이 그날 바로 서울로 옮겨진다."라는 말이 있었으니, 지역 격차의 해소는 땅이 좁고 역사가 오랜 우리나라에서는 참 어려운 과제이다.

특히 우리나라의 서울은 오래된 역사 도시로, 모든 중심 기능들이 집중되어 있다. 그러나 이런 경향은 서구의 런던, 뉴욕, 파리 등에서도 어느 정도는 마찬가지이지만 그들은 정치와 경제를 분리시키려고 노력하였다. 우리나라도 서울의 영향으로 수도권과 비수도권의 격차가 너무 커졌는데, 이를 완화시키려면, 국회 의사당과 대법원이 행정 도시로 이전해야 한다. 그렇지 않으면 지역 격차의 해소는 이루어지기 어렵다. 정말로 지역 격차를 줄일 생각이면 외교와 경제를 제외한 3부의 중심은 모두 이전해야 가능할 것이다. 또한 어느 정도의 지역 격차는 어디에나 있으므로, 다른 기능으로 그 격차를 보완하도록 노력해야 한다.

4) 중심성의 관성과 작용(공간 시스템의 움직임)

(1) 중심성의 작용; 시스템 운동

핵심적인 대중심지 사이는 본래 빠른 교통로와 정보망으로 연결되어 있다. 가령 전 산업 시대인 로마 제국은 주요 도로로 대도시(중심지)들을 연결하였다. 기원전에 이미 식민지를 효율적으로 통제하는 수단으로 통신망과 교통망을 중요시하여 개설·유지하는 데 많은 노력을 기울였다. 특히 교통망은 "모든 길은 로마로 통한다."라는 말이 있듯이 기원전에 이미 납작한 돌로 포장된 도로를 가지고 있었고, 그곳을 말, 마차, 전차들이 빠르게 달렸다.

▲ 그림 5·41-1, 2 로마 시대의 식민 도시 에페소 포장 도로(무역항 도시)와 도시 시장의 유적

최근의 연구를 통해 로마 시대의 건축에 사용된 콘크리트들이 시간이 지나면서 오히려 접착력이 강해지고 신선해지는 구조를 갖는다고 알려질 정도로, 로마의 도로와 건물의 건축 기술은 탁월하였다.

한편 로마 제국의 도로에 의한 연결보다 더 빠른 정보 전달 방식으로 우리나라에서도 신라 때부터 도입하여 계속 활용하였던 봉수 제도가 있었다. 그러나 봉수 제도는 빠른 반면에 단순하고, 때로는 불확실한 정보가 전달되기도 했다. 그래서 가장 확실한 방법은 역시 전령들에 의하여 포장도로를 달리게 하는 정보였다. 또한 나라의 최고 중심지는 영역의 중심을 지향하는 경우가 많다. 그래야만 전체 영역에서 접근성이 비슷해지고, 그에 따라서 영역의 관리도 효율적으로 되기 때문이다. 그런 뜻에서 세종시의 건설은 분단된 조국에서는 의미 있는 행정 중심지 배치로 해석된다. 현재는 행정 기능만이 세종시로 이주하여 불편이 많고, 비효율적인 측면도 있기는 하다. 그래서 서울로 출장을 오고 가는 비용이 큰 것은 사실이지만, 서울로 과도하게 집적되어서 발생하는 비용보다는 훨씬 작을 것이며, 심리적인 격차까지를 고려한다면, 공무원들의 수고는 어찌 보면 당연한 봉사인 것이다.

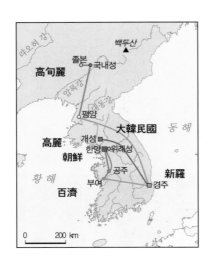

◀ 그림 5·42 **영역과 중심지 위치** 공간 구조는 최고 중심지에 효율적으로 접근하는 것을 중요시하여 조직된다. 따라서 영역의 중심지도 중앙을 지향하게 된다.

(2) 장소의 역사적 관성

장소에서의 역사적 관성(Historical inertia)이란 지나간 체제나 생산 기술에 의하여 의미 있게 조성된 특정 장소의 기능이, 체제나 기술이 폐기되고, 새로운 체제나 기술이 등장해도 원래의 장소에서 계속하여 관련 기능이나 특정 기능이 수행되고 유지되는 것을 의미한다. 다른 분야와 달리 지리학에서는 장소의 역사적 관성의 파악이 특히 중요하다. 그 이유는 특정 장소가 원활하게 기능이 발휘되도록 하부 구조가 형성되어 이를 이용한 기능 유지가 의미를 갖기 때문이다.

가령 남산으로 집중되던 조선 시대의 봉수 제도는 당시의 중요한 정보망이었다. 이제 그 봉수 제도는 사라졌지만, 현대적 기술에서도 방송 탑(TV, Radio Tower)처럼 그 장소에서 계속하여 중요 정보가 집중되거나 분산되는 것이다. 이런 면에서 광화문의 관청가, 남대문 앞의 파발과 서울역, 북촌과 서촌의 교육 기관, 인천항과 부산항의 기능 등이 역사적 관성이 강하게 작용되는 장소라고 해석이 되는 것들이다.

▲ 그림 5·43 **남산의 봉수 돈대** 조선시대 정보의 최종 집결지로 기능한 장소이다. 여기서 받은 전국의 정보는 정리되어서 왕에게 보고되었다. 현재는 이곳에서 텔레비전의 전파 송수신이 행해진다. 종합적인 정보가 전국으로 분산되는 장소가 되어서 역사적 관성이 유지되고 있음을 보여 준다.

그뿐만이 아니라, 종로의 상업과 피맛골의 음식점, 남대문 시장이나 과거 칠패로의 상업 지구 등은 이러한 역사적 관성을 설명하는 기능적 장소들이다. 또한 전통 공업 지역이나, 상업 지구인 대구의 약령시, 강경의 젓갈 시장, 안동포 시장, 담양 대나무장 등은 대표적인 역사적 관성의 장소들이다.

3 이념과 분파주의, 전쟁 영향

한민족은 본래 논쟁과 유희를 즐기는 사람들이지만, 패거리와 분파 움직임도 자주 일어났음을 여러 기록은 보여 준다. 그것이 심각하지 않을 때는 다양성으로 보이지만, 다른 분파를 용납하지 못하는 단계로 되면 분파주의는 한민족을 망하게 하는 치명적인 결점이 된다.

그 분파로 인하여 조선 왕조 500년의 중요했던 시기를 살리지 못하였고, 상대편을 용납하지 못하는 편협한 당쟁으로 나라를 침체시켰다. 이런 역사는 치욕의 역사이고, 반역의 역사이며, 배워서는 안 되는 역사이다. 우리는 잘못된 과거를 철저히 반성하고, 감정에 얽매이지 말고 과감히 떨치고 앞을 보면서 밝은 길로 나가야 한다. '조선'이라는 말이 광명이 있는 곳, '대한민국'이라는 말이 그 광명 속에서 떳떳이 살아가는 사람들의 나라임을 나타낸다. 따라서 우리 한반도의 장소에서 진정한 승리는 싸워서 이기는 것만이 아니고, 진 쪽을 너그럽게 대우하고 포용하는 것이 이 아름다운 장소에서의 진짜 모습일 것이다. 이러한 포용은 하늘에서 이루어지는 신들의 세계가 아니고, 바로 한반도라는 땅 위의 장소에서 이루어지는 한민족의 대화합을 말한다.

한편, 일제의 패망 이후 '제2차 대전에서 패한 일제의 군대를 어떻게 무장 해제시킬 것인가?' 등에 대한 전후 문제를 베를린 교외 포츠담(브란덴부르크 주도)에서 논의하였다. 하나의 안으로 미국은 '위도 38도 선을 경계로 일본군을 무장 해제시킨다.'는 원칙을 미·영·소가 회담하는 곳에서 제안하였다. 그런데 소련은 반대 없이 이 안을 수용하였다. 2차 대전 당시 소련은 눈치를 보다가 종전 직전에야 일본에 선전 포고를 하였고, 바로 전쟁에 개입을 시작하였다. 그리고는 즉시 한반도의 함경북도 지역으로 진출하면서 공산주의를 수용하도록 주민들을 선동하였는데, 미국은 그 기회주의적인 소련을 막을 방법을 찾게 되었다.

당시 미군은 한반도에서 1,000km 이상 떨어진 오키나와에 있었고, 그들의 관심은 일본 본토 전체를 항복받는 것과 무혈 점령에 있었다. 따라서 38선을 제안하지 않으면, 한반도 전체를 소련이 점령하게 되는 상황이었으므로 소련의 남하를 막기 위한 수단이 필요했다.

▲ 그림 5·44 **부산역에 도착된 철조망(barbed wire)** 38선 경계선을 세울 때 처음 사용된 철조망이다. 미국 종군 기자 공개 사진 (조선닷컴)

즉, 38선은 소련의 남침을 막고 일본 패잔병의 무장을 해제하기 위한 임시의 경계선이었다.[181] 이 임시 경계선이 우리 민족에게 70여 년 동안 수많은 상처를 주었고, 현재도 더욱 견고해지는 느낌을 주고 있다.

이 철조망은 한반도 전체가 공산주의가 되는 것을 막았지만, 조국의 분단이라는 결과를 가져왔고, 그것이 언제 끝날 것인지에 대해서는 현재까지는 전망이 너무 어둡다. 점차 엷어져 가는 민족의 동질성을 회복하고, 서로가 상대편을 존중하면서 조국의 통일을 위한 방향을 지향하여 발걸음을 옮겨야 한다. 정작 한반도 분단에 결정적으로 작용한 '소련'이란 나라는 지구상에서 사라져 버렸으므로, 스탈린의 망령이 한반도에 씌워져서 여기에만 남아 있는 것이니, 너무나 어이없는 비극이다.

---

181) 조화유, 2014. 8. 13. 조화유가 바라보는 세상. 조선닷컴.

▲ 그림 5·45-1(좌) **개성의 북한 주민 아파트** 외관상 손색은 없지만, 특수층이 사는 곳인 듯하다. 일반 서민들은 우리가 방문한 추운 겨울날에 개성시 외곽의 야산에 숨어서 나무와 풀을 베어서 연료를 만들고 있었다. 그들은 이런 아파트에는 살 수 없는 사람들임을 스스로 증명하였다.

▲ 그림 5·45-2(우) **판문점** 냉전 체제의 산물이 아직도 견고하게 남아 있는 세계 유일의 장소이며, 남북 회담 장소이기도 하다.

이제 우리 남한은 의식주를 걱정하지 않아도 되는 높은 삶의 수준을 영위하는 단계에 와 있다. 그것은 북한보다 훨씬 못했던 저개발의 경제 상태에서 온 국민들이 피땀을 흘려서 이룬 성과이다. 어떤 면에서는 우리가 개인의 자유와 권리를 유보하면서까지 외국과의 경쟁에서 이기기 위하여 노력한 결과이다. 북한은 초기에 풍부한 자원과 넓은 국토, 적은 인구를 가지고 남한보다 유리한 조건에서 출발했으나, 1970년대를 지나면서 남한에 역전당하고, 현재는 의식주 해결에도 상당한 어려움을 겪고 있다. 남한이 그동안 상당한 지원을 했지만, 그것이 북한의 핵폭탄 개발 자금으로 유용되었다는 주장까지 제기되고 있는 것을 보면, 좀 더 투명하게 지원 자금의 이용이 밝혀져야 할 것이다. 그리고 북한의 하층민들에게 직접적으로 혜택이 가도록 해야만 한다.

필자가 보았던 개성시의 경우, 도로변의 아파트는 5층 건물로 사람이 살지 않는 듯 적막했고, 창문이 홑 유리였다. 사람들은 커튼 뒤에서 남한의 관광객들이 눈치재지 못하게 우리의 동정을 살폈다. 말하자면 자발적인 상호 의존의 사회가 아니고, 상호 감시하는 조선 말기의 5가작통의 시대가 아직도 유지되고 있는 듯한 사회였다. 앞으로는 이런 분단의 비극이 없어지도록 서로 노력해 나가야 한다. 우리는 "다른 어떤 적보다도 악랄한 적이 북한 괴뢰군이다."라고 말한다. 그들 역시 여차하면 "남한과 서울을 불바다로 만들겠다."고 호통을 친다. 이런 언어 폭력도 정말로 우리를 슬프게 한다. 그래도 남북 간에 핫라인(Hot line)이 운영되어서 긴급한 사건을 막으려는 노력이 있었으나, 지금은 그마저도 끊긴 상태로 가장 가깝고 가장 먼 이상한 민족, 이웃이 되었다.

또한 우리는 한반도에서 가장 잘 활용해야 하는 중심부의 땅을 그냥 버려둔 채 비워 놓고, 민족을 겨누는 무기가 양편에 집중되어 있는 뜨거운 지대로 만들었다. 아무 의미 없는 비장소성(Non-placeness)을 민족에게 뜻깊은 장소성(Placeness)이 생기도록 바꾸기 위한 지역 축제나 학습 활동이 일어나고 있는 것은 작지만 그래도 의미 있는 노력이고, 다행이라고 할 수 있겠다.

이러한 화합의 장소를 만들기 위해서 노력하는 사람들과 장소가 한반도에는 많다. '거제 포로수용소'에 대한 장소성은 나름대로 역사적으로 큰 의미가 있다고 생각한다. 전쟁의 암흑 속에서 민족의 동질성을 회복하고자 포로들을 해방한 장소이기 때문이다. 물론 그 안팎에서 수많은 여러 갈등이 있었지만, 그것들을 극복한 것이다.

▲ 그림 5·46-1(좌) **필자가 포병 장교로 근무했던 화천의 지역 축제** 화천은 산간 지대라서 '대한민국의 냉장고'라는 별명을 가지고 있다. 그 험준한 산지를 뚫고 구불구불 흐르는 북한강을 이용해서 '산천어 축제'를 발전시켜서 우리나라에서 유명한 겨울철 마케팅 장소가 되었다.
▲ 그림 5·46-2(우) **복원된 거제도 포로 수용소**

오늘날까지 우리는 남북의 화해를 추구하였지만, 북한은 오히려 더 강경하게 핵무기를 개발하여 실험하고 있다. 그들은 "생존을 위한 몸부림"이라고 주장하지만, 과거 동·서독의 경우를 보면, 그들은 결국 소수의 지배 계급이 주민을 담보로 민족 전체를 위협하는 것이다. 같은 민족을 향한 이러한 적대적인 행위는 6·25 전쟁만으로도 너무나 견디기 힘든 상처를 남겼으므로, 민족에 무기를 겨누는 일, 특히 핵무기 개발은 중지되어야 한다.

화천의 비무장 지대는 군사적인 긴장과 토지 이용의 제약으로 이래저래 우리나라에서 가장 손해를 많이 보는 장소이다. 본래 금강산 가는 길이 지나는 백두대간의 외곽 언저리라서, 산이 많고 험하지만 중요한 장소였다. 이 산과 강들은 서울과 수도권 사람들이 마시고 살 수 있는 깨끗한 물과 공기를 제공하지만, 여기 사람들은 땅도 마음대로 쓰지 못하고, 쓰레기도 함부로 처리할 수 없는, 말하자면 여러 가지 규제 속에 눌리어 사는 이 시대의 하층민일 것이다. 그러니 이제는 물 값도 제대로 쳐주어서, 상수원 수원지 상류라서 규제받는 이들의 권리도 보호해야 한다. 또한 오고 가기가 조금 불편하고 어려워도 함께 축제에 참여하여 이곳의 지자체들을 돕고, 주민들을 격려할 수 있는 행사로 만들어야 하겠다.

또한 비무장 지대의 생태계를 보호하고 생태 관광 자원으로 개발하는 일도 중요한 활동으로 이 장소를 살릴 수 있는 아이디어인 만큼, 적극적으로 추진해야 한다. 그냥 개발이 아니고 살려내고 보존하려는 것이니 더욱 소중한 움직임이다. 그러나 이들은 모두 남북 상호간의 신뢰가 전제되어야 한다. 기득권을 손해보고, 체면을 좀 누르면서 민족의 앞날을 위하여 대승적이고 미래 지향적인 결단과 양보가 필요한 것이다.

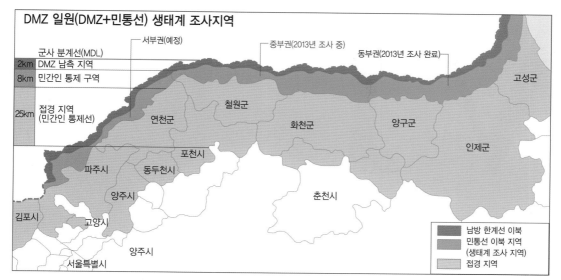

▲ 그림 5·47 휴전선과 비무장 지대(DMZ)에 연결된 지방 자치 단체 장소 서쪽에 인천 강화도와 서해의 제도가 더 연결될 수 있다. 김포, 파주, 연천, 동두천, 포천, 철원, 화천, 양구, 인제, 고성군 지역이 해당된다.

 한반도의 허리 부분이라는 중요한 장소인 DMZ 일대는 세계에서 가장 변화가 없는 장소이다. 얼음에 덮인 양극 지방도 우리나라의 비무장 지대보다는 잘 이용되고 있고, 많은 변화가 일어나고 있음을 볼 때, 우리 한반도는 정말로 딱한 장소인 셈이다. 따라서 남북 간의 동질성을 회복하기 위한 작은 행사라도 자주 열고, 비무장 지대의 평화적인 이용을 위해서 노력하여야 한다. 그러니 제발 너무나 부끄러운 우리의 고질병인 이념과 분파주의, 정치 과잉과 편 가르기에서 벗어나서 다 함께 잘살도록 노력해야 한다. 한반도 위에서 민족의 새 질서를 만들어 내고, 특히 파벌을 조장하는 정치꾼들은 이 땅에서 발을 붙이지 못하게 해야 할 것이다.

VI

사람, 삶, 꿈 그리고 땅과 하늘과 시간과의 이야기
장소 이야기

세계화와 변화의
산실이 된 장소들

CAPE OF GOOD HOPE
THE MOST SOUTH-WESTERN POINT
OF THE AFRICAN CONTINENT

유럽의 초기 국제 무역

한자 동맹 도시와 이탈리아 북부 도시

1) 북해 중심의 한자 동맹 도시와 무역

이제 세계의 변화를 이끈 장소들을 조금 살펴보자. 그런 중요한 장소들은 유럽에 많다. 유럽의 생활을 크게 규정하는 것은 지형과 기후, 그리고 종교이다. 우선 지형은 북부 유럽은 고지, 남부 유럽은 산지이며, 그 사이 중·북부의 광범위한 지역이 평지이다. 이들 대부분의 북유럽 평야(Northern European Plain)는 빙하가 침식한 저평한 평지들이다. 이런 지형 위에 기후는 대체로 인간의 삶에 유리한 온화한 기후이다. 유럽 대륙 전체에 걸쳐서 항상 서쪽에서 따뜻한 바람인 편서풍이 불어온다. 이 바람이 따뜻한 이유는 미국의 멕시코 만에서 유럽의 북극 지방을 향하여 흐르는 멕시코 만류라는 난류가 적도 지방의 따뜻한 바닷물을 유럽의 북대서양과 육지 쪽으로 밀어 보내고, 그 위를 항상 편서풍이 서쪽에서 동쪽으로 불기 때문이다. 그래서 유럽 사람들은 위도가 높은 곳에서도 온난한 기후를 이용하여 큰 불편을 느끼지 않고 생활하고 있다.

이런 바람직한 자연환경 속에서도 유럽 사람들은 장소에 얽매이지 않고 이동하고, 장소 간에 상호 작용을 활발하게 하면서 일찍부터 무역을 발달시켜 왔다.[182] 그 중 중요한 무역의 장소를 시기별로 대략 정리해 보기로 하자. 물론 이는 이해를 위하여 탁월했던 무역만을 고려한 것이기 때문에 중요도나 시대적 순서에 반드시 따르는 것은 아니다.

유럽의 장거리 무역은 고대에는 에게해(지중해의 일부)를 중심으로 하는 그리스의 아시아 무역이 처음이고, 이어서 헬레니즘 및 로마 시대에도 지중해를 중심으로 하는 대아프리카 및 대아시아 무역이 바다나 실크 로드 등 육로를 통해 이루어져 왔다.

로마 멸망 후, 북해를 중심으로 하는 한자 동맹 도시들의 무역을 보면, 대체로 유럽 대륙 내에서의 대규모 선단을 이루어 교역을 발달시켰지만, 그 뒤에 발달해 온 이탈리아 북부 도시들의 대아시아 무역이 그에 못지않게 중요하였다.

이탈리아의 도시들은 특히 자치권을 갖는 도시 국가의 형태로 막강한 권력과 자유를 즐겼다. 그 후 대아시아 교역로가 막히면서 십자군 운동이 일어나고, 여러 자유 도시들이 발생하

---

182) Fritz Rörig, 1964, 우오즈미·오구라 공역, 1981, 중세유럽 도시와 시민문화, 창문사, pp. 156. "중세의 도시는 하나의 도시 기능만으로 이해되기 어렵고, 넓은 범위에 걸치는 상업과 도시 간 상호 의존 관계에서 이해될 수 있다. 그래서 도시 경제에서는 교역을 훨씬 더 중요시 해야만 한다."고 하였다.

면서, 새로운 무역로를 찾는 탐험이 일어나는데, 이들은 경제적인 목적 이외에 유럽의 종교와도 밀접한 관련이 있다.

그 중에서도 콜럼버스의 신대륙 발견과 바스코 다 가마에 의한 대아시아 항로 개척이 결정적으로 중요한 역할을 했고, 그 이후 대서양을 중심으로 하는 신대륙, 아프리카, 아시아 무역이 모두 번성하여 유럽 중심의 세계로 바뀌게 되었다.

먼저 중세의 북유럽과 서유럽을 연결하는 한자 동맹 도시들 사이의 무역이 중요해지면서 그 거래의 중심이 대서양으로 일부 바뀌게 된다. 독일어로 '한자(Hanse)'는 '무리'라는 뜻으로, 무리를 지어서 무역을 하는 도시와 상인 동맹이란 의미이다. 무역 도시 동맹(한자 동맹)의 중심 도시는 뤼벡(Lübeck)이다. 트라베강이 발트해로 흘러 들어가는 지점에 입지한 뤼벡은 본래 강의 하안에 위치한 도시에서 시작되었지만, 무역이 발달하면서 북해와 발트해의 양쪽 해상으로 진출이 활발해졌고, 무역 동맹을 주도적으로 이끌어가게 되었다.

▲ 그림 6·1 **독일 뤼벡 시의 중심 부두** 한자 동맹을 이끌던 장소이다. 그들이 사용한 배들은 전통적으로 여러 개의 돛을 달아서 바람의 방향이 바뀌어도 대응할 수 있게 만들어졌다.

한자 동맹 도시들 간의 무역은 각 지역의 특산물을 창고에 모아 두었다가 필요한 때에 필요한 곳으로 수송하여 판매하였고, 그를 위해서 부두에 창고 시설들을 여러 장소에 갖추게 되었으며, 대선단 무역으로 막대한 부를 축적하였다.

이 한자 동맹은 함부르크, 브레멘, 뤼벡, 쾰른 등이 중심이 되어서 런던, 네덜란드에서 북해와 발트해를 거쳐서 러시아에 이르는 대규모 도시들이 연합한 무역 동맹이다. 그들은 선대제(상인 자본가가 가내 수공업자에게 미리 자본과 원료, 설비를 대 주고 생산된 물건을 맡아 파는 제도) 방식으로 물건을 만들어서 무역하였으며, 상품의 제조는 길드(guild; 동업 조합) 체제를 도입하여 생산하고 있었다.

그들은 대내외의 무역을 독점하면서, 공동으로 상품을 구입하여 원가를 낮추고, 상품의 공동 배송으로 공동 이익을 추구하면서, 당시에 많이 출몰하는 해적들에 의한 약탈에도 공동 대응하였다. 후에 이들 자본이 다른 도시 연합의 장거리 무역에 흡수되지만, 새 항로가 발견되고, 지중해와 대서양이 해상 무역의 중심이 되면서 한자 동맹 도시들은 쇠퇴하였다.

한자 동맹 도시들의 탈락은 생산, 교환 체제가 북부 이탈리아 및 지중해 무역 도시들의 주식회사 방식의 혁신에 비하여 뒤떨어진 것이 큰 원인이지만, 무엇보다 대아시아 무역에서 북부 이탈리아 자유 무역 자치 도시들에 상대가 되지 못했기 때문이다.

그래도 그들 자본의 상당 부분이 농업과 통치, 탐험과 식민지 개척에 투입되었으며, 최후로 종교와 예술에까지 투입이 이어지면서 혁신을 가져왔다. 그 결과 아랍과 아시아에 뒤졌던 유럽의 상황에서 탈피하게 되었다. 이들은 독특한 건축 양식인 '한자 무역 상업 지구 건축 양식'을 발달시켰다. 로텐부르크(자유 무역 도시), 스트라스부르(제조업과 금융, 무역, 관광업), 프랑크푸르트(교통, 무역, 관광업) 등지에도 그들의 독특한 건축 양식이 상당히 남아 있다. 이런 양식의 건물은 화려함은 물론이고, 당시의 중장거리 무역에서 얻은 이익이 막대함을 보여 주는 것으로, 당시의 건축물들이 현재까지도 상업과 관광 자원으로 이용되면서 수많은 관광객을 불러 모으고 있다.

▲ 그림 6 · 2 벨기에의 브뤼헤(Bruges)시 마르크트 광장에 남아 있는 프랑드르형 길드 건축 양식 전면(실제 건물 측면)의 계단 모양의 장식을 가진 이 건축은 전형적인 한자 동맹 도시의 건축 장식이다.

사례 장소인 벨기에의 브뤼헤에는 한자 동맹의 상업 관리소인 '상관'이 있었다. 도시 내에 수로를 파서 북해에 연결하였고, 무역과 금융으로 발전한 '최초의 자본주의 도시'였다. 또한, 상인들이 권력의 상징인 시계탑을 세우고 시간을 자주적으로 알렸다. 봉건 시대에는 시간을 알리는 곳이 바로 권력이 있던 곳이며, 도시의 중심부에 위치한다. 유럽의 성당과 교회, 통치소의 시계탑 등은 바로 중심 시장의 주변에 위치하여, 권력과의 관련성을 잘 보여 준다.

위 사진은 광장에 면한 중심 상업 지구로, 한자 동맹의 건축 양식을 잘 보여 준다. 도로에 면하여 입지하는 건물 수를 최대로 하고, 유사시 방어를 쉽게 하며, 상호 의존하는 구조로 단결력을 강화시키는 토지 이용인 롱 랏(Long lot) 패턴의 토지 분할의 원형을 유지하고 있다. 이 건물은 또한 전 산업 시대 도시 내에서 업무 지구의 형성 및 상공업적 건축 양식이 잘 나타나며, 특히 '도심부의 수직적 기능 분화'가 일어난 건축물로 잘 알려져 있다. 수로 망으로 연결되는 이 브뤼헤시는 도시 전체가 세계 문화유산이다.

이와 같이 어떤 지점이 특정 인간 생활의 장소로 선정되어서 기능을 발휘하게 되면(여기서는 무역의 기능을 갖는 도시들), 그 기능이 계속 유지되는 장소의 성질을 갖게 된다. 어떤 경우에는 그 장소에서 다른 기능이 행해지면서 앞의 기능이 거의 소멸되어도 그 장소가 갖는 중요성이 계속 유지되는 경우도 아주 흔한데, 이는 앞서 언급했던 '장소의 역사적 관성(Historical inertia of place)'이다. 이 관성은 다른 장소보다 훨씬 비교 우위의 장점을 갖게 하지만, 때로는 과감하게 그 장점을 버려야 하는 경우도 있다. 이 브뤼헤시는 과거의 수로와 가로, 건축물 등을 활용하여 관광업과 기념품 제작 판매(수제 실크 및 면직물 제조)를 성공적으로 수행하고 있다. 그래서 역사적 관성을 잘 이용하고 있는 장소이다.

2) 북부 이탈리아 도시 사례: 무역 도시 베니스(베네치아)

북부 이탈리아 자유 무역 도시로 대표되는 중요 도시 중의 하나는 베니스이다. 베니스(베네치아)는 석호의 저습지에 건설한 도시로 여러 섬으로 이루어져 있다. 과거에 베네치아 공화국의 수도였고, 현재는 베네치아주의 주도이다. 베니스가 습지인 이곳을 개척하기 시작한 것은 바바리안(훈족)의 침입에 대처하기 위해서였다. 초기에는 사람들이 살기를 꺼려했으나 이 장소에서 무역업이 발달하면서 점차 사람과 재물들이 모였다.

본래 베니스는 이탈리아의 대외 무역 도시이며, 자주권을 가졌던 자유 도시 국가로 상업도시였다. 베니스는 알프스 산지와 그 전면의 해안 평야에서 아드리아해로 흘러 들어오는 토사들이 만의 입구를 막아서 만들어진 베네타 라군(Lagoon, 석호) 호수 가운데에 위치한다. 시가지는 약 118개 섬으로 이루어졌으며, 따라서 저습하고 물이 탁한데, 그 섬의 한가운데를 대운하가 '거꾸로 된 S자 모양'으로 지나고 있다. 수많은 다리로 섬과 섬을 연결하여서 육지와 해상의 교통이 모두 편리하며, 현재 약 27만 명의 인구가 살고 있다.

처음에 베니스를 개척할 때의 건축법은 전신주 같은 커다란 나무 기둥들을 오늘날의 철제 파일(pile)처럼 호수 바닥에 박아서 기초를 고정시키고, 그 위에 건물을 지어서 지탱하게 한 획기적 공법으로 시가지를 조성했다. 후에 네덜란드의 암스테르담 운하와 시가지를 건설할 때도 이와 유사한 방법이 이용되었다.

◀ 그림 6 · 3 **물의 도시 베니스의 시가지** 곤돌라가 다니는 운하와 시가지를 보여 주는 베니스의 항공 사진이다.

이와 같이 건설된 베니스는 수상 도시의 장점을 살려서 무역업에 집중하였으며, 특히 동방 무역에서 막대한 부를 축적하였다. 그들은 한자 동맹 도시를 능가하는 장거리 무역과 거래 기술을 발달시켜서, 당시의 한자 동맹 도시를 무력화시키는 역할을 하였다.

▲ 그림 6 · 4 **베니스의 운하** 크리크(creek) 망이 잘 발달되었고, 곤돌라가 중요한 교통수단이 되었다.

베니스는 동방 무역의 주도권을 잡아 성장하면서, 독자적인 도시 국가 체계를 갖춘 자유 도시가 되어, 의사 결정 자유를 누리면서 부를 축적하였다. 밀라노나 피렌체, 제노바 등의 이탈리아 북부 도시들과 경쟁 관계에 있었지만, 경쟁 도시인 나폴리보다 먼저 국제 무역, 대아시아 무역의 주도권을 잡았다. 파비아와도 경쟁 관계였으나, 후에 협력하여 국가를 이루었다. 금, 은, 청동 세공, 유리, 비단 등의 제조 기술이 뛰어났고, 제품을 생산하는 공방을 건설 · 유지했다.

▲ 그림 6・5 **곤돌라 서비스로 관광객들을 모으는 수로(크리크)와 라군 호수(아드리아해 베네타 라군)의 곤돌라 회사** 관광객들을 위한 곤돌라들이 열을 지어서 대기하고 있다. 앞쪽의 사원 모양 건물은 여객선 터미널이다.

▲ 그림 6・6 **베니스 중심부 산마르코 광장의 관광객들** 베니스는 후에 스페인과 포르투갈, 영국 등이 해상에 진출하면서 동방 무역의 주도권을 대서양과 지중해 서남 해역 도시들에 빼앗기게 되지만 중상주의 시대 무역의 거점이었다.

현재는 과거 뛰어났던 무역과 관련된 유무형의 역사적 유적들과 물의 도시라는 환경에 적응한 곤돌라, 보트, 수상 택시, 유람선 등을 이용한 관광 산업이 성공적으로 발달하고 있다. 비록 도시의 건물들은 많이 낡았지만, 계속하여 보수하며 관리도 잘하고 있고, 관광업과 제조업, 상업이 아주 활발하다.

이처럼 동방 무역으로 해상권과 이익을 쥐고 있던 이탈리아 북부 도시들은 르네상스기에 아주 큰 공헌을 한다. 그 도시들을 중심으로 예술을 발달시키고, 기독교를 전파하고, 자유 무역을 통한 정치적 자유 도시 국가를 건설하였다. 그래서 정치와 종교의 중심인 로마, 경제의 중심인 밀라노, 종교와 예술의 중심인 피렌체, 무역과 관광의 중심인 베니스 · 나폴리 · 피사 등으로 기능을 분담하게 되었다. 이런 면에서 베니스의 무역과 상업, 제조업은 중요했다.

지리상의 발견을 통해 신대륙과 거래하는 대서양의 새로운 장소들에서 무역이 발달하고 식민지 개척과 플랜테이션, 원주민 착취, 동인도 회사의 약탈 무역이 확대되면서 지중해와 북부 이탈리아 도시들의 무역은 차츰 쇠퇴하였다. 그 결과 대서양을 중심으로 하는 유럽의 무역 세력인 포르투갈, 스페인, 네덜란드, 영국, 프랑스 등에 무역의 주도권이 넘어가게 되었다. 또한 국가 지원으로 상업이 발달하면서 동인도 회사를 중심으로 장거리 무역에서 벌어들인 대규모 자본이 서유럽의 제조업에 투입되었다. 이를 통해 서부 유럽, 특히 영국에서 산업 혁명이 일어나게 되었고, 그에 필요한 자본으로 이용·전환되면서 영국의 영향력이 크게 강화되었다. 그리고 이 과정은 바로 세계화의 과정이었다.

초기에 이탈리아 북부 도시의 상인들은 주로 동양에서 바그다드를 거쳐서 지중해를 건너온 중요 무역품인 자주색 비단, 보석, 향료(주로 후추), 차, 설탕, 도자기, 화약(유황), 유리 등을 거래하여 막대한 부를 축적하였다. 그 중 파비아는 밀라노에서도, 베니스에서도 가까운 도시였는데, 수입된 상품들은 다시 알프스를 넘어 라인강을 따라서 하류로 내려가면서 프랑스, 독일, 네덜란드, 영국 등지로 퍼져 나갔다.

▲ 그림 6·7 이탈리아 북부 옛 롬바르디아 왕국에 있는 파비아(Pavia)시의 오래된 다리와 그 아래를 흐르는 티치노(Ticino: 포강의 지류)강(구글 사진) 동양 무역의 중심지 중 하나인 파비아시의 티치노 강가에서 멀고 먼 동양에서 수입된 여러 물건들이 유럽의 다른 나라로 퍼져 나갔다. 그래서 유럽 여러 나라에서 온 상인(무역업자)들이 임시 거처로 만든 천막들이 이 강가에 즐비하게 쳐졌다.

잘 알려진 대로 한자 동맹에 의한 발트해와 북해, 북부 대서양 일부에서 행해진 무역은 목재, 철, 대구, 양모 등의 물품이 많이 거래되었지만, 주로 도시 간의 안전한 거래가 주목적이었기에 그 무역은 유럽(주로 북서부)이라는 대륙을 벗어나지 못했다. 한자 동맹의 도시들은 이런 무역로의 변화와 주식회사 형태를 갖추어 가는 거래의 혁신을 알지 못했고, 결국 무역의 주도권이 북부 이탈리아, 지중해로 넘어가게 되었다. 그러나 콜럼버스 이후에 국제 무역의 주도권은 다시 대서양을 넘어서 신대륙과 인도양과 태평양을 연결하는 무역망으로 옮겨 가게 되었다.

여하튼 영국에는 대 외국 무역 협정을 이곳 롬바르디아의 왕과 최초로 파비아에서 맺었다는 기록이 남아 있다.[183] 또한 선착장과 창고를 가진 항구였던 포트(Port)라는 낱말은 앵글로색슨어로 시장, 장사를 의미하는 낱말에서 시작하여 후에 대선단이 기착하는 선착장이나 무역항의 뜻으로까지 변하였다.

이들 시설을 갖는 포트 도시들은 중세 후반에 매우 빠르게 성장하였고, 왕이나 귀족들의 저택들도 강변에 지어졌다. 엑스터, 워체스터, 노르위치, 스탬포드 등이 그런 도시였고, 옥스퍼드나 캠브리지도 대학 도시가 되기 전까지는 무역으로 번창하였다.

2. 세계 역사의 변화와 유럽의 신대륙, 신항로 탐험

15~17세기의 세계는 무척 큰 변화를 경험하고 있었다. 대외적으로 유럽이 새로운 대륙을 발견하면서 막대한 자본과 원료를 얻어서 산업 혁명을 가져오게 한 상업 혁명을 겪고 있었다. 무역에서 얻은 이익을 투입하여 대내적인 변화가 나타나기 시작하였다. 농업의 생산성이 높아져서 생활의 여유가 생겼고, 모든 활동을 '신의 생각'에 맞추던 절대적 종교의 구속에서 벗어나 인간 중심의 자유사상, 예술, 과학 등이 발달하였다. 이 르네상스 이후, 과학 기술의 발달과 보급이 전 분야로 퍼졌다. 특히 의료, 항해, 무기, 전술 등에서의 발달이 두드러져, 유럽에는 막대한 양의 부가 공짜로 축적되기 시작하였다. 또한, 1453년 비잔틴 제국이 오스만 투르크(Ottoman Turks) 제국에 패망하면서 대아시아 무역은 아랍에 의해서 단절되거나 간접 연결로 약화되었는데, 그것을 극복해야만 했다.

그래서 본래 이동과 교역을 중요시하는 유럽의 상공업은 상당히 약화되다가 1492년에야 새로운 전기를 맞게 되었다. 스페인이 이베리아 반도의 아랍 거점인 그라나다를 탈환하게 된다. 즉, 스페인에서 아랍과 유태인들이 추방되고, 가톨릭이 국교가 되었다. 그 승전의 계기를 이용해서 콜럼버스는 이사벨 여왕에게 신항로 탐사를 제안하였다.[184]

그래서 1498년까지 콜럼버스와 바스코 다 가마는 세계 무역에서 획기적인 주된 항로를 각각 개척하였다. 1505년까지 포르투갈 등의 유럽인들은 아프리카의 해안에 무역 전초 기지를 건설하고 원료를 개발·착취하였다. 이어 1511년에 포르투갈인들은 동방 무역을 위해서 아주 중요한 장소인 싱가포르의 믈라카 해협을 장악하였다. 그 후 유럽인들은 무력으로 새로운 영

183) Lacey, R. and Danziger, D, 1999, The Year 1000, 강주헌 역, 중세기행, 청어람, pp. 107~112.
184) 서정훈, 2006, 교과서를 만든 지리 속 인물들, 글담출판사, pp. 116~118.

토인 식민지 쟁탈을 시작한 것이다.

또한 신대륙의 식민지 개척이 이루어지면서 1520년에는 삼각 무역의 한 축인 노예 무역이 시작되었고, 1602년에는 네덜란드의 동인도 회사가 설립되었다.[185] 그들은 주로 금, 향신료(후추 등), 모피, 차, 설탕과 중국의 비단, 도자기, 화약 등을 사다가 유럽의 부자들에게 팔아서 큰 이익을 얻고 대자본을 축적하였다.

여기에서 신대륙 발견의 과정은 새로운 장소라는 면에서 중요하므로 좀 더 자세히 살펴볼 필요가 있다. 오스만 투르크가 터키와 서남아시아, 남부 유럽에 걸치는 광대한 영토와 무역로를 장악하자, 유럽의 상인들과 무역업자들은 상당한 압박을 받게 되었다. 그래서 콜럼버스는 인도와 중국, 그리고 황금의 나라인 지팡구에 가기 위하여, 반대로 대서양을 서쪽으로 항해하면 된다고 생각하게 되었다. 지구가 둥글기 때문에 대서양 건너에는 인도를 비롯한 아시아의 여러 지역이 있을 것이라는 혁신적인 생각을 프톨레미(Ptolemy) 지도 등을 보고 차츰 굳혀갔기 때문이었다.[186] 콜럼버스는 자신의 항해 계획을 여러 나라의 왕에게 설명하고 지원을 요청하였다. 그런데 스페인이 아랍과의 전쟁으로 처음에 그의 계획은 무시되었다. 그러다가 스페인에서 아랍의 최후 거점인 그라나다를 함락하고 아랍 세력을 몰아내자, 그 승전의 분위기를 이용해서 항해 계획서를 다시 이사벨라 여왕에 제출하였고, 드디어 지원을 받게 되었다. 콜럼버스는 당시 무어인들의 흔적을 지우고 나라의 기운을 드높이며, 막대한 황금을 가져오겠다고 하는 계획을 제안하였다. 그는 1492년에 산타마리아호 등 3척의 배를 이끌고 황금과 향료의 나라를 찾기 위해 서쪽으로 항해하여 서인도 제도의 히스파니올라 섬에 도착했다. 그는 그곳을 인도의 일부로 생각해서 서인도(West Indies: 서쪽의 인도)라고 이름을 붙였다.

▲ 그림 6 • 8-1, 2 **콜럼버스의 초상과 스페인 바르셀로나에 서 있는 콜럼버스의 동상** 지중해 바깥의 대서양의 서쪽을 가리키고 있다. 그는 이태리 제노바 태생으로 여러 나라와 지역에서 선원으로 참여하여 항해 기술을 익혔고, 대서양을 건너서 신대륙을 발견하였다.[187]

185) The Times, 1995, Past Worlds, Crescent Books, pp. 20–21.

186) 2세기경의 로마 지리학자인 프톨레미(Ptolemy)는 경위선 망을 이용하여 지도를 그렸다. 그러나 그의 지도는 좀 과장되어서 서쪽으로 가면 유럽에 가깝게 인도가 있는 것처럼 그려졌다. 태평양을 알지 못했었기 때문이다.

187) 서정훈, 교과서에 나오는 인물들, op. cit.

콜럼버스의 신대륙 발견 이후, 포르투갈의 바스코 다 가마가 희망봉(Cape of Good Hope) 을 돌아서 아시아에 이르는 항로를 탐험하여 열면서, 유럽의 여러 나라들은 황금 탐색과 향료 무역, 식민지 개척을 위하여 국운을 걸고 경쟁적으로 뛰어들었다. 특히, 포르투갈, 스페인, 네덜란드, 영국, 프랑스 등의 활약이 대단했다. 그들은 바로 해외에서 재물을 약탈하여 본국으로 보내는 일이 중요한 과업이었고, 특히 스페인은 무력으로 신대륙을 점령하고 금과 은을 착취하였다.

▲ 그림 6·9 **스페인 히랄다 탑에서 본 세비야 성당과 시내의 경관** 이 성당에 콜럼버스의 관이 있다.

스페인의 세비야(Sevilla, 세빌) 성당은 이슬람 사원을 개조해서 성당으로 쓴 장소로, 상징적으로 이슬람을 제압하기 위해서 중앙을 십자가로 눌렀다. 도시의 구조는 중심부에서는 직교형의 가로망, 외곽으로는 방사선 구조를 갖고 있었다.

▲ 그림 6·10 **플라멩코** 스페인의 세비야를 중심으로 유명한 집시들의 춤인 플라멩코(flamenco; '멋지다'는 뜻) 공연이 빈번하게 행해진다.

이 세비야라는 장소에 사는 집시들의 춤인 플라멩코는 스페인의 낙천적이고 정열적인 정서와 관련 있는 민속 음악과 집시의 예술성이 결합하여 만들어진 춤이고 음악이다. 이는 집시들의 억눌려 지낸 한과 슬픔을 나타낸다지만, 무척 경쾌하며 화려하고 빠르다. 그 이유는 플라멩코가 집권층(아랍계 무어인)의 기분에 맞추기 위하여 집시들이 그렇게 표현한 것이라고도 알려져 있다. 세비야에는 플라멩코를 공연하는 전용 극장들이 여럿 있는데, 한때 이 장소에서 융성했던 민속 예술과 아랍의 세력을 동시에 느끼게 해 준다. 그만큼 이 장소의 특성을 보여 준다.

한편, 유럽인들에게 동방(중국, 인도, 한국, 일본 등)은 신비한 나라였으며, 아주 중요한 황금과 희귀한 보석, 향신료, 비단과 도자기, 설탕, 차 등의 재화가 많은 곳으로 알려져 있었다.

또한 콜럼버스 이후 대서양의 카디스는 최대 무역항으로, 무역을 통제하고 세금을 징수하던 장소이다. 이 황금탑은 이슬람식으로 건축되어 있다. 카디스는 세비야를 지나는 과달키비르강의 하안에 있다. 당시 대서양의 중심 항구로 무역을 통제하고 세금을 수납하였으며, 거래의 거점이자, 요새지였다(골든 타워). 그리고 타리파는 아프리카에 있는 스페인의 식민지로 스페인과 모로코를 연결하는 항구이자 지브롤터에 견주어지는 요충지이다. 세비야는 대서양의 항해와 무역을 통제하는 요새지이자 세금 수납 장소, 거래의 거점이었다. 따라서 이들 장소의 성장은 지중해 무역을 크게 약화시켰고 스페인에는 해외에서 들어온 재화가 흘러넘쳤다.

▲ 그림 6 • 11-1(좌) 스페인 세비야 성당에 있는 콜럼버스의 관을 운구하는 스페인의 왕들 스페인의 번영과 세계화를 이끈 영웅을 추모한다.
▲ 그림 6 • 11-2(우) 세비야(당시 수운의 중심)의 과달키비르강에 세워진 황금탑(Golden Tower: 황금을 가져온다는 탑) 대서양 무역을 통제하고, 대외 무역의 거점으로 작용하였던 장소이다.

타리파는 스페인 – 아프리카 연결항/
카디스는 콜럼부스 시대의 대서양 최대 무역항

▲ 그림 6 • 12-1(좌) 콜럼버스의 대항해 중심은 스페인의 카디스항을 이용하여 진행되었음을 알게 하는 표지판
▲ 그림 6 • 12-2(우) 이베리아 반도 중심의 지도 리스본, 지브롤터, 세비야, 카디스 등의 도시가 나타나 있다.

당시 유럽 여러 나라의 제조업 제품들은 없어서 팔지 못할 정도였으니, 유럽의 산업화는 땅 짚고 헤엄치기였었다. 이는 우리나라의 산업화와는 완전히 다른 과정이었고, 우리나라의 경우 자력으로 장거리 무역을 수행하면서 산업화와 민주화를 압축적으로 이루고 있다.

▲ 그림 6 · 13-1(좌) **포르투갈의 바스코 다 가마가 1497년에 아시아로 가기 위해서 출항한 리스본 태주강변의 벨렘탑(대서양에 유입)** 벨렘탑 옆에는 '발견의 탑'이 있고, 또한 옆에 바스코 다 가마의 관이 보관되어 있는 제로니무스 수도원도 있다. 이 벨렘탑 부근은 바스코 다 가마의 업적을 기리는 특별 지구로, 세계 문화유산이다. 이 탑은 항해와 무역의 통제소이자 요새지였다.
▲ 그림 6 · 13-2(우) **희망봉 표지판** 네덜란드인들이 흑인 노예들을 수입하여 이곳 도시와 국가를 만들었다.

여기에서 상업 혁명 과정을 좀 더 살펴보자.

포르투갈은 향료와 차와 설탕을 얻기 위해서 인도에 가는 길을, 대서양을 건너는 것보다 아프리카 남쪽의 희망봉을 돌아서 인도양으로 나오는 항로 개척에 노력하였다. 당시 아랍의 지리학자들에 의해서 확인된, 아프리카에 대한 상당한 지식이 이미 알려져 있었고, 희망봉을 알고 있었다. 동아프리카의 해안에서는 중국 정화의 항해로 상거래가 이루어졌던 곳도 여러 곳이 있었으므로, 포르투갈의 탐험가들은 희망봉 항로에 대해서 상당한 확신이 있었을 것이다. 그래서 바스코 다 가마가 리스본을 떠나서 1497년에 인도에 도달한 후, 이어서 포르투갈 탐험가들은 믈라카 해협에 1509년에 도착하였고, 인도네시아 자바섬에 1512년, 중국 마카오에는 1514년에, 일본에는 1541년에 각각 도달하였다.

우리나라는 여전히 문을 닫고 쇄국 정책을 폈다. 이미 박연과 하멜 등 38명이 표류했지만, 그들의 지식을 제대로 이용하지도 못했다. 일본과 아주 대조되는 부분이다. 쇄국 정책은 중국이 쇄국 정책을 폈기 때문일 수 있지만, 중국으로부터 벗어날 수 있는 기회가 있을 때에도 우리의 양반들은 자발적으로 중국에 의지하고 쇄국하였던 것이다.

유럽 중심의 세계 무역은 처음에는 그들의 식민지였던 아프리카와 지중해를 통하여 교역하였고, 가장 많은 이익을 가져오는 아시아와의 무역이 중요했다. 아프리카의 북부에는 커다란 사하라 사막이 가로 막고 있어서 유럽의 상인들이 그곳을 지나서 무역을 하기는 상당히 어려웠기 때문이다. 아랍은 종교의 영향과 실생활에서 유럽에게 큰 부담을 주었다.

▲ 그림 6 · 14-1(좌) **포르투갈 리스본의 태주강변에 있는 벨렝탑 인근의 발견의 탑**
▲ 그림 6 · 14-2(우) **나침판 지도** 포르투갈 사람들이 처음으로 유럽에 소개한 장소와 그 연도가 기록되어 있다.

　스페인의 재물을 중간에서 약탈하던 영국은 도버 해협에서 스페인 무적함대를 전멸시킨 후, 발달된 섬유 산업 기술을 이용하여 아시아와 신대륙에서 식민지를 빼앗고 시장을 개척하여 급성장한다.

　풍부한 자본의 축적과 원료 확보, 시장 및 노동력의 확보를 이룩한 유럽은 상업 혁명(중상주의; 장거리 무역)을 기반으로 산업(공업) 혁명을 성공적으로 이루어 냈다. 그들은 신대륙에서 막대한 부를 차지하면서, 그 부를 밑천으로 하면서도 다른 한편으로는 무력으로 넓은 시장을 확보하였다. 그들은 막대한 부를 바탕으로 산업 혁명을 일으켰으며, 원료는 신대륙에서 거의 공짜로 조달할 수 있었다. 또한 그들이 만든 제품은 아프리카, 인도, 중국 등의 구대륙과 신대륙에 쉽게 팔아서 급속히 부를 축적하여, 산업 혁명에 성공할 수 있었다.

▲ 그림 6 · 15 **미국 제임스타운의 무역선** 영국인들은 유럽의 상품을 수입하여 신대륙에 판매하고, 아메리카의 토산품 및 플랜테이션으로 생산한 면화, 양모, 담배, 곡물 등과 털가죽, 연어, 대구, 목재, 광물 등을 수집하여 유럽에 팔았다.

　영국은 스페인이나 포르투갈보다 늦게 식민지 개척에 뛰어들었지만, 1600년에 동인도 회사를 만들고 다른 나라들의 식민지를 빼앗았다. 또한, 다른 나라와 달리 일확천금보다 토산품 개발과 플랜테이션으로 특산품을 생산하여, 정착 생활이 식민지 경영의 기본 방향이 되었다.

또한 면화와 담배 등의 플랜테이션 농장에서 일할 노동력을 공급하기 위해서 아프리카에서 노예를 잡아 미국에 팔았다. 이것이 유럽 여러 나라에 의하여 개발된 '삼각 무역'의 틀이다. 아프리카에서 실려 온 최초의 노예도 미국의 이곳으로 상륙하였다. 이곳은 1607년 5월 14일 개척된 정착지로, 버지니아 주 제임스 강가의 반도(나중에 제임스타운 섬)에 있다. 제임스 1세를 기념해 명명된 이 지역에서 담배 경작이 시작되었고, 대륙 최초의 대의제 정부(1619)가 세워졌다.

그러나 생활에 불리한 다습한 지역에 위치한 이 개척지는 항상 사망률이 높아 인구가 적었다. 1608년 제임스타운은 화재로 불타 버렸고, 1699년에 버지니아 주정부 소재지가 미들 플랜테이션(중간 농업 지대; 윌리엄즈버그)으로 옮겨지면서 제임스타운은 쇠퇴하기 시작했다. 사실 신대륙의 유럽인 세력은 여러 번 판도가 바뀌었다. 영국인들이 먼저 도착한 스페인 사람들, 네덜란드인들을 몰아내면서 영역을 넓혀갔고, 영국이 산업 혁명을 이끌어 가면서 그 세력은 차츰 절대적이 되어 갔다.

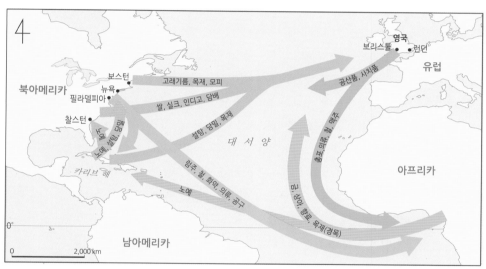

▲ 그림 6·16 **콜럼버스 이후 유럽, 아프리카, 신대륙 사이의 삼각 무역**

▲ 그림 6·17 **운하와 물의 도시 네덜란드의 암스테르담** 베니스의 도시 건설 방식을 도입하여 커다란 통나무를 파일로 박고 그 위에 제방과 건물을 세웠다. 바다의 높이보다도 낮은 땅을 간척하고 도시를 건축하는 데에는 풍차(windmill)의 이용도 중요한 기술이었다. 그들은 영국의 지원을 받아 스페인의 지배에서 독립하면서 해외 식민지 개척에 성공하고, 많은 부를 해외에서 가져갔다.

여하튼 무역업자들이 각 장소에서 취급한 주요 상품들을 보면, 유럽은 아프리카와 신대륙에 공산품, 사치품, 총, 의류, 철, 맥주 등을 팔았다. 아프리카는 유럽에 금, 향료, 상아 등을 수출하였고 신대륙에는 노예를 수출하였다. 또한 신대륙은 유럽에 목재, 모피, 담배, 설탕, 면화 등을 수출하였고, 아프리카에는 술, 화약, 의류, 식량 등을 수출하는 '삼각 무역'을 형성하였다.

그러나 아시아는 이 무역망에서는 크게 소외되었고, 유입된 자본은 토지 귀족의 사유물로 산업화에 이용되지 못했다. 또한, 유럽에 대해서 아프리카와 신대륙과 같은 역할에서 크게 탈피하지 못한 채 제품 판매 시장 이자 원료 공급 장소로 전락되었다.

여기서 주목할 것은 바다와 타협하고 거래하는 '더치(Dutch)'들의 생활이다. 네덜란드인들은 작은 땅에 살고 있지만, 세계적으로 발전된 기술을 많이 가지고 있다. 첫째는 세계 제일의 간척과 제방 건설, 배수 기술(풍차, 운하)이 있고, 둘째는 배의 조정 기술과 운하 개설 및 이용 기술이 뛰어나서 장거리 무역을 잘 하였다. 셋째는 상업과 부기(기장) 기술, 교환 기술이 뛰어나서 자본주의의 기초를 닦을 수 있었고, 넷째는 풍차 이용 기술로 개척한 저습한 땅을 적극 이용하면서 나막신 제조와 버터 제조 기술이 뛰어났다는 것이다.

현재까지도 유럽의 화물들이 왜 네덜란드의 로테르담으로 집중·배분되는가? 그것은 지리상의 이점과 역사적 관성, 발달된 자본주의 상업 기술, 즉 세습적 지식과 역할 등이 많기 때문이다. 그들은 뉴욕의 맨해튼이 위치하는 장소를 먼저 점령하여 '뉴 암스테르담(New Amsterdam)'이라고 이름을 붙이고, 방어용 성벽(Wall)을 쌓고, 모피 수집소를 운영하였다.

그 뒤에 영국이 들어와서 전쟁으로 네덜란드인들을 몰아내고, "Amsterdam"을 떼어 내고 "요크(York)"라는 이름은 붙여서 뉴욕(New York)을 만들었다. 아직도 맨해튼에는 홀랜드 터널(Holland Tunnel), 캐스 킬(강, 수로) 등의 수많은 지명이 남아 있다. 영국은 방어용 성벽(Wall)을 헐어 내고 길을 만든 후에 그 이름을 월스트리트(Wall Street)라고 붙였고, 미국은 그곳을 세계 금융업의 중심으로 발전시켰다.

참고로 머천트(merchant)는 장거리 무역업, 도매업을 하는 상인들을 주로 나타내는 말이고, 작은 중심지를 포함하여 시장에서 소매업을 하는 사람들은 트레이더(trader)라고 하여서 구별하였다. 그래서 중심지의 세력권을 '시장권 혹은 트레이드 에어리어(trade area 또는 market area)'라고 한다. 서구 사회 특히 영국은 도매업자(Wholesaler)와 소매업자(Retailer)가 확실하게 구분되고, 또한 동양 사회에서는 존재하지 않는 제도화된 '거래소(exchange)'가 있어서 무역과 수공업, 상업을 연결하면서 제도적으로 산업을 활성화시킬 수 있었다.

신대륙과 동인도 회사가 있는 아시아 항로에서 장거리 무역업자인 도매상들은 때로는 독점 거래로, 또한 경우에 따라서는 무력으로 막대한 부를 축적하였다. 여러 선단을 꾸려서 무장을 하고 보다 멀리 가서, 새로운 무역로를 개척할 수 있었다. 그들은 독점적인 기호품들을 거래하면서 배타적인 활동을 할 수 있었으며, 권력화되었고, 통치자, 교회 세력, 또는 지역의 실력자들과 거래를 하여서 자신들의 자유와 권리를 확보할 수 있게 되었다. 가장 비열한 대표적 사례가 아편 전쟁이었다.

3 동양의 상업과 무역의 혁신

15~17세기에 서양의 여러 나라가 엄청난 혁신을 이루고, 새로운 항로와 신대륙에 식민지를 건설하면서 상업 혁명을 이룩하여 막대한 자본을 축적하고 있었다. 그러나 우리나라는 이 시기에 너무도 어처구니가 없는 당쟁, 전쟁, 왕권 쟁탈 등으로 허구한 날을 절망적으로 보내고 있었다. 상업과 무역을 억누르고, 제조업도 정부에서 관 주도로 필요에 의하여 상품을 생산하는 공장(工匠)이라는 장인 제도를 유지하였으므로, 서민들을 위한 상공업의 발달이 이루어질 수 없었다. 그리고 일부 제조되고 거래되는 상품들은 오직 자기네 필요에 따라 착취적으로 생산되어 우리나라 산업(상공업)은 참으로 미약하였다.

1) 우리나라의 전통 상업과 무역

우리 한민족 중에서 외국 무역의 중요성을 일찍이 알고 그를 발전시키려고 노력한 사람들이 전혀 없었던 것은 아니다. 우리 역사상 이러한 노력을 기울인 최초의 사람은 아마도 신라시대의 장보고일 것이다. 그는 중국에 '신라방'을 설치해서 신라 상인들을 보호하였고 신라, 중국, 일본의 상인들이 서로 어울려서 무역을 할 수 있도록 질서를 잡고 편의를 제공하였다. 중국에서는 그런 장보고의 업적을 기려서 '법화원'에 장보고 동상을 만들어 기리고 있고, 일본에도 해상왕 장보고를 기리는 절이 있다.

▲ 그림 6 · 18-1(좌) 중국 산둥성 위해시에 있는 법화원의 장보고상
▲ 그림 6 · 18-2(우) 전라남도 완도군 장좌리의 장보고 유적지 복원 사진(다음 카페에서 캡처)

우리나라도 최근에 청해진 유적(완도 장좌리)을 복원하여 그의 업적에 대한 평가는 부분적으로 이루어졌지만, 아직도 그 중요성은 제대로 평가되지 못한 듯하다. 아마도 그의 신분이 천민 출신이라서 그를 과소평가한 것이 이유일 것이다.

▲ 그림 6 • 19-1(좌) **전남 완도군 청해진 유적지에 있는 장보고 동상**
▲ 그림 6 • 19-2(우) **장보고 표준 영정** 그는 우리나라 최초의 뛰어난 국제 무역업자였다. 장보고(본명은 궁복, 미상~846)는 천민 출신으로, 신라를 중심으로 중국과 일본으로 유통하는 상품과 상선들을 완도에서 통제하였다.

…(전략) 문성왕(신라 46대)이 청해진 대사 궁복(弓福=장보고)의 딸을 맞아들여 차비(次妃)로 삼으려 하니 조정의 신하들이 간하기를, "부부의 도(道)는 인간의 큰 윤리입니다. 그러므로 하(夏)나라는 도산(塗山)으로 인해 일어나고, 은나라는 신(㜪)씨로 인해 창성했으며, 주나라는 포사(褒姒)로 인해 망하고, 진나라는 여희(驪姬)로 인해 문란했습니다. 나라의 존망이 이에 있으니 어찌 삼갈 일이 아니겠습니까. 지금 궁복은 해도(海島)의 사람이거늘, 어찌 그 딸로 왕실의 배우(配偶)를 삼으려고 하십니까?" 하니 문성왕이 그 말을 따랐다. …(후략).[188] 이후 장보고는 몰락하였고, 그의 업적인 국제 해상 무역은 우리나라에서는 크게 약화되었다.[189] 물론 고려시대에 약간의 국제 무역이 벽란도에서 있었지만, 조선시대에는 오히려 무역을 억압하는 정책을 취했다.

우리나라는 중국과 같이 상업을 억제하고, 법이나 행정적으로 농업을 많이 권장했음에도 하층민들은 늘 의식주를 해결하지 못하였다. 해마다 보릿고개를 경험하고, 가뭄과 홍수의 자연재해를 한 해에도 몇 차례씩 경험하였으며, 소작으로 착취를 당하는 경우가 많아서 비참한 생활을 하였다. 가끔은 어려움을 견디지 못하고, 자기의 삶터를 떠나서 산지로 들어가서 화전을 일구는 경우가 적지 않았지만, 외부 세계와 단절된 생활이었으니 그 상황은 금방 짐작이 간다. 또한, 보부상이나 장돌뱅이 등짐장수가 상당수 있었지만, 역시 많은 통제로 이익을 보는 경우가 그리 많지 않았다. 서울 시전에서는 허가 없는 난전이 너무 많이 늘어나서 금난전권까지 발동하였으니, 어디에도 하층민의 안식처는 없었다고 하겠다.[190]

---

188) 삼국사기, 권 11, 신라본기, 권 11.
189) 박영규, 2014, 한권으로 읽는 신라 왕조실록, 웅진싱크 빅, pp. 384-399.
190) 하기야 영국의 런던도 이 난전이 흘러넘쳐서 '런던 대화재'로 겨우 난전과 도시를 정비할 수 있었으니, 우리나라의 경우는 신분제도와 억압으로 하층민들의 유입을 막을 수는 있었다. 그러나 불법인 난전은 시전을 위협하였고, 드디어 그를 금하는 법이 만들어졌었다.

조선시대 이후로 현재까지 우리나라는 정치 과잉이었고, 허구한 날 공리공론으로 날을 새우고, 삼면이 바다인 반도 국가이면서도 바다를 별로 이용하지 못했다. 그래서 해상에서 장거리를 항해할 수 있는 실력 조차도 제대로 발전시키지 못했다. 제대로 된 요트나 범선을 만들지도, 조정하지도 못하였고, 임진왜란을 당하고도 혁신하지 못했으니, 나라가 난국을 만나는 것은 시기의 빠르고 늦음만이 문제였던 것으로 보인다.

이중환도 택리지에서 "밑천이 많은 큰 장사를 말한다면 한곳에 있으면서 재물을 부려, 남쪽으로 왜국과 통하며, 북쪽으로 중국의 연경과 통한다. 여러 해로 천하의 물자를 거래하여 혹 수백만 금의 재물을 모은 자도 있다. 이런 자는 한양에 많이 있고… (후략)"[191]이라고 하여서 무역이 많은 재물을 얻을 수는 있음을 알았지만, 양반은 할 수 없었고, 상인 중 무역을 하는 자들은 서울에 집중되어 있었음을 말하였다. 그러니 국제 무역이 제도화되지 못하고, 사무역, 혹은 사신을 따라서 가는 소규모 내부 소비용 무역으로 운영되었다. 그래서 무역의 규모도, 기술도 보잘 것이 없었고, 오히려 부정과 정경 유착의 악습만을 키웠을 것이다.

조선에서는 1397년에 금속 활자로 책을 인쇄하였고, 1494년에 조선의 연산군이 즉위하였으며, 그 후 1567년에 선조가 즉위하였고 1592년에 임진왜란이 일어났다. 1608년에 광해군이 즉위한 후 인조, 효종, 현종을 거쳐서 1674년 숙종 즉위까지의 시기가 대체로 15~17세기이다.[192] 이 시기는 온갖 사화나 사색당파, 임진왜란과 병자호란 등의 비극과 내분이 일어났던, 가장 혼란했던 시기이다. 즉, 우리나라에서 가장 정신 못 차린 사람들이 왕위를 다투고, 아무 대책 없이 나라를 수렁에 빠뜨린 시기였고, 전국의 국토가 황폐화되어서 양반은 물론 아랫것들이 가장 살기 힘든 시기였으며, 가장 한심한 양반들만의 시대였다.

당시 우리나라에서는 신분과 직업을 동일시하여 사농공상(士農工商)으로 직업의 귀천을 정하였다. 그래서 상업은 가장 끝에 있는 직업이었고, 억제되고, 금했다. 그중 서울의 부상대가(京中大賈; 서울의 도매상)들은 대규모의 상단이나 선단을 이용하여 큰 재물을 모았던 사람도 있었으나, 그들은 권문세가와 인척 관계를 가진 서자 출신이나 노비, 역관, 행상 출신이 대부분이었다. 그러니 서울과 경기도, 충청도의 상업 정도가 특권층에 의하여 유지될 정도였고, 지방은 기껏해야 정기 시장 정도의 상업이 유지될 정도였다.

양반가의 서자 출신들은 신분적인 제약 때문에 상업에 종사하는 사람이 많았고, 돈 많은 대상이 많았다. 노비 출신들도 주인집을 대신한 상업 활동과 자기의 독자적 활동을 겸하여 상당한 부를 축적하였다. 거기다가 당시 대부분의 양반 지주들은 직간접으로 상업에 관여하였다. 양반들이나 선비들이 음성적으로 사람을 시켜서 상업을 하였던 것으로, 신분 제도라는 규제로 인해 자신들은 상업을 제대로 할 수 없었다. 즉, 조선시대부터 지금까지도 상업은 서울 중심이었고 왕궁과 관청 중심이었지, 일반 백성을 위한 상업이 되지 못했다.

또한 대외 무역을 통해 부를 축적한 역관 부자들도 많았다. 이들은 사신을 따라서 중국에

191) 이중환, 1751 저, 이익성역, 1974, 擇里志(택리지), 을유문화사, p. 75.
192) 박영규, 2014, 한권으로 읽는 조선왕조실록, 웅진 싱크빅, pp. 198-401.

가 있는 동안, 본래 국가가 필요로 하는 물건을 사들이는 공무역에 종사하는 것이 본업이지만, 이를 빙자하여 큰 차익이 남을 물건들도 함께 사서 사무역(私貿易)도 하였다.[193] 말하자면 겉으로는 천민들이 상업 활동을 하는 것으로 되어 있었지만, 대부분이 양반과 권문세가와 관련을 가진 상업이었고, 특히 무역이 그러했다. 그래서 급기야는 사무역이 공무역을 넘어서는 단계로 발전하였으니, 몸통보다 꼬리가 더 커진 것이 되었다.

거기에 임진왜란 이후는 국토가 모두 황폐해져서, 농업 생산량과 조세 징수가 대폭 줄었고, 제조업도 마찬가지로 생산 기반이 모두 망가졌다. 특히 상업은 도성의 인구가 대부분 피난으로 이주하여서, 유통망이 붕괴되었다. 그래서 국가, 관청, 양반, 천민 모두가 필요한 물건을 구하기가 어렵게 되었다.

그에 따라서 일부 지식인과 관료들 사이에서 소위 '무본보말론(務本補末論: 농업이란 근본에 힘을 쏟고, 말업인 상업이 보충하게 하자는 이론)'이 등장하였다.[194] 특히 일부에서는 재물의 획득이 농업보다는 공업이 우세하고, 공업보다는 상업이 더 우세하다는 논리까지 주장되었다. 특히 유성룡은 "압록강 중강에 개시(시장을 열어 매매를 시작함)하여, 무역으로 막대한 이익을 얻고, 기근의 난민들을 구휼할 수 있었다. 즉, 서울에서는 면포 한 필의 값이 벼 한 말이 못되었지만, 중강의 시장에서는 쌀 20말을 받았다(약 30배는 되는 값이다.). 그리고 물건이 아니라 은이나 동을 이용해서 교역한 자들은 거의 10배의 이익을 얻었다."라고 기술하여, 국가 주도 무역의 중요성을 주장하기도 하였다.[195]

어려움 속에서 그래도 조선 후기로 오면서 장시는 상당히 갖추어졌다. 그러나 국제 무역은 크게 달라진 것이 없었다. 우리나라에는 보통 도고(都賈)라고 하는 도매상인이 있었다. 그들은 자본도 상대적으로 많았고, 대부분 전국 조직을 갖는 상인 조합이나 도매상이었다. 많은 자본을 가지고 전국을 대상으로 선대로 상품 값을 미리 지불하고, 후에 물건을 받는 방식으로 가격을 조절하였으며, 도제식(또는 소규모 길드식)으로 물건을 생산하는 장인들에게도 같은 방식으로 물건을 만들게 하여 상품을 확보한 후, 가격을 많이 올려서 파는 방식을 택하는 상인들이었다. 그러나 이 도고들은 권력과 지역 세력 등과 결탁한 후 상품을 매점매석하여 이익을 취하는 데만 몰두하고, 서양에서처럼 장거리 외국 무역이나 무역로, 무역선 등의 개발과 개척, 상업에 대한 교육 등에는 관심이 전혀 없었다.

유럽과 서남아시아 여러 나라의 상인들이 물건과 금과 은을 가지고 와서 중국의 물건을 사가려고 했기 때문에 중국은 해외 무역에 크게 노력하지 않았고, 이를 본 우리나라 사람들이 서양의 발달된 과학 기술 문명을 접하고도 그를 도입하는 데에는 상당히 소극적이었다. 거기에다 기독교의 유일신 교리는 유교의 제사 행위에 반대하고, 여러 신을 섬기는 것에 반하는 것이어서 종교적으로도 넘기 힘든 장벽이 있었다.

---

193) 백승철, 2000, 朝鮮後期 商業史硏究, pp. 47-52.
194) 이지함, 이덕형 등이 주장하였다.
195) 백승철, 2000, 전게서, pp. 101-103. 이덕형, 유몽인 등도 같이 무역의 확대를 주장하였다.

또한 상인들은 도고에서 물건을 구입하거나 장인들에게서 물건을 구입하여 전국 각지를 도는 생계형 장돌뱅이나 보부상들이 많았고, 허가를 얻어야 하는 소매상 시전 상인들은 그 수가 많지 못해서 여러 폐단이 많았었다. 우선 상품의 자유로운 거래가 어려웠고, 시장에서 물건 가격이 수요와 공급에 따라서 정해지지도 않았으며, 전국적으로도 물건의 유통 또한 제대로 이루어지지 못했다.

그러니 우리나라의 장소는 늘 빈곤하고 정체된 농업의 장소였고, 제조업이나 상업, 특히 무역은 아주 빈약한 장소의 특성이 1960년대까지 계속 이어져 온 듯하다. 따라서 우리가 여기서 가장 기억해야 할 사람은 장보고가 유일하고, 그의 사후 천년이 지나도 다른 기억할 만한 사람이 별로 없었던 것이다. 단지 최근에 조선소를 세운 정주영 등과 그들을 일하게 한 박정희 대통령이 그래도 기억되어야 할 사람으로 꼽을 수 있을 듯하다.

고바야시는 '상업의 세계사'에서 동부 아시아의 해상 무역권에 대하여, "조선(우리나라)은 해상의 동, 서, 남 어느 쪽에서도 주도권을 잡지 못했고, 중국과 같이 내부에서 상업 혁명을 일으켰지만, 세계 경제에 연결되지 못하고 실패한 나라였다."[196]고 기술하였다. 조선시대는 오직 양반들의 나라로 "중국의 경전과 중국 역사의 해석에 시간과 인생을 허비한 시기로, 그 결과가 나라의 멸망이 아니었겠는가? 아무리 중국을 중심으로 하는 당시의 국제 정세에서 나라를 지키는 것이 중요했다고 해도, 조선은 해상 활동과 무역의 주도권을 포기한 사람들의 역사로 보인다. 말하자면, 신라시대 장보고의 업적마저도 버린 사람들의 역사인 셈이다.

현재의 우리는 조선업을 세계적으로 발전시켰으니, 무역과 해운업은 그래도 가능성이 조금은 있지 않은가? 조선 말기의 나라를 잃는 슬픔을 가져온 원인은, 여러 가지가 있겠지만, 오랫동안 제조업 기술자인 장(쟁)이가 가진 기술을 무시하고, 상업과 무역을 했던 장돌림(장돌뱅이)의 교환 기술도 천시해 온 사람들의 장소였다는 것이 중요한 이유일 것이다.

2) 일본의 서양 문물 수입 사례 장소: 나가사키(長崎)

일본은 네덜란드 상인들과의 무역에 적극적으로 대처하면서 무기와 항해술, 무역의 기술들을 선택적으로 배웠다. 그들은 1854년에 미국의 상선(페리 함장)에 의해 강제적으로 개항하기 이전에도, 선택적으로 서구의 기술과 해외 무역에 관심을 가지고 제한적인 개항을 해 왔었다.[197] 이 점이 우리와 다른 것이었지만, 그 결과는 무척 큰 차이를 가져왔다.

---

196) T. Kobayashi 저, 이진복 역, 2004, 상업의 세계사, 황금가지, pp. 140~145.
197) Huntington, S. 저, 이희재 역, 1997, 문명의 충돌, 김영사, pp. 92~100. 헌팅턴은 이를 "서구에서 근대화는 받아들이되, 서구화는 거부하는 길"이라고 표현하였다.

▲ 그림 6·20-1(좌) **일본이 1600년경 나가사키(長崎) 데지마(出島)에 설치했던 네덜란드 상인들과의 제한적 거래 장소** 해자로 격
리되었지만 필요한 거래를 하였다.
▲ 그림 6·20-2(우) **서양 기술로 만든 일본의 대포로 무장된 범선**

일본은 네덜란드인들이 있던 곳에 깊은 해자를 둘러서 외부와 단절시키면서도 무역을 하였다. 또한 당시 네덜란드의 무역선을 타고 온 영국인 'William Adams'를 '미우라 안진'으로 개명시키고 일본에 귀화하게 하였다. 그를 극진히 대접하여 당시 '최고의 기술을 갖춘 영국형의 배(우측 사진)'를 만들고, 선박 제조 기술, 항해술, 총포 제작 기술과 사격술 등을 배웠다. 그 배에는 대포와 소총이 장착되어 있었고, 2개의 돛대와 1개의 보조 돛대, 크레인이 장착되어 있다. 따라서 어떤 방향의 바람이 불어도 항해가 가능하게 만들어진, 당시로는 최첨단 기술을 갖춘 이 배를 이용해서 태평양을 항해하기도 하였다. 그 후로 나가사키는 일본의 조선 공업, 군수 공업, 군항으로 발전하여 2차 세계 대전 때에는 원자 폭탄의 공격을 받게 된다.

▲ 그림 6·21 **일본 시코쿠 섬 가가와 현의 중심 도시 다카마쓰(高松)시(인구 약 40만 명)의 가옥 택지 분할도(야시키와리즈)** 에도
(막부) 시대에 시행된 성채 도시(城下町)의 토지 이용도이다. 신분과 지위에 따라서 택지의 위치와 크기가 달리 배분되었다.
일본의 봉건 시대 토지 이용 사례로, 지방 중소 도시의 계획적인 직교형의 가로를 따르는 택지 분할이고, 그 기록이 현재까지
양호하게 보관 중이다. 그들도 철저한 신분 제도를 유지했고, 하층민들은 우리와 같이 억압당했지만, 기술자를 우대하는 제
도와 최고의 기술자에게는 신분 계층을 뛰어넘게 하는 제도를 가지고 있었다. 이 작은 차이가 결국은 큰 차이를 만들었다.

과거의 우리의 서민들은 대체로 어둡고 침체된, 다른 나라에 뒤떨어지는 시대를 살았다. 그러나 현대의 우리는 피나는 노력으로 선진 서구의 여러 나라들의 제조 기술과 무역 기술에 상당히 근접하고 있는 것이 사실이다. 이런 기운을 더욱 살려서 통일을 이루고, 이 한반도의 장소가 더는 외국의 침략을 받지 않도록 모두가 각성해야 하겠다. 자기의 몫만 너무 주장하지 말고, 모두가 자기 역할을 다하면서 협력하고 양보해야 이 장소에 더욱 활기가 넘칠 것이다. 그러니 아랫것들을 괴롭히는 정책은 철저하게 막고, 모두가 합심하여 노력하자.

4 외부 힘의 개입과 개척형 상인 모형:

도매업과 무역업

1) 도매(무역)업 입지 이론

밴스(Vance)는 "도매업은 소매업의 입지와 달리 교통 원리에 따르는 입지 형태를 보이며, 교통의 결절점 및 화물 집산지 중심의 산업 입지와 성장으로 소매업 입지와는 다른 공간 구조를 보이게 된다."고 주장하였다.[198] 즉, 도매업은 소비자들이 쉽게 접근하는 곳에 입지하는 것이 아니고, 도매업자가 소매업자에게 쉽고 빠르게, 저렴한 수송비로 배달해 줄 수 있어야 하므로, 입지 요인이 다르다. 따라서 도매업을 위해서는 대체로 큰 중심지들이 직선으로 바로 연결되어야 하며, 따라서 교통의 영향을 중요시한다.

또한 크리스탈러의 이론에 따르면, 교통 원리는 가장 큰 중심지 시장권의 면적은 다음 중심지 시장권 면적의 4배로 나타나서, k=4라는 원리에 따르게 된다. 이는 중심지와 그 주변 지역의 소비자들 사이에 주고받는 소매업 및 서비스업과는 달리, 소매업자들을 상대로 대규모로 거래가 이루어지는 것이 도매업(wholesale)이고 교통이 중요하기 때문이다. 도매업자들은 먼 장소까지 왕래하며 대자본으로 비싼 제품들을 대량으로 거래하였다. 현대에도 도매업은 편리한 교통로와 대형 트럭이나 컨테이너, 혹은 기차나 배를 이용해서 대량으로 거래하고 있지만, 근대 이전에는 상인 집단을 이루며, 선단을 구성하거나 말, 마차, 낙타 떼(카라반) 등을 이용하는 경우가 허다하였다. 즉, 도매업(무역업)은 막대한 자본을 가지고 큰 이익을 얻었는데, 양쪽의 끝(본국 수출항과 수입국의 하역 및 도매 지점)에서 모두 이익을 얻었지만, 본국에서 나갈 때보다 돌아올 때 이익이 많았다(수입국에서 싼값에 토산품을 수집해서 본국에 가져와 독점 가격으로 비싸게 팔기 때문이다.).

이런 경우에 특히 교통 원리(Traffic principle)가 중요하며, 밴스(James Vance Jr.)가 밝힌 도매업의 입지(The Merchant's World)론이 작용하여, 특정 장소의 발달을 가져올 수 있다. 밴스는 중심지 모델은 취락 입지 패턴의 설명을 위한 정적인 모델로 보고, 그 경우 중심지(취락) 패턴의 변화는 시장권(세력권, 영역) 내의 단순한 수요 증가에 따라서 이루어진다고 보았다. 즉, 유럽의 경우 농업 경제 중심의 경제 수준이 높아지거나 인구가 증가하면 수요가 증가하면서, 기존의 중심지보다 좀 더 근거리에 다른 중심지가 입지될 수 있었다. 그래서

---

198) James Vance Jr., 1970, The Merchant's World: The Geography of Wholesaling, Prentice, 國松久秭 譯, 1973, 商業・都賣業の立地, 大明堂, 東京, pp. 239-242.

중심지 입지 패턴의 변화는 내부적인 요인 즉, 내생적 요인(Endogenic factor)에 의한 변화로 보았다. 그에 대하여 밴스의 상인 모델은 취락 입지 패턴의 변화가 중심지 체계가 중심이 되는 장소보다 훨씬 빠르고 크게 일어나는 동적인 변화이며, 그 동력은 외부에서부터 오는 외생적 요인(Exogenic factor)에 의한 변화로 신대륙에서 나타난다는 것이다. 그리고 외생적인 취락 입지 모델은 도매업 입지에 가장 유사한 것이고, 교통 원리에 따른 패턴이라는 것이다. 그 경우 취락 체계의 발달 단계는 다음과 같았다.

제1 단계는 초기의 상업(중상)주의의 탐험 단계이다. 유럽(구대륙)의 탐험가, 무역업자들은 지적 호기심, 모험심, 경제적 정보를 얻기 위하여 신대륙 주변을 탐험하였다.

제2 단계는 자연 자원의 수확 단계이다. 유럽의 식민자들은 자연 자원을 수확하기 위하여 신대륙에 취락을 건설하였고, 뉴펀드랜드 뱅크에서 대구 잡이, 뉴잉글랜드에서 백송(목재) 벌목 및 비버 모피의 수집을 행하였다. 즉, 주기적인 토산품(staple) 생산과 수집이 이루어졌다.

제3 단계는 농업 생산과 해안 관문 도시의 등장 단계이다. 신대륙에 식민자들의 영구적 취락과 농장이 건설되었고, 그에 따라서 도시 체계의 초기 발달이 이루어졌다. 식민지의 곡물, 염장 육류, 담배, 목화 등의 농산물이 수출되고, 유럽의 공산품과 사치품 수입이 급증하였다. 해안선의 관문 도시는 접촉(결합) 지점(points of attachment)으로 발달되어 도시 체계의 초점이 되었다.

제4 단계는 내륙 관문 도시들의 설립 단계이다. 신대륙의 식민지 쪽에는 농산물 수출과 식민지 확장으로 취락이 점차 멀리 내륙으로 확산되어 나갔다. 이는 장거리 교통 루트와 내륙 관문 도시의 발달을 가져왔으며, 그 도시들은 '토산품 집산지(depots of staple collection)'로 기능하는 도시들로 도로를 따라서 전략적으로 입지되었다.

이 시기(16세기)는 '변방(전선) 도시화(Frontier urbanization)'로 기술되는 단계로 청결한 물, 양조장(건설 노동자들이 매일 술을 마셨다), 위생 문제, 치안 유지 등의 확보가 요구되었다. 토산품의 집산지(entrepot)와 내륙 관문 도시, 도매업 중심지, 공업 입지 장소 등으로 중요 지점이 기능하였다. 유럽(구대륙)에서는 식민지에 공급하기 위해서 공업이 급성장하고, 메트로폴리탄 인구가 급속히 증가하였다.[199]

제5 단계는 점차 신대륙에서 내부 교역이 우위인 상업 모형이 교통 원리에 따라 발달하고, 그 아래에 중심지(소매업, 시장)들이 보완적으로 들어서면서 발달하였다.

여기서 도매업 원리란 큰 중심지를 직선으로 연결하는 교통 원리를 의미한다.[200] 따라서 중심지 장소들은 교통로를 따라서 선형으로 입지하게 되어, 소위 '염주알형의 장소 배열(beeds of places)'이 나타난다.

199) 한주성, 1990, 경제지리학, 교학연구사, pp. 273-275.
   남영우, 2006, 세계도시론, 법문사, pp. 76-77.
200) James Vance, Jr., The Merchant's World, 전계서, 1970, 國松久称 譯, 1973, pp. 239-247, Knox, P. and McCarthy, L. 2012, Urbanization, 전계서, pp. 48-53.

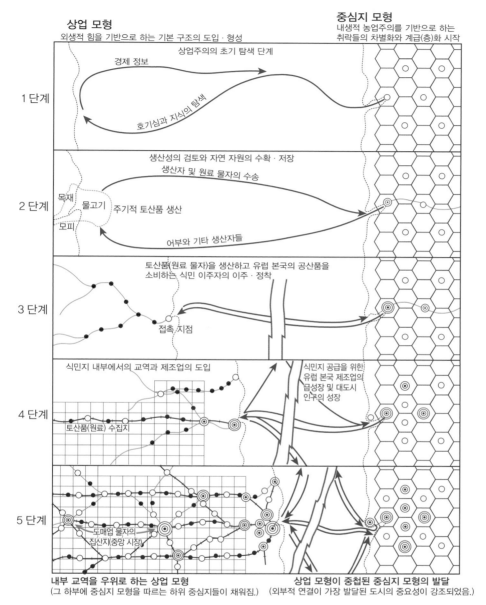

상업 모형
외생적 힘을 기반으로 하는 기본 구조의 도입 · 형성

중심지 모형
내생적 농업주의를 기반으로 하는
취락들의 차별화와 계급(층)화 시작

1 단계
상업주의의 초기 탐색 단계
경제 정보
호기심과 지식의 탐색

2 단계
생산성의 검토와 자연 자원의 수확 · 저장
생산자 및 원료 물자의 수송
목재 물고기
모피 주기적 토산품 생산
어부와 기타 생산자들

3 단계
토산품(원료 물자)을 생산하고 유럽 본국의 공산품을
소비하는 식민 이주자의 이주 · 정착
접촉 지점

4 단계
식민지 내부에서의 교역과 제조업의 도입
식민지 공급을 위한 유럽 본국 제조업의 급성장 및 대도시 인구의 성장
토산품(원료) 수집지

5 단계
도매업 물자의 집산지(중앙 시장)

내부 교역을 우위로 하는 상업 모형
(그 하부에 중심지 모형을 따르는 하위 중심지들이 채워짐.)

상업 모형이 중첩된 중심지 모형의 발달
(외부적 연결이 가장 발달된 도시의 중요성이 강조되었음.)

▲ 그림 6 · 22 **밴스(Vance Jr.)의 상업(인) 모델(중상주의 모델; Mercantile model)** 그는 중심지 모델(Central place model)과 도매업 중심의 상업 모델에 의한 지역의 중심지 장소들의 배치가 어떻게 차별적으로 이루어지는지를 밝혔다.

이처럼 유럽(구대륙)에서는 내생적인 소매업(주로 인구와 소득 증가)에 의하여 중심지들이 시장 원리에 따라서 입지 · 변화하고, 그 위에 교통(도매업) 원리가 보완적으로 중첩되었다.

2) 미국 내 시장과 도시 체계의 단계적 형성

미국 국내 시장이 자국 내의 제조업(북아메리카)을 지탱할 만큼 커지고, 관문 항구, 집산지와 내륙 관문 도시들이 대부분의 경제적인 장점(특화)을 유지할 수 있었던 것은 인구의 급증과 양호한 접근성이 유지되었기 때문이다. 그 가운데에서 뉴욕, 보스턴, 시카고 등은 장거리 무역과 비싼 상품이나 서비스를 제공하는 북아메리카의 제조업 도시들이었다.

그 중에서 중요한 장소는 접촉(결합) 지점(point of attachment)이었다. 중상주의 상업 혁명과 함께 유럽 경제의 외부 진출은 신대륙과 유럽 사이에 접촉(결합) 지점들이 건설되면서부터였다. 이는 '두 대륙의 경제적 연결점(hinge라고 불렀다.)'으로, 처음에는 해안선에 여러 지점들이 동격으로 나타났고, 후에 입지적 적합성에 따라서 그들 사이에 경쟁과 차별적 성장이 나타났다.

세인트존스, 퀘벡, 몬트리올, 뉴욕, 필라델피아에는 17세기에 확립된 교역의 연결 기능이 현재까지도 확인되고 있고, 그때부터 확실한 도매업 장소로 존재하고 있다.

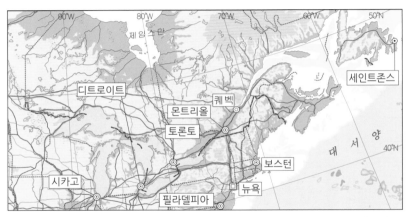

▲ 그림 6·23 **북아메리카 동부의 대서양 연안에 위치한 결합 지점들** 무역과 자원 수집, 탐험을 위한 장소로, 그 도시들 사이에는 치열한 경쟁으로 차별 성장과 계층화가 이루어졌다.

5 초기의 혁신 장소와 연결

본래 지리학에서는 어떤 장소와 거기에 사는 사람들의 생활 특성을 사이트(site; 절대 위치)와 시추에이션(situation; 상대 위치, 관계)으로 파악하였다. 대체로 자연환경과의 상호 작용은 사이트와의 관계로 보았고, 인문·사회 환경과의 상호 작용은 시추에이션으로 보았다.

자연환경과의 상호 작용이 초기에 일어나서 장기적이고, 잘 변하지 않으며, 근본적인 것이라면, 인문·사회 환경과의 상호 작용은 단기간에 일어나고, 변화가 크고, 장소의 특성을 잘 변화시키는 경우가 많다. 그런데 이 시추에이션의 변화는 인접한 다른 장소들과의 상호 작용으로 일어나고 그것은 주로 교통과 통신을 매개로 한다. 따라서 장소의 변화를 알려면 이 교통(주로 사람·물자의 이동)과 통신(에너지의 이동) 및 사람(인구)의 이동 변화를 살펴야 한다. 이들 공간적 상호 작용(특정 장소와 다른 장소 사이의 상호 작용)은 모두 장소들 간의 차이를 메우면서 보완 관계, 제3 지점의 개입 관계, 전환 가능성(거리)이라는 3요소에 의하여 발생하고, 발전·소멸되기도 한다.

따라서 현대 지리학에서 중요시하는 것은 공간적 상호 작용과 그를 연결하는 네트워크이고, 이는 대부분이 그것들이 집중되는 결절점(보통은 도시)에서 일어나는 상호 작용이다. 따라서 현대는 교통망과 통신망이 가장 중요한 시대이고, 상호 작용과 네트워크 및 결절점인 도시가 한층 더 중요해지는 시대라고 할 수 있으며, 정보화와 4차 산업 혁명은 모두 이를 기반으로 한다.

이중환은 택리지(1752)의 복거총론(卜居總論)에서 "살터를 잡는 데에는 첫째 지리가 좋아야 하고, 다음 생리(生利)가 좋아야 하며, 다음은 인심이 좋아야 하고, 또 다음은 산천(아름다운 산과 물)이 좋아야 한다. 이 네 가지에서 하나라도 모자라면 살기 좋은 땅이 아니다. 그런데 비록 지리는 좋아도 생리가 모자라면 오래 살 곳이 못 되고… (후략)"[201] 라고 기술하였다. 이때의 지리란 상당 부분이 풍수지리를 말함이니, 여기서는 따로 그를 논의하지 않겠다. 그러나 생리란 재화와 이익이 생기는 장소를 논의한 것이므로, 현대 지리학의 여러 분야와 관련이 깊으므로 좀 더 검토가 필요하다. 이와 관련하여,

"사람이 세상에 태어나서 바람과 이슬을 음식으로 대신하지 못하고, 깃털과 털가죽으로서 몸을 가리지 못하였다. 그러므로 사람은 자연히 입고 먹는 일에 종사하지 않을 수 없다. 위로는 조상과 부모를 봉양하고 아래로는 처자와 노비를 길러야 하니, 재리(財利)를 경영하여 넓히지 않을 수가 없다. 공자의 가르침에도 부하게 된 다음에 가르친다 하시었다. 어찌 옷을 헐벗고 밥을 빌어먹게 되어, 조상의 제사를 받들지 못하고, 부모를 봉양하는 것도 돌보지 못하며, 처자의 윤리도 모르는 자에게 가만히 앉아서 도덕과 인의(仁義)를 말하겠는가?… (중략)."[202] 라고 기술하였다. 이는 모든 생활에서 정당한 재화와 이익을 얻고, 예의를 차릴 수 있는 생활 수준을 유지해야 하는 것을 중요시한 것이다. 이어서 "재물은 하늘에서 내리거나 땅에서 솟아나는 것이 아니다. 그러므로 땅이 기름진 곳이 제일이고, 배와 수레와 사람과 물자가 모여들어서 있는 것과 없는 것을 서로 바꿀 수 있는 장소가 그 다음이다. (중략) 그러므로 물자를 옮기는 데에는 말이 수레보다 못하고 수레는 배보다 못하다. 우리나라는 산이 많고 들이 적어서 수레가 다니기에는 불편하므로, 온 나라의 장사치는 모두 말에 화물을 싣는다. 그

201) 이중환, 1751, 전게서, pp. 161.
202) 이중환, 1751, 전게서, pp. 166-167.

러나 목적한 곳의 길이 멀면 노자는 많이 허비하게 되면서 소득은 적다. 그러므로 배에다 물자를 실어 옮겨서 교역하는 이익보다 못하다."[203] 라고 하였다.

즉, 이중환이 위에서 말한 이익이 생기는(生利가 있는) 곳을 논한 것은 현대 지리학의 한 원리를 말한 것으로 매우 훌륭한 분석이다. 물론 생리라 해도 땅의 비옥함을 첫째로 들어서 농업이 제일 중요하다고 하였고, 유통은 그 다음으로 보았다. 그러나 양반들은 조선 후기까지도 무역과 상업의 중요성을 일부러 무시하고, 노비까지를 길러야 한다고 하여 고착된 신분 제도에서 한걸음도 더 나가지 못한 것이 흠이다.

또한, 그는 배가 닿는 마을이 이익을 많이 얻을 수 있다고 했는데, 모두가 하천의 수운점을 들고 있으며, 바다에 면한 곳은 중요시하지 않았다. 따라서 하류보다는 중상류의 수운 및 조운점과 도하점 등을 중요시한 것도 흠이다. 그리고 국제 무역이 많은 이익을 낸다는 것을 알면서도 그를 제도화하는 것에 대해서도 논의하지 못하였다. 더구나 "양반들이 배를 몇 척 가지고 그것으로 돈을 벌어서 가용에 쓰는 것이야 뭐라고 비난할 수 없다."고 하여서 양반들이 음성적으로 유통에 간여하는 것은 문제가 되지 않는다는 생각을 보였다.

이상과 같은 문제점이 있음에도 그의 식견은 다른 누구보다도 더 근본적이고, 현대 지리학적인 문제를 직시하여 풀이하고 있었다. 당시의 철 밥통보다 더 강한 신분 제도와 공자의 질서를 이만큼이라도 재해석하고, 문제를 제기한 것은 그가 대단한 연구자였음을 보여 준다.

오래 전에 찍은 사진이기는 하지만, 우리나라에서 두 번째로 중요했던 길인 영남로 사진을 보면, 그 길로는 마차도 다니기 어려운 상태였다. 배에 의한 운반(조운)은 전 산업 사회에서부터 근대까지 가장 저렴하게 화물을 이동할 수 있는 교통수단이라고 그는 정확히 보았고 중요시하였다.

▲ 그림 6·24 문경 새재의 옛 오솔길 이 도로가 조선시대 우리나라의 제2 도로였다(제1 도로는 의주로). 그러나 도로의 폭과 경사도가 화물은 말할 것도 없고, 마차도 다닐 수 없는 상태였다. 도보와 우마에 의한 장소 간의 연결은 우리의 생활을 느리게 하였고, 조용하고 침체된 사회를 특성으로 하는 장소를 만들었다. 이는 버려야 할 행동 패턴이고, 새로운 이동과 연결을 창조하는 것이 현대에서 중요하다.

203) 이중환, 1751, 전게서, pp. 170~171.

▲ 그림 6·25-1(좌) **로마 시대의 포장도로(이탈리아)** 현재도 로마에 연결되는 로마 시대의 포장도로가 잘 이용되고 있으며, 돌로
포장된 직선의 도로이다. 말, 마차, 전차, 사람들의 빠른 이동이 모두 가능했다.
▲ 그림 6·25-2(우) **독일 라인강 지구대의 수운, 운하 시설** 라인강의 기적을 이루게 하였다.

"모든 길은 로마로 통한다."라는 말이 있듯이 로마 시대의 주요 도로는 사진에서와 같이 돌을 깔아서 포장했고, 빠른 속도로 로마와 연결되게 하였다. 포장된 도로 위를 말과 마차가 빠른 속도로 달렸는데, 그 기동성을 이용해서 로마는 넓은 영역의 식민지를 관리·통제할 수 있었다. 말하자면, 로마의 빨대 효과를 극대화시키던 포장도로이다. 로마 중심부의 프로 로마노는 이미 폐허가 되었으나, 그 중심부로 연결되는 로마 가도는 아직도 돌을 깔아 포장된 그대로 잘 남아 있다. 발달된 기술로 견고하게 만들어졌고, 계속 보수하면서 써 왔기 때문이다.

그러나 산업 혁명 이후의 많은 물자와 사람의 이동은 하천과 바다를 통해서 대량으로 이루어졌다. 그 대표적인 하천이 바로 유럽의 국제 하천인 라인강이고, 이 수운을 이용하여 독일은 산업화를 이룰 수 있었다. 소위 '라인강의 기적'은 상류의 풍부한 자원을 싼값에 수송하여 중류와 하류의 산업 도시에서 상품을 제조한 후, 독일 여러 지역과 도시 및 외국으로 그대로 수송할 수 있었던 것이 큰 장점이었다. 라인강의 수운과 풍부한 자원, 독일 사람들의 정신(근면성, 과학 정신, 실용 정신)이 잘 연결된 덕에 라인강의 기적은 완성될 수 있었다.

더구나 유럽의 하천은 대체로 배가 다닐 수 있는 하천들로 구배가 심하지 않고, 수량의 변화도 크지 않아서 수운의 발달에 큰 도움을 주었다. 그러나 우리나라 하천들은 산지의 영향으로 배가 다닐 수 없는 급한 경사 변환점이 많고, 수량도 여름철의 집중 호우와 겨울철의 가뭄으로 인하여 변화가 커서 수운으로의 이용이 사실상 어렵다. 또한 국토 면적을 생각하면 우리나라에서 여러 장소의 연결에는 수운보다는 철도나 컨테이너·트럭, 항공기나 무인 비행기, 드론 등이 신속하고 훨씬 경제적일 수 있다.

1) 경제와 장소 개발 및 기술 혁신

(1) 전 산업 시대와 일제 강점기의 장소

농업 중심의 봉건 사회는 땅을 매개로, 변하지 않는 신분 제도를 기초로 하였다. 서민들은 한 장소에서 변화 없는 생활을 이어 가는 닫힌 생활을 선으로 여겼다. 이런 질곡의 조선 시대를 끝내는 것은 땅으로부터의 독립을 가져오는 경제 체제의 변화이고, 늘 억눌렸던 신분 제도를 혁파하고, 자본을 중심으로 하는 새로운 생산 양식인 산업 자본주의로의 변화였다. 새로운 가치와 생산 기술을 도입하고, 가부장적인 유교 전통을 포기하면서 큰 변화를 가져온 것은 타의에 의해서였다. 전통적인 우리의 삶에 변화를 주어 근본적으로 빠르게 바꾸어 온 것은 철도였고, 그 철도 기술이 모든 기술과 질서를 재편성하였다.

외세에 의한 식민지 수탈 정책으로 철도가 건설되면서, 철도는 과거 조선의 수운 제도와 팔로(八路)라는 도로 및 역참을 전부 무력화시켰다. 이런 기술의 한반도 진출에는 값비싼 대가가 치러졌고, 그 기술을 우리 자금으로 매입하지 못하고, 노선도 스스로 정하지 못했다. 밀려오는 서구의 기술과 사상을 강압에 의하여 할 수 없이 도입하였으며, 그 대가는 결국 나라 주권의 상실로 연결되었다.

그 폐해의 심각함은 동남아시아, 인도, 중국, 아프리카 대륙, 중앙·남아메리카 대륙 등지를 보면 답이 저절로 나온다. 그들은 오랜 식민지 착취, 나라와 민족의 멸망, 브레인 드레인(brain drain:두뇌 고갈, 유출)으로 대를 이은 빈곤에 빠지게 되었고, 현재도 어려움을 당하는 경우가 적지 않다. 우리도 선제적으로 새로운 기술을 도입하지 못하고, 자기 파벌끼리 그들만의 리그를 펼치면서 중국 역사와 공자만을 외운 대가를 비싸게 치렀다.

그래서 우리에게는 변화를 위한 인력도, 기술도, 자본도, 시설도 없는 상황에서 일제의 식량 기지, 외국 상품의 판매 시장, 열강의 자원 수탈 장소로 텅 빈 장소만 널려 있었다. 우리 스스로를 믿고 자랑하고 쓸 만한 것이 거의 없는 장소였던 것이다.

(2) 대표적 철도역 주변의 변화: 서울역과 시청-광화문-종각-충무로-남대문으로 연결되는 장소

본래 염천교 주변의 소하천에 건설된 서울역은 서울로 사람과 화물 모두를 끌어모으는 역할을 하는 장소가 되었다. 철도와 서울역이 있기 전에는 마포에서 만리재를 넘어서 화물과 사람이 남대문으로 들어올 때 옆으로 스치듯 거치던 장소였다.

▲ 그림 6·26-1(좌) 신기술로 사회 재편을 기하고, 수운·육상 교통의 몰락을 가져온 철도 교통 장소인 서울역 역사
▲ 그림 6·26-2(우) 서울역 주변(고가 도로 공원화 이후, 한국일보 사진) 우리나라 철도의 시발점인 서울역은 일제에 의해서 한반도를 침략하기 위하여 우리 민족을 기죽이는 건물로 지어졌고, 위치의 선정도 우리의 기존 질서를 뒤엎기 위한 전략으로 정해졌다. 철도는 그들의 의도대로 전통적인 우리의 교통 체계를 완전히 무력화하였고, 사회 계층을 친일 중심으로 재편하였다.

그 장소에 서울역을 짓고, 인천, 부산, 목포, 신의주, 회령 등지와 서울을 연결하는 철도 축을 만들었다. 그래서 과거의 수운 망과 도보(육상) 교통 등의 모두가 철도 교통으로 전환되면서 서울역의 기능이 아주 강력해졌다. 서울역으로 오는 열차는 상행선이고 서울역에서 지방으로 나가는 열차는 하행선이다. 도쿄 역으로 오는 열차는 모두 상행선인 것과 같은 사고방식인 것이다.

이 신기술에 따라서 새로운 혁신의 장소들이 조선의 몰락과 상관없이 새롭게 등장하였다. 그래서 서울을 과거 조선의 한성부의 연장으로 생각한다면 그것은 큰 오산이다. 정치, 경제, 사회의 모든 측면이 타의로 전부 혁파된 도시라서 서울(경성)과 한성부는 완전히 다른 도시이다. 단지 상징적인 장소의 의미가 약간 계승되었을 뿐이다.

본래 선진 외국의 경우에는 수도 안에 철도역이 동, 서, 남, 북의 여러 역으로 분리되고, 그 역들을 연결하는 순환선이 별도로 있으며, 도시의 중심부에 중앙역이 위치하여 다른 대중교통에 쉽게 연결되고 있다. 일본의 도쿄 역도 도심부에 위치하고 있고, 파리 리옹 역, 북 역도 환승이 편리하며, 뉴욕의 그랜드 센트럴 역, 모스크바 역도 마찬가지이다. 중심역이 대체로 도심에 위치하며 보조역들이 방향별로 기능을 나누어 수송을 분담하는 것이 보통이다.

그러나 우리나라의 경우는 일제의 사회 재편의 의도에 따라서 조선의 지배 세력의 몰락과 신세력의 부상을 기할 수 있는 장소에 철도역(서울역)이 건설되었다. 말하자면 남대문 밖에 건설하여서 조선의 양반층과 자본가(칠패 시장, 남문 시장, 종로 시장 육의전 등)들을 억압하여 탈락시키고, 용산에 가깝고, 일제에 협력하는 신흥 세력의 등장을 유도할 수 있도록 위치가 결정된 것이다. 그래서 서울역의 장소적 의미는 슬픈 장소이지만, 이제 와서 그런 것을 논의하는 것 자체가 부질없지만, 이 장소의 의미만은 다시 만들어 내야 하겠다.

그래서 혁신의 장소로 첫걸음을 띤 장소를 우리에게 맞는 새로운 혁신이 이루어지도록 재편성해야 하겠다. 말하자면 철도와 서울역의 이미지를 새롭게 하여, 우리 민족을 위한 장소가 되도록 하지 않으면 안 되는 것이다.

일제가 침략의 마수를 뻗칠 당시에는 '어떤 서구 선진 국가'도 우리나라를 도와주는 나라는 없었다. 오직 서로 하나라도 더 약탈하고, 이권을 얻기 위해서 망해 가는 조선을 괴롭혔다. 일부 민간인들이 도와주고, 친밀하게 대한 경우도 있었지만, 최종적으로 일제의 강점과 수탈을 막지는 못하였다.

또 다른 서울에서의 혁신의 장소는 서울 시청 앞 광장에서 광화문에 이르는 장소 및 거기에 연결된 도로들이라고 할 수 있다. 이곳은 조선 상류층의 변화를 볼 수 있는 장소로, 그 변화는 서울역 주변보다도 더 크게 나타난다. '수선전도'를 보면 본래 광화문에서 종로까지는 6조 거리로 도로가 있지만, 현재의 시청 앞에서 남대문에 이르는 길은 존재하지 않았다. 이 길은 일제 강점기에 만들어진 길이고, 서울 도성을 헐고 현재의 남대문 옆을 지나게 길을 만들면서 생겨났다. 따라서 서울에서도 변화가 가장 큰 곳이라고 할 수 있다. 앞에서 북촌의 변화를 조금은 논하였지만, 덕수궁, 시청 앞–종로–광화문–경복궁–북촌과, 남대문–충무로–종각에 이르는 길은 주권의 상실과 최상류 양반층과 조선 조정의 최고 기관, 한국 최고 경제 기관들의 재편을 볼 수 있는 장소이다. 여기서는 그 장소들과 연계된 종로, 청계천 등의 변화를 확인하여 서민들의 장소를 일부 검토한다.

2) 산업화와 기술 발달 장소

조선 시대에 수원 화성을 과학적으로 건축한 사례는 있지만, 우리는 스스로 장소를 계획하고 가꾸는 방법을 제대로 터득하지 못했다. 게다가 일제 강점기에는 타의로 일제의 목적에 맞게 우리의 장소를 바꾸고 고쳐야 했었다. 그래서 우리의 장소는 식량 생산을 위한 장소와 일본에서 만든 공산품의 소비 시장으로 그들의 입맛에 맞게 개조되었다. 해방 후에는 전쟁으로 그 조차도 전부 부서져 버렸으니, 우리의 장소는 황폐할 대로 황폐하게 되어서 외국의 원조가 없었다면 식량도, 주택도, 교육도, 농사도 지을 수 없었던 땅이었다고 생각된다. 대부분의 원조 중에서 식량 원조는 면사무소를 통해서 각 가구에 얼마씩 나누어 주었고, 나중에는 싼값에 사서 먹을 수 있었다.[204]

필자가 초등학교에 다닐 때, 미국에서 보내 준 분유나 밀가루, 옥수수 가루를 몇 컵씩 나누어 주었는데, 책보에 받아서 집에 가지고 가서 끓이거나 다른 것과 섞어서 쪄서 먹었다. 영양이 절대적으로 부족한 학생들이 많아서 수업 시간에 학생들 일부를 골라서 간유라는 것을 나누어 주기도 하였다.

---

204) Public Law(미 공법) 480에 의한 식량 원조로 도입된 식량을 시장 가격보다는 싼값에 살 수 있었다.

그런 원조에 대해서 별것 아니라고 폄훼하는 사람들을 보면, 나는 그 사람들은 '배 고픔의 고통'이라는 것을 알지 못하는 사람이라고 생각한다. 그렇다면 그들은 고위직 임원의 가족이거나, 대지주의 자손이거나, 일찍 성공한 자본가의 후예, 아니면 친일파의 후손이거나, 혹은 부정한 연줄을 가진 사람들 중의 한 부류는 아닌지 하는 생각이 들기도 한다. 학교에 점심 도시락을 꽁보리밥이라도 싸 오지 못하는 학생들이 상당수 있었고, 초등학교를 졸업하면 배움은 거의 끝이 났던 사람들의 눈에는 외국의 원조가 아주 절실하였고, 아랫것들을 살려 내는 물품들로 보여졌다.

그 후, 1960년대부터 우리의 장소를 우리 목적에 맞는 장소로 개발하는 계획을 세우게 되었고, 그 계획에 따라서 경제 개발을 추진할 수 있었으니, 세종 이후의 큰 경사라고 생각하는 사람들이 많다. 이에 대해서도 '군사 정변 세력'이라고 평가하는 사람들도 있고, '검정색이든 흰색이든 쥐를 잡는 고양이가 진짜 고양이'라는 논리를 펴는 사람들도 있다. 그런데 정말로 치욕을 느낄 것으로 생각되는 공산당 치하의 중국 사람들은 오히려 쥐 잡는 고양이를 환영하는데, 왜 우리나라만 그런 정치적 논쟁을 하는지 조금은 딱하다는 생각이 든다. 정치하는 사람들은 선명성을 위한 논리를 펴겠지만, 일반 민중은 우선 살 수 있는 계기를 마련한 그때의 변화를 무척 좋아한다.

여하튼 1960년대 이후의 변화를 모두 논의하기는 어려우므로 여기서는 두 가지를 중심으로 장소의 변화를 검토하기로 한다. 하나는 경제 개발 5개년 계획에 따른, 경제와 국토 개발에 따른 장소의 개발 측면을 살펴보고, 다른 하나는 친환경적인 변화를 사례로 보기로 하겠다.

▲ 그림 6 · 27-1(좌) **포항제철 공장 부지**
▲ 그림 6 · 27-2(우) **포항제철 공장 건설 광경(1968년 4월에 착공하였다.)** 포철은 외국에서 자원을 수입하고, 철강을 생산하여 수출하기 위하여 최적의 입지를 구하였고, 파이넥스 공법 등의 연구와 개발에 노력해서 혁신을 이루었다. 정치만 간섭하지 않으면 이 포철은 성공한 기업으로 볼 수 있겠다.[205]

205) 포항제철은 벌써 20여 년 이상 파이넥스(FINEX) 공법을 실용화하여, 값싼 가루 상태의 철광석과 석탄을 사용하여 고로라는 용광로 없이 철을 생하는 기법을 적용하고 있다. 약 15% 정도의 원가 절감 효과를 볼 수 있는 제철 기술이다.

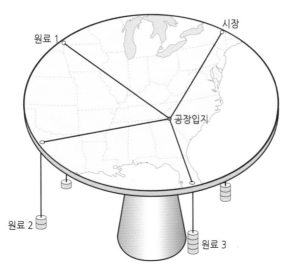

▲ 그림 6·28 베버(Weber)의 입지 삼각형 모형(베리뇽 프레임) 생산에 사용되는 원료 1과 원료 2, 원료 3 및 시장까지의 운송비의 무게를 고려하여 연결하면 입지의 최적 장소에 균형이 잡혀진다. 그곳이 어떤 공장의 최적 입지 지점이 된다.

일제에 의하여 원료 공급지로 개발된 국토에서, 1960년대부터 스스로의 발전 계획에 따라서 경제 발전을 위한 제조업 생산 장소의 개발이 진행되었다. 산업체들이 최적 입지 원리에 따라서 본격적으로 입지되고, 공업 단지가 건설되어서 제품을 최소 비용으로 생산하고 수출할 수 있게 되었다. 외국에서 철광석, 역청탄 및 코크스를 수입하고, 태백 산지에서 석회석, 석탄을 채굴하여 운반해 와서 포항에서 철강을 생산해서 국내에서도 쓰고 외국에 수출도 하였다. 그리고 포철은 무엇보다 우리의 제조업 기술에 자신감을 준 것이 중요하다. 또한, 원료와 제품의 수출입이 가장 중요시되면서 최소의 비용으로 생산하여 수출하기 위해서, 대부분의 공장이 임해 공업 단지 안에 건설되었다. 비록 모든 인프라는 수도권에 집중되었지만, 중화학 분야는 수도권에서 탈피한 것이 잘된 것이었다.

본래 이론적으로는 공업 입지 유형은 원료 지향, 시장 지향, 노동력 지향, 자본과 기술 지향, 입지 자유형 등의 공업으로 나누고 있으며, 대체로 수송비를 최소로 하는 장소가 최적의 입지 지점이 된다. 그리고 이 최적 입지점에서 멀어지는 장소에 입지하게 되면, 그럴수록(거리가 멀어질수록) 그 제조업체의 이윤은 줄어들게 되고 경쟁력도 약해지게 된다.

또한 일반적으로 알려진 생산 기술 혁신은 50~60년의 주기로 이루어져 왔으며, 선진 국가에서는 이미 약 5개의 중요 기술 혁신이 확인되고 있다. 즉, 증기 기관, 철강·철도 기술, 내연 기관(자동차)·화학 기술, 전기·텔레비전 기술, 정보·텔레커뮤니케이션(디지털) 기술 등이 그들 기술로, 혁신에 따른 경제의 상승과 하강의 주기를 구분하고 있다. 선진국들은 이들 기술이 순차적으로 연구 개발되어서 불황을 극복하며 여유를 가지고 채택·발전된 데 비하여, 우리나라는 이들 기술이 거의 동시에 도입되고 응용되었다.

이런 측면에서 우리 한국인들의 '변화와 혁신에 대한 태도'가 아주 적극적이고 긍정적이었으며, 그 기술들의 적응과 응용 능력은 무척 뛰어나고, 빠르고 바람직하였다고 할 수 있다.

그래서 국제적인 보호 장벽과 전략을 효과적으로 잘 뛰어넘어서 압축적으로 모든 기술들이 도입·응용되었고, 그를 이용하여 경제 성장이 이루어졌다. 그런 변화를 추구한 것이 우리 민족의 장인 정신에 연결되는 장점이고, '빨리빨리' 정신이 만들어 낸 성공적인 사례였다. 따라서 이들 변화와 혁신의 장소는 한반도의 여러 곳에서 감동적인 스토리를 가지고 아직도 움직이고 있다.

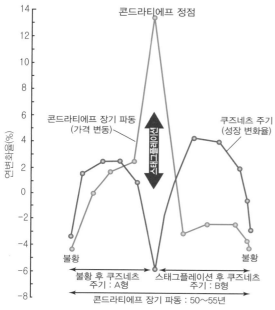

▲ 그림 6·29 기술 혁신을 보이는 콘드라티에프 주기(Kondratiev cycle)와 도시 건축 주기인 쿠즈네츠 주기(Kuznetz cycle) 콘드라티에프 주기는 50~60년 주기로 기술과 경기의 변화를 장기적 관점에서 설명하는 주기이다. 증기 기관, 철도와 강철, 내연 기관과 화학, 전기와 텔레비전, 정보와 텔레커뮤니케이션 기술 등이 크게 구분되고 있다.

이와 같은 기술들이 응집적으로 도입되어 응용되고 발전시킨 장소 중에서 초기의 변화가 비교적 잘 나타나는 장소가 청계천이다. 도시에서 변화가 크고 산업화와의 관련도 깊은 장소는 청계천이므로, 그 변화를 살펴보기로 한다.

3) 혁신의 사례 장소: 청계천 주변의 변화

조선 시대 이후 서울에서 제조업과 관련된 가장 서민적인 삶이 유지되던 장소는 청계천이다. 서울 도성 안의 사람들이 이용할 수 있는 가장 가까운 하천이 개천이라는 청계천이었고, 서민들의 일상생활에 밀접한 관련이 있었다. 조선 시대에 도성의 수위를 쟀던 수표교가 건설되었고, 그 아래에 수표가 설치되어 있어서 치수를 위한 표본적인 장소였다. 그러나 사진에서 수표교 옆의 간판을 보면 이미 일제 강점기 이전부터 일본의 자본이 침투해 중요한 장소에서 영업을 하고 있는 것을 알 수 있다.

한편 1960년대 이후 도시화가 급속히 진행되면서 일자리가 없는 사람들이 일자리를 찾아서 서울로 몰려서 주택, 도로, 일자리, 상하수도, 공원 등의 도시 필수 시설과 설비가 절대적으로 부족했다. 실업자가 되더라도 서울로 모여들어서, 그 많은 전입자들을 서울시는 도저히 수용할 수 없었다. 그래서 가령 성북구 정릉동의 경우는 정릉 1동, 정릉 2동, 정릉 3동, 정릉 4동까지 분동으로 동을 나누어서 행정 지원을 할 수밖에 없을 정도로 과밀화되어서, 일명 가도시화(pseudo/false-urbanization) 현상이 심각하였다.[206]

▲ 그림 6 · 30-1(좌) **조선에서 일제 강점기로 넘어가는 시기의 청계천(수표교)** 우리나라의 혁신의 장소인 도시의 중심부 청계천의 변화를 보여 준다. 조선시대에는 생활용수를 도성 안에 공급했었다. 청계천 상류에서 무교동의 이 부근까지는 일제 강점기에 복개되었다.

▲ 그림 6 · 30-2(우) **청계천 주변의 판자촌** 1960년대 이후 산업화 시기의 청계천의 주변에는 판자촌이 형성되었다. 그 후 청계천이 복개되고 그 도로 위로는 고가 도로가 건설되어서 청계천은 서울의 중요 동서 도로가 되었고 하천 기능은 상실되었다. 여기에 초기의 노동 집약형 제조업도 많았다.

이렇듯 서울로 갑자기 사람들이 몰려들자 서울시의 하천 주변과 산기슭에는 소위 판자촌이라는 무허가 불량 주택(squatter settlement) 지구들이 넓게 분포하면서 빈부의 격차가 커졌고, 이러한 주택 문제는 현재까지도 가장 심각한 도시 문제가 되었다. 또한, 동서 교통의 중요 축이었던 청계천 복개 도로는 2층 고가 도로로 건설해서 광교에서 신답 철교 부근까지 동서 연결 도로가 되었다. 또한, 청계천 주변에는 사람, 값싼 노동력, 저렴한 지가, 넓은 시장, 무허가 건물 공장 등이 있어서 노동 집약형 제조업이 입지될 수 있었다.

---

206) 도시 내부에는 판자집이라는 불량, 불법 건물 지구가 여러 곳에 있었고, 변두리는 논밭이 넓게 분포하여 농촌과 다름없었고, 시 경계선의 훨씬 안쪽에는 전통 마을도 넓게 분포하였었다.

▲ 그림 6 · 31-1(좌) **청계천 고가 도로와 그 아래의 복개 도로에서 철거 반대 운동 실시** 복개한 도로와 고가 도로가 철거하기로 정
해지면서, 상인들이 철거 반대와 생존권 보장을 요구하는 플래카드(placard)를 걸고 보상을 요구하였다.
▲ 그림 6 · 31-2(우) **세운 전자 상가**

▲ 그림 6 · 32-1(좌) **청계천 5가에서 6가에 이르는 청계천 복개 도로 위와 주변의 시장 풍경**
▲ 그림 6 · 32-2(우) **복개 도로 위에 건설한 청계천 고가 도로의 교통 상황**

청계천 주변은 주택과 도로만이 아니고 우리나라의 상업과 공업 기능상으로도 매우 중요하
였다. 청계천 2가~3가에는 세운 상가와 연결된 전기 부품 및 조명 가게들이 많았고, 거기서
부품을 사서 라디오나 완구 등 여러 제품들을 조립하였다. 청계천 4가~5가에는 기계 및 공
구 판매상 등이 있었다. 또한 청계천 5가~7가에는 시장과 섬유 공장, 중고 서적 판매점이 많
이 있었다. 특히 청계천 평화 시장 속의 봉제 공장은 좁은 공간과 일하기에 부적합한 환경 속
에서 낮은 임금에 시달리는 노동자들이 의류, 가발, 실(모사) 등을 생산하여 수출하였다. 그

과정에서 노동력 착취 문제가 심각하여서 우리나라에서 처음으로 노동 문제가 일어난 장소가 되기도 하였다. 따라서 청계천은 우리나라의 근대 교통, 공업, 상업, 노동 운동 등이 시작되거나 발달해서 중요한 의미가 있는 장소가 되었다.

장소는 개성이 있는 차이가 있고, 그 장소의 특성에 맞는 개발이 중요하다. 그러나 민주적인 합의와 절차에 따라서, 인접한 큰 중심지에 빨려 들어가는 장소에서의 빈부 격차에 대해서는 순수한 경제나 개발 이론에 따른 접근 이외에 다른 정책적인 배려가 필요하다. 말하자면 정치 경제적(Political economy)인 접근법이 모두의 합의로 도입되어야 한다. 그래서 낙후 지역(장소)을 살릴 수 있는 정책적인 투자가 필요한 것이다. 이것이 없다면 자본주의의 폐단이 훨씬 더 커져서 장소 간의 격차, 계층 간의 격차가 경제 발달에 따라서 더욱더 커지게 되어 결국은 모두가 큰 피해를 입게 된다.

▲ 그림 6 · 33 복개 도로와 고가 도로를 철거하고 광화문의 동아일보 사옥 부근에서 신답 철교까지를 자연 친화적으로 복원한 청계천의 일부 청계천 복원 공사는 2003년 7월 1일부터 시작해서 2005년 10월 1일에 완공하였다. 청계천 복원 공사는 도심의 공원으로 인공 환경을 자연 친화적으로 개발 · 전환한 사례로, 여러 나라에서 벤치마킹을 하고 있지만, 관련 산업들의 부침도 상당한 문제였다.

우리나라는 독립 후에 본격적인 국토와 도시 개발에 따라서 토지 이용의 변화가 서울을 중심으로 크게 나타난다. 그래서 현재까지도 전국의 재화들이 철도, 고속도로, 국도 등에서 자동차, 배, 비행기를 이용해서 수도권과 서울로 집중되고 있다. 더구나 최근에는 인터넷이나 사이버 공간에서의 금융 거래도 대부분이 서울 중심으로 이용되고 있으니, 지방과의 격차가 가면 갈수록 더 커지는 것이다. 그래서 계획상으로는 국토 균형 발전을 이야기하지만 대부분의 경제 활동은 서울 중심으로 행해진다. 게다가 정치는 더 말할 필요도 없다.

그러니 정치가 과잉인 우리나라에서 경제, 사회, 문화가 모두 서울에서 논의되지 않으면 안 되는 현상이 마치 조선 시대와 같이 일어나고 있다. 말로만 민주주의를 논의하지 말고, 지역 간의 균형 발전과 사회적 격차 해소가 이루어져야 진정한 민주주의가 실현된다는 것을 알아야 한다.

그런 뜻에서 모든 기능이 과도하게 집적된 서울과 수도권에서 상당수의 중요 기능들이 이전·분산되는 것은 상당한 의미가 있다. 이런 맥락에서 정치(국회), 법률(대법원), 행정이 모두 행정 수도로 가야 하고, 다른 기관들도 특성에 맞게, 지역 균형 발전을 위하여 적정하게 평가하여 이전되어야 한다.

충청 지역의 제조업 입지 변화 연구에서 밝혀진 결과에 의하면 수도권의 공업 지대가 충청 지역으로 확장되고 있다. 또한, 서울-대전-대구-부산을 연결하는 경부선 축에 산업체들이 집적되고 있는 것으로 밝혀졌다. 수도권의 분산이 상당히 이루어지고 있지만, 바람직한 균형 발전과는 아직도 거리가 있었다.[207]

4) 도시 개발의 변화와 문제

▲ 그림 6·34 시카고의 도시 고속 도로와 직교형 가로망 직교형 도시 시카고의 도시 구조(지도 생략)를 보이는 사진이다. 시카고
  는 미시간 호에서 거리에 따라서 지가와 주거지의 분화가 규칙적으로 나타나는 유명한 도시이다. 도심부에까지 철도, 운하,
  여러 고속 도로들이 통과하며, 중서부의 물류 중심의 광역 도시로 미국 제3위의 도시이다. 그러나 흑인들이 사는 남부 슬럼
  가와 호반의 백인 거주 지구 사이에는 빈부 격차가 매우 크다. 시어스 타워(Sears tower)에서 오래전에 찍은 사진이다.

근대적 도시 계획의 수립과 도시 개발은 도시화의 진행에 따라서 도시 문제를 해결하면서 산업 발달과 도시와 지역의 성장을 기하고, 장소의 특성에 맞게 추진해야 한다. 서구는 계획

207) 전동호, 2014, 충청내륙 공업지역의 발달에 관한 연구, 한국교원대학교 지리교육과 박사학위 논문. pp. 110–112.
  권재중, 2010, 바이오산업의 공간분포와 네트워크 및 글로벌 상품사슬에 관한 연구, 한국교원대학교 지리교육과 박사학위 논문.
  pp. 218–219.

과 개발의 역사가 길어서 시행착오도 겪었지만, 순차적으로 상당히 중요한 도시 문제들을 해결하였다. 우리는 이 지역 개발도 압축적으로 추진하고 있어서 여러 문제가 아직도 심각하다.

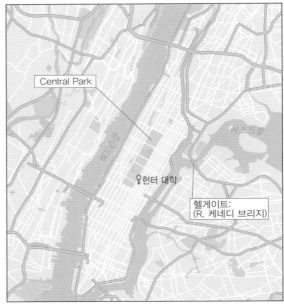

▲ 그림 6 · 35-1(좌) **중국의 베이징 자금성 동부의 지도** 베이징의 중요한 도로는 비교적 직교형으로 계획되었음을 읽을 수 있다. 그러나 우리나라 서울보다는 덜해도, 2차적 도로는 막다른 골목이 상당수 있다.
▲ 그림 6 · 35-2(우) **맨해튼 지도** 직교형 도시인 뉴욕 맨해튼의 가로망이 잘 드러나고 있다.

▲ 그림 6 · 36-1(좌) **우리나라 최고의 결절점이었던 시청 앞**(자동차 교통 중심의 교차로 광장)
▲ 그림 6 · 36-2(우) **자동차 도로를 우회시키고, 사람 중심의 잔디밭으로 조성한 후의 시청 앞 광장** 우리나라에서 가장 많은 차와 사람들이 통과했던 장소였다. 이 로터리와 남대문을 연결하는 길은 자랑스러운 장소가 아니지만, 아주 중요한 장소이다.

서울에서 광화문, 서울역, 남산 터널, 종로, 청계천, 을지로 등에 쉽게 연결되는 장소가 시청 앞이다. 이곳에 길이 뚫리면서 서울시의 간선 교통망이 갖추어졌다고 할 수 있는 중요한 장소이다. 이 장소가 만들어지기 전에는 염천교-남대문-칠패로-을지로 입구-종로 3가 (보신각)로 연결되는 곡선 길이 가장 중요했었다.

▲ 그림 6·37-1, 2 **북촌 윤보선로 부근의 사진과 지도** 아직도 협소한 막다른 골목들이 상당히 많다. 전 산업 시대에는 이런 좁은 길과 미로형 길이 자연스럽게 형성되어서 운치가 있었으나, 지금은 화재 시 소방차나 구급차의 진입이 어려워서 문제가 되고 있다. 자동차가 교차하여 지날 수 있도록 도시 재개발 때에는 우선 접근성을 고려해야 한다. 이들 장소들은 근대에 모두 의미가 있는 혁신의 장소였으나, 지금은 정체감이 크다.

5) 우리나라 혁신의 장소와 문제

우리나라의 대부분의 장소는 조선 말기까지는 계속하여 지배 계층에 하층민들이 눌리어 착취당하고, 인생에서 성장의 기회가 무자비하게 잘려진, 말하자면 인력의 공백을 한동안 메울 수 없는 상황이 짓누르고 있던 장소였다. 그 이유는 첫째, 조선 시대에 양반(선비)들은 필요 없는 경전이나 역사를 외우고, 외부의 상황에는 완전히 가로막혀서 세계 정보나 지식이 없는 까막눈이었다. 둘째, 신분 제도에 눌려서 하층의 천민들은 아무리 마음을 먹고 결심해도 배울 수 없었고, 억눌리고, 배제되고, 착취만을 당해 왔다. 아랫것들의 인생을 조금이라도 딱하게 여겼다면, 한글이라도 제대로 배우게 했어야 했는데, 그 조차도 기회를 주지 않았다. 셋째, 일제 강점기에 우리는 '조센징'이라는 차별 속에서 교육을 받을 기회도 얻지 못했고, 하층 소작 농민들은 자식을 가르칠 돈이 있을 리 만무하여 문맹의 상태가 계속 심화되었다(1945년 78%). 더구나 대부분의 하층민들이 문맹인 것은 일본이 식량 기지화한 한반도의 지배에 큰 도움이 되었을 것이다. 아주 쉽게 식민 정책을 펼 수 있었기 때문이다. 넷째, 거기에다 6·25 전쟁으로 그 빈약한 삶의 환경 및 인재의 풀마저 모두 파괴되었다. 그랬으니 정말로 우리는 가능성이 거의 없는 '두뇌 유출과 두뇌 공백 상태(Brain drain)'로 최악의 상태였었다.

그래서 필자는 친일파에 대한 단죄나 책임을 그들의 후손에게는 더는 묻지 말았으면 하고, 좌익에 부역한 사람들의 후손에도 더는 묻지 말고 통합을 위해 양보를 했으면 한다.

그리고 그것은 떳떳하고, 권리가 있고, 잘사는 양반들이 양보를 해야만 비로소 얻을 수 있는 우리 민족의 미래라고 생각한다. 착취와 불평등으로 가득했던 한반도 장소를 그래도 살맛이 나는 장소로 바꿀 의무를 걸머진 사람들은 과거의 양반과 선비들은 물론이고, 현재를 살고 있는 억눌렸던 아랫것들의 후손들이다. 큰 어려움을 이겨낸 사람들의 입장에서 "헬 조선이라고 불평등을 너무 탓하지 말고, 제도적으로 보완을 요구하면서 미래를 기약해야 하지 않겠는가?" 하고 반문해 본다.

그들을 추적하여 단죄하면 약간의 교훈, 심리적인 위안이나 카타르시스는 느낄 수 있겠지만, 단죄하는 것은 모두가 기분 좋은 승복이 아니다. 아니 어느 한쪽이 다시 원한을 갖게 될 것이라고 나는 생각한다. 자기는 아무 결점이 없는 흰색의 피를 가진 사람이라고 큰소리치는 사람들이라도, 조금의 결점도 없이 이 격동의 시기를 지나기는 거의 불가능했을 것이라고 나는 감히 생각한다. 단지 조금 깨끗하게 보이는 정도라고 생각되기 때문이다. 그때 밥을 먹지 않았고, 그때 옷을 입지 않았다면 혹시 몰라도 말이다.

해방 후의 우리나라는 아프리카의 에티오피아, 남아프리카 공화국, 필리핀 등지 보다 비교될 수 없을 만큼 더 가난하고 희망이 없던 나라였고, 그래서 그런 나라들로부터 6·25 전쟁 당시 상당한 도움을 받았다. 우리도 아프리카 못지않게 두뇌 고갈(brain drain)을 당했던 나라였다. 그들은 대부분이 노예로 잡혀갔기 때문에 두뇌 고갈과 유출이 일어났지만, 우리는 조선 시대의 차별과 가로막힘에 더하여 일제의 착취와 억압이 더해져서 양질의 두뇌가 억눌리고 매장되었던 것이다.

물론 서구의 사람들은 자기네 공업 제품을 식민지에 비싸게 팔아먹고, 값싼 노예 노동력을 이용하여 플랜테이션으로 값싼 양질의 원료를 얻었으며, 무력으로 착취해서 삼각 무역의 모든 해안에서 막대한 이익을 얻었다. 그들의 자본 축적과 공업화와 개발 및 성장은 땅 짚고 헤엄치기였을 것이다. 그들이 만든 제품은 없어서 못 팔 정도였으니, 부르는 것이 값이었다. 그래서 유럽의 여러 나라들이 아주 쉽고 빠르게 산업화를 이룩할 수 있었던 것은, 결과론이지만 쉽고 당연한 귀결이다.

우리나라 사람들은 외국에 가서 어렵게 번 돈을 자본으로 하고, 또한 외국의 차관을 빌려서, 그를 자본으로 해서 공장을 짓고, 그 안에서 쉬지 않고 일해서 물건을 만들었다. 그리고 그 제품들을 수출하여 빚을 갚은 사람들이었다. 자기네가 이룩한 산업화로 빌린 차관을 전부 갚고, 민주화를 이룬 후에 다른 나라를 도와주는 나라는 역사상 찾을 수 없었다. 그런데도 우리나라 사람들 중에는 '헬 조선'을 외치는 사람들이 적지 않다. 우리 안의 차별 문제는 해결하려는 의지만 있다면 어느 정도까지는 해결할 수 있을 것이다. 그렇다고 무작정 서민들에게 돈을 대 줄 수도 없는 것이니, 우선은 본인들의 노력과 국가의 지원, 사회 모두의 관심과 협력이 우리나라의 한반도 장소에서 펼쳐지면 차별 해소는 가능한 것이다. 또한 여기서 설명하는 한반도에서 중심적 위치와 수도로서의 서울의 기능은 사실 조선 시대 이후의 영향이 매우 크게 작용하고 있다. "사람은 나면 서울로 보내고 망아지는 나면 제주도로 보내라."라는 속담은 바로 서울의 역사적 관성을 나타내는데, 그것의 부적(負的; 마이너스) 작용을 없애고 모두에게 고르게 잘 이용해야 할 것이다.

그러나 우리나라는 아직도 서울과 수도권 중심으로 기업체들의 집적이 일어나고 있고, 지방 분산 정책을 추진하고 있음에도 도시형 산업, 정보화 산업, 미등록 공장 등이 수도권에서 집중적으로 활동함에 따라서 지방과의 격차는 아직도 확대되는 형편이다.[208] 공간적인 균형 발달이나 역할 분담이 이루어지지 못한다면 우리나라의 민주주의는 껍데기만의 진화가 일어난다고 할 수 있다. 젊은이들이 말하는 헬 조선을 만든 한 축이 사회적 계층 간의 불평등이라면, 다른 한 축은 바로 서울과 수도권의 경제, 교육, 정보, 산업, 행정의 과도한 집적에서 오는 장소 간의 격차라는 것을 알아야 한다.

사실 계층 간의 차별을 없애는 것은 물론, 이런 장소의 차별과 마이너스적(부적) 관성이 전부 없어지고, 전국이 균등해지면 '헬 조선'이라는 말은 자연스럽게 사라질 것이다. 그러나 그렇게 완전하게 차별을 없애다가는 오히려 나라가 망할 지도 모른다. 나라가 망하면, 개인 간의 차별은 없어질 것이지만, 개인의 권리를 지켜 줄 장소와 나라가 사라지게 됨을 우리는 일제 강점기에 뼈아프게 경험하지 않았는가?

아리스토텔레스가 말한 고전적인 정의인 '같은 것을 같게 대하는 것이 평등'이어야 하는 것이지, 모두 갖게 하는 것은 기본권만으로도 족하지 않은가? 그러니 너무 자기 권리만을 주장하지 않도록 하는 것도 중요하고, 양보하면서 서로 도와서 같이 살아야, 비로소 헬 조선을 탈피할 수 있다.

위대한 세종대왕은 한글을 만드셔서 글을 모르는 백성들, 말 그대로 어리석은 백성이 유통(流通)할 수 있도록 하였으나, 후세의 통치 계급, 양반들은 그 취지를 감추고, 자기네만의 축제를 감행하였다. 그래서 착취 수단의 개발에만 몰두하였지, 백성들의 삶의 향상과 부의 축적에는 큰 관심이 없었다. 이런 면에서 조선의 유교는 인도에서의 힌두교처럼 계층 구분을 당연시하고, 모순에 대해서 별로 문제를 제기하지 않는 종교의 역할을 수행했던 듯하다.[209] 말하자면 가진 자들만이 있는 장소의 종교이고 철학이었던 것은 아닌가?

그래서 결국은 생각과 말이 유통하지 못하고 나라를 잃고 말았던 것이다. 조선 후기에라도 전 국민들이 한글을 배워서 쓰고, 정신적으로 무장하고 단결하였다면, 글자를 모르는 문맹률은 한 자리 수로 낮아졌을 것이고, 생각과 말이 유통되어서 전 국민이 하나로 단결하였다면, 감히 일본이 우리나라를 침탈하지는 못했을 것이다. 글을 아는 많은 하층민들이 나라를 위하여 떨쳐서 일어났을 것으로 믿기 때문이다. 따라서 우리글을 아끼고, 사랑하고, 쓰는 것이 우리나라 한반도 장소를 사랑하는 길이다.

그런데 서울대학교에 왔던 중국의 시진핑(習進平) 국가 주석은 아주 쉬운 말을 우리가 가장

208) 서민철, 2006, 한국의 지역불균등 발전과 공간적 조절양식, 한국교원대학교 박사학위논문, pp. 244-245.
209) Myrdal, G. 저, 최광열 역, 1981, 아시아의 드라마, pp. 54-59.

어려워하는 '한문 사자성어'로 표기하였다. 그도 그럴 것이 한자는 그 나라 글자이고, 사자성어는 단순한 문장에 해당하는 것이니, 말하자면 쉽게 쓴 글인 것이다. 그러니 일상의 말들이 한문으로는 대부분이 다 사자성어가 될 수 있다고 하겠다. 이런 한문을 우리가 쓴다면 당연히 우리나라는 중국, 일본의 다음에 자리하는 국가임을 꼭 알아야 한다.

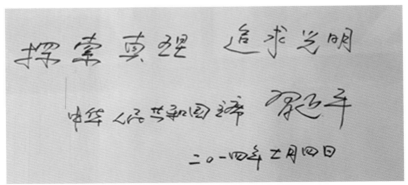

▲ 그림 6·38 **시진핑 중국 국가 주석이 서울대학교에서 강연한 후 남긴 기념 글(휘호)** 탐색진리 추구광명(探索眞理 追求光明: '진리를 찾아서 광명을 바란다.')이라는 아주 쉬운 말이다. 중화인민공화국 주석 시진핑, 2014년 11월 4일이라 썼다.

왜냐하면, 한자는 그들 나라의 문자이기 때문이다. 따라서 우리는 한자 교육을 시키되 아주 최소한만을 가르치고, 영어를 배우는 것이 훨씬 낫다고 필자는 생각한다. 도저히 한자로는 중국과 일본을 당할 수 없기 때문이다. 그러나 영어로는 중국과 일본을 어렵지 않게 이길 수 있을 듯하고, 적어도 대등한 관계를 유지할 수 있다고 생각된다.

물론 영어로는 미국에 대항할 수는 없다. 미국만이 아니고 영국, 싱가포르, 홍콩, 캐나다, 오스트레일리아, 뉴질랜드, 인도, 필리핀 등과는 적어도 영어로는 이길 수 없을 것이다. 그러나 열심히 하면, 홍콩, 싱가포르, 아시아 및 유럽의 여러 나라 등과는 해볼 수 있을 듯하다. 몇몇 나라의 경우, 영어는 우리보다는 잘할 수 있지만, 우리는 우리 나름대로 잘할 수 있는 다른 부분이 많이 있기 때문에 걱정할 필요가 없다.

다음의 그림 6·39를 보면 그동안 우리가 얼마나 노력해 왔는지를 쉽게 짐작할 수 있다. 현대 산업에서 쓸 수 있는 자원도 빈약하고, 현대에 연결되는 교육적인 내용도 없었으면서, 열심히 흉내 내고, 배우고, 연습하면서 이룩한 오늘의 우리나라 장소를 볼 수 있다. 이 큰 변화를 우리는 정말로 귀중하게 대하고 아껴야 하겠다.

이렇게 도시가 산업화, 경제 발전에 따라서 변하게 되자 우리 사회를 구성하는 계층 구조 역시 크게 변하였다. 즉, 전 산업 시대의 사회 계층 구조는 피라미드형이었고 공간 구조를 엘리트를 중심에 두는 동심원 구조였지만(그림 1·56), 근대 산업화가 진행된 1990년대까지는 자기는 중산층이라고 믿는 사람들이 대부분이었던 다이아몬드 사회 구조를 가지고 있었고 불평도 적었다. 이때의 도시 구조는 빈곤층이 중심에 있고(도심 주변의 산지, 하천변의 판자촌을 생각해 보자.) 부유층이 교외에 있는 동심원 구조로 나타났다.

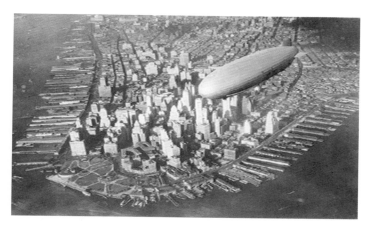

▲ 그림 6·39 **1920년대의 뉴욕, 도쿄, 서울의 경관(도쿄는 긴자 중심부, 서울은 멀리서 찍은 원경)** 당시는 이미 일제 강점이 시작된 지 10년이 넘었지만, 서울은 대체로 전통적인 모습이 그대로인 '잠자는 아침의 나라'로 남아 있었다. 그때에 비하여 100년 정도 지난 지금, 서울의 경관 변화는 다른 두 도시를 능가하는 면도 있어서, 우리나라의 큰 변화와 다이내믹(Dynamics)한 사회·경제적 측면을 확인할 수 있다. 반면 역사와 전통을 지닌 도시 중심부가 많이 훼손되었음을 보이기도 한다. 이에 대해서는 이제부터라도 충분한 검토와 장소 보존을 중요시하는 정책이 필요하다.

IMF 충격을 겪은 후에 정보화 사회, 글로벌화 하는 변화가 진행되면서 우리 사회는 양극화되었다. 그래서 사회 계층 구조는 모래시계(sand glass)구조로 변하여서 빈부 격차가 확대되고, 중산층의 사람들이 훨씬 어려운 하층으로 많이 떨어져서, 중산층이 아주 적고 빈곤층과 부유층이 많은 양극화된 사회 구조를 가지게 되었다. 그래서 불평과 불만족이 훨씬 많아진 우리 장소가 되었다. 이런 사회 구조는 선진국도 마찬가지이다. 또한 이런 사회 변화에 따라서 도시는 여러 핵심과 외곽에 다수의 기능 구역(제조, 상업 몰, 주택, 여가 시설 등)을 갖는 갤럭시형의 구조를 갖게 되었다.

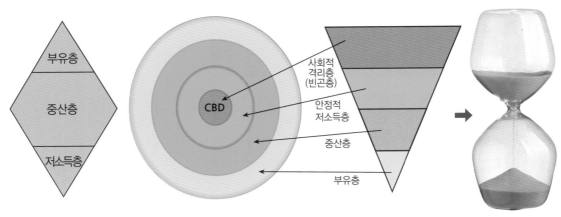

▲ 그림 6·40 산업 시대의 사회(다이아몬드) 구조와 그에 조응하는 도시 공간 구조가 정보화 시대의 사회 구조인 샌드 글래스(sand glass) 구조로 변화하는 모습 중산층이 사라지고 양극화되어서 빈부 격차가 증대되고 있다. 이런 사회의 구조는 다핵심의 도시로 다양한 특성을 가진 장소가 연결되고 어울리는 구조이다. 도시의 장소는 샐러드 보울(salad bowl)처럼 다양한 맛과 특성이 살아나는 장소인 것인데, 빈부 격차 역시 그 다양성 중의 하나이다. 즉, 격차가 커지고 일상이 되는 사회이기에 한층 더 공동체적인 상부상조 정신이 필요해지는 장소이고 시대이다.

우리는 현재 천지개벽의 시대에 살고 있는 것이다. 직업과 사회 구조를 장소와 관련시켜서 생각해 보자. 중산층이 대부분으로 사회를 안정되게 유지했던 1980년대 이후 2000년경까지는 사회가 그래도 안정되었고, 차별도 참을 수 있을 정도였으며, 많은 사람들이 자기에게도 기회가 있을 것이라고 믿는 중산층으로 살았다. 그러나 IMF와 정보 혁명을 거치면서, 우리나라는 물론 세계의 모든 나라들에서 빈부 격차가 증가하고 중산층이 몰락하면서 저소득층이 급증하였다. 이를 정보 격차(information devide)에 의한 빈부 격차라고 부른다.

이런 사회 구조는 삶의 어려움을 개인의 책임으로 돌리기에는 너무 큰 변화이고, 그래서 국가 공동체가 해결하려고 노력해야 한다. 사회 보장 제도, 정보 공유 제도, 일자리 공유 등을 통하여 극복해 가야 하지만, 우선은 우리나라의 기업들이 일할 수 있는 여건을 마련하여 일자리를 많이 만들어 내야 하겠다.

▲ 그림 6·41 **송파구 신천동 잠실 롯데 월드 타워 장소** 2017년 4월 3일 완공 개방되었으며, 지상 555m(123층 위에 철골 구조물 40.3m를 올림)로 우리나라 최고층 건물이다. 이 롯데 월드 타워는 동아시아에서 세 번째로 높은 건물로, 뉴욕의 무역 센터인 One World Trade Center(541m)의 높이를 능가하는 세계 6위의 고층 건물이다.

과학과 기술의 발달에 따른 산업 발달은 동시에 사회의 급격한 변화를 가져왔다. 사회 구조의 변화와 공간 구조의 변화는 늘 표리의 관계에 있다. 전 산업 시대의 사회와 도시 구조는 피라미드(Pyramid)였고, 산업화 시대는 다이아몬드(Diamond)였으며, 정보화 시대는 샌드 글라스(Sand glass) 구조로 사회가 변하였다. 따라서 현대에는 빈부 격차가 확대되고 있다. 거기에다 공간적으로 특정 지역으로만 기업과 사람과 재화가 몰리면서 장소 간의 격차도 커지게 되었으며, 빈곤층은 더욱더 심각한 어려움을 겪고 있다.

사실 이런 고층 건물은 기술의 혁신, 상징성, 랜드 마크(Land mark), 콤팩트한 토지 이용(Compact landuse)의 측면에서 특별한 의미와 가치를 지닌다. "꼭 이런 건물이 필요한가?"에 대한 의문과 고층 건물을 지향하는 콤플렉스 관련[210] 논의는 별도로 하고, 우리의 건축 기술을 보여 줄 대표 건물이 하나는 있어도 좋다는 생각은 든다. 그러나 안전이 우선임은 말할 필요가 없다. 그런 면에서 서울의 타워 팰리스나 해운대처럼 아파트를 초고층으로 짓는 것은 여러 면에서 사실 부정적인 측면이 더 크다. 더구나 이들 건물에 이용된 대부분의 첨단 기술은 외국에서 빌려서 쓰고 사용료를 내지 않으면 안 되는 경우가 많고, 그 속에 우리 기술은 별로 없다는 것이 슬픈 일이며, 비상시에는 위험도 크다.

---

210) edifice complex라 하며 고층 건물을 지으려고 하는 경쟁적 콤플렉스이다.

본래 이곳은 송파 나루 자리로, 여기서 한강 본류와 탄천이 합류되면서 유속이 급감하게 되고, 그래서 물속에 이동되어 오는 토사들이 퇴적되어 몇 개의 하중도가 만들어져 있었다. 그중에 큰 것은 부리도(浮里島)라 불렀고, 거기에는 몇 채의 가옥과 뽕나무 밭이 널리 펼쳐져 있었으며, 잠실이 만들어져 있었다.[211] 그러나 1960~1970년대에 한강 개발, 탄천 유역 개발을 하면서 남쪽으로 흐르던 한강의 유로를 바꾸어 북쪽으로 흐르게 하였다. 그리고 하천의 대부분을 메우고 남은 것이 현재의 석촌 호수이다.

모래밭인 '사상에 지은 누각'이지만 땅속의 기초를 튼튼하게 해서 보물이 되는 세상인데, 그렇게 바꾼 것은 현대 과학과 토목 기술들이다. 석촌 호수 옆에는 병자호란 시 인조가 청군에 항복하여 무릎을 꿇고 절하던 것을 기념하는 비가 있다. 도시의 오락 장소를 이런 부끄러움이 있는 장소에 만든 것은 잘한 것은 아니다. "이런 국치를 잊지 말자."는 뜻을 새기고 임진왜란, 병자호란, 일제 강점, 6·25 전쟁 등을 모두 같이 반성하는 장소가 되어야 하겠다.

▲ 그림 6·42-1(좌) **삼성 건설이 참여하여 건축한 162층(828m)의 세계 최고의 건물 두바이 부르즈 할리파(Burj Khalifa; Emaar Boulevard Downtown Dubai)** 막대한 석유 자본을 이용하여 정보 통신 중심 지구, 쇼핑몰, 업무 지구, 휴양지의 기능을 복합한 건물을 건설하면서 각광을 받았다. 그러나 세계적인 부동산 침체기 이후 부동산 가격이 반 토막이 났고, 많은 외국 기업들이 철수하면서 어려움을 겪었다. 두바이 180만의 인구 중 30만 명 이상이 유출되었고, 현재는 150만 이하로 인구가 떨어져서 미국의 디트로이트 다음 가는 인구 격감을 보였다(2010. 3. 23.).

▲ 그림 6·42-2(우) **뉴욕 무역 센터** 9·11 테러로 무너진 세계 무역 센터(Two World Trade Center) 자리에 새로 지은 무역 센터로 'One World Trade Center'라고 한다.

211) 그래서 현재 고속버스 터미널 앞의 잠원동에 있던 잠실과 같이 왕실의 여자들이 누에를 키우던 곳이었다.

▲ 그림 6·43-1(좌) **영국 런던 템즈 강변과 맨해튼의 센트럴 파크에 있는 클레오파트라의 바늘**(Obelisk: Cleopatra's needle) '클레오파트라의 바늘'이라는 이름의 이 오벨리스크는 이집트에서 옮겨진 것이고, 뉴욕, 파리, 로마에도 유사한 것이 있다(모두 이집트에서 옮겨진 것들이다.). 런던, 뉴욕, 파리 등지에 있는 이들 오벨리스크는 모두 같은 의미의 상징들로, 우리나라 사찰의 당간 지주와 높은 미륵불상, 교회나 성당의 첨탑들과 대체로 비슷한 상징적 의미를 갖는다(하늘의 태양신에 가장 가까이 간다는 의미와 영역 범위, 권력의 상징, 단결을 과시한다. 유럽 여러 나라는 식민지 건설에 성공했다는 것을 과시하기 위하여 이 첨탑을 이집트에서 자기네 나라로 가져갔다.).

▲ 그림 6·43-2(우) **청주 용두사지 철당간** 국보 41호(청주시 남문로 48-19)이다. 지름 40cm, 높이 63cm의 철제 원통 스무 개를 이어서 만든, 전체 12m에 달하는 높이의 철 당간(鐵幢竿)이다. 원래는 30개였는데, 대원군 때 경복궁 중건 공사에 쓴다고 10개를 떼어 갔다. 우리나라에 남아 있는 철 당간 중 상태가 좋고, 건립 연대와 그 내력을 상세히 적은 명문이 철통에 적혀 있어 귀한 것이다.

한편, 당간은 사찰 경내라는 신성한 영역을 표시하는 상징적 역할을 하는 것으로, 불교적인 기구이다. 민간 신앙에서 불교가 수용되기 이전에도 전통적인 천신 사상의 산물인 솟대를 세워 영역을 표시하였으니, 불교가 수용되고 난 후에 사찰 영역을 상징하는 당(불교 그림의 깃발)과 그를 고정시키는 간(지주)을 세우게 된 것으로 보인다.

청주시 용두사지 철당간이 사찰의 영역 공간 표시 외에 우리나라 전통적 사상인 풍수지리 사상을 나타낸다는 것도 알아야 한다. 즉, 청주의 지형이 '무심천 물위에 떠서 이동해 가는 행주(行舟)형'이라서, 청주에 있는 복이 떠내려가지 않도록 매어 놓는 닻이나 돛대를 상징하는 비보가 필요하였다. 따라서 청주의 풍수지리와 관련이 깊은 철 당간을 세웠다는 설도 있어서, 불교와 민간 신앙, 전통 생활과의 관계를 추정할 수 있는 중요한 유적이다.

과거 전 산업 시대에 복을 받는다고 이런 상징물을 세운 것을 있는 그대로 해석하고 의미를 부여하는 것은 현대인들이 가져야 할 자세이다. 같은 맥락에서 롯데 월드 타워도 그 의미를 이해하려고 해야 한다.

작지도 않고 외롭지도 않은 장소

우리나라는 분단 국가로서 국토의 면적으로 보면 상당히 좁은 작은 나라이다. 위키 백과의 기록을 참고하면, 한국의 면적은 100,339km²로 전 세계에서 111위의 면적을 가진 나라이다. 북한은 120,838km²의 면적을 가지며 세계 100위의 나라이다. 전체 199개 국가로 본다면 면적은 중간 정도의 국가임을 알 수 있고, 남북한을 합하면 221,177km², 전 세계에서 85위의 나라로 중간 이상의 규모이다.

또한 인구 규모별 국가의 순위를 본다면 한국은 50,924,172명으로 세계 27위의 큰 국가이고(2016년), 북한은 24,895,000명으로 세계 51위의 국가(2015년)이다. 또한 남북한을 합한 인구는 75,819,172명으로 20위의 큰 국가가 될 수 있다.

또 다른 중요한 국가 순위는 GDP 규모를 보는 것인데, 한국은 1,498,074(백만 US$)로 2017년에는 세계 12위였고, 2016년에는 11위의 막강한 나라이다. 그러나 2050년의 추계 통계에서는 우리나라의 국가 순위는 17위로 하락할 수 있는 것으로 나타나기는 한다. 여하튼 우리가 생각하는 우리나라의 크기와 순위보다 객관적인 통계에 의한 우리나라의 크기와 순위 및 비중을 통해 볼 때, 우리나라는 작은 나라가 아니고, 실제로 아주 큰 나라임을 확인할 수 있다.

또한 우리나라와 외교 관계를 가지고 있는 나라는 190개국이고, 북한과 외교 관계를 가진 나라는 161개국이며, 158개국이 남북한과 동시에 외교 관계를 가지고 있는 것으로 나타났다.[212] 이런 상황이면 우리나라의 국력과 외교 관계는 상당히 안정되고 다양하다는 것을 알 수 있다. 그러니 우리 모두는 우리나라가 작은 나라가 아님을 꼭 기억하고 거기에 걸 맞는 매너를 갖추어야 하며, 우리의 장소를 더욱 의미 있게 하여야 한다. 외국에 나가서 모범이 되도록 예의바르고 친절하게 대하면서 우리를 알려야 하겠다. 그래야만 우리가 더 대접을 받게 되고, 우리의 제품을 더 쉽게 수출할 수 있음을 명심하여야 하겠다.

이제는 우리의 행동과 매너와 질서가 세계의 주목을 받고 있다. 국제 사회에서 책임감 있게 행동하지 못하면 수출도, 수입도 어려워질 것인데, 현재 북한의 김정은 정권은 그런 관계를 잘 보여 주고 있다. 우리에게는 외국에 감사하고 그들이 어려울 때 우리도 봉사하여 돕고 더불어 살아가는 자세가 요구된다. 이 축복 받은 땅과 장소에서 우리는 더욱 멋진 삶을 살아야 할 책임도 있다. 우리의 땅과 하늘과 거기 사는 사람들과 그들이 꾸는 땅꿈에 따라서 우리는 다른 대우를 받게 되는 것임을 꼭 기억하자.

---

212) 대한민국 외교부 문서. 외교관계 수립현황. 2017. 7. 통계임. 북한과만 외교를 가진 나라는 마케도니아, 쿠바, 시리아의 3국뿐이었다.

▲ 그림 6・44-1(좌) **룩셈부르크의 '기억의 기념물(Monument of Remembrance) 공원'** 룩셈부르크 시내와 깊게 침식된 협곡 및 공원에 있는 기념탑(2015. 10.)을 볼 수 있다.
▲ 그림 6・44-2(우) **한국전 참전 용사 희생자들에 대한 헌화(공원 내부)**

　정말로 언제 이렇게 작은 나라들의 도움을 받고 살았는가? 그들은 도와줄 때 희생된 사람들을 아직도 확실히 기억하고 있으며, 자기네의 공헌을 기억하고, 기리고 있었다. 그런데 정작 도움을 받은 우리나라 사람들은 전혀 그 사실을 알지 못하는 아이러니가 펼쳐지고 있다. 백날을 공부해도 '은혜를 모르는 한국인'이 되고 마는 것이다. 이런 무례를 방지하려면 지리 공부를 해야 하고, 장소에 대한 사랑, 뜨거운 국가 사랑의 가슴이 있어야 한다. 우리나라의 역사를 기억하자는 것은 특히 일제 강점기와 6・25 전쟁을 기억하자는 것이고, 그 시대의 어려움과 극복 과정을 기억해야만 하는 것이다.

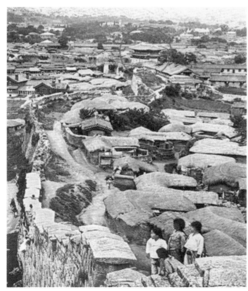

▲ 그림 6・45-1(좌)　**조선 말기의 서울 도성과 남대문**
▲ 그림 6・45-2(우)　**유명한 난타의 공연 포스터**

1900년대의 기자들이 찍은 서울 풍경 사진(그림 6·45-1)은 조선 500년 간 거의 변화가 없었던 하층민들의 생활상을 잘 보여 준다. 남대문(빨간 원의 안)만이 크고 높았으며, 그 주변인 성의 안과 밖으로는 1~2층으로 된 큰 일본식 함석집이 위치하는 정도였을 뿐이다. 멀리 학교와 대궐들은 희고 큰 건물로 나타나 있고, 그 외의 모든 집들이 단층 초가지붕이었으니, 조선 전기와 무엇이 얼마나 다른지를 알기 어렵다. 양반들의 시중을 들어 가면서, 가족을 부양해 가면서, 매년 서민들은 볏짚을 사서 지붕을 새로 이어야 했다. 그러니 집을 유지하기가 무척 어려웠을 것이고, 고달팠을 것이다. 조선 시대가 끝났을 무렵에도 이 장소의 주택은 대부분이 초가지붕이고 단층집이다. 아이들이 입고 있는 옷은 대체로 무명으로 지은 바지저고리였다.

난타의 포스터를 보면 대표적인 한류의 전도사들답게 한국적인 멋을 지닌 의상을 입고, 요리할 때 쓰는 도구들을 이용해서 공연을 한다. 입고 있는 옷은 멋진 디자인의 화려한 의상들이고, 높은 음악성으로 특히 해외에서 많은 칭찬을 받는다.

우리나라에서는 대체로 해방 이후에 도시 공간과 사회와 장소와 사람들이 크게 변했다. 중심부의 고급 주택 거주자들이 당시 도시 외곽의 교외 지역(강남)으로 많이 빠져나갔다. 그럼에도 환경과 장소를 결정하는 땅에 대해서는 너무나 아이러니하게 아직도 "사촌이 땅을 사면 배가 아프다."라는 속담이 강하게 남아 있다. 사촌이 땅을 사면, 보통은 축복해 주어야 하는데 왜 우리는 배가 아픈 것인지, 정말 독특한 우리 민족이고, 상대에 대한 이해와 양보가 필요한 민족이다. 그 배 아픔을 잊으려고 사람들은 더욱 바쁘게 움직일 것이다. 즉, 경쟁에서 이길 수 있도록 일을 하는 것이다. 여하튼 한국인들은 다른 나라 사람들과 달리 배가 아플 정도로 땅을 무척 사랑하고, 더욱더 일한다고 밖에는 생각할 수 없다.

그래서 한국인의 땅꿈이 중요한 것이다. 구체적 장소를 기반으로 하는 소박하지만, 실제적이고, 퇴색하지 않으며, 실현 가능한 아랫것들의 꿈과 계획이 땅꿈이기 때문에 소중하다.

이런 의미 있는 장소는 랜드 마크가 되는 건물만으로 만들어지는 것이 아님은 이제 잘 알 것으로 믿는다. 우리 기업들의 활약은 우리나라라는 장소를 현재 세계가 주목하는 장소로 만들었고, 최근 음악과 춤을 아우르는 가수들의 활동으로 한반도는 더욱 뜨거운 주목을 받는 장소가 되었다. 여기서는 세계적인 주목을 받는 반도체 산업의 최근 활동을 조금 살펴보자.

▼ 표 6·1 2016년 글로벌 모바일 D램 시장 점유율(파이낸셜 타임즈 자료)

랭킹	업체	매출액(달러)	점유율(%)	누적 비율(%)
1	삼성전자	29억 6000만	64.5	64.5
2	SK하이닉스	10억 4700만	22.8	87.3
3	마이크론	4억 8700만	10.6	97.9
4	난야	5900만	1.3	99.2
5	윈본드	3500만	0.8	총 45억 8800만 달러(100%)

이 표를 보면 삼성전자와 SK 하이닉스를 합친 한국의 세계 반도체 시장 점유율은 역대 최고인 87% 이상을 기록해 압도적인 점유율을 나타냈다. 'D램 익스체인지'에 따르면 삼성전자의 2016년 3·4분기 모바일 D램 매출은 29억 6000만 달러(3조 4957억 원)로, 모바일 D램 시장 점유율은 64.5%로 1위이다. 모바일 D램 시장 점유율 2위는 SK 하이닉스이다.[213]

우리 한반도는 이제 세계의 변화를 이끄는 장소가 되었음을 알 수 있고, 우리의 움직임을 세계가 유심히 주목하는 장소가 되었다. 그런데 2017년의 한국의 반도체 제조업체들은 더욱 더 큰 시장 점유를 보이며 약진하고 있다. 그만큼 우리나라의 장소들이 중요해진 것이다.

…(전략) 삼성전자는 올해 창사 이래 최초로 미국의 반도체 전문업체인 인텔을 꺾고 세계 반도체 시장 점유율(매출액 기준) 1위에 오를 것이라고 전망되었다.[214]

이와 같은 우리기업과 상품의 선전은 오랜 역사를 가지는 것이 아니다. 현대를 살고 있는 우리가 우리의 장소를 바탕으로, 우리 기술과 아이디어로 만들어낸 응용 성과이다. 아직은 소수의 기업과 상품과 사람들과 장소가 관련되어 있지만, 우리가 어려움에 좌절하지 않고 땅꿈을 꾸면서 노력한다면 더욱 여러 기업들의 성과가 올라갈 것이고, 우리의 장소가 더욱 중요해질 것이다. 더욱 아끼고 가꾸어서 우리의 후손들이 행복하게 살아갈 터를 준비해야 하겠다.

▲ 그림 6·47 청운동 주민들이 시끄러워진 장소를 원래처럼 살기 좋게 하기 위해서 "집회 좀 그만해 달라!"라고 침묵 시위를 하고 있다. 4·19 뒤에 있었던 무분별한 데모에 지친 사람들이 "데모 좀 그만하자!"는 데모를 하는 것과 비슷한 상황이다. 이 장소의 주인들을 서로 존중해야 한다.

부디 우리의 장소를 사랑하고, 밖에서 뿐만 아니라 안에서도 질서를 지키면서 여유를 가지고 움직이자. 서로 양보하고, 도와주고, 포용하면서 분파주의와 극단주의를 밀어내야 하겠다. 우리가 노력하면 이 장소에서 정의를 실현할 수 있고, 열심히 살면 우리의 앞날을 아주 밝은 태양이 비출 것이다. 한반도의 여러 장소는 멋진 우리 문화와 세계 여러 문화가 융합되고 장식된 장소로, 우리의 활동을 마음껏 펼칠 수 있는 무대가 될 것이다.

그러니 당신이 서 있는 당신의 소중한 장소에서 땅꿈을 꾸기 바란다. 가능성이 무척 열려 있는 장소가 한반도 장소라는 믿음과 사랑을 가지고 말이다.

213) 2016. 11. 25. 파이낸셜 타임즈.
214) 조선일보 2017. 5. 3. 기사.

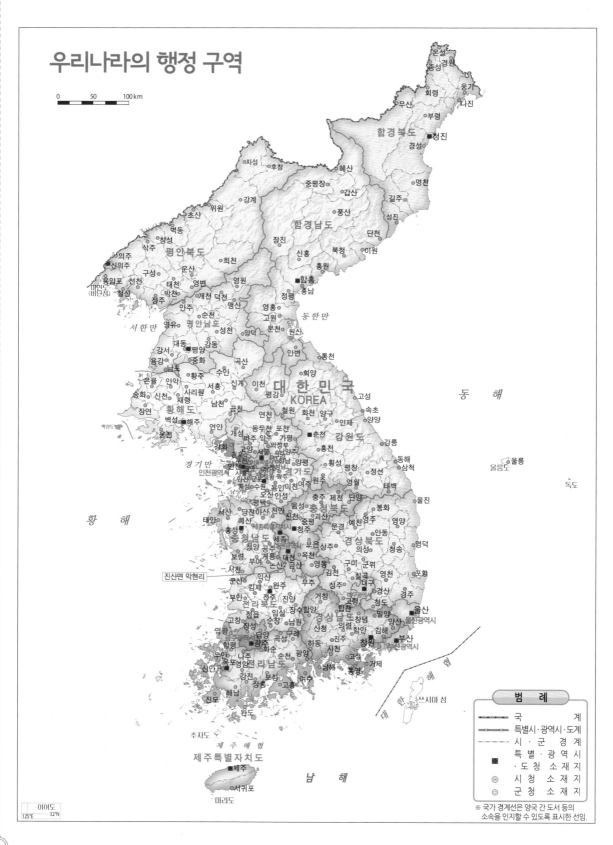

우리나라의 행정 구역

0 50 100 km

함경북도
온성
종성 경원
웅기
회령
무산 부령
나진
청진
경성

자성
후창 혜산
중평장 갑산
강계 명천
위원 풍산 길주
초산 성진
벽동 함경남도
창성 단천
삭주 장진 신흥 북청
평안북도 이원
의주 희천 홍원
용암포 구성 운산 영원 함흥
선천 태천 영변 흥남
철산 개천 덕천 맹산 정평
청주 안주 순천 영흥
박천 평안남도 고원 동한만
서한만 영유 성천 양덕 문천 원산
강서 평양 강동 안변
대동 통천
용강 중화 수안 곡산 회양
남포 황주 신계 고성
은율 안악 서흥 이천 속초
송화 신천 재령 사리원 평강 대한민국 양구
장연 황해도 남천 곡산 철원 화천 양구 KOREA
벽성 해주 연천 춘천 인제 양양
백령도 연안 동두천 포천 가평 강원도
옹진 개성 파주 의정부 강릉
강화 고양 양주 춘천
인천광역시 서울 남양주 홍천 동해
시흥 성남 하남 양평 삼척 울릉도
안산 군포 광주 횡성 평창 정선
화성 수원 용인 이천 여주 원주 울릉도
남양주 영월 독도
오산 안성 충주 제천 단양
평택 음성 진천 봉화
서산 당진 아산 천안 괴산 영주 울진
태안 예산 증평 문경 예천 영주 안동
홍성 세종 청주 상주 의성 청송
충청남도 청양 공주 보은 옥천 구미 군위 영덕
보령 부여 계룡 대전 영동 김천 경상북도 영천 포항
서천 논산 금산 무주 성주 대구 경주
군산 익산 완주 거창 칠곡 경산 청도 울산
진산면 막현리 김제 전주 진안 장수 함양 합천 고령 밀양 양산
부안 전라북도 임실 거창 산청 창녕 울산광역시 김해 부산
정읍 남원 함양 의령 진주 함안 창원
고창 순창 산청 하동 사천 고성 부산광역시
장성 곡성 구례 진주 거제
영광 담양 광주 화순 광양 순천 남해 통영
함평 나주 광주광역시 광양 고성
무안 목포 영암 전라남도 여수
신안 화순 보성 고흥
강진 장흥
진도 보성
해남
완도
주자도
제주해협
제주특별자치도
제주
서귀포
마라도
남 해

동 해

황 해

대한해협
쓰시마섬

범 례

┼┼┼┼┼	국 계
━━●━━	특별시 · 광역시 · 도계
─·─·─	시 · 군 경 계
■	특 별 · 광 역 시 · 도 청 소 재 지
◉	시 청 소 재 지
◎	군 청 소 재 지

※ 국가 경계선은 양국 간 도서 등의 소속을 인지할 수 있도록 표시한 선임.

이어도
125°E 32°N